科学出版社"十四五"普通高等教育本科规划教材
航空宇航科学与技术教材出版工程

飞机结构强度

何宇廷　主编

科学出版社
北　京

内 容 简 介

本书主要介绍飞机结构的组成分析和强度分析所涉及的基本概念、基本理论、基本方法及试验验证等方面的内容。全书共11章,内容包括：飞机结构的组成分析、飞机的外载荷、飞机结构的受力分析、飞机结构的应力计算和静强度评估、飞机结构的疲劳强度、断裂力学的基本理论及应用、飞机复合材料结构强度、服役环境影响下的飞机结构强度、飞机结构的动强度、飞机结构修理中的强度分析、飞机结构地面强度试验。

本书可作为航空工程及相近专业本科和研究生教材,也可供飞机设计所、制造厂、修理厂的技术人员和外场机务人员等参考。

图书在版编目(CIP)数据

飞机结构强度/何宇廷主编. —北京：科学出版社,2024.6
科学出版社"十四五"普通高等教育本科规划教材
航空宇航科学与技术教材出版工程
ISBN 978-7-03-077870-3

Ⅰ.①飞… Ⅱ.①何… Ⅲ.①飞机—结构强度—高等学校—教材 Ⅳ.①V22

中国国家版本馆CIP数据核字(2024)第023212号

责任编辑：许 健 / 责任校对：谭宏宇
责任印制：黄晓鸣 / 封面设计：殷 靓

科 学 出 版 社 出版
北京东黄城根北街16号
邮政编码：100717
http://www.sciencep.com

南京展望文化发展有限公司排版
苏州市越洋印刷有限公司印刷
科学出版社发行 各地新华书店经销

*

2024年6月第 一 版 开本：787×1092 1/16
2024年6月第一次印刷 印张：29
字数：669 000
定价：120.00元
(如有印装质量问题,我社负责调换)

航空宇航科学与技术教材出版工程
专家委员会

主 任 委 员 杨 卫

副主任委员 包为民　杜善义

委　　　员（按姓名笔画排序）

于起峰　尹泽勇　邓小刚　包为民　刘永才
杜善义　李应红　李椿萱　杨　卫　何国强
陈迎春　胡海岩　郭万林　唐长红　陶　智
程耿东　蔡国飙　廖文和

航空宇航科学与技术教材出版工程
编写委员会

主任委员 郑 耀

副主任委员（按姓名笔画排序）

丁水汀　申胜平　李存标　李路明　孟松鹤
唐　硕　敬忠良

委　　员（按姓名笔画排序）

丁水汀　于达仁　王占学　尤延铖　申胜平
曲绍兴　刘　莉　李　岩　李小平　李仁府
李存标　李路明　吴志刚　吴建军　陈伟芳
罗世彬　郑　耀　孟松鹤　胡　宁　秦开宇
高效伟　唐　硕　崔平远　敬忠良

丛 书 序

我在清华园中出生,旧航空馆对面北坡静置的一架旧飞机是我童年时流连忘返之处。1973年,我作为一名陕北延安老区的北京知青,怀揣着一张印有西北工业大学航空类专业的入学通知书来到古城西安,开始了延绵46年矢志航宇的研修生涯。1984年底,我在美国布朗大学工学部固体与结构力学学门通过Ph.D的论文答辩,旋即带着在24门力学、材料科学和应用数学方面的修课笔记回到清华大学,开始了一名力学学者的登攀之路。1994年我担任该校工程力学系的系主任。随之不久,清华大学委托我组织一个航天研究中心,并在2004年成为该校航天航空学院的首任执行院长。2006年,我受命到杭州担任浙江大学校长,第二年便在该校组建了航空航天学院。力学学科与航宇学科就像一个交互传递信息的双螺旋,记录下我的学业成长。

以我对这两个学科所用教科书的观察:力学教科书有一个推陈出新的问题,航宇教科书有一个宽窄适度的问题。20世纪80~90年代是我国力学类教科书发展的鼎盛时期,之后便只有局部的推进,未出现整体的推陈出新。力学教科书的现状也确实令人扼腕叹息:近现代的力学新应用还未能有效地融入力学学科的基本教材;在物理、生物、化学中所形成的新认识还没能以学科交叉的形式折射到力学学科;以数据科学、人工智能、深度学习为代表的数据驱动研究方法还没有在力学的知识体系中引起足够的共鸣。

如果说力学学科面临着知识固结的危险,航宇学科却孕育着重新洗牌的机遇。在军民融合发展的教育背景下,随着知识体系的涌动向前,航宇学科出现了重塑架构的可能性。一是知识配置方式的融合。在传统的航宇强校(如哈尔滨工业大学、北京航空航天大学、西北工业大学、国防科技大学等),实行的是航宇学科的密集配置。每门课程专业性强,但知识覆盖面窄,于是必然缺少融会贯通的教科书之作。而2000年后在综合型大学(如清华大学、浙江大学、同济大学等)新成立的航空航天学院,其课程体系与教科书知识面较宽,但不够健全,即宽失于泛、窄不概全,缺乏军民融合、深入浅出的上乘之作。若能够将这两类大学的教育名家聚集于一堂,互相切磋,是有可能纲举目张,塑造出一套横跨航空和宇航领域、体系完备、粒度适中的经典教科书。于是在郑耀教授的热心倡导和推动下,我们聚得22所高校和5个工业部门(航天科技、航天科工、中航、商飞、中航发)的数十位航宇专家为一堂,开启"航空宇航科学与技术教材出版工程"。在科学出版社的大力促进下,为航空与宇航一级学科编纂这套教科书。

考虑到多所高校的航宇学科，或以力学作为理论基础，或由其原有的工程力学系改造而成，所以有必要在教学体系上实行航宇与力学这两个一级学科的共融。美国航宇学科之父冯·卡门先生曾经有一句名言："科学家发现现存的世界，工程师创造未来的世界……而力学则处在最激动人心的地位，即我们可以两者并举！"因此，我们既希望能够表达航宇学科的无垠、神奇与壮美，也得以表达力学学科的严谨和博大。感谢包为民先生、杜善义先生两位学贯中西的航宇大家的加盟，我们这个由18位专家(多为两院院士)组成的教材建设专家委员会开始使出十八般武艺，推动这一出版工程。

因此，为满足航宇课程建设和不同类型高校之需，在科学出版社盛情邀请下，我们决心编好这套丛书。本套丛书力争实现三个目标：一是全景式地反映航宇学科在当代的知识全貌；二是为不同类型教研机构的航宇学科提供可剪裁组配的教科书体系；三是为若干传统的基础性课程提供其新貌。我们旨在为移动互联网时代，有志于航空和宇航的初学者提供一个全视野和启发性的学科知识平台。

这里要感谢科学出版社上海分社的潘志坚编审和徐杨峰编辑，他们的大胆提议、不断鼓励、精心编辑和精品意识使得本套丛书的出版成为可能。

是为总序。

2019 年于杭州西湖区求是村、北京海淀区紫竹公寓

前　言

加强教材建设是实施科教兴国战略的一项具体措施。随着我国航空工业的快速发展，许多新型飞机相继投入使用，新结构、新材料的应用及其使用、维护中暴露出来的问题需要使相关内容及时跟进，为此我们编写了这本教材。本教材在讲述飞机结构传统静强度、疲劳强度等内容的基础上，增加了复合材料结构强度、服役环境影响下的飞机结构强度、飞机结构动强度、飞机结构修理中的强度分析等内容。

教材共分11章。第1章飞机结构的组成分析，主要介绍飞机结构的概念和飞机结构的组成方法，旨在说明如何合理安排各元件才能搭建出能够发挥承载功能的结构。

第2~4章可统称为结构静强度分析，主要介绍飞机使用过程中的总体外载荷、载荷在飞机结构中的传递情况、飞机结构元件关键部位的应力计算方法、静载荷作用下飞机结构的失效形式和强度评估方法。静强度分析是飞机结构设计发展最早、最基本的强度分析内容。

第5章飞机结构的疲劳强度，主要介绍疲劳失效的概念、特点、规律，以及疲劳分析的基本理论和方法，旨在说明飞机结构在交变载荷作用下能使用多久（多少次交变载荷）的问题，即疲劳寿命问题。

第6章断裂力学的基本理论及应用，主要介绍断裂力学的基本理论及其在飞机结构静强度分析和疲劳分析方面的应用，旨在说明带初始损伤的结构在静载荷作用下的破坏规律，以及在交变载荷作用下裂纹的扩展问题，可用于飞机结构的损伤容限设计和耐久性设计，也可用于飞机结构的断裂控制。

第7~11章可称为专题部分。第7章简要介绍复合材料基础知识和复合材料强度理论，旨在让读者对飞机上越来越多的复合材料结构有所认识，并引起足够的重视；第8章服役环境影响下的飞机结构强度，主要介绍飞机结构的腐蚀、老化等问题，旨在说明飞机结构日历寿命的确定和控制方法；第9章飞机结构的动强度，主要介绍飞机结构在动载荷作用下的典型失效问题及动稳定性问题，旨在说明飞机结构典型动力学失效（失稳）模式、失效（失稳）规律和预防措施；第10章飞机结构修理中的强度分析，主要介绍飞机结构修理中涉及的强度问题及修理方法，旨在说明飞机损伤后如何修理才能保证效率和安全；第11章简单介绍飞机结构地面强度试验的内容和过程，旨在说明飞机结构地面强度试验的作用，以及主要内容和过程。

教材中每章后面都附有习题,为课后作业选用。

本教材由何宇廷教授主编。第 1 章、第 9 章和第 10 章由缑百勇编写;第 2~4 章由何宇廷编写;第 5 章、第 6 章由崔荣洪编写;第 7 章由冯宇编写;第 8 章由张腾编写;第 11 章由安涛编写。缑百勇负责统稿,以及联系排版和出版工作。

西北工业大学李亚智教授、空军工程大学李曙林教授等对本书提出了宝贵的意见和建议。在此向他们表示衷心的感谢!

教材编写过程中所参考的文献和资料统一列在参考文献中,未在文中一一标注,在此一并向作者表示诚挚的谢意。

由于编者水平有限,加之时间仓促,难免有不足之处,欢迎批评指正。

编 者

2024 年 5 月

目　录

丛书序
前言

第1章　飞机结构的组成分析 ⋯⋯⋯⋯⋯⋯⋯⋯⋯⋯⋯⋯⋯⋯⋯⋯⋯⋯⋯⋯⋯⋯⋯ 001
　1.1　几何不变性的概念 ⋯⋯⋯⋯⋯⋯⋯⋯⋯⋯⋯⋯⋯⋯⋯⋯⋯⋯⋯⋯⋯⋯⋯ 001
　1.2　系统几何不变性的判定 ⋯⋯⋯⋯⋯⋯⋯⋯⋯⋯⋯⋯⋯⋯⋯⋯⋯⋯⋯⋯⋯ 004
　　　1.2.1　自由度与约束 ⋯⋯⋯⋯⋯⋯⋯⋯⋯⋯⋯⋯⋯⋯⋯⋯⋯⋯⋯⋯⋯ 004
　　　1.2.2　系统几何不变性的判定方法 ⋯⋯⋯⋯⋯⋯⋯⋯⋯⋯⋯⋯⋯⋯⋯ 007
　1.3　杆系结构的组成 ⋯⋯⋯⋯⋯⋯⋯⋯⋯⋯⋯⋯⋯⋯⋯⋯⋯⋯⋯⋯⋯⋯⋯⋯ 012
　　　1.3.1　桁架的组成 ⋯⋯⋯⋯⋯⋯⋯⋯⋯⋯⋯⋯⋯⋯⋯⋯⋯⋯⋯⋯⋯⋯ 012
　　　1.3.2　刚架的组成 ⋯⋯⋯⋯⋯⋯⋯⋯⋯⋯⋯⋯⋯⋯⋯⋯⋯⋯⋯⋯⋯⋯ 013
　1.4　薄壁结构的组成 ⋯⋯⋯⋯⋯⋯⋯⋯⋯⋯⋯⋯⋯⋯⋯⋯⋯⋯⋯⋯⋯⋯⋯⋯ 015
　　　1.4.1　薄壁结构的概念和特点 ⋯⋯⋯⋯⋯⋯⋯⋯⋯⋯⋯⋯⋯⋯⋯⋯⋯ 015
　　　1.4.2　平面薄壁结构的组成 ⋯⋯⋯⋯⋯⋯⋯⋯⋯⋯⋯⋯⋯⋯⋯⋯⋯⋯ 016
　　　1.4.3　空间薄壁结构的组成 ⋯⋯⋯⋯⋯⋯⋯⋯⋯⋯⋯⋯⋯⋯⋯⋯⋯⋯ 017
　习题 ⋯⋯⋯⋯⋯⋯⋯⋯⋯⋯⋯⋯⋯⋯⋯⋯⋯⋯⋯⋯⋯⋯⋯⋯⋯⋯⋯⋯⋯⋯⋯ 020

第2章　飞机的外载荷 ⋯⋯⋯⋯⋯⋯⋯⋯⋯⋯⋯⋯⋯⋯⋯⋯⋯⋯⋯⋯⋯⋯⋯⋯⋯ 023
　2.1　飞行载荷 ⋯⋯⋯⋯⋯⋯⋯⋯⋯⋯⋯⋯⋯⋯⋯⋯⋯⋯⋯⋯⋯⋯⋯⋯⋯⋯⋯ 023
　　　2.1.1　水平等速直线飞行载荷 ⋯⋯⋯⋯⋯⋯⋯⋯⋯⋯⋯⋯⋯⋯⋯⋯⋯ 024
　　　2.1.2　机动飞行载荷 ⋯⋯⋯⋯⋯⋯⋯⋯⋯⋯⋯⋯⋯⋯⋯⋯⋯⋯⋯⋯⋯ 025
　　　2.1.3　在大气紊流中的飞行载荷 ⋯⋯⋯⋯⋯⋯⋯⋯⋯⋯⋯⋯⋯⋯⋯⋯ 027
　2.2　过载 ⋯⋯⋯⋯⋯⋯⋯⋯⋯⋯⋯⋯⋯⋯⋯⋯⋯⋯⋯⋯⋯⋯⋯⋯⋯⋯⋯⋯⋯ 030
　　　2.2.1　飞机的过载 ⋯⋯⋯⋯⋯⋯⋯⋯⋯⋯⋯⋯⋯⋯⋯⋯⋯⋯⋯⋯⋯⋯ 030
　　　2.2.2　飞机部件的过载 ⋯⋯⋯⋯⋯⋯⋯⋯⋯⋯⋯⋯⋯⋯⋯⋯⋯⋯⋯⋯ 034
　2.3　飞行限制参数的确定 ⋯⋯⋯⋯⋯⋯⋯⋯⋯⋯⋯⋯⋯⋯⋯⋯⋯⋯⋯⋯⋯⋯ 037
　　　2.3.1　最大使用过载的确定 ⋯⋯⋯⋯⋯⋯⋯⋯⋯⋯⋯⋯⋯⋯⋯⋯⋯⋯ 038
　　　2.3.2　最大允许速度的确定 ⋯⋯⋯⋯⋯⋯⋯⋯⋯⋯⋯⋯⋯⋯⋯⋯⋯⋯ 040

2.3.3　最大升力系数的确定 ·················· 042
2.4　飞行中的严重受载情况 ························· 042
　　2.4.1　严重受载情况的确定 ·················· 043
　　2.4.2　严重受载情况的载荷特点 ·············· 044
2.5　其他载荷情况 ·································· 047
　　2.5.1　疲劳载荷 ···························· 048
　　2.5.2　其他特殊情况下的载荷 ················ 049
　　2.5.3　环境载荷 ···························· 050
习题 ·· 050

第3章　飞机结构的受力分析 ································ 053
3.1　飞机结构受力分析概述 ························· 053
　　3.1.1　飞机结构受力分析的目的 ··············· 053
　　3.1.2　飞机基本结构元件的传力特性 ··········· 054
　　3.1.3　受力分析的一般原则 ··················· 057
　　3.1.4　飞机结构受力分析的方法和步骤 ········· 060
3.2　机翼结构的受力分析 ··························· 069
　　3.2.1　机翼的结构特点与形式 ················· 069
　　3.2.2　机翼的外部载荷和内力 ················· 074
　　3.2.3　机翼结构的传力分析 ··················· 078
3.3　机身结构的受力分析 ··························· 095
　　3.3.1　机身结构的特点与形式 ················· 095
　　3.3.2　机身的外部载荷和内力 ················· 097
　　3.3.3　机身结构的传力分析 ··················· 099
3.4　起落架结构的受力分析 ························· 102
　　3.4.1　起落架的布置形式和结构形式 ··········· 102
　　3.4.2　起落架的外部载荷 ····················· 104
　　3.4.3　起落架的传力分析 ····················· 109
习题 ·· 117

第4章　飞机结构的应力计算和静强度评估 ···················· 119
4.1　飞机结构的应力简化计算 ······················· 119
　　4.1.1　工程梁假设 ···························· 119
　　4.1.2　机翼结构的应力计算 ··················· 120
　　4.1.3　机身结构的应力计算 ··················· 127
　　4.1.4　起落架结构的应力计算 ················· 131
4.2　飞机结构应力计算的有限元法 ··················· 132
　　4.2.1　有限元法的基本原理 ··················· 133

  4.2.2 有限元法的基本步骤 ………………………………………… 134
  4.2.3 有限元法在飞机结构强度分析中的应用 …………………… 134
  4.2.4 有限元分析软件 …………………………………………… 135
 4.3 飞机结构的屈服和断裂判据 ……………………………………… 138
 4.4 飞机结构的刚度判据 ……………………………………………… 139
  4.4.1 飞机结构的刚度对飞机的影响 …………………………… 139
  4.4.2 飞机结构的刚度要求 ……………………………………… 141
 4.5 飞机结构的稳定性分析和判据 …………………………………… 141
  4.5.1 矩形平板的稳定性 ………………………………………… 142
  4.5.2 受压薄壁杆件的稳定性 …………………………………… 150
 习题 ……………………………………………………………………… 154

第 5 章 飞机结构的疲劳强度 ………………………………………… 157
 5.1 疲劳的基本概念 …………………………………………………… 157
  5.1.1 疲劳破坏的特征 …………………………………………… 157
  5.1.2 疲劳破坏的过程 …………………………………………… 158
  5.1.3 疲劳破坏的断口分析 ……………………………………… 159
 5.2 金属材料的疲劳强度 ……………………………………………… 162
  5.2.1 疲劳应力与持久极限 ……………………………………… 162
  5.2.2 材料的 $S-N$ 曲线 …………………………………………… 165
  5.2.3 材料的等寿命曲线 ………………………………………… 167
 5.3 疲劳强度的影响因素及提高措施 ………………………………… 169
  5.3.1 影响疲劳强度的因素 ……………………………………… 169
  5.3.2 提高疲劳强度的措施 ……………………………………… 176
 5.4 飞机结构的疲劳载荷 ……………………………………………… 180
  5.4.1 飞机结构承受的疲劳载荷 ………………………………… 180
  5.4.2 飞机疲劳载荷谱及其处理 ………………………………… 181
 5.5 疲劳累积损伤理论 ………………………………………………… 185
  5.5.1 线性累积损伤理论及其应用 ……………………………… 185
  5.5.2 修正线性累积损伤理论 …………………………………… 189
 5.6 飞机结构疲劳寿命估算 …………………………………………… 191
  5.6.1 疲劳寿命的概念 …………………………………………… 191
  5.6.2 疲劳寿命估算的名义应力法 ……………………………… 192
  5.6.3 疲劳寿命估算的局部应力-应变法 ………………………… 199
  5.6.4 估算裂纹形成寿命的类比法 ……………………………… 203
 习题 ……………………………………………………………………… 205

第6章 断裂力学的基本理论及应用 ... 209

6.1 线弹性断裂力学能量原理 ... 210
6.1.1 Griffith 能量释放观点 ... 210
6.1.2 能量平衡理论 ... 213

6.2 裂纹尖端应力场及应力强度因子 ... 214
6.2.1 裂纹体的三种断裂类型 ... 214
6.2.2 平面应力与平面应变 ... 215
6.2.3 裂纹尖端附近的应力场和应力强度因子 ... 216

6.3 线弹性断裂准则及其应用 ... 220
6.3.1 K 断裂准则 ... 220
6.3.2 裂纹尖端塑性区 ... 223
6.3.3 线弹性断裂力学的适用范围 ... 231
6.3.4 应用举例 ... 233

6.4 疲劳裂纹扩展规律 ... 239
6.4.1 疲劳裂纹的扩展机理 ... 239
6.4.2 等幅载荷作用下疲劳裂纹的扩展速率 ... 240
6.4.3 超载对裂纹扩展的延迟效应 ... 242

6.5 疲劳裂纹扩展寿命计算 ... 245
6.5.1 等幅载荷下裂纹扩展寿命的计算 ... 245
6.5.2 谱载荷下裂纹扩展寿命的计算 ... 246
6.5.3 结构断裂控制 ... 248
6.5.4 应用举例 ... 251

6.6 飞机结构损伤容限和耐久性评定 ... 257
6.6.1 损伤容限和耐久性的概念 ... 257
6.6.2 损伤容限和耐久性评定的目标 ... 258
6.6.3 损伤容限和耐久性评定的程序 ... 259
6.6.4 损伤容限和耐久性设计的主要内容 ... 261
6.6.5 提高飞机结构损伤容限和耐久性特性的措施 ... 262

6.7 弹塑性断裂力学简介 ... 263
习题 ... 264

第7章 飞机复合材料结构强度 ... 266
7.1 复合材料概述 ... 266
7.1.1 复合材料及其种类 ... 266
7.1.2 复合材料的构造 ... 270
7.1.3 复合材料的力学分析方法 ... 271
7.1.4 复合材料的主要力学性能 ... 272
7.1.5 复合材料的各种应用 ... 274

7.2 复合材料的本构模型 … 276
7.2.1 平面应力下单层复合材料的应力-应变关系 … 277
7.2.2 层合板的刚度和柔度 … 277
7.2.3 层合板的应力-应变关系 … 278
7.3 复合材料的强度分析 … 280
7.3.1 复合材料强度理论 … 280
7.3.2 复合材料损伤特性 … 282
7.3.3 复合材料的失效分析 … 287
7.3.4 复合材料层合板强度的宏观力学分析 … 288
习题 … 298

第8章 服役环境影响下的飞机结构强度 … 299
8.1 飞机的服役环境与寿命指标 … 299
8.1.1 军用飞机的服役环境 … 299
8.1.2 飞机结构的寿命指标 … 302
8.2 飞机金属结构的腐蚀 … 303
8.2.1 金属材料的腐蚀机理 … 303
8.2.2 飞机金属结构的常见腐蚀类型 … 307
8.2.3 飞机腐蚀的一般规律 … 313
8.2.4 腐蚀损伤对结构寿命的影响 … 315
8.2.5 飞机的腐蚀预防、检查与修理 … 315
8.3 飞机非金属材料结构的老化 … 322
8.3.1 高分子材料的老化机理 … 322
8.3.2 飞机非金属材料结构的老化类型及使用要求 … 325
8.4 湿热环境影响下的复合材料结构强度 … 328
8.4.1 湿热环境对复合材料物理性能的影响 … 328
8.4.2 湿热环境对复合材料力学性能的影响 … 330
8.4.3 湿热环境对复合材料破坏模式的影响 … 331
8.4.4 湿热老化效应 … 331
8.5 热环境影响下的飞机结构强度 … 334
8.5.1 飞机上的热源及其产生的影响 … 334
8.5.2 受热结构的蠕变 … 336
8.5.3 受热结构的疲劳强度 … 339
8.6 飞机结构安全寿命包线的基本原理与应用方法 … 341
8.6.1 飞机结构寿命包线的基本概念与内涵 … 342
8.6.2 飞机结构寿命包线的建立方法 … 347
8.6.3 基于寿命包线的结构剩余寿命预测方法 … 349
8.6.4 基于寿命包线的飞机服役使用寿命调控 … 352

习题 ··· 353

第9章 飞机结构的动强度 ··· 355
9.1 振动基础理论简介 ··· 355
9.1.1 单自由度系统的振动 ··· 355
9.1.2 多自由度系统的振动 ··· 361
9.1.3 连续体系统的振动 ··· 364
9.2 飞机结构的振动和噪声环境 ··· 364
9.3 液压/燃油管系结构的动强度 ··· 366
9.3.1 概述 ··· 366
9.3.2 管系振动故障模式 ··· 367
9.3.3 管系结构振动控制 ··· 369
9.3.4 管系振动故障排除 ··· 372
9.4 飞机结构的声疲劳 ··· 373
9.4.1 概述 ··· 373
9.4.2 结构声疲劳基本假定 ··· 373
9.4.3 声疲劳分析流程和方法 ··· 375
9.4.4 飞机结构的声疲劳试验 ··· 376
9.5 飞机结构的抖振 ··· 377
9.5.1 飞机抖振机理与抖振边界确定 ··· 377
9.5.2 飞机抖振预防和抖振抑制 ··· 378
9.6 飞机结构的冲击 ··· 379
9.6.1 概述 ··· 379
9.6.2 抗鸟撞设计与验证 ··· 380
9.6.3 抗冰雹设计与验证 ··· 382
9.6.4 发动机碎片 ··· 384
9.6.5 轮胎碎片和跑道碎石 ··· 385
9.6.6 结构易损性分析和战伤模拟试验 ··· 386
9.7 飞机结构的颤振 ··· 387
9.7.1 机翼弯扭颤振 ··· 387
9.7.2 机翼弯曲-副翼偏转颤振 ··· 389
9.7.3 嗡鸣 ··· 391
9.8 起落架结构的动强度 ··· 391
9.8.1 起落架缓冲性能分析和落震试验 ··· 391
9.8.2 起落架摆振稳定性设计和验证 ··· 394
习题 ··· 395

第 10 章　飞机结构修理中的强度分析 ········· 397
- 10.1　飞机机体结构修理的原则 ········· 397
- 10.2　等强度原则在修理中的应用 ········· 398
  - 10.2.1　计算载荷的确定 ········· 398
  - 10.2.2　机体结构典型构件修理强度计算 ········· 399
- 10.3　修理中的飞机结构疲劳强度分析 ········· 409
- 10.4　飞机结构战时维修中的强度分析 ········· 416
  - 10.4.1　飞机战时维修的特点 ········· 416
  - 10.4.2　飞机结构战伤评估 ········· 418
  - 10.4.3　飞机结构战伤维修方法 ········· 422
- 10.5　复合材料结构的修理 ········· 426
  - 10.5.1　注胶与填胶修理 ········· 426
  - 10.5.2　铺层修理 ········· 427
  - 10.5.3　胶接连接修理 ········· 428
  - 10.5.4　机械连接修理 ········· 429
- 10.6　隐身涂层的修理 ········· 429
  - 10.6.1　隐身涂层的损伤模式 ········· 429
  - 10.6.2　隐身涂层的修理方法 ········· 430
- 习题 ········· 430

第 11 章　飞机结构地面强度试验 ········· 432
- 11.1　飞机地面强度试验的意义和依据 ········· 432
  - 11.1.1　飞机地面强度试验的意义 ········· 432
  - 11.1.2　飞机地面强度试验的依据 ········· 433
- 11.2　飞机地面强度试验发展概况 ········· 433
  - 11.2.1　静强度试验发展概况 ········· 434
  - 11.2.2　疲劳试验发展概况 ········· 435
  - 11.2.3　动力学试验发展概况 ········· 436
  - 11.2.4　热强度试验发展概况 ········· 440
- 11.3　飞机地面强度试验分类 ········· 442
  - 11.3.1　专业分类 ········· 442
  - 11.3.2　性质分类 ········· 443
  - 11.3.3　尺度分类 ········· 443
- 11.4　飞机地面强度试验流程 ········· 443
  - 11.4.1　试验规划 ········· 443
  - 11.4.2　试验设计 ········· 443
  - 11.4.3　试验安装 ········· 444
  - 11.4.4　试验调试 ········· 444

  11.4.5 试验过程 …………………………………………………………… 444
  11.4.6 试验总结 …………………………………………………………… 445
习题 ……………………………………………………………………………… 445

参考文献 ……………………………………………………………………… 446

第1章
飞机结构的组成分析

  飞机结构是指飞机上能够承受并传递载荷的系统,包括机翼、尾翼、机身、发动机短舱、起落架及其他系统的受力部件等部分。飞机结构通常由几个到几千个零件构成,相互之间没有相对运动,能承受规定的外载荷,并满足一定的强度、刚度、寿命和可靠性等要求。

  机体和起落架是飞机结构的主体。机体由机身、机翼和尾翼等组成,飞行中承受着作用于其上的全部载荷。机身主要用来装载人员、货物、燃油和武器,安装各系统和设备,连接机翼、尾翼和起落架等部件成为一架整机;机翼主要用来产生升力,并使飞机具备横向稳定性和操纵性;尾翼用来保证飞机的俯仰和方向稳定性、操纵性;起落架结构主要用来支撑飞机停放、减少着陆撞击与颠簸等。

  按照结构系统的构件特性,现代飞机结构大致可分为杆系结构(如起落架、发动机架、框架及操纵系统等)和薄壁结构(如机体结构等)两大类,具体可分为以下几种。

  (1)桁架——由两端用铰链连接的杆件所组成的结构系统。所有杆件在同一平面内的桁架称为平面桁架,不在同一平面内的桁架称为空间桁架。铰链连接,简称铰接(连接点称为节点),它不能传递弯矩。因此,桁架只能承受节点载荷,桁架中的杆件只承受轴力。

  (2)刚架——由两端用刚固连接的杆件所组成的结构系统,同样也分为平面刚架和空间刚架两种。刚固连接,简称刚接,能传递剪力、弯矩和扭矩,并在变形过程中使各杆之间的角度保持不变。刚架能承受非节点载荷,钢架中的杆件可以承受各种内力。

  (3)混合杆系——由桁架和刚架混合组成的结构系统。

  (4)薄壁结构——飞机结构中的主要受力系统,现代飞机的机翼、尾翼和机身等,都是由金属蒙皮和加强构件(梁、桁条、框和肋等)所组成的,这些结构元件的厚度远小于长度和宽度的尺寸。

  薄壁结构质轻且能有效地承受各种载荷,同时还能制成并保持结构所必需的外形,因此在飞机结构中得到了广泛应用。

  怎样判断一个多元件系统是不是结构?如何搭建飞机结构?本章将围绕这两个问题进行阐述。

1.1 几何不变性的概念

  一个系统在载荷作用下,按照其几何形状的变化情况,可以分为以下三种。

1. 几何可变系统

系统受载后,在元件不产生弹性变形的情况下,其几何形状就发生了显著的改变,这种系统称为几何可变系统,也称为可变"机构"。如图 1-1 所示的两个系统,就是几何可变系统。

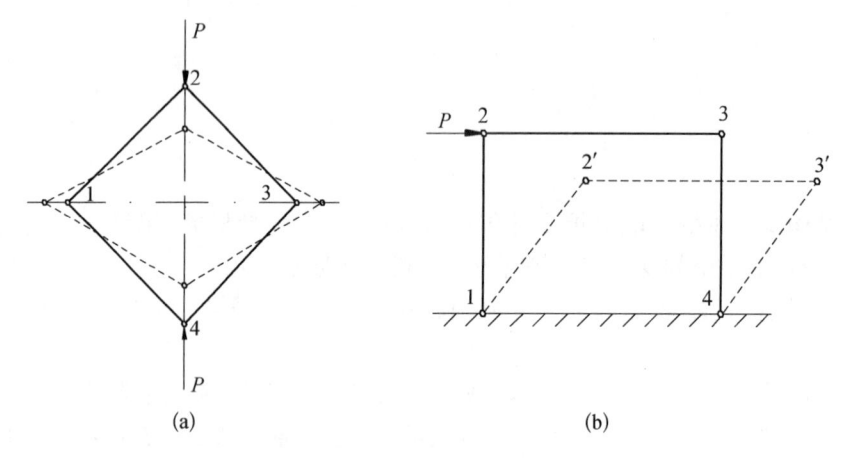

图 1-1 几何可变系统

以图 1-1(b)所示的系统来分析,它是由三根杆铰接组成的,杆 1-2 及杆 3-4 的一端又铰接在基础上。当有微小的外载 P 作用时,该系统的几何形状即发生巨大变化,变化的趋势如图中虚线所示。这时的变形并不引起杆的弹性变形,因此杆也不会产生与外载 P 平衡的内力。在这种情况下,只要没有其他阻碍,系统的形状就将继续变化下去,直到倒伏在基础上为止。显然,几何可变系统在不产生弹性变形的情况下,其元件之间就能发生相对的刚体位移。因而它是不能受力的系统,不能作为结构来使用。

2. 几何不变系统

图 1-2 所示的两个系统是在图 1-1 所示系统的基础上,分别用一根杆把节点 1 和 3 连接而成。当任意方向、任意形式的外载荷(如图 1-2 中的力 P)作用在系统上时,由于杆 1-3 的作用,系统不能任意改变其几何形状。这时,系统在力 P 的作用下,由于各元件

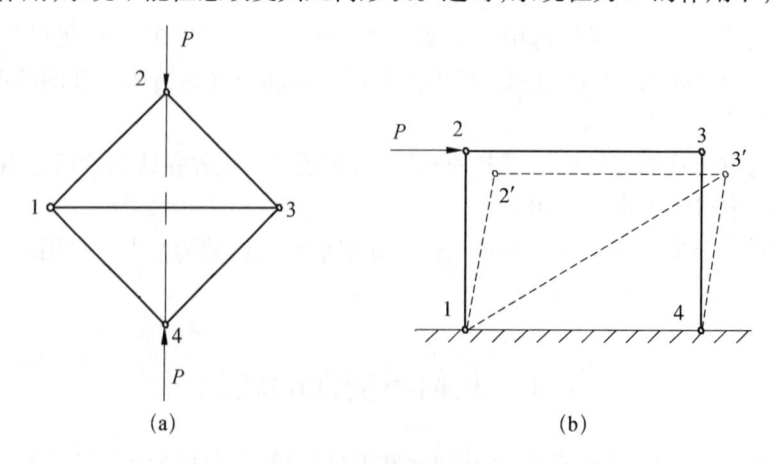

图 1-2 几何不变系统

之间互相牵连,将引起有关元件的弹性变形。以图1-2(b)为例,系统将会变成虚线所示的形状,系统中的杆1-2、杆2-3和杆3-4都有弹性变形,因而引起内力和外载荷 P 相平衡,阻止了系统的几何形状继续改变。这时,系统也发生变形,但由于受到元件刚性的限制,这种变形通常是微小的,不影响系统的正常使用。如果所有元件都是绝对刚硬的,系统就不会有任何形状的改变。

这种在受载后,不考虑弹性变形的情况下,各元件之间不发生相对的刚体位移的系统,在工程中就称为几何不变系统。几何不变系统在外载荷作用下的变形是微小的,能产生一定的内力与外载荷相平衡,因而这种系统是一种能够受力的系统。

3. 瞬时可变系统

如图1-3所示的系统,在节点2处沿垂直于双铰杆方向加载。加载的瞬间,双铰杆1-2、杆2-3都不能起约束作用,此时节点2便沿垂直于双铰杆的方向做微小运动。当节点2在垂直方向发生微小位移后,两根双铰杆就不再彼此共线了,节点2便受到双铰杆1-2、杆2-3的约束而不再继续运动。这种在加载的瞬间有明显的变形,而产生很小一点位移后就不继续变形的系统称为瞬时可变系统,简称瞬变系统。

瞬变系统介于以上两种系统之间。它的几何特点是,在受载后,先发生比较明显的几何变形,然后由于变形引起系统内部各元件的相互限制,形状不能继续改变。因此,它在开始受力的"瞬时"是几何可变的。

瞬变系统往往是由于元件安排不合理而造成的,从结构设计角度看,是不允许采用瞬变系统来作为结构的,因为在瞬变系统开始受载的瞬时,不仅几何形状发生显著的变化,其内力也是巨大的。例如,图1-3中的节点2变到2′时,便受到杆2-1和杆2-3的约束,各杆的内力为 N_{21} 和 N_{23},如图1-4所示。

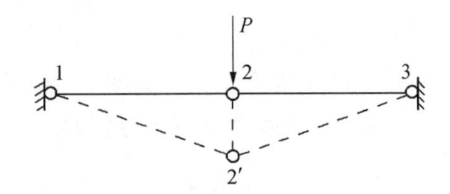

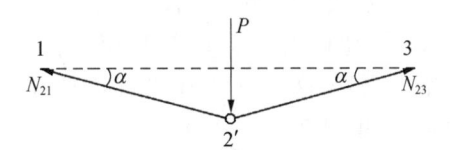

图1-3 瞬时可变系统   图1-4 瞬时可变系统内力分析

由 $\sum F_x = 0$ 可得

$$N_{21} = N_{23}$$

由 $\sum F_y = 0$,可得

$$2N_{21}\sin\alpha - P = 0$$

即

$$N_{21} = P/2\sin\alpha$$

因为 α 很小,所以 $\sin\alpha \approx \alpha \to 0$,则 $N_{21} \to \infty$。因此,在结构布置时,应避免出现瞬变

系统。就是比较近于瞬变系统的系统,也认为是不合理的。

综上所述,几何可变系统与瞬时可变系统都不能作为受力系统,只有几何不变系统才能作为受力系统。当不考虑弹性变形时,几何不变系统所具有的在载荷作用下几何形状不变的特性称为系统的几何不变性。显然,具有几何不变性的系统才能称为"结构"。

1.2 系统几何不变性的判定

1.2.1 自由度与约束

为了便于研究系统的几何不变性,引入"自由度"与"约束"的概念。

1. 自由度与约束的概念

结构是由多个构件相互约束组成的。结构中的每一个构件都可称为自由体,如点(节点)、杆、平面的刚盘、空间的刚体等都是自由体。决定自由体在某一坐标系中的位置所需要的独立变量数称为自由体的自由度。

减少自由体自由度的装置称为约束,双铰杆(两端带有铰的杆)、简单铰、固接(刚固连接接头)等都是约束,结构就是通过这些约束把自由体按一定规则连接起来的系统。如果没有足够的约束去消除各自由体的自由度,系统在载荷作用下就无法保持其原形。一个约束装置能减少自由体的几个自由度,就称它有几个约束数,简称有几个约束。

后面将从"自由度"与"约束"之间的关系,引出判断结构几何不变性的准则。

2. 基本构件的自由度

1) 点(或节点)的自由度

要确定平面内一点 A(图 1-5)的位置,需要 x_A、y_A 两个独立变量。这两个独立变量一旦给定,那么这一点 A 在平面内的位置就完全确定了,因此平面内一点(或一个节点)的自由度是 2。

要确定空间内一点 A(图 1-6)的位置,需要 x_A、y_A、z_A 三个独立变量。这三个变量一旦给定,那么这一点 A 在空间的位置就完全确定了。因此,空间一点(或节点)的自由度为 3。

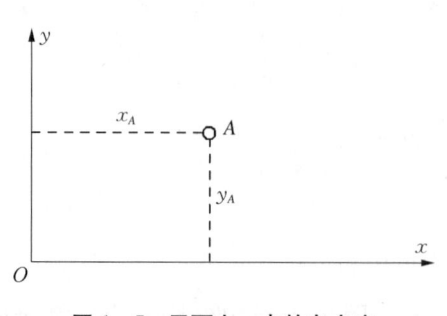

图 1-5 平面上一点的自由度

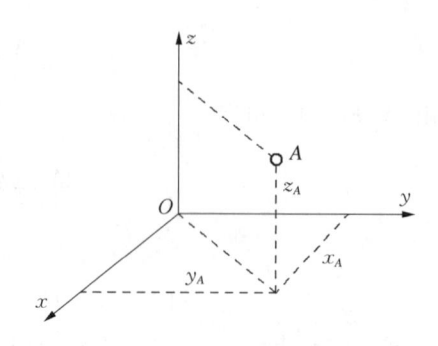

图 1-6 空间上一点的自由度

2) 杆的自由度

要确定平面内一根杆上任意一点 A 的位置,需要 x_A、y_A 两个独立变量,如图 1-7 所示。当这两个独立变量给定以后,这根杆还可以绕点 A 转动,这根杆在平面内的位置还不能确定。但当再给定一个独立变量 α 以后,这根杆在平面内的位置就完全确定了,所以杆在平面内的自由度是 3。

要强调的是,这里的"杆"不能与约束中的双铰杆混为一谈。这里的"杆"是自由体,不是约束。

要确定空间上一根杆上任意一点 A 的位置,需要 x_A、y_A、z_A 三个独立变量,如图 1-8 所示。当这三个独立变量给定后,这根杆在空间的位置还是不能确定。因为这根杆还可以绕点 A 转动。如果再给定 α、β 两个独立变量,那么这根杆在空间坐标系中的位置就完全确定了。换句话说,要确定一根杆在空间坐标系的位置,需要 5 个独立变量。因此,空间上一根杆有 5 个自由度。

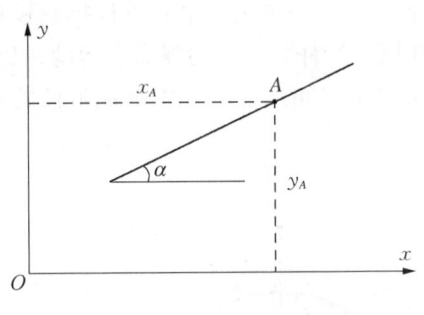

图 1-7 平面上一杆的自由度

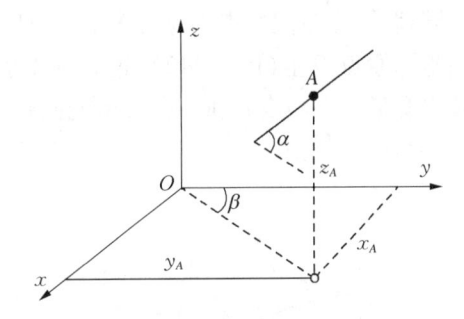

图 1-8 空间上一杆的自由度

注意,这里所提到的杆是以杆的轴线来代表的,没有粗细之分,即绕自身轴线转动一个角度,不影响杆的位置。

3) 刚盘的自由度

平面内的一个刚盘,可以认为是平面内一根杆的放大,如图 1-9 所示。要确定其在平面内的位置,需要 3 个独立变量,因此平面内的刚盘有 3 个自由度。

4) 空间刚体的自由度

空间刚体与空间杆所不同的是:空间杆绕自身轴转动不影响杆在空间坐标系中的位置,而在其他情况相同时,空间刚体绕自身轴转动时要改变刚体在空间的位置,如图 1-10 所示。因此,要确定刚体在空间坐标系中的位置需要 6 个(比空间杆多 1 个)独立变量,空间刚体有 6 个自由度。

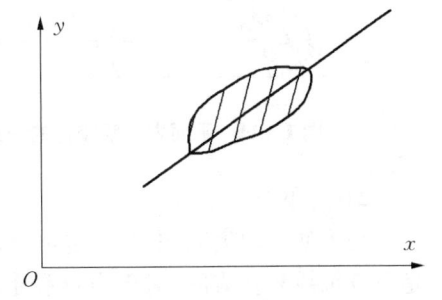

图 1-9 平面上一个刚盘的自由度

3. 基本构件的约束

1) 双铰杆

平面内任意一点 A(图 1-11)本来有两个自由度 x_A 和 y_A,如果用一根双铰杆将其铰

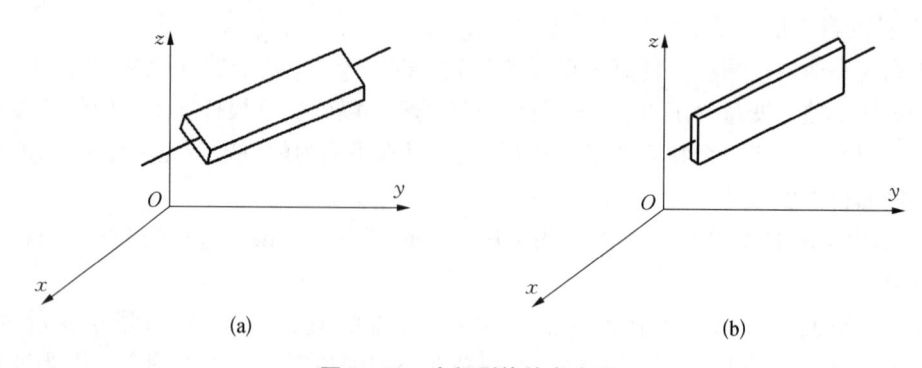

图 1-10 空间刚体的自由度

接在坐标系的原点 O 上,点 A 就不能在平面内任意移动了,而只能在杆端所画的圆周上运动,这时只要一个独立变量 x_A(y_A 或 α)就可以确定它的位置。平面内的一根双铰杆能减少一个自由度,所以它起一个约束的作用。

同理,一个空间节点本应有 3 个自由度(x_A、y_A、z_A),如果用一根双铰杆把它铰接于空间坐标原点 O 上(图 1-12),这时点 A 也只能在以双铰杆为半径的球面上运动,只要两个独立变量——经度 θ 和纬度 α 就能确定其位置,可见空间系统中一根两端带铰的杆也是一个约束。

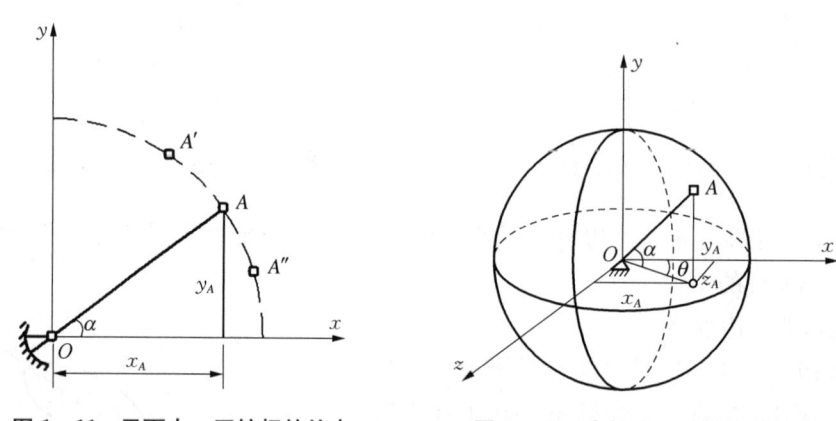

图 1-11 平面内一双铰杆的约束　　图 1-12 空间上一双铰杆的约束

2) 简单铰

为了便于研究问题,有时也可以把杆看作自由体,把节点看作约束。这里所提到的杆是以杆轴线来代表的,对于平面系统,一根杆具有 3 个自由度 x_A、y_A、α(图 1-13),若用一个简单铰把它与固定铰支座连接,则只剩下 1 个自由度了,可见一个平面铰起两个约束作用。

同理可知,对于空间系统(图 1-14),一根杆有 5 个自由度 x_A、y_A、z_A、θ、α。若用一个简单铰把它与固定铰支座连接后,就只剩下 2 个自由度 θ、α 了,可见一个空间球形铰起 3 个约束的作用。

3) 固接

平面内一个刚盘有 3 个自由度,被固接到基础上就完全不能移动,其自由度减少了

3个,所以平面上固接的约束数是3;同理,空间一个刚体固接后自由度会减少6个,所以空间固接起6个约束的作用。

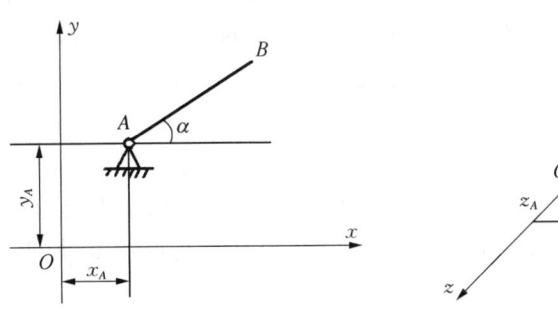

图1-13 平面上一简单铰的约束 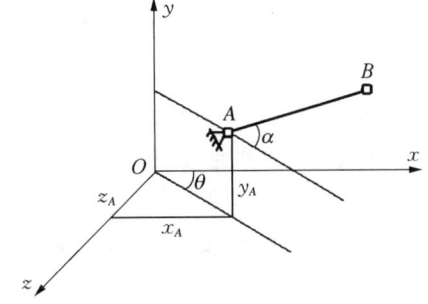　　图1-14 空间上一简单铰的约束

结构中各基本构件的自由度和约束数如表1-1所示。

表1-1 基本构件的自由度和约束数

构件名称	自由度/约束数	平面	空间
点(节点)	自由度	2	3
杆	自由度	3	5
刚盘(体)	自由度	3	6
双铰杆	约束数	1	1
简单铰	约束数	2	3
固接	约束数	3	6

1.2.2 系统几何不变性的判定方法

了解了自由度与约束的概念,就可以来研究系统的几何不变性。在系统几何不变性分析过程中,常将系统(包括支座)看作由许多自由体和一些约束所组成,至于把哪些元件看作自由体,哪些元件看作约束装置,需要根据具体情况灵活运用。规定系统内自由体的总自由度数用 N 表示,约束装置的总约束数用 C 表示。根据系统是否与基础连接,还可将系统分为两类:与基础连接的非自由系统称为不可移动系统;不与基础连接的自由系统称为可移动系统。

1. 系统几何不变的必要条件

首先考虑不可移动系统。如果系统中有足够数目的约束来消除系统的全部自由度,即

$$C \geqslant N \tag{1-1}$$

则系统才可能是几何不变的,否则系统是可变的,即式(1-1)是保证系统几何不变性的必

要条件。必要条件是指：凡是几何不变系统都需满足此条件，但满足此条件的并不一定都是几何不变系统。如图 1-1(b) 所示的系统，若把节点看作自由体，而把双铰杆、支座看作约束，系统的自由度总数 $N = 4(点) \times 2 = 8$，系统的约束数 $C = 3(双铰杆) + 4(支座) = 7$，显然 $C < N$，系统是几何可变的。如图 1-2(b) 所示的系统，其约束数 $C = 4(双铰杆) + 4(支座) = 8$，$C = N$，满足系统几何不变的必要条件，在下面将进一步说明，该系统约束安排合理，所以是几何不变系统。

如果系统是不与基础连接的可移动系统，对平面系统有 3 个刚体运动自由度，对空间系统有 6 个刚体运动自由度。此时，平面系统内部只有 $N - 3$ 个自由度需要约束，空间系统内部只有 $N - 6$ 个自由度需要约束。因此，可移动系统具有几何不变性的必要条件如下。

对于平面系统：

$C < N - 3$　（系统是几何可变的）
$C \geq N - 3$　（系统满足几何不变的必要条件）

对于空间系统：

$C < N - 6$　（系统是几何可变的）
$C \geq N - 6$　（系统满足几何不变的必要条件）

换句话说，可移动系统的几何不变性的必要条件是

$$\begin{cases} C \geq N - 3 & （平面） \\ C \geq N - 6 & （空间） \end{cases} \tag{1-2}$$

2. 系统几何不变的充要条件

要保证系统几何不变，必须满足式 (1-1) 或式 (1-2)，但满足式 (1-1) 或式 (1-2) 的系统不一定就是几何不变系统。对于一个系统，尽管有足够的约束，但约束安排不合理时，该系统仍然是可变的，或者是瞬时可变的。因此，系统具有几何不变性的充要条件是满足式 (1-1) 或式 (1-2)，且"约束安排合理"。

判定一个系统是否满足几何不变性的必要条件比较容易，但要判断一个系统约束的安排是否合理就要困难些。从保证几何不变性的观点来看，约束安排不合理的情况主要有下列几种。

(1) 系统中一部分有多余约束，而另一部分约束数不足，因而在约束数不足的部分是几何可变的。如图 1-15 所示的系统，它虽然满足了系统是几何不变的必要条件 $C = N$，但由于 1-2-5-4 部分有一个多余约束，而 2-3-6-5 部分少一个约束，整个系统是几何可变的。

(2) 平面内，一个刚盘通过一点，用三根双铰杆与基础连接 [图 1-16(a)]，或者一个刚盘用三根平行且等长的双铰杆与基础连接 [图 1-16(b)]，这两个系统虽然都满足 $C = N$，但是约束安排都不合理，因此系统是几何可变的。

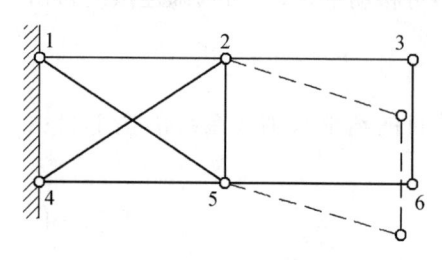

图 1-15　约束不合理情况 1

(3) 空间一个刚体(6个自由度)用6根双铰杆(6个约束)与基础连接,如果这6根双铰杆的延长线相交于同一轴(无论该轴在有限远还是无限远处),则刚体与基础组成的系统有可能是几何可变系统。如图1-17所示,固定机翼的6根双铰杆中的1、2、3共面,4、6也共面,这两个平面有一交线 $A-A$。而另一双铰杆5的延长线与 $A-A$ 平行,相当于在无限远处相交。不难看出,当机翼绕 $A-A$ 轴转动时,各双铰杆均不起约束作用,整个机翼有一个绕 $A-A$ 轴的转动自由度,故此系统为几何可变系统。

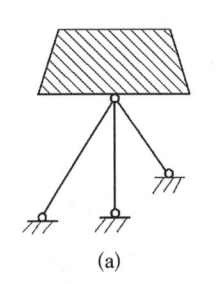

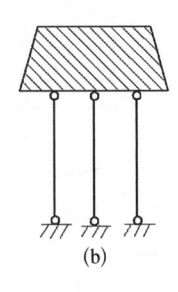

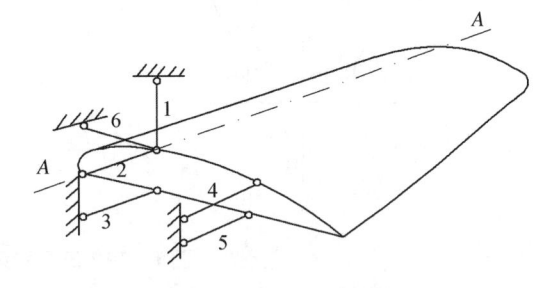

图1-16 约束不合理情况2

图1-17 约束不合理情况3

(4) 瞬变系统。瞬变系统也是约束安排不合理的情况之一。瞬变系统的情况是多种多样的,但归纳起来不外乎如下几种情况。

a. 将一个节点用两根共线的双铰杆与基础连接的系统是瞬时可变系统,如图1-3所示。

b. 平面内,三个刚盘,每两个之间用铰(包括实铰或虚铰)连接,如三个铰共线,则为瞬时可变系统。

图1-18所示的系统是将三个刚盘用三个实铰连接成的系统,铰1、2、3共线,所以该系统是瞬时可变系统。

如果在同一组的两个刚盘之间,不是用一个铰链连接,而是用不共线的两根双铰杆连接(图1-19),显然,这两根双铰杆所起的约束作用相当于在两双铰杆交点处的一个铰所起的约束作用,将这个铰称为"虚铰"。用 O 表示两根杆轴线的交点,刚盘1与刚盘2之间发生以点 O 为中心的相对转动,点 O 称为瞬时转动中心。

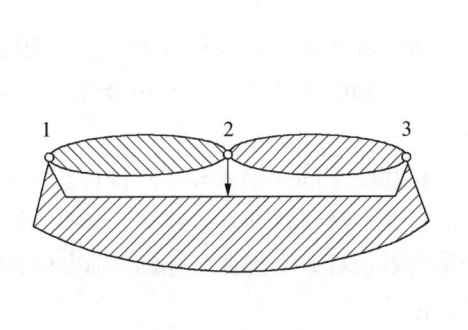

图1-18 瞬变系统

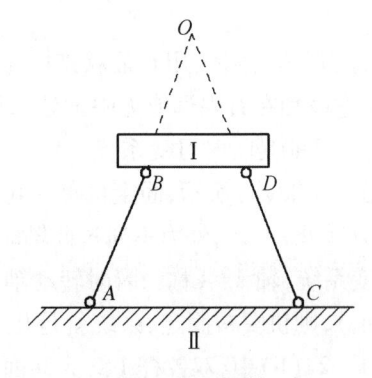

图1-19 瞬铰

对于三个刚盘,两两之间分别用两根双铰杆相连,六根双铰杆所形成的三个虚铰在同一直线上时,则该系统是瞬变系统。图1-20所示的系统都是瞬变系统。交点1和交点 3 都是虚铰,图 1-20(b)中的虚铰在无穷远处。在此,特别要注意"虚铰"的概念,不是任意两根杆的交点,而必须是连接相同的两个刚盘的两根双铰杆的交点才能构成"虚铰"。

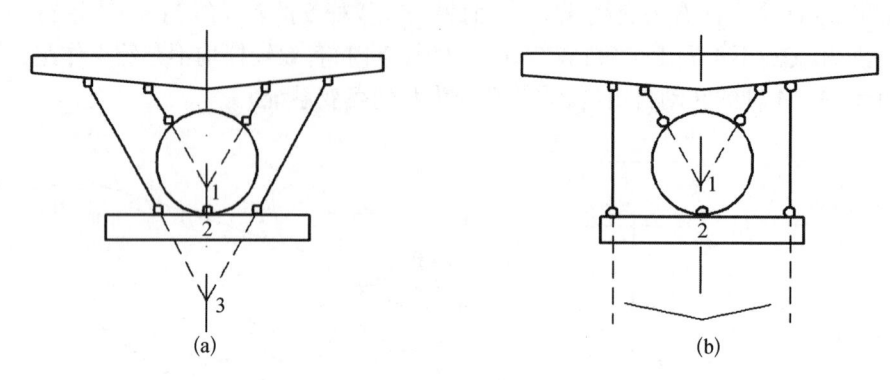

图 1-20 三个刚盘的连接

c. 一个刚盘用交于一点的三根双铰杆或互相平行且不等长的三根双铰杆连接在基础上的系统是瞬时可变系统,如图 1-21 所示。

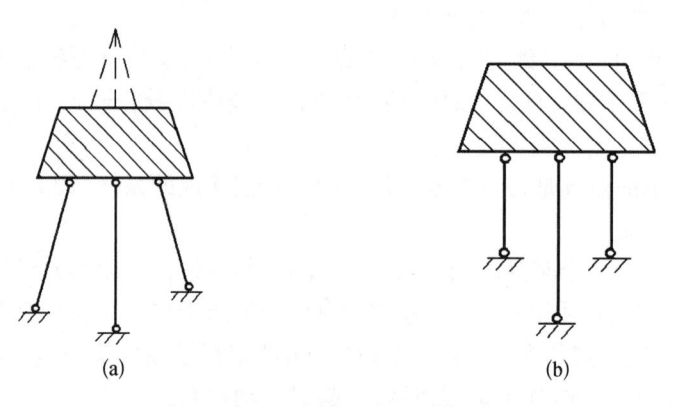

图 1-21 一个刚盘与基础的连接

d. 空间一个刚体,用 6 根双铰杆与基础连接,如果这 6 根双铰杆的延长线相交于同一轴(无论该轴在有限远或无限远处),则刚体与基础组成的系统除有可能是几何可变系统外,也有可能是瞬时可变系统。

如图 1-22(a)所示,固定机翼的 6 根双铰杆相交于同一轴 $A-A$(双铰杆 6 与 $A-A$ 轴交于无穷远处)上,当外力不通过此轴时,机翼在受力瞬间就会发生绕 $A-A$ 轴的转动,所以是瞬变系统,轴 $A-A$ 称为瞬时转动轴。如果将双铰杆 5 安排在坐标的 z 轴方向(如图中虚线所示),则机翼被固定,系统就是几何不变的了。

图 1-22(b)中,双铰杆 1、2、3 共面,杆 4、6 也共面,此两平面有一交线 $A-A$,而另一双铰杆 5 的延长线与 $A-A$ 轴平行,相当于在无限远处相交。不难看出,当机翼绕 $A-A$ 轴转动时,各杆均不能起约束作用,整个机翼仍可绕此轴发生微小转动,当转动到一定限度时,双铰杆 4 就会起约束作用了。因此,该系统为瞬时可变系统。

(a)　　　　　　　　　　　　　　　　(b)

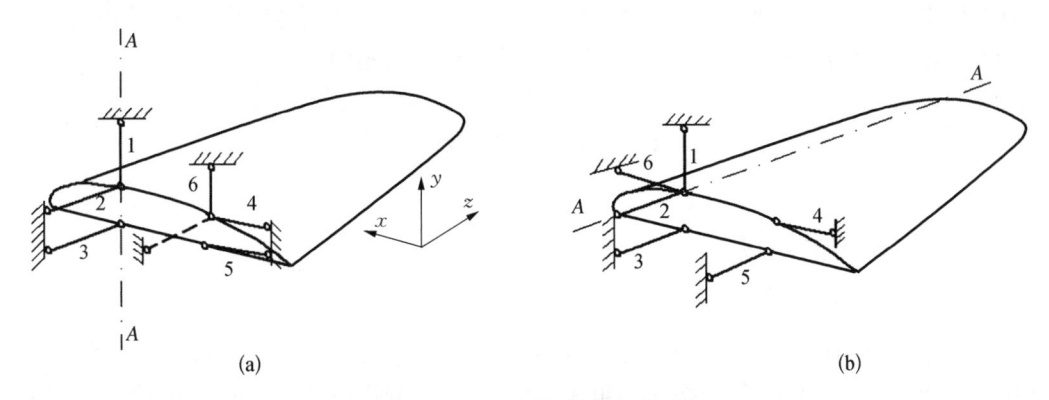

图 1-22　空间刚体与基础的连接

判断系统是否是瞬变系统时,可以按照上述四种情况逐条对照。有很多瞬变系统的特征不是很明显,似乎上述哪一条都不符合,这时就需要处理,把某些杆看成刚盘,或将某些双铰杆的轴线延长,找出虚铰后再判断。

3. 几何不变性的判定程序

判断给定系统的几何不变性时,可按下述程序进行(图 1-23)。

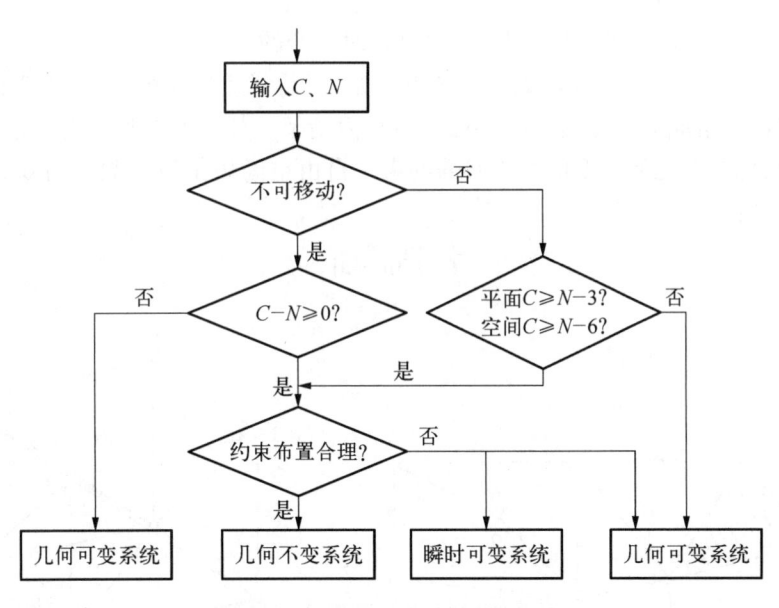

图 1-23　几何不变性的判定程序

对于不可移动的系统,可以把基础当作一个刚盘(即当作一个自由体)。这样,这个不可移动的系统就变成了可移动系统。这时,可用式(1-2)来判定该系统是否满足几何不变性的必要条件。

具有最少必需约束数的几何不变系统,称为静定结构(又称静定系统);具有多余约束的几何不变系统,称为超静定结构(又称静不定系统)。一个超静定结构的多余约束是几个,这个超静定结构的超静定度数就是几。因为静定结构和超静定结构在内力和变形计算方法上有很大的差别,而且超静定结构的内力计算又与其超静定度有关,所以要求不仅能判断一个系统的几何可变性,也要判断超静定结构的超静定度。

1.3　杆系结构的组成

1.3.1　桁架的组成

1. 逐次连接节点法

桁架结构是指由直杆元件在杆端用没有摩擦的理想铰链连接而成的杆系结构,杆端连接点称为节点。为便于研究桁架的组成,把自由桁架看作由节点组成,而把两端具有铰链的双铰杆作为约束。

组成平面桁架时,铰接的三角形是最基本的几何不变系统。每经过两个节点,用两根不在同一直线上的双铰杆组成新节点(图1-24)。显然,用这种逐次连接节点法所组成的平面桁架具有几何不变性所必需的最少约束数。自由平面桁架的节点数 n 与双铰杆数 C 之间存在如下关系:

$$C = 2n - 3 \tag{1-3}$$

图1-24中,节点9连接不正确,因为它也是瞬时可变的。

组成自由空间桁架时,也可以从三角形开始,以后每经过3个节点,用3根不在同一平面内的双铰杆组成新节点(图1-25)。与平面桁架一样,用这种逐次连接节点所组成的空间桁架,也具有几何不变的最少必需约束。自由空间桁架节点数 n 与双铰杆数 C 之间有下列关系:

$$C = 3n - 6 \tag{1-4}$$

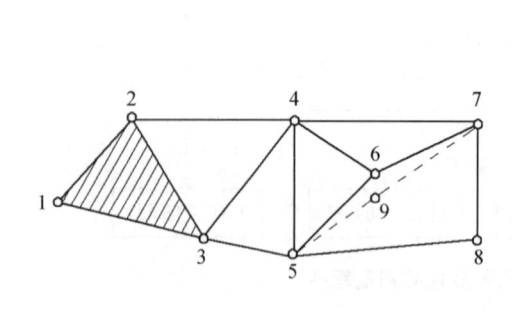

图1-24　平面桁架的组成　　　图1-25　空间桁架的组成

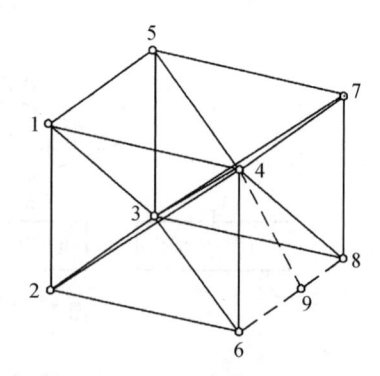

图1-25中,节点9连接不正确,因为它也是瞬时可变的。

对于几何不变且不可移动的桁架,整个系统可作为一个刚体而没有自由度,则节点数 n 与双铰杆数 C 之间的关系为

$$C = 2n \quad (平面桁架) \tag{1-5}$$

$$C = 3n \quad (空间桁架) \tag{1-6}$$

由上述方法组成的桁架,称为简单桁架。

同样一个桁架,也可以把杆作为自由体(每一根杆有 3 个自由度),节点作为铰(每一个铰有两个约束)。一个节点不能就是一个铰,一个节点的铰数与这个节点连接的杆数有关。与 n 根杆相连接的一个节点,其铰的个数 D 为

$$D = n - 1 \tag{1-7}$$

2. 复合桁架法

将几个简单桁架,用足够的保证其间无相对移动的约束连接起来,用这种方法所组成的桁架称为复杂桁架。

对于平面桁架,每连一个桁架就需要 3 个约束。可用一个铰、一根双铰杆或三根双铰杆连接,但三根双铰杆不应交于一点或相互平行(即交于无穷远处),否则系统将是可变的或瞬时可变的,如图 1-26 所示。

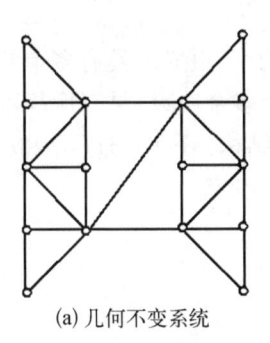

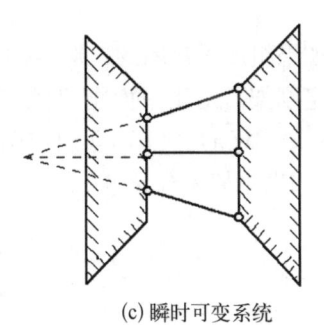

(a) 几何不变系统　　(b) 几何可变系统　　(c) 瞬时可变系统

图 1-26　平面复合桁架法

对于空间桁架,每连接一个桁架就需要 6 个约束。可用一个铰、三根双铰杆或六根双铰杆连接(图 1-27),但六根双铰杆不应该交于一轴(无论轴在有限远或无穷远)。如图 1-28 所示的连接,其相交轴在无穷远处,组成的系统是可变的。

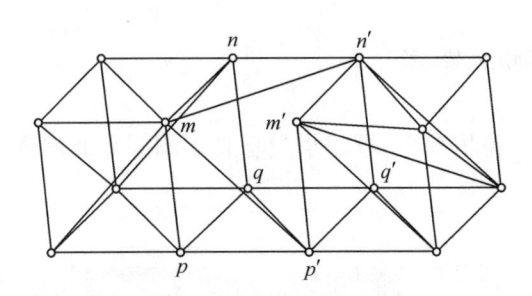

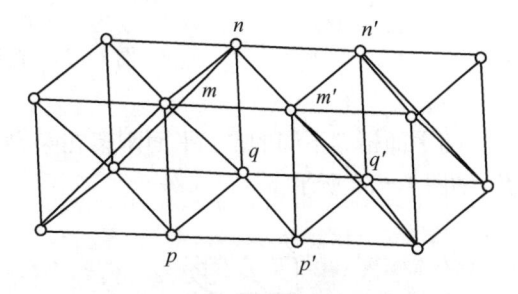

图 1-27　空间复合桁架法　　　　图 1-28　约束安排不合理的情况

1.3.2　刚架的组成

1. 逐次连接杆法

为了便于研究刚架的组成,把刚架看作由杆(自由体)组成的,而把刚节作为约束。

在平面内,一个刚节相当于3个约束;在空间内,一个刚节相当于6个约束。

无论是平面或空间刚架,与 n 根杆相连接的一个节点,其刚节数为 $n-1$ 个。用刚节逐次连接杆的方法就可以得到平面刚架和空间刚架,如图 1-29 和图 1-30 所示,这种刚架称为简单刚架。

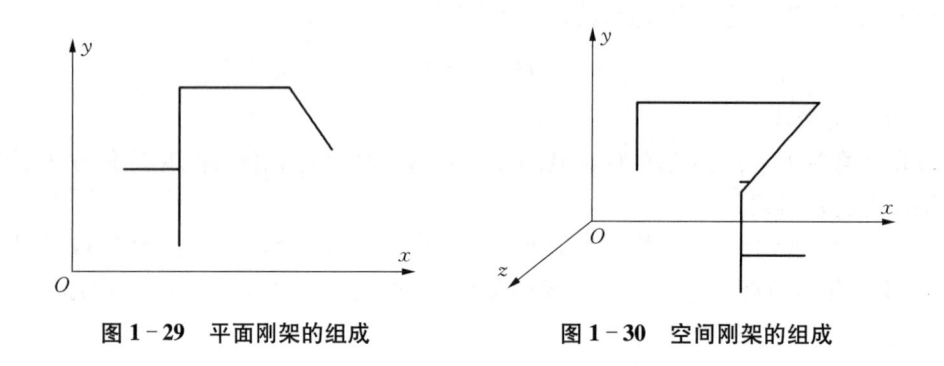

图 1-29 平面刚架的组成

图 1-30 空间刚架的组成

如果组成了封闭的框形结构,就相当于在封闭处多用了约束,组成了具有多余约束的静不定刚架。对于平面刚架,组成一个封闭框架,相当于三个多余约束,是三度静不定结构[图 1-31(a)和(b)]。组成两个封闭框架,是六度静不定结构[图 1-31(c)和(d)]。显然,如果刚架闭合 m 次,那么其静不定度数 K 可由式(1-8)确定:

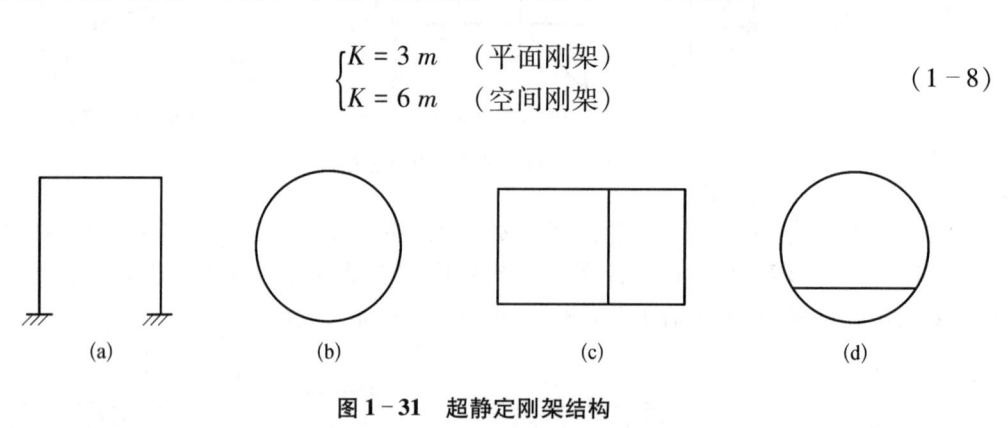

$$\begin{cases} K = 3m & (平面刚架) \\ K = 6m & (空间刚架) \end{cases} \tag{1-8}$$

图 1-31 超静定刚架结构

与平面桁架不同的是:平面刚架在某种支持情况下,可以承受垂直于刚架平面的载荷,如图 1-32 所示。

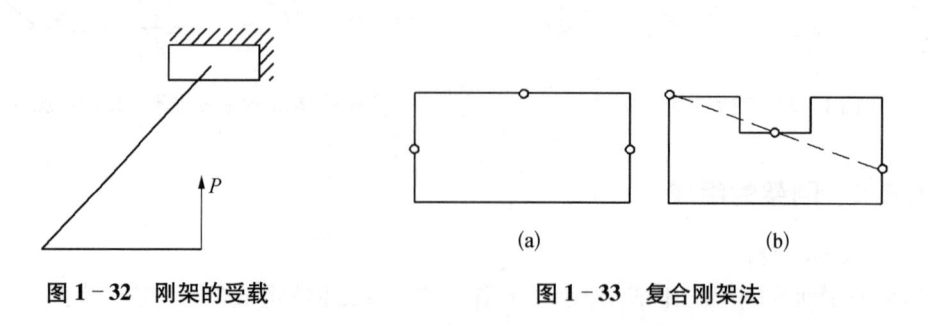

图 1-32 刚架的受载

图 1-33 复合刚架法

2. 复合刚架法

复合刚架法就是把几个简单刚架,用足够的保证各简单刚架间无相对移动的约束连接起来,用这种方法所组成的刚架称为复杂刚架。

图 1-33(a)所示的平面刚架是用三个铰链连接三个简单刚架所组成的。但必须注意,三个铰不应在一直线上,否则将是瞬时可变的,如图 1-33(b)所示。

1.4 薄壁结构的组成

1.4.1 薄壁结构的概念和特点

现代飞机除了少数几个部位(如发动机、起落架、传动系统等)仍采用杆系结构外,其余大部分采用薄壁结构。这种结构是由横向骨架(翼肋、隔框等)、纵向骨架(梁的缘条、桁条等)和蒙皮组成的,各元件之间的连接关系比较复杂,为适应目前工程计算的需要,采用"受剪板式薄壁结构"的计算模型,它采用如下假设。

(1) 认为骨架是主要承力构件,骨架的交叉点是铰接的节点,将蒙皮上的局部空气动力载荷等效地简化到节点上,如图 1-34(a)所示。

(2) 组成骨架的杆只承受轴向力,镶在骨架上的蒙皮四边只受剪切,即每块板与其周围的杆之间只有剪力作用,如图 1-34(b)所示。

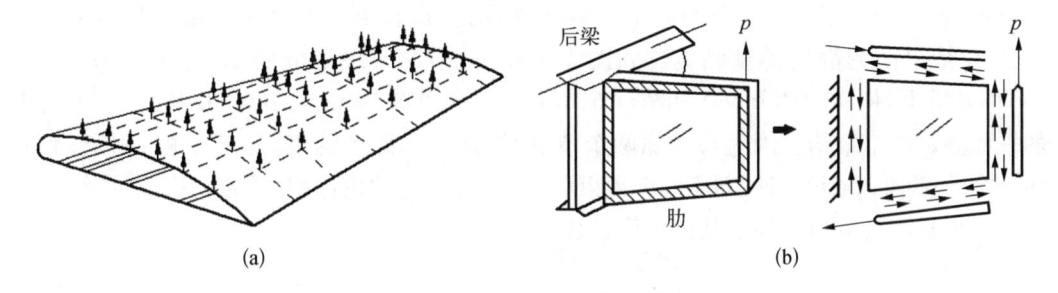

图 1-34 受剪板式薄壁结构

(3) 板的厚度相对于其他(长、宽)尺寸是很小的,可认为板很薄,故可假设板剖面上的剪应力 τ 沿厚度 δ 不变,如图 1-35(a)所示。这样,板单位长度上的剪力就等于 $\tau \times \delta \times 1$,记为 q,将 q 称为"剪流"。剪流 q 的常用单位为 N/cm,在图上常用半个箭头或小箭头表示。

(4) 认为板剖面上的剪流 q 的方向总是与剖面中线的切线方向一致的,如图 1-35(b)所示。在一般情况下,板表面没有切向载荷,如图 1-35(c)所示,根据材料力学讲过的剪力双生互等定理,即剪流必然指向剖面中线的切线方向。

(5) 认为板的每一个边上的剪流沿长度不变(即剪流为常量)。这样,板的每一个边上就只有一个未知剪流了。

采用上述简化假设的受剪板式薄壁结构计算模型,只包含两类结构元件,即承受轴力的杆和承受剪流的板。以上这种抽象的简化过程又称为薄壁结构的离散化。

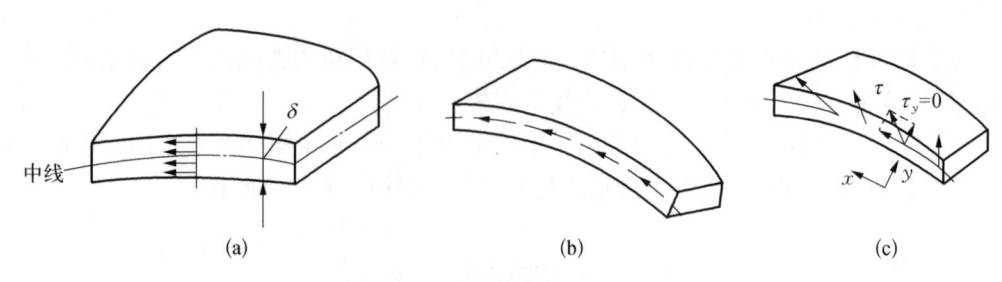

图1-35 薄壁结构剖面的剪流

1.4.2 平面薄壁结构的组成

在研究薄壁结构的组成规律时,仍可把节点看作自由体,而把杆和板看作约束装置。每个平面节点具有两个自由度。前面分析表明,受剪板式计算模型中的杆和四边形板只起一个约束的作用。从直观上看也很明显,如图1-36(a)所示的简单薄壁结构,如果去掉板,仅由节点和杆组成的框架(1-2-3-4)是有一个自由度的几何可变系统,它的角度∠123可以任意改变,而板的存在限制了角度的改变,使其成为几何不变系统。可见,板在限制角度改变上,就相当于桁架中斜杆的作用[图1-36(b)],所以一个四边形板就相当于一个约束。

薄壁结构组成法与桁架组成法相似,也是先从某一几何不变部分开始,然后每增加两个节点(四个自由度),就用三根杆和一块板来固定,就得到没有多余约束的几何不变系统,即组成平面的静定薄壁结构。如图1-36(c)中的实线部分所示,就是在图1-36(a)的基础上,依次增加节点5和节点6,节点7和节点8,节点9,节点10和节点11而成的平面静定薄壁结构。因为每增加两个节点时,都用了四个约束(三杆一板)固定;而增加一个节点(如节点9)时,则用两个约束(三角形板不起约束作用)固定。因此,该结构是具有最少必需约束数的静定几何不变系统。

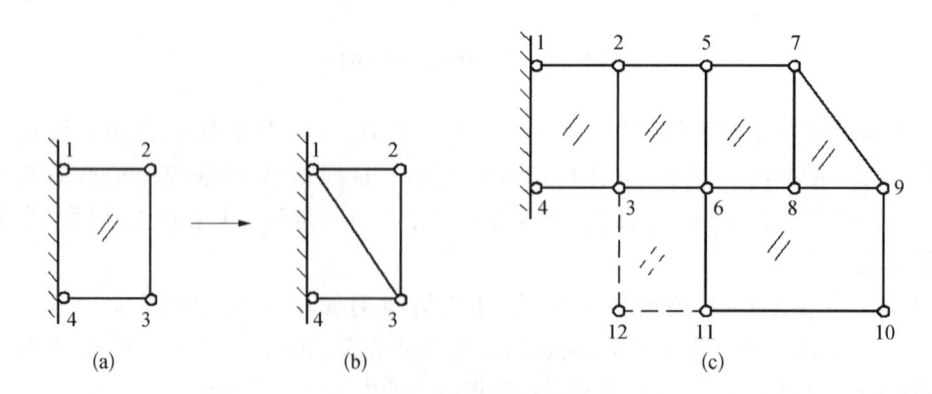

图1-36 平面薄壁结构的组成

如果在图1-36(c)实线部分的基础上再增加一个如虚线所示的格子时,情况就发生了变化:① 这个格子的四个节点中有三个是原来基础上的,只有节点12是新增加的,即只增加了两个自由度,而增加的约束数却是三个(两根杆和一个四边形板)。显然,结构增加了一个多余约束,成为一度超静定结构。② 实线部分每增加一个格子时,新格子只有一边与原基础相连,即"单边连接";而虚线所示的格子则有两边与基础相连,即"双边连接"。③ 实线部分没有内部"十"字节点,而虚线部分使结构增加了一个内部"十"字节点,这一内部"十"字节点数恰好就是多余约束数(这一点在判断超静定结构的多余约束数上是很有用的)。以上所形成的格子形式的平面结构,简称格式结构。

飞机结构上,由于使用和维护等方面的要求,往往需要在结构中央开洞,如常见的环形薄壁框结构[图 1-37(a)]就属于这种形式。对于这种结构的多余约束数,可用以下两种方法进行分析:① 假想将结构的中央开洞用一块板补起来,如图 1-37(b),此时结构具有四个内部十字节点(1、2、3、4,共四个十字节点),所以有四个多余约束,而图 1-37(a)的结构中央缺一块板,比图 1-37(b)的结构少一个约束,所以它具有三个多余约束;② 在图 1-37(a)结构的基础上,去掉两杆和一块四边形板(三个约束),则成图 1-37(c)所示的结构,它属于单边连接的结构,没有多余约束,所以图 1-37(a)为具有三个多余约束的结构。由以上实例可见,分析结构的多余约束的办法不止一种,可根据具体结构特点和结构的组成原理去灵活运用。

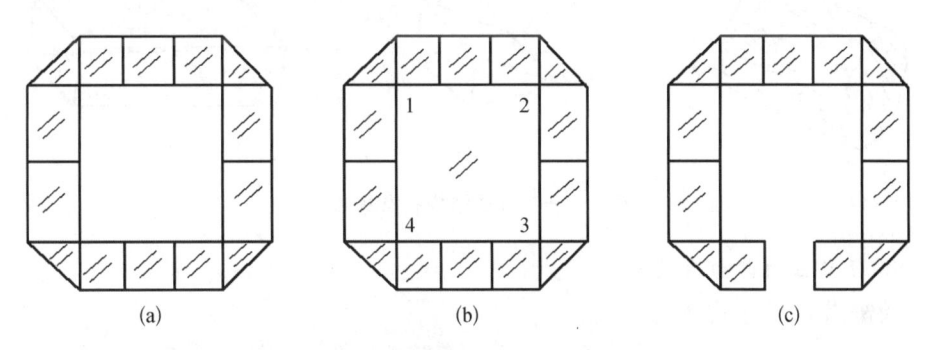

图 1-37 平面薄壁结构多余约束的判断

1.4.3 空间薄壁结构的组成

在研究空间薄壁结构的组成时,仍可将节点看作自由体,将杆和板看作约束装置。这时,每个空间节点具有三个自由度,每根杆或每块四边形板具有一个约束。

在空间薄壁结构中,除上述几种元件外,还有一种保持外形作用的元件,即通常所说的框和肋,这种元件也可看作约束装置。通常,框和肋在自身平面内是几何不变的,而在垂直于自身平面的方向上是不能受力的,因此它只能在自身平面内起约束作用。如图 1-38 所示为一环形隔框,设框上连接 n 个节点。在未连接以前,这 n 个节点在框平面内共有 $2n$ 个自由度。连接后,各节点相对于隔框的位置就不能动了。这时,它们只能随框像一个刚盘似的一起运动,在平

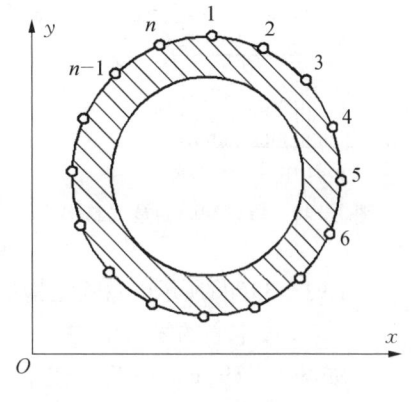

图 1-38 隔框

面内有 3 个自由度,因此连到隔框上的 n 个节点只剩下 3 个自由度了。显然,连有 n 个节点的隔框所具有的约束数为 2n-3。

按照前面所讲的约束与自由度的关系及几何不变性原理,就可以分析结构的静定性了。在飞机强度计算中,机身和机翼的计算模型通常简化成如图 1-39(a) 和 (b) 所示的形状。图 1-39(a) 是由 4 个隔框及若干纵向杆件和薄板组成的,其形状恰似鸟笼,称为"笼式结构"。图 1-39(b) 形状如盒,称为"盒式结构"。下面分别取其一段 [如图 1-39(c) ~ (e)] 来研究其静定性。

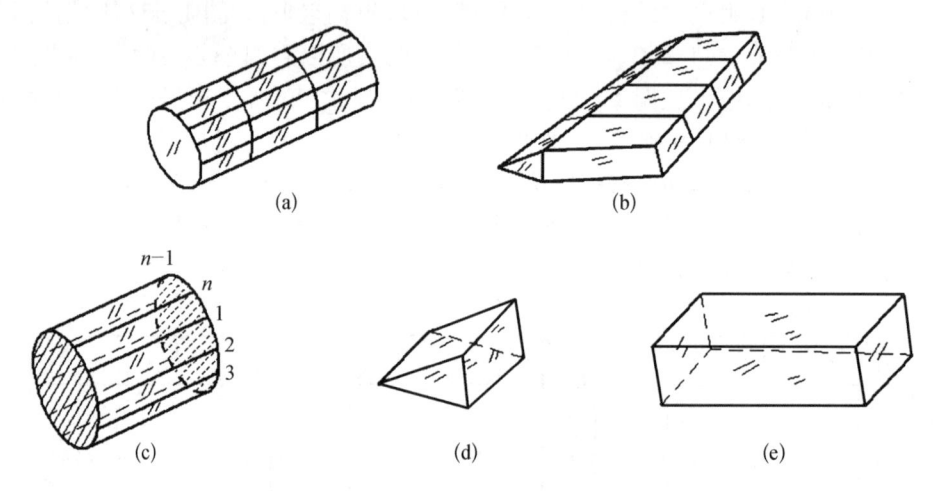

图 1-39 笼式结构和盒式结构

1. 单段空心的自由结构

1) 单段空心的盒式结构

如图 1-39(e) 所示为一个自由的六面镶有壁板的盒子。该系统有 8 个节点,自由度 $N = 3 \times 8 = 24$,有 12 根杆和 6 块四边形板,相当于 18 个约束,对于不与基础相连的自由刚体,在空间有 6 个刚体运动自由度,可见该盒子满足几何不变的必要条件,即 $C = N - 6$。根据空间几何不变系统的组成规律,可判断出其约束安排合理。可将四边板用斜杆代替,成为一空间桁架(图 1-40)。可以将 1-3-4-7 和 2-5-6-8 视为两个几何不变的刚体(图中加影线部分),将这两个刚体用杆 1-5、杆 1-2、杆 2-4、杆 5-7、杆 4-8、杆 7-8,共 6 个约束连接,6 根杆不相交于同一轴,因此组成的是一个几何不变系统。综上,该盒子是一个具有最少必需约束的几何不变、但可移动的静定空间薄壁结构。

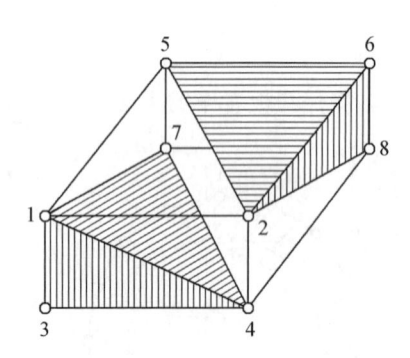

图 1-40 单段空心的盒式结构

图 1-39(d) 所示的盒式结构也是一静定结构,分析时应注意:三角形板不起约束作用。

2) 单段空心的笼式结构

如图 1-39(c),由两个在本身平面内几何不变的框架和纵向杆件及薄板组成,仍采用自由度和约束的关系来研究。每个框架有 n 个节点,两端框架有 2n 个节点,该系

的自由度为 $N = 2n \times 3 = 6n$。横向隔框是平面几何不变但可移动系统,每个框具有的最少必需约束数是 $2n-3$。纵向约束有 n 根杆和 n 块四边形板,所以系统的全部约束数为 $C = 2(2n-3) + 2n = 6n-6$。系统在空间是自由的,应有 6 个刚体自由度。因此,其自由度与约束数之间的关系恰好满足组成空间几何不变且可移动系统的必要条件,即 $C = N - 6$。另外,从结构的组成来看,将每块纵向板看成一根斜杆,则没有一个节点是用同一平面的杆连接的。因此,单段空心笼式结构是具有最少必需约束的几何不变系统。

综上所述,得出如下结论:单段空心的自由结构(盒式结构和笼式结构)是静定的。

假若这些自由结构不是空心的,还有内部纵向构件,如有纵向隔板,就有了多余约束,其多余约束的数目恰好与内部纵向隔板数相等。如图 1-41(a),多余的约束数 $K=1$;对于图 1-41(b),$K=2$。

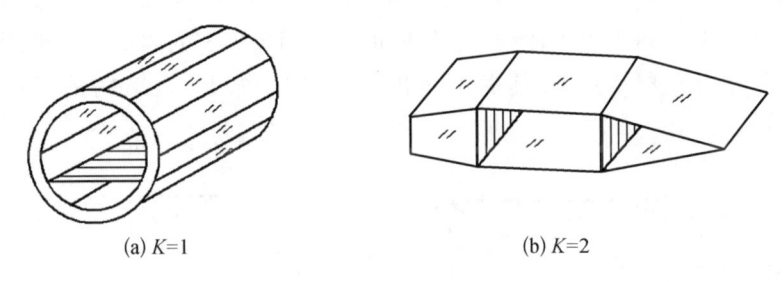

(a) $K=1$ (b) $K=2$

图 1-41 有纵向隔板的情况

2. 一端固定的一段空心薄壁结构

如图 1-42(a),有 n 个节点的端框,用纵向约束固定到基础上形成几何不变且不可移动的系统,最少需要 $3n$ 个约束。由于框本身是几何不变的,它具有 $2n-3$ 个约束,纵向有 n 根杆和 n 块四边形板,这相当于 $2n$ 个约束,该结构实有约束总数为 $C = 2n - 3 + 2n = 4n - 3$,比最少必需约束数多 $n-3$ 个。因此,一端固定的空心薄壁结构,一般是静不定结构,其多余约束数是 $n-3$。显然,一端固定的四缘条盒段[图 1-42(b)]具有一个多余约束,只有一端固定的三角形盒段[图 1-42(c)]才是没有多余约束的静定结构。

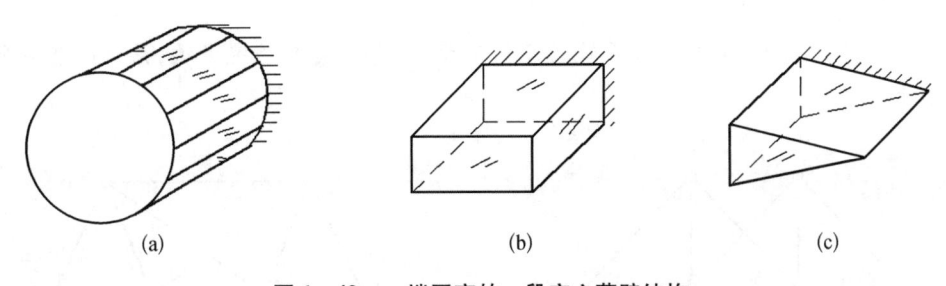

(a) (b) (c)

图 1-42 一端固定的一段空心薄壁结构

应该注意,上述分析中,只说明隔框在自身平面内是几何不变的,而没有涉及框本身的构造。实际上,框在其自身平面内也可能有多余约束。当然,横向约束不能与纵向约束互换。因此,上面所推出的一些有关多余约束的结论,都是针对具有多余纵向约束的元件而言,所谓静定也是针对纵向无多余约束元件而言。

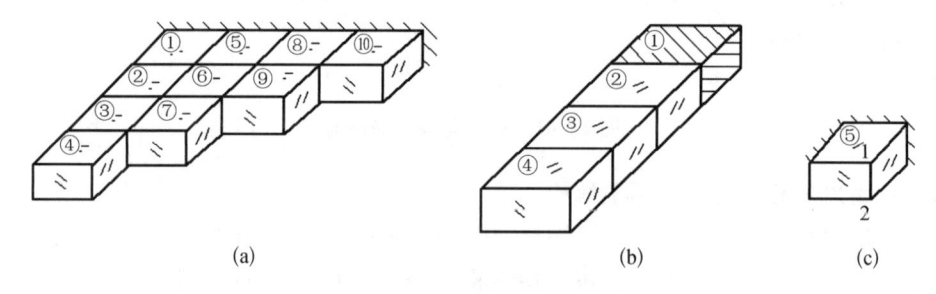

3. 多段空间薄壁结构

分析多段空间薄壁结构的静定性时,可以逐段地分析其多余约束数,最后再加起来。例如,某个三角机翼的计算模型如图 1-43(a) 所示,分析该系统的静不定度数时,可以从盒段 1 开始,盒段 1 为一端固定的四缘条盒段,从前面分析可知,它有一个多余约束。盒段 2 可以认为是支持在盒段 1 上,又增加一个多余约束。因此,对于四缘条盒式结构,每增加一个一端固定的盒段,便增加一个多余约束,也即增加一度静不定度。由此可知,图 1-43(b) 所示的空间薄壁结构的静不定度数为 4 度。盒段 5 以两边与基础相连 [图 1-43(c)]。通过对节点自由度与约束之间的关系进行分析可知,该系统有两个自由节点(1 和 2),自由度数为 $N = 3 \times 2 = 6$。将这两个节点固定到基础上,用了 5 根杆和 4 块四边形板,相当于 9 个约束,多余约束数 $K = 9 - 6 = 3$。可见,它有 3 个多余约束,其静不定度数为 3 度。因此,可得出下述结论:每增加一个两边固定的四缘条盒段,即增加 3 度静不定。依次分析盒段 5~10,其静不定度数为 18。综上,全结构的静不定度数为 $K = 22$。

图 1-43 多段空间薄壁结构

通过以上内容,了解了结构的组成规律,并能对结构的约束情况进行判断,就可以对结构进行内力与变形的计算。

习　题

1-1 分析题 1-1 图中各系统的几何不变性,如果是超静定结构,系统的多余约束数为多少?

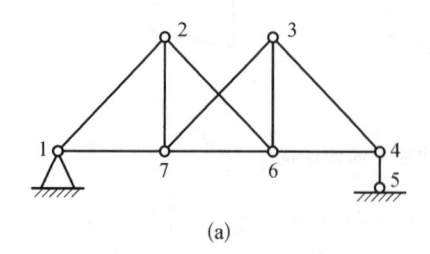

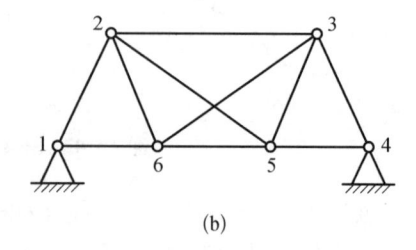

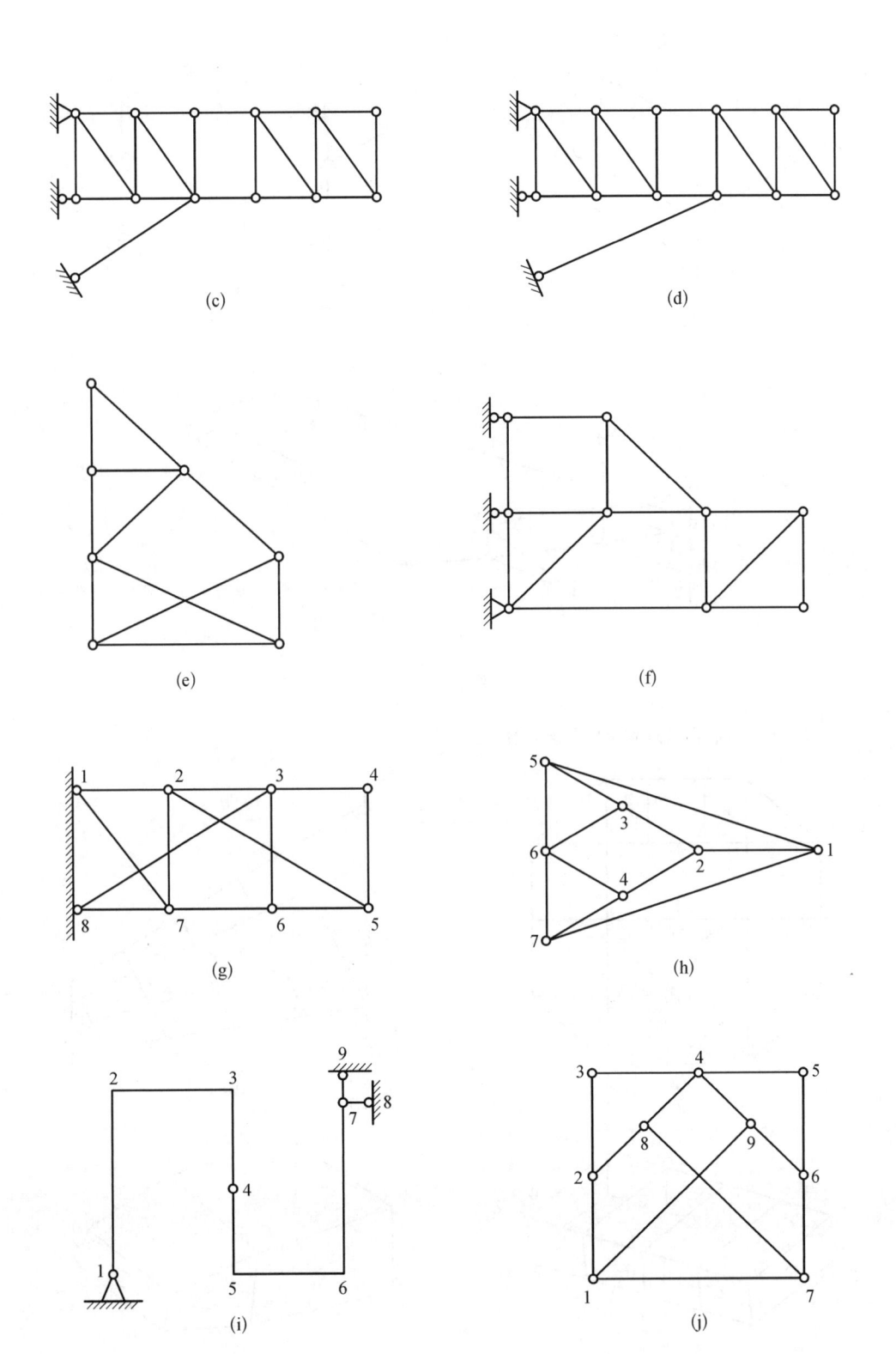

第 1 章 飞机结构的组成分析

(c)

(d)

(e)

(f)

(g)

(h)

(i)

(j)

(k)　　　　　　　　　　　　　(l)

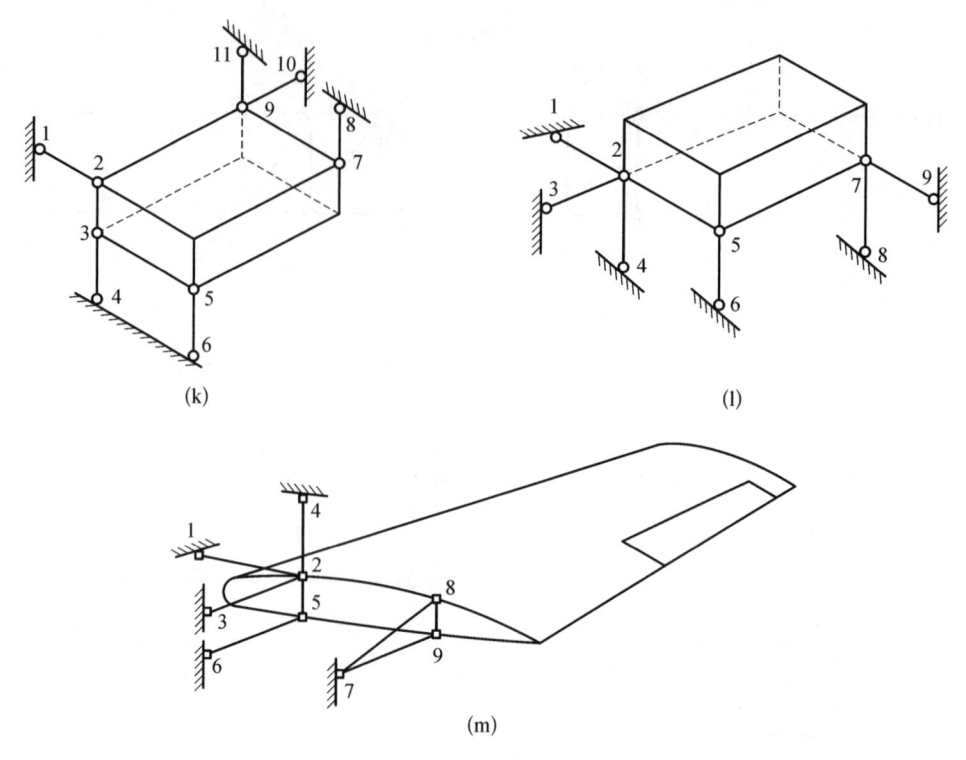

(m)

题 1-1 图

1-2　试判断下列结构的超静定度。

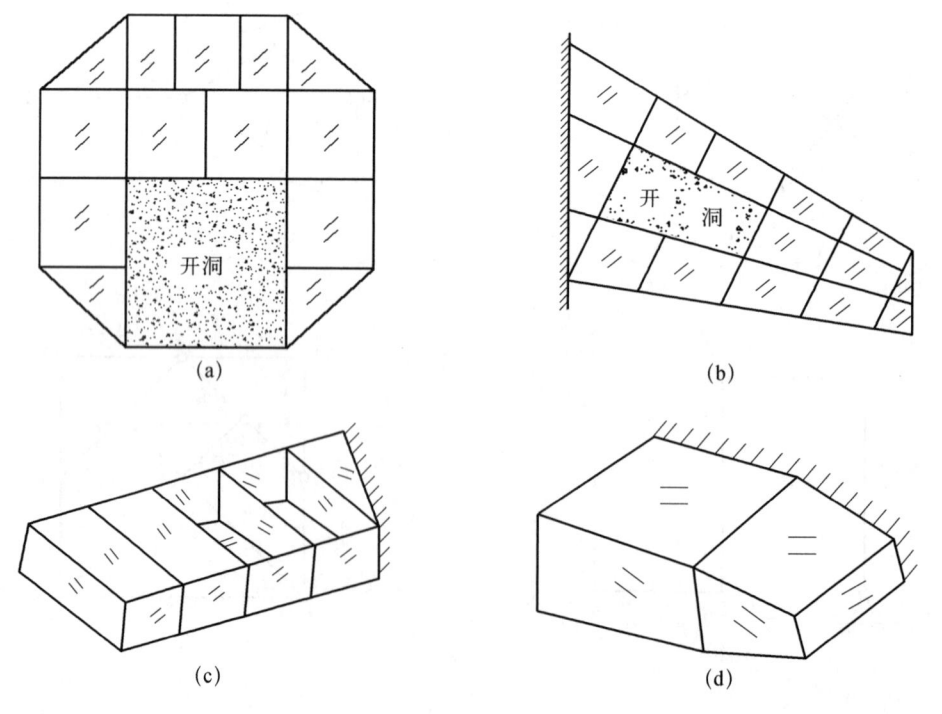

(a)　　　　　　　　　　　　　(b)

(c)　　　　　　　　　　　　　(d)

题 1-2 图

第 2 章
飞机的外载荷

结构不仅要是一个几何不变系统,还要满足一定的强度、刚度、寿命和可靠性等要求。有时又把强度、刚度、寿命和可靠性等要求统称为强度要求,显然后面的"强度"是更广义上的概念,即广义强度是指结构在载荷、振动、温度等工作环境下抵抗破坏和保持安全工作的能力。

对于飞机结构,既应该保证安全可靠,又要求重量轻,这就对结构强度分析提出了更高的要求。在进行飞机结构设计,或者为了对现役飞机结构及按某种需要进行改装了的飞机结构进行强度校核时,首先必须确定它所承受的载荷,而结构载荷要由飞机的外载荷来决定,因此,在飞机使用过程中的外载荷是对飞机结构进行强度计算的主要原始依据。

飞机的外载荷是指飞机在起飞、飞行、着陆和地面滑行等使用过程中,作用在机体各部分上的气动力、重力和地面反力等外力的总称。外载荷的大小取决于飞机的重量、飞行性能、外形的气动力特性、起落架的减震特性及使用情况等诸多因素。按照使用情况,飞机的外载荷分为飞行时的外载荷和起飞、着陆、滑行、地面操纵时的外载荷两类。

飞机外载荷的确定比较复杂,需要采用理论、试验及实测统计等方法,这些工作应该根据飞机强度规范的要求来进行。

本章主要介绍飞机在飞行中的外载荷、飞机及其部件的过载概念与意义、飞行限制参数的确定和飞行中的严重受载情况,最后简要说明飞机设计规范中介绍的一些复杂载荷情况,这些复杂的载荷情况可能会在飞机的实际使用、维护工作中遇到。着陆及地面运动时作用在起落架上的载荷,将在第 3 章的相关内容中进行分析。了解飞机的外载荷,就为分析飞机结构的受力准备好了初始条件。

2.1 飞 行 载 荷

在飞行中,作用在飞机上的载荷与飞行状态(飞行速度、高度和迎角及其变化率等)有关。飞机在空中飞行时的受载情况可简化成图 2-1。

通常,将质量乘以加速度的负值称为惯性力,即惯性力在数值上等于质量乘以加速

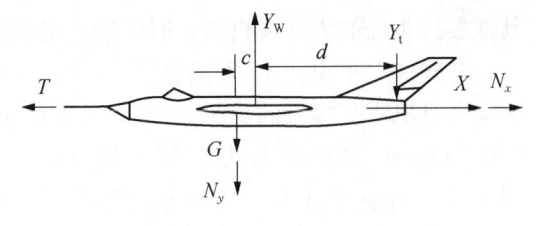

图 2-1 飞机飞行载荷

度,方向与加速度方向相反。在图 2-1 中加上了惯性力 N_x 和 N_y,是具有加速度的飞机的动平衡表示形式。飞机重力 $G(mg)$ 和惯性力 $N(-ma)$ 均与飞机本身质量 m 有关,故统称为质量力。

分析飞机在空中的受载情况,由牛顿第二定律得

$$\begin{cases} T - X = ma_x = N_x \\ Y_W - Y_t - G = ma_y = N_y \\ -Y_W c + Y_t(d + c) = I_z \alpha_z \end{cases} \quad (2-1)$$

其中,T 为发动机推力;X 为空气阻力;Y_W 为机翼升力;Y_t 为尾翼升力;a_x、a_y 分别为 x、y 方向的加速度;N_x、N_y 分别为 x、y 方向的惯性力;I_z 为飞机绕 z 轴的质量惯性矩;α_z 为飞机绕 z 轴的角加速度。

这里的坐标轴方向是按右手直角机体坐标系规定的,即原点 O 在飞机重心;纵轴 Ox 平行于机身轴线,指向前;竖轴 Oy 在飞机对称平面内,垂直于 Ox 轴,指向上(当飞机处于正常平飞姿态时);横轴 Oz 垂直于飞机对称平面,方向由右手系规定。将飞机简化成一个质点来研究其运动规律时,可将各种外载都移至重心处,并把飞机简化成一个质点来分析。

本节研究飞机作水平等速直线平飞、在垂直平面内机动飞行、在水平面内机动飞行,以及在飞行中遇到突风等几个典型状态下的外载荷。

2.1.1 水平等速直线飞行载荷

飞机在作水平等速直线飞行时,作用在飞机上的载荷有飞机的升力 Y_0、空气阻力 X_0、飞机的重力 G 和发动机的推力 F_0,如图 2-2 所示。为了便于分析,近似地认为这些力都作用在飞机重心处,而且 F_0、X_0 和 Y_0、G 分别与飞机的坐标轴 x 轴和 y 轴相重合。由于是水平等速直线平飞,作用在飞机上的力必须满足平衡条件,即

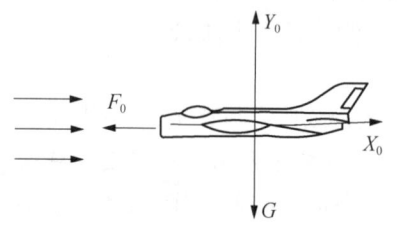

图 2-2 等速平直飞行时的受载

$$\begin{cases} Y_0 = G \\ F_0 = X_0 \end{cases} \quad (2-2)$$

在这种飞行情况下,飞机所受载荷处于静平衡状态,因此飞机无任何方向的加速度。人在飞机里,如果不观察机外景物的相对运动,就难以感觉到飞机的飞行。在这种情况下,作用在飞机上的升力等于飞机的重力,推力等于阻力。飞机上各种装载、设备作用在其连接接头处的力与飞机静止时的情况是相同的。

从整体上来说,水平等速直线飞行时,飞机承受的总体载荷不大,但是飞机的某些局部地方可能承受很大的载荷。例如,飞机作小速度水平等速直线飞行和大速度水平等速直线飞行时,虽然总升力都等于飞机的重力,但机翼的局部气动载荷是不同的,如图 2-3 所示。小速度水平等速直线飞行时,机翼上表面为吸力,下表面为压力,合力作用点靠前;大速度水平等速直线飞行时,机翼上、下表面均为吸力,合力作用点靠后。后者的

最大局部载荷比前者大得多,如果机翼蒙皮的刚度不足,高速水平直线飞行时,也会使机翼的蒙皮产生明显的鼓胀或下陷,影响飞机的空气动力性能。

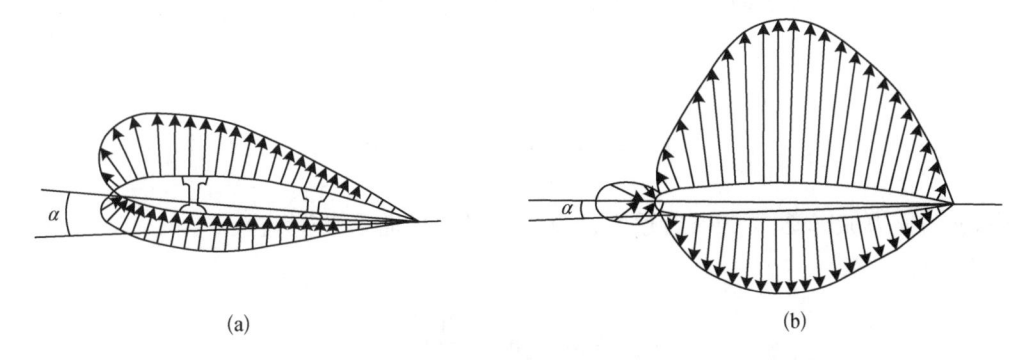

图 2-3 以不同速度作水平等速飞行时机翼的局部气动载荷

2.1.2 机动飞行载荷

飞机在飞行过程中,经常需要连续地在不同的平面内作曲线飞行,如改出俯冲、斤斗、水平转弯、水平盘旋、斜斤斗或横滚等,又称为"机动飞行"。飞机在曲线飞行中的受载情况,要比其在等速平直飞行中的受载情况复杂得多。为了便于分析,将复杂的飞行情况分解为垂直平面内与水平平面内两种基本的曲线飞行,下面分析在这两种基本曲线飞行中飞机的受载情况。

1. 飞机在垂直平面内的机动载荷

飞机在垂直平面内作机动飞行的运动情况如图 2-4 所示,这时作用在飞机上的力仍是升力 Y、重力 G、发动机推力 F 和阻力 X。

但是,这些外力是不平衡的。例如,飞机在图中位置 a 时,升力 Y 大于飞机重力的径向分量,这两个力之差就是向心力,它使飞机产生向心加速度,航迹便向上弯曲;阻力 X 也可能不等于推力 F 和飞机重力的切向分量之和,而使飞机产生沿航迹切线方向的加速运动。

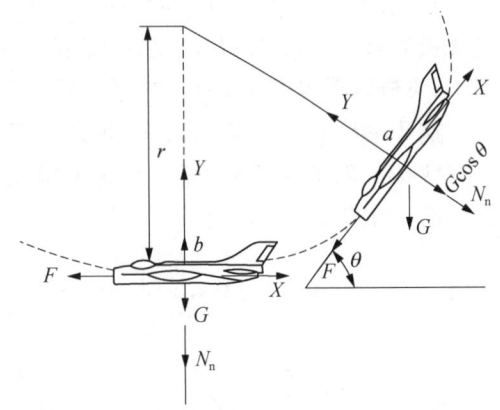

图 2-4 飞机在垂直平面内机动飞行时的受载情况

在研究飞机曲线飞行中的受载情况时,根据动静法原理,在飞机运动的径向上,除了升力 Y 和重力分量 $G\cos\theta$ 外,还假想作用着与 $Y-G\cos\theta$ 大小相等、方向相反的惯性离心力 N_n;在飞机运动的切向上,除了阻力 X、推力 F 和重力分量 $G\sin\theta$ 外,还假想作用着一个切向惯性力 N_t。这样,就可以把受力不平衡的曲线飞行作为受力平衡的运动状态来研究。在这种状况下,飞机的切线加速度通常比向心加速度小得多,因此切向惯性力 N_t 往往可以忽略不计。

根据达朗贝尔原理,作用力与惯性力是平衡的。不失一般性,飞机在图示位置 a 时,把作用力(Y、G、F、X)和惯性离心力一起投影到飞机运动的径向,其总和应等于零,则

动平衡方程可写为

$$Y - G\cos\theta - m \cdot \frac{V^2}{r} = 0$$

或

$$Y - G\cos\theta - \frac{G}{g} \cdot \frac{V^2}{r} = 0$$

其中，g 为重力加速度；V 为飞行速度；r 为飞行轨迹的曲率半径。

由此可以得出：

$$Y = G\cos\theta + \frac{GV^2}{gr}$$
$$= G(\cos\theta + V^2/gr) \quad (2-3)$$

对于位置 a 以外的其他位置，式(2-3)也是适用的。飞机在各个位置的 θ 角不同，飞机的飞行速度 V 和飞行轨迹的曲率半径 r 也不同，因此飞机的升力是经常变化的。当飞机到达飞行轨迹的最低位置 b 时，θ 角等于零，$\cos\theta = 1$，则：

$$Y = G\left(1 + \frac{V^2}{gr}\right) \quad (2-4)$$

从式(2-4)可以看出，飞机在垂直平面内作机动飞行俯冲拉起时，升力可能大大地超过飞机的重力。飞机的机动动作越剧烈，升力大于重力越多，飞机受力越严重。在这种情况下，飞机机翼翼根部位往往要承受较大的载荷。

例 2-1 已知某飞机的重力为 $7\,000 \times 9.807$ N，俯冲改出时的飞行速度为 $1\,100$ km/h，航迹曲率半径为 $1\,500$ m，求飞机上的升力大小。

解：由式(2-4)可得

$$Y = G\left(1 + \frac{V^2}{gr}\right) = 7\,000 \times 9.807\left[1 + \frac{(1100/3.6)^2}{9.807 \times 1\,500}\right] = 51\,427.41^{①} \times 9.807(\text{N})$$

可以看出，此时飞机的升力为其重力的 7.35 倍。

2. 飞机在水平平面内的机动载荷

飞机等速水平盘旋是飞机机动性能的主要指标之一。飞机以盘旋倾斜角 β 作水平转弯，其受载情况如图 2-5 所示。这时，升力的水平分量 $Y\sin\beta$ 与惯性离心力 N_n 平衡，升力的垂直分量 $Y\cos\beta$ 与飞机的重力 G 平衡，则动力平衡方程可写为

$$Y\cos\beta = G$$

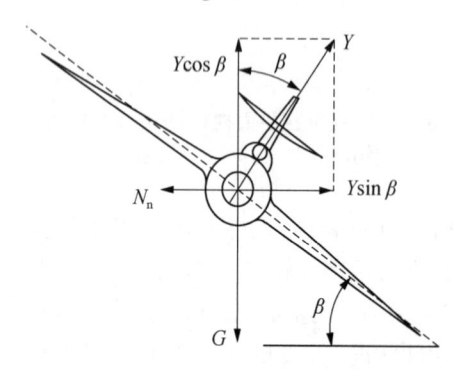

图 2-5 飞机在水平转弯时的受载情况

---

① 书中部分数据计算时存在一定舍入误差。

则有

$$Y = G/\cos\beta \tag{2-5}$$

由于 $\cos\beta$ 总是小于 1，升力总是大于飞机的重力，升力随着转弯时坡度的增加而增大。然而实际飞行中，由于受到发动机推力和机翼临界迎角的限制，飞机能够产生的升力是有限的，飞机转弯的倾斜角也是有限制的。目前，一般歼击机正常转弯的最大倾斜角为 75°~80°，飞机升力为飞机重量的 4~6 倍；一般运输机正常转弯的最大倾斜角为 30°~40°，飞机升力为飞机重量的 1.16~1.31 倍。

例 2-2 已知某机的重力为 $6\,500 \times 9.807$ N，水平转弯倾斜角 $\beta = 60°$，求飞机升力 Y。

解： 由式 (2-5) 可得

$$Y = G/\cos\beta = 6\,500 \times 9.807/\cos 60° = 13\,000 \times 9.807 (\text{N})$$

此时，升力为飞机重力的 2 倍。

2.1.3 在大气紊流中的飞行载荷

以上分析的飞机飞行载荷，都是依照飞行特性等主观因素决定的，在实际的飞行中，除了这些主观因素外，还存在着介质（空气）的客观因素。实际上，空气很少是不动或等速运动的。由于地球表面受热程度不均匀和受地形起伏等条件的影响，大气常常会产生不规则的运动。这种不规则运动的气流，称为大气紊流（或突风）。飞机在大气紊流中飞行时，会产生大气紊流（突风）载荷。为便于分析问题，可以把飞机在飞行时遇到的各种不同方向的突风分解为水平突风和垂直突风两种情况来研究。

1. 水平突风载荷

飞机在水平等速直线飞行中遇到水平突风时，相对于飞机的气流速度等于原来的平飞速度 V_0 加上水平突风速度 ΔV，如图 2-6 所示，即

$$V = V_0 + \Delta V$$

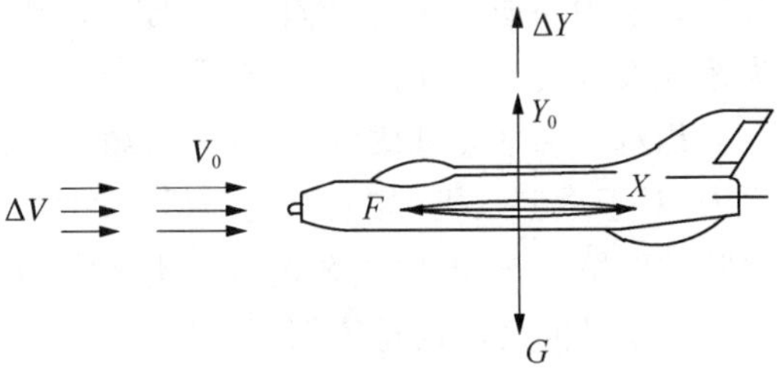

此时升力为

图 2-6 飞机遇到水平突风的受载

$$Y = C_y \frac{1}{2}\rho(V_0 + \Delta V)^2 S$$

式中，V_0 为水平等速直线飞行的速度；S 为机翼面积。展开后略去二阶微量 ΔV^2（ΔV 相对于 V_0 是微量），得

$$Y = C_y \frac{1}{2}\rho V_0^2 \left(1 + \frac{2\Delta V}{V_0}\right) S = Y_0 + \Delta Y \tag{2-6}$$

水平突风速度 ΔV 比飞机的平飞速度 V_0 小得多，即使在很强烈的水平突风中，

$\Delta V/V_0$ 的数值也不会超过 0.15,所以升力增加很小,即 ΔY 很小。

2. 垂直突风载荷

如图 2-7 所示,当飞机以速度 V_0 平飞时,如果遇到速度为 W 的垂直突风,则合成气流的速度 V 不仅在数值上要比 V_0 大,而且方向也发生了变化,相当于迎角有了一个增量 $\Delta\alpha$,其数值为

$$\Delta\alpha \approx \frac{W}{V_0}$$

由于 W 比 V_0 小得多,速度大小的变化可以略去不计,即 $V \approx V_0$。此时,升力的增量 ΔY 主要取决于 $\Delta\alpha$,即

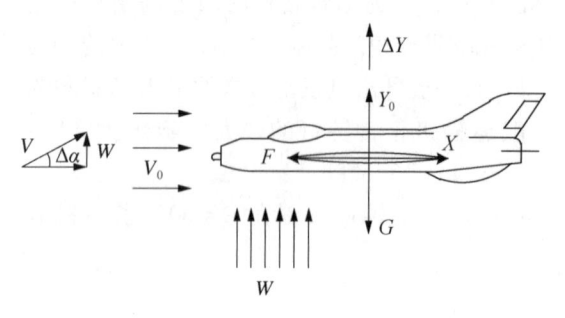

图 2-7 飞机遇到垂直突风时的受载情况

$$\begin{aligned}\Delta Y &= C_y^\alpha \Delta\alpha \frac{1}{2}\rho V_0^2 S \\ &= C_y^\alpha \frac{W}{V_0} \frac{1}{2}\rho V_0^2 S \\ &= \frac{1}{2}C_y^\alpha \rho V_0 W S\end{aligned} \qquad (2-7)$$

飞机遇到上升或下降突风时的总升力为

$$Y = Y_0 + \Delta Y = Y_0 + \frac{1}{2}C_y^\alpha \rho V_0 W S \qquad (2-8)$$

其中,Y_0 为飞机水平等速直线平飞时的升力;C_y^α 为升力系数曲线(直线段)的斜率;W 为垂直突风速度(向上为正,向下为负)。

相对于水平突风载荷,垂直突风载荷可能是很大的。对于歼击机,一般在其设计范围之内;对于重型飞机(如大型轰炸机、大型民用客机),在严重的垂直突风中飞行则可能是危险的事情。例如,民用客机意外遭遇强烈不稳定的垂直突风时,飞机的上下剧烈颠簸可能造成乘员的恐慌及身体伤害。

3. 斜突风载荷

如图 2-8 所示,当飞机以速度 V_0 等速直线平飞时,如果遇到速度为 W 的斜突风,假设斜突风的倾斜角为 φ。对于这种情况,可以将 W 分解成一个水平分量和一个垂直分量,其中水平分量为 $W\cos\varphi$,垂直分量为 $W\sin\varphi$。

由式(2-6)可得到水平分量引起的升力增量:

$$\Delta Y_1 = C_y \rho V_0 S W\cos\varphi$$

由式(2-8)可得到垂直分量引起的升力增量:

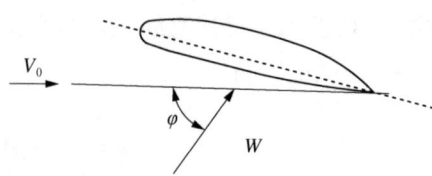

图 2-8 飞机遇到斜突风时的受载情况

$$\Delta Y_2 = \frac{1}{2} C_y^\alpha \rho V_0 SW \sin \varphi$$

斜突风引起的升力增量为

$$\Delta Y = \Delta Y_1 + \Delta Y_2 = C_y \rho V_0 SW \cos \varphi + \frac{1}{2} C_y^\alpha \rho V_0 SW \sin \varphi \qquad (2-9)$$

式(2-9)说明,载荷增量 ΔY 是风向 φ 的函数,若要求 ΔY 的最大值,则可将 ΔY 对 φ 求一阶导数,并令其等于零,求得产生最大升力增量的 φ_0,即令

$$\frac{\mathrm{d}(\Delta Y)}{\mathrm{d}\varphi} = -C_y \rho V_0 SW \sin \varphi_0 + \frac{1}{2} C_y^\alpha \rho V_0 SW \cos \varphi_0 = 0$$

$$\tan \varphi_0 = \frac{C_y^\alpha}{2C_y}$$

则有

$$\varphi_0 = \arctan \frac{C_y^\alpha}{2C_y} \qquad (2-10)$$

例如,在巡航飞行时:伊尔-14 飞机,$\varphi_0 = 65° \sim 70°$;伊尔-18 飞机,$\varphi_0 = 70° \sim 75°$;国产某战斗机,在 11 km 高度上以最大速度平飞时,$\varphi_0 = 87.7°$。再将 φ_0 代入式(2-9),可求得 $\Delta Y_{\max}$。

在比较了不同方向的突风对飞机升力产生的影响后,可以看出,最影响飞机载荷增量的还是垂直于航向的突风。

在推导垂直突风载荷公式[式(2-8)]时,是假定突风速度是由零突然增到 W 的,如图 2-9(a)所示。这种突风称为"陡边突风"。实际上,突风速度从零增加到 W 有一个过程。假如突风速度从零增到 W 是在距离为 h 的长度内完成的,然后保持为 W,中间有一个过渡过程,如图 2-9(b)所示。

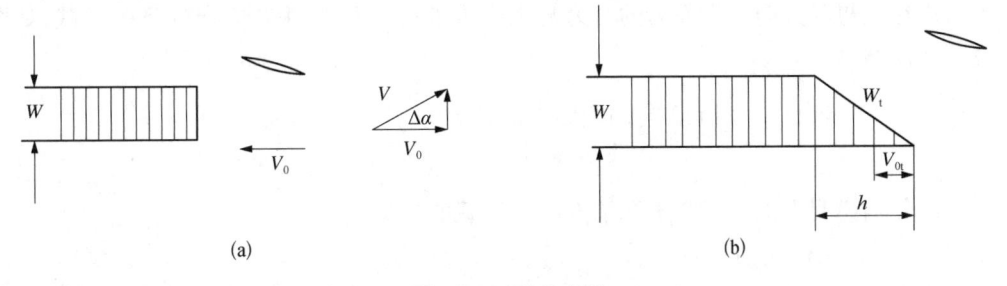

图 2-9 垂直突风

当飞机遇到这种突风时,飞机在过渡过程中要向上飘,相对气流向下,抵消了一些向上突风速度 W 的作用,使得飞机与气流在垂直方向的相对速度减小、迎角增量 $\Delta \alpha$ 减小,从而升力增量减小。经推导并解微分方程可得

$$\Delta Y = \frac{1}{2} K C_y^\alpha \rho V_0 SW \qquad (2-11)$$

其中，K 是一个小于 1 的系数，称为突风载荷减缓系数。比较式(2-11)和式(2-7)可知，有过渡过程的突风载荷比陡边突风载荷要小。K 与 h 有关，h 值越大，K 越小。当 $h=0$ 时，$K=1$，也就是陡边突风的情况。

2.2 过　　载

过载是飞机强度的一个重要概念。前面所述的载荷仅仅反映了飞机受力的绝对大小和方向，并不反映飞机受力的严重程度。例如，某型歼击机和某型轰炸机，它们在某一飞行状态下的重力 G、升力 Y 及受力的严重程度 Y/G 如表 2-1 所示。从所受的升力 Y 的绝对值大小来看，轰炸机受力比歼击机受力大得多；但相对于各自重量，歼击机受力的严重程度比轰炸机大得多。为了反映出飞机在某一飞行状态时受力的严重程度，通常用当时飞机所受到的表面力与飞机的重力作比较，这样就产生了过载（也称载荷因数）的概念。

表 2-1　某型歼击机和某型轰炸机的受力情况

机　　型	重力 G/×9.807 N	升力 Y/×9.807 N	Y/G
某歼击机	7 130	49 910	7
某轰炸机	72 000	144 000	2

由于飞机、飞机部件、起落架过载定义有所不同，本节先介绍飞机的过载和飞机部件的过载，起落架的过载在第 3 章分析起落架结构的受力时进行介绍。

2.2.1　飞机的过载

1. 飞机过载的含义

作用在飞机某方向的表面力的合力与飞机重量的比值，称为该方向的飞机过载，如图 2-10 所示，即

$$n_i = \frac{i\text{ 方向的表面力的合力}}{\text{飞机重量}} \quad (i = x, y, z) \tag{2-12}$$

下面分别说明飞机在三个坐标轴方向的过载的含义。

1) y 方向（飞机立轴）的过载 n_y

飞机在 y 方向的表面力就是升力 Y，因此飞机在 y 方向的过载为

$$n_y = \frac{Y}{G} \tag{2-13}$$

2) x 方向（飞机纵轴）的过载 n_x

作用于飞机 x 轴方向的表面力的合力与飞机重量的比值，称为 x 方向的飞机过载。如图 2-4 所示，x 方向的表面力为发动机推力 F 和阻力 X。因为 F 的方向与 x 轴的方向

一致,所以取正号;X的方向与x轴的方向相反,所以取负号。因此,可得

$$n_x = \frac{F - X}{G} \tag{2-14}$$

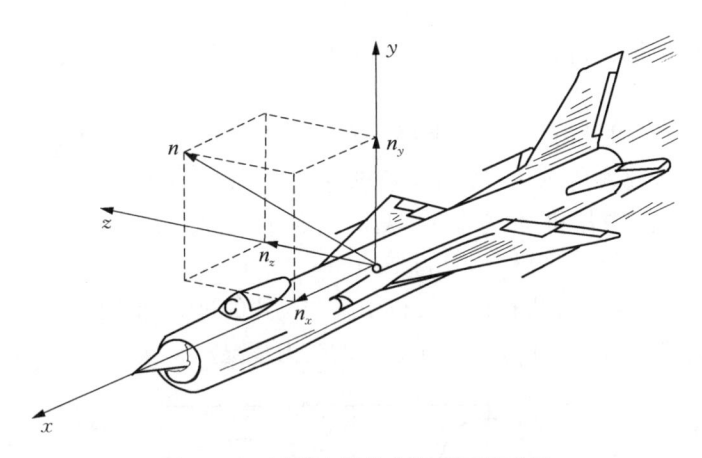

图 2-10 过载在机体坐标系下的分量

3) z方向(飞机横轴)的过载 n_z

作用于飞机z轴方向的表面力的合力与飞机重量的比值,称为z方向的飞机过载。例如,当飞机侧滑时,作用于z轴方向的气动力P_z就是z轴方向的表面力,因此:

$$n_z = \frac{P_z}{G} \tag{2-15}$$

除了用火箭助推或制动减速瞬时x方向的飞机过载较大外,其他情况下的过载都很小;除了飞机侧滑时受侧风影响外,其他情况较少产生侧向(z方向)过载,所以这里对这两个方向上的过载不作详细讨论。在飞机机动飞行或飞行中遇到突风时,y方向的过载往往很大,对飞机结构的受力影响最严重,因此,下面着重讨论y方向的过载n_y。本书中,以后所述的飞机过载,如果没有特殊说明,就是指飞机在y方向(升力方向)的过载n_y。

2. 各种飞行状态下飞机过载n_y的大小和方向

根据前面的分析,当飞机作水平等速直线飞行时,飞机的升力等于飞机重量。根据定义,此时飞机的过载为

$$n_y = \frac{Y_0}{G} = 1$$

当飞机在垂直平面内作机动飞行时,由式(2-3)可知飞机过载为

$$n_y = \frac{Y}{G} = \frac{G\left(\cos\theta + \dfrac{V^2}{gr}\right)}{G} = \cos\theta + \frac{V^2}{gr} \tag{2-16}$$

当飞机在水平平面内盘旋转弯时,由式(2-5)可知,飞机过载为

$$n_y = \frac{Y}{G} = \frac{G/\cos\beta}{G} = \frac{1}{\cos\beta} \qquad (2-17)$$

由式(2-16)可以看出,飞机在垂直平面内作机动飞行时,过载的大小与飞机在飞行轨迹上的位置 θ 和向心加速度 V^2/r 的大小有关。由于 $\cos\theta$ 总是在 +1～-1 变化,而 V^2/r 的变化却可能很大,在这种状态下,向心加速度的大小是影响飞机过载大小的主要因素。

由式(2-17)可以看出,飞机在水平平面内盘旋转弯时,飞机转弯倾斜角 β 越大,飞机的过载就越大。倾斜角越大,表明飞机转弯时的向心加速度越大。因此,也可以认为,飞机在水平平面内作机动飞行时,飞机过载的大小是随向心加速度的变化而变化的。

图 2-11 标示了某型飞机在机动飞行中某些位置的过载,根据过载值的大小,可以粗略判断飞机在这些机动动作中在不同状态下的受力情况。

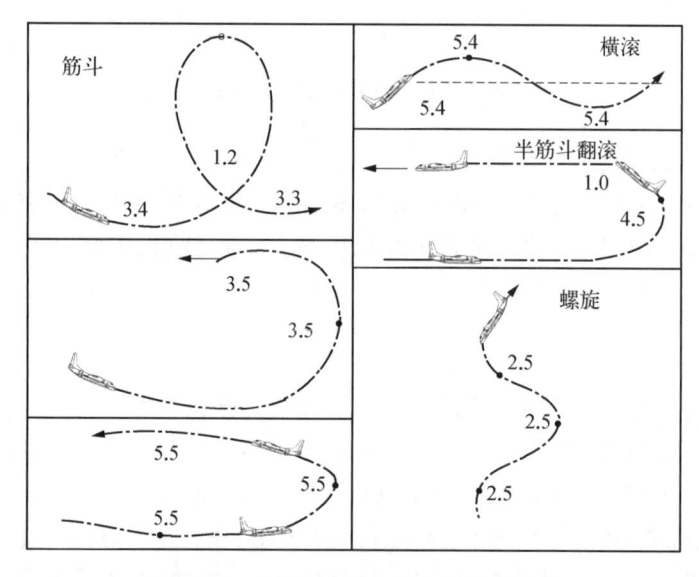

图 2-11 某型飞机在机动飞行中的过载

当飞机等速平飞中遇到垂直于航向的突风时,由式(2-8)可知,飞机的过载为

$$n_y = \frac{Y}{G} = 1 + \frac{1}{2}C_y^\alpha \rho V_0 WS/G \qquad (2-18)$$

根据前面分析的相应的载荷情况及过载的定义也很容易求得水平突风、斜突风飞行时的过载,这里就不再详细讨论。

从以上分析可以看出,过载是一个无量纲的数值。应当着重指出,飞机过载可以为正,可以为负,也可以等于零,这取决于曲线飞行时升力的大小和方向。判定的方法是根据飞行状态,画出飞机的受力平衡图,由平衡关系写出升力表达式。再根据过载定义,确定该飞行状态下的过载表达式,从而确定飞机过载值的大致范围。

例如,某飞机以 θ 角等速直线上升,如图 2-12 所示,现分析在这种飞行状态下,飞机过载的大致范围和方向。

首先分析作用在飞机上面的力,有重力 G、升力 Y、推力 F 和阻力 X。

由 $\sum Y = 0$,得
$$Y - G\cos\theta = 0$$
即
$$Y = G\cos\theta$$

因此可得
$$n_y = \frac{Y}{G} = \cos\theta$$

因为 θ 只能在 $0 \sim \pi$ 范围内变化,所以:
$$-1 \leqslant n_y \leqslant 1$$

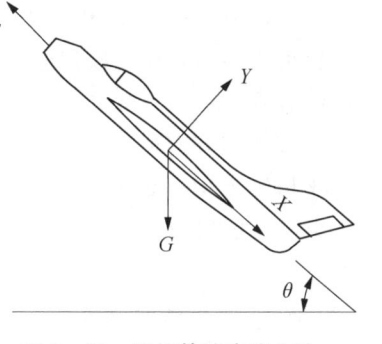

图 2-12 飞机等速直线上升

再分析过载的方向,当 $\theta = 0 \sim \pi/2$ 时,$n_y \geqslant 0$,指向上翼面。$\theta = \pi/2 \sim \pi$ 时,$n_y \leqslant 0$,指向下翼面。

又如,飞行员推杆使飞机由平飞转入下滑或俯冲的过程中,飞机轨迹是凸曲线,惯性离心力 N_n 指向上翼面,这时升力为
$$Y = G\cos\theta - N_n$$
$$n_y = \frac{G\cos\theta - N_n}{G}$$

由平飞转入下滑时[图 2-13(a)]推杆柔和,惯性离心力 N_n 较小,$G\cos\theta$ 大于 N_n,此时升力 Y 仍为正(升力方向指向上翼面),但升力 Y 比 $G\cos\theta$ 稍小,所以过载小于 1 而大于 0;猛推杆进入俯冲时[图 2-13(b)],惯性离心力 N_n 较大,致使 $G\cos\theta$ 小于 N_n,此时机翼的迎角变为负迎角,升力指向下翼面,变为负升力,飞机过载为负值。当飞机以零升力迎角垂直俯冲时,飞机过载就等于 0。

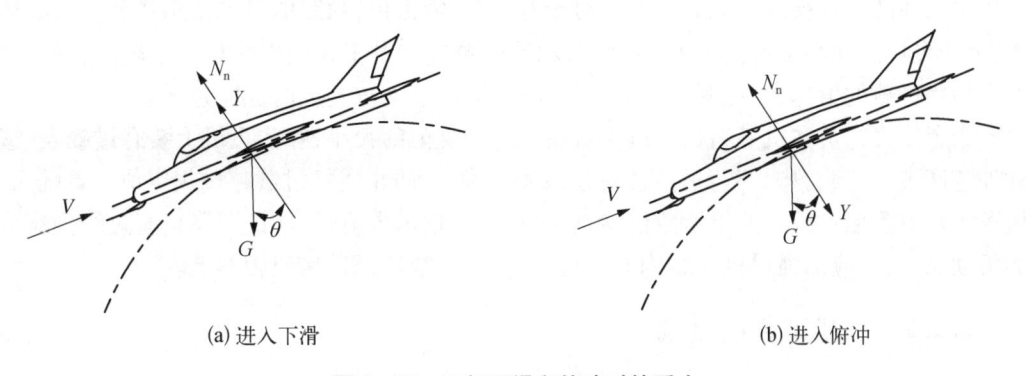

(a) 进入下滑　　　　　　　　　(b) 进入俯冲

图 2-13 飞机下滑和俯冲时的受力

飞行中,由于发动机推力 F 和飞机阻力 X 变化不是很大,x 方向的飞机过载 n_x 一般变化也较小。只有在放减速板、减速伞及打开加力等情况下,飞行员才会明显感觉到 x 方向的过载。

过载的方向取决于表面力的合力方向,表面力的合力方向与坐标方向规定有关,即与坐标轴方向一致为正,反之为负。而坐标轴的方向与飞行力学中规定的方向是一致的,即 x 轴指向前方为正,y 轴指向上翼面为正,z 轴顺航向指向右翼为正,如图 2-10 所示。

3. 飞机过载的意义

飞机的过载是在飞机设计和使用、维护工作中经常涉及的重要概念,下面从各个侧面对飞机过载的意义予以阐释。

(1) 飞机的过载值表明了飞机总体受力的大小。由 $Y = n_y G$ 可以看出,n_y 越大,作用在飞机上的升力 Y 也越大。设计飞机时,必须在强度和刚度上保证结构能够承受由于过载 n_y 所确定的载荷,否则,飞机作机动飞行或遭受突风载荷时,安全就无法得到保证。使用飞机时,过载不能超出设计所允许的范围,否则,飞机结构就会产生永久变形,甚至导致整机破坏。例如,某架飞机在飞行中,飞行员由于错觉而感觉飞机掉高度,用过载 $n_y = 10$ 的急剧动作将飞机拉起。着陆后,经地面检查发现,该机机翼产生了较大的永久变形:左、右机翼的下反角都减小了,左、右机翼都产生了较大的向前扭转变形,左、右机翼轮舱上蒙皮和左、右机翼的翼刀都有鼓包,左、右翼根整流包皮后缘上翘。

(2) 飞机的过载值反映了机动动作的剧烈程度或飞行中所经历的突风大小。对于歼击机/强击机,从式(2-15)可以看出,n_y 越大,飞机的飞行速度 V 越大,曲率半径 r 越小,即向心加速度 V^2/r 越大,说明飞机的机动动作越剧烈,所以飞机的过载值表明了此时机动动作的急剧程度。对于大型轰炸机或运输机,它不作机动飞行,其载荷取决于突风的大小。由式(2-13)和式(2-7)可知:n_y 越大,表明突风速度 W 越大。无论是歼击机/强击机还是大型轰运机,设计时都是选取各自的最大使用过载来设计的,一旦飞机设计制造出来,其强度和刚度就确定了,使用中的过载值不允许超过规定的最大使用过载。

(3) 各型飞机规定的最大使用过载值,可在该型飞机的技术说明书中查到。说明书中规定的过载的意义也可以从两个方面来说明:第一,表明飞机的承载能力,规定的过载越大(即 $n_{y\max.sy}$ 越大),允许承受的载荷 $Y = n_{y\max.sy} G$ 越大,因而承载能力越强;第二,表明飞机机动性能或抗突风性能的好坏。对于歼击机/强击机,规定的最大使用过载 $n_{y\max.sy}$ 越大,表明允许的向心加速度 V^2/r 越大,机动性能越好。对于大型轰炸机或运输机,规定的最大使用过载的值越大,说明允许的突风速度越大,表明抗突风的性能越强。

为了使飞行员和机务人员了解飞机在飞行中受力的大小,有些飞机上装有过载表(或称加速度表)。飞行中,飞行员应注意过载表的指示,防止飞机过载超过规定值。着陆后,机务人员应参照过载表的指示数值检查飞机,如果指示数值很大,说明飞机有过受力很大的机动飞行,就应加强对机体结构的检查,并把过载数值记录在履历本上。

2.2.2 飞机部件的过载

前面在研究飞机的过载时,是把整个飞机当作一个质点来看待的,因此飞机过载是指飞机重心处的过载。飞行中,飞机上的部件(如起落架、副油箱等)也要承受很大的载荷。如图 2-14 所示的副油箱,要承受安装支座提供的支反力的合力 R、重力 G_{bj} 和惯性力 N_{bj},由平衡条件可得

$$R = G_{bj} + N_{bj} = P_{bj} \tag{2-19}$$

其中,P_{bj} 为部件的质量力。

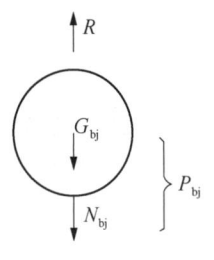

图 2-14 部件的承力情况

1. 部件过载的含义

部件过载的含义与飞机过载的含义类似,即部件在某一个方向的过载 n_{bj},等于作用在相应方向的表面力的合力与该部件的重力之比。一般情况下只讨论 y 方向的过载,略去下标 y,可得部件在 y 方向的过载定义式:

$$n_{bj} = R/G_{bj} \tag{2-20}$$

将式(2-19)代入,可得

$$n_{bj} = P_{bj}/G_{bj} \tag{2-21}$$

由此可知,部件过载的含义也可以叙述为:部件过载 n_{bj} 等于部件的质量力 P_{bj} 与部件的重力 P_{bj} 之比。

知道了部件的过载,就可以求出部件固定点在飞行中受力的大小。例如,在飞机改出俯冲的某一瞬间,挂在飞机上的炸弹的过载等于 4,根据式(2-21)可求得这时炸弹的质量力:

$$R = P_{\text{炸弹}} = n_{bj} G_{\text{炸弹}} = 4 G_{\text{炸弹}}$$

即炸弹挂环和挂钩承受的载荷为炸弹重量的 4 倍。

2. 部件过载与飞机过载的关系

部件过载的大小与飞机过载相似,主要取决于部件加速度的大小。飞机部件安装在飞机上和飞机一起运动,如果飞机在飞行中没有相对重心处的角加速度(没有俯仰加速转动),则飞机各部件的向心加速度与整个飞机的(即重心处的)向心加速度相等,因而它们的过载也相等;如果飞机对重心处有角加速度(即飞机有绕重心俯仰的加速转动),则位于飞机重心以外的各个部件,都要产生一个附加的加速度和附加的惯性力,因而其过载就和整个飞机(即重心处)的过载有所不同。如图 2-15 所示,飞机作曲线飞行的同时,还具有使机头上仰的角加速度 ε_z。此时,处在飞机重心之前、距离为 X_A 的某一部件 A(如前起落架),除了具有与整个飞机相同的向心加速度(V^2/r)外,还要产生一个向上的附加加速度 $\Delta \alpha_A = \varepsilon_z X_A$,因而产生一个附加的惯性力:

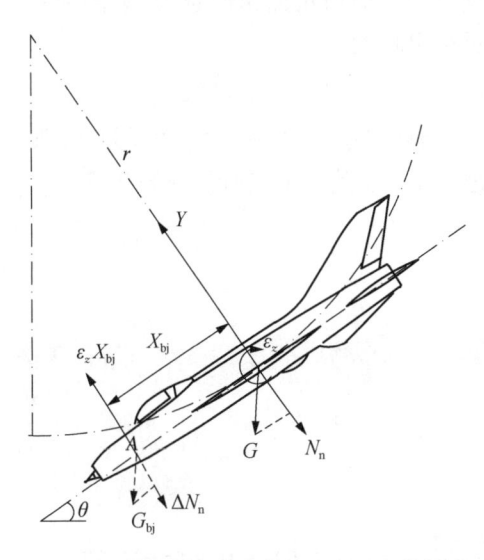

图 2-15 部件的附加加速度和附加惯性力

$$\Delta N = \frac{G_{bjA}}{g}\varepsilon_z X_A$$

部件 A 的附加惯性力，与因飞机有向心加速度而产生的惯性离心力的方向相同，所以部件 A 所受的质量力为

$$P_{bjA} = G_{bjA}\left(\cos\theta + \frac{V^2}{gr}\right) + \frac{G_{bjA}}{g}\varepsilon_z X_A$$

因而，可得出部件 A 的过载为

$$n_{bjA} = \cos\theta + \frac{V^2}{gr} + \frac{1}{g}\varepsilon_z X_A \tag{2-22}$$

其中，X_A 为部件重心到飞机重心之间的距离，飞机重心前的部件取正号，重心后的部件取负号；ε_z 为飞机绕 z 轴转动的角加速度，加速抬头转动为正，加速低头为负；g 为重力加速度；式(2-22)右边的前两项为飞机的(即重心处的)过载 n_y；第三项是由角加速度引起的附加过载 Δn。因此，式(2-22)可改写为

$$n_{bj} = n_y + \Delta n_y$$

由此可以看出，当飞机有对重心的角加速度时，飞机重心以外的各部件的过载 n_{bj} 等于飞机的过载 n_y 加上一个附加过载 Δn_y。

式(2-22)是线性的，可以看出，部件过载沿飞机长度是按直线规律变化的(图2-16)。部件距离飞机的重心越远，或飞机绕重心转动的角加速度越大，则部件的附加过载也越大。

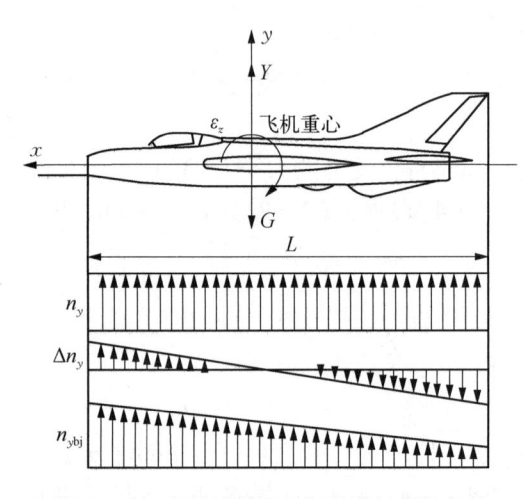

图 2-16 部件过载沿飞机长度的变化规律

例 2-3 已知某飞机在飞行中重心处的过载 $n_y = 5$，飞行员承受的过载 $n_{bj1} = 7$，飞行员重心到飞机重心的距离 $X_1 = 5.5$ m。又知机身后部油箱的重量 $G = 135 \times 9.807$ N，油箱重心到飞机重心的距离 $X_2 = 3.5$ m。试求油箱过载 n_{bj2} 及其固定点所承受的载荷。

解：由 $n_{bj1} = n_y + \frac{1}{g}\varepsilon_z X_1$ 得

$$\varepsilon_z = \frac{n_{bj} - n_y}{X_1}g$$

因为 $n_{bj2} = n_y + \frac{1}{g}\varepsilon_z X_2$，将 ε_z 代入得

$$n_{bj2} = n_y + \frac{1}{g}\frac{n_{bj1} - n_y}{X_1}gX_2 = 5 + \frac{1}{9.807} \times \frac{(7-5)}{5.5} \times (-3.5) \times 9.807 = 3.73$$

后部油箱固定点承受的载荷为

$$R = n_{bj2}G_{bj2} = 3.73 \times 135 \times 9.807 = 503.6 \times 9.807(\text{N})$$

另外,当飞机有绕 x 轴的滚转角加速度时,不难推出:

$$n_{bj} = n_y - \frac{1}{g}\varepsilon_x Z \qquad (2-23)$$

其中,n_y 为飞机重心处的过载;ε_x 为绕 x 轴的滚转角加速度,顺航向看,加速向右滚为正,反之为负;Z 为部件重心到飞机重心之间的 z 向距离,顺航向看,重心以右为正,重心以左为负。

例 2-4 某飞机在战术飞行中,在垂直平面内作曲线飞行的同时还绕 x 轴向右滚转。已知重心处的过载 $n_y = 4.8$,飞机绕 x 轴滚转的角加速度 $\varepsilon_x = 6\ \text{rad/s}^2$。如果已知导弹的重力为 $75 \times 9.807\ \text{N}$,导弹重心到飞机重心的距离 $Z = 2.5\ \text{m}$,求左导弹支架此时承受的力的大小。

解: 因飞机重心处的过载 $n_y = 4.8$,$\varepsilon_x = 6\ \text{rad/s}^2$,$Z = 2.5\ \text{m}$,故左翼导弹的过载为

$$\begin{aligned}n_{bj} &= n_y - \frac{1}{g}\varepsilon_x \cdot Z \\ &= 4.8 - \frac{1}{9.807} \times 6 \times (-2.5) \\ &= 6.33\end{aligned}$$

左翼导弹给支架的力为

$$R = n_{bj}G_{bj} = 6.33 \times 75 \times 9.807 = 474.75 \times 9.807(\text{N})$$

由以上分析可知,飞机各个部件或附件的固定点在飞行中往往要承受很大的载荷,考虑到固定点部位结构强度的限制,因此有些飞机在使用上还作了一些规定。例如,某型歼击机外部不挂副油箱或炸弹时,最大使用过载为 7;带空副油箱或炸弹时,最大使用过载为 6;带满油的副油箱飞行时,最大使用过载为 5。

2.3 飞行限制参数的确定

由前面的分析可知,在飞行过程中,飞机承受的载荷主要是升力,因而升力的大小是设计时确定飞机结构强度、刚度大小的主要依据。影响升力的因素,也是决定飞机强度、刚度的因素。通过前面的分析可知,飞机的升力 Y 等于飞机的过载 n_y 乘以飞机的重力 G,即

$$Y = n_y G$$

同时由空气动力学可知:

$$Y = C_y \frac{1}{2}\rho V^2 S$$

因此可得

$$n_y G = C_y \frac{1}{2}\rho V^2 S$$

如果等式右边用当量速度表示,则有

$$n_y G = C_y \frac{1}{2}\rho_0 V_d^2 S \tag{2-24}$$

其中,

$$V_d = \sqrt{\frac{\rho_H}{\rho_0}} V_H$$

从式(2-24)可以看出,作用在飞机上的载荷与过载 n_y、飞机的重力 G、升力系数 C_y、海平面上的大气密度 ρ_0、当量速度 V_d 及机翼面积 S 等参数相关。其中,G、ρ_0、S 是不变的,而 n_y、C_y 及 V_d 是千变万化的,但它们的变化范围也要受到客观条件的限制。把 n_y、C_y 及 V_d 的使用限制值称为飞行限制参数,在设计飞机结构的强度、刚度时,都是用飞行限制参数来设计的。这些飞行限制参数是根据什么确定呢?下面分别加以讨论。

2.3.1 最大使用过载的确定

n_y 的限制参数称为最大使用过载,用 $n_{y\max.sy}$ 表示,$n_{y\max.sy}$ 的大小与飞机的飞行战斗性能和飞机结构的受力、设备的正常工作情况及人员的生理机能等均有很大关系。$n_{y\max.sy}$ 选得越大,飞机作机动飞行的能力就越强,可急剧俯冲拉起,急跃升,大坡度盘旋,以实施突击,或快速有效地作第二次攻击。但是过载大了,结构受力就大,结构重量就会增加,各种机载设备也要在很大的惯性力作用下工作,对设备的要求也会提高,这样反过来又会影响整个飞机的飞行和战斗性能。因此,在选取 $n_{y\max.sy}$ 时,必须恰当地处理这些矛盾,根据具体需要和实现的可能来权衡确定。不同类型的飞机,需要的过载和实现的可能性不同,因此确定 $n_{y\max.sy}$ 的依据不同。下面以三种不同类型的飞机来说明。

1. 歼击机/强击机(机动)飞机

对于歼击机/强击机(机动)飞机,要求机动性越高越好。前面分析过,$n_{y\max.sy}$ 反映了飞机的机动性能,因此从需要来说,当然希望 $n_{y\max.sy}$ 尽可能大些。但是飞机是由飞行员来操纵的,人体习惯处于重力加速度约为 9.807 m/s^2 的地球引力场内,受到大的加速度作用时,身体各个部位就好像重量增加一样感到疼痛。飞行员在承受正向过载(惯性力从头部指向臀部)时,血液在惯性力作用下迅速从头部流向下部,造成脑贫血、黑视、昏迷,飞行员会失去操纵飞机的能力。同时,人体下部脊椎骨受压,严重时会压裂。在承受负过载(惯性力从臀部指向头部)时,血液在惯性力作用下迅速流向头部,飞行员会产生恶心、呕吐等症状,严重时会造成脑充血,也会使其失去操纵飞机的能力。由此可知,飞行员承受过载的能力受到生理条件的限制。试验表明,飞行员承受过载的能力与飞行员的身体素质、姿势和过载作用的时间有关,如图 2-17 所示。

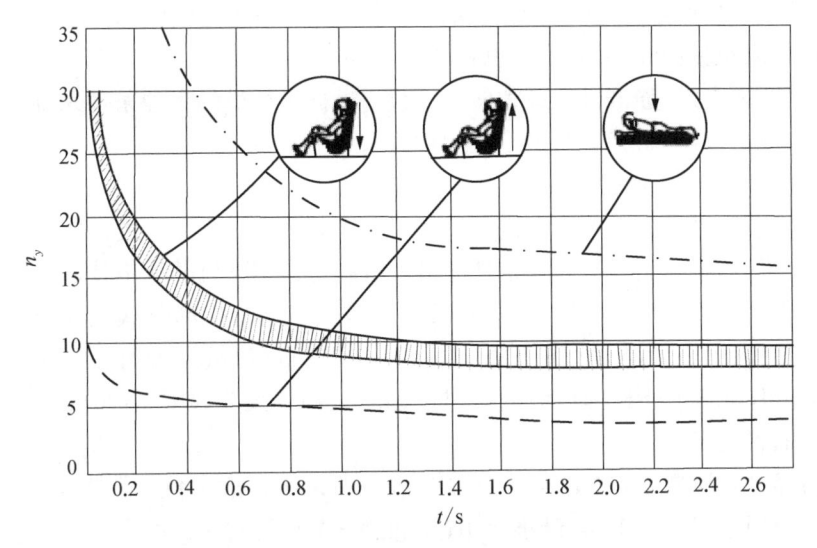

图 2-17 飞行员承受过载的能力

一般情况下，歼击机/强击机飞行员采用坐姿、过载作用时间在 1.2 s 以上时可以承受的正向过载为 8~10，负向过载为 4~5。过载作用时间越短，人体越能忍受较大的过载而不造成身体伤害。例如，当空中遭遇险情，飞行员利用弹射座椅弹离飞机时，瞬间过载甚至达到 20，但其作用时间仅为 0.12~0.15 s，也在飞行员可以承受的范围以内。

为了提高飞行员承受过载的能力，飞行员穿戴有特殊的抗荷服，有些飞机设计了高过载座舱。抗荷服（图 2-18）的工作原理如下：当出现大过载时，由发动机引来的压缩气体通过气滤和调压器进入抗荷服，并鼓起胶囊，紧压飞行员的腹部和腿部，阻止血液远离心脏而向下半身产生惯性流动，以减缓大过载时生理病态的发生，从而提高人体抵抗过载的"强度"。

高过载座舱（图 2-19）的主要特征是飞行员座椅的倾斜度较大，同时可根据飞行过载的大小而自动倾倒不同的角度，以提高驾驶员承受过载的能力。当然，这种座舱内部的布置、操纵系统的安排等也与一般的座舱不同，应根据飞行员的姿态和变化情况重新考虑（如采用装在座椅扶手上的侧置驾驶手柄等）。

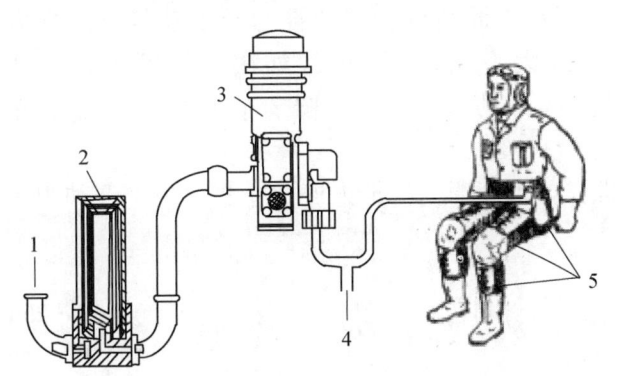

图 2-18 飞行抗荷服
1—发动机引来的压缩空气；2—气滤；3—调压器；4—通信号灯；5—胶囊

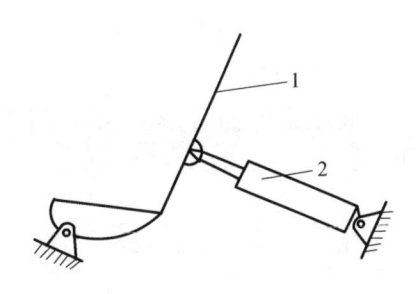

图 2-19 高过载座舱
1—可倾斜座椅；2—后撑弹簧筒

另外,要使飞机产生一定数值的过载,必须要有相当大的剩余推力才行,因而对动力装置的性能要求也就提高了,其重量也将增加。

由此可知,歼击机/强击机的最大使用过载是根据飞行员的生理条件来确定的。一般情况下,最大使用过载取为7~8,最小使用过载取为-4。

2. 中、轻型轰炸(半机动)飞机

中、轻型轰炸(半机动)飞机不进行剧烈的机动动作,它需要的最大使用过载值低于歼击机/强击机,达不到飞行员生理条件的最大限制。这类飞机的战术技术要求作一定程度的机动动作,所以可以根据飞机的战术技术要求确定一个机动过载最大值。再根据其可能遇到的最大突风,确定一个突风过载最大值。在机动过载最大值和突风过载最大值中选取较大者作为该型飞机的最大使用过载,经验表明,大多数中、轻型轰炸机的最大使用过载值由前者决定。

综上所述,中、轻型轰炸机的最大使用过载一般是根据战术技术要求来确定的,一般规定的最大使用过载值为4~6,最小使用过载值为-4~-3。

3. 大型轰炸机或运输机(非机动飞机)

大型轰炸机或运输机不作机动动作,大型轰炸机即使在进行轰炸时也不作机动飞行,或者说机动动作量很小。因此,其最大使用过载是根据飞行中可能遇到的最大突风来确定的。一般规定最大使用过载为3~4,最小使用过载为-2~-1.5。

综上所述:歼击机/强击机的最大使用过载是根据飞行员的生理条件来确定的;中、轻型轰炸机的最大使用过载是根据战术技术要求来确定的;大型轰炸机的最大使用过载是根据飞行中可能遇到的最大突风来确定的。

2.3.2 最大允许速度的确定

飞行速度的大小决定了飞行速压的大小,而飞行速压的大小反映了飞机表面所承受的局部空气动力载荷的大小。飞机的最大允许速压规定得越大,飞机的强度和刚度也必须越大,飞机制成后的承载能力也就越强。各种飞机的最大允许速度,主要是根据飞机在执行作战或其他任务的飞行中,所必须具有的速度要求来确定的。飞机设计时,设计单位根据军方提出的战术技术要求,首先确定飞机的外形和气动参数并选择发动机。然后,可以根据飞机在不同高度所需的推力与发动机可用推力的关系,确定出各个高度上实际的最大平飞速度 V_{Hmax},如图 2-20 所示。从图 2-20 中可以看出,飞行高度不同,V_{Hmax} 的值也不同。图 2-21 表示了 V_{Hmax} 随高度变化的情况。

确定了 V_{Hmax} 后,就不难得到飞机在各个高度上的最大速压 q_{Hmax}。由空气动力学可知:

$$q_{Hmax} = \frac{1}{2}\rho_H V_{max}^2 \qquad (2-25)$$

由于 q_{Hmax} 的最大值发生在靠近海平面的高度上,而在这样的一些高度上,飞机通常处于起飞和着陆阶段,不会以最大速度来飞行。歼击机/强击机的平飞加速过程一般在

7 km 以上高度，所以取 7~8 km 高度上的 q_{Hmax} 作为飞机强度设计用的最大速压。对应的最大速度是 8 km 高度上由飞机的需用推力和发动机可用推力所确定的 V_{8max}。

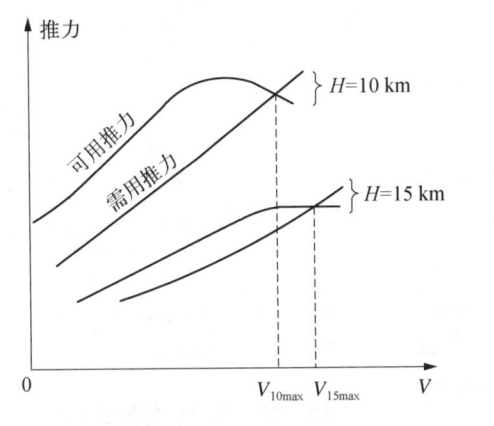

图 2-20 V_{Hmax} 的确定

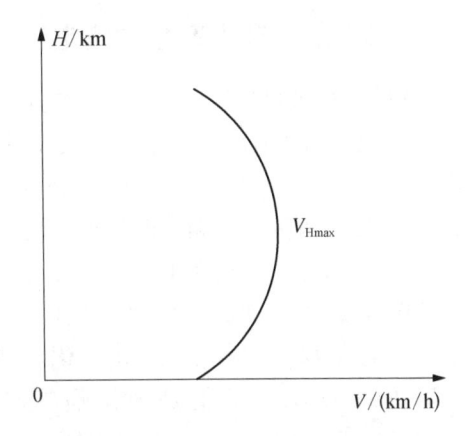

图 2-21 V_{Hmax} 随高度变化的情况

8 km 高度上的当量速度可以用式(2-26)进行换算：

$$V_{d8max} = \sqrt{\frac{\rho_8}{\rho_0}} V_{8max} \qquad (2-26)$$

其中，V_{d8max} 为 8 km 高度上的最大当量速度；ρ_8 为 8 km 高度上的大气密度；ρ_0 为海平面上的大气密度；V_{8max} 为 8 km 高度上的最大速度。

8 km 以下的最大平飞速度由 $q_H = q_8$ 确定，即

$$\frac{1}{2}\rho_H V_{Hmax}^2 = \frac{1}{2}\rho_8 V_{8max}^2$$

得

$$V_{Hmax} = \sqrt{\frac{\rho_8}{\rho_H}} V_{8max}$$

化为当量速度表示，则有

$$V_{dmax} = \sqrt{\frac{\rho_8}{\rho_0}} V_{8max}$$

除了以最大速度平飞外，歼击机/强击机还可以利用发动机的最小推力或最大推力作垂直或非垂直俯冲。在俯冲结束时，飞机可能获得的速度显然比平飞最大速度还要大，与此相应的速压也比最大平飞速压大。飞机在俯冲终了时容许获得的最大速压，称为最大允许速压，用 q_{maxmax} 表示；与最大允许速压相对应的速度，称为最大允许速度，用 V_{maxmax} 表示。歼击机的最大允许速压，一般为最大平飞速压的 1.2~1.5 倍。

各型飞机的最大允许速压，在该型飞机的技术说明书上可以查到。例如，某型歼击机不带副油箱飞行时，最大允许速压为 $7\,500 \times 9.807\,(\text{N/m}^2)$，与此对应的飞行速度为

1 250 km/h；带副油箱飞行时，最大允许速压为 4 830×9.807（N/m²），与此对应的飞行速度为 1 000 km/h。

2.3.3 最大升力系数的确定

由空气动力学知识可知，升力系数 C_y 与飞行迎角 α 有如图 2-22 所示的关系。增大飞机的迎角可以增加升力系数 C_y，但当迎角增加到临界迎角 α_{lj} 时，C_y 达到最大值 C_{ymax}，如果迎角继续增大，C_y 不但不增大，反而减小。负迎角的情况也是这样，迎角减小到一定程度时，C_y 就会达到极限值 C_{ymin}，所以升力系数只能在 C_{ymax} 和 C_{ymin} 之间变化。因此，飞机最大升力系数 C_{ymax} 的值是根据临界迎角 α_{lj} 确定的。

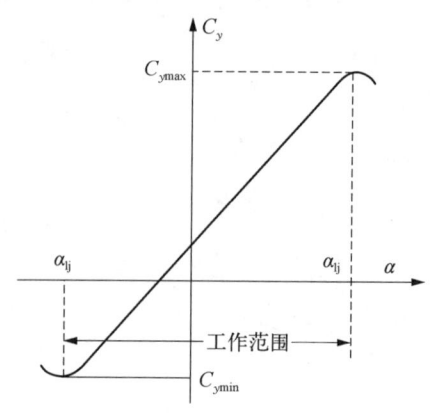

图 2-22 飞机迎角的工作范围

2.4 飞行中的严重受载情况

从强度分析的观点，往往是关注飞机在飞行中受载最严重的一些情况。前面已经讨论了飞机的最大使用过载 $n_{ymax.sy}$ 和最大允许速度 V_{maxmax}，显然 $n_{ymax.sy}$ 和 V_{maxmax} 决定了作用在飞机上的载荷的大小，但是还未能说明载荷在飞机的部件上是如何分布的。而载荷的分布情况，对于飞机的受力同样是一个很重要的因素。例如，图 2-23 表示某根悬臂梁的受载情况。第一种情况下的载荷 P_a 虽大于第二种情况下的 P_b，但由于载荷分布不同，对于这根梁，可能第二种受载情况更为严重。

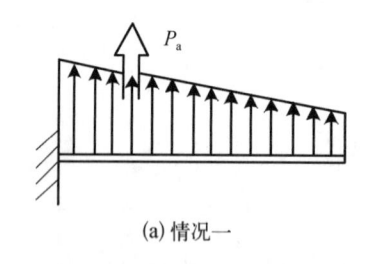

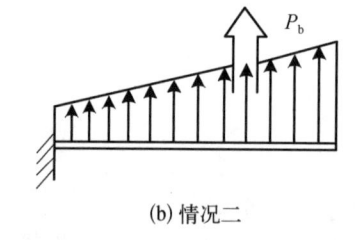

(a) 情况一   (b) 情况二

图 2-23 悬臂梁的受载情况

同样，在某些飞行状态下，虽然飞机的过载或速压没有达到最大值，但由于载荷的分布情况不同，某些局部部位的受力仍可能十分严重。可见，确定飞机的严重受载情况，只知道飞机的最大使用过载和最大允许速压还不够，还必须知道载荷的具体分布情况。飞机载荷的分布，主要取决于迎角 α 和飞行马赫数 Ma。α 和 Ma 不同，飞机各部分受力的严重程度也不同。而在 Ma 一定的条件下，对于同一翼型的机翼，气动载荷的分布就主要取决于机翼的迎角，而迎角与升力系数的大小是对应的，因而载荷分布情况可以用升力系数 C_y 的大小来反映。因此，要确定飞机的严重受载情况，需要同时考察过载、速度和升力系数的变化。

飞机在飞行过程中经历的情况千差万别，它可以进行各种各样的机动飞行动作。在这些千变万化的飞行状态中,过载、速度和升力系数都是随时变化的。如何从这些千变万化的情况中确定最严重的受载情况,如何根据飞机的使用情况来判断飞机哪些部位可能产生永久变形或损坏,对于设计、使用和维护飞机都是非常重要的问题。

2.4.1 严重受载情况的确定

为了确定严重的受载情况,首先讨论飞机可能的飞行状态。飞行员操纵飞机进行机动飞行,虽然飞行状态各种各样,但飞机的飞行状态还是受到各个方面的限制,下面以歼击机为例来说明。

(1) 由于飞行员的生理条件的限制,允许达到的过载是有限的。飞机的机动飞行只能限制在 $n_{y\max.sy}$ 和 $n_{y\min.sy}$ 之间。

(2) 飞机的飞行速度也是有限制的。飞机水平飞行时的当量速度不能超过平飞最大当量速度 $V_{d\max}$,俯冲时的当量速度不能超过最大允许当量速度 $V_{d\max\max}$。

(3) 飞机的升力系数也是有限制的。因为飞行迎角超过了正、负临界迎角后,飞机就要失速,所以飞行迎角只能在正、负临界迎角之间变化,而对应的升力系数也只能在 $C_{y\max}$ 和 $C_{y\min}$ 之间变化。

根据这些限制条件,下面讨论飞机的机动飞行包线和严重受载情况。

1. 机动飞行包线和严重受载情况

以飞机过载为纵坐标、当量速度为横坐标,根据上述限制绘制图形,如图 2-24 所示。

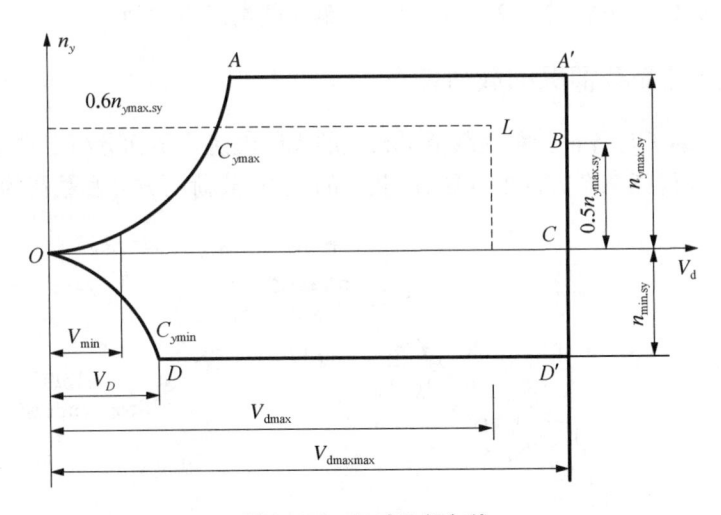

图 2-24 机动飞行包线

图 2-24 中,AA' 直线表示 $n_{y\max.sy}$;DD' 直线表示 $n_{y\min.sy}$;$A'D'$ 直线表示俯冲终止时的最大允许当量速度 $V_{d\max\max}$。将 $C_{y\max}$ 的值代入式(2-24)可得

$$n_y = C_{y\max} \frac{1}{2}\rho_0 V_d^2 S/G$$

其中,n_y 与 V_d 成正斜率的抛物线关系,如图 2-24 中的 OA。将 $C_{y\min}$ 值代入式(2-24),可作负斜率的抛物线 OD。这些直线和曲线分别交于 A、A'、D、D',构成一封闭包线

$OAA'DD'O$，飞机允许的机动飞行状态都被限制在这一包线内，因此，这条包线称作"机动飞行包线"。这一包线实际上也就代表了机动飞行时所允许的范围，是机动飞行的边界线。显然，边界上的点 A、点 A'、点 D、点 D'，是机动飞行的严重受载情况，分别称为情况 A、情况 A'、情况 D 和情况 D'。

除以上基本的严重受载情况之外，在某些特殊情况下，虽然总的载荷较小，但由于载荷分布特殊，飞机上某些部位的受力可能比上述四种情况更为严重。因此，对于歼击机/强击机，还有 B、C、L 等补充受载情况，也属于机动飞行中的严重受载情况，分别称为情况 B、情况 C 和情况 L，这些受载情况的具体分析将随后进行。

需要指出，在具体的使用条件下，如果使用的坐标系不同，机动飞行包线的形状也可能不同，但其本质是一样的。美国的相关规范中给出的机动飞行包线如图 2-25 所示，不同的是在负过载范围内有一个切角，这是操纵系统限制的可用过载造成的。

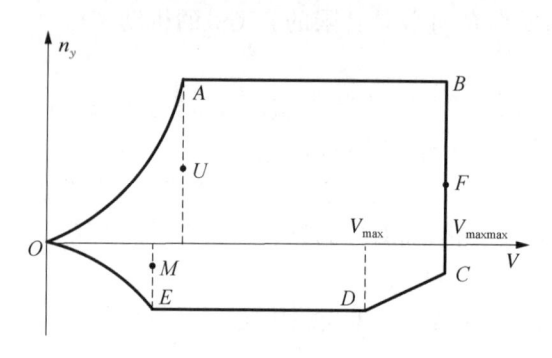

图 2-25 机动飞行包线

2. 突风飞行包线和严重受载情况

中、重型轰炸机的 $n_{ymax.sy}$ 是由可能的最大突风决定的，按上述方法绘出的飞行包线称为突风飞行包线，其形状与图 2-24 类似，严重受载情况也类似。

2.4.2 严重受载情况的载荷特点

图 2-26 描绘了与各种严重受载情况相应的飞行轨迹。下面分析各严重受载情况的特点，分析时主要注意三个方面的问题，即载荷的大小、载荷的方向和载荷的分布规律。

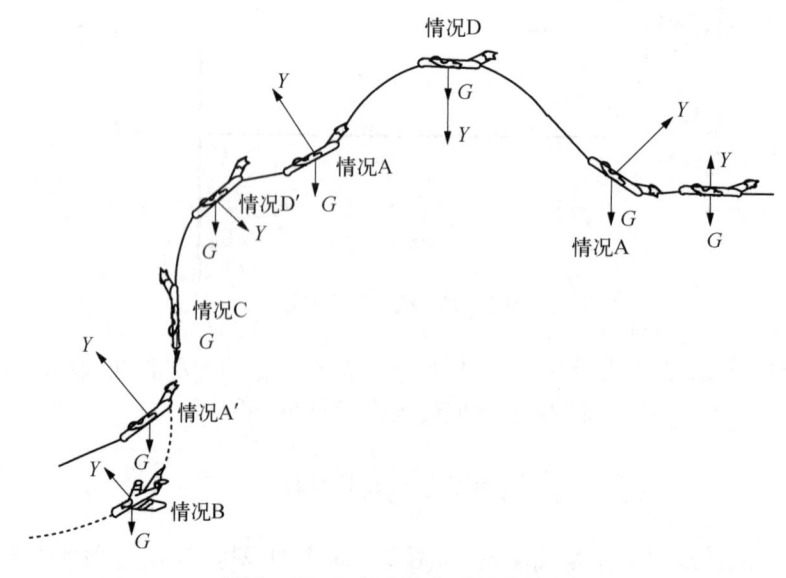

图 2-26 飞行中的严重受载情况

1. 正向严重受载情况

1）情况 A

飞机以临界迎角作曲线飞行，其过载达到最大的使用过载，这种受载情况称为情况 A。在这种情况下有

$$C_{yA} = C_{y\max}, \quad n_{yA} = n_{y\max.sy}, \quad V_{dA} = \sqrt{\frac{2n_{y\max.sy}G}{\rho_0 C_{y\max}S}}$$

当飞机改出俯冲，作急跃升时，可能出现情况 A。

2）情况 A′

飞机以较小迎角和最大允许速度作曲线飞行，其过载达到最大使用过载，这种受载情况称为 A′。在这种情况下有

$$n_{yA'} = n_{y\max.sy}, \quad V_{dA} = V_{d\max\max}, \quad C_{yA} = \frac{2n_{y\max.sy}G}{\rho_0 S V_{d\max\max}^2}$$

当飞机从高速俯冲中改出时，可能出现情况 A′。

在情况 A 和 A′下，作用在机翼上的总载荷的大小和方向基本上是相同的，其使用过载都达到了最大值，因而都是结构承受正向载荷最严重的受载情况，都使机翼产生向上的弯曲变形和扭转变形，相应的机身将产生下沉。

但情况 A 和情况 A′下的载荷分布规律是不相同的。情况 A 属于大迎角、小速度曲线飞行，是低速飞行；情况 A′是小迎角、大速度飞行，是高速飞行。风洞试验结果表明，这两种情况下的气动载荷沿机翼剖面的分布规律是不同的：情况 A 的载荷在前缘部分比较集中（压力中心靠近前缘），机翼前缘和前梁受力较严重；情况 A′的载荷分布比较均匀（压力中心稍靠后），机翼后缘、后梁和操纵面受力比较严重（图 2-27）。

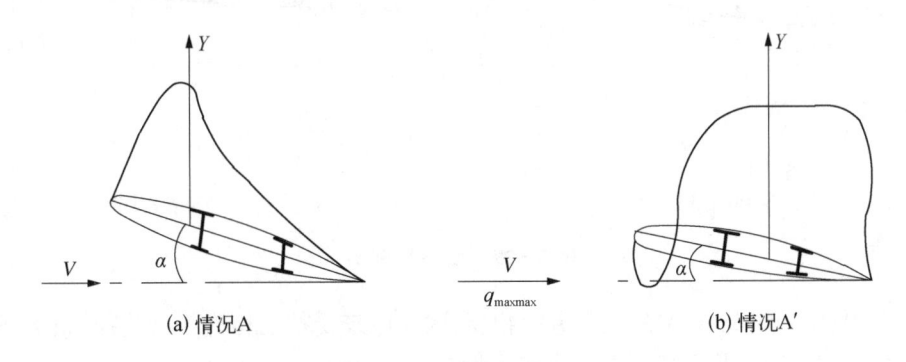

图 2-27 情况 A 和 A′

另外，由于情况 A 和 A′的迎角不同，机身（或发动机短舱）对气动载荷沿翼展方向分布的影响也不同（图 2-28）。在升力总值不变的情况下，小迎角（情况 A）时，机翼外段的升力显著增加，所以情况 A′比情况 A 使机翼受到更大的弯矩，机翼的纵向构件和机翼接头受力更加严重，机翼的弯曲和扭转

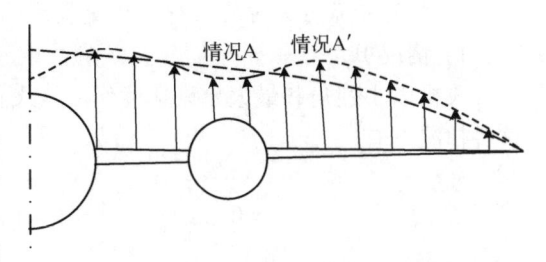

图 2-28 情况 A 和 A′时载荷的展向分布

变形也更严重。

2. 反向严重受载情况

1) 情况 D

飞机以负的临界迎角作曲线飞行,其过载达到负的最大值,这种受载情况称为情况 D。在这种情况下有

$$C_{yD} = C_{ymin}, \quad n_{yD} = n_{ymin.sy}, \quad V_{dD} = \sqrt{\frac{2n_{ymin.sy}G}{\rho_0 SC_{ymin}}}$$

2) 情况 D'

飞机以小的迎角和最大允许速度作曲线飞行,其过载达到了负的最大值,这种受载情况称为情况 D'。在这种情况下有

$$n_{yD'} = n_{ymin.sy}, \quad V_{dD'} = V_{dmaxmax}, \quad C_{yD'} = \frac{2n_{ymin.sy}G}{\rho_0 SV_{dmaxmax}^2}$$

情况 D 和 D'可能在猛推杆使飞机进入俯冲时出现,情况 D 的进入速度比情况 D'的进入速度小。这两种情况是承受反向载荷最严重的情况,其使用过载都达到了负的最大值,因此机翼将产生向下的弯曲变形和扭转变形,相应地,机身将产生上翘。但情况 D 和 D'的载荷分布也是不同的(图 2 - 29),其差别与情况 A 和 A'的差别相似,因而机翼所受的弯矩和扭矩也不相同。

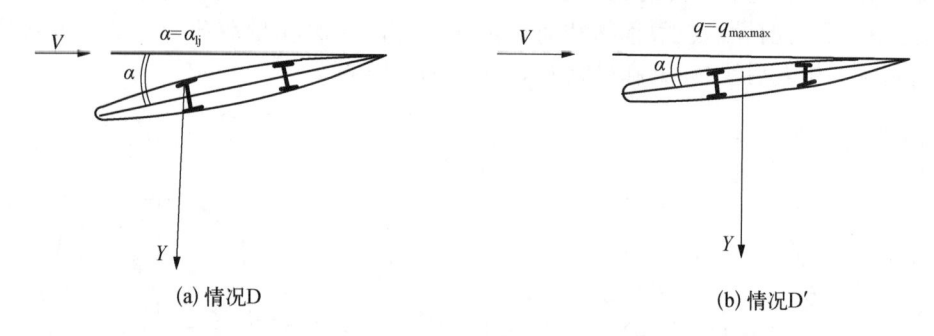

(a) 情况 D

(b) 情况 D'

图 2 - 29 情况 D 和 D'

情况 D、D'和情况 A、A'的载荷方向相反,因此原来受拉的构件变成受压,机翼下表面的某些构件,如蒙皮、桁条等可能失去稳定性。

3. 载荷分布特殊时的几种严重受载情况

1) 情况 B

飞机以小迎角和最大允许速度作曲线飞行,并偏转副翼的受载情况,称为情况 B。在这种情况下有

$$n_{yB} = 0.5n_{ymax.sy}, \quad V_{dB} = V_{dmaxmax}, \quad C_{yB} = \frac{n_{ymax.sy}G}{\rho_0 SV_{dmaxmax}^2}$$

在飞机改出俯冲并偏转副翼时可能遇到情况 B,这种情况的使用过载虽然不很大,但

由于迎角比情况 A′更小,再加上偏转副翼,压力中心更向后移(图 2-30)。因此,机翼后梁、后缘和操纵面受力严重,并且机翼还要受到较大的扭矩。

2) 情况 C

飞机在垂直俯冲中,达到最大允许速度时偏转副翼的受载情况,称为情况 C。在这种情况下有

$$C_{yC} = 0, \quad n_{yC} = 0, \quad V_{dC} = V_{dmaxmax}$$

在情况 C 中,虽然飞机的升力等于零,但因偏转副翼,飞机要受到严重的扭转作用。对于不对称翼形的机翼,飞机以大速度俯冲时,机翼上作用很大的气动力矩,因而在情况 C 中,机翼受到的扭转作用可能更为严重(图 2-31)。

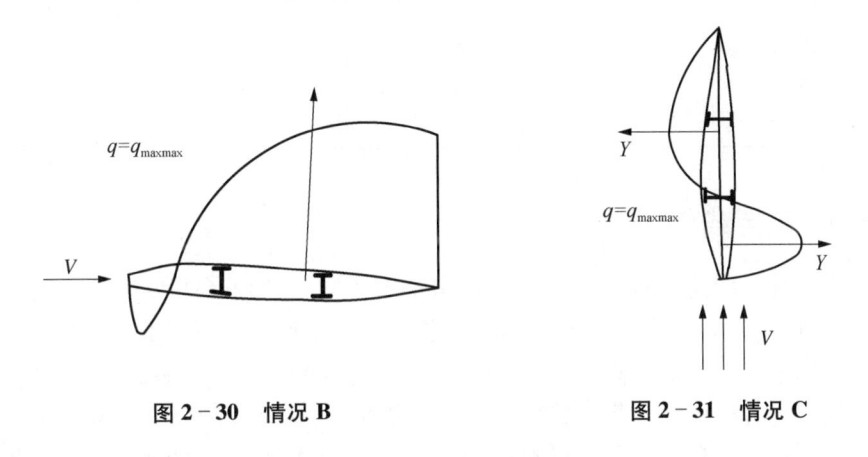

图 2-30 情况 B

图 2-31 情况 C

3) 情况 L

飞机以最大平飞速度飞行,并急剧偏转副翼进行滚转的受载情况,称为情况 L。在这种情况下有

$$n_{yL} = 0.6 n_{ymax.sy}, \quad V_{dL} = V_{dmax}, \quad C_{yL} = \frac{1.2 n_{ymax.sy} G}{\rho_0 S V_{dmax}^2}$$

情况 L 下,机动飞机副翼的严重受载情况,由于急剧偏转副翼,副翼上的载荷大大增加。

上述 7 个严重受载情况,基本上概括了歼击机/强击机面临的各种各样的受载情形。根据这些严重受载情况,进行强度和刚度设计的时候,必须保证飞机结构在这些载荷作用下不产生结构破坏或永久变形。

2.5 其他载荷情况

本章前几节内容主要分析了飞机在空中机动飞行和遇到突风时的载荷情况。实际上,一架飞机从滑跑起飞,在空中巡航飞行或作各种机动飞行,到返回机场着陆等使用过程中,会遇到各种各样复杂的载荷情况,表 2-2 列出了飞机承受的主要载荷类型。民用和军用规范规定:这些类型的载荷在设计中必须予以考虑。这些类型的载荷可以是静载荷、动载荷、疲劳载荷或温度载荷。

表 2-2 飞机的主要载荷类型

气动载荷	起飞、滑行载荷	着陆载荷
机动	弹射	着陆撞击
突风	中断起飞	回弹
操纵面偏转	颠簸	侧偏运动
部件干扰	转弯	单轮着地
动力装置载荷	惯性载荷	其他载荷
推力	加速	牵引
扭矩	滚转	顶起
陀螺力矩	振动	增压
振动	颤振	鸟撞
进气道压力		坠撞

2.5.1 疲劳载荷

飞机是一种长期使用的结构体系,根据其类型不同,使用寿命可从几千小时到几万小时。因此,飞机受到的载荷是多次重复的,这样就形成了疲劳载荷。本章前几节所讲述的各种载荷仅用于确定飞机结构的静态极限强度,可称为静载荷。在满足静强度的条件下,飞机要反复承受各种机动载荷和着陆时的撞击载荷,这些反复载荷会引起飞机结构的疲劳破坏,而且疲劳破坏在远小于材料的原有静强度情况下就可能发生,因而更具有危险性。

飞机结构所遇到的疲劳载荷是多种多样的,例如,在飞行中可能会多次遇到垂直突风;又如作用在尾翼上的机翼尾流,由于存在着周期性的旋涡,从而形成周期性的载荷;另外还有动力装置传来的周期性振动,机关炮多次击发时的重复冲击,副翼等舵面受到的反复载荷,起落架在多次起飞着陆时受到的冲击、振动载荷,座舱的重复增压等。

疲劳载荷引起的破坏是一个长期积累过程,由局部的疲劳损伤逐渐发展成裂纹,当裂纹扩展到某一临界值时,会快速扩展,导致结构的突然断裂破坏。

疲劳破坏是由反复变化的载荷经历一定的时间和交变次数引起损伤累积的结果,因此疲劳分析关心飞机在整个寿命使用期内结构所承受的载荷随时间变化的历程——载荷谱。使用载荷谱的编制中应包括所有重要的重复载荷源,主要有机动载荷、突风载荷、着陆撞击载荷、地面载荷(滑行、刹车、刹车松开、打地转、转弯、牵引载荷等)、增压载荷及可动结构的重复操作引起的载荷。

疲劳载荷还将引起设备工作失常,并导致破坏,使机上人员感到难受,因此必须研究结构减振、隔振、抗疲劳及破损安全的措施。在设计中,一般采用安全寿命设计、损伤容限设计和耐久性设计的设计原则(包括合理选择材料和结构形式及细节设计等)进行疲劳的安全寿命计算,并进行结构零构件和全机的疲劳试验及损伤容限试验。对飞机结构疲劳强度的研究详见第 5 章相关内容。

2.5.2 其他特殊情况下的载荷

1. 非正常状态下的载荷

非正常状态下的载荷(图2-32)主要有：多发动机飞机的一个或几个发动机停车、尾旋、单轮着陆、打地转、机头碰地、飞机翻倒及因故障强迫着陆等情况下的载荷。遇到这些情况时，一般要求在空中应能维持飞机继续飞行，便于改正或安全返回。在地面应尽量减少对人员的伤害，尽量减少对飞机出口通道的阻塞。因此，对于人员的座椅和通道口附近的一些结构(针对民用飞机)的设计载荷系数应适当增大，以确保安全。

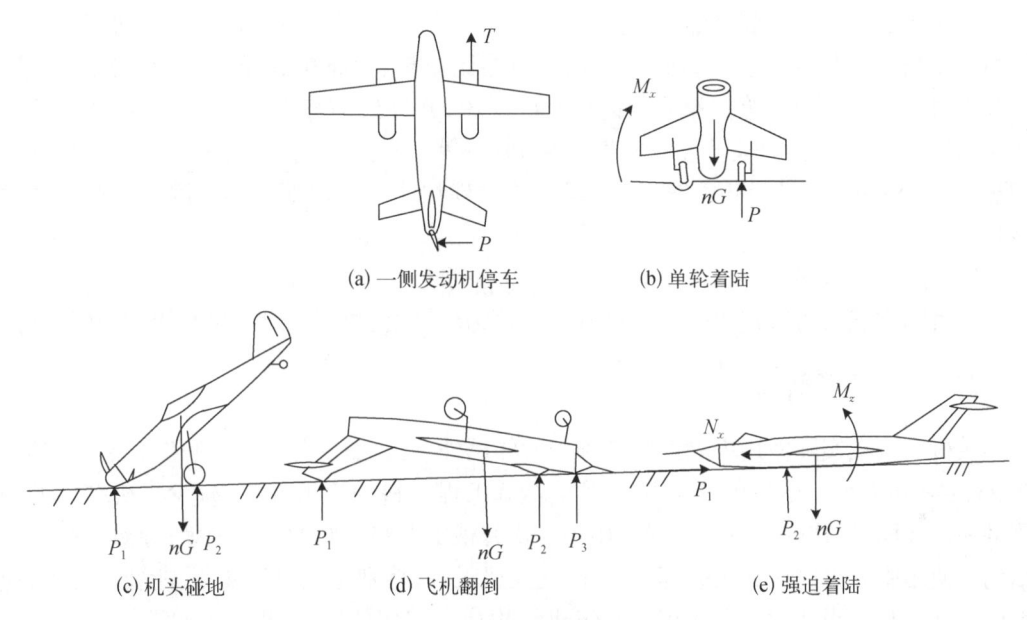

(a) 一侧发动机停车　　(b) 单轮着陆

(c) 机头碰地　　(d) 飞机翻倒　　(e) 强迫着陆

图2-32　一些非正常载荷情况

2. 鸟撞载荷

飞鸟撞击飞机，由于相对速度大，鸟又有一定的质量，会把结构(主要是飞行员座舱罩风挡玻璃)撞伤，飞鸟还可能经进气道被吸入发动机内，这些情况均将造成严重危害，并可能伤及人员，导致严重事故。鸟撞也会对复合材料结构造成低能量冲击，引起层合结构分层，并导致强度、刚度剧烈下降，必须予以考虑。

现在的设计规范普遍规定了鸟撞载荷的设计要求。例如，有的规范规定飞机在2 000 m以下以最大设计飞行速度飞行时，飞机风挡及其支撑结构应能承受1.8 kg的飞鸟撞击而不致穿透，并要尽量防止撞坏的碎片伤害到人员。对发动机进气道的鸟撞载荷指标也作了规定，总之不得影响到飞机的安全飞行。另外，还要尽量研究鸟的活动规律，消除机场附近鸟类聚集的条件，有时还在发动机进气道口安装金属丝网，以防止鸟撞入。还应采用抗撞击性能好的座舱玻璃材料，以保证人员安全，并用鸟炮进行相应的鸟撞试验(图2-33)。

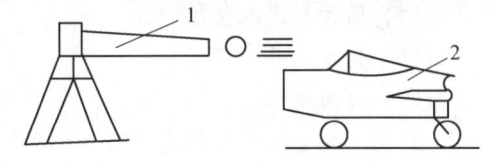

图2-33　鸟撞试验情况

1—鸟炮；2—试验机

3. 冰雹载荷

飞机在高空冷空气中飞行时,机体的一些部位(如机翼、尾翼的前缘,风挡玻璃等处)会出现结冰现象。它破坏了飞机的气动外形,增加了阻力,影响了性能,因此在易结冰处应采取防冰(如加热或喷洒酒精)、破冰(如安装可胀缩的橡皮囊)措施。还要考虑到冰雹天气,它可分布在十几千米的范围内,冰雹的最大直径甚至可达 10 cm 左右。要求冰雹不得严重损伤飞机,以免发生危险,发动机不能产生危险破坏和大的性能损失;另外,还要考虑冰雹的密度、直径、速度和一块冰雹的多次撞击影响等。

4. 噪声(声振)载荷

噪声主要分为动力装置噪声(包括螺旋桨、转子、涡轮风扇、压气机、喷气等所产生的噪声)、空气动力噪声(包括附面层压力波动、尾流噪声、激波振荡噪声等)及机炮、火箭、导弹发射时产生的噪声等。噪声载荷将产生声压,并导致声疲劳,因而必须进行声压场测量,预测声载荷的大小、分布、声载作用的时间等。在此基础上,对承受声振载荷的结构进行疲劳分析、设计及声载试验,以保证结构件在使用寿命期内不会因声载荷而导致破坏。

5. 瞬时响应载荷

瞬时响应载荷指武器爆炸、起飞助推、外挂物的投放、弹射等对飞机结构作用的载荷。

2.5.3 环境载荷

飞机结构在实际使用中除经受各种力的作用外,还会遭受化学、湿热和气候环境的侵袭(又称环境载荷),这些使用环境会严重降低工程材料的疲劳性能,减少飞机结构的使用寿命。然而,以往的飞机设计和使用中往往忽视了这些重要的环境因素,导致不少飞机结构在使用中发生腐蚀疲劳破坏。因此,在飞机设计,特别是飞机抗疲劳、断裂设计中,应考虑各种力和使用环境联合作用时对飞机结构疲劳破坏的影响,即耐久性设计。应力腐蚀和耐久性评估的知识详见第 5 章、第 6 章、第 8 章相关内容。

习　题

2-1 分析下列情况中,y 方向过载的大致范围及正负值。

(1) 水平直线飞行;
(2) 垂直俯冲;
(3) 水平直线倒飞;
(4) 柔和推杆进入下滑;
(5) 猛推杆进入俯冲;
(6) 直线上升及下滑;
(7) 凹曲线倒飞。

2-2 某飞机的飞行重量 $G = 70$ kN,从俯冲退出至航迹最低点时的过载 $n_y = 7$,飞行速度 $V = 1\,584$ km/h,如题 2-2 图所示。求在此位置的飞

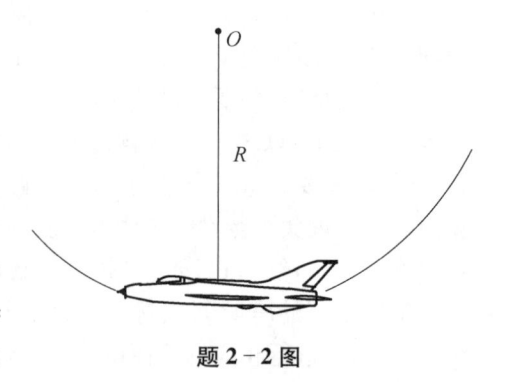

题 2-2 图

行轨迹的曲率半径 R 和飞机的升力。

2-3 在某高度上为了实现斤斗飞行,飞行员预先加速,使 $V_{斤斗}=2.9V_{\min}$ ($V_{\min}$ 为 $C_y=C_{y\max}$ 时进行平飞的速度)。当过载达到最大值时,$C_{y斤斗}=0.75C_{y\max}$,$V=V_{斤斗}$,已知飞行员的重量 $G=900$ N,试问飞行员作用在座椅上的最大力是多大?

2-4 如题 2-4 图所示,飞机俯冲攻击并沿圆弧线拉起。已知 $V=1\,000$ km/h,$R=1\,000$ m,求 $\theta=45°、30°、0°$ 时 n_y 各为多少。又若限定 $n_{y\max}$ 小于(等于)8,飞行速度不变,曲率半径应如何限制?

2-5 设某轻型轰炸机,由于机翼受到损伤,强度降低 1/3,飞机在返航途中,又遇到 10 m/s 的向上突风,求飞机在 2 000 m 高度上的最大允许平飞速度(由该飞机说明书中查得:$G/S=2\,000$ N/m²,$C_y^\alpha=4.5$,$n_{y\max.sy}=4.6$,在 2 000 m 高度上 $\rho=1.027$ kg/m³)。

题 2-4 图

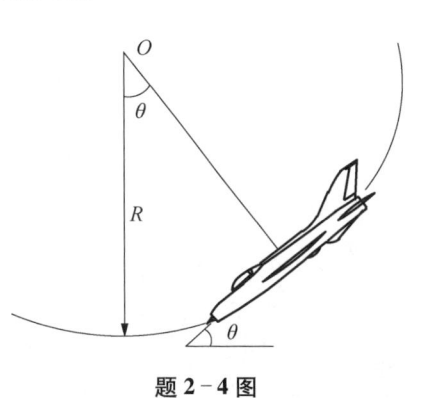

2-6 已知某飞机重心处的过载 $n_y=5$。若飞行员承受的过载 $n_y=7$,飞机座舱距飞机重心 5.5 m,二油箱重量 $G_2=1\,350$ N,并位于飞机重心后 3.5 m 处,试求二油箱的过载及其固定点所承受的载荷。

2-7 已知在某飞机上位于重心前、后的两个安装点 1、2 的过载分别为 $n_{y1}=7$,$n_{y2}=4$,求飞机重心处的过载(题 2-7 图)。

2-8 飞机作倾斜角为 $\beta=75°$ 的正常盘旋,副油箱重量 $G=3\,000$ N,试求作用在副油箱悬挂点上的力。

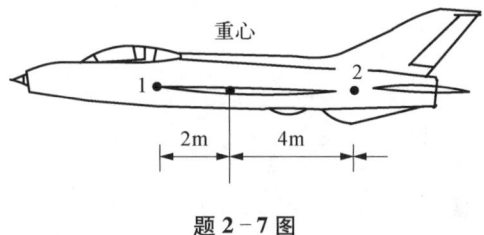

题 2-7 图

2-9 曾发现某机前上舱电瓶支座处的角材裂纹,其原因是角材在电瓶质量力作用下反复弯曲变形而导致疲劳。试计算飞机俯冲急拉起时,该角材承受的电瓶质量力。设:$G_{飞机}=70$ kN,$G_{电瓶}=320$ N,$X_{重心}=40\%b_{CAX}$,$n_{y重心}=7$,$b_{CAX}=3.023$,$X_{焦点}=47.5\%b_{CAX}$,$J_{飞机}=39\,000$ N·m/s²,$X_{电瓶}=3.6$ m。

2-10 某机以 $n_y=5$ 在垂直平面内作曲线飞行,若该机绕飞机重心的角加速度 $\varepsilon_z=1.63$ rad/s²(抬头),求电动助力器及飞机重心处发电机的质量力。已知:电动助力器的重量 $G_{电助}=165$ N,位于飞机重心后 3.98 m 处;发电机重量 $G_{发电机}=203$ N。

2-11 某轰炸机在 2 000 m 高空以速度 $V=1\,008$ km/h 平飞时,遇到与航向夹角为 80°、速度为 12 m/s 的突风。已知 $C_y^\alpha=4.5$,$G/S=2\,000$ N/m²,求解以下问题:

(1) 在 $\varphi=80°$ 的突风作用下,飞机过载有多大?

(2) 风从什么方向吹来,飞机承受的过载最大?其值是多少?

2-12 飞机在低空(此时空气密度假设为 $\rho=1.25$ kg/m³)以飞行速度 $V=900$ km/h,盘旋角 $\beta=60°$ 作正常盘旋,突然遭到来自腹部的水平突风,如题 2-12 图所示。已知风速为 $W_0 = 20$ m/s，若飞机翼载荷 $P = 3\,000$ N/m²，机翼升力系数斜率 $C_y^\alpha = 4$，求此时飞机的过载。

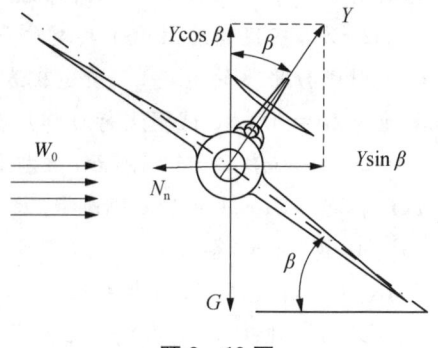

题 2-12 图

第 3 章
飞机结构的受力分析

本章所要介绍的结构受力分析,是一种定性的或粗定量的结构传力途径特性分析。对于结构设计人员而言,了解和把握结构中主要受力构件的内力特征,可以指导设计工作,依据构件的受力特性合理布置结构元件,最终获得受力特性好、结构重量轻的满意设计方案。因此,受力分析是结构设计思维过程中的有力工具,在结构设计分析中占有十分重要而基础的地位,目前尚不能用软件程序来代替。对于结构使用维护人员而言,通过受力分析,可以了解飞机结构各承力构件的受力特点和可能的破坏形式。这种理解和认识,有助于加强在飞机结构使用维护工作中的目的性和针对性。同时,通过分析已有结构的受力合理性,可为在飞机上进行加改装或者修理时选择合理的结构形式、合理的布置、合理的连接形式提供参考。

本章首先简要介绍飞机结构受力分析的一般性知识,然后依次介绍机翼、机身和起落架结构的受力分析方法。

3.1 飞机结构受力分析概述

3.1.1 飞机结构受力分析的目的

"受力分析"的一般含义如下:当支承在某"基础"上的一个结构受有某种外载时,分析这些外载如何通过结构的各个构件,传递给支承它的"基础",这种分析过程又称为结构的传力分析。以机翼结构为例,作用在上面的力有分布气动载荷和挂点接头的集中载荷,这些外载通过机翼中相互连接的各个受力构件相继受载产生内力来传递,最终在机翼机身对接处,由支承机翼的机身提供支反力与之相平衡。在实际工作中,进行飞机结构受力分析可以达到下述目的。

1. 了解各构件的受力特点和可能的破坏形式

作用在飞机上的载荷是由飞机结构来承受的,而飞机结构是由许多构件组成的。飞机结构在总载荷作用下,从总体上看,可能产生轴力、剪力、弯矩及扭矩,但是组成这个结构的各个构件不一定都要承受轴力、剪力、弯矩及扭矩。另外,在飞行中,飞机各部位受力的性质和大小有许多差异,由于结构形式不同,各构件的受力情况也不尽相同,因而其发生破坏的条件和形式也不同。在飞机的使用维护过程中,为了有目的地检查飞机结构的完整情况,确保飞行安全,了解组成结构的各个构件的承载特点和可能发生的破坏形式是非常必要的。

2. 找出构件的载荷

为了确保飞行安全,不仅要定性地了解飞机结构各构件的受力特点和可能的破坏形式,而且需要定量计算飞机结构的强度,而结构的强度又取决于组成这个结构的主要构件的强度,要计算各构件的强度就需要知道各构件的载荷。一般情况下,只给出了结构的总体载荷,要从结构总体载荷中求出各构件的载荷,就需要进行结构受力分析。通过结构受力分析,找出构件载荷之后,就可以开展两个方面的工作:对于正在设计的结构,可以利用构件的载荷来确定构件的截面尺寸;对于构件截面尺寸已经确定了的结构,可以根据构件的载荷和截面尺寸来校核该构件的强度,评估构件或结构的安全性。

3.1.2 飞机基本结构元件的传力特性

飞机机体大多是薄壁结构,基本上由板、杆组成。各构件在结构中应根据它们的受力特性进行最佳的组合,使其分别承担最符合各自受力特点的载荷,这样才能使结构重量最轻。同样,在受力分析时,也应对各构件按其受力特点进行合理简化,例如:哪些应作为板元,哪些应作为杆元或梁元,这样就能帮助我们了解各元件在结构受力中各自所起的主要作用,更好地分析结构受载后的传力路线。

判断一个构件能否传递这种或那种载荷,就要看该构件在此种载荷下是否满足强度要求或是否会产生过大的变形(超过了容许的变形量)。下面分析飞机上的各种典型元件的承力特性。

1. 杆

杆只能承受(或传递)沿杆轴向的分散力或集中力,即只受正应力。机翼中的桁条、翼梁缘条就属于此类元件。因为杆的抗弯能力很小,所以认为它不能受弯矩,或只能受很小的弯矩(如桁条上局部气动载荷引起的弯矩)。

2. 薄板

一块薄平板适宜承受在板平面内的分布载荷,包括剪流和拉伸应力,见图 3-1(a) 和 (b)。在薄板受压,特别是受剪时,必须考虑稳定性问题。一般来说,当薄板没有加强件来加强时,其承压能力比承拉能力小得多,粗略分析时常将此略去。同时,要注意薄板不适宜受集中力,这是因为板较薄,很易撕裂。因此,要传递板平面内的集中力就必须附加一构件,将集中力扩散成分布剪流,如图 3-1(c) 所示。机翼中的墙、翼梁和翼肋的腹板常简化成薄板,厚板则能直接承受一定的集中力。

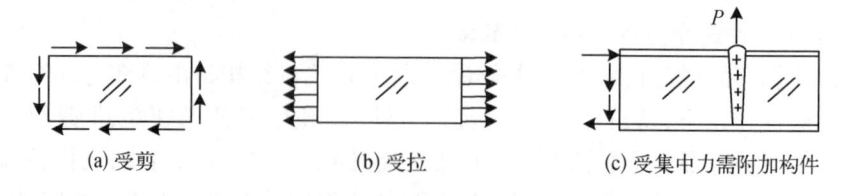

(a) 受剪　　(b) 受拉　　(c) 受集中力需附加构件

图 3-1　薄板受载情况

3. 平面板杆结构

平面板杆结构由位于同一平面内的板、杆组成,适宜承受作用在该平面内的载荷。

因杆宜于受轴向力,因此可沿板杆结构中的任何杆件加以沿杆轴方向的力。如果某一节点为两根不同方向的杆的交点时,则可在此节点上加以在该平面内任意方向上的集中力。

板杆结构中的矩形板(或梯形板)则有两种受载情况。一种情况是板、杆之间只能相互传递剪流[图3-2(a)]。假如板将拉伸应力传给杆时,则由图3-2(b)可知,必定会使杆受到一横向载荷而引起弯矩,这将与杆不能受弯的假设相悖。由此还可推知,当板杆结构为三角形时,由于不应有横向载荷传给杆,此三角形薄板周边上只能承受纯剪流。又根据板的受力平衡可知,因为此时对任一顶点的力矩不能平衡,所以三角形薄板将不能受剪,这类三角形板杆结构中的板不受载(图3-3)。但对于三角形厚板,当其板边能受正应力时,还是能受剪的。

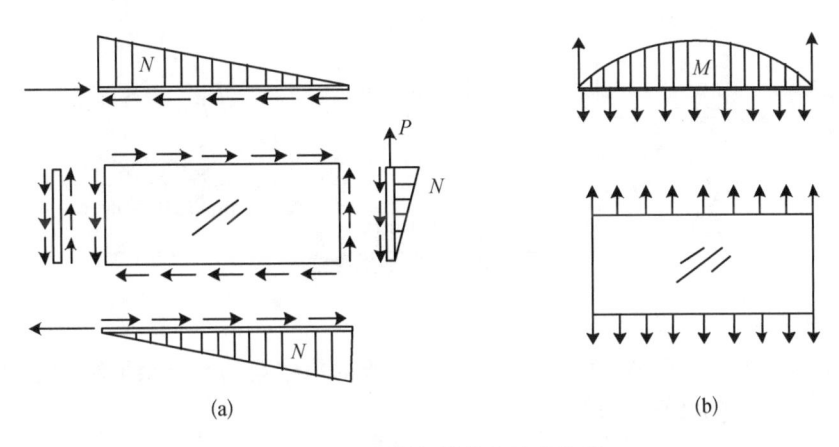

图3-2 平面板杆结构的受载情况

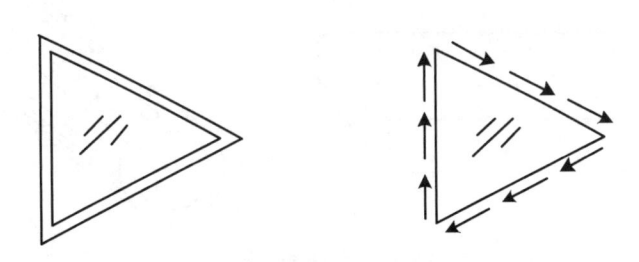

图3-3 三角形板杆结构板不受载

另一种是板受拉应力的受载情况。此时,若板能直接受拉,而不把此力以横向载荷形式传给杆时(图3-4),则板可以承受此拉伸应力。但为了便于计算,往往把板的抗拉能力折算到杆上去,而仍然简化成受剪板和受轴力杆。

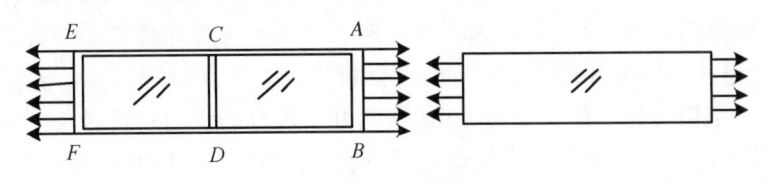

图3-4 受拉板的受载情况

4. 平面梁

平面梁可以是薄壁结构组合梁,也可以是整体梁,它宜于承受梁平面内的载荷。图 3-5(a)为一个由腹板和上、下缘条组成的薄壁翼梁。在受力分析中,可以近似认为腹板只受分布剪流形式的剪力。而缘条作为杆元而受轴向力,上、下两缘条分别受拉和受压,即可承受梁平面内的弯矩。平面环形框也是平面梁的一种[图 3-5(b)]。

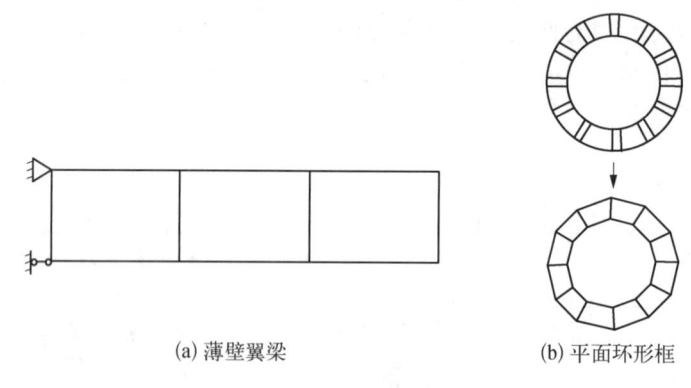

(a) 薄壁翼梁 (b) 平面环形框

图 3-5 翼梁和机身框

5. 空间薄壁结构与厚壁筒

厚壁筒与空间薄壁结构(如带腹板的封闭周缘的薄壁梁、盒式结构等)经过合理的安排,可承受空间任意方向的力(图 3-6)。

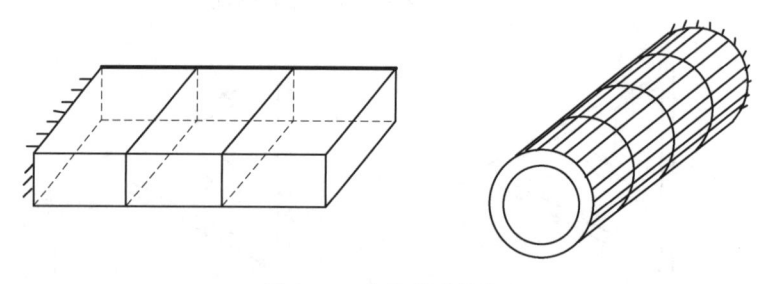

图 3-6 空间薄壁结构

通过对上述一些基本结构元件和某些简单结构的受力特性分析,可以注意到下述规律。

(1) 上述各构件的受力特性都是相对于结构所能受力的大小和变形要求而言的,即在通常所需承受的载荷数值下,构件不破坏或在满足通常结构效率下的变形不超过允许值,就认为它能传递此力,反之就认为不能传递。了解了各种元件的受力特性后,在结构设计时就应尽量使构件按各自的受力特性来受载,"扬其所长,避其所短",才能充分发挥材料的潜力,使结构更轻。而在受力分析时,就可按各自的受力特性合理简化各构件、元件(例如,对梁的缘条可简化为杆元处理,忽略其承弯能力),这样既可使分析工作大大简化,又不致引起太大的误差。

(2) 一个结构由很多构件组成。当考虑一个结构的受力特性时,不仅要了解组成它的各个构件本身的受力特性是否适宜承受某种力,还要考虑构件之间力的传递,即某个力能否传到此构件上(传入),以及是否又能从此构件传到另外一些构件上(传出),最后能否传到支承该结构的基础上(传至基础),且必须同时满足这三个条件。例如,一个薄壁梁要通过某接头承受弯矩,那么该接头必须能使弯矩传入。例如,可在梁平面内与其上、下缘条相连,以便保证构成弯矩的一对轴力传入。而若该弯矩直接以集中力的形式加到腹板上,则会因不符合薄板受力特性而无法传入。又如,讨论某一孤立的平面梁,虽然它本身能承受作用于自身平面内的弯矩,但如果根部与基础是铰接,那么弯矩就不能从根部传出去(图3-7),这样实际上此梁就不能受此弯矩。因此,构件的支承情况应与构件的受力特性相适应,这样才能使构件传递相应的力。

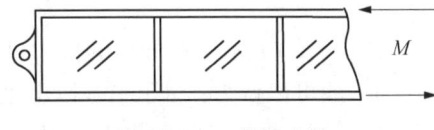

图 3-7 一端铰支梁

3.1.3 受力分析的一般原则

1. 作用与反作用原则

结构中力的传递是通过结构中的各构件和与其相连接的支持构件互相作用来实现的。外载荷直接作用被支持构件上后,它的支持构件就会产生反作用力(支反力)作用在该被支持构件上,达到与外载荷的平衡。由作用和反作用原理,被支持构件也给支持构件一个反作用力,它与支反力大小相等、方向相反,这个力就可以看作加在该支持构件上的载荷。

2. 力按刚度分配原则

静定结构中,力在各元件中的分配是确定的,它们只与各元件(或支座)及作用力的相对几何位置有关,根据静力平衡方法即可确定各元件的内力。而静不定结构,除去静力平衡方程外,还必须同时根据变形协调条件才能求出各元件所受的力,即力的分配还与各元件本身的刚度和支承刚度有关。在一定条件(如机翼变形应符合平剖面假设)下,结构中的各个元件可直接按照其本身刚度的大小比例来分配它们共同承担的载荷,这种正比关系称为"刚度分配法"。在定性分析中,往往应用刚度分配法来研究力在静不定结构中的传递规律。

刚度是指材料和结构抵抗变形的能力。这里所说的刚度是指元件(构件)的结构刚度,其度量是指元件在载荷作用下抵抗变形的能力,即元件产生单位变形所需的外载值。一个结构有各种变形,如伸长、转角或扭角等,对应的就有拉伸刚度、弯曲刚度和扭转刚度。

采用刚度分配法分配载荷的具体办法如下:在图 3-8(a)中,有两杆并排在一起受拉,若两杆受拉后的拉伸变形量相同,即 $\Delta l_1 = \Delta l_2$,据此可得

$$\frac{P_1 l_1}{E_1 F_1} = \frac{P_2 l_2}{E_2 F_2} \tag{3-1}$$

根据定义,杆的拉伸刚度 $K = EF/l$,则式(3-1)可改为

$$\frac{P_1}{K_1} = \frac{P_2}{K_2}$$

所以：

$$\frac{P_1}{P_2} = \frac{K_1}{K_2}$$

$$P_1 = \frac{K_1}{K_1 + K_2} P, \quad P_2 = \frac{K_2}{K_1 + K_2} P \qquad (3-2)$$

式(3-2)表示两杆分担的拉力可直接按其刚度比分配。与此类似,根据机翼的构造情况,一般可以认为:对于中等以上展弦比的机翼,除机翼根部、开口区及集中力作用处等局部区域外,平剖面假设基本成立。因此,当机翼中有几根梁同时受弯时[图 3-8(b)和(c)],各梁的剖面转角 θ 一致;当机翼为双闭室盒式梁受扭时[图 3-8(d)],可认为两闭室的扭角 φ 一致。现若取 P 为广义力,则在各种受载形式下,静不定结构中各元件分担的载荷均可按式(3-3)计算:

$$P_i = \frac{K_i}{\sum K_i} P \qquad (3-3)$$

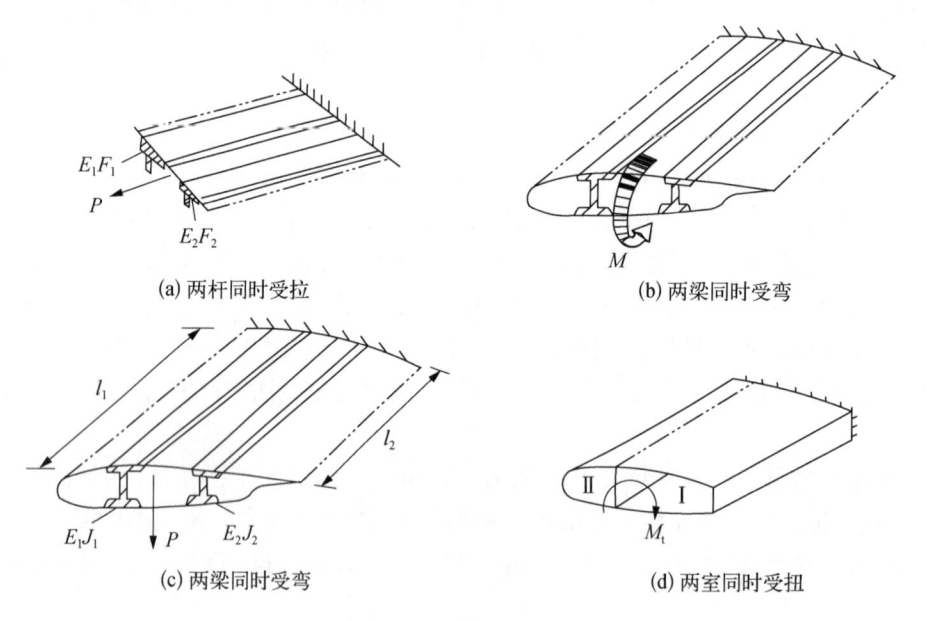

(a) 两杆同时受拉

(b) 两梁同时受弯

(c) 两梁同时受弯

(d) 两室同时受扭

图 3-8 刚度分配原则

式(3-3)中, K 是与广义力 P 相对应的刚度,可分别按如下公式计算。

图 3-8(b)情况:

$$K = \frac{EJ}{l} \qquad (3-4)$$

图 3-8(c)情况：

$$K = \frac{2EJ}{l^2} \tag{3-5}$$

图 3-8(d)情况：

$$K = \frac{GJ_P}{l} \tag{3-6}$$

其中，J 为剖面惯性矩；J_P 为扭转剖面系数。

应当指出：对于静不定结构的受力分析，并非在任何情况下都能用刚度分配法得到比较正确的结果，恰恰相反，它是有条件限制的，如必须满足工程梁理论的假设条件；同时，它往往是依据结构受某种载荷作用[如图 3-8(c)中所示的横向力 P]时，只取其某种变形(如转角 θ) 的变形量相同得出的。在不满足这些条件时，所得结果就可能和实际不一致，甚至有可能相距甚远。

3. 力的转化原则

在力的传递过程中，当力由一个构件传给另一个构件时，在保持静力等效的条件下，力系形式的真实变化称为力的转化。但是，这种转化与构件之间连接处的具体构造有关。如图 3-9 所示的摇臂上作用有外力矩 M，通过摇臂与圆管之间的作用与反作用传递给圆管。但传递给圆管的力矩形式与摇臂在圆管上的连接形式有关，如果摇臂用一根螺栓固定在圆管上[图 3-9(b)]，那么力矩以一对力偶形式传递[图 3-9(c)]。当用焊接固定时，则力矩以沿整个焊缝分布的剪流传递，如图 3-9(d)所示。

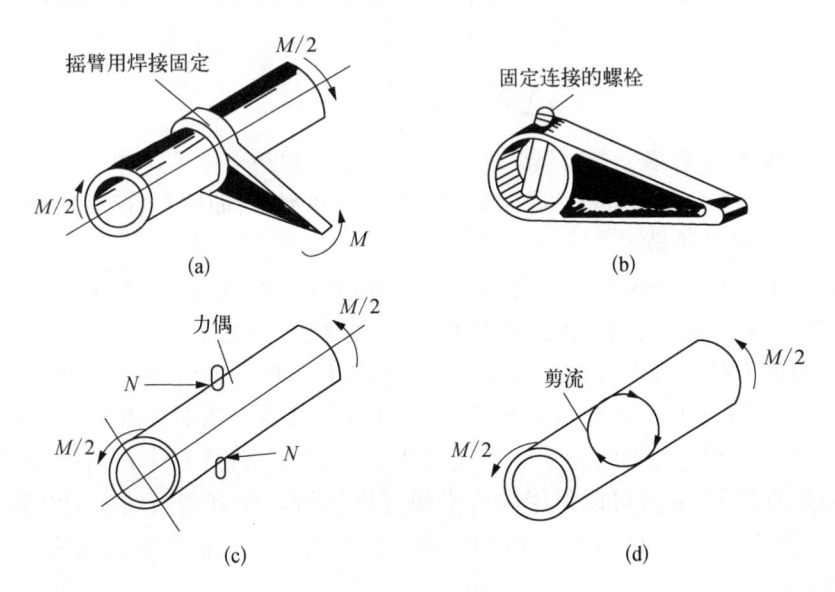

图 3-9 力的转化

4. 传力路线最短的原则

结构设计时，按传力路线最短的原则布置主要受力构件，使结构重量最轻。如

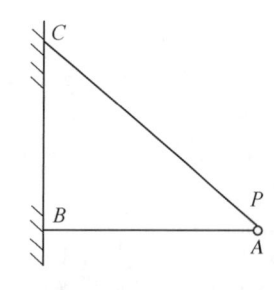

图 3-10 中的点 A 有一载荷 P（从纸里指向外），要传到基础，可按 AB 布置受力构件，也可按 AC 布置受力构件，显然按 AB 布置受力构件的传力路线最短，承受的弯矩最小，其结构重量轻。

对于已制成的飞机，传力路线是已定的，往往是多路传力（如某型歼击机的机翼），其中刚度大的构件（主梁）传力路线最短。受力分析时要抓主要矛盾，特别注意这条路线上的传力。

图 3-10 传力路线比较

3.1.4 飞机结构受力分析的方法和步骤

结构的受力分析是结构强度计算重要的一步，如果受力分析脉络不清，就难以得出正确的强度计算结果。飞机结构可以说是最为复杂的人造结构体系之一，大的飞机结构甚至包含成百上千个纵横交错的小构件，其间的连接关系又错综复杂。为便于研究，按照结构组成元件的形状特点，一般将飞机结构分为两大类，即杆系结构（如起落架、发动机固定架等）和薄壁结构（如机翼、机身等）；按照结构中有没有多余约束，又可将飞机结构分为静定结构和超静定结构。

1. 静定结构的受力分析

结构可以看作由一些自由体和约束装置组成。由于整个结构在载荷作用下处于平衡状态，如果用未知的约束力代替约束装置，那么，每个自由体在相应的载荷与约束力的作用下必然是平衡的。由理论力学可知，一个自由体有多少个自由度，就能列出多少个独立的平衡方程式。例如，平面上一点有两个自由度，若使该点不动而处于平衡，就需要满足两个平衡条件：

$$\sum X = 0, \quad \sum Y = 0$$

而一个约束装置有多少个约束就能提供多少个未知约束力。这样，对于一个受载结构，所能列出的独立的平衡方程式数量就等于其自由度数 N；而这些方程中所包含的未知约束力数量就等于约束数 C。

显然，对于没有多余约束的结构，$C = N$，即可列出的独立平衡方程式数量就等于方程组中含有的未知力数量。由线性代数可知，方程组中的未知数与方程式数量相等时，如果未知数不是无穷大，那么，就可以由这些方程式联立而解出各未知数。另外，由于结构组成必须满足几何不变性的要求，它在任意外载荷作用下都能满足平衡条件，因此结构内力（即方程组未知数）不会是无穷大的。这就是说，对于没有多余约束的结构，其内力是有限值，并且可以仅用静力平衡方程求得。没有多余约束的结构，仅用静力平衡方程就能求出内力，称为静定结构，或者说具有最少必需约束的几何不变系统称为静定结构。

结构受力分析往往比较烦琐，需要耐心和细致的工作，稍有疏忽就易出错。但不论是怎么复杂的结构，其受力分析的方法依然有基本规律可循，基本分析步骤也是相同的，可大致归纳如下。

（1）弄清结构中各构件的连接及支持情况。能够承受和传递弯矩的连接,可以简化为固接;只能承受和传递剪力,不能承受和传递弯矩的连接简化为铰接。例如,两个结构构件,如果其腹板与腹板、缘条与缘条都连接起来了,能够承受和传递剪力和弯矩,这种连接可以视为固接;如果只是腹板与腹板连接,而缘条与缘条没有连接或者连接很弱,只能承受和传递剪力,这种连接只可视为铰接;用单个螺栓连接的构件,若其构件转动向量与螺栓轴线方向一致[图 3-11(a)],则视为铰接;反之,构件转动向量与螺栓轴线垂直[图 3-11(b)],且高度 H 较大的连接可以视为固接。

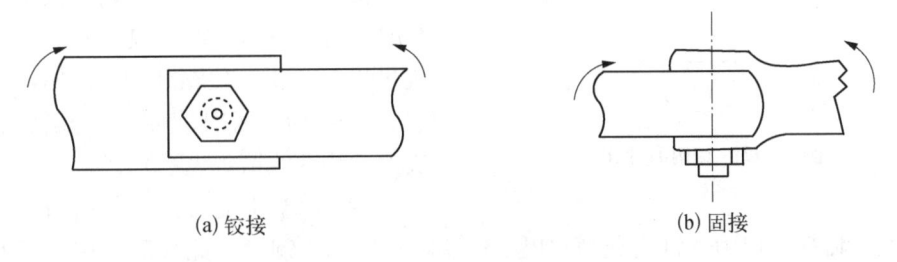

(a) 铰接　　(b) 固接

图 3-11　单个螺栓连接的构件

对于一个结构,除了弄清其各个构件之间的连接以外,还必须进一步弄清它们之间的支持关系,也就是说谁支持谁的问题。对于静定结构,可以用解除约束的办法来判断：解除连接处的约束之后,还能独立受载的构件视为支持构件,不能独立受载的构件视为被支持构件。对于超静定结构,刚度大的视为支持构件,刚度小的视为被支持构件。载荷总是由被支持构件传递给支持构件。

（2）离散化（取分离体）。将结构中的各个构件连同支持情况一起,分离成单独个体,使其成为一个二力杆或悬臂梁、双支点简支梁、双支点外伸梁、封闭的盒型件等。

（3）画出各构件的受力平衡图。从载荷直接作用的那个构件开始,如果载荷是合力或合力矩,则应按构件的刚度分配到各构件上去。支持构件对被支持构件的作用以支反力来代替。如果一个构件上作用有多个载荷时,按力的叠加原理来处理。

（4）将被支持构件上的支反力反向加在支持构件上,作为支持构件的载荷。重复第（3）步,画出支持构件的受力平衡图;再重复第（4）步,直到所有构件的受力图画完为止。

（5）利用各构件的受力平衡条件,求出各构件上的支反力。

（6）根据各构件的载荷和支反力数值,作出各构件的内力图。

（7）根据构件内力图可以确定构件截面尺寸;或根据构件内力图及截面尺寸进行构件的强度校核。

（8）根据结构中各构件的支持关系,标明结构的传力路线。

例 3-1　有一如图 3-12 所示的结构,载荷作用在板 1 上,对该结构进行受力分析。

对该结构进行受力分析时,可按前面讲的方法步骤进行。

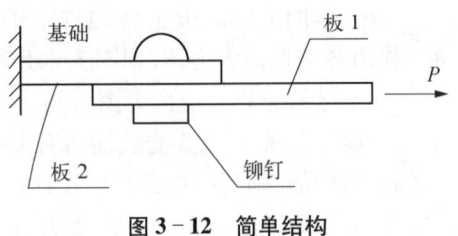

图 3-12　简单结构

（1）分析连接与支持关系。该结构中板1与板2用铆钉连接,可视为铰接；板2与基础的连接为固接。对于铆钉和板1这两个构件,铆钉支持板1,铆钉是板1的支持构件,板1为被支持构件;对于板2和铆钉这两个构件,板2支持铆钉,板2是铆钉的支持构件,铆钉是被支持构件；对于基础和板2,基础支持板2,基础是板2的支持件,板2是被支持件。

（2）离散化。将组成这个结构的各个构件从结构中分离出来,如图3-13所示。

（3）绘制各构件的受力平衡图。从载荷直接作用的构件板1开始。板1在载荷P的作用下,有向右移的趋势,但铆钉可以提供支反力R_1,使板1平衡,如图3-14(b)所示(为了区别,将载荷用实箭头表示,支反力用双线箭头表示)。

（4）将板1上的支反力R_1反向加到其支持构件铆钉上,成为铆钉的载荷,如图3-14(a)所示。铆钉在此载荷作用下又有向右移动的趋势,由板2提供支反力R_2,使铆钉在水平方向平衡。将R_2反向加到铆钉的支持构件板2上,成为板2的载荷,如图3-14(d)所示。板2也有向右移的趋势,由基础提供支反力R_2,使板2平衡。将板2上的支反力R_3反向加到基础上,作为基础的载荷,如图3-14(c)所示。

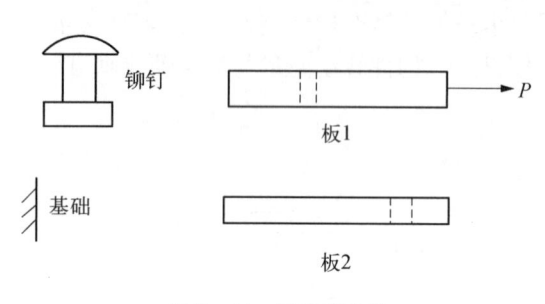

图3-13 结构离散化

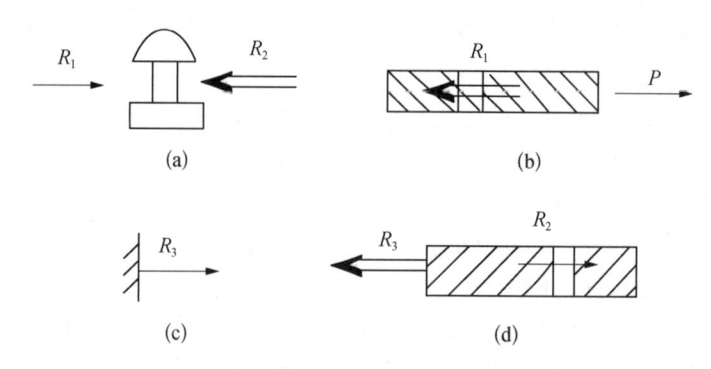

图3-14 构件受力平衡图

（5）求支反力。由板1的平衡条件可得$R_1 = P$；由铆钉在水平方向的平衡条件可求得$R_2 = R_1 = P$；由板2的平衡条件可得$R_3 = R_2 = R_1 = P$。由此可知,经过各构件的作用与反作用,把载荷P从板1、经铆钉及板2传给了基础。

（6）作内力图。根据各构件上的载荷和支反力的大小,按材料力学的方法(截面法)作出各构件的内力图,如图3-15所示。

（7）结果分析。由内力图可知。板1、板2的可能破坏形式是拉坏,铆钉的可能破坏形式是剪坏。板1、板2受载均匀而铆钉中间受力大,易破坏。如果已知载荷的大小和材料的机械性能,则可以进行截面设计或强度校核。

（8）传力路线。通过上述受力分析,结构传力路线可归纳为：P→板1→铆钉→板2→基础。

图 3-15 构件内力图

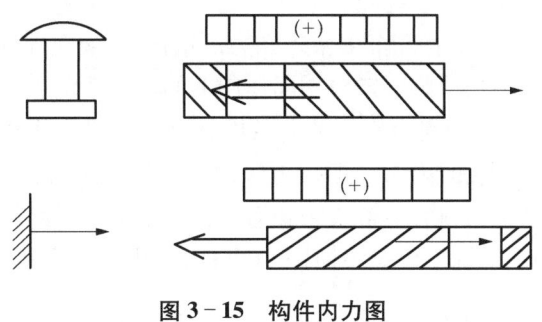

2. 超静定结构的受力分析

在实际结构中,为了增加系统的刚度及可靠性,在系统中往往增加了多余约束。这样,使得系统的未知内力数多于可以列出的独立的静力平衡方程的数目。因此,其内力(包含支反力)不能仅由静力平衡方程来确定,这种系统称为超静定结构(又称静不定系统)。

超静定结构在组成方式上是具有多余约束的几何不变系统。多余约束是指那些可以被除去而不会破坏系统的几何不变性的约束,系统的超静定度数 K 就等于多余约束的数目,即 $K = C - N$。应该指出,从保证系统几何不变性的观点来说,多余约束是多余的,但对于发挥结构的性能,增加结构的强度和刚度来说,这些多余约束有时是很必要的。

求解超静定结构的内力,必须从三个基本原则出发,那就是结构在给定外载荷作用下,其内力必须同时满足平衡条件、变形协调条件和物理条件。在求解过程中,可以选定某些未知数作为基本未知数首先求出,然后,再求其余的未知数。根据基本未知数的选法不同,超静定结构的解法归结起来主要有以下几种。

(1) 力法——选取系统多余约束中的内力作为基本未知数,利用平衡条件和变形协调条件求出这些多余未知内力,然后再求出结构中其他元件的内力。

(2) 位移法——选取系统满足变形连续条件的某些位移作为基本未知数,利用平衡条件求出这些基本未知数,然后再求结构的内力。

(3) 混合法——选取的基本未知数中,一部分为多余约束未知力,另一部分为结构的某些位移。

本节仅介绍力法的基本原理和解题步骤。力法的基本原理是:将超静定结构化为静定结构,选取多余约束未知力作为基本未知量,利用变形一致(协调)条件先求出这些基本未知量,然后利用叠加原理求出其他构件的真实内力。

将多余约束切断(相当于解除该多余约束),这样得到一个几何不变的静定系统,将这个系统称为"基本系统"。由于多余约束可以有各种不同的选法,对于同一超静定结构,可有不同形式的基本系统。但是,不论选取何种形式的基本系统,都必须保证基本系统是能够与外力平衡的几何不变系统,并且,选取的基本系统应使计算尽可能简单。

基本系统与原来的超静定系统在受力上是不等效的,为了保证基本系统与原来的超静定系统在受力方面等效,用多余约束未知力(或多余约束反力)代替多余约束的作用,即把多余约束未知力加在基本系统的切口处。这些多余约束未知力就是力法的基本未知数。对于 K 度超静定结构,就有 K 个多余未知力。这样,原来在外载荷作用下的超静定结构就转化为在外载荷和多余约束未知力共同作用下的基本系统。

由于基本系统是静定的,利用静力平衡条件就可以求出在外载荷和各个多余约束未知力分别作用下的基本系统的内力。根据力作用的叠加原理可知,结构的内力应该等于在外载荷作用下基本系统的内力与多余未知力在基本系统中引起的内力的叠加。

对于桁架结构,基本系统上任意一根杆(j 号杆)的内力可表示为

$$N^j = N_P^j + N_{x_1}^j + N_{x_2}^j + \cdots + N_{x_k}^j \quad (j = 1, 2, \cdots, n) \tag{3-7}$$

其中,n 为基本系统的构件数;N_P^j 为基本系统在外力作用下 j 号杆的内力,基本系统在外力作用下的各构件内力统称为 $\langle P \rangle$ 状态;$N_{x_k}^j$ 为基本系统在多余约束未知力 X_i 作用下 j 号杆的内力。

由叠加原理可知:

$$N_{x_i} = N_i x_i$$

其中,N_i 为 $x_i = 1$ 时基本系统上某一构件的内力。因此,式(3-7)又可以写为

$$N^j = N_P^j + N_1^j x_1 + N_2^j x_2 + \cdots + N_k^j x_k \tag{3-8}$$

在 $x_i = 1$ 作用下,基本系统中各构件的内力统称为 $<i>$ 状态($i = 1, 2, \cdots, k$)或单位状态 $<1>$,$<2>$,$\cdots$,$<k>$。

由于基本系统是静定的,N_P,N_1,N_2,$\cdots$,N_k 均可由静力平衡条件求出。

结构在外载荷作用下产生弹性变形的过程中,必须保证各元件始终是连续的。因此,在多余约束的切口处不应该产生裂缝,即在切口处的两个相邻截面,必须始终贴合在一起,不允许其有相对位移,切口处的相对位移应等于零。

基本系统上作用有外载荷和 K 个多余未知力,按照叠加原理,切口处的相对位移应等于各力单独作用时产生的位移之和,因此,变形协调条件为

$$\begin{cases} \Delta_{1x_1} + \Delta_{1x_2} + \cdots + \Delta_{1x_k} + \Delta_{1P} = 0 & \text{(切口 1 处)} \\ \Delta_{2x_1} + \Delta_{2x_2} + \cdots + \Delta_{2x_k} + \Delta_{2P} = 0 & \text{(切口 2 处)} \\ \cdots \\ \Delta_{kx_1} + \Delta_{kx_2} + \cdots + \Delta_{kx_k} + \Delta_{kP} = 0 & \text{(切口 } k \text{ 处)} \end{cases} \tag{3-9}$$

其中,Δ_{ix_j} 为 x_j 引起切口 i 处 x_i 方向的相对位移。对于 k 度超静定结构,可以列出 k 个变形协调方程。

因为 x_i 和 x_j 还未求解出来,所以在 x_i 及 x_j 的单独作用下,基本系统切口 i 处 x_i 方向的相对位移 Δ_{ix_i} 及 Δ_{ix_j} 还无法确定。但是在 $x_i = 1$ 及 $x_j = 1$ 的单独作用下,基本系统切口 i 处 x_i 方向的相对位移 δ_{ii} 及 δ_{ij} 是可以确定的(按静定结构变形计算方法确定)。由叠加原理可知,只需将 δ_{ii} 和 δ_{ij} 放大 x_i 倍和 x_j 倍,即可得到:

$$\begin{cases} \Delta_{ix_i} = \delta_{ii}x_i \\ \Delta_{ix_j} = \delta_{ij}x_j \end{cases} \quad (3-10)$$

将式(3-10)代入式(3-9)得

$$\begin{cases} \delta_{11}X_1 + \delta_{12}X_2 + \cdots + \delta_{1k}X_k + \Delta_{1P} = 0 \\ \delta_{21}X_1 + \delta_{22}X_2 + \cdots + \delta_{2k}X_k + \Delta_{2P} = 0 \\ \cdots \\ \delta_{k1}X_1 + \delta_{k2}X_2 + \cdots + \delta_{kk}X_k + \Delta_{kP} = 0 \end{cases} \quad (3-11)$$

式(3-11)中的系数和未知数排列有一定的规则,称为力法的正则方程,又称典型方程。其中,δ_{ij} 称为影响系数;Δ_{iP} 称为载荷系数。影响系数 δ_{ij} 和载荷系数 Δ_{iP} 可按前面求弹性位移的公式求得。对于不同类型的结构,其各系数的计算式可表示如下。

桁架:

$$\begin{cases} \delta_{ii} = \sum \dfrac{N_i^2}{Ef} \\ \delta_{ij} = \delta_{ji} = \sum \dfrac{N_i N_j l}{Ef} \\ \Delta_{iP} = \sum \dfrac{N_i N_P l}{Ef} \end{cases} \quad (3-12)$$

平面刚架:

$$\begin{cases} \delta_{ii} = \sum \int \dfrac{M_i^2}{EJ} \mathrm{d}s \\ \delta_{ij} = \delta_{ji} = \sum \int \dfrac{M_i M_j}{EJ} \mathrm{d}s \\ \Delta_{iP} = \sum \int \dfrac{M_i M_P}{EJ} \mathrm{d}s \end{cases} \quad (3-13)$$

薄壁结构:

$$\begin{cases} \delta_{ii} = \sum \int \dfrac{N_i^2}{Ef} \mathrm{d}s + \sum \dfrac{q_i^2 F}{G\delta} \\ \delta_{ij} = \delta_{ji} = \sum \int \dfrac{N_i N_j}{Ef} \mathrm{d}s + \sum \dfrac{q_i q_j F}{G\delta} \\ \Delta_{iP} = \sum \int \dfrac{N_i N_P}{Ef} \mathrm{d}s + \sum \dfrac{q_i q_P F}{G\delta} \end{cases} \quad (3-14)$$

由于各种结构的受力形式不同(桁架只有轴力,刚架有弯矩、轴力、剪力和扭矩。在薄壁结构中,杆受轴力,板受剪流),表示变形协调条件的典型方程[式(3-11)]虽然在形式上完全相同,但是其所表示的物理概念却不一样。例如,对于桁架,式(3-11)表示各个切口处的相对位移等于零,即切口处的两截面贴合在一起;对于刚架,式(3-11)不仅表示切口处两截面的相对位移等于零,而且相对转角也等于零;对于薄壁结构,若把板取作为多余约束元件,则式(3-11)表示板的相对剪切角为零。

用式(3-11)~式(3-14)求出 δ_{ii}、δ_{ij}、Δ_{iP} 后代入式(3-11),解线性方程组即可求得 $X_1, X_2, \cdots, X_k$。

对于桁架,j 号杆的内力为

$$N^j = N_P^j + N_1^j X_1 + N_2^j X_2 + \cdots + N_k^j X_k \quad (j = 1, 2, \cdots, n)$$

其中,n 为基本系统的构件数。

对于平面刚架,j 号构件的弯矩为

$$M^j = M_P^j + M_1^j X_1 + M_2^j X_2 + \cdots + M_k^j X_k \quad (j = 1, 2, \cdots, n)$$

对于薄壁结构,j 号杆的轴力为

$$N^j = N_P^j + N_1^j X_1 + N_2^j X_2 + \cdots + N_k^j X_k \quad (j = 1, 2, \cdots, m)$$

l 号板的剪流为

$$q^l = q_P^l + q_1^l X_1 + q_2^l X_2 + \cdots + q_k^l X_k \quad (l = 1, 2, \cdots, n)$$

其中,m 和 n 分别为基本系统中的杆件总数和板件总数。在实际计算时,为保证计算无误和便于检查,可列表计算。

归纳用力法解超静定结构内力的步骤如下。

(1) 分析系统的超静定度 K。

(2) 取基本系统。切断多余约束,在切口处代之以未知力 x_i,就得到了基本系统。

(3) 求出外载荷单独作用下基本系统各构件的内力 N_P(或 M_P、q_P 等),作出载荷状态 $<P>$ 的内力图。

(4) 分别求出多余的约束未知力 $x_i = 1$ 单独作用下基本系统各构件的内力 N_j(或 M_i、q_i 等),作出单位状态 $<i>$ 的内力图(共有 k 个)。

(5) 列变形协调方程。

(6) 用求弹性位移的相应公式求出典型方程中的影响系数 δ_{ij} 和载荷系数 Δ_{iP},并代入正则方程[式(3-11)]。

(7) 解方程,求出多余约束未知力 $X_1, X_2, \cdots, X_k$。

(8) 用叠加原理求出各构件内力。

(9) 作内力图。

例 3-2 求图 3-16(a)所示超静定桁架的内力。已知桁架中水平杆和垂直杆的截面面积均为 f,斜杆的截面面积为 $\sqrt{2}f$。各杆材料相同,弹性模量为 E。

解:(1) 分析结构的超静定度数。结构具有 4 个自由节点,共有 8 个自由度,而杆数为 10,故超静定度数 $K = 10 - 8 = 2$。

(2) 取基本系统。取杆 2-4 和杆 3-5 作为多余约束,将这两杆切断,得到静定的基

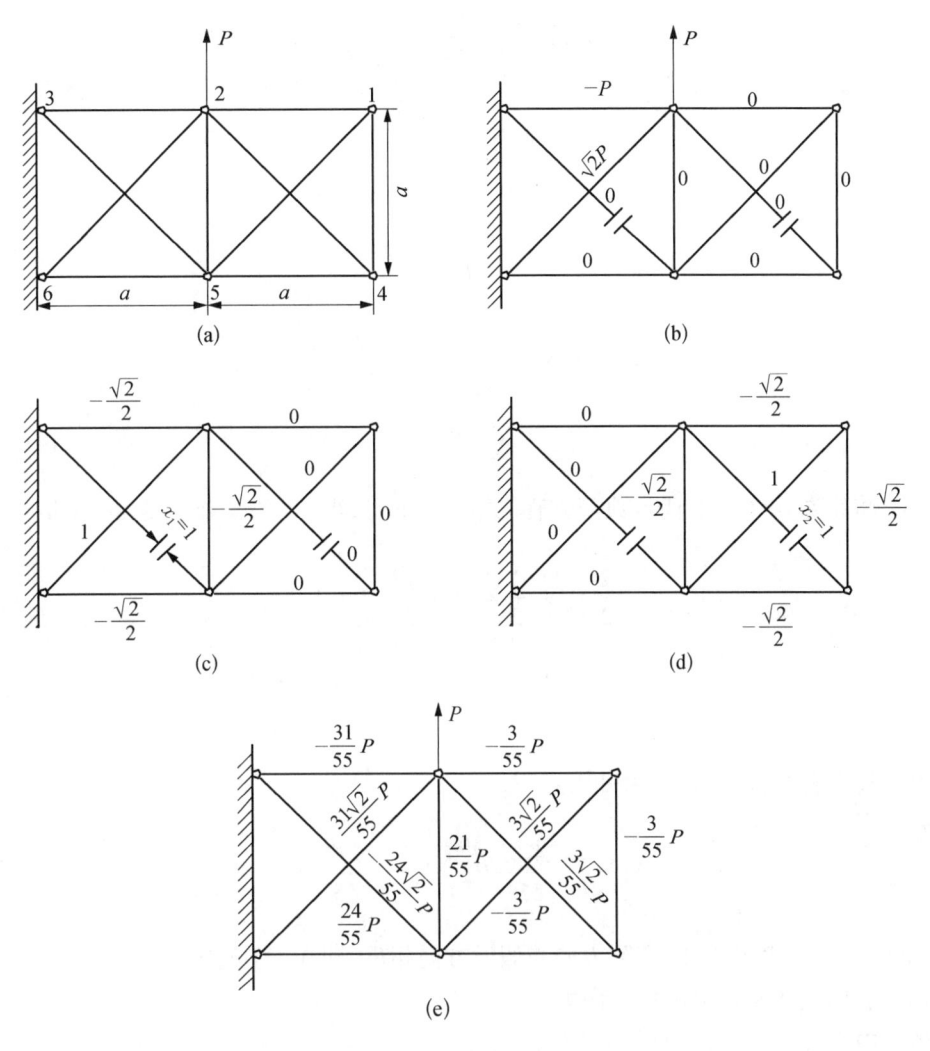

图 3-16 超静定桁架

本系统。

(3) 求 <P> 状态和单位状态 <1>、<2> 下的内力。<P> 状态下的内力如图 3-16(b) 所示。分别在切口 1 和 2 处各施加成对的单位拉力 $X_1 = 1$ 和 $X_2 = 1$，可求出单位状态 <1> 和 <2> 下的内力，如图 3-16(c) 和 (d) 所示，具体计算过程从略。

(4) 列变形协调方程。参照式(3-11)，直接写出切口 1 和 2 处的变形协调方程：

$$\begin{cases} \delta_{11}X_1 + \delta_{12}X_2 + \Delta_{1P} = 0 \\ \delta_{21}X_1 + \delta_{22}X_2 + \Delta_{2P} = 0 \end{cases} \quad (3-15)$$

(5) 求典型方程中的影响系数 δ_{ij} 和载荷系数 Δ_{iP}：

$$\delta_{11} = \sum \frac{N_1^2 l_i}{Ef_i} = \frac{7a}{2Ef}$$

$$\delta_{12} = \delta_{21} = \sum \frac{N_1 N_2 l_i}{Ef_i} = \frac{a}{2Ef}$$

$$\delta_{22} = \sum \frac{N_2^2 l_i}{Ef_i} = 4\frac{a}{Ef}$$

$$\Delta_{1P} = \sum \frac{N_1 N_p l_i}{Ef_i} = \frac{3\sqrt{2}}{2}\frac{pa}{Ef}$$

$$\Delta_{2P} = 0$$

(6) 将系数 δ_{ij} 和 Δ_{iP} 代入典型方程[式(3-15)],得

$$\frac{7}{2}X_1 + \frac{1}{2}X_2 + \frac{3\sqrt{2}}{2}P = 0$$

$$\frac{1}{2}X_1 + 4X_2 = 0$$

解上述方程组,得到多余未知力:

$$X_1 = -\frac{24\sqrt{2}}{55}P, \quad X_2 = \frac{3\sqrt{2}}{55}P$$

其中,X_1 为负号,表示 X_1 的实际方向与假设方向相反,即 X_1 为压力。

(7) 利用叠加原理求出各杆内力。

各杆内力按式(3-16)计算:

$$N^j = N_p^j + N_1^j X_1 + N_2^j X_2 \quad (j = 1, 2, \cdots, 8) \tag{3-16}$$

例如,杆 2-5 的轴力为

$$N_{25} = 0 + \left(-\frac{1}{\sqrt{2}}\right)\left(-\frac{24\sqrt{2}}{55}P\right) + \left(-\frac{1}{\sqrt{2}}\right)\frac{3\sqrt{2}}{55}P$$

$$= \frac{21}{55}P$$

从上述分析过程可以看出,力法计算超静定结构内力的过程非常复杂,对简单结构适用,而高度超静定结构计算起来非常困难,甚至是不可能完成的。在实际工程应用中,一般对复杂结构采用简化的方法处理,例如第 4 章即将介绍的工程梁理论方法。

3.2 机翼结构的受力分析

3.2.1 机翼的结构特点与形式

随着飞机速度的不断提高,由于空气动力方面的要求,促使机翼平面形状发生了相应的变化,大体上由大展弦比平直机翼、后掠机翼、变后掠机翼发展到小展弦比的三角形机翼和直机翼。它们不仅在形状上有区别,而且在结构安排和受力问题上也各有特点。

1. 机翼的主要结构元件及承力特点

机翼通常由翼梁、桁条、翼肋和蒙皮等构件组成,如图3-17所示。这些构件的基本作用不外乎有两个方面:① 使机翼具有空气动力所必需的形状和表面,承受局部空气动力;② 参加机翼的弯曲和扭转受力,保证机翼的总体强度和刚度。凡起第一种作用的构件一般称为维形件,如布质蒙皮、普通翼肋等;凡起第二种作用的构件一般称为承力构件,如翼梁、加强翼肋、桁条、金属蒙皮等。下面简要介绍各种构件的承载特点。

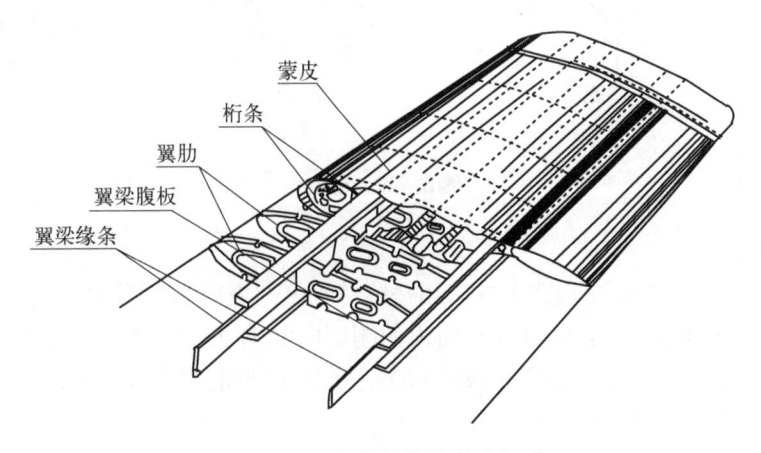

图3-17 机翼结构的基本组成

1) 蒙皮

蒙皮的直接功用是形成流线型的机翼外表面。为了使机翼的阻力尽量小,蒙皮应力求光滑,减小其在飞行中的凹、凸变形。从受力的角度看,气动载荷直接作用在蒙皮上,因此蒙皮承受垂直于其表面的局部气动载荷。此外,蒙皮还参与机翼的总体受力——它和翼梁或翼墙的腹板组合在一起,形成封闭的盒式薄壁结构,承受机翼的扭矩;当蒙皮较厚时,它与桁条一起组成壁板,承受机翼弯矩引起的轴力,壁板有组合式或整体式(图3-18)。某些结构形式(如多腹板式机翼)的蒙皮很厚,可从几毫米到十几毫米,常设计为整体壁板形式,此时蒙皮将成为最主要的,甚至是唯一的承受弯矩的受力元件。

(a) 金属蒙皮　　　　　　　　(b) 整体蒙皮(整体壁板)

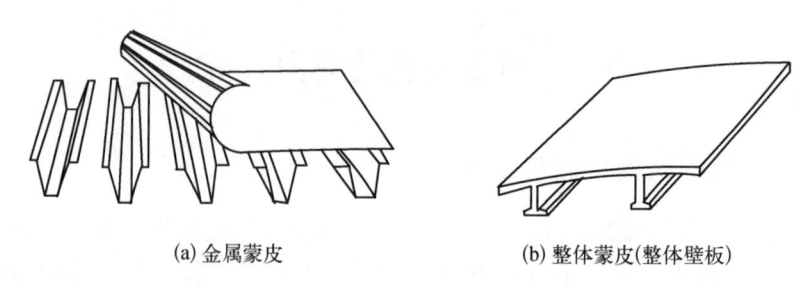

图 3-18　蒙皮

2) 桁条

桁条(也称长桁)是与蒙皮和翼肋相连的构件,桁条上作用有气动载荷。在现代机翼中,桁条一般都参与机翼的总体受力——承受机翼弯矩引起的部分轴向力,是纵向骨架中的重要受力构件之一。除上述承力作用外,桁条和翼肋一起对蒙皮起一定的支持作用。各种桁条如图 3-19 所示。

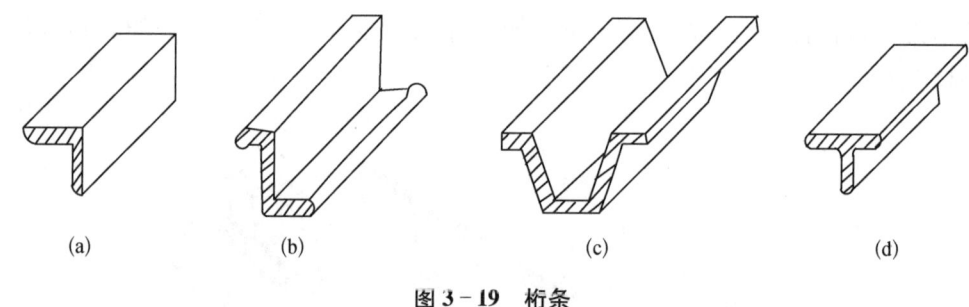

(a)　　　　(b)　　　　(c)　　　　(d)

图 3-19　桁条

3) 翼肋

普通翼肋(图 3-20)在构造上的功用是维持机翼剖面所需的形状,一般与蒙皮、桁条相连,机翼受气动载荷时,它以自身平面内的刚度向蒙皮、桁条提供垂直方向的支持。同时,翼肋又沿周边支持在蒙皮和梁(或墙)的腹板上,在翼肋受载时,由蒙皮、腹板向翼肋提供各自平面内的支承剪流。

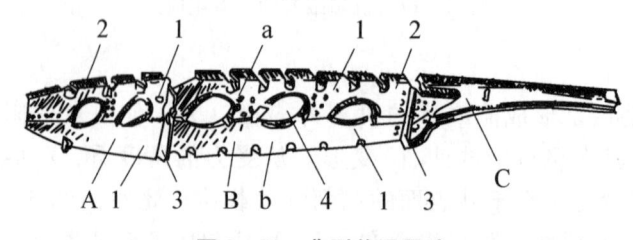

图 3-20　典型普通翼肋

1-腹板;2-周缘弯边;3-与腹板连接的弯边;4-减轻孔
A-前段;B-中段;C-后段;a-上部分;b-下部分

加强翼肋虽也有上述作用,但其主要用于承受并传递自身平面内的较大的集中载荷或由于结构不连续(如大开口处)引起的附加载荷。

4) 翼梁

翼梁由梁的腹板和缘条(或称凸缘)组成(图3-21)。翼梁是单纯的受力件,主要承受剪力 Q 和弯矩 M。在部分结构形式中,它是机翼主要的纵向受力件,承受机翼的全部或大部分弯矩。翼梁大多在根部与机身固接。

5) 纵墙

纵墙(包括腹板)的缘条比梁缘条弱得多,一般与长桁相近,纵墙与机身的连接为铰接。腹板或没有缘条,或缘条与长桁一样强。墙和腹板一般都不能承受弯矩,但与蒙皮组成封闭盒段,以承受机翼的扭矩。后墙则还有封闭机翼内部容积的作用(图3-22)。

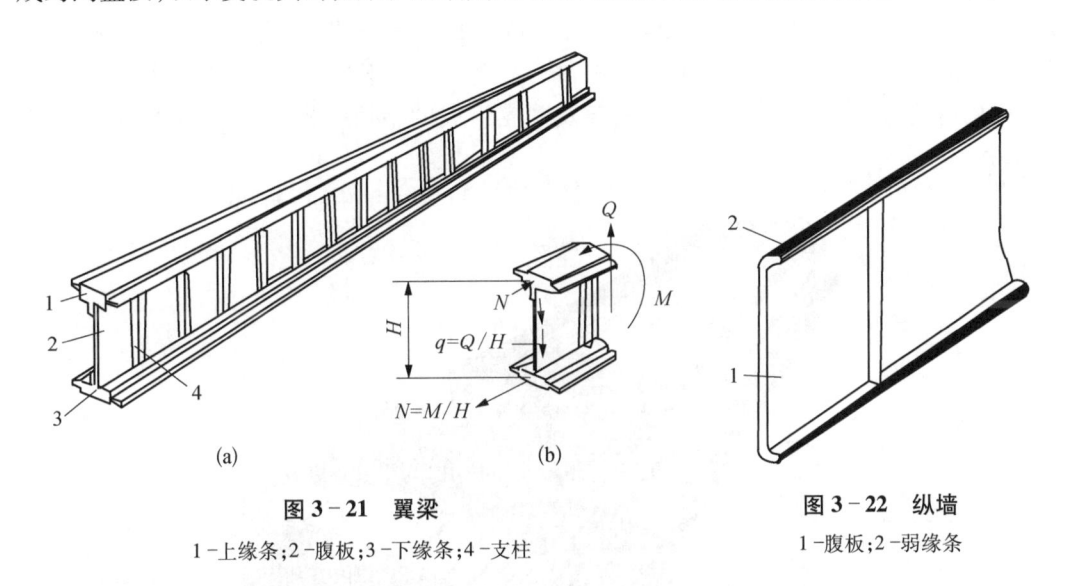

图 3-21 翼梁

1-上缘条;2-腹板;3-下缘条;4-支柱

图 3-22 纵墙

1-腹板;2-弱缘条

机翼的特点是薄壁结构,因此以上各构件之间大多采用分散连接,如铆钉连接、螺栓连接、点焊、胶接或其混合形式(如胶铆等)。连接缝间的作用力可视为分布剪流形式。除以上构成机翼结构的基本构件外,还有机翼-机身连接接头,它是重要受力件。接头的形式视机翼结构的受力形式而定。连接接头至少要保证机翼静定地固定于机身上,即能提供6个自由度的约束,实际上该连接往往是静不定的。

2. 典型的机翼结构形式

1) 梁式机翼

梁式机翼(图3-23)的结构特点是:梁强(装有一根或数根强有力的翼梁)、蒙皮较弱、桁条数量少而且较弱(有些机翼的桁条还是分段断开的)。梁式机翼由于蒙皮薄、桁条弱,当机翼弯曲时,受压部分的蒙皮和桁条易失稳,几乎不参加受力,只有受拉部分的蒙皮才参加承受弯曲的作用。但受拉部分蒙皮的截面积很小,因此它分担的弯矩也很小。由此可知,机翼的弯矩主要由翼梁缘条来承受,所以这种机翼

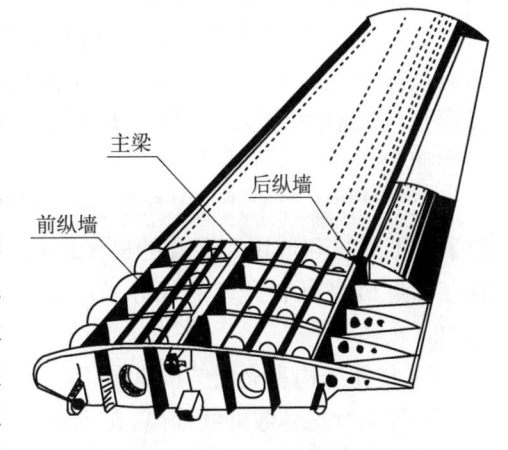

图 3-23 梁式机翼结构

称为梁式机翼。

梁式机翼的主要受力构件是翼梁,因此它具有便于开大的舱口、与机身(或机翼中段)连接比较简单,但其"生存力"较差。

梁式机翼采用较多的是单梁式或双梁式两种,它们各具有其优缺点。例如,在同样的载荷、尺寸、材料等条件下,单梁式的主梁位于翼型最大厚度处,这样便能充分利用其结构高度,因此,单梁式机翼结构在结构重量方面比双梁式轻。但是,单梁式机翼受主梁位置的影响,其机翼内部容积的可利用程度比双梁式机翼差。

2) 单块式机翼

单块式机翼的结构如图 3-24 所示,其特点是:蒙皮较厚,桁条数量较多而且较强,翼梁的缘条较弱,有时缘条的截面积和桁条截面积差不多。翼梁缘条所承受的弯矩很小,机翼的弯矩主要由翼梁缘条、桁条及蒙皮组成的整块壁板来承受,因此称为单块式机翼。

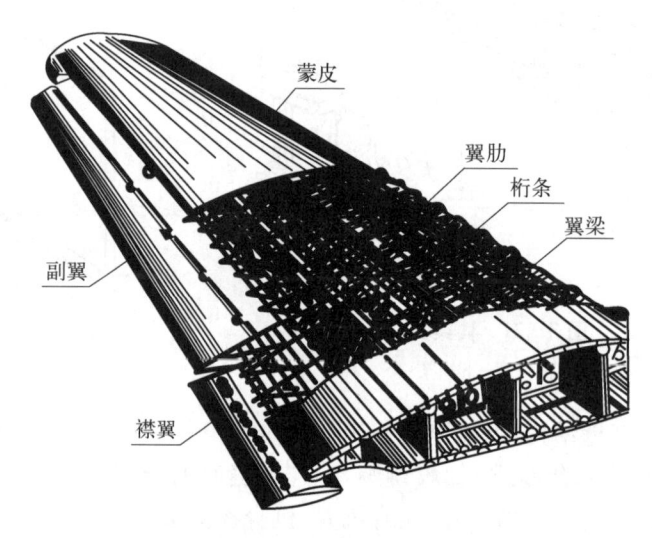

图 3-24 单块式机翼结构

单块式机翼的蒙皮较厚,在飞行中能较好地保持翼型,结构的抗扭刚度也较大。它的受力构件比较分散,所以结构的"生存力"较高,同时还能较好地利用结构高度来减轻结构重量,因此在现代高速飞机上得到了广泛的应用。然而,这种机翼存在连接比较复杂、不便于开大的舱口和承受集中力等缺点,因此其应用也受到一些限制。

为了尽量发挥梁式机翼和单块式机翼的优点,而又避免其缺点,曾经在许多飞机上广泛采用了梁式和单块式混合的机翼结构,如图 3-25 所示的某型飞机机翼结构。这种机翼在靠近机身且有开口的部分采用了梁式结构,而在远离根部的部分则采用了单块式结构。

3) 整体结构和夹层结构机翼

随着飞行马赫数继续提高,在机翼构造上带来一系列矛盾。例如,由于翼型相对厚度 $\bar{c}$ 越来越小(如某型飞机机翼的相对厚度 $\bar{c}$ 只有 5%),如采用铆接结构,将给工艺上带来极大困难。同时,结构高度小,也使结构重量增加。而且随着速度的提高,局部气动载荷也越来越大,要求提高局部刚度,薄蒙皮难以满足此要求;加之高速飞行时的气动加热很严重,在高温下,薄蒙皮极易丧失刚度;另外,还要求能充分利用结构空间装载。因此,在结构上采用整体结构或夹层结构(也称蜂窝结构)的形式,如图3-26和图3-27所示,此结构能很好地解决上述矛盾。

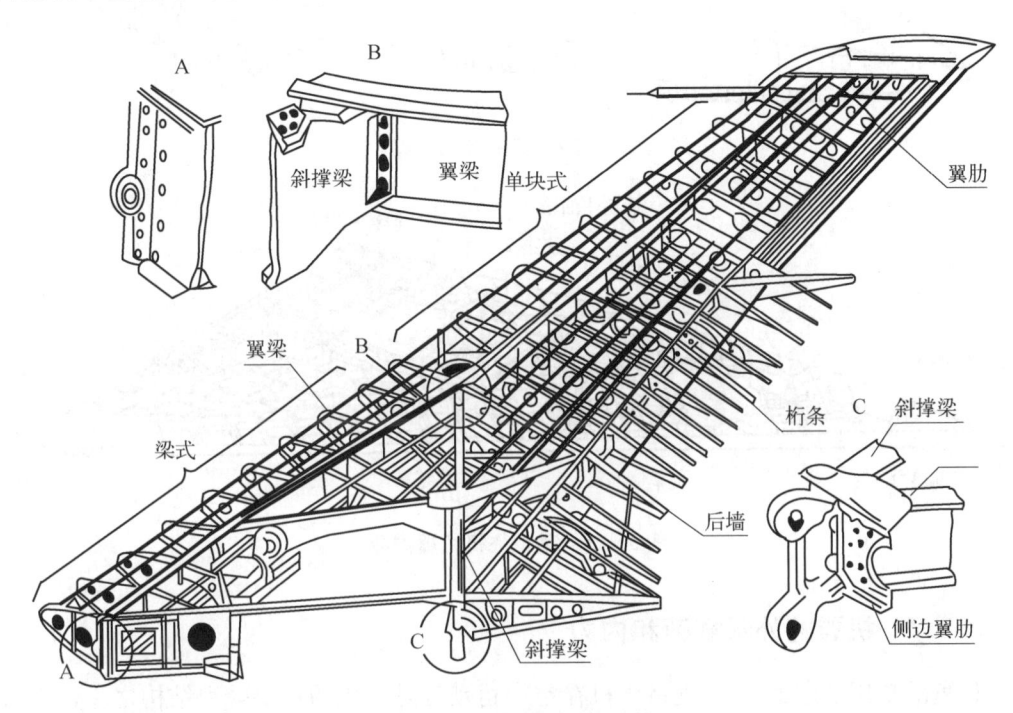

图3-25 混合式机翼结构

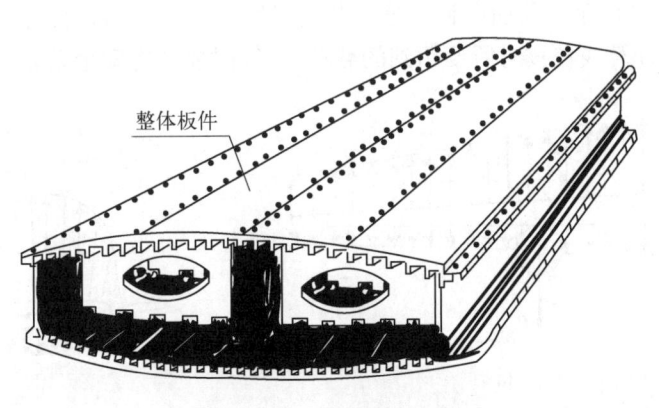

图3-26 整体结构机翼

为了较好地发挥梁式、单块式、整体式等结构的优点,某型飞机机翼综合采用了以上几种形式的复合结构,如图3-28所示:第6后肋及第15前肋以外的翼尖部分为单块式;前梁以前,第1前肋与第15前肋之间的上、下表面为整体壁板,即整体式;其余部分为梁式。

图 3-27 夹层结构机翼

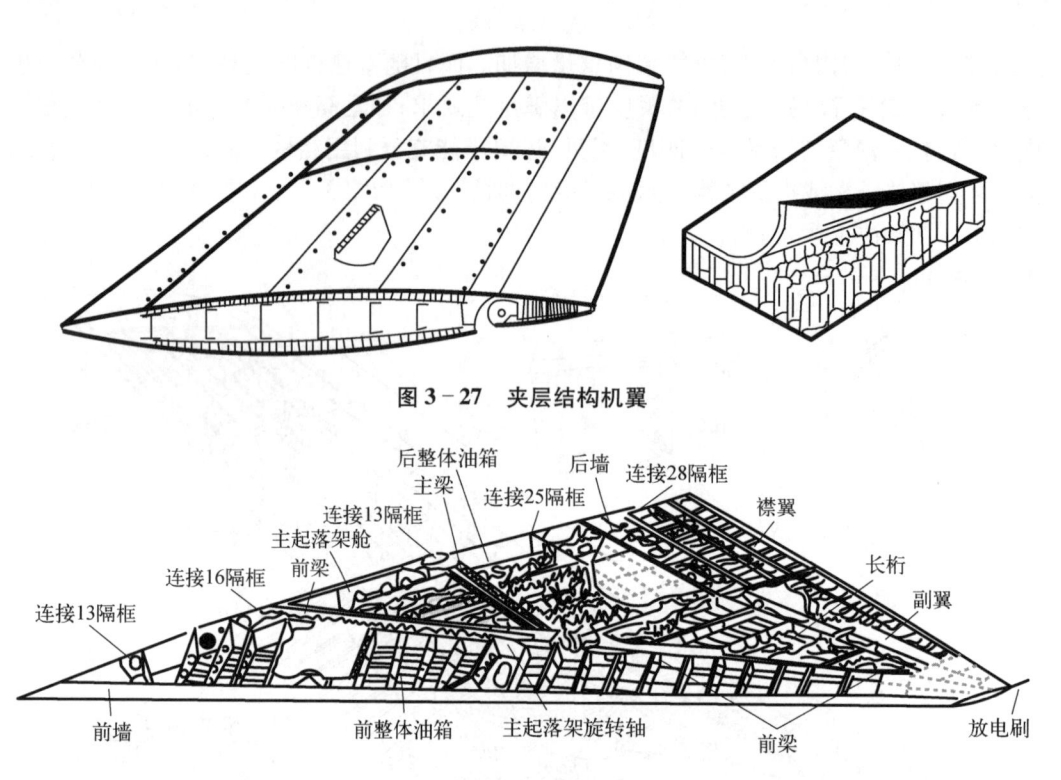

图 3-28 某型飞机机翼构造

3.2.2 机翼的外部载荷和内力

机翼的功用是产生升力,支持飞机在空中运动。是飞机的重要受力结构之一。飞机在飞行中,机翼要承受空气动力 q_{qd}、机翼的结构质量力 P_{jy} 和安装在机翼上的部件质量力 P_{bj},如图 3-29(a)所示。前面两种是分布载荷,后一种是集中载荷。这里所研究的载荷都是指进行强度计算或校核时所要用到的载荷,计算时要考虑安全系数。

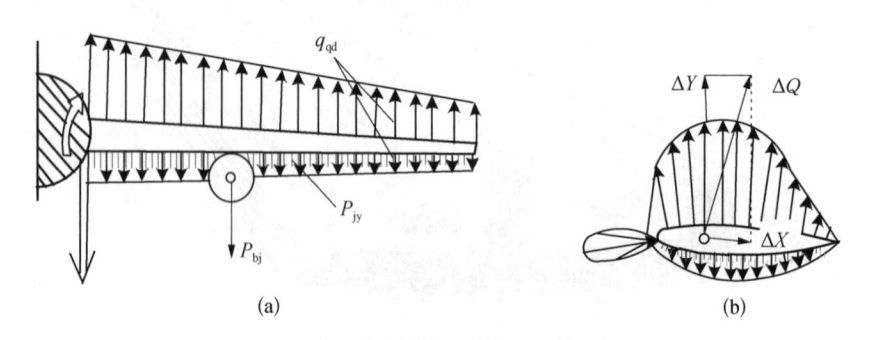

图 3-29 作用在机翼上的载荷

1. 机翼结构的载荷
1) 空气动力载荷

在飞行中,作用在机翼上的空气动力大小、方向和分布情况都随飞行状态的改变而经常变化,不能用这种不定的载荷来作为强度分析的依据。在研究机翼结构的静强度时,应根据飞机强度规范中所规定的各种典型飞行情况来确定机翼结构载荷的大小、方向和分布情况。典型飞行状态下,单个机翼上的总升力 Y_{jy} 等于最大使用过载 $n_{y\max.sy}$、安全系数 f 和飞机的重力 G_{fj} 的乘积的一半,即

$$Y_{jy} = n_{y\max.sy} f G_{fj}/2 \qquad (3-17)$$

只知道单个机翼的总升力是无法分析机翼结构强度的。要分析机翼结构的强度,还必须研究在规定的典型飞行状态下,机翼结构上气动力的大小和分布情况。

机翼结构上气动力沿展向和弦向的大小和分布情况,可以用"吹风试验"的方法确定,也可以根据翼型参数和典型飞行状态下的速度、高度、迎角 α、升力系数的斜率 C_y^α 及飞机的重力 G_{fj} 等参数,采用空气动力学计算的方法确定。为了便于进行强度计算和静力试验,还需要将分布载荷等效地化为相对集中的集中载荷。

2) 机翼结构的质量载荷

机翼结构的质量总载荷与机翼结构的总质量有关,可以按式(3-18)计算,即

$$P_{jy} = n_{y\max.sy} f G_{jy} \qquad (3-18)$$

其中,P_{jy} 为机翼结构的总质量力;$n_{y\max.sy}$ 为最大使用过载;f 为安全系数;G_{jy} 为机翼结构的重力。

要进行机翼结构的强度计算或静力试验,只知道结构的总质量力是不够的,还必须弄清其分布情况。机翼结构质量力的分布与机翼结构的质量分布是一致的,所以可以根据机翼结构的质量分布图确定机翼结构质量力的分布。为了便于计算,也必须把分布的结构质量力等效地化为相对集中的集中质量力作用在节点上。

副翼的结构质量力以集中力的形式作用在各个接头上,传给机翼;襟翼的结构质量力,以集中力的形式作用在两个襟翼滑轨上;起落架为集中力,作用在其质量中心处。

3) 部件质量载荷

机翼上安装有起落架、副油箱等部件,连接点上就作用有部件质量力,这些力具有集中力的性质,数值比较大,必须予以考虑。部件质量力可按式(3-19)计算,即

$$P_{bj} = n_{bj} f G_{bj} \qquad (3-19)$$

其中,P_{bj} 为部件质量力;n_{bj} 为部件过载;G_{bj} 为部件的重力;f 为安全系数。

尾翼结构与机翼结构类似,其载荷也与机翼结构的载荷相似,所以尾翼结构的载荷就不再赘述了。

2. 机翼结构的内力

可以根据飞机的重量、机翼的载荷参数及载荷图表,采用截面法很容易地确定机翼各截面的内力。

1) 剪力

机翼某一截面上的剪力等于截面外端机翼上所有力的代数和。但由于已知条件不同,具体计算方法不同。

(1) 只知道飞机的重力 G_{fj} 和机翼结构的重力 G_{jy} 时:

$$Q = Y_w - P_w - P_{bj} \qquad (3-20)$$

其中,Y_w 为截面外的升力;P_w 为截面外的结构质量力;P_{bj} 为截面外的部件质量力。Y_w 和 P_w 可以近似地用式(3-21)表示,即

$$\begin{cases} Y_w = \dfrac{n_{ymax.sy} f G_{fj}}{S_{jy}} S_w \\ P_w = \dfrac{n_{ymax.sy} f G_{jy}}{S_{jy}} S_w \end{cases} \quad (3-21)$$

将式(3-21)代入式(3-20)得

$$Q = \frac{n_{ymax.sy} f (G_{fj} - G_{jy})}{S_{jy}} S_w - P_{bj} \quad (3-22)$$

其中,$n_{ymax.sy}$ 为飞机的最大使用过载;f 为安全系数;S_{jy} 为机翼的面积;S_w 为截面外端机翼部分的面积。

(2) 已知节点综合载荷时:

$$Q = \sum_{i=1}^{m} P_i - P_{bj} \quad (3-23)$$

其中,P_i 为网格节点上的综合载荷;m 为截面外端机翼部分上的节点数。

利用式(3-22)或式(3-23)可以很容易计算出机翼各截面的剪力,剪力沿展向的分布如图3-30所示。

2) 弯矩

机翼某截面的弯矩,等于截面外端机翼部分上的所有力对截面的力矩的代数和,即

$$M_w = Y_w L_w - P_w L_Z - P_{bj} L_{bj} \quad (3-24)$$

其中,L_w 为截面外端机翼部分上的升力作用点(压心)到截面的距离;L_Z 为截面外端机翼部分的结构质量力 P_w 的作用点(重心)到截面的距离;L_{bj} 为部件安装点到截面的距离。

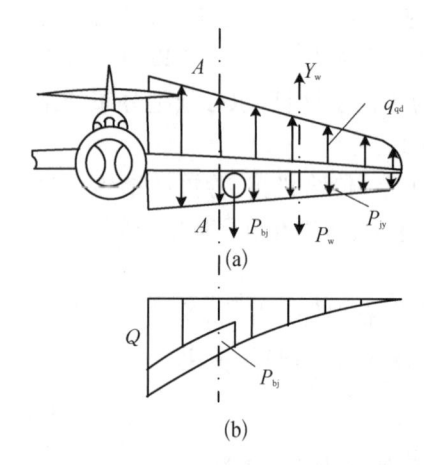

图 3-30 机翼的剪力图

L_w 与 L_Z 一般不等,但压心、重心离截面外部机翼部分的形心很近,所以 $L_w \approx L_Z$。这样式(3-24)变为

$$M_w = (Y_w - P_w) L_w - P_{bj} L_{bj} \quad (3-25)$$

(1) 已知飞机重力 G_{fj} 及机翼重力 G_{jy}。将式(3-21)代入式(3-25)得

$$M_w = \frac{n_{ymax.sy} f (G_{fj} - G_{jy})}{S_{jy}} S_w L_w - P_{bj} L_{bj} \quad (3-26)$$

(2) 已知网格节点上的综合载荷。已知网格节点上的综合载荷时,某截面的弯矩为

$$M_w = \sum_{i=1}^{m} P_i L_i - P_{bj} L_{bj} \tag{3-27}$$

其中，L_i 为截面外端机翼部分上的第 i 个综合载荷 P_i 到截面的距离；其他符号同前。

利用式(3-26)或式(3-27)很容易作出机翼各截面的弯矩图，如图 3-31 所示。

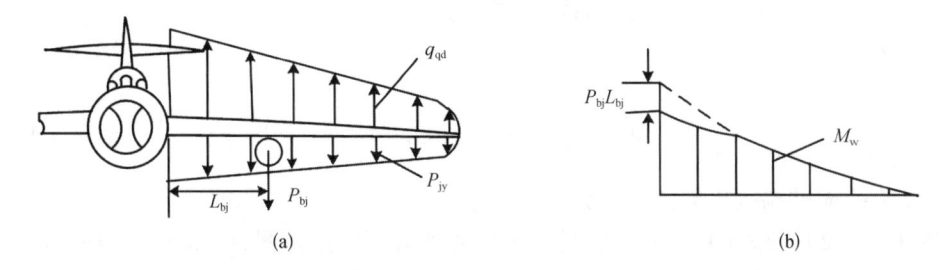

图 3-31 机翼各截面的弯矩

3) 扭矩

机翼的每一个截面上，都有一个特殊的点：当外力 P 通过这一点时，截面只产生平移，不产生转动，如图 3-32 所示。否则截面既产生平移，又产生转动，这个特殊点称为截面的刚心。

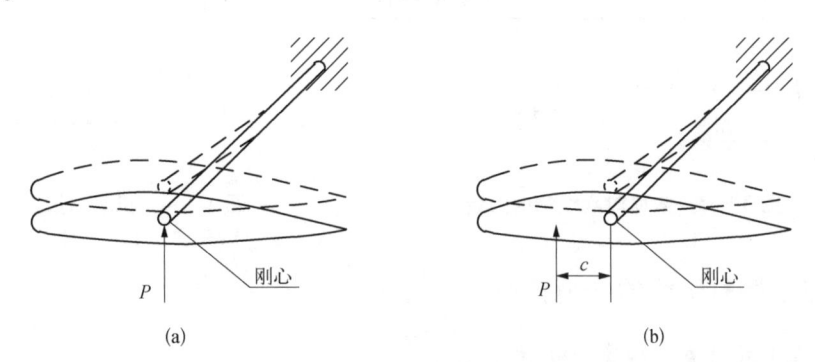

图 3-32 机翼截面的刚心

机翼各截面刚心的连线称为刚性轴，它的位置取决于机翼的具体构造。对于一个制成的机翼，刚性轴的位置是不变的。机翼受外力作用而产生扭转变形时，就是围绕刚性轴转动的。机翼各截面承受的扭矩，等于截面外端机翼部分上所有力对刚性轴的力矩的代数和。飞行中，飞行状态不同，机翼承受的扭矩不同。

飞机在某一飞行状态下，某截面的扭矩为

$$M_n = Y_w c + P_w d - P_{bj} e \tag{3-28}$$

其中，c、d、e 分别为 Y_w、P_w、P_{bj} 的作用点到刚性轴的距离，如图 3-33 所示。

（1）只知飞机重力 G_{fj} 及机翼重力 G_{jy} 时。将式(3-21)代入式(3-28)可得扭矩为

$$M_n = \frac{n_{ymax.sy} f(G_{fj} c + G_{jy} d)}{S_{jy}} S_w - P_{bj} e \tag{3-29}$$

（2）已知网格节点的综合载荷时。此时，将截面外端机翼部分上的节点综合载荷，按杠杆原理分配到它两边的计算翼肋上，求出截面外端机翼部分各计算翼肋上的合力 P_j 及合力作用点到前缘的距离 x_p。查出各计算翼肋的刚心到前缘的距离 x_g，截面外端机翼部分第 j 个计算翼肋的扭矩为

$$\Delta M_n = P_j(x_p - x_g)$$

截面的扭矩为

$$M_n = \sum_{j=1}^{m} P_j(x_p - x_g) - P_{bj}e \tag{3-30}$$

其中，m 为截面外端机翼部分的计算翼肋总数。

按式（3-29）或式（3-30）很容易作出机翼各截面的扭矩图，如图 3-34 所示。

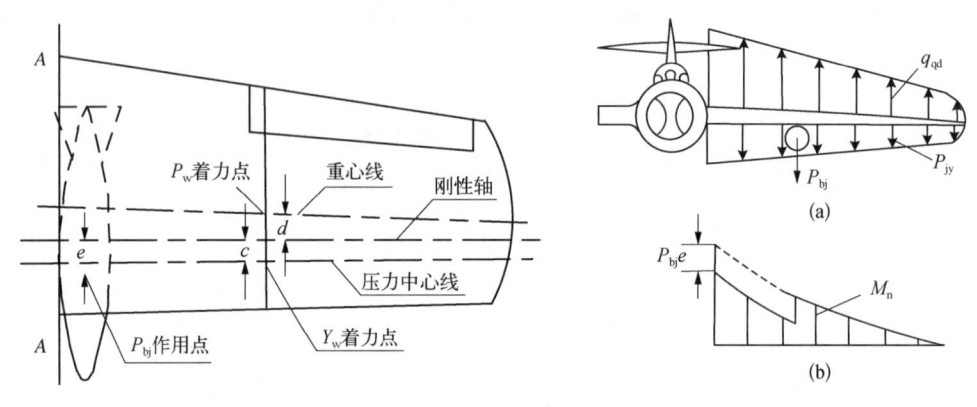

图 3-33 载荷对刚性轴的力臂

图 3-34 机翼的扭矩图

3.2.3 机翼结构的传力分析

1. 平直梁式机翼结构受力分析

1）分析结构中各构件之间的连接与支持关系

一般金属铆接结构的机翼，蒙皮与桁条及翼肋之间用铆钉连接。蒙皮在局部气动力作用下，铆钉受拉。在垂直于蒙皮表面方向，桁条及翼肋腹板的刚度大于蒙皮在这个方向的刚度，因此是桁条及翼肋的腹板支持蒙皮。桁条及翼肋的腹板是蒙皮的支持构件，蒙皮是被支持构件。

桁条和翼肋腹板之间，通过角片用铆钉连接。桁条受垂直于其轴线方向的载荷作用时，铆钉受剪。在翼肋腹板平面内，翼肋腹板的刚度比桁条在这个方向的刚度大得多，所以此处是翼肋腹板支持桁条。翼肋腹板是桁条的支持构件，桁条是被支持构件。

翼肋腹板与梁翼腹板之间，用单排（或双排）铆钉或螺栓连接，翼肋的缘条与翼梁的缘条没有连接。这种连接只能承受和传递剪力，不能承受和传递弯矩，故简化为铰接。如果去掉连接处的约束，翼肋就不能单独承受自身平面内的载荷，而翼梁腹板能单独承受这个方向的载荷，所以在这个方向是翼梁腹板支持翼肋。翼梁腹板是支持构件，翼肋是被支持构件。翼肋缘条与蒙皮之间，用铆钉连接。在扭矩作用下，由于翼梁是开

剖面,抗扭刚度很小,不能抵抗翼肋的扭转,而与翼肋缘条相连的蒙皮在这个方向刚度很大,所以翼肋在扭矩作用下是周缘蒙皮支持翼肋,蒙皮是翼肋的支持构件,翼肋是被支持构件。

由此可知:各构件之间是相互支持的,例如,蒙皮在局部气动力作用下,是翼肋支持蒙皮,而翼肋在扭矩作用下,是蒙皮支持翼肋;周缘蒙皮在扭矩引起的剪流作用下,是根部加强翼肋支持周缘蒙皮。翼梁腹板与翼梁缘条之间,有的是用铆钉连接的,有的是一个整体。翼梁腹板在其自身平面内且垂直于翼梁轴线方向的剪力作用下,除了本身受剪外,还要承受弯矩,这个弯矩可以化为上下大小相等、方向相反的两个轴向力。翼梁腹板本身在这个方向的刚度很小,而与腹板上下边缘连接的缘条在这个方向的刚度很大,所以是梁的缘条支持梁的腹板,而翼梁的缘条又是由整个壁板来支持的。

2) 离散化

根据上述连接情况,将各个构件从结构中分离出来。蒙皮取两根桁条及两个翼肋之间的一块作为分离体;桁条取某两个翼肋之间的一段作为分离体;翼肋可以取任意一个来分析;周缘蒙皮取一整个为分离体;翼梁腹板取其中一段作为分离体;等等。

3) 画各构件的受力平衡图

(1) 蒙皮的受力平衡。蒙皮的受力平衡如图 3-35 所示。蒙皮铆在桁条和翼肋上,当它受到吸力作用时,蒙皮在局部空气动力和桁条及翼肋的反作用力下处于平衡状态。把蒙皮上的支反力反向加到其支持构件翼肋及桁条上(即蒙皮通过铆钉把局部空气动力传给桁条和翼肋),这时铆钉承受拉力。当蒙皮受到压力作用时,局部空气动力直接由蒙皮作用在桁条和翼肋上,铆钉不受力。无论在吸力或压力作用下,蒙皮都要受弯曲(凸起或凹下)作用。

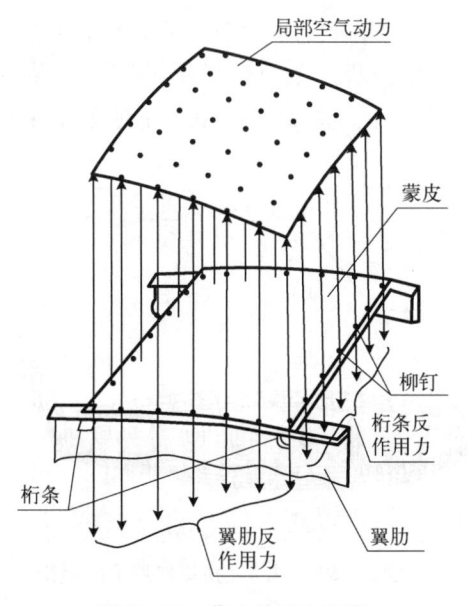

图 3-35 蒙皮的受力平衡 　　图 3-36 桁条的受力平衡

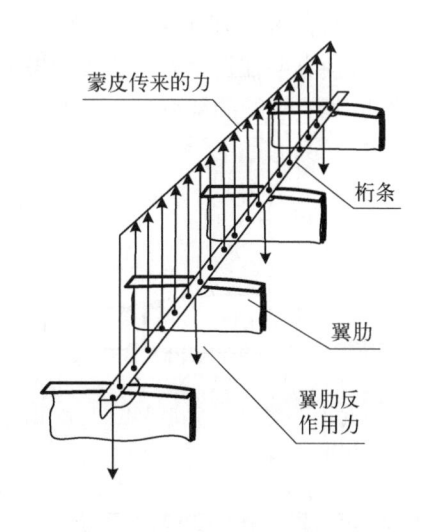

(2) 桁条的受力平衡。桁条的受力平衡如图 3-36 所示。通过铆钉或由蒙皮直

接传给桁条的力是桁条的载荷,桁条在这些载荷作用下有向上移动的趋势,但桁条是用铆钉铆接在翼肋腹板上的,翼肋腹板可以提供支反力,使桁条平衡。桁条本身在局部空气动力作用下,像支持在许多翼肋上的多支点梁一样,要受到弯曲作用。将桁条上的支反力反向加在翼肋上即为翼肋的载荷。综上所述,作用在翼肋上的载荷来自两方面:一方面是由蒙皮传来的;另一方面来自与翼肋相连接的桁条,如图 3-37(a)所示。

(3)翼肋的受力平衡。翼肋在这样的载荷作用下的受力平衡图比较复杂。因此,将图 3-37(a)所示的分布载荷用合力 ΔQ 来代替,ΔQ 作用在合力作用点(即压力中心)处,如图 3-37(b)中的实箭头所示。为了便于分析,将合力 ΔQ 平移到刚心上去,因此刚心上除了有 ΔQ 作用外,还有一个扭矩 $\Delta M_n = \Delta Q \cdot c$,如图 3-37(b)所示,其中 c 为压力中心到刚心的距离。下面分别研究翼肋在 ΔQ 及 ΔM_n 单独作用时的平衡。

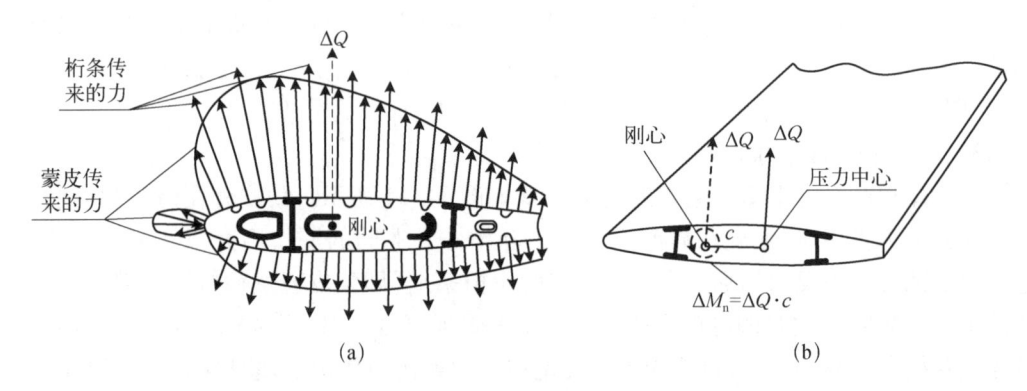

图 3-37 翼肋的载荷

翼肋在 ΔQ 作用下的平衡:因为 ΔQ 作用于翼肋刚心,所以只能使翼肋上下平移而不会扭转。翼肋在这个方向又是支持在前、后梁的腹板上的,前、后梁的腹板提供支反力 ΔQ_1 和 ΔQ_2 使翼肋在这个方向平衡,如图 3-38 所示。将 ΔQ_1 和 ΔQ_2 分别反向加到前、后梁上,就成了前、后梁的载荷。

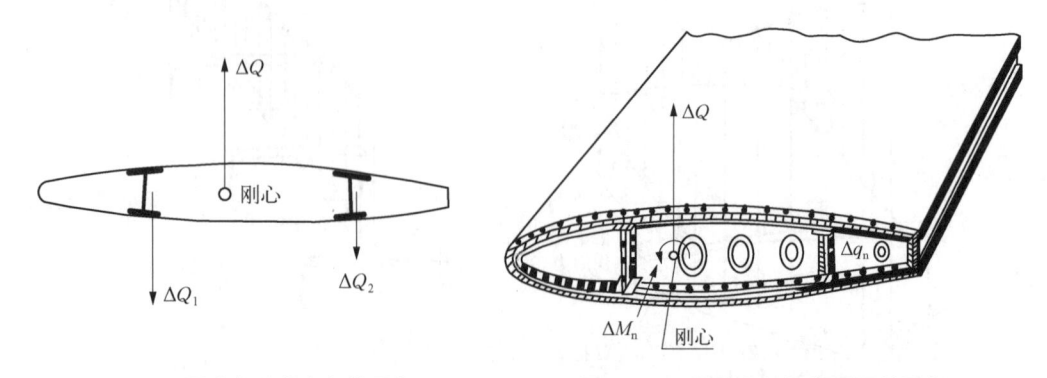

图 3-38 翼肋在垂直方向的平衡　　　图 3-39 翼肋在扭矩作用下的平衡

翼肋在 ΔM_n 作用下的平衡:翼肋在扭矩作用下,与翼肋连接的翼梁是开剖面,在这个方向的刚度(抗扭刚度)很低,不能支持翼肋,而与翼肋连接的周缘蒙皮在这个方向的刚度很大,可以提供支反剪力 Δq_n 形成反向扭矩使翼肋平衡,如图 3-39 所示。将翼肋上的支反力 Δq_n 反向加到周缘蒙皮上去,即周缘蒙皮的载荷。

(4) 周缘蒙皮的平衡。作用在周缘蒙皮上的载荷 Δq_n 是由翼肋传来的,每个翼肋处有一圈剪流,如图 3-40 所示的根部翼肋以外的部分。周缘蒙皮在这些载荷作用下,只能由根部加强翼肋提供支反剪流 q_n 使它平衡。至于根部加强翼肋如何平衡,由根部加强翼肋与机身的连接情况而定。

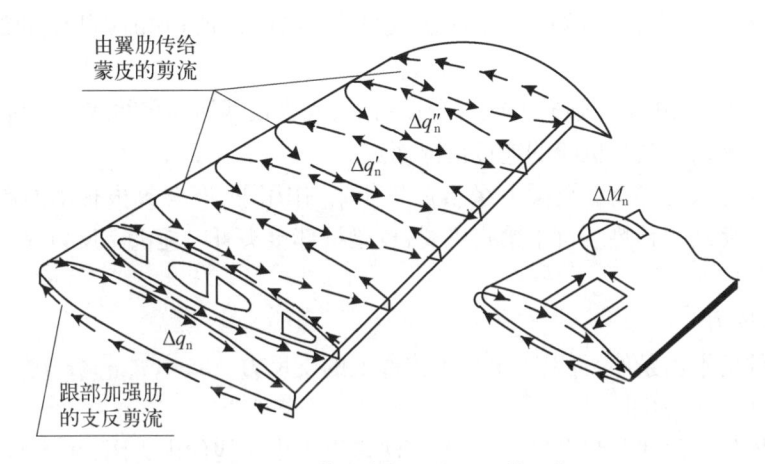

图 3-40 蒙皮在扭矩作用下的平衡

(5) 翼梁腹板的平衡。假设取前梁腹板(图 3-41)来研究。各个翼肋通过铆钉传给翼梁腹板的力,要使腹板受到剪切作用。腹板任意截面承受的剪力,等于截面外端各个翼肋传给它的力的代数和,并由截面内产生的剪切内力 Q_{fb} 来平衡(图 3-41)。翼根的剪力传给机身的方式,也要由翼根部分的构造来决定。

翼肋传来的力,还要使翼梁截面承受弯矩,这个弯矩是通过腹板和缘条连接的纵向铆钉传到缘条上去的。例如,若各翼肋传给腹板的力的方向向上,则它们引起的弯矩要使腹板沿反时针方向转动,这时纵向排列的铆钉会对腹板产生反作用剪流 q_{yt},组成使腹板顺时针方向转动的力偶,来阻止腹板转动;与此同时,腹板也就把弯矩以纵向剪流 q_{yt} 的形式传给了上下缘条。

现在来研究纵向剪流 q_{yt} 的大小是怎样沿着梁的长度方向变化的。从任意截面处取一小段宽度为 Δz 的腹板(图 3-41),可以看出:这段腹板的左右截面上作用着大小相等的剪切内力 Q_{fb},右截面上内力的方向与翼肋传来的力相同,而左截面上则相反,其力偶矩等于 $Q_{fb}\Delta z$。小段腹板的上下两边作用着大小相等、方向相反的纵向剪流 q_{yt},其力偶矩为 $q_{yt} \cdot \Delta z \cdot H$($H$ 为腹板高度)。小段腹板处于平衡状态,因此上

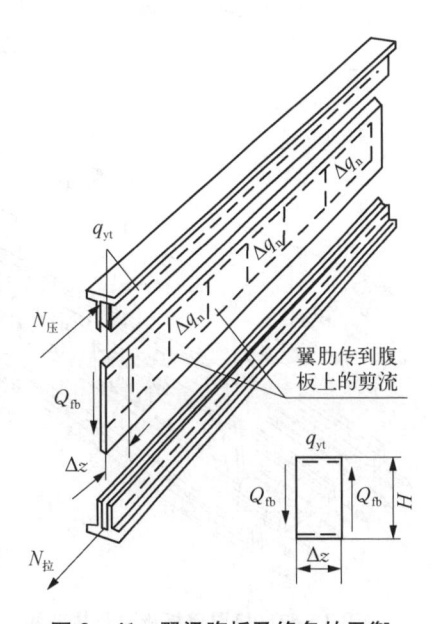

图 3-41 翼梁腹板及缘条的平衡

述两个力偶矩是相等的,即

$$q_{yt}\Delta z \cdot H = Q_{fb} \cdot \Delta z$$

$$q_{yt} = \frac{Q_{fb}}{H}$$

从上式可知,如果腹板各截面高度相同,则各处的纵向剪流 q_{yt} 与腹板截面上的剪切内力 Q_{fb} 成正比,离根部越近的截面承受的剪力越大,所以相应部位的纵向剪流也越大。

将 Q_{fb} 反向加到根部加强翼肋或机身接头上,成为根部加强翼肋或机身接头载荷。根部加强翼肋的平衡由其与机身的连接情况而定。

(6)翼梁缘条的平衡。翼梁上缘条在载荷 q_{yt} 作用下,有向翼根移动的趋势,下缘条有向翼尖方向移动的趋势。对于梁式机翼,翼梁根部接头可以提供支反力 $N_压$ 和 $N_拉$ 来使其平衡。

4)求支反力

由各构件的平衡条件,可以求出各个构件上的支反力。

5)作各构件内力图

根据各构件上的载荷和支反力,用截面法可以求出各构件内力图,在此不作详述。截面设计及强度校核这里也不重述。

6)写出传力路线

从载荷直接作用的构件开始,顺着支持构件一个一个地传下去,直到最后平衡为止。上述机翼的传力路线如下:

局部气动力 → 蒙皮 → 桁条/翼肋 → ΔQ → 翼梁腹板 → 缘条-壁板/根部加强肋 → 机身
蒙皮 → $\Delta M_扭$ → 周沿蒙皮

2. 单块式机翼结构受力分析

单块式机翼的构造与梁式机翼不同:梁很弱或者只有墙;但桁条多且较强;蒙皮也比梁式机翼厚。因此,其受力上的主要不同点是,由桁条和蒙皮组成的壁板承受机翼的总体弯矩。

在单块式机翼中,气动载荷由蒙皮向桁条、翼肋,一直到梁腹板的传递过程与梁式机翼基本相同。只是,在单块式机翼中,桁条、蒙皮较强,承受轴向正应力的能力也较大。因此,当梁腹板受剪时产生的轴向剪流形成的弯矩,一部分直接作用在梁缘条上,由它来承受,而主要的弯矩将由桁条和蒙皮组成的壁板来承受(图3-42)。

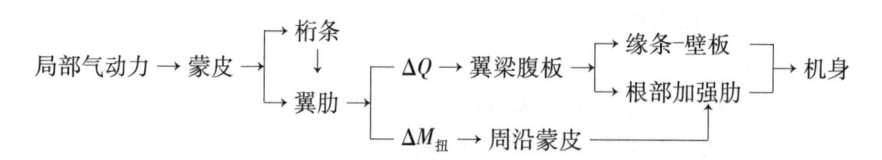

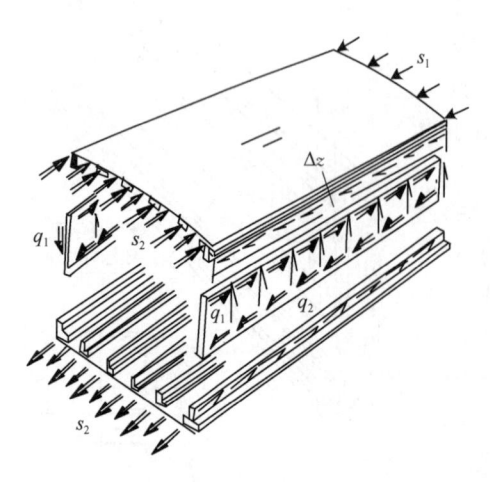

图3-42 机翼壁板承受总体弯矩

现假如把蒙皮承受正应力的能力折算到桁条中去，即把壁板简化成只有桁条能受正应力，那么腹板上的轴向剪流除一部分直接作用在梁缘条上外，大部分将通过蒙皮剪切，将它们传递给各桁条，其传递过程如下：腹板上的剪流传给梁缘条一部分后，剩余部分传给与缘条相连的蒙皮上。按以上假设，蒙皮只受剪，因此将通过蒙皮受剪，传到第一根桁条附近。此轴向剪流又分成两部分：小部分传给第一桁条；大部分继续通过蒙皮剪切，向第二桁条附近传递。如此继续，蒙皮中的剪流逐渐减小，直至轴向剪流全部传给梁缘条和各桁条。缘条、桁条上的轴向剪流由根部提供支反力；缘条、桁条所分担的轴力大小与其拉、压刚度成比例；其内力 N 沿展向按斜折线规律分布，由翼尖向翼根，斜率逐渐增大，与梁式机翼中梁缘条的内力分布规律类似。

由于轴向剪流是借助蒙皮受剪传递的，蒙皮必将同时有附加剪流作用到各翼肋上。又由于两根梁腹板在传递由翼肋来的剪流时，剪流方向通常是一致的，在由梁缘条向中间蒙皮传递时，前后梁附近蒙皮内的剪流方向就正好相反，蒙皮内的剪流越到中间也越小，至中间某桁条处，两侧剪流全部由该桁条承担。这就是梁缘条向蒙皮传递部分剪流，剪流在蒙皮内逐渐扩散，并使桁条参加总体传弯的过程（图 3-43）。此时的翼肋平衡如图 3-44 所示。

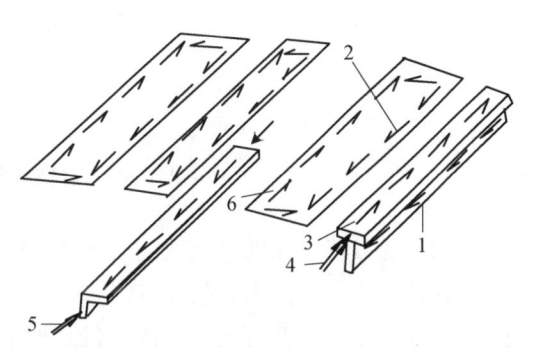

图 3-43 载荷在壁板元件中的传递
1—梁腹板传给缘条的剪流；2—缘条给蒙皮的剪流；3—蒙皮对梁缘条的支反力；4—梁缘条内的轴向支反力；5—长桁内的轴向支反力；6—蒙皮上的剪流

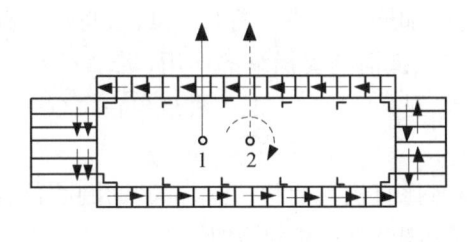

(a) 双梁式机翼翼肋的平衡及剪流分布规律　　(b) 单块式机翼翼肋的平衡及支反剪流分布规律

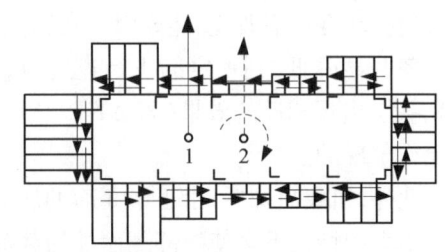

图 3-44 梁式、单块式的翼肋平衡
1—压力中心；2—刚心

3. 后掠机翼结构受力分析

1) 后掠机翼的结构特点和受力特点

随着飞机飞行速度的提高，出现了后掠机翼，它可以有效地改善飞机在跨声速飞行时的气动特性。但在结构设计方面，与直机翼相比，由于后掠的影响，出现了一些新的问题。

（1）刚度特点。当后掠机翼的展长及顺气流剖面的弦长与直机翼相同时（此时机翼面积、展弦比、梯形比等参数均保持相同），后掠翼真正的结构长度增加了（可近似认为机翼外伸段的长度由直机翼的 l 增加到 $l/\cos\chi$），而垂直于构造轴线的剖面的弦长减小了［图 3-45(a)］。此外，为了减小波阻，高速飞机往往采取薄翼型，因此后掠机翼比相应的直机翼更为细、长、薄,导致其弯曲刚度、扭转刚度都比直机翼差。为了达到同样的刚度要求,一般将增加机翼结构重量。

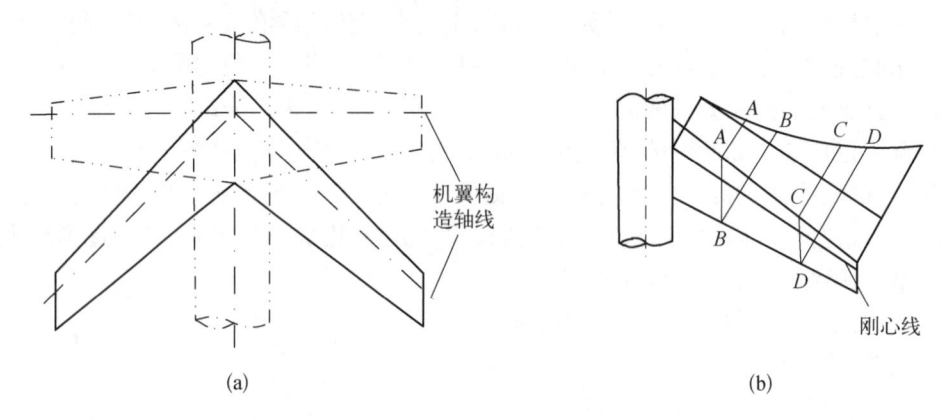

图 3-45　后掠机翼的刚度与变形特点

（2）变形特点和副翼反效。由图 3-45(b)可知,后掠机翼的刚心线是后掠的。这样当后掠翼受到向上作用的载荷,产生向上的弯曲变形时,顺气流剖面 AB 上,后缘点 B 的挠度比前缘点 A 的挠度大,即各顺气流剖面将因弯曲而产生附加的低头扭转变形;反之,当载荷向下作用,机翼产生向下的弯曲变形时,则将产生附加的抬头的扭转变形;另外,当为了使一侧机翼升力增大而向下偏转副翼时,将产生向上的附加升力 ΔY。因其作用点位于翼剖面的刚心之后,由于 ΔY 的作用引起机翼扭转,迎角减小。这一迎角变化必然产生附加气动力 $\Delta Y'$,$\Delta Y'$ 与 ΔY 方向相反,使副翼效能降低。对于后掠翼,剖面的迎角不仅因机翼的扭转变形而改变,还要因为弯曲变形而改变,加剧了上述问题的严重性,将使副翼的效率明显降低,到一定的飞行速度时,可能会完全抵消副翼操纵的作用(若 $\Delta Y' = \Delta Y$ 时),甚至出现相反的效果(若 $\Delta Y' > \Delta Y$),这就是"副翼反效"现象,这种现象在飞行中是不允许出现的。

此外,机翼后掠后,由于半翼面的压力中心显然比直机翼后移,在根部剖面刚心位置变化不大的情况下会使根部剖面处的载荷(主要是扭矩)有较大的增加。

上述这些问题均随着后掠角的增大而更趋严重。为此,在结构设计中,对后掠翼的刚度提出了更高的要求。然而,实际情况是后掠翼的弯曲和扭转刚度(尤其是扭转刚度)比直机翼要小,因此对于后掠翼,保证强度、刚度的要求与减轻重量要求之间的矛盾更为突出。从这点考虑,后掠机翼较适宜于采用单块式或多墙式形式。可是结构形式的选择不可能仅由结构受力要求来确定,由于需要开口或其他因素,有些部位不能采用上述形式,在后掠翼上,有不少飞机采用了混合式结构。例如,某型歼击机的外段为单块式、根部为梁架式结构;某侦察机采用的大部分为多腹板式,近根部为多梁式的结构等。

（3）后掠机翼的受力特点——后掠效应。后掠机翼可看作由直机翼向后转动一个角度而得,其左、右两侧的机翼不是彼此连续的直梁,而是一个有转折的梁。外段实质上就是一个直机翼,关于直机翼的受力分析仍可沿用。后掠机翼的主要特点反映在根部三角区内,为了分析该三角区的存在对后掠翼根部受力的影响,现以一双梁单块式后掠机翼为例(图3-46),取出一段机翼来进行分析(图3-47)。

当机翼受垂直气动载荷作用时,上、下壁板上的各纵向构件(桁条、梁的缘条等)均受轴向拉、压作用。现先假定根肋外的机翼是绝对刚硬的,则根部剖面1-3(图3-47)在弯矩 M 的作用下将绕剖面的中性轴旋转一个角度。而该剖面支承在根部剖面内侧的纵向构件上,因此内侧各纵向构件应产生相同的位移 Δl。然而,根部三角区内各纵向构件的长度不同,靠近前缘的构件长,靠近后缘的构件短,因此其轴向拉、压刚度不同。在满足变形 Δl 一致的条件下,各纵向元件所承担的轴力将按其刚度分配:前梁附近的纵向构件刚度小,分配到的载荷小,应力较低;后梁附近的纵向构件刚度大,分配到的载荷较大,应力就较高。这种应力向后缘集中的现象,通常称为后掠效应,后掠角越大,后掠效应越严重。

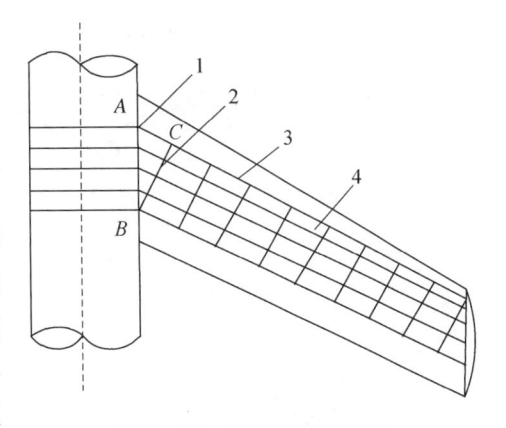

图3-46 单块式后掠机翼
1-侧边加强肋;2-根部加强肋;3-前梁;4-长桁;5-后梁

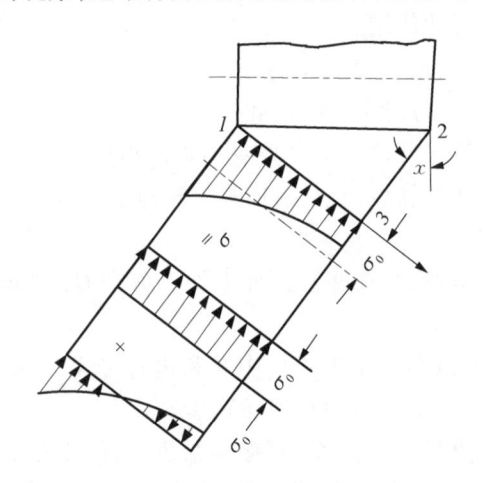

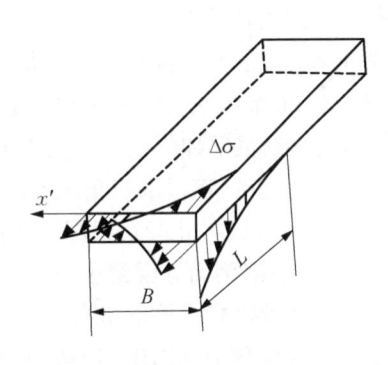

(a) 后掠机翼各部的应力分布　　(b) 作用在根部加强肋外段机翼上的附加应力

图3-47 后掠翼受弯矩作用下的应力

理论研究证明,根部剖面1-3处的应力 σ_g 沿剖面的 x 轴呈双曲线分布。需要指出的是:上面这一分析是在假设机翼外段是绝对刚硬、根部剖面变形后仍然是平面的条件下得出的。实际上,机翼外段是弹性的,因此外段机翼在附加应力 $\Delta\sigma$ 作用下要发生变形,剖面在变形后也不是一个平面,要产生翘曲(图3-48),因此外段弹性的影响会使应力向后缘集中的现象有所缓和,但后掠效应仍是存在的。

用 σ_0 表示基本应力,$\sigma_0 = M/HBt$(H 为机翼有效高度,B 为翼箱宽度,t 为壁板厚度),它等于机翼不后掠时该剖面处的应力。另外有一组附加应力为 $\Delta\sigma$,则根部的实际应力 $\sigma_g = \sigma_0 + \Delta\sigma$。附加应力 $\Delta\sigma$ 应是一组自身平衡的应力,称为"次应力",这组次应力

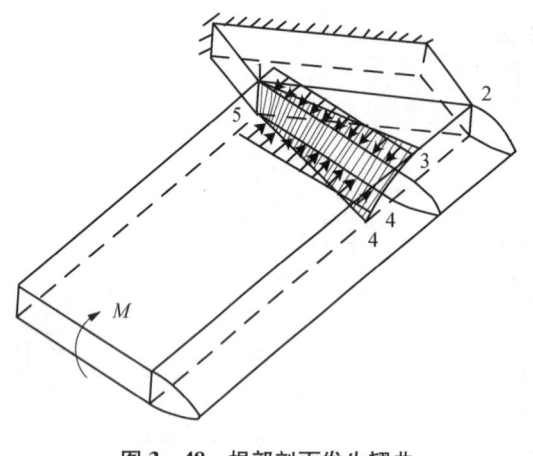

图 3-48 根部剖面发生翘曲

的作用使前梁卸载、后梁加载,其数值可达基本应力的 30%~40%。

由弹性力学的圣维南原理可导出如下结论:如果在一个弹性体的任一部分 A 上作用一自身平衡力系,那么该自身平衡力系在此物体内所引起的应力,随着离开部分 A 的距离加大而快速减小,这个影响区大致和载荷作用区域的大小相当。因此,当根部剖面上作用一自身平衡力系 $\Delta\sigma$ 后,根据上述结论可知,该次应力的作用还将延伸到三角区外侧的直机翼段上。但它很快沿展向衰减,衰减区的长度 L 近似等于 $(1\sim1.5)B$,因此在距根部剖面 L 以外的机翼外段,基本上可以不必考虑次应力 $\Delta\sigma$ 的影响。

2) 后掠机翼的受力分析

后掠机翼也有各种结构形式,如多梁单块式、多墙式及根部梁架式等。这里仅以一两种典型情况进行分析,主要目的是掌握后掠机翼根部结构的受力特点及分析方法,为读者自行分析其他形式的受力打下基础,起到举一反三的作用。

(1) 单块式后掠机翼的受力。单块式后掠机翼的具体结构有很多种情况,现仅以纵向构件在机身侧边转折的双梁单块式后掠翼为例进行讨论(图 3-49)。

这种机翼的外段与双梁单块式直机翼相似,其根部由以下主要受力构件组成:上、下壁板 $A-B-C$(由梁缘条、桁条、蒙皮组成或为整体加筋板,宜受沿桁条方向的正应力),以及侧边加强肋 AB、根部加强肋 AC、前梁 BC。

为研究方便起见,将根部三角区以外的机翼切除,并在根部剖面上加上剪力 Q、弯矩 M、扭矩 M_n 来代替机翼外段对根部的作用。

扭矩 M_n 在根部剖面处继续由三角形上、下壁板和前梁腹板向中翼和机身传递,后梁上的剪流直接由对接接头传给机身,其各分离体平衡图见图 3-49(a)。

剪力 Q 分为两部分,作用在后梁与机身对接点处的剪力 Q_2 直接传给机身,作用在前梁与根肋交点上的剪力 Q_1 分两路传递。一路 Q_b 由前梁传给机身;另一路 Q_r 由根肋向点 A 传递,在点 A 传给机身。此时各构件的分离体平衡图见图 3-49(b) 和 (c)。

在剪力 Q、扭矩 M_n 的传递过程中,三角形壁板和侧边翼肋均需受载。此时侧肋的平衡见图 3-49(d)。

弯矩 M 以壁板上的轴向力形式作用到根部剖面 AC 上。如图 3-49(d) 中所示的点 A 为例,由于在机身侧边处,桁条发生转折,中央翼桁条只能提供垂直于机身轴线的支反力,如果要在点 A 处于平衡,因桁条转折产生的轴力分量必须有另一构件提供支反力,为此机翼机身接合处要求布置一侧边加强肋。

由以上分析可知,对于双梁单块后掠机翼,若纵向构件在机身侧边转折,则侧边加强肋成为必不可少的受力构件,它在传递弯矩、剪力、扭矩时都起重要作用。在受力时,侧边肋上、下缘条上剪流(外载荷)的方向总是相反的,这一对剪流形成一个力矩,并由前、后

(a) 扭矩的传递

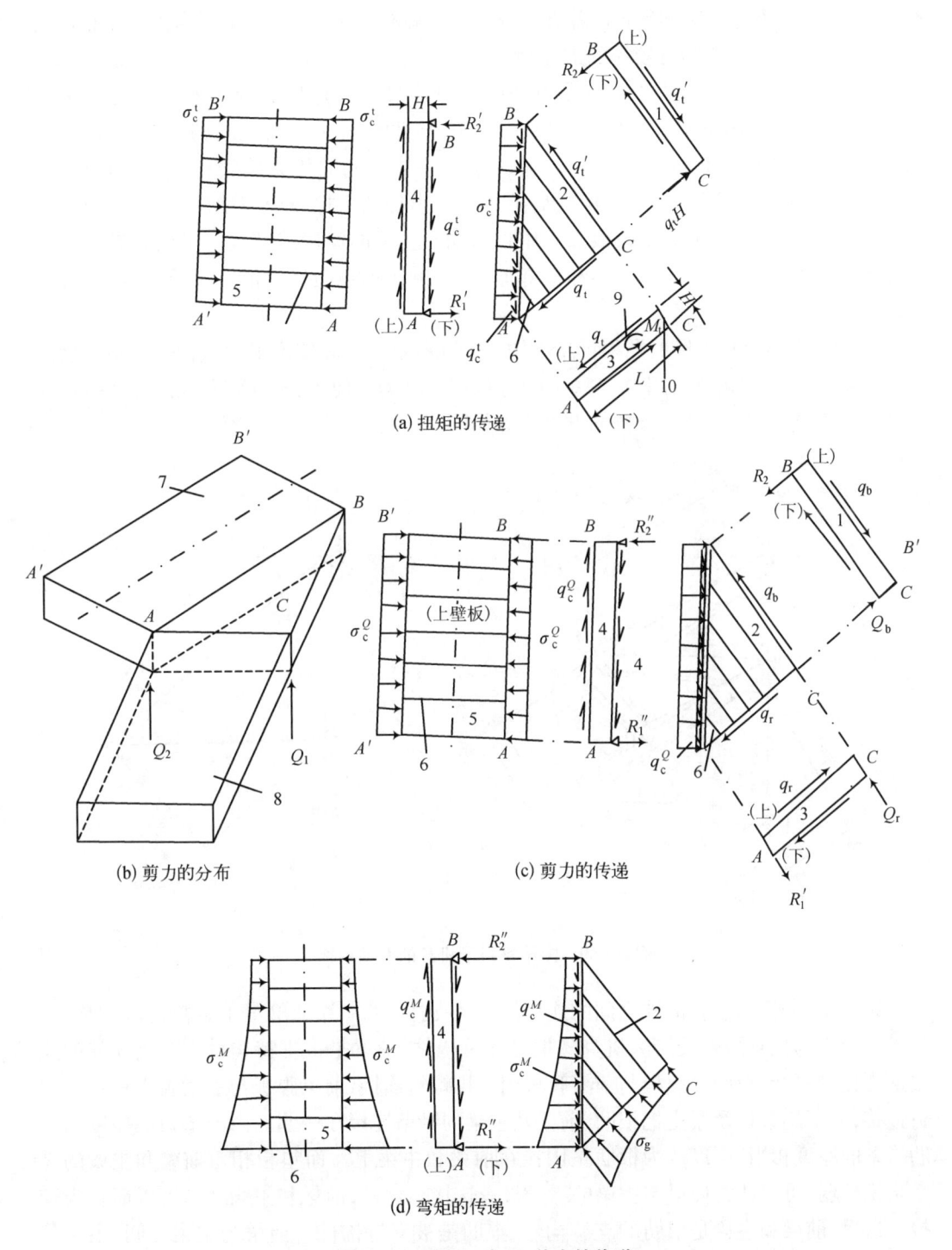

(b) 剪力的分布

(c) 剪力的传递

(d) 弯矩的传递

图 3-49 扭矩、弯矩、剪力的传递

1—前梁；2—三角形上壁板；3—根肋；4—侧边加强肋；5—中翼上壁板；6—长桁；
7—中翼盒段；8—外翼；9—根肋上缘条；10—根肋腹板

梁的腹板提供一对大小相等、方向相反的垂直方向剪流来平衡。因此，侧边翼肋基本上是受剪状态，弯矩很小，因而缘条不需要十分强。但腹板要强，而且为了提高侧边腹板的剪切稳定性，腹板上一般铆有较密的加强型材。

（2）梁架式后掠机翼根部的受力分析。为了解决后掠机翼受力和布置之间的矛盾，有时在根部采用梁架式结构，如某强击机在14肋以外为单块式结构。在根部，为收藏主起落架，在下翼面布置了大开口，破坏了单块式结构的传力路线；又由于机身中无法通过中央翼，此外还考虑到双梁式后掠机翼上出现的后掠效应将使后梁受载严重，为减轻后梁载荷，在14肋以内的根部采用了增加一主梁的梁架式结构。梁架式结构是指由主梁、前梁、后梁等若干个翼梁和根部加强肋、侧边加强肋等组成一个受力构架，称为"梁架"。

主梁垂直与机身主线的翼根模型如图3-50所示。外段传到根肋截面的载荷有剪力Q（作用在根肋截面的刚心上）、弯矩M_w、扭矩M_n。为了便于分析问题，只研究剪力Q单独作用下结构的受力分析，分析的方法步骤如前。

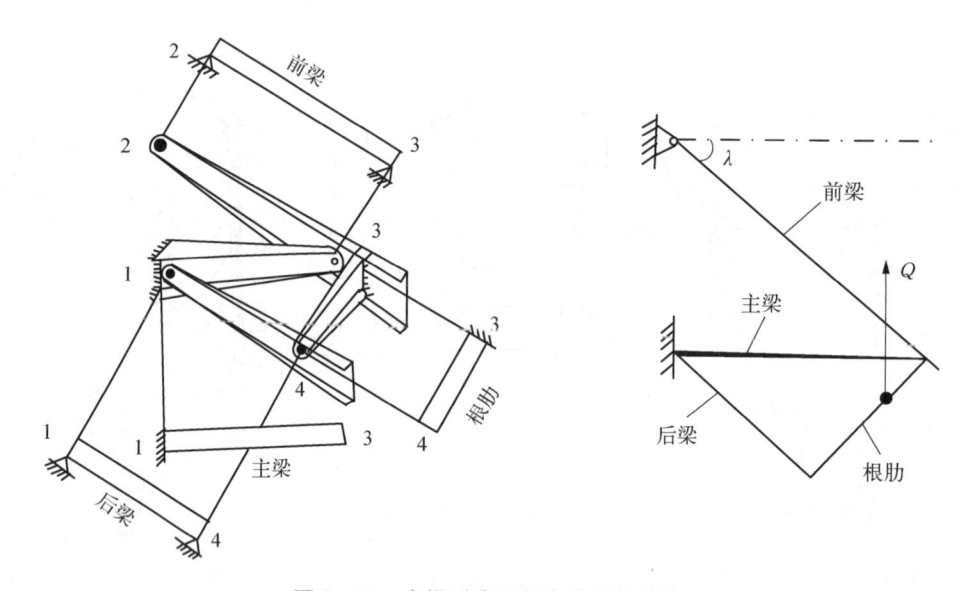

图3-50 主梁垂直于机身的翼根结构

第一步，分析结构各部件之间的连接情况及支持关系。节点2处的连接比较简单，一般都是前梁与机身隔框铰接。机身隔框是支持构件，前梁是被支持构件。节点3处的连接通常比较复杂，根肋的腹板与前梁腹板用一排螺钉连接，前梁腹板与主梁腹板用一排螺钉连接，上下用垫板及蒙皮把根肋、前梁及主梁的缘条连接在一起。由于垫板的厚度与根肋缘条的厚度相当，可以认为根肋是固接在前梁和主梁上。而垫板相对前梁和主梁的缘条来说较弱，可以认为前梁与主梁的缘条没有连接。这样，前梁和主梁之间可以简化为铰接。这里，前梁和主梁是根肋的支持构件，根肋是被支持构件。前梁与主梁之间，主梁是支持构件，前梁是被支持构件。节点4处，后梁腹板与根肋腹板有一排铆钉连接，而它们的缘条没有连接，故可认为此处为铰接。根肋是支持构件，后梁是被支持构件。节点1处，后梁腹板与主梁腹板用一排螺钉连接，而缘条没有连接，不能承受和传递弯矩，可以认为是铰接。主梁是支持构件,后梁是被支持构件。而主梁和隔框之间的连接是固接,隔框是支持构件,主梁是被支持构件。

第二步,离散化。把各个构件从结构中分离出来。根据连接情况和箭头所示的方向简化成如图 3-51 所示的 1-4、1-3、4-3、2-3 四个梁单元。

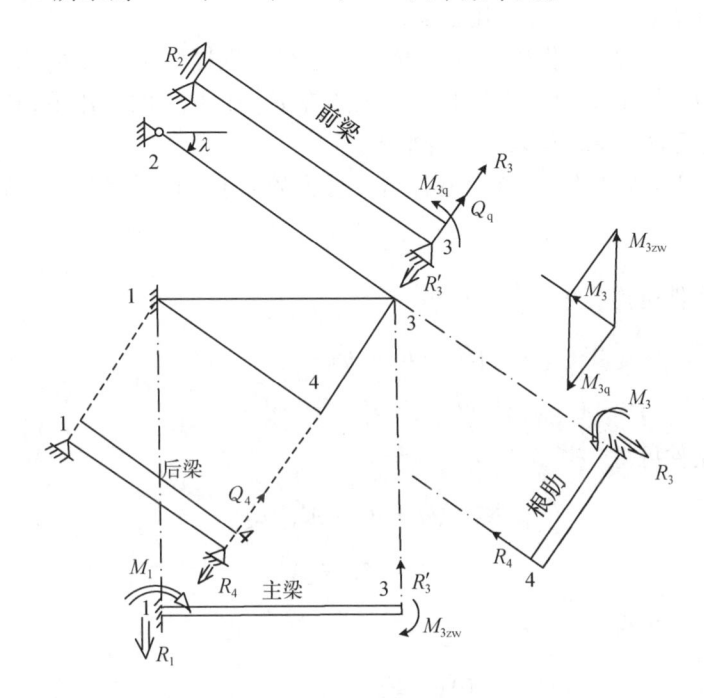

图 3-51 分离体的受力平衡及内力图

第三步,画出构件的受力平衡图。

由于载荷 Q 是机翼外端由前后梁腹板传来的剪力的合力,在分析前应将载荷 Q 按前、后梁的抗弯刚度分配给前、后梁,即

$$\begin{cases} Q_q = \dfrac{(EJ)_q}{(EJ)_q + (EJ)_h} Q \\ Q_h = Q - Q_q \end{cases} \quad (3-31)$$

其中,$(EJ)_q$ 为前梁的抗弯刚度;$(EJ)_h$ 为后梁的抗弯刚度;Q_q 作用在前腹板节点 3 处;Q_h 作用在后梁腹板节点 4 处。

后梁在 Q_h 作用下,其支持构件(根肋)提供支反力 R_4 来使它平衡(支反力用双箭头表示,载荷用单箭头表示),将此 R_4 反向加到其支持构件(根肋)上为根肋的载荷。

根肋是一个悬臂梁,在 R_4 作用下,前梁腹板可以提供支反力 R_3,使其在 R_4 方向上平衡;前、主梁缘条可以提供支反力矩 M_3,与 R_4 产生的弯矩平衡。将 R_3 反向加到根肋的支持构件前梁上,为前梁的载荷;将 M_3 反向加到根肋承弯方面的支持构件前、主梁上,成为前、主梁的载荷。这里,M_3 反向后的力矩矢量(右手定则)方向是由节点 3 指向节点 2,如图 3-51 所示。这个力矩矢量既不垂直于主梁,也不垂直于前梁,因此必须把这个力矩矢

量分解成一个垂直于主梁的分量 M_{3zw} 和一个垂直于前梁的分量 M_{3q}:

$$\begin{cases} M_{3zw} = M_3/\sin \lambda \\ M_{3q} = M_3/\tan \lambda \end{cases} \quad (3-32)$$

其中，M_{3zw} 作用在主梁上；M_{3q} 作用在前梁上。

前梁在 Q_q、R_3、M_{3q} 的作用下，机身隔框及主梁分别提供支反力 R_2 及 R'_3 使其平衡。将 R'_3 反向加到主梁上即为主梁的载荷。主梁在 R'_3 和 M_{3zw} 的作用下，其支持构件（隔框）可以提供支反力 R_1 和 M_1 来使自身平衡。

第四步，利用各构件的平衡条件求出各支反力的大小。由后梁的平衡条件可得

$$R_4 = Q_h \quad (3-33)$$

由根肋的平衡条件可得

$$\begin{cases} R_3 = R_4 = Q_h \\ M_3 = L_{4-3}R_4 = L_{4-3}Q_h \end{cases} \quad (3-34)$$

由前梁的平衡条件可得

$$R'_3 = Q_q + R_3 + M_{3q}/L_{2-3} \quad (3-35)$$

$$R_2 = M_{3q}/L_{2-3} \quad (3-36)$$

由主梁的平衡条件可得

$$\begin{cases} R_1 = R'_3 \\ M_1 = L_{1-3}R'_3 - M_{3zw} \end{cases} \quad (3-37)$$

第五步，作各构件内力图。采用材料力学中的截面法可画出各构件的内力图。在图 3-51 所示的载荷作用下，很明显，除后梁不受力外，其根肋、前梁、主梁只受剪力和弯矩作用。剪力图以右边分离体顺时针转为正，反之为负。弯矩画在构件纵向纤维受压一侧。

第六步，构件截面设计或强度校核。已知内力图和材料性质进行截面设计，或已知截面特性和材料性质进行强度校核。

第七步，写出传力路线。可以根据载荷作用的构件及其支持构件之间的关系，逐个跟踪，用箭头标出其关系，即传力路线。对于图 3-50，传力路线如下：

```
         ┌─ Q前 ── 前梁 ┬─ R_2 → 机身点 2
         │              └─ R'_3 ─────────┐
Q_q ─────┤                                │
         │                          ┌─ R_3 ┘
         └─ Q后 → 后梁 → 根肋 ─ M_3 ┤ M_{3q}
                                    │
                                    └─ M_{3zw} → 主梁 → 机身点 1
```

作用在图 3-50 所示结构上的其他载荷（如弯矩、扭矩、部件质量力等）的分析方法与上述基本相同。假设根肋截面上作用的是弯矩 M_w，也可以参照式（3-31）分配给前、后梁。M_{wq} 作用在前梁节点 3 处，M_{wh} 作用在后梁节点 4 处。内力图如图 3-52 所示。

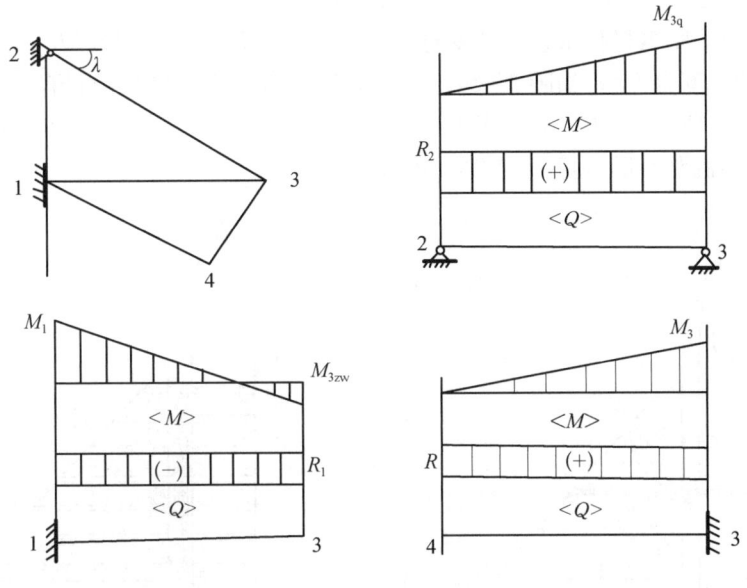

图 3-52　内力图

只有根肋截面的载荷是扭矩时,根肋的受力平衡图和内力图有所不同,如图 3-53 所示。扭矩是以分散的剪流作用在根肋上的,q 可以按结构力学中的勃朗特公式计算。

若结构上同时承受剪力 Q、弯矩 M_w、扭矩 M_n 作用,可以根据力的叠加原理,逐个载荷进行分析,然后将各个对应的支反力及内力图叠加起来,可得各节点的总支反力和各构件的总内力图。

4. 三角机翼结构受力分析

1) 三角机翼的结构特点

随着飞机速度的提高,现代飞机常采用小展弦比的薄机翼,其平面形状大多为三角机翼或小展弦比平直机翼。

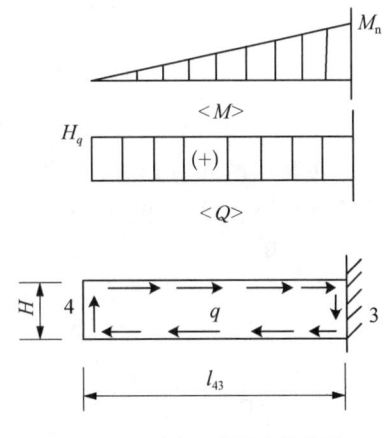

图 3-53　扭矩对根肋的作用

三角翼也有梁式、单块式等多种结构形式,但较多采用多梁式结构。三角机翼的前缘后掠角一般在 55°~75°,展弦比 λ 为 1.5~2.5。因展弦比较小,故机翼(一侧)的弦向尺寸比展向尺寸大。例如,一前缘后掠角为 60° 的三角翼,其根弦长 b 与半翼展 $l/2$ 之比约为 1.732。因此,有的三角翼布置成由纵向构件传递气动载荷。当然也仍有采用普通肋来传递气动载荷的结构,但由于三角翼的翼肋相对于后掠翼的翼肋较长,为了改善翼肋的受力,应适当增加翼肋沿弦向的支持点,这就意味着要增加纵向翼梁或墙的数量。考虑到三角机翼的相对厚度虽然较小 ($\bar{c} = 4\% \sim 5\%$,有的甚至只有 3%),但其根弦长,所以根部结构的绝对高度仍较大,梁的结构效率较高。同时,机翼盒的闭室面积也仍较大,因而蒙皮不需要很厚。在这种情况下,主要由几根翼梁来承弯是合理的。此时,三角机翼与机身的连接点比后掠翼与机身的连接点要多。但连接点不宜布置太多,否则机身就要相应地布置很多加强框,如图 3-54(b)所示,给机身的结构设计带来困难。然而,若交点太少,梁之间的宽度增加,则当机翼壁板参加受弯时,壁板在根部的参与区($L=B \sim 1.5B$)将占据机翼相当大的一部分面积,如图 3-54(a)所示,这样势必降低结构的材料利用率,使结构重量增加。综上所述,三角机翼较多采用多梁式结构形式,一般不布置桁条或布置较弱的桁条,为了维持机翼外形,翼肋可布置得较密。

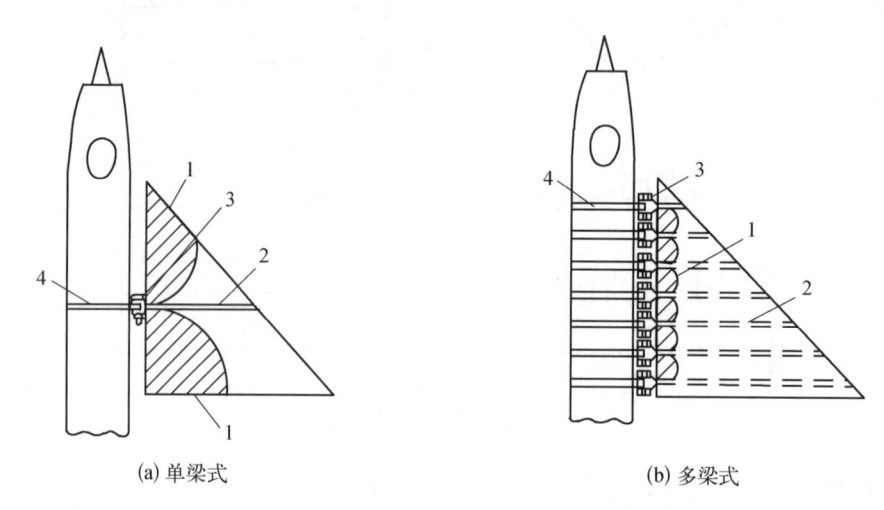

(a) 单梁式　　　　　　　　(b) 多梁式

图 3-54　单梁和多梁式三角翼蒙皮受力对比

1—蒙皮不受力区;2—翼梁;3—连接接头;4—加强框

按其梁的布置形式,多梁式三角翼有正交梁(指翼梁与机身轴线垂直)形式、汇交梁形式和混合式等,见图 3-55。

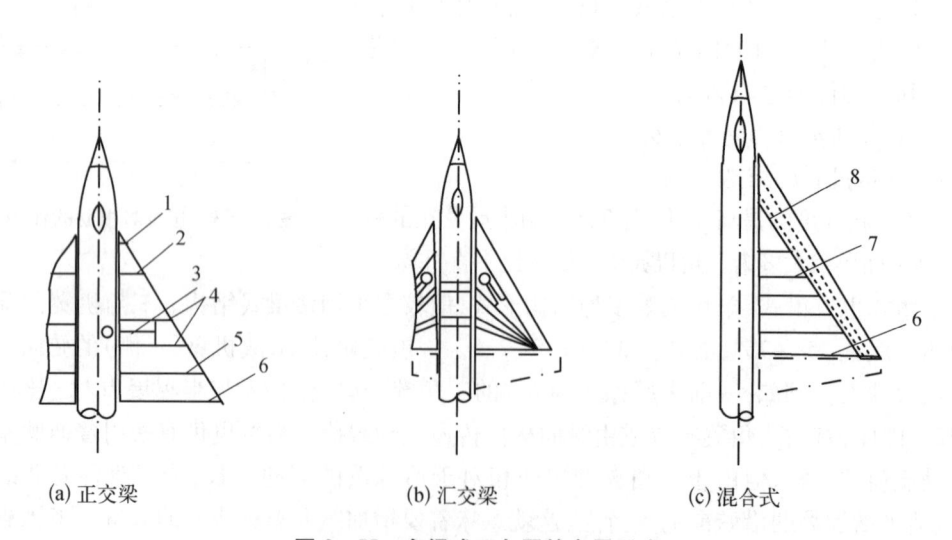

(a) 正交梁　　　　(b) 汇交梁　　　　(c) 混合式

图 3-55　多梁式三角翼的布置形式

1—墙;2—前梁;3—起落架开口;4—前梁;5—后梁;6—辅助梁;7—主梁;8—斜梁

从受力观点分析,正交平行式比汇交式好,因为梁和隔框在同一平面内,不会有分弯矩传给侧边肋,故传力直接,受力特性好,连接也较简单。从工艺角度来看,平行式短梁锻制方便;梁和肋正交时以直角相连,铆接方便;但翼梁不在等百分线上,缘条外缘是曲面,且有扭转,故加工复杂。

2) 平行梁式三角翼受力分析

多梁式结构是一个多次静不定结构。以正交梁形式为例,当机翼受载后,假设各梁独立工作,那么在同一切面处,靠后面的那些梁因其外段的气动载荷引起的弯矩比较大,在其他条件相同的情况下,其挠度比较大,在同一切面处,各梁的挠度将不同(图3-56)。

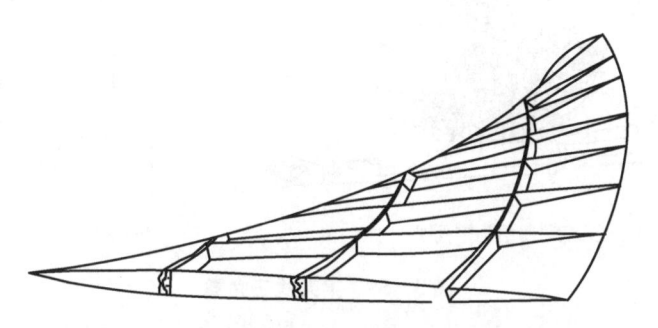

图 3-56 三角机翼略去蒙皮作用时各梁的变形

然而,实际上机翼是个整体。因盒段蒙皮有一定的刚度,当梁和梁之间因上述因素产生相对转动时,蒙皮内会有剪流产生,并对各梁的变形有所影响。可把机翼近似简化成由几个阶梯形盒组成的系统,上述蒙皮内的剪流将使各盒段的长梁卸载、短梁加载。各梁弯矩的近似分布见图3-57。

3) 梁架式三角翼受力分析

当主起落架的交点安装在翼面的受力骨架上时,翼根处常设计成大开口的结构形式,此时,除开口部分外,其根部骨架和蒙皮仍构成翼盒(前盒和后盒)。一种成功的布局是采用后掠翼梁架式布局的变种,如图3-58(a)所示,在后盒处布置横梁(内撑梁),给前盒一个支持,而前盒的后梁即全翼的前梁,它斜贯整个翼展,而且是剖面很强的主要承弯构件。横梁对前梁的连接点设计成简支。

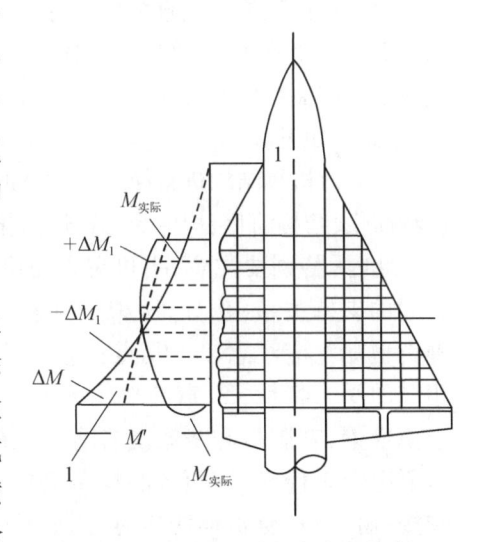

图 3-57 正交多梁式机翼各梁的弯矩

图3-58(b)为某型飞机翼面受力结构布置示意图,结构分析表明,该翼面在空中受机动载荷作用时,翼盒正应力的最高点位于前盒的前梁与横梁汇交的支持点处。对于前梁结构,它类似于双支点的外伸梁,因而其剖面弯曲刚度为中段强、两端弱。通过对前盒的支持,横梁一般承受了80%以上的翼根弯矩,所以该横梁又称为主梁。前梁等其他梁在根部可以是固支,也可以是铰支。这种布局中,前盒的根部为后掠翼布局,后盒根部是直翼平行梁布局。设计模型是一个后掠翼盒和一个直翼翼盒,在连接处加以约束。这样可简单地用三度静不定(未知力为前后盒连接处前盒的弯矩、扭矩与剪

力)薄壁盒式梁简易模型来设计这类翼面的受力系统。至于前盒根部各种受力结构设计,与后掠翼布局相同。

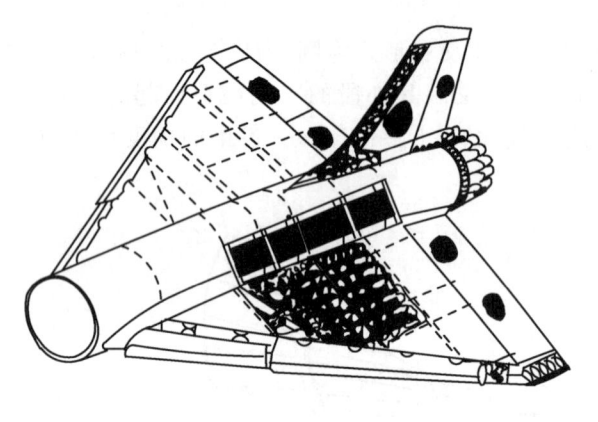

(a) 梁架式三角翼结构俯视图

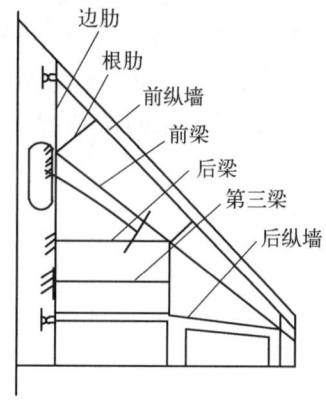

(b) 某型飞机翼面受力结构布局

图 3-58 梁架式三角翼

5. 机翼结构受力分析小结

前面对典型的梁式直机翼、后掠翼和三角翼的受力特征进行了细致分析。然而,实际结构形式千变万化,世界各国的各类机种的结构很少完全相同,但它们往往有共同点,因此在学习有关结构的具体受力分析时,更重要的是要学会分析方法和掌握一些规律性的东西,总结如下。

(1) 对机翼结构进行简化时,必须使分析易于进行,又能抓住本质和主流,其中包括形状简化、结构简化、构件受力特性简化及构件间的连接关系简化等。

此时,特别要注意,当机翼是由纵、横构件相互连接的复杂的静不定结构时,它们之间的支持关系(例如,两根梁连在一起时,由哪根梁作为另一梁的支持)简化成何种类型呢?应注意以下几点:① 一个构件要能承受并传递某种载荷,它本身应具备相应的受力特性;② 载荷要由另一构件传进来,必须要有相应的连接关系。例如,对于薄壁梁,其腹板和缘条是各有分工的,因此要把一个剪力传进来,需要用腹板相连;而要把弯矩传来,则两者的缘条必须连接起来。因此,两梁仅腹板相连时,只能作为铰接;而缘条、腹板均相连时,就能算作固接;③ 载荷要传得出去,也必须要有相应的连接关系。例如,一平面梁在向根部传弯时,轴线突然转折,这样必须在转折点安排另一构件承担一部分分量,否则转折点处的力矩就无法平衡,就不能传递弯矩,则此转折点处就不能简化成固支。

(2) 通过薄蒙皮双梁式直机翼的受力分析,着重掌握机翼中各种结构元件的作用和受力原理,这具有一定的普遍意义,也有助于对其他结构形式的分析。当结构形式和布置发生变化时,载荷一般要重新分配;此时,还应注意当多梁单块式、多墙式转变成梁式时存在结构参与问题,反之亦然。当机翼-机身的连接与结构形式不完全协调时,(例如,单块式机翼只用两个集中接头在机身侧边与机身对接,而不带中央翼),在机翼根部区域也存在结构参与问题。

(3) 当结构为静不定时,它有多条传力路线。载荷从哪些路线走,各传力路线分担多少,取决于多种因素,包括构件的布置情况、构件本身的受力特性、各构件本身的结构刚度和支持刚度的相对比值、各构件间的连接关系等。上述因素一旦有所变化,传力情况势必发生变化。

由上述内容可知,受力分析时必须仔细观察清楚结构情况,结合实际,具体情况具体分析,这样才能正确地简化和进行全面分析。

3.3 机身结构的受力分析

3.3.1 机身结构的特点与形式

1. 机身的主要结构元件及承力特点

机身用来固定机翼、尾翼、起落架等部件,同时用来装载人员、燃料、武器、各种设备及其他物资。现代飞机的机身结构是由纵向元件(沿机身纵轴方向)——桁条、桁梁和垂直于机身纵轴的横向元件——隔框及蒙皮组合而成。机身结构各元件的功用相应地与机翼结构中桁条、翼肋、蒙皮的功用基本一样。

1) 隔框

隔框分为普通框和加强框两大类。其中,普通框用来维持机身的截面形状。一般沿机身周边的空气压力为对称分布,此时空气动力在框上自身平衡,不再传到机身的其他结构。普通框都设计成环形框(图 3-59),当机身为圆截面时,普通框的内力为环向拉应力;当机身截面有局部接近平直段时,普通框内就会产生弯曲内力。此外,普通框还受到因机身弯曲变形引起的分布压力 P_1[图 3-60(b) 和 (c)],P_1 是自身平衡的力系。普通框还对蒙皮和桁条起支持作用,隔框间距影响桁条的总体稳定性。

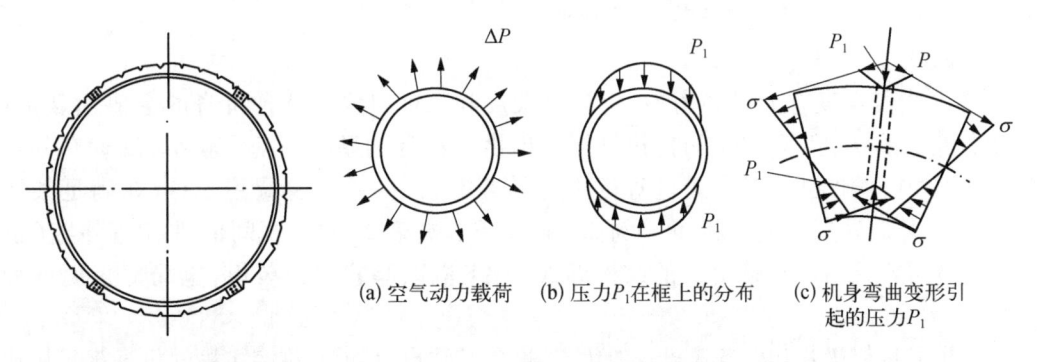

(a) 空气动力载荷　(b) 压力P_1在框上的分布　(c) 机身弯曲变形引起的压力P_1

图 3-59 普通框构造　　　**图 3-60 普通框的载荷与构造**

加强框除上述作用外,其主要功用是将装载的质量力和其他部件上的载荷经接头传到机身结构上的集中力加以扩散,然后以剪流的形式传给蒙皮。

2) 桁条与桁梁

桁条作为机身结构的纵向构件,在桁条式机身中主要用来承受机身弯曲时产生的轴力。另外，桁条对蒙皮有支持作用，提高了蒙皮的受压、受剪失稳临界应力；其次，桁条承受部分作用在蒙皮上的气动力并传给隔框，与机翼的桁条相似。桁梁的作用与桁条相似，只是截面积比桁条大。

3) 蒙皮

机身蒙皮在构造上的功用是构成机身的气动外形，并保持表面光滑，所以它承受局部空气动力。蒙皮在机身总体受载中起很重要的作用，它承受 xOy、xOz 两个平面内的剪力 Q_y、Q_z 和扭矩 M_t（绕 x 轴）；同时，蒙皮和桁条等一起组成壁板，承受两个平面内弯矩引起的轴力，只是随构造形式不同，机身承弯时，其作用大小不同。

2. 典型的机身结构形式

机身的形式也是随飞行速度的提高而不断改进的，早期的低速飞机普遍采用构架式布质蒙皮的机身。与机翼结构发展的过程一样，为使机身结构的刚度满足飞行速度日益增大的要求，要使蒙皮参加整个结构的受力。因此，目前的机身结构广泛采用既是维形件又是承力件的金属蒙皮，并将蒙皮与隔框、大梁、桁条牢固地铆接在一起，成为一个受力整体，通常称为薄壳式机身。根据蒙皮参加承力的程度，又将薄壳式机身分为桁梁式、桁条式和蒙皮式三种。

1) 桁梁式机身

桁梁式机身由几根较强的大梁、弱的桁条、较薄的蒙皮和隔框等组成。机身的弯矩主要由大梁承受，蒙皮和桁条组成的壁板只承受一小部分弯矩。桁条通常只与蒙皮铆接，有的桁条在隔框处可能是断开的，只起到支持蒙皮的作用。桁梁式机身具有与梁式机翼相同的优缺点。

2) 桁条式机身

桁条式机身的桁条及蒙皮较强，没有大梁，弯矩全部由桁条和蒙皮承受。由于蒙皮加厚，改善了机身的空气动力特性，增大了机身结构的抗扭刚度，更适用于高速飞机。

桁条式机身与单块式机翼相似，有受力构件较分散、生存力强、重量轻等优点，但也存在不便于开大的舱口和连接较复杂等缺点。

3) 蒙皮式机身

蒙皮式机身没有大梁和桁条，它只由蒙皮和隔框组成。这种机身的主要优点是：能更好地保持外形，有很大的抗扭刚度。但由于机身的局部气动力较小，没有充分发挥它的作用。相反地，蒙皮式机身更不容易开舱口，因此很少应用，只有在满足某些特殊需要时才采用蒙皮式机身。例如，某型歼击机第 2~9 隔框间的进气道外壁（也是机身蒙皮）就采用了蒙皮式的结构形式；有飞机以厚蒙皮作装甲，也局部采用该种形式。

为了发挥桁梁式和桁条式机身的优点，避免其缺点，目前有许多飞机的机身都采用比较典型的复合薄壳式机身，如图 3-61 所示。由于机身前段需要开很大的舱口（如座舱、前起落架舱等），采用桁梁式机身比较合适；而后机身开舱口少，采用桁条式较为合适。这种复合薄壳式机身的前后段连接也需要有加强构件（如加强框、加强型材等）过渡，同时连接接头也较多。

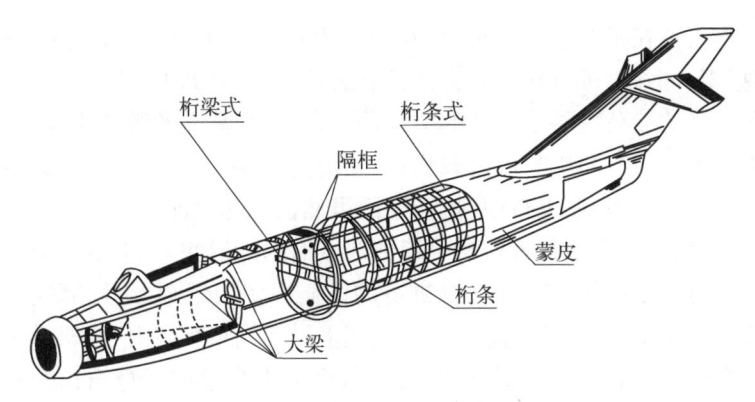

图 3-61 复合薄壳式机身

3.3.2 机身的外部载荷和内力

1. 机身外载荷的特点

在飞行和着陆过程中,机身要承受由机翼、尾翼、起落架等部件的固定接头传来的集中力;同时还要承受机身内所有装载物固定接头传来的力,以及机身结构本身的质量力和空气动力[图 3-62(a)]。前两种是集中载荷,后两种是分布载荷。

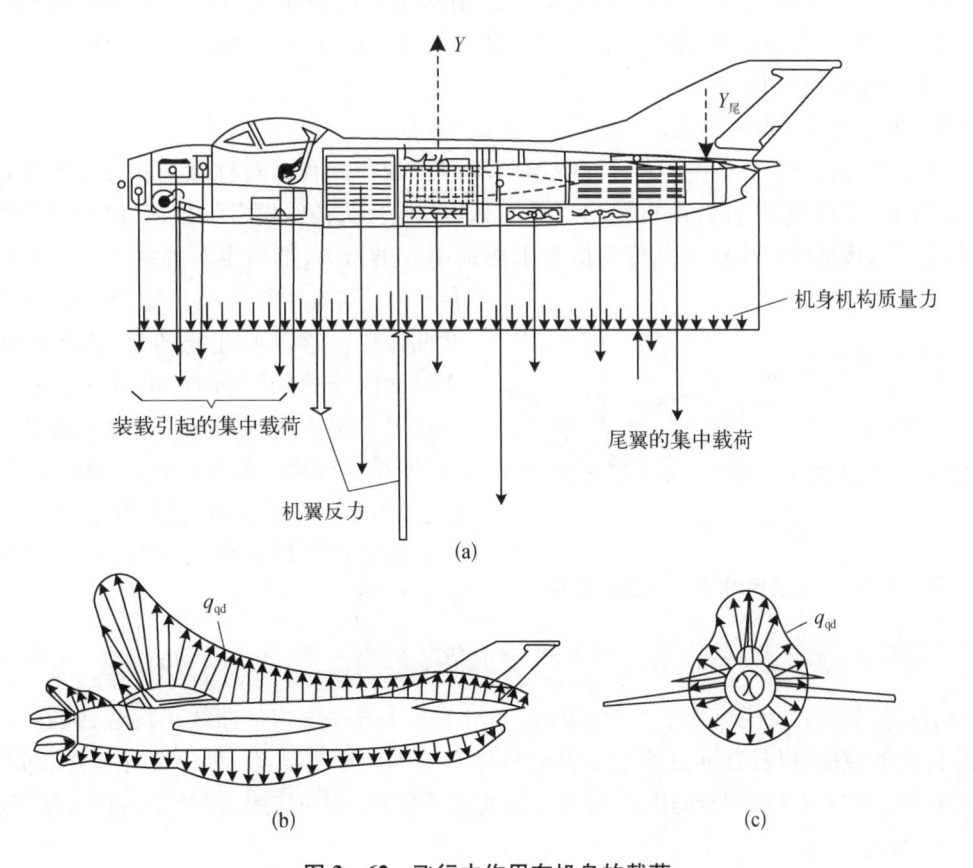

图 3-62 飞行中作用在机身的载荷

把机身看作支持在机翼上的一根梁,机身在上述载荷作用下,与机翼一样,也要产生剪力、弯矩和扭矩。但是,机身在受力方面又有其特点,主要如下。

(1) 机翼承受的载荷主要是分布的空气动力,而机身承受的载荷主要是机翼、尾翼等各个部件传来的集中载荷和机身内装载物,如发动机、燃油、座椅、电气与无线电等设备传来的集中载荷。这是因为,在飞行中,机身表面虽然也承受局部空气动力,但与机翼相比,由于机身除机头、座舱盖等部位外的顺气流方向截面的外形曲率小,机身大部分表面所承受的局部空气动力较小;同时,现代飞机机身的横截面多接近圆形,局部空气动力沿横截面周缘的分布大致是对称的,基本上能自相平衡,而不再传给机身的其他部分[图3-62(b)和(c)]。由此可以认为,局部空气动力不会影响机身结构的总体受力。但应当指出,对于机身上某些突出部位的构件,可能受到很大的局部气动载荷,例如,有的歼击机座舱盖所承受的局部空气动力可达 70 000 Pa 以上。因而,在这些部位,局部空气动力就成为决定其结构强度、刚度的主要因素。此外,机身结构本身的质量力也相对较小,通常是将其附加到各个集中载荷上去考虑的。因此,分析机身受力时,将只考虑集中载荷的作用。

(2) 机翼沿水平方向的抗弯刚度很大而载荷较小,在研究机翼的受力时,可以不考虑水平载荷的作用。但在研究机身的受力时,就必须考虑侧向水平载荷。这是因为:一方面,机身的截面形状大多是圆形或近圆形的,沿水平方向和垂直方向的抗弯刚度相差不多;另一方面,机身承受的侧向水平载荷和垂直载荷也相差不大,而且在承受侧向水平载荷时,往往还要受到扭转作用。

2. 机身的外部载荷类型

机身的载荷,通常可以分为对称载荷与不对称载荷两种。对称载荷:飞机平飞和在垂直平面内作曲线飞行时,由机翼和水平尾翼的固定接头传给机身的载荷,以及当飞机以三点或两点接地时(图3-63)传到机身上的地面撞击力等,都属于对称载荷。在对称载荷作用下,机身要受到对称面内的剪切和弯曲作用。这里要注意的是,当飞机在垂直平面内作曲线飞行时,机身除了要承受由机翼和尾翼传来的集中力外,还要承受机身内的装载物(如发动机、油箱、乘员、武器、设备等)的质量力,这些质量力通过部件的固定接头以集中力的形式传给机身,其数值为

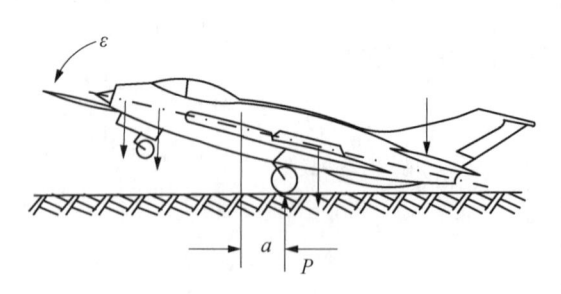

图3-63 两点接地时,机身承受的载荷

$$P_{bj} = n_{bj} f G_{bj}$$

不对称载荷:飞机作水平盘旋、滚转、侧滑等非垂直平面内的曲线飞行时,机翼、尾翼传给机身的载荷,以及着陆过程中带侧滑接地时的侧向撞击载荷,对于机身来说,都不是对称载荷。在不对称载荷作用下,机身不仅要承受剪切、弯曲作用,还要受到扭转作用。

3. 机身的内力

机身可以视为被支持在机翼上的外伸梁,作用在机身上的载荷如图3-64所示。由

于作用在机身上的局部气动力和结构质量力较小,可略去不计,只考虑装载物的质量力及机翼、尾翼等传来的集中力。在这样的载荷作用下,其各截面的内力为

$$\begin{cases} Q = \sum_{i=1}^{m} P_i \\ M_w = \sum_{i=1}^{m} P_i \Delta x_i \\ M_n = \sum_{j=1}^{n} P_j r_j \end{cases} \quad (3-38)$$

其中,Q 为计算截面的剪力;P_i 为计算截面以外的各装载物的质量力或部件传来的集中力;m 为计算截面以外的载荷个数;M_w 为计算截面的弯矩;Δx_i 为计算截面以外第 i 个力到计算截面间的距离;M_n 为计算截面的扭矩;P_j 为第 j 个不对称载荷;r_j 为第 j 个不对称载荷到机身纵轴线之间的距离;n 为不对称载荷的个数。

在 A' 情况下,某型机机身的剪力、弯矩如图 3-64 所示。在某一飞行状态下,某型机机身的扭矩如图 3-65 所示。

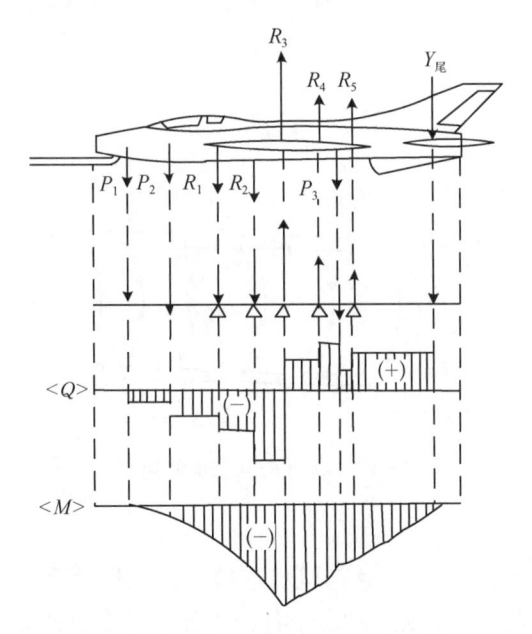

图 3-64 某型机机身剪力、弯矩图 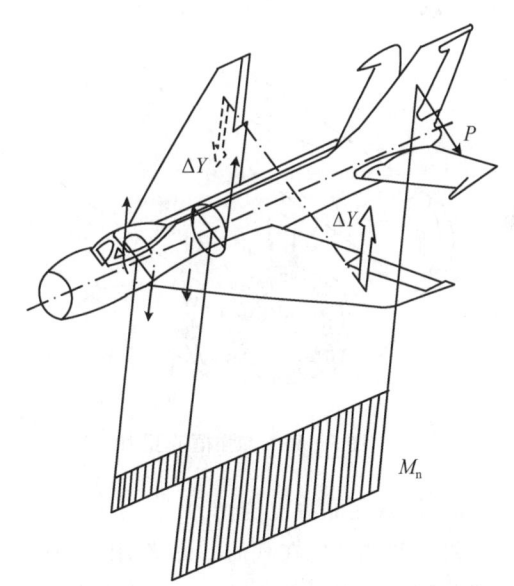　　图 3-65 某型机机身扭矩的平衡

3.3.3 机身结构的传力分析

机身结构主要承受各部件和装载物传来的集中载荷,这些集中载荷都直接作用在加强隔框上,隔框周缘是与蒙皮铆接的,其沿铆缝把载荷以剪流的形式传给蒙皮。蒙皮本身承受和传递全部剪力和扭矩,并将弯矩传递给大梁和桁条。所有的载荷最后传递到机身与机翼连接处,与机翼传来的载荷平衡。

机身结构所承受的载荷有垂直于机身轴线的垂直对称载荷和垂直于对称面的非对称水平载荷。先研究垂直载荷的传递,然后研究水平载荷的传递。

1. 垂直载荷的传递

机身结构的主要受力构件是加强隔框、蒙皮及上下大梁,而载荷直接作用在加强框上。

1) 加强框的受力分析

机身上的加强框很多,不同的加强框承受的载荷不同,分析时以与垂直尾翼相连接的加强框为例来说明。

加强隔框在承受垂直方向的对称载荷时,要沿垂直方向移动。大梁抵抗垂直方向变形的能力很小,不能有效地阻止隔框垂直移动,而蒙皮(主要是两侧蒙皮)抵抗垂直方向变形的能力较大,它能有效地阻止隔框垂直移动,因此蒙皮是支持加强隔框的主要构件。加强框在载荷 P 作用下,其支持构件(蒙皮)可以提供支反剪流 q 来使它平衡,如图 3-66 所示。将 q 反向加到其支持构件(机身两侧的蒙皮)上即机身两侧蒙皮的载荷。综上所述,加强框把作用在其上面的集中载荷 P 以分散的剪流 q 的形式传给蒙皮。各个加强框都以这样的方式把垂直集中载荷以剪流 $q_i(i=1,2,\cdots,n)$ 的形式传给机身两侧蒙皮,因此机身两侧蒙皮每经过一个加强框之处都有一个 q,如图 3-67 所示。

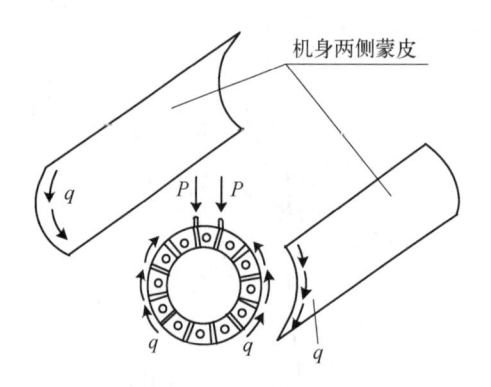

图 3-66 加强框的受力

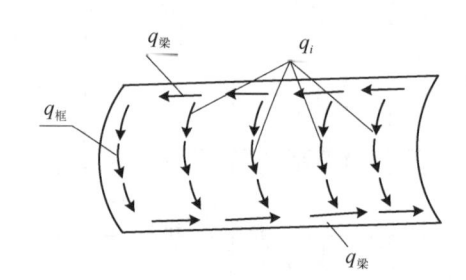

图 3-67 机身两侧蒙皮的受力

2) 机身两侧蒙皮的受力

机身两侧蒙皮在载荷 q_i 的作用下,其支持构件——机翼与机身连接的加强框及上下大梁分别产生支反剪流 $q_{框}$ 及 $q_{梁}$ 使它平衡,如图 3-67 所示。由于各个加强框所受的载荷大小不同,各个 q 的数值也不同。机身两侧蒙皮在 q_i 的作用下,其内部要受到剪切内力的作用。每经过一个加强框,蒙皮承受的剪切内力就要增加(或减小)一个较大的数值,在连接机翼的主要接头处承受的剪切内力最大。机身两侧蒙皮的剪切内力沿机身轴线方向的分布如图 3-67 所示。

将 $q_{框}$ 反向加到机翼与机身对接的框上即为该框的载荷;将 $q_{梁}$ 反向加到上下大梁上即为上下大梁的载荷。综上所述,机身两侧的蒙皮把各加强框传来的剪流 q_i 以剪流 $q_{框}$ 和 $q_{梁}$ 的形式传给了机翼与机身连接的隔框及上下大梁。

3) 机翼与机身连接框的受力

机翼与机身连接的隔框承受的载荷 $q_{框}$ 与机翼传来的升力 $Y_左(Y_右)$ 平衡,如图 3-68 所示。

4) 上下大梁的受力

上下大梁所受的载荷为 $q_{梁前}$ 及 $q_{梁后}$,$q_{梁前}$ 为机翼与机身连接框前两侧蒙皮传给上下大梁的载荷;$q_{梁后}$ 为机翼与机身连接框后两侧蒙皮传给上下大梁的载荷。两者方向相反,自成平衡,如图 3-69 所示。

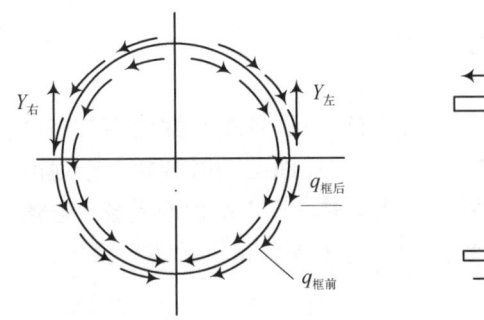

图 3-68 机翼与机身连接框的受力　　图 3-69 上下大梁的受力

对于机身某一个截面,上下大梁所受的载荷 $q_{梁}$ 大小相等、方向相反,构成机身在该截面的弯矩。换句话说,机身的弯矩是由上下大梁来承受的。沿机身轴线方向的弯矩分布如图 3-64 所示。

2. 水平非对称载荷的传递

作用在加强框上的水平非对称载荷(如来自垂直尾翼的载荷 P)如图 3-70(a)所示。可以将其向机身中心简化成一个力 P 和一个扭矩 M_n,如图 3-70(b)所示。根据力的叠加原理,可以分别单独分析 P 及扭矩 M_n 的传递,然后叠加,如图 3-70(c)、(d)所示。

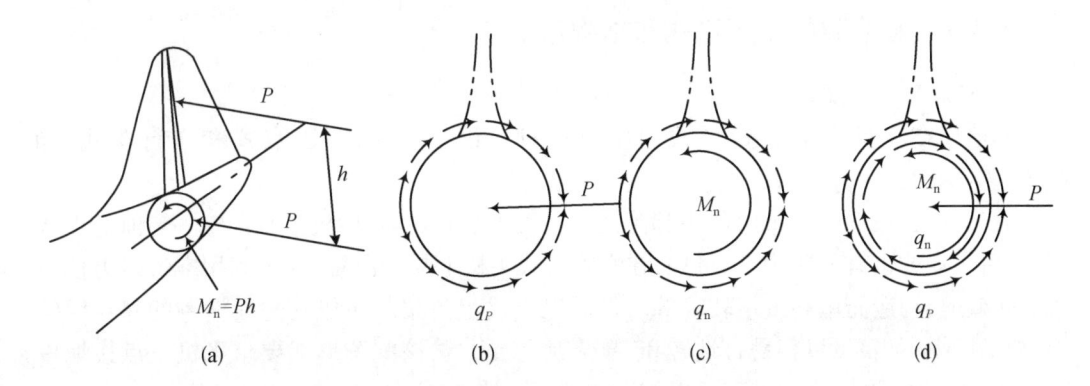

图 3-70 水平载荷的传递

加强隔框传递作用于中心处力 P 的情况与传递垂直载荷相似,只是这时机身上下蒙皮截面上产生的剪流最大[图 3-70(c)]。

加强隔框承受扭矩 M_n 时,要在自身的平面内旋转。蒙皮组成的合围框具有较大的抗扭刚度,它能通过铆钉来阻止隔框的旋转。这样,加强隔框便沿周缘铆缝把扭矩以剪流的形式均匀地传给蒙皮,蒙皮则产生反作用剪流,使隔框平衡。可见,加强隔框承受水平载荷时,隔框周缘要同时产生两个剪流,即平衡力 P 的剪流 q_P 和平衡扭矩 M_n 的剪流 q_n,周缘各处总剪流的大小就是这两个剪流的代数和。在水平载荷作用下,隔框上部两个剪流方向相同,而下部方向相反,因此隔框上部受力较大,往往设计得较强,而且该处的蒙皮一般也较厚。对于固定前起落架的加强隔框,在承受由前起落架传来的侧向水平载荷时,隔框下部的受力比上部大,所以这种隔框的下部通常较强。

3.4 起落架结构的受力分析

起落架用于起飞、着陆、滑跑和地面停放时支持飞机,其工作性能与可靠性直接影响飞机的使用和安全。飞机在起飞滑跑、着陆接地和在地面运动时会相对于地面产生不同程度的撞击,起落架应能承受并减缓这种撞击,从而减轻飞机结构的受载。起落架还应使飞机在地面运动时具有良好的操纵性和稳定性。为了降低飞机的飞行阻力,起落架通常是可收放的。

起落架的基本功能可以归纳如下:
(1) 支撑飞机机体,使之便于地面停放和运动;
(2) 通过减震装置吸收地面撞击的能量;
(3) 通过机轮刹车装置吸收水平方向的能量;
(4) 通过转弯控制机构或者差动刹车控制飞机转弯和地面运动;
(5) 减缓飞机滑跑时因跑道不平导致的震动;
(6) 为地面操作(牵引、吊顶)提供附件。

为满足上述功能要求,现代飞机的起落架不单纯只是一个结构,而是一种相当复杂的机械装置,包括减震系统、承力支柱、机轮、刹车装置、收放机构和其他一些系统。

3.4.1 起落架的布置形式和结构形式

1. 起落架的布置形式

起落架在飞机上的布置形式通常有三种:后三点式、前三点式和自行车式,如图 3-71 所示。

后三点式[图 3-71(a)]的主起落架位于飞机重心之前,后机身有尾轮。与前三点式相比,后三点式也有某些优点,例如,在螺旋桨式飞机上易于配置,便于利用空气阻力使飞机着陆减速,构造简单和重量较轻等。但后三点式起落架的飞机在地面滑跑的稳定性较差,如果操纵不当,飞机容易打地转和"拿大顶"。而且,该配置形式要求飞机三点接地着陆,操纵比较困难,因为如果飞机以较大速度两点接地,容易产生"跳跃"现象。

前三点式[图 3-71(b)]的两个主起落架对称地布置在飞机重心之后,前轮位于机身前部,有时在尾部安装有保护座。前三点式布置形式有一系列优点:飞机纵轴线接近水平位置,驾驶员视界好,滑跑阻力小,起飞加速快。此外,地面运动方向稳定性好,滑行中即使重刹车也不容易翻转和倒立,着陆时两主轮先接地易于操纵。由于飞机轴线接近水平位置,可避免喷气式飞机喷出的燃气污染跑道。前三点式起落架的主要缺点是前起落架受的载荷较大,容易发生前轮摆振。

自行车式起落架[图3-71(c)]:在飞机对称面内重心前后各有一副主起落架,左右翼尖下有护翼轮。主起落架收藏于机身内,护翼轮收藏于机翼舱内。这种配置形式是为了解决机翼厚弦比不断减小,前两种配置形式中尺寸较大的主起落架难以收入机翼内这一问题而发展起来的。自行车式起落架主要依靠两个主起落架承载和滑行,尽管其尺寸较大,收藏于机身内也是容易的。辅助用的护翼轮可以使飞机在停放时保持稳定,其尺寸较小,比较容易收入较薄的机翼内。这种起落架的结构比较复杂,目前的应用还不够广泛。

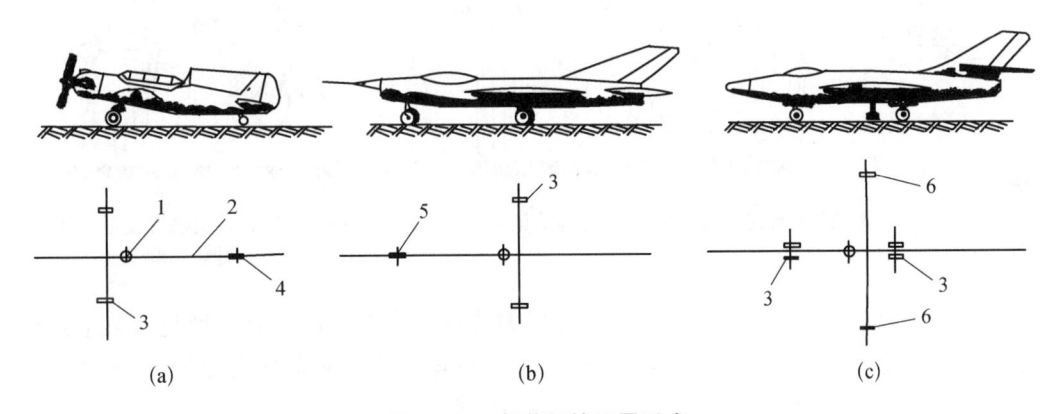

图3-71 起落架的配置形式

1—飞机重心;2—对称轴线;3—主轮;4—尾轮;5—前轮;6—护翼轮

2. 起落架的结构形式

起落架结构形式可分为构架式、支柱套筒式和摇臂式。

1) 构架式起落架

构架式起落架通过一套承力构件与机翼或机身连接。在起落架承力构件中的减震支柱及其他杆件都是铰接的。当起落架受到地面反作用力时,它只能承受拉伸或压缩的轴向力,不承受弯矩。这种起落架重量轻,结构简单,但尺寸比较大,很难收入机体,因此在一些轻型低速飞机上应用较多。

2) 支柱套筒式起落架

支柱套筒式起落架的支柱是由外筒和活塞杆套接在一起构成的减震支柱。机轮直接连接在减震支柱的下端,支柱的上端固定在机体上,如图3-72所示。

支柱套筒式起落架的体积比构架式起落架小,容易做成可收放的形式,因此得到了广泛的应用。但这种起落架在受到水平撞击时,减震支柱不能起到减震作用。此外,在受到不经过减震支柱轴线的载荷时,支柱要承受较大的弯矩,容易使密封装置受损,导致减震支柱的工作性能受到影响。

3) 摇臂式起落架

摇臂式起落架的机轮通过一个轮臂或轮叉悬挂在承力支柱和

图3-72 支柱套筒式起落架

减震器的下端,具体结构可分为两种,一种是承力支柱和减震器分开(图 3 – 73),另一种是承力支柱和减震器合为一体(图 3 – 74)。

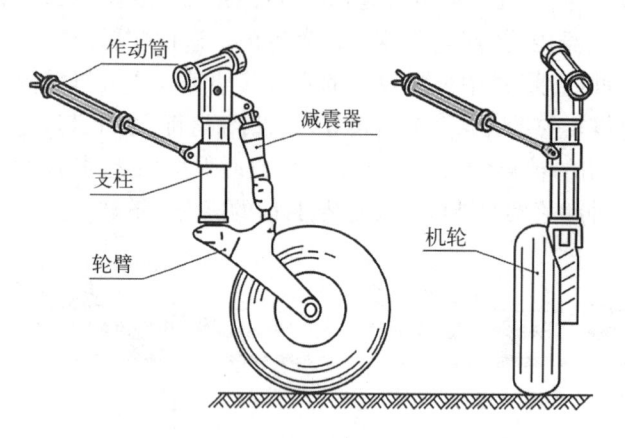

图 3 – 73 减震器在支柱外的摇臂式起落架

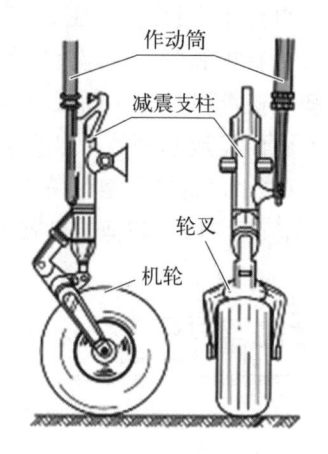

图 3 – 74 减震器在支柱内的摇臂式起落架

摇臂式起落架在承受水平撞击时,减震器能较好地发挥作用。但这种起落架结构较复杂,减震器及接头受力较大,也较重。摇臂式起落架适用于起落架高度较小、着陆速度较大或在较差跑道上使用的飞机,一般用于前起落架。

3.4.2 起落架的外部载荷

飞机在着陆接地和地面运动时,起落架结构要承受地面的反作用力,这就是我们所要研究的起落架结构的载荷,此载荷的大小与飞机所处的状态有关。下面对停机状态、着陆撞击和地面转弯等状态分别加以研究。

1. 飞机停放时,起落架的外部载荷

飞机停放时,作用在起落架上的地面反作用力称为停机载荷。各个起落架停机载荷的总和等于飞机重力 G,即

$$2P_{0z} + P_{0q} = G$$

其中,P_{0z} 为主起落架的停机载荷;P_{0q} 为前起落架的停机载荷。

每个起落架停机载荷的大小,与其离飞机重心的远近有关,可以根据力矩平衡原理求出。例如图 3 – 75 所示的前三点式飞机,每个起落架停机载荷大小为

$$\begin{cases} P_{0q} = \dfrac{a}{a+b} \cdot G \\ P_{0z} = \dfrac{b}{a+b} \cdot \dfrac{G}{2} \end{cases} \quad (3-39)$$

停机时作用在机轮上的地面反力,方向是垂直向上的,是静载荷,这个载荷不决定起落架的强度。

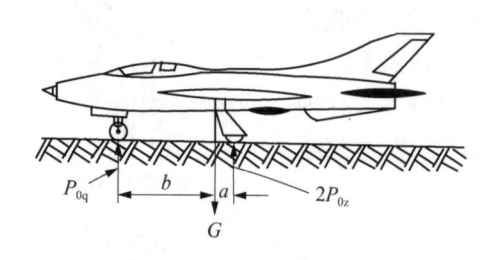

图 3 – 75 停机时起落架的外载荷

2. 飞机着陆接地和地面运动时起落架的外载荷

飞机在着陆接地和地面运动时,起落架上所受的外部载荷是动载荷,其大小和方向与飞机的接地情况、飞机在地面的运动情况、机场的平滑程度及减震装置的软硬程度有关,因此是经常变化的。由于飞机惯性力的作用,起落架的外部载荷常常比停机时大得多。

为了便于研究问题,可以把作用在起落架上的外部载荷分解为垂直、水平和侧向三个分量,分别进行研究。与地面垂直的载荷称为垂直载荷 P_y,与地面平行且与轮轴垂直的载荷称为水平载荷 P_x,与地面平行且与机轮平面垂直的载荷称为侧向载荷 P_z。

与飞机机体一样,结构载荷的大小并不反映结构受力的严重程度。为了反映起落架结构的受力严重程度,引入起落架过载的概念。

1) 起落架过载的含义

作用在某一个起落架某一个方向的地面反作用力 P_{ik} 与这个起落架停机载荷 P_{0i} 之比,称为这个起落架在相应方向的过载,用 n_{ik} 表示,即

$$n_{ik} = \frac{P_{ik}}{P_{0i}} \quad (i = 前,主; k = x, y, z) \tag{3-40}$$

其中,n_{ik} 为某一个起落架某一个方向的过载;P_{ik} 为某一个起落架在某一个方向的地面反作用力;P_{0i} 为某一个起落架的停机载荷。

如果已知某一个起落架 x、y、z 三个方向上的过载 n_{ix}、n_{iy}、n_{iz},则这个起落架各个方向载荷的大小分别等于该起落架各个方向的过载与停机载荷的乘积,即

$$P_{ix} = n_{ix} P_{0i}, \quad P_{iy} = n_{iy} P_{0i}, \quad P_{iz} = n_{iz} P_{0i}$$

计算强度时,n_{ik} 由飞机强度规范给出。

2) 起落架各个方向的载荷

(1) 垂直载荷。着陆接地时,起落架的垂直载荷大小取决于飞机的重力 G、飞机在垂直方向的惯性力 N 和飞机的升力 Y(图 3-76)。着陆接地时,飞机的升力约为飞机重力的 75%。飞机三点接地时,这些力作用在三个起落架上,因此:

$$2P_{zw} + P_q = G + N - Y \tag{3-41}$$

其中,P_{zw} 为作用在主轮上的载荷;P_q 为作用在前轮上的载荷。

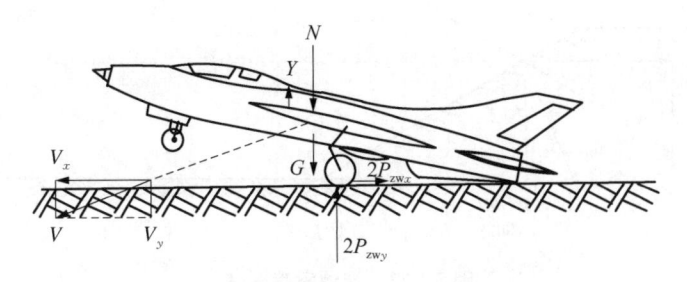

图 3-76 着陆接地时起落架的外载荷

若飞机以两点接地,则有

$$2P_{zw} = G + N - Y$$

对起落架的垂直载荷影响最大的是垂直方向的惯性力 N,惯性力的大小与飞机接地时的垂直分速 V_y 和减震装置的软硬程度有关。垂直分速越大或减震装置越硬,则飞机着陆接地时的惯性力越大,因而起落架的垂直载荷也越大。

下面进一步分析影响垂直分速 V_y 的因素。由图 3-77(a)可知,当跑道无倾斜度时:

$$V_y = V_{着陆} \tan\theta = V_{下沉}$$

当跑道有倾斜度时,由图 3-77(b)可见,接地垂直分速将大于 $V_{下沉}$,即

$$V_y \approx V_{下沉} + V_{着陆} \tan\gamma$$

其中,V_y 为与撞击地面相垂直的速度;$V_{下沉}$ 为飞机飘落的下沉速度;$V_{着陆}$ 为飞机飘落终了时的水平速度;γ 为跑道倾斜角。

将上式作变换:

$$V_y = V_{着陆} \tan\theta + V_{着陆} \tan\gamma$$
$$= V_{着陆} \tan(\theta + \gamma)$$

或:

$$\tan(\theta + \gamma) = \frac{V_y}{V_{着陆}}$$

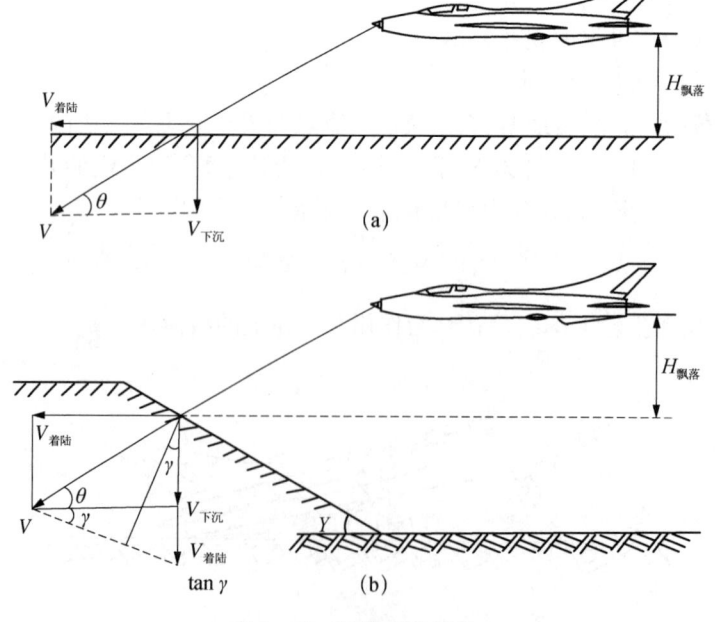

图 3-77 接地垂直分速

因此，接地垂直分速的大小取决于飞行员的着陆动作和跑道的倾斜程度。着陆速度越大，跑道越倾斜，则接地垂直分速越大。

飞机降落时，下降航迹与跑道的夹角就是 $\theta + \gamma$，即接地角。若已知飞机规定的接地垂直分速和着陆速度，就可以求出最大允许的接地角，超过了最大允许的接地角，则为粗猛着陆情况。现代飞机在粗猛着陆时，起落架在垂直方向的使用过载 n_v 可达 2.6~3.5。

（2）水平载荷。飞机在不平的跑道上滑跑时，机轮不仅要与地面摩擦，而且要承受迎面撞击，所以地面反作用力的方向是与地面成一倾斜角的（图 3-78）。这时，便有与地面平行，且与轮轴垂直的水平分力 P_x 作用在起落架上。

飞机在滑跑或滑行中使用刹车时，机轮与地面之间的摩擦力将增大。但是，机轮与地面之间的最大摩擦力与起落架的垂直载荷成正比，而飞机在滑跑时，起落架的垂直载荷并不大，因此由上述摩擦力形成的水平载荷一般也较小。

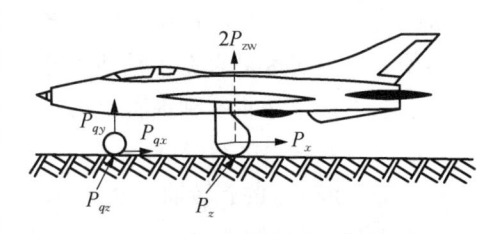

图 3-78　在不平地面上滑跑时起落架的外部载荷

当飞机在不光滑的跑道上粗猛着陆时，机轮与地面之间的摩擦力就比较大。这时，由于未解除刹车或机轮惯性的作用，机轮接地时，没有旋转，要与地面产生相对滑动，滑动摩擦要比滚动摩擦严重得多。而且在接地瞬间，垂直载荷很大，增加了正压力，再加上跑道不光滑，导致轮胎与地面之间的摩擦系数较大。在这种情况下，起落架在水平方向的使用过载 n_x 为 1~2。

因此，可以认为，在机轮受到迎面撞击或未解除刹车着陆的情况，是起落架水平受载的严重情况。

（3）侧向载荷。飞机带侧滑接地和在地面大速度滑行中急转弯时，都会使机轮受到侧向摩擦力（图 3-79），这是起落架侧向受载的严重情况。现代飞机的起落架侧向使用过载为 0.3~1。

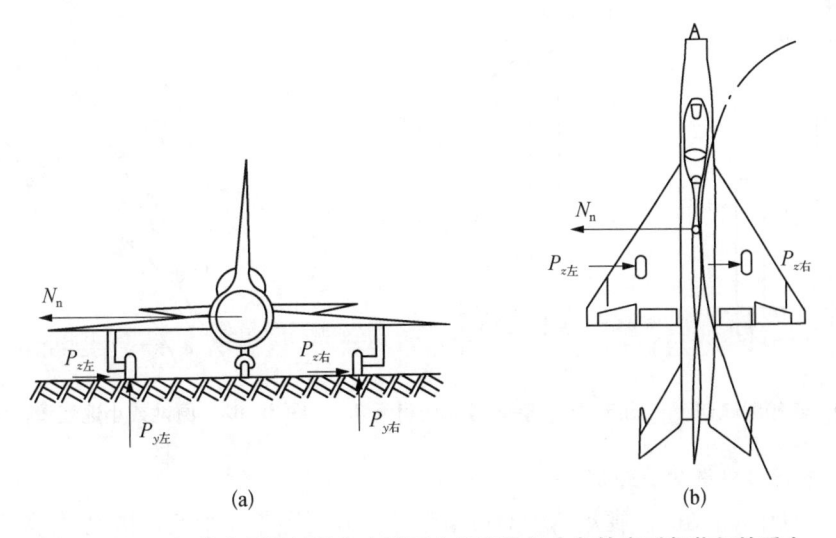

图 3-79　飞机带左侧滑接地和在地面大速度滑行中急转弯时起落架的受力

飞机接地时的侧滑方向不同、起落架转轴或轮轴的安放位置不同,左右起落架受力的严重程度也是不相同的。

例如,飞机带左侧滑接地时,主轮上便作用有向右的侧向摩擦力 $P_{z左}$ 和 $P_{z右}$,方向与地面平行,并与机轮平面互相垂直[图 3-79(a)]。

同时,在飞机重心处会产生向左的侧向惯性力 N_n。侧向摩擦力 P_z 和侧向惯性力 N_z 形成的力偶,有使飞机向左翻倒的趋势。此时,左起落架的垂直反力和侧向摩擦力都比右起落架大。当起落架的旋转轴线处于顺航向位置,且轮轴装在支柱内侧时,由图 3-79(a)可见,左起落架将受到垂直反力和侧向摩擦力的同向弯曲作用(图 3-80),因此左起落架的受力较右起落架严重。

但是当起落架的旋转轴线处于向内倾斜位置,并且倾斜角相当大时(例如,某型飞机的主起落架旋转轴线倾斜角为 32°4′,如图 3-81 所示),情况则相反。此时,左起落架中由于垂直反力和侧向摩擦力对起落架旋转轴线的力矩方向相反,会对起落架将产生反向弯曲,而右起落架则恰好产生同向弯曲。因此,在这种情况下,右起落架的受力反而比左起落架严重。同理,对于轮轴装在支柱外侧的起落架,当飞机带左侧滑接地时,也是右起落架的受力比左起落架严重。飞机在地面大速度滑行中急转弯时,也有类似情况[图 3-79(b)]。

因此,飞机带侧滑接地或在大速度滑行中急转弯时,应根据不同的起落架情况,判断哪一侧的起落架受力严重,并加强检查。

除了上述三种载荷外,当飞机在原地或小速度滑行中急转弯时,内侧起落架还会受到扭矩的作用(图 3-82),这是起落架受扭的严重情况。飞机在原地或小速度滑行中急转弯时,飞机是在推力 F 的作用下绕内侧起落架转动的(图 3-82)。力矩 Fe 主要由地面反作用力矩 $M_内$ 来平衡,因此内侧起落架要受到较大的扭矩。转弯越急,$M_内$ 越大,起落架受到的扭矩越大,严重时,还可能造成内侧起落架折断。

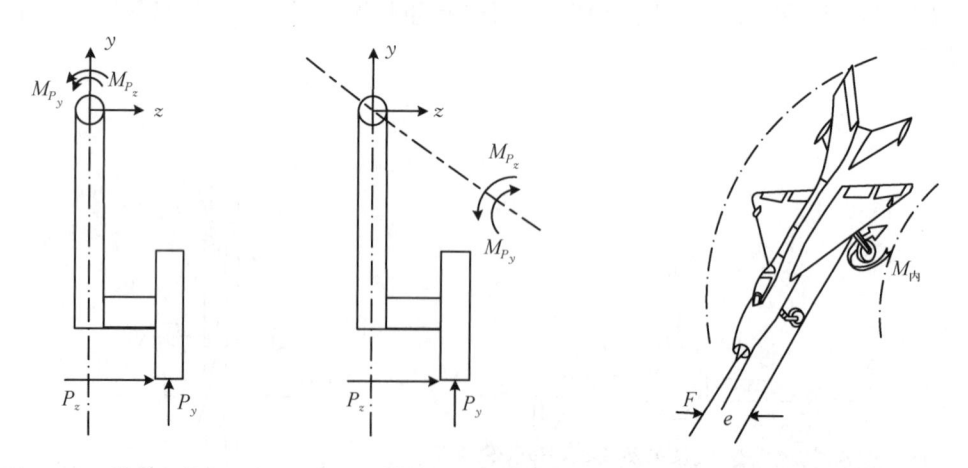

图 3-80 转轴顺航向　　图 3-81 转轴与航向有倾角　　图 3-82 原地或小速度滑行中急转弯

3. 起落架的典型受载情况

为了方便计算,飞机强度规范中对起落架的受载规定了几个典型情况,作为对起落架进行强度校核的依据,这些典型情况也就是起落架的严重受载情况。下面对前三点起落架的典型受载情况作一简要介绍。

1）主起落架的典型受载情况

（1）E情况，即三点粗猛着陆情况，机轮上承受较大的垂直载荷。

（2）E′情况，即两点粗猛着陆情况，机轮上承受较大的垂直载荷。

（3）G情况，即两主轮受到撞击情况，机轮上同时承受垂直载荷和水平载荷。

（4）E′+G′情况，即机轮不旋转着陆情况，机轮上同时承受垂直载荷和水平载荷。

（5）R_1情况，即两主轮受侧向撞击着陆情况，机轮上同时承受垂直载荷和水平载荷。

（6）R_2情况，即滑行中的急转弯情况，机轮上同时承受垂直载荷、水平载荷和侧向载荷。

（7）S情况，即着陆刹车情况，机轮上同时承受垂直载荷和水平载荷。

（8）N情况，即主轮受扭转情况，主轮上承受作用在平行地面并通过机轮轴线平面内的扭矩。

2）前起落架的典型受载情况

（1）E情况，即三点粗猛着陆情况，前轮承受较大的垂直载荷。

（2）E+G情况，即前轮受前撞击情况，前轮上同时承受垂直载荷和水平载荷。

（3）E′+G′情况，即机轮不旋转的着陆情况，前轮上同时承受垂直载荷和水平载荷。

（4）R_1情况，即前轮受侧向撞击情况，前轮上同时承受垂直载荷和水平载荷。

（5）S情况，即着陆刹车情况，前轮上同时承受垂直载荷和水平载荷。

对以上各典型受载情况，在强度规范中均明确规定了起落架所受载荷的大小、方向、作用点及允许的安全系数。

3.4.3 起落架的传力分析

起落架所受的载荷是飞机在着陆过程中地面给机轮的反作用力，通常是一个空间载荷。为了方便分析问题，可以将此载荷沿坐标轴方向分解为垂直载荷P_y、水平载荷P_x及侧向载荷P_z三个分量。机轮受到的地面反作用力，是通过起落架的各构件传到机翼或机身上去的，这些构件在传力过程中要受力并变形。结构形式不同的起落架，各构件受力与变形的性质和大小也有所不同；外部载荷变化时，其受力和变形情况也要发生变化。

起落架的结构主要由受力支柱、减震器（当支柱和减震器合成一个构件时则称为减震支柱）、扭力臂或摇臂、机轮和刹车装置等主要构件组成。当起落架放下并锁住时常为静定的空间杆系结构，用以承受和传递机轮上传来的集中力，也便于松开锁后进行收放。下面介绍几种常用的结构形式并进行受力分析，并给出减震器在支柱外部的摇臂式起落架的受力分析的具体过程。

1. 简单支柱式和撑杆支柱式起落架的受力分析

简单支柱式和撑杆支柱式起落架的主要受力构件是减震支柱，它上连机体结构，下连机轮，本身作为梁柱受力（图3-83和图3-84）。

这两种结构形式的特点如下。

（1）结构简单紧凑，传力较直接，圆筒形支柱具有较好的抗压、抗弯、抗扭的综合性能，因而重量较轻，收藏容易。

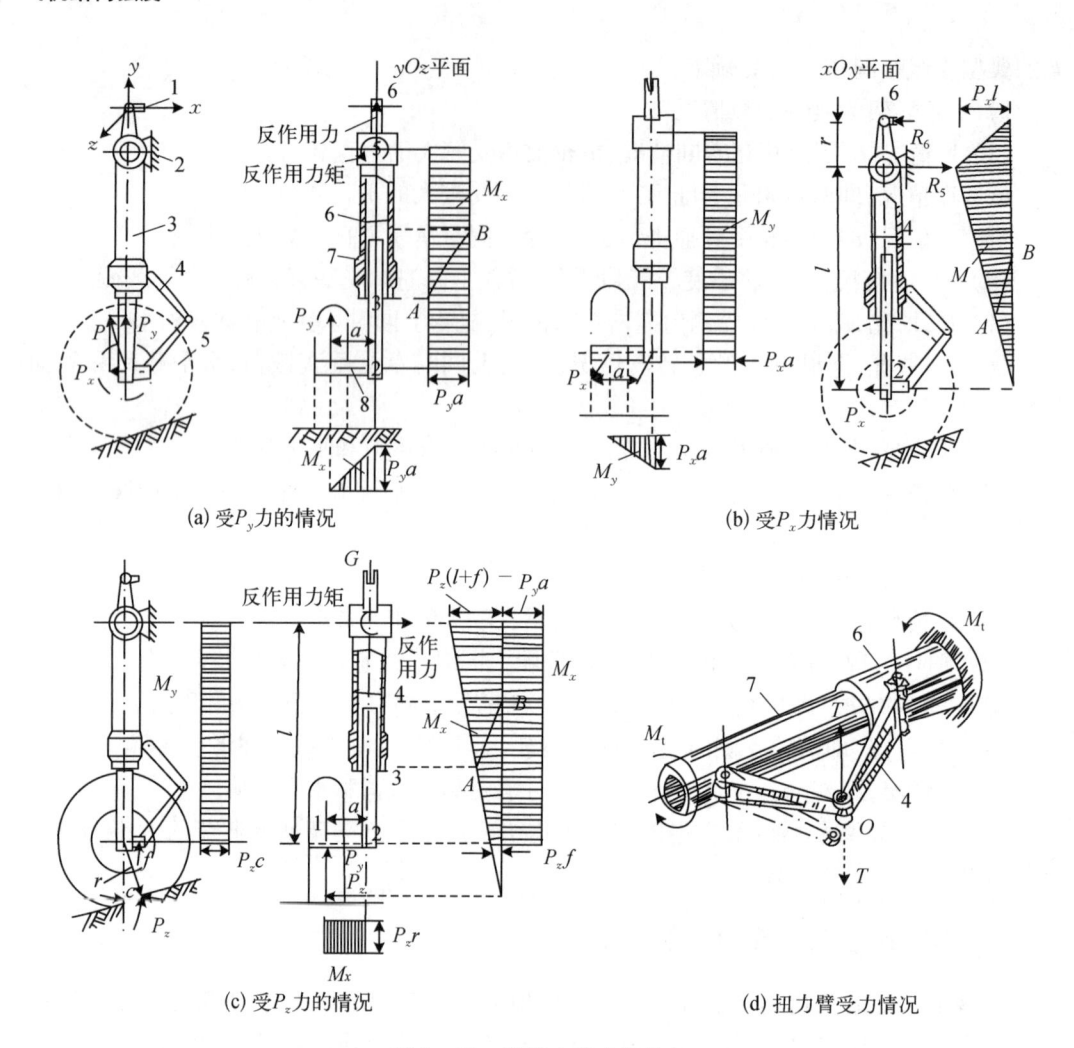

(a) 受P_y力的情况 (b) 受P_x力情况

(c) 受P_z力的情况 (d) 扭力臂受力情况

图 3-83 简单支柱式起落架

1—收放动作筒；2—转轴；3—减震支柱；4—扭力臂；5—机轮；6—外筒；7—活塞内筒；8—轮轴

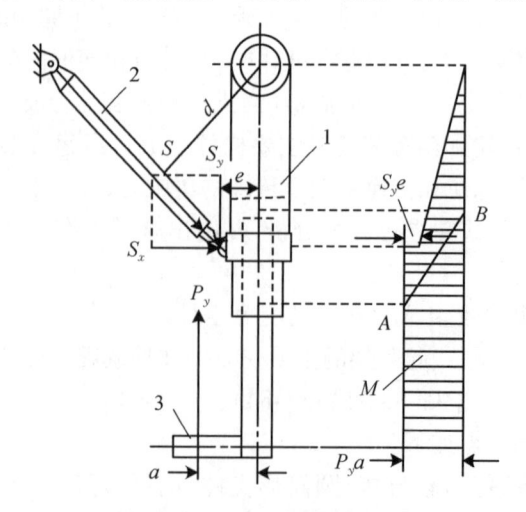

图 3-84 撑杆支柱式起落架

1—减震支柱；2—撑杆；3—轮轴

(2) 可用不同的轮轴、轮叉形式来调整机轮接地点与机体结构连接点间的相互位置和整个起落架的高度。轮叉一般受两个平面内的弯矩和扭矩,还有剪力等引起的复合应力(图3-85)。

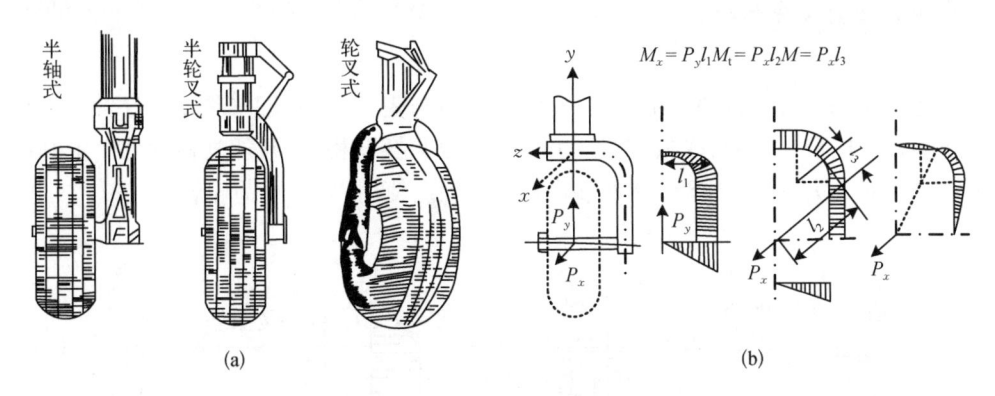

图 3-85 机轮的安装和半叉受力情况

(3) 由于简单支柱式上端两个支点很靠近,减震支柱接近于一悬臂梁柱,因而上端的根部弯矩较大(图 3-83)。撑杆支柱式则常在支柱中部附近加一撑杆,使减震支柱以双支点外伸梁的形式受力,大大减小了支柱上端的弯矩(图 3-84)。撑杆通常又兼作收放折叠连杆用;或直接用收放动作筒锁定于某个位置后作为撑杆,这将使起落架结构简化。撑杆支柱式是目前常用的一种形式。

(4) 由于机轮通过轮轴(或轮叉)与减震支柱直接相连,因而不能很好地吸收前方来的撞击。通常可将支柱向前倾斜一个角度,即可对前方来的撞击起一定的减震作用,但这会使支柱在受垂直撞击力时受到附加弯矩。

(5) 这两种形式的减震支柱本身要受弯,所以其密封性较差,减震器内部灌充的气体压力将因此受到限制,一般初压力约为 3 MPa(约 30 个大气压),最大许可压力约为 10 MPa(约 100 个大气压)。因此,减震器行程较大,整个支柱较长,重量增加。

(6) 减震支柱的活动内杆与外筒(它直接与机体结构连接)之间不可直接传递机轮载荷引起的扭矩,因此内杆与外筒之间必须用扭力臂连接,扭力臂须保证内杆的伸缩行程。上、下扭力臂相互间用螺栓铰接,另一端分别与内杆和外筒固接。传扭时,扭力臂受弯、剪,上、下两固接点之间的那段支柱上也会有附加的弯矩和剪力(图 3-86)。

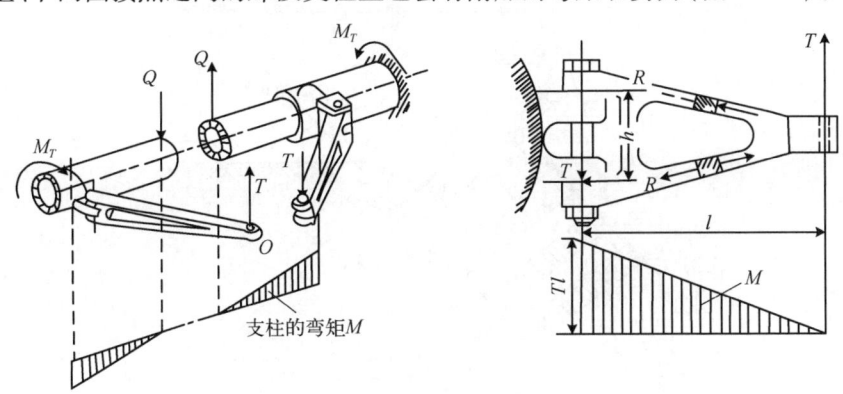

图 3-86 扭力臂的受力分析

以上两种形式常用于起落架较长、使用跑道路面较好、前方撞击较小的飞机上,并更多地在主起落架上采用。

2. 摇臂支柱式起落架的受力分析

1) 摇臂支柱式起落架的特点

摇臂支柱式起落架有两种形式,一是将减震器与受力支柱分开(图3-87);另一种是将减震器和支柱合二为一,在减震器下方用万向铰与摇臂相连,减震支柱的外筒上则固定有旋转臂下部接头(图3-88),这种形式宜在前轮上使用,以便于前轮转弯。

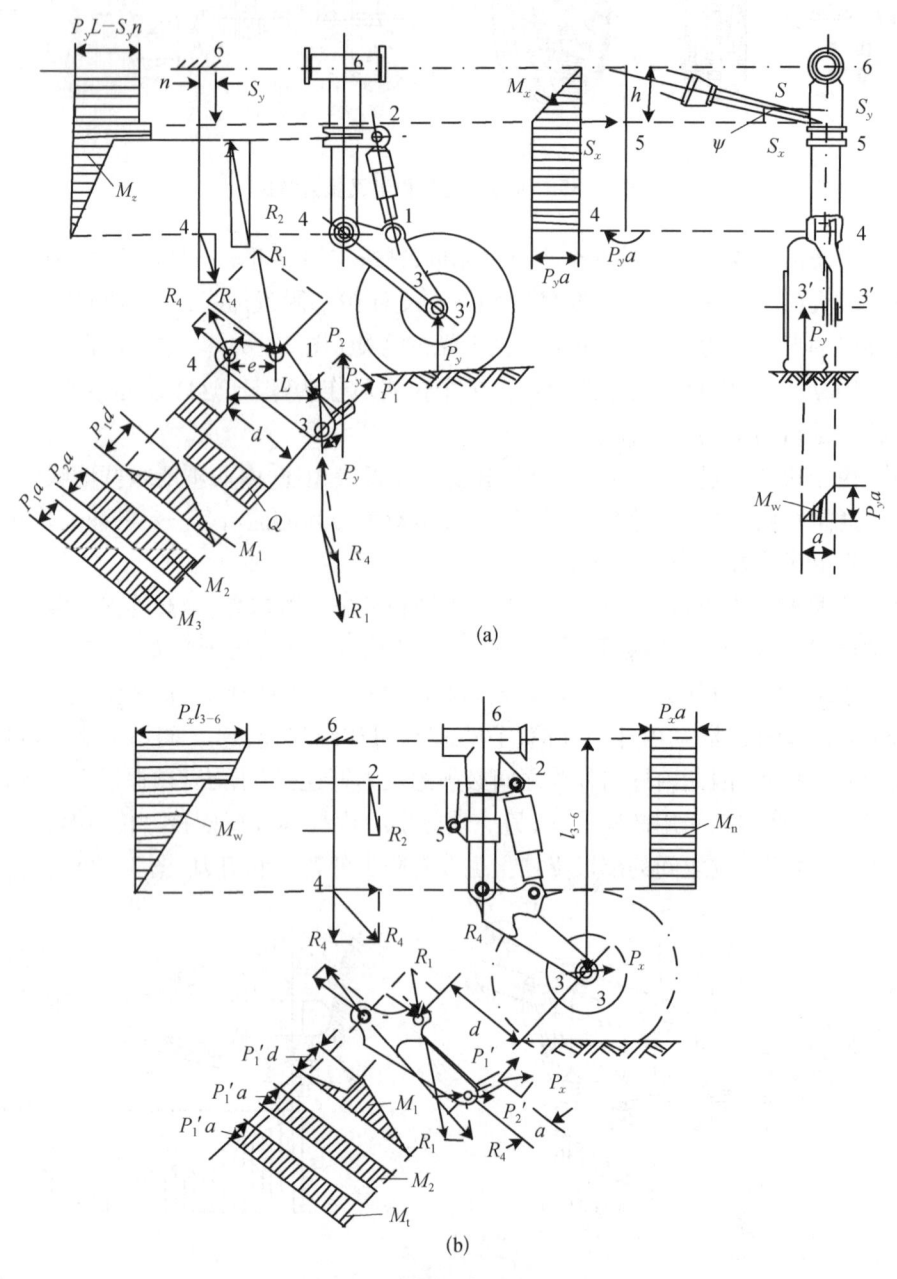

图3-87 摇臂支柱式受力分析

摇臂支柱式起落架的基本受力构件比前述的简单支柱式多了一个摇臂(称为轮臂),但不再需要扭力臂。摇臂前连支柱,中连减震器活动内杆,后连轮轴、机轮,这种形式的特点如下。

(1) 摇臂支柱式不仅对垂直撞击,而且对前方撞击(如在不平的跑道上滑跑)和刹车等均有减震能力。机轮可随摇臂绕前支点上、下移动,提高了在不平道面上的适应性,减小了过载,改善了起落架的受力性能。

(2) 由于减震器连接在摇臂中间部位,通过摇臂传给它的力比地面作用在机轮上的力大,因而吸收同样的撞击能量时,减震器所需的压缩行程比简单支柱式短,可降低起落架长度。

(3) 减震器可设计成只受轴力、不受弯矩,改善了受力性能,因而密封性好,可提高减震器

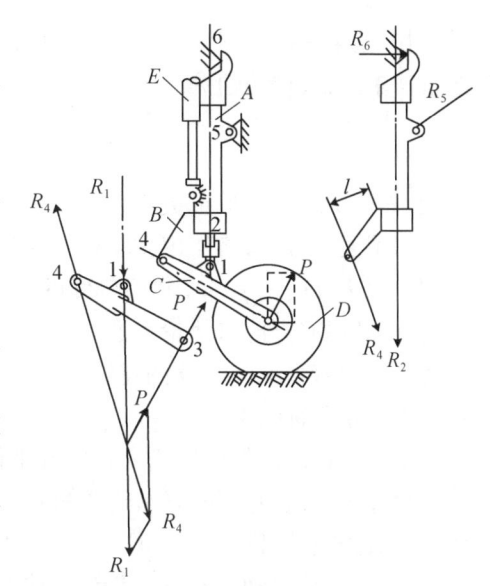

图 3-88 减震器在支柱内的摇臂式起落架

内部的充气压力。一般初压力可大到 10 MPa,最大许可压力可达到 50 MPa 左右。这样,减震器吸收同样能量时,其行程较小,减震器尺寸可设计得较小,与简单式支柱式相比,起落架的整个高度可以减小。

(4) 机轮上的外载引起的扭矩由摇臂传给支柱,再传给机体结构。图 3-87 给出了该形式起落架受 P_y 和 P_x 时的受力分析图,关于 P_z 的传递,读者可自行分析。

(5) 由于摇臂受力大且复杂,交点多,协调关系也多,其构造和工艺均较复杂,一般比较重,起落架前后方向的尺寸也将有所增大。

这种形式适用于起落架高度较小、着陆速度较大或使用跑道较差的飞机上,尤其是在前起落架上应用得较多。

2) 摇臂支柱式起落架的受力分析

下面以摇臂支柱式起落架承受垂直载荷为例,具体分析这种情况下起落架结构的受力,对于承受水平载荷和侧向载荷的情况,读者可以依照类似的方法自行分析。

在进行受力分析时,认为起落架各构件间已处于相对静止状态,即已被放下锁锁住,并且轮胎和减震器已被压缩到最大值。

(1) 半轴的受力。地面反作用力直接作用在机轮上,并通过轴承传到半轴上。这时半轴 3'-3[图 3-87(a)]像悬臂梁一样承受弯曲,在点 3 处的截面上弯矩最大,其值等于 $P_y a$。

(2) 轮臂的受力。轮臂相当于连接在支柱下端(点 4)和减震器下端(点 1)上的双支点外伸梁。轮臂的受力情况如图 3-87(a)所示,接点 1 处的轮臂受到的反作用力 R_1 等于减震器所受的轴向力 P,由 $\sum M_4 = 0$,可以得到 R_1:

$$R_1 = P = P_y \frac{L}{e}$$

由于 L 比 e 大,减震器接头上的载荷 R_1 比 P_y 大,实践表明,这个接头上的螺栓比较容

易损伤,甚至有时被剪断。点4处的反作用力 R_4 的大小和方向可以根据轮臂平衡条件用图解法求出,其解析值为

$$R_4 = \sqrt{R_1^2 + P_y^2 + 2R_1 P_y \cos\alpha}$$

其中,α 为 P_y 与 R_1 间的夹角。

为了便于分析,将作用在轮臂上的各力都分解为平行和垂直轮臂轴线的两个分力[参见图3-87(a)]。平行于轮臂轴线的各个分力,使轮臂的1-3段受压,1-4段受拉;垂直于轮臂轴线的各分力,使轮臂像双支点外伸梁一样在本身平面内受到弯曲作用,各截面要受到弯矩和剪力[M_{w1}、Q 图见图3-87(a)]。点1处横截面上弯矩突变的原因是减震器接点不在轮臂轴线上。

由于垂直载荷的作用线离开轮臂平面有一段距离 a,同时由于减震器是通过万向接头与轮臂连接的,它不能限制轮臂侧向弯曲,分力 P_z、P_1 还分别使轮臂如悬臂梁一样产生侧向弯曲和扭转[图3-87(a)中的 M_{w2} 和 M_n]。因此,弯矩($M_{w2} = P_z \times a$)和扭矩($M_n = P_1 \times a$)都完全是通过接头4传到支柱上去的。

(3) 支柱的受力。支柱可以看作固定在旋转轴处的悬臂梁。支柱受到的外力有:减震器及轮臂连接点传来的力 R_2、R_4;动作筒在接点5处的支撑力 S 及垂直载荷所引起的弯矩 $P_y a$[图3-87(a)]。其中,R_4 在前面已求出,$R_2 = P$,支撑力 S 可以对转轴6取矩求得。为了分析方便,将作用在支柱上的力均分解为平行于支柱轴线和垂直于支柱轴线的两个分力,由 $\sum M_6 = 0$ 得

$$S \cdot \sin\varphi \cdot h = P_y a$$

$$S = \frac{P_y a}{h \sin\varphi}$$

在沿飞机纵轴方向的力 P_{2x}、P_{4x} 和 S_y、P_{2y} 的作用下,支柱受到向后的弯曲作用。弯矩的变化情况如图3-87(a)所示。由于减震器和动作筒与支柱的接点2和5都不在支柱轴线上,弯矩在点2和点5处各有一次突变。

在沿飞机横轴方向的力 S_x 及力矩 $P_y a$ 的作用下,使支柱受到侧向弯曲,弯矩变化情况如图3-87(a)所示。受 S_x 的影响,支撑点5以上支柱各截面的弯矩逐渐减小,转轴处的侧向弯矩为零。对于承受水平载荷和侧向载荷的情况,读者可以依照类似的方法自行分析,各构件受力图如图3-87(b)所示。

3. 多轮式起落架受力分析

大型运输机和重型轰炸机的质量很大,为了减小机轮对地面的压力,提高飞机的飘浮性,同时为避免机轮过大而难以收藏等,一般都采用多轮式起落架。就整个起落架结构而言,多轮式起落架有用撑杆支柱式,也有用摇臂支柱式。

多轮式起落架的形式有很多种。例如,多轮小车式起落架,即在一个支柱下方的车轮架上装有前后、左右4个或6个机轮(图3-89)。有的则在每个支柱下方的一根轮轴上并排安装4个机轮,如大型飞机的前起落架和三叉戟、伊尔-76的主起落架。当用于主起落架时,为了便于飞机在地面上作小转弯,要进行特殊设计,且收放机构比较复杂。由于

机轮多，各轮的工作情况就可能有所不同。例如，在跑道上遇到不平的凸块，前面的机轮受撞击，而整个起落架就可能抬起[图 3-90(a)]，前面的机轮将增加载荷，而后面的机轮可能不受力；大仰角着陆时，后轮组又可能受力很大，这些情况对起落架及机轮受力不利。为解决此问题，可采用多种设计方案，以下着重介绍使用最多的多轮小车式起落架。例如，某型轰炸机的主起落架就是小车式起落架。小车式起落架的机轮分为两组，由两根平行的轮轴分别装在轮架的横梁前后端，轮架的横梁与减震支柱下端铰接，机轮与轮架组成了一个独立的小车，故称小车式起落架。

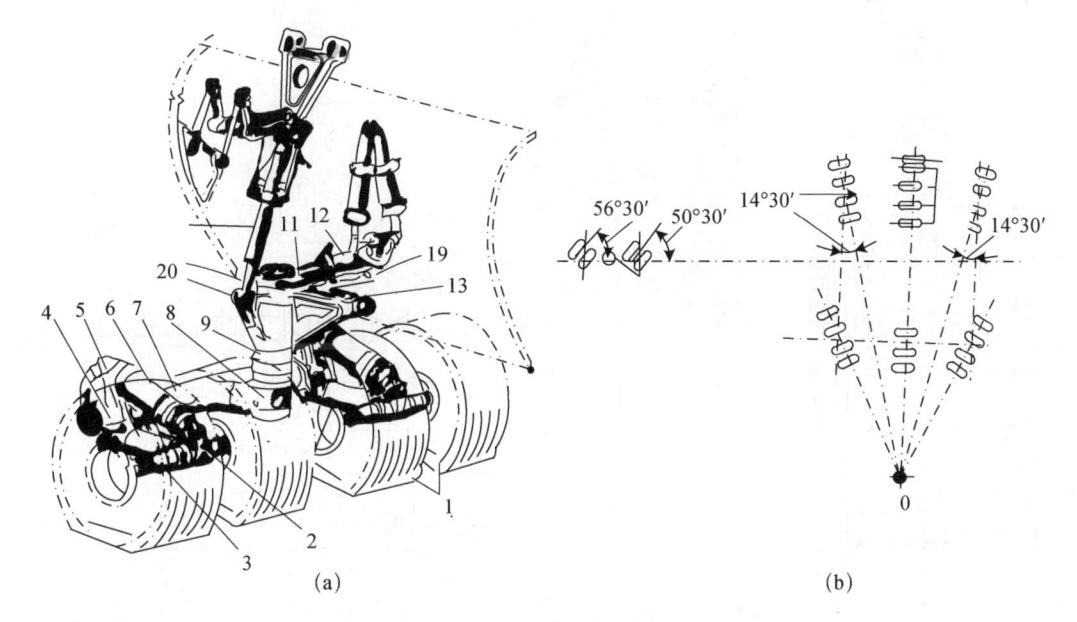

图 3-89 并排布置的多轮式主起落架

1-机轮；2,4,5,11,20-摇臂；3-轮轴；6-缓冲器；7-横梁；8-支柱；9-轴；10-斜撑杆；12-操纵动作筒；13-支架；19-拉杆

为解决上述问题，多轮小车式起落架中将连接前、后轮组的车架做成与支柱铰接，以平衡前、后轮组的载荷。为了避免车架变成可绕铰接轴任意旋转的不稳定的活动机构，须加装一个缓冲器[图 3-90(b)]，它一般是一个油气式减震器，起缓冲、减震、调匀各轮组受力的作用。

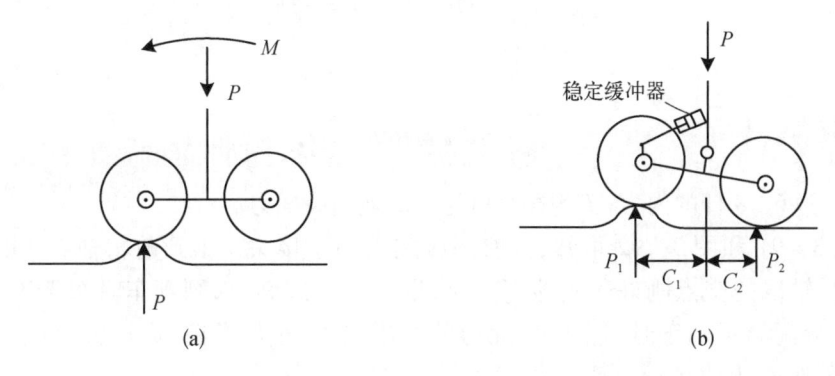

图 3-90 通过不平道面时各轮组的受力情况

着陆刹车时,地面摩擦力引起的力矩会使车架绕铰接接头逆时针方向旋转,致使前轮组加载,后轮组卸载。为此,须加装刹车平衡机构。图3-91和图3-92所示为某种刹车平衡机构的受力分析和工作原理。

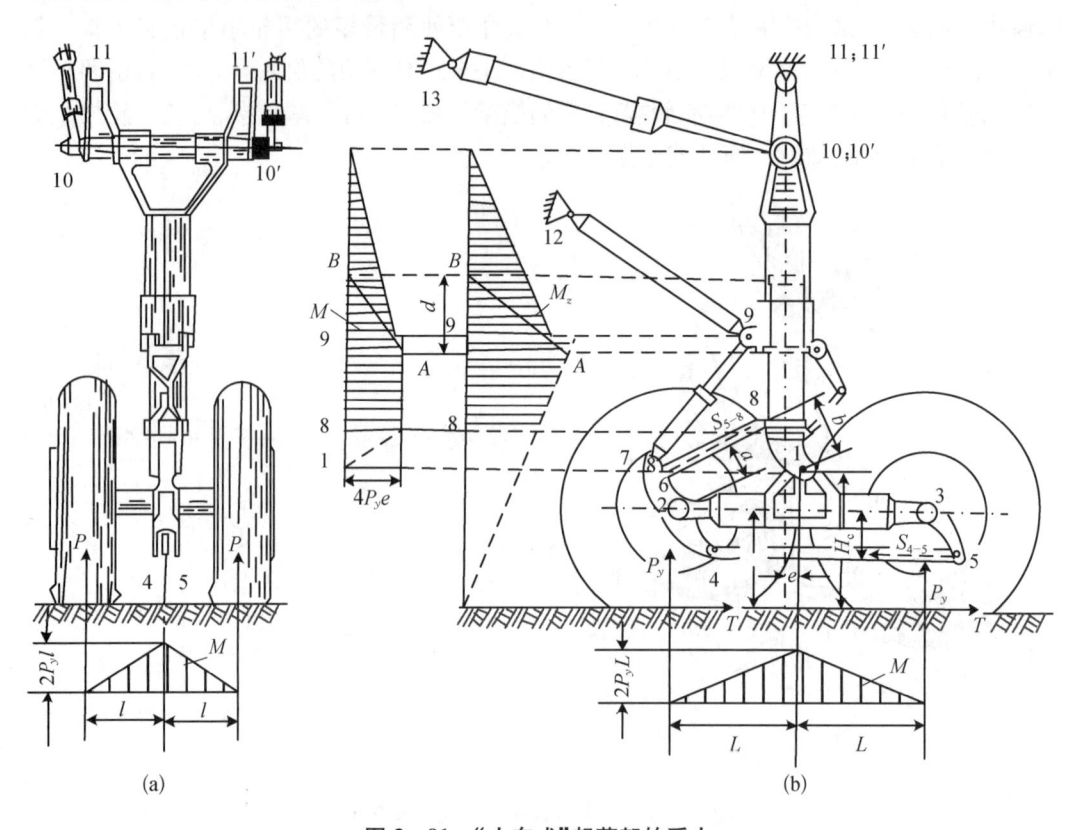

图3-91 "小车式"起落架的受力

该刹车平衡机构由平行于车架2-3的拉杆4-5(它与前、后轮组的刹车盘连接)、摇臂4-6和上刹车拉杆6-8(它与支柱及前刹车盘相连)等组成。刹车盘与轮轴通过花键刚性连接,轮轴穿过点2、点3与车架铰接。当刹车时,摩擦力矩通过后轮刹车机构传到杆4-5上,再往前传至摇臂4-6和拉杆6-8上。对点1、点2取矩,由图3-92可得

$$S_{6-8}b = 4TH, \quad S_{6-8}a = 4Th$$

所以:

$$h/a = H/b$$

其中,S_{6-8}为6-8杆的内力;T为每个机轮上的地面摩擦力。

从图3-91和图3-92可知,只有当减震支柱下接头点1到前轮轴点2的连线与拉杆6-8轴线的交点刚好落到地面上时,以上关系式满足,则刹车时车架不会旋转,轮载均匀分配。不刹车时,杆4-5无力的作用,它与车架及前、后摇臂组成四连杆机构,不妨碍车架转动。

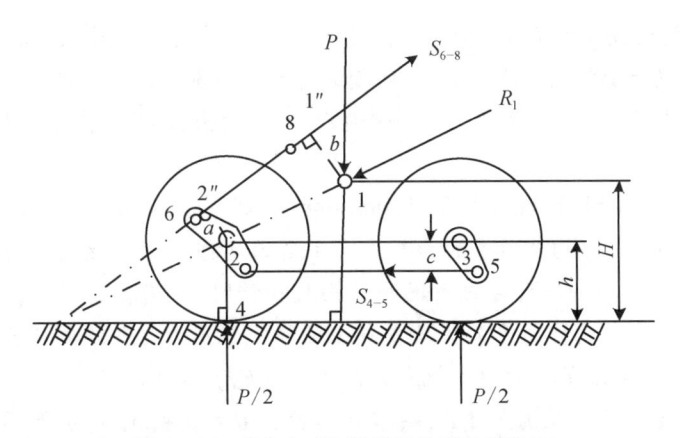

图 3‑92 "小车式"起落架的受力简化图

4. 外伸式起落架简介

这种起落架安装在机身侧面,放下时向侧下方伸出,收起时则收藏于机身内(图 3‑93)。这种形式多用于中单翼或上单翼的歼击机上(如 F‑104 和米格‑23 等),可避免中、上单翼飞机的主起落架较长、较重、收藏不便等问题,现已有较多的飞机采用了这种形式。它通常由受力很大的斜撑杆式支柱、减震器、轮轴、机轮和收放机构组成。由于斜撑杆式的支柱受很大弯矩,为保证起落架外伸和收入机身内,收放机构又比较复杂(图 3‑93),因而重量较大。

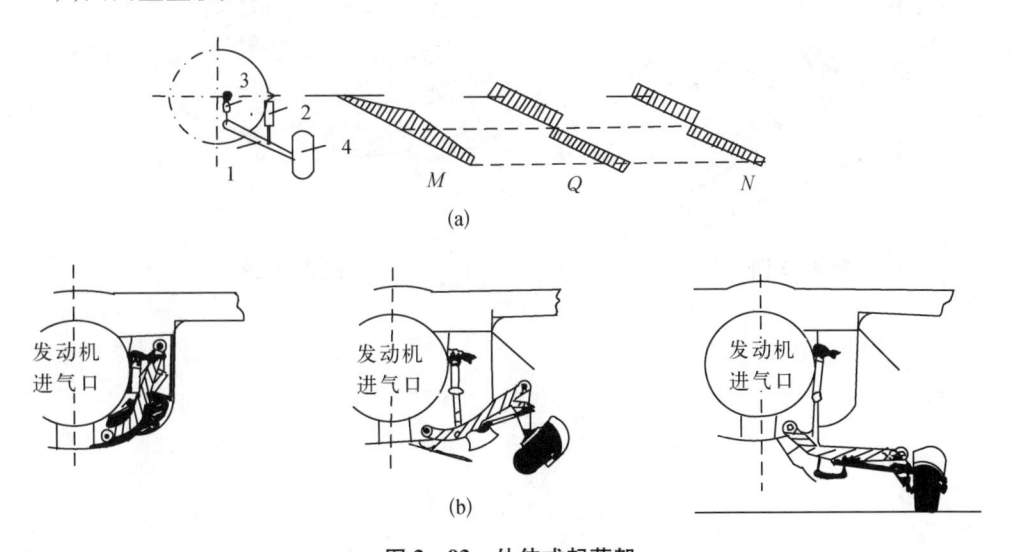

图 3‑93 外伸式起落架
1—斜撑杆式支柱;2—减震器;3—收放动作筒;4—机轮

习 题

3‑1 某型飞机的后掠机翼根部结构受力系统如题 3‑1 图所示。主梁 1‑3 与机身固接;前梁 2‑3 分别简支在机身点 2 和主梁点 3 上;根肋 3‑4 的缘条与前、主梁的缘条在点 3 处固接,其腹板铰接在前梁腹板上;后梁 1-4 分别简支在主梁点 1 和根肋的点 4 上。后掠角 $\lambda = 45°$,$B = 100$ cm,截面 3-4 外段的合力 $Q = 300$ kN,若前、后梁的抗弯刚度比为 2∶1,求作用在后梁 1-4、主梁 1-3、前梁 2-3 上的力,以及支点 1、2 的反作用力。并绘制上述构件的内力图。

3-2 如题 3-1 图所示(连接情况和结构尺寸相同)。若在 3-4 截面外作用的弯矩 $M_w = 3\,000$ kN·m,求各构件所受的力及支点 1、2 的反作用力,并绘制各构件内力图。

3-3 如题 3-1 图所示(连接情况和结构尺寸相同)。若在 3-4 截面外作用的扭矩 $M_n = 400$ kN·m,求各构件所受的力及支点 1、2 的反作用力。并绘制各构件内力图。

3-4 如题 3-4 图所示的梁式机翼,$(EJ)_q$ 与 $(EJ)_h$ 之比为 2.35,$n_y = 4$,$L = 1.5$ m,$c = 0.3$ m,前后梁之间的距离为 1 m,刚心距离前梁 $d = 0.4$ m,前后梁高度分别为 $H_1 = 0.2$ m,$H_2 = 0.15$ m,$G_{副} = 3\,000$ N,为等弦直机翼。试问:

(1) 副油箱的质量力是如何传到机身上去的?

(2) 前后梁传给机身的剪力、弯矩有多大?前后梁缘条上的剪流有多大?

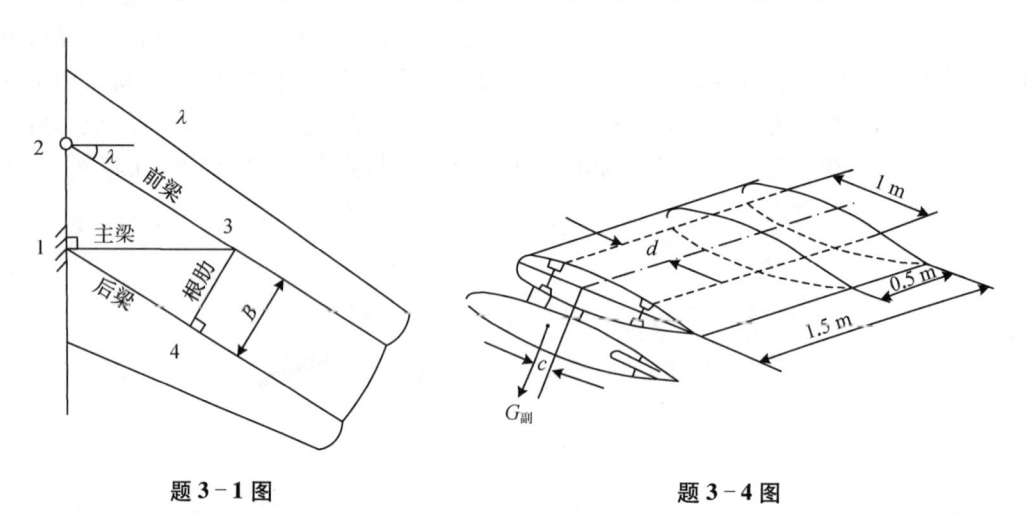

题 3-1 图　　　　　　　　题 3-4 图

第 4 章
飞机结构的应力计算和静强度评估

结构应力计算大致可以分为理论计算和仿真计算两种,理论计算又可以分为精确法和简化法。精确法利用材料力学、结构力学等理论知识,经过严格的受力分析和理论推导得到结构应力的精确值,适用于简单结构或局部结构;对于飞机结构这样复杂的系统,精确法很难进行,因此工程上一般采用简化法。本章将介绍飞机薄壁结构应力简化计算的一种常用假设——工程梁假设,以及在这一假设条件下机翼结构、机身结构的应力简化计算方法。起落架结构是杆系结构,在第 3 章内力分析的基础上,本章接着介绍起落架的应力分析。仿真计算主要根据有限元法的原理,利用有限元软件在计算机上进行分析,仿真计算的应用目前极为广泛,因此本章对有限元法的理论和方法进行简单介绍,更为详细的内容可参考专门书籍。

在静力(或静载荷)作用下,如果飞机结构应力达到一定的大小,结构会发生变形过大、塑性变形、断裂、失稳等失效现象,本章将介绍相关失效/安全准则和分析方法。

4.1 飞机结构的应力简化计算

4.1.1 工程梁假设

在飞行器构造中经常采用梁式薄壁结构,在几何尺寸方面,此类结构的长度远大于其剖面尺寸,它的外形有棱柱状的,也有锥形的。棱柱形薄壁结构是指其横剖面的几何特征与材料沿结构纵向完全一样。结构的剖面周线有开口的、单闭室的及多闭室的。大展弦比的机翼和翼展、细长桁条,以及它们的组成元件,如翼梁、桁条等都是属于这种形式的薄壁梁结构。

以悬臂平直大展弦比机翼为例进行介绍,如图 4-1。机翼上承受着分布的气动载荷及机翼的质量载荷,还有发动机、油箱等集中载荷,这些载荷使机翼发生弯曲和扭转。在外载荷作用下,各个横剖面上的总内力有弯矩 M_x 和 M_y,扭矩 M_z,剪力 Q_x 和 Q_y,及轴向力 N_z,它们都可由静力平衡条件确定。但要进一步确定剖面上的应力分

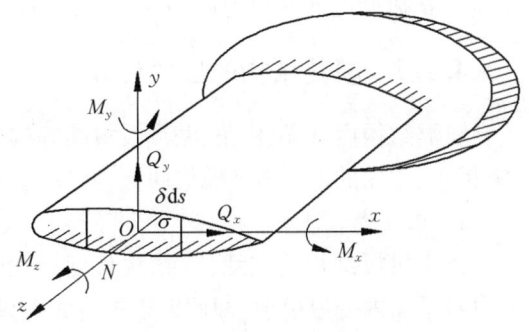

图 4-1 悬臂平直大展弦比机翼

布则是一个比较复杂的问题。采用适当的工程假设,可以使复杂问题得以简化,利用工程梁计算模型进行计算,不受有无电子计算机的限制,在一定条件下,可得到精确度满足工程要求的计算结果。并且,通过这些常规计算,可以对结构的传力及受力特点有个概括的了解,得出应力的分布规律,从而为强度及寿命估算提供有价值的参考数据。因此,这种计算方法是很有实际价值的。

在建立薄壁梁的计算公式时,必须满足线弹性和小变形的基本假设,另外还需补充以下几个工程假设,作为分析的依据。

(1) 假设剖面没有畸变,即结构在受载荷作用发生变形时,横剖面在自身平面上的投影保持不变,但横剖面沿纵向轴方面可以自由翘曲。由于结构中沿纵向有较多的横向加强构件(翼肋或隔框)这个假设在小变形情况下是符合实际的。

(2) 由于壁板表面没有剪应力,根据剪应力成对定律可得,剪应力的方向与壁板中线的切线方向一致,如图 4-2 所示。

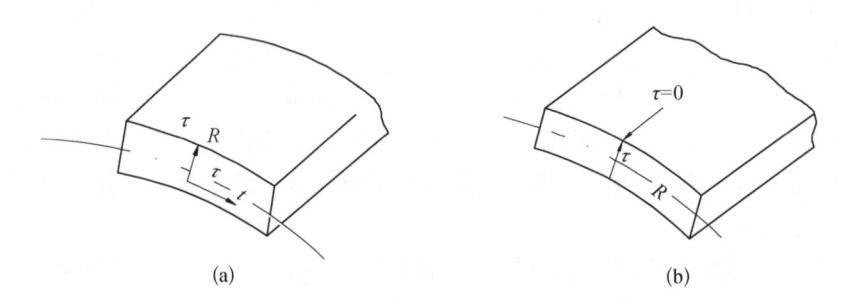

图 4-2 壁板截面的剪流

(3) 由于壁板很薄,可以假设壁板中的正应力和剪应力沿其厚度均匀分布。并用剪流 q 表示剪应力 τ,有 $q = \tau\delta$,其中 δ 为板的厚度。

(4) 假设横剖面上的线应变 ε_x 符合平面分布规律,可用以下函数表示:

$$\varepsilon_x = ax + by + cz$$

其中,x、y 为剖面各点的位置坐标;a、b、c 为待定常数。

计算公式中采用下述符号规定:横剖面上的弯矩 M_x、M_y 及扭矩 M_z 以按右手螺旋方向确定的矢量与坐标方向一致为正。剪力 Q_x 和 Q_y 及轴向力 N_z 与坐标轴正向一致为正。正应力 σ 以微元面受拉为正,剪流 q 的方向在有关章节中指出。

4.1.2 机翼结构的应力计算

机翼结构由翼梁、桁条、蒙皮及翼肋等构件组成。机翼结构的应力计算主要是翼梁缘条、桁条、蒙皮的正应力及翼梁腹板、蒙皮的剪应力。

1. 正应力的计算

由于机翼结构比较细长(结构长度远大于截面尺寸),锥度不大,且在承载后截面在其自身平面内变形很小(即假定机翼有无穷多个本身平面为绝对刚硬的翼肋),可假定机翼是一根承受弯曲和扭转的工程梁(对于三角形机翼,则假设成上、下壁板受轴向载荷的

"杆板式薄壁结构"较为合适)。由于机翼的结构形式不同,正应力计算的方法也不同。

1) 典型梁式(蒙皮、桁条不参与总体承弯)机翼的正应力计算

典型梁式机翼又分单梁式、双梁式或多梁式。

(1) 单梁式。单梁式机翼所受的弯矩,以梁的缘条产生的轴向力 N 来使其平衡,如图4-3所示。

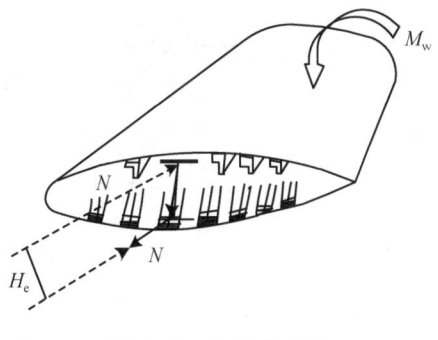

图4-3 单梁式受弯

梁缘条产生的正应力为

$$\sigma_{yt} = N/F_{yt} = M_w/H_e F_{yt} \tag{4-1}$$

其中,σ_{yt} 为梁缘条的正应力;H_e 为梁的有效高度;F_{yt} 为梁缘条的截面积。

(2) 多梁式(包括双梁式)。将机翼所受的弯矩 M_w 按各梁的抗弯刚度分配给各梁。第 i 根梁所承担的弯矩为

$$M_{wi} = \frac{(EJ)_i}{\sum (EJ)_i} M_w \tag{4-2}$$

第 i 根梁缘条的正应力为

$$\sigma_i = \frac{M_{wi}}{H_i F_i} \tag{4-3}$$

其中,H_i 为第 i 根梁的有效高度;F_i 为第 i 根梁缘条的截面积。

2) 一般机翼

一般机翼,即桁条、蒙皮参加总体承弯的机翼,通常用比较精确的逐次逼近法或者近似计算法来计算正应力。

(1) 逐次逼近法。由材料力学可知,梁在弯曲时,如果应变服从平面假设,并且结构是同一材料制成的,且在比例极限内受力时,正应力可按式(4-4)计算:

$$\sigma = \frac{M_w}{J_x} y \tag{4-4}$$

其中,J_x 为截面对中心主轴的惯性矩;y 为机翼截面构件的形心至截面中心主轴的距离;M_w 为机翼截面上的弯矩。

式(4-4)说明正应力沿 y 方向是呈直线分布的,这时,$\sigma - \varepsilon$ 图是一条直线。但真实的机翼结构,虽然应变服从平面假设,但由于各构件的材料不同,各有不同的弹性模量 E,虽然整个剖面上的应变呈直线分布,应力却不呈直线分布,如图4-4中左边的实线所示。其次是离开中性轴比较远的构件,其应力超过了比例极限,$\sigma - \varepsilon$ 不再呈直线关系;或者当构件失去了稳定后,应力与应变不再成比例变化,这时应变增加很快,而应力却不增加,如图4-5(b)所示。以上这些情况,都使得构件上的应力不再与截面的应变呈直线关系。也就是说,构件的应力不能直接用式(4-4)来计算,而要用逐次逼近法来计算。

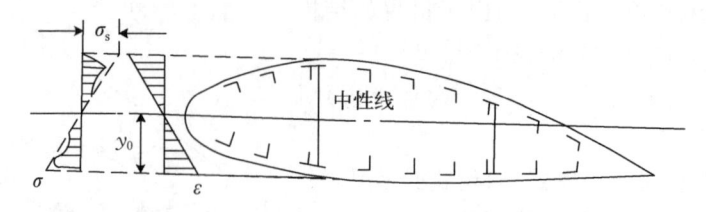

图 4-4 应力与应变的分布

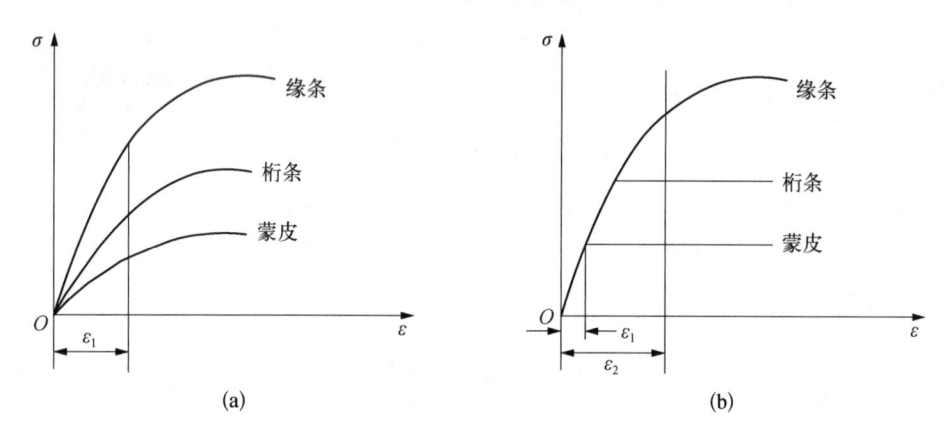

图 4-5 机翼各构件材料相同和不同情况下的应力-应变图

用逐次逼近法求 σ 的思路是：搜集机翼结构各构件材料的 σ-ε 曲线，并放在一个坐标系中，如图 4-5(a) 和图 4-5(b) 所示。将不同材料的构件等载折算成用同一假想材料制成的，并且 σ-ε 呈直线变化，用式(4-4)求假想材料第 i 个构件的折算应力 $\bar{\sigma}_i$，再在 σ-ε 曲线上查出对应的 $\bar{\varepsilon}_i$，利用 $\varepsilon_i = \bar{\varepsilon}_i$ 条件，查出各构件的真实应力 σ_i。

用逐次逼近法求 σ 的具体做法是：因为等载折算，所以有 $\sigma_i F_i = \bar{\sigma}_i \bar{F}_i$，改写为

$$\frac{\sigma_i}{\bar{\sigma}_i} = \frac{\bar{F}_i}{F_i} = \varphi_i \tag{4-5}$$

其中，σ_i 为第 i 个构件的真实应力；$\bar{\sigma}_i$ 为第 i 个构件的折算应力；F_i 为第 i 个构件的实际截面积；$\bar{F}_i$ 为第 i 个构件的折算截面积；φ_i 为第 i 个构件的折算系数，又称减缩系数。

如果 φ_i 已知，由式(4-5)可以求得 $\bar{F}_i (\bar{F}_i = \varphi_i F_i)$，这样，真实的机翼剖面就化成假想材料的剖面了。不难确定该剖面的形心，过形心取中心主轴 $O\bar{x}$、$O\bar{y}$，即可求出 $\bar{x}$ 轴的惯性矩 $\bar{J}_{\bar{x}}$，利用如下公式求 $\bar{\sigma}_i$：

$$\bar{\sigma} = \frac{M_w}{\bar{J}_{\bar{x}}} \bar{y} \tag{4-6}$$

利用 σ-ε 曲线(图 4-6)，查出 σ_i。

因此，求构件的真实应力关键在于确定 φ_i。由式(4-5)可知，$\varphi_i = \dfrac{\sigma_i}{\bar{\sigma}_i}$，又因为 σ_i 是 φ_i 的隐函数，所以不能直接用式(4-5)确定 φ_i，只能用逐次逼近法确定 φ_i。

逐次逼近法确定 φ_i 的思路是：先设一个 φ_i^0（任何值均可），计算 $\overline{F}_i^0 = \varphi_i^0 F_i$；确定折算剖面的形心；确定主中心轴 $O\overline{x}$、$O\overline{y}$；计算 $\overline{J}_x^0$，利用式（4-24）求 $\overline{\sigma}_i^0$；根据 $\overline{\sigma}_i^0$ 在 $\sigma - \varepsilon$ 图上查出 $\overline{\varepsilon}_i^0$，利用 $\overline{\varepsilon}_i^0 = \varepsilon_i$ 查出 σ_i^0，因此 $\varphi_i^1 = \dfrac{\sigma_i^0}{\overline{\sigma}_i^0}$。若 $\varphi_i^1 = \varphi_i^0$，则 φ_i^1 或 φ_i^0 即为所求的 φ_i。若 $\varphi_i^1 \neq \varphi_i^0$，则用 φ_i^1 重复上述过程，直到 $(\varphi_i^{n+1} - \varphi_i^n)/\varphi_i^n < 3\% \sim 5\%$ 为止（这里的 $n+1$ 和 n 均不表示指数，而是循环计数）。

为了加速收敛，减少计算次数，必须正确选择 φ_i^0，它应与外载荷相应，同时也应符合应变平面假设。根据这些原则，在使用载荷下，若认为机翼仍在弹性范围内受力，则有

$$\varphi_i^0 = \frac{\sigma_i}{\overline{\sigma}_i} = \frac{E_i}{E} = 常数 \qquad (4-7)$$

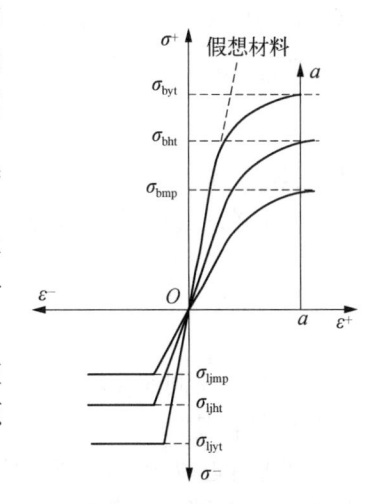

图 4-6 应力-应变图

在设计载荷下，主要构件（对于梁式机翼，主要构件为翼梁；对于单块式机翼，主要构件为桁条）的相对变形在拉伸区内接近于 ε_{σ_b}，在压缩区内接近于 $\varepsilon_{\sigma_{lj}}$。设主要构件的重心坐标为 y_0，相对变形为 ε_0。那么，按平面假设，任何构件的相对变形应为

$$\varepsilon_i = \frac{\varepsilon_0}{y_0} y_i \qquad (4-8)$$

知道了所有构件的相对变形，利用 $\varepsilon_i = \overline{\varepsilon}_i$ 的条件，在 $\sigma - \varepsilon$ 图中查出 σ_i 和 $\overline{\sigma}_i$，便可给出各构件的 φ_i^0（$\varepsilon_0 = \varepsilon_{\sigma_b}$ 或 $\varepsilon_{\sigma_{lj}}$），其中 ε_{σ_b} 为主要构件在 $\sigma - \varepsilon$ 图中 σ_b 对应的 ε，$\varepsilon_{\sigma_{lj}}$ 为主要受力构件在 $\sigma - \varepsilon$ 图中临界应力 σ_{lj} 对应的 ε。

（2）近似计算法。上面的逐次逼近计算方法只有在机翼已经设计完毕而需要详细校验计算时才适用。在设计计算中，大都采用近似计算法。所谓近似，包括结构简化和用近似的方法确定减缩系数 φ_i。

a. 用近似法确定减缩系数 φ_i

由于设计计算是按破坏载荷计算的，应变很大，只要利用图 4-9 中 a-a 线右侧的一部分线段。假定 a-a 线右侧的应力-应变曲线平行于横坐标轴，并且所有构件的变形都相同（这对于机翼在翼梁之间的部分来说是足够精确的），这样就很容易确定各构件的减缩系数。

对于梁式机翼，缘条是主要的受力构件。因此，所有构件按缘条去减缩，于是由式（4-9）直接确定：

$$\begin{cases} 受拉区：\varphi_i^+ = \dfrac{\sigma_{bi}}{\sigma_{byt}} \\[2mm] 受压区：\varphi_i^- = \dfrac{\sigma_{lji}}{\sigma_{ljyt}} \end{cases} \qquad (4-9)$$

其中，$i =$ yt(缘条)，ht(桁条)，mp(蒙皮)，注意：当 $i =$ mp 时，式(4-9)中的 $\sigma_{lji} = \sigma_{pjmp}$。
而：

$$\sigma_{pjmp} = \sqrt{\sigma_{ljmp}\sigma_{ljht}} \qquad (4-10)$$

其中，σ_{ljmp} 和 σ_{ljht} 按 4.5 节的方法确定。

对于单块式机翼，桁条是主要受力构件，因此其他构件按桁条去减缩，即

$$\begin{cases} \varphi_i^+ = \sigma_{bi}/\sigma_{bht} & (受拉区) \\ \varphi_i^- = \sigma_{lji}/\sigma_{ljht} & (受压区) \end{cases} \qquad (4-11)$$

其中，i 的含义同前。

b. 结构简化

在进行近似计算时，还需要作如下假设：机翼的弯矩由缘条，以及缘条之间的桁条和蒙皮共同组成的上、下壁板来承受[图 4-7(a)]，机翼的前缘和后缘离中性轴较近，对截面惯性矩的影响很小，因此可以略去其承受弯矩的能力；同时，由于现代高速飞机的机翼两翼梁之间的截面高度变化不大，可简化为矩形截面[图 4-7(b)]，矩形截面的高度取两根翼梁结构有效高度的平均值，其中性轴取截面的几何中线。

翼梁结构有效高度是指翼梁上、下缘条截面的形心间的高度 H_i：

$$H_i = AH_{max}$$

其中，H_{max} 为翼梁的最大高度(即上、下蒙皮之间的高度)；A 为估算系数，又称有效性系数，一般取 $A = 0.95$。

结构有效平均高度 H_{pj} 为

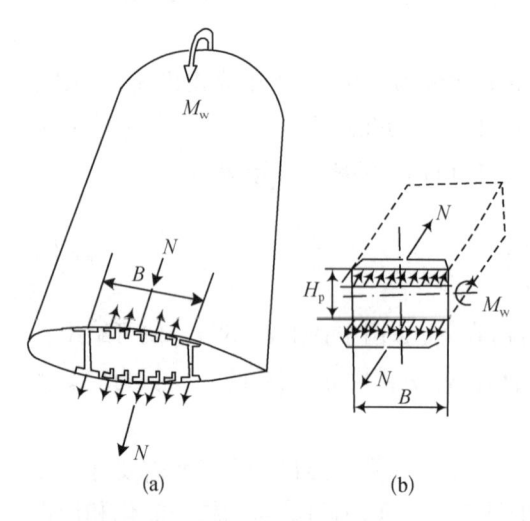

$$H_{pj} = A\frac{H_1 + H_2}{2}$$

图 4-7 单块式机翼受弯时的内力

其中，H_1 为前梁的最大高度；H_2 为后梁的最大高度。

对于这种矩形截面的计算模型，弯矩就可以用力偶来代替[图 4-7(b)]，所以有

$$N = \frac{M_w}{H_{pj}}$$

由于力 N 的作用，上壁板将产生压应力，下壁板将产生拉应力。各构件的应力与 N 的关系可以表示如下：

$$N = \varphi_{yt}\sigma_{ht}\sum F_{yt} + \sigma_{ht}\sum F_{ht} + \varphi_{mp}\sigma_{ht}\sum F_{mp} \qquad (4-12)$$

所以：

$$\begin{cases} \sigma_{ht} = \dfrac{M_w}{H_{pj}(\varphi_{yt}\sum F_{yt} + \sum F_{ht} + \varphi_{mp}\sum F_{mp})} \\ \sigma_{yt} = \varphi_{yt}\sigma_{ht} \\ \sigma_{mp} = \varphi_{mp}\sigma_{ht} \end{cases} \qquad (4-13)$$

其中，σ_{yt} 和 σ_{mp} 按式(4-11)计算。

对于梁式机翼，所有构件按缘条来减缩，则式(4-12)变为

$$N = \sigma_{yt}\sum F_{yt} + \varphi_{ht}\sigma_{yt}\sum F_{ht} + \varphi_{mp}\varphi_{yt}\sum F_{mp}$$

所以：

$$\begin{cases} \sigma_{yt} = \dfrac{M_w}{H_{pj}(\sum F_{yt} + \varphi_{ht}\sum F_{ht} + \varphi_{mp}\sum F_{mp})} \\ \sigma_{ht} = \varphi_{ht}\sigma_{yt} \\ \sigma_{mp} = \varphi_{mp}\sigma_{yt} \end{cases} \qquad (4-14)$$

其中，φ_{ht} 和 φ_{mp} 按式(4-9)计算。

以上求得的桁条应力应等于或小于其破坏应力 σ_{bht} 或临界应力 σ_{ljht}，当小于破坏应力或临界应力时，说明结构有剩余强度。

2. 剪应力的近似计算

由于机翼截面上作用有不通过刚心的剪力 Q（这个力相当于一个作用在刚心上的剪力 Q 和一个对刚心的扭矩），在翼梁腹板和蒙皮中要产生剪应力 τ。而：

$$\tau = q/\delta \qquad (4-15)$$

则由式(4-15)可知，求 τ 的根本在于确定 q。下面讨论 q 的近似计算方法。

1）由剪力 Q 所引起的剪流

作用在刚心上的剪力 Q 可以假设是由翼梁腹板来承受，并按翼梁的抗弯刚度成比例分配给各翼梁的腹板，于是可得各翼梁腹板承受的剪力为

$$Q_i = \dfrac{(EJ)_i}{\sum (EJ)_i}Q \qquad (4-16)$$

其中，$(EJ)_i$ 为第 i 个翼梁的弯曲刚度。在计算翼梁的惯性矩时，必须把与其相邻的蒙皮及桁条(图4-8中虚线所围的部分)也计算进去(各构件材料弹性模量不同时，各构件面积应按主要受力构件进行减缩)。近似计算时，惯性矩 J_i 可用式(4-17)进行计算：

$$J_i = 2(F_{yti} + f_i)\left(\dfrac{H_i}{2}\right)^2 \qquad (4-17)$$

其中，F_{yti}为第i根梁的缘条面积；H_i为第i根梁的高度；f_i为与第i根梁一起承受弯曲的蒙皮和桁条进行减缩后的面积。

知道了各梁腹板的剪力Q_i后，翼梁腹板内的剪流q_{fb}可按如下公式进行计算：

$$q_{fb} = \frac{Q_i}{H_i}$$

靠近翼梁蒙皮上的剪流则按如下公式进行计算：

$$q'_{mp} = \frac{Q_i S}{J_i} = Q_i \frac{f_i \frac{H_i}{2}}{2(F_{yti}+f_i)\left(\frac{H_i}{2}\right)^2} = \frac{Q_i}{H_i} \cdot \frac{f_i}{F_{yti}+f_i} = q_{fbi} \frac{f_i}{F_{yti}+f_i} \qquad (4-18)$$

一般机翼沿展向是有锥度的，在计算剪应力时需要考虑其影响。图4-9中假定截面$a-a$内的剪应力为Q，弯矩为$M=QZ_Q$，则按力矩的平衡条件可得

$$N' = \frac{M}{H}$$

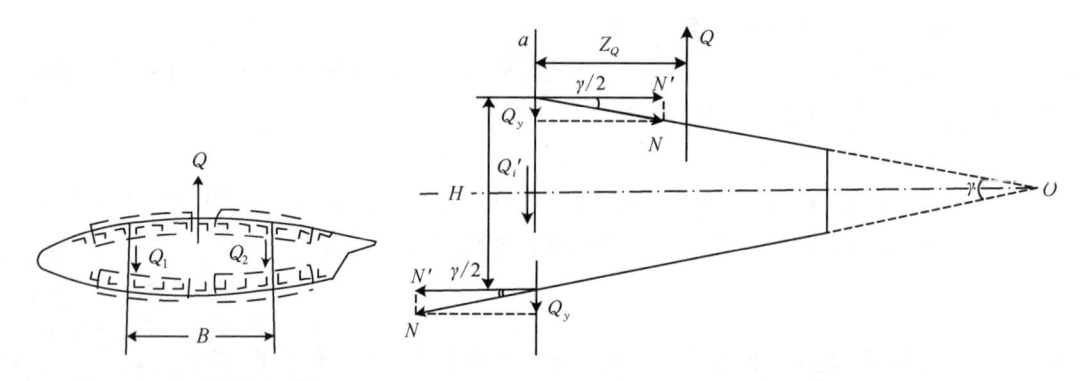

图4-8 机翼剖面示意图　　图4-9 机翼展向锥度对腹板承受剪力的影响

当锥度γ不大时，$N' = N\cos\frac{\gamma}{2} \approx N$，说明在计算翼梁缘条的正应力时可不考虑锥度的影响。轴向力N在垂直方向的分量为

$$Q_y = N\sin\frac{\gamma}{2} \approx N\frac{\gamma}{2} = \frac{M}{H}\frac{\gamma}{2} \qquad (4-19)$$

因此，截面$a-a$内腹板的实际剪应力为

$$Q'_i = Q_i - M\frac{\gamma}{H} \qquad (4-20)$$

由式(4-20)可以看出，机翼有锥度，使得腹板剪应力减小，其原因是翼梁缘条负担了部分翼梁腹板的剪应力。

2) 由扭矩引起的剪流

确定由扭矩引起的剪流的方法,可以参见飞机结构力学中的有关内容。

机翼在弯曲和扭转中,翼梁腹板或周缘蒙皮的总剪流等于剪力 Q 所引起的剪流 q_Q 和由扭矩 M_n 所引起的剪流 q_n 的代数和,即

$$q = q_Q \pm q_n \qquad (4-21)$$

式中,若 q_Q 和 q_n 的方向相同,则相加,反之则相减。剪流确定后再按式(4-15)确定剪应力 τ。

4.1.3 机身结构的应力计算

机身结构主要由梁、桁条及蒙皮等组成。机身结构的应力计算主要是梁、桁条及蒙皮内的应力。

1. 正应力计算

由于机身结构的具体结构形式不同,其正应力的计算方法也不同。

1) 桁梁式机身

桁梁式机身的特点是机身上的大梁强、桁条弱,蒙皮较薄,由大梁承受弯矩,大梁相当于翼梁的缘条,因此在近似计算可以认为弯矩全部是由梁来承受的。现在以具有四根梁的桁梁式机身为例来说明。机身在外载荷 M_w 的作用下,截面要产生内力弯矩 M_w 来与外载弯矩平衡,如图 4-10(a)所示。由于梁是承受弯矩的主要构件,由上下大梁产生的轴向内力 N 构成的力矩来和外力弯矩 $M_弯$ 平衡。由平衡条件可得

$$N = \frac{M_w}{2H_1} \qquad (4-22)$$

其中, H_1 为上、下梁之间的距离。

用每根梁的横截面积 F 除以轴向力 N,即可求得梁的正应力为

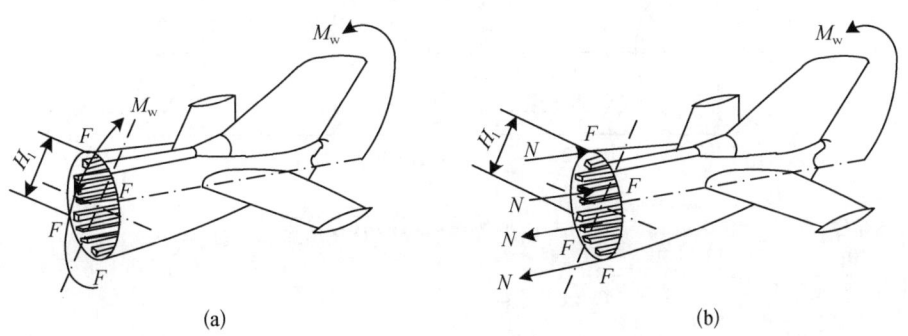

$$\sigma = \frac{N}{F} = \frac{M_w}{2FH_1} \qquad (4-23)$$

图 4-10 作用在桁梁式机身上的弯矩

2) 桁条式机身

桁条式机身的特点是桁条相对强,梁相对弱或是没有梁,蒙皮相对较厚,弯矩由桁条

飞机结构强度

和蒙皮组成的壁板来承受。在纵向外载弯矩 M_w 作用下,机身截面上部桁条和蒙皮受压,下部桁条和蒙皮受拉,如图 4-11(b) 所示。这种机身的强度受到桁条的限制,因此机身正应力计算主要是计算桁条的正应力。

要比较精确的计算桁条的正应力,可采用机翼应力计算中的"逐次逼近法"来计算各个桁条的正应力。计算结果表明,最大正应力发生在最靠边的构件上,接直线分布,中性层的正应力等于零。这种方法虽然比较精确,但比较烦琐,所以通常采用近似计算法来计算。

近似计算时,假设所用在机身上的纵向外载弯矩 M_w 由上、下弧形壁板承受,这个弧形壁板的高度可以近似取为机身截面高度 H 的 1/3,如图 4-12 所示。作用在拉伸区和压缩区弧形壁板上的力,可合成为上、下两个合力 N,并组成力偶来平衡外载弯矩,如图 4-11(c) 所示。

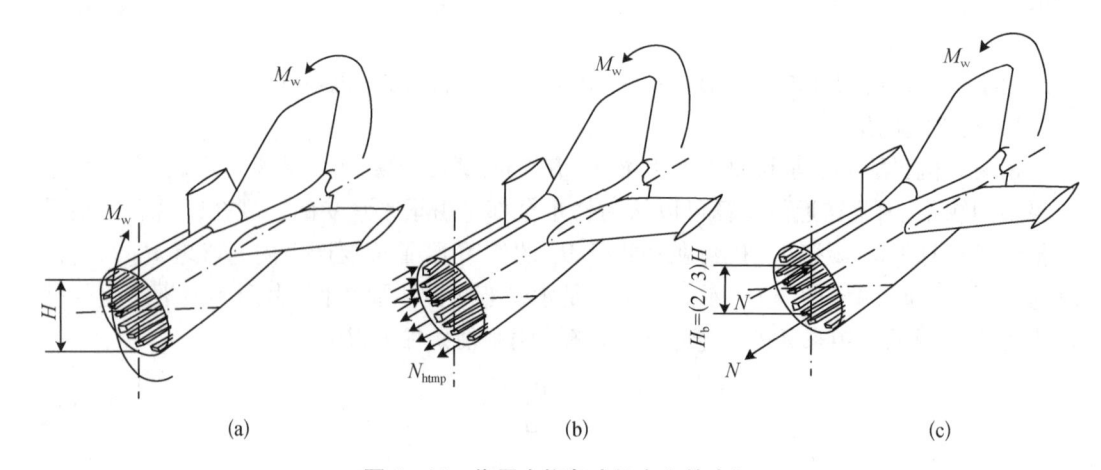

图 4-11 作用在桁条式机身上的弯矩

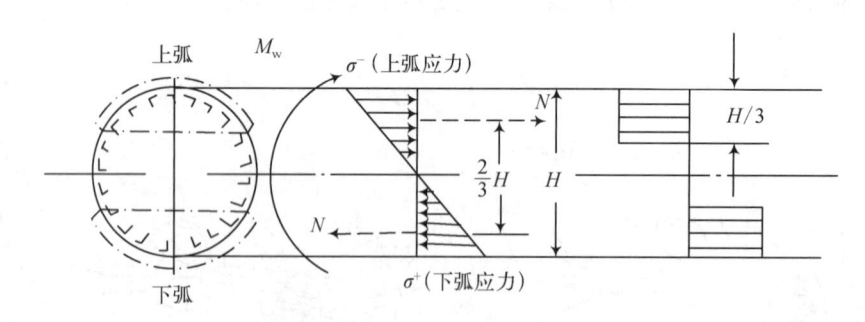

图 4-12 沿机身高度的应力分布

由平衡关系可得

$$N = \frac{M_w}{H_b}$$

其中,H_b 为力偶的力臂,可以近似地取为机身截面高度 H 的 2/3。

因此:

$$N = \frac{M_w}{2H/3} \tag{4-24}$$

为了计算简单,假设弧形壁板的正应力是均匀分布的,并把蒙皮截面积折算成桁条的截面积,其折算系数为

$$\begin{cases} \varphi_{mp} = 1 & (受拉区) \\ \varphi_{mp} = 30\delta/b & (受压区) \end{cases} \tag{4-25}$$

其中,b 为桁条间距;δ 为蒙皮厚度。

弧形壁板的截面积 F_f 为

$$F_f = nF_{ht} + \varphi_{mp}F_{mp} \tag{4-26}$$

其中,F_{ht} 为每根桁条的截面积;n 为弧形壁板中所包括的桁条数目;φ_{mp} 为蒙皮的折算系数(又称减缩系数);F_{mp} 为弧形壁板中蒙皮的截面积。

这样,弧形壁板中桁条的正应力 σ_{ht} 为

$$\sigma_{ht} = N/F_f = M_w/(nF_{ht} + \varphi_{mp}F_{mp})2H/3 \tag{4-27}$$

蒙皮的正应力 σ_{mp} 为

$$\sigma_{mp} = \sigma_{ht}\varphi_{mp} \tag{4-28}$$

3) 蒙皮式机身

这种机身的特点是没有梁,桁条很弱或者没有桁条,蒙皮很厚,机身的外载弯矩由蒙皮承受。因此,可以用与上述类似的方法求其蒙皮内的正应力 σ_{mp}:

$$\sigma_{mp} = M_w / \frac{2}{3}HF_{mp} \tag{4-29}$$

其中,H 为机身截面的最大高度;F_{mp} 为弧形蒙皮的截面积。

当机身受到水平平面的弯矩作用时,计算的方法是一样的,只要将式(4-29)中的 H 用机身截面的宽度 B 代替即可。

2. 剪应力的计算

机身蒙皮的剪应力 τ 是由剪力 Q 和扭矩 M_n 的作用引起的。扭矩是由机身不对称载荷引起,若机身的载荷是对称的,则扭矩等于零。下面就来研究在对称载荷和不对称载荷作用下机身剪流的求法。

1) 在对称载荷剪力 Q 作用下机身蒙皮剪应力的求法

在对称载荷作用下,机身各截面的剪力 Q 由蒙皮截面上产生的剪应力 τ_Q 来平衡。机身截面的上、下圆弧蒙皮中的剪应力比较小,在近似计算中,上、下圆弧的承剪能力可略去不计,认为垂直方向的剪力 Q 完全由两侧蒙皮承受,并假设侧壁蒙皮的剪应力是均匀分布的,而且在桁梁式机身中,侧壁高度可取为两梁间高度 H_1[图4-13(a)],则剪应力为

$$\tau_Q = \frac{Q}{2H_1\delta} \tag{4-30}$$

在桁条式和蒙皮式机身中,侧壁的高度可取为 $\frac{2}{3}H$ [图 4-13(b)和(c)],则剪应力为

$$\tau_Q = \frac{Q}{2\frac{2}{3}H\delta} = \frac{Q}{\frac{4}{3}H\delta} \tag{4-31}$$

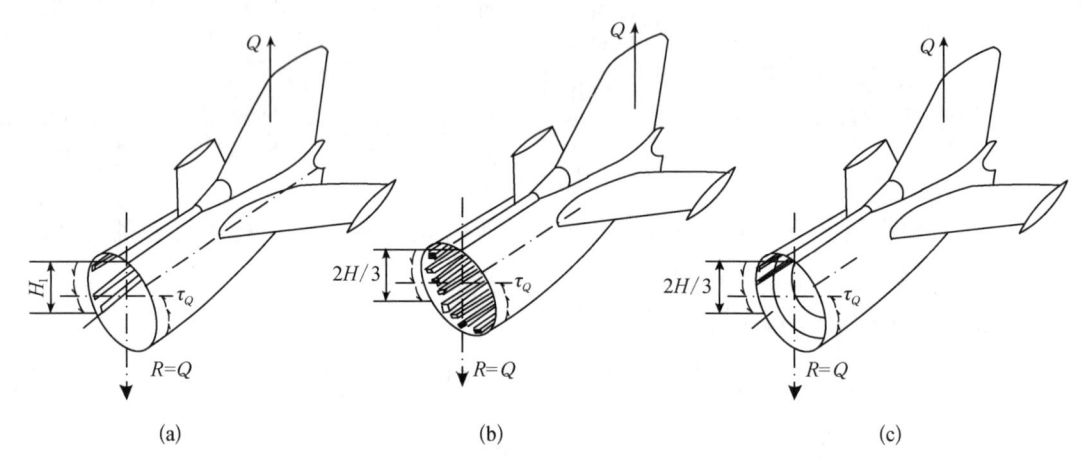

图 4-13　机身截面上由剪力引起的剪应力

2) 在不对称载荷作用下机身蒙皮剪应力的求法

在不对称载荷作用下,机身除受弯曲外还受扭转,如垂直尾翼上作用着力 $P_{垂尾}$(图 4-14)。对于机身任一截面,相当于受到一个通过截面刚心的剪力 $Q(=P_{垂尾})$ 和一个扭矩 $M_n(=P_{垂尾}a)$,其中 a 是 $P_{垂尾}$ 到机身计算截面刚心之间的距离。

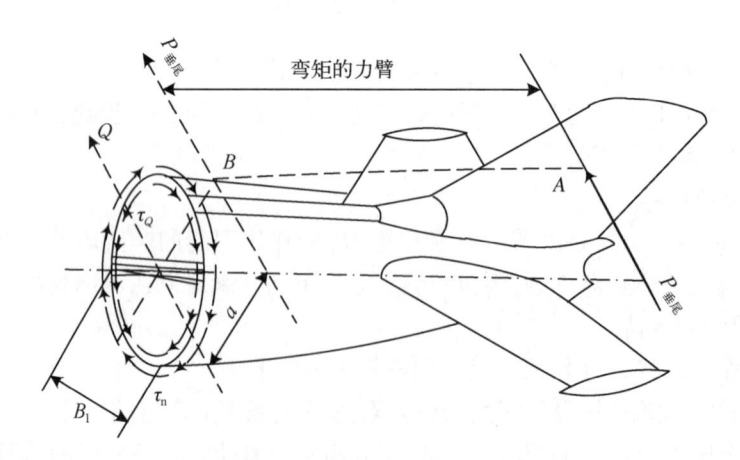

图 4-14　$P_{垂尾}$ 引起的机身剪应力

剪力 Q 引起的剪应力计算方法同前,即

$$\tau_Q = \frac{Q}{2B_1\delta} \tag{4-32}$$

其中，δ 为蒙皮的厚度；B_1 为对桁梁式机身取两梁之间的水平距离。对于桁条式和蒙皮式机身，式(4-32)仍可应用，其中 $B_1 = \frac{2}{3}B$，而 B 是机身截面最大宽度。

由扭矩 M_n 产生的剪应力 τ_n，对于桁梁式、桁条式和蒙皮式机身，均按下面公式进行计算：

$$\tau_n = \frac{M_n}{2F\delta} = \frac{Qa}{2F\delta} \tag{4-33}$$

其中，F 为机身周缘所围的面积。

蒙皮所承受总的剪应力，等于剪切剪应力 τ_Q 和扭转剪应力 τ_n 的代数和，即

$$\tau = \tau_Q \pm \tau_n \tag{4-34}$$

4.1.4 起落架结构的应力计算

首先应根据强度规范给定的设计情况和对应的起落架几何状态，算得相应的设计载荷和内力，并绘出内力图，再进一步计算其静强度。

现采用下述符号：N、Q、M、M_n 分别表示元件所受到的轴力、剪力、弯矩和扭矩；F、W、W_n 分别表示元件的受力面积和抗弯、抗扭截面模量。下面介绍起落架的强度计算方法。

1. 正应力的计算

一般按式(4-35)计算正应力 σ：

$$\sigma = \frac{N}{F} + \frac{M}{W} \tag{4-35}$$

2. 剪应力的计算和校核

一般按式(4-36)计算剪应力 τ：

$$\tau = \frac{Q}{F} + \frac{M_n}{W_t} \tag{4-36}$$

应当注意，一般情况下，支柱截面上同时作用有弯矩、剪力、扭矩和轴压力，是复合受力状态，应按材料力学的复合应力强度理论进行计算和校核。但考虑到起落架支柱上内力中弯矩是主要的，通常可不用复合应力校核，分别校核即可，粗略计算时甚至可只校核抗弯强度。

还应说明的是，由于起落架支柱有一定的壁厚，不是典型的薄壁件，应属三维应力状态。支柱上端与机体相连的可转动的大接头，则又属复杂的接触应力状态，采用有限元法计算才能求得较精确的应力。

以图 3-87 所示的摇臂式起落架为例，在受力分析得到弯矩（M_{w1}、M_{w2}）、扭矩 M_n 和剪力 Q 后，轮臂截面上的应力分布用上述方法计算，结果如图 4-15(a)所示，将相应点的各个应力叠加，即得出轮臂截面上在垂直载荷作用下的总应力，结果如图 4-15(b)所示。

由此可知轮臂在两个对角 A、C 处的正应力最大,而在内侧壁 AD 上的剪应力最大。可见,其中点 A 处的受力更严重。因此,某些在减震器连接接头处采用周缘焊缝套接起来的轮臂[图 4-16(a)],往往容易沿周缘焊缝产生裂纹,尤其是靠轮臂的内侧壁点 A 处的裂纹较多。为了克服这个缺点,有的轮臂(某飞机主轮臂)采用了沿纵向焊接方法,见图 4-16(b),它只在轮臂的上下缘中间留有焊缝,从而改善了焊缝的受力。

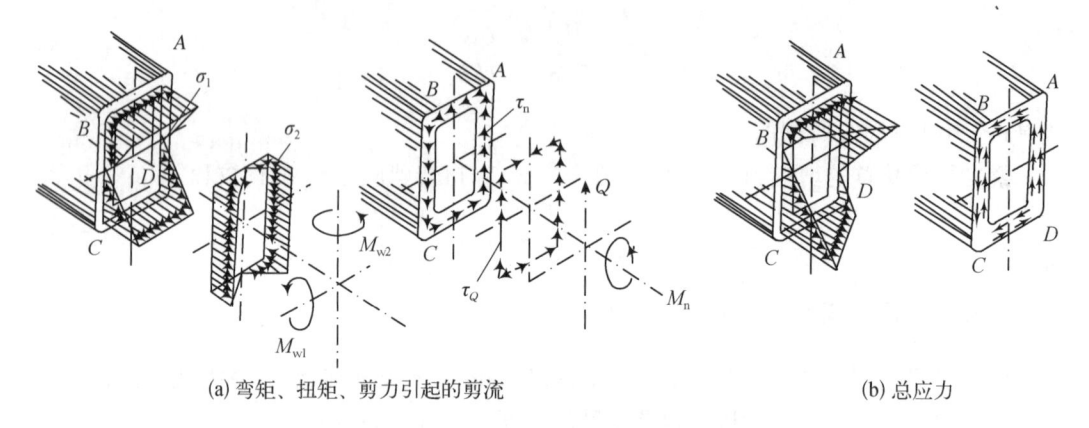

(a) 弯矩、扭矩、剪力引起的剪流　　　　　　　　(b) 总应力

图 4-15　轮臂横截面上的应力分布情况

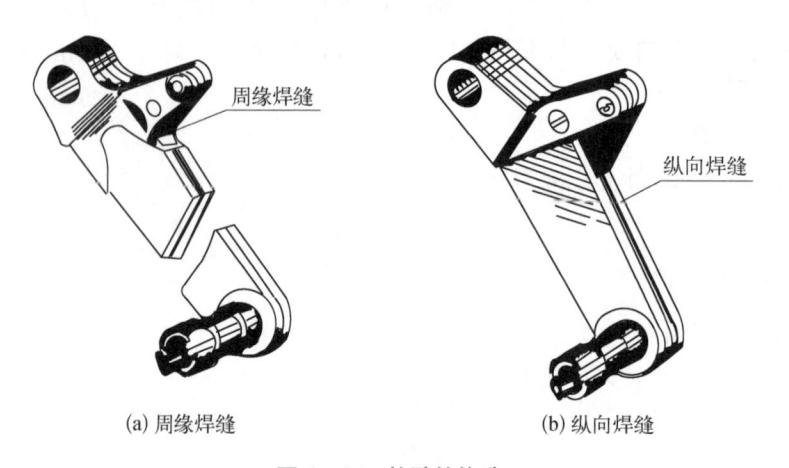

(a) 周缘焊缝　　　　　　　　(b) 纵向焊缝

图 4-16　轮臂的构造

4.2　飞机结构应力计算的有限元法

根据组成特点,可将结构分为静定结构和超静定结构。静定结构是具有最少必需约束的几何不变系统,在已知外载荷作用下,系统各元件的内力(包括支座反力)只应用静力平衡方程就可以完全确定。但是,在实际结构中,为了增加系统的刚度及可靠性,在系统中增加了"多余约束",使得系统的未知内力数多于可以列出的独立的静力平衡方程的数目。因此,其内力(包含支反力)不能仅由静力平衡方程来确定,这种系统称为超静定结构(又称静不定系统)。

超静定结构在组成方式上是具有多余约束的几何不变系统。所谓"多余约束"是指那些可以被除去而不会破坏系统的几何不变性的约束,系统的超静定度数 K 就等于多余约束的数目,即 $K=C-N$。应该指出,所谓"多余"约束,是从保证系统几何不变性的观点来说的,但从发挥结构的性能、增加系统的强度和刚度角度来说,这些"多余约束"有时是很必要的。

求解超静定结构的内力,必须从三个基本原则出发,那就是结构在给定外载荷作用下,其内力必须同时满足平衡条件、变形协调条件和物理条件。在求解过程中,可以选定某些未知数作为基本未知数求出,然后再求其余的未知数。根据基本未知数的选法不同,超静定结构的解法归结起来主要有以下几种。

(1) 力法——选取系统多余约束中的内力作为基本未知数,利用平衡条件和变形协调条件求出这些多余未知内力,然后再求出结构其他元件的内力。

(2) 位移法——选取系统满足变形连续条件的某些位移作为基本未知数,利用平衡条件求出这些基本未知数,然后再求结构的内力。

(3) 混合法——选取的基本未知数中,一部分为多余约束未知力,另一部分为结构的某些位移。

由于数值分析方法和计算机技术的飞速发展,以上述理论方法为基础的有限元法在飞机结构强度分析中得到广泛应用,本节简单介绍有限元法。

4.2.1 有限元法的基本原理

有限元法又称有限单元法,是求解复杂工程问题的一种近似数值分析方法。它的基本思想是将一个连续的求解区域分解成为有限个且形状简单的子区域(单元),从而使连续的无限自由度问题变成离散的有限自由度问题,然后求得未知量(如结构的位移、应力、应变等)的近似数值解。解的近似程度取决于所采用的单元模型、数量及对单元的插值函数。

古代将圆周简化为由有限个线段组成的多边形,从而得出圆周率的近似算法,可以认为是有限元法早期应用的一个事例。但由于计算工具和计算手段的限制,有限元法的发展非常缓慢。直到近三十年来,由于矩阵分析方法和计算机技术的飞速发展,有限元法才在工程中得以广泛应用。

有限元法的研究领域已经渗透到结构工程学、结构力学、宇航工程学、土力学、基础工程学、岩石力学、热传导、流体力学、水利工程学、水源学、核工程学、声学等学科,其研究问题有平衡(静力)问题、特征值问题、稳定性及动力问题等,范围从平面扩大到了空间。研究对象的性质不仅限于弹性问题,对于塑性问题、黏弹性问题及疲劳断裂问题都可以用有限元法来求解。

采用限元法进行力学分析时,根据计算中所选取的基本未知量,可将有限元法分为三类:位移法、力法和混合法。位移法取节点位移作为基本未知量,力法取节点力作为基本未知量,混合法取一部分节点位移和一部分节点力作为基本未知量。有限元法的基本过程是"先分后合":"先分"是指将结构离散化,即将结构分成有限个单元,进行单元分析,建立单元节点力与节点位移之间的关系,即单元的刚度方程。有自然单元的结构,按自然单元离散化。如图 4-17 所示的连续梁和平面刚架,以自然杆件为单元,都可以分成三个单元。没有自然单元的结构,如图 4-18(a)所示的平板,将其分解为由有限个三角形单元在角点铰接的组合体(由于对称性,图中只取整个结构的四分之一进行分析),如图 4-18(b)所示。"后合"是将各单元节点力与节点位移之间的关系进行综合分析,建立整个结构节点力与节点位移之间的关系,即总体刚度方程。然后引入支承条件消除刚体位移,再解线性方程组输出节点位移,利用单元节点力与节点位移的关系求出单元的节点力。最后,根据单元节点力及载荷,用常规方法确定每个单元的内力。

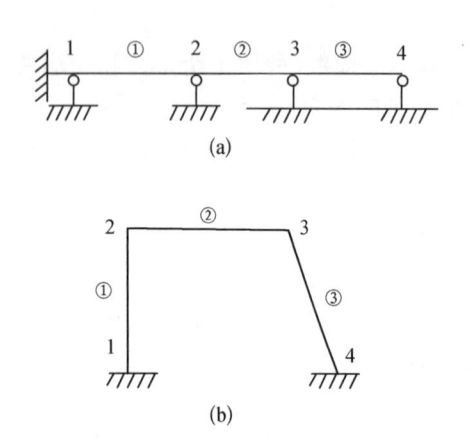

图 4-17 连续杆、刚架单元划分

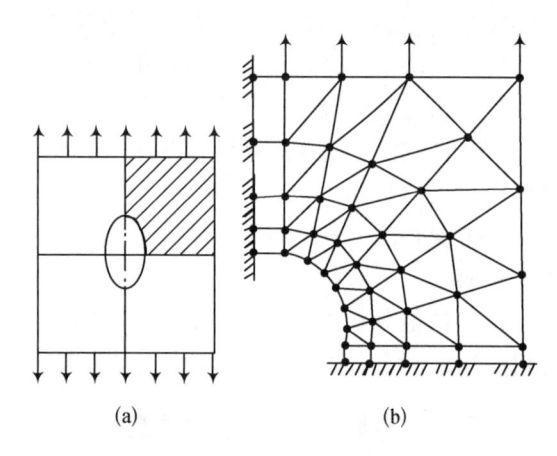

图 4-18 平板单元划分

4.2.2 有限元法的基本步骤

用有限元法处理弹性连续体问题时,分析步骤可概括如下。

(1) 把弹性连续体离散化。各单元仅在节点处互相铰接,传递节点力。

(2) 进行单元分析,建立单元的力学特性方程。根据单元的几何连续条件,设定位移模式;再根据单元的物理条件和平衡要求,运用等效力概念,建立节点力同节点位移的关系。

(3) 进行整体分析,建立物体整体方程。根据物体的整体平衡条件,在单元节点力同节点位移关系的基础上,建立整个物体的载荷同节点位移的关系。这些关系构成一个庞大的以单元节点位移为基本未知量的线性方程组。

(4) 对上述线性方程组,考虑了位移边界条件后,即可用计算机求解,解出节点位移,从而得到应变和应力。

有限元法的主要程序用框图表示为图 4-19。

4.2.3 有限元法在飞机结构强度分析中的应用

目前,有限元法已经在飞机结构强度分析中得到了广泛应用。利用有限元法可以对飞机结构整体或部件进行应力和变形计算,从而可对飞机结构进行强度设计和强度校核。在对飞机结构进行有限元分析时,一般可把全机分成几个子结构(如将 DC-10 飞机共分成 77 个子结构),每个子结构又离散化成若干个单元。单元的类型应符合结构的受力特

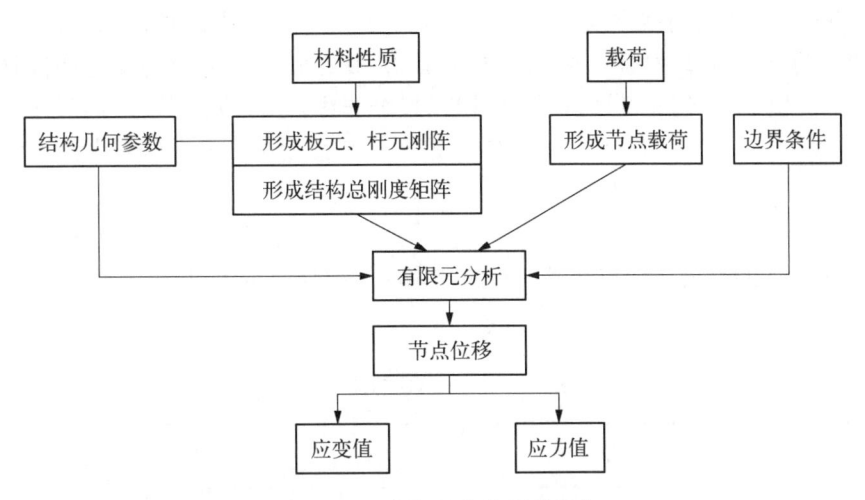

图 4-19 有限元法的主要程序

点,如把机翼、机身的蒙皮及梁、框、肋的腹板离散为剪板或平面应力板;而把桁条、梁与肋的缘条离散为杆元等。对于应力变化较大的区域(如集中载荷作用点和结构不连续区附近),网格要相应密一些;而在应力变化较小或应力水平较低的区域,网格可相应疏一些。图 4-20 为某机全机有限元法计算模型。

采用有限元法进行应力分析,是在已有各构件尺寸的条件下进行的,因此一般应根据经验、原准机或初定量计算定出初步尺寸。当在结构设计中需对某些结构作出局部更改时,只要更改相应子结构的原始数据,即可进行全机应力再分析。

图 4-20 某机全机有限元法计算模型

4.2.4 有限元分析软件

目前流行的有限元分析软件主要有 ANSYS、SAP、NASTRAN、ADINA、ABAQUS、MARC、COSMOS 等,其中 ANSYS 应用最为广泛,本节即以 ANSYS 软件为例对有限元软件进行介绍。

ANSYS 是融结构、热、流体、电磁、声学于一体的大型通用有限元分析软件,具有强大的有限元分析及前后处理功能,广泛应用于核工业、铁道、石油化工、航空航天、机械制造、能源、汽车交通、国防军工、电子、土木工程、生物医学、水利、日用家电等一般工业产品分析及科学研究,在行业内具有很高认知度和影响力。该软件自 1971 年面市至今,其版本一直在不断更新,功能不断增强。早期版本仅提供结构线性分析和热分析,现在已发展为集结构、热、流体、电磁、声学的高级多物理场耦合分析于一体的多功能分析软件。在结构分析中，ANSYS 可以进行线性及非线性结构静力分析、线性及非线性结构动力分析、线性及非线性屈曲分析、断裂力学分析、复合材料分析、疲劳分析及寿命估算、超弹性材料分析等，其中非线性包括几何非线性、材料非线性、接触非线性及单元非线性，同时还提供设计优化、概率设计、二次开发平台等先进技术，是现代工程设计和科学研究中必不可少的有力工具。

1. 功能介绍

ANSYS 软件的强大功能与其所拥有的众多应用模块是分不开的，其模块化结构如表 4-1 所示。

表 4-1 ANSYS 功能模块

模　　块	功　　能
PREP7(前处理模块)	建立几何模型、赋予材料属性、划分网格等
SOLUTION(求解模块)	加载，求解
POST1(通用后处理模块)	考查某特定时刻整个模型的计算结果
POST26(时间历程后处理模块)	考查某特定点在整个时间历程上的结果
OPT(优化设计模块)	优化设计
PDS(概率设计模块)	概率设计
RUNSTAT(估计分析模块)	估计计算时间、运行状态等
OTHER(其他功能)	从 CAD 传递文件、改变二进制文件等

在有限元分析过程中，ANSYS 程序通常使用以下三个部分：前处理模块(PREP7)、求解模块(SOLUTION)与后处理模块(POST1 和 POST26)。前处理模块是一个强大的几何建模与网格划分工具，通过这个模块，用户可以方便地建立工程问题的有限元模型；求解模块的功能则是对已建立好的模型在一定的载荷与边界条件下进行有限元计算；后处理模块的功能是对计算结果进行处理，可以将结果用等值线(面)、梯度、矢量、粒子流及云图等图形方式显示出来，也可以用图表、曲线的方式输出。

1) 前处理模块

ANSYS 的前处理模块主要实现三种功能：参数定义、几何建模与网格划分。

(1) 参数定义。参数定义包括定义单位制、单元类型、单元的实常数、材料特性及使用材料库文件等。在单位制的定义中，ANSYS 并没有指定固定的系统单位。除了磁场分析之外，可以使用任意一种单位制，只要保证输入的所有数据都是使用同一单位制中的单位即可。单元类型的定义是结构进行网格划分的必要前提，ANSYS 程序根据所定义的单位类型进行网格划分，而单元实常数的确定也依赖于单元类型的特性。材料的特性是描述每一种材料性质的参数，如线弹性材料的弹性模量和泊松比。在一个分析过程中，可能有多个材料特性组，给每一组材料特性定义一个材料号，ANSYS 通过材料号来识别每一个材料特性组。对于每一有限元单元分析，尽管可以分别定义材料特性，ANSYS 程序允许用户将一材料特性设置存储进一个档案材料库文件。然后，在多个分析中取出该设置重复使用，这样可以大大提高工作效率。

(2) 几何建模。ANSYS 提供了两种建模方式：自下而上的建模与自上而下的建模。

对于有限元模型,图元的等级自下而上分别是:点、线、面、体。ANSYS 提供了很多高级图元,如球体、圆柱等。当用户直接构建高级图元时,程序会自动定义相关的低级图元。用户也可以先定义点、线、面,然后生成体。无论用哪种方式建模,都需要进行布尔操作来组合结构数据,以构建所需的几何模型。

(3) 网格划分。ANSYS 系统的网格划分功能十分强大,使用便捷。从使用选择的角度来说,网格划分可分为自动划分与手动选择划分两种。从网格划分的方法来说,则包括四种划分方式:延伸划分、映射划分、自由划分与自适应划分。延伸划分是将一个二维网格延伸成一个三维网格;映射划分是将一个几何模型分解成几部分规则形体,然后选择合适的单元属性与网格控制,分别生成映射网格;自由划分由 ANSYS 程序提供的网格生成器来实现,这种划分可以避免映射法中在不同区域网格的装配过程中因网格不匹配所带来的问题,但 ANSYS 的网格生成器仍不能全自动生成六面体网格;自适应网格划分是在生成具有边界条件的几何模型以后,用户指示程序自动产生有限元网格,并分析、估计网格的离散误差,再重新定义,直至误差低于用户定义的值。

2) 求解模块

此模块对已生成的有限元模型进行分析计算,在此阶段,用户可以定义分析类型、分析选项、载荷数据与载荷步选项。

在 ANSYS 中,分析类型包括结构静力分析、结构动力分析、结构屈曲分析、热力学分析、流体动力分析、电磁场分析、压电分析、声场分析及多物理场的耦合分析等。分析选项允许用户自定义,典型的分析选项有求解方法的选择、应力硬化或预应力的打开和关闭,以及牛顿-拉弗森(Newton-Raphson)法的选择等。ANSYS 的载荷数据包括载荷和约束两部分,载荷分为六类:① 自由度(degree of freedom, DoF)约束;② 力;③ 表面分布载荷;④ 体积载荷;⑤ 惯性载荷;⑥ 耦合场载荷。载荷步和子步是与载荷相关的两个重要概念,其中载荷步仅指可求得解的载荷配置。例如,在结构分析中,可以将风载施加于第一个载荷步,第二个载荷步施加重力等。子步是指一个载荷步中增加的步长,主要用于瞬态分析或非线性分析。子步也称为时间步,代表一段时间。载荷步选项用于更改载荷步,如子步数、载荷步的结束时间和输出控制。根据分析类型,载荷步选项可有可无。

3) 后处理模块

完成计算以后,可以通过后处理器查看结果。通过程序的菜单操作,能很方便地获得求解的计算结果。结构文件的输出形式有图形显示与数据列表显示两种。ANSYS 提供了两种后处理模块。

(1) 通用后处理模块(POST1)。通用后处理模块可用来查看整个模块或选定的部分模块在某一时间步的结果,将结果以等值线、梯度、矢量、粒子流及云图等图形方式显示或以图表、曲线的方式输出,以便检查和解释分析的结果。通用后处理模块也可提供许多其他功能,包括误差估计、载荷工况组合、结果数据的计算和路径操作等。

(2) 时间历程后处理模块(POST26)。时间历程后处理模块可用于查看模型的特定点在所有时间步内的结果,可获得结果数据对时间或频率关系的图形曲线及列表,还能从时间历程结果中生成谱响应,此外,POST26 还具有其他功能,如曲线的代数运算或微积分运算、通过变量间的四则运算产生新的曲线,以及求最大值、最小值等。

2. 用户界面

ANSYS 的图形用户界面(graphical user interface, GUI)如图 4-21 所示,包括多个窗口,通过这些窗口可以非常方便地输入命令、建立模型、检查模型、分析计算、观察分析结果及实现图形输出与打印等。

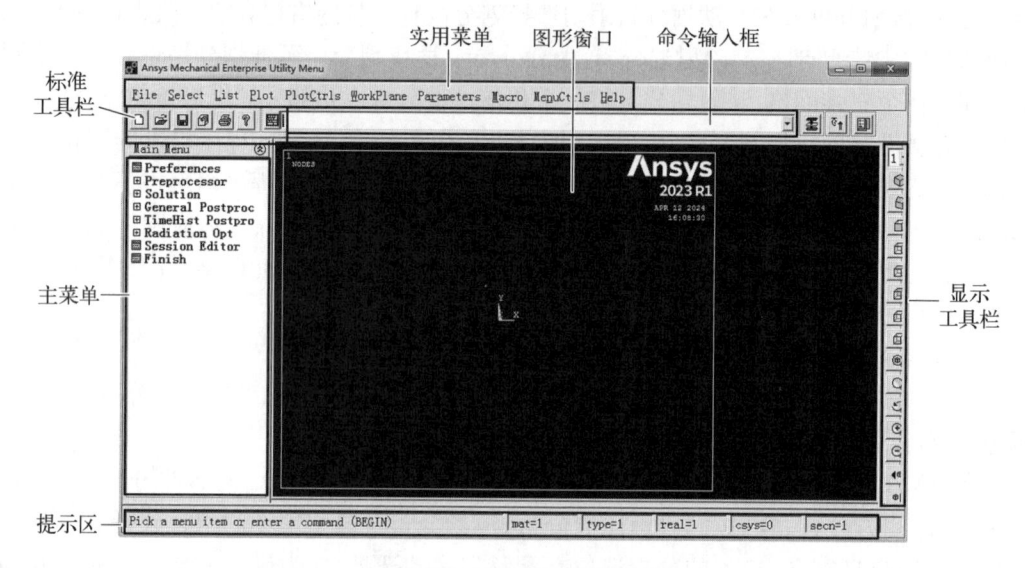

图 4-21 ANSYS 用户界面

4.3 飞机结构的屈服和断裂判据

计算出各构件的正应力 σ 和剪应力 τ 以后,便可根据构件的材料及受载性质,选用合适的强度理论,按照材料力学的方法,计算出复合应力(或当量应力) σ_a,再用当量应力和材料的性能参数建立静强度准则(或静强度条件)。当 $\sigma_a \geqslant \sigma_e$ 时,构件将产生永久变形,其中 σ_e 为材料的弹性极限;当 $\sigma_a \geqslant \sigma_s$ 时,构件将产生显著的永久变形,其中 σ_s 为材料的屈服极限;当 $\sigma_a \geqslant \sigma_b$ 时,构件断裂,其中 σ_b 为材料的强度极限。

由于构件应力达到材料的屈服极限而产生永久变形后,构件就失去了正常工作的能力,显然,这对飞机结构是不允许的。因此,飞机结构强度和刚度规范规定:在最大使用载荷作用下,结构元件中的最大使用应力 σ_{sy} 不得超过材料的屈服极限,即

$$\sigma_{sy} \leqslant \sigma_s \tag{4-37}$$

为了满足式(4-37)的要求,强度和刚度规范中又规定:

$$\begin{cases} \sigma_{sj} \leqslant \sigma_b \\ \sigma_{sj} = \sigma_{sy} f \end{cases} \tag{4-38}$$

其中,σ_{sj} 为设计应力;f 为安全系数。

飞机结构中用得最多的材料是铝合金和合金钢,其强度极限为屈服极限的1.3~1.5倍,所以安全系数 f 一般取为1.5。这样,当满足式(4-38)后,既可满足式(4-37)。式(4-38)称为静强度准则,或静强度判据,或静强度条件。强度判据的左端,反映了构件使用的情况,取决于外载荷的大小及应力计算的精确程度。强度判据的右端,反映了构件本身的性能。而 σ_b 等参数一般都是用小尺寸光滑试件测到的材料性能,需要注意的是,在引用材料的机械性能数据时,必须根据具体情况进行尺寸修正。

在飞机结构设计中,各构件是按照构件的设计载荷来进行截面设计和强度校核的,在该载荷作用下,构件刚破坏或接近破坏。一般来说,按照这种要求设计出来的构件不会恰好满足要求,即构件的真实破坏载荷 P_{znp} 和设计载荷 P_{sj} 常常有所差别,通常用剩余强度系数来反映这种差别。把构件的真实破坏载荷与设计载荷之比值称为剩余强度系数,用 η 表示,即

$$\eta = \frac{P_{znp}}{P_{sj}} = \frac{\sigma_{znp}}{\sigma_{sj}} \tag{4-39}$$

其中,σ_{znp} 为构件的真实破坏应力;σ_{sj} 为构件的设计应力。

为了便于计算 η 又不进行破坏试验,取材料的名义破坏应力 σ_b 来代替构件的真实破坏应力,因而可得

$$\eta = \frac{\sigma_b}{\sigma_{sj}}$$

η 表示了飞机结构构件强度的实际富裕程度。如果 $\eta < 1$,表示构件不安全,不符合设计要求;如果 $\eta = 1$,表示设计恰到好处,说明这个构件的重量既轻又符合安全要求。一般来说,剩余强度系数为1~1.1是符合要求的,因为 $\eta = 1$ 是不容易做到的。

4.4 飞机结构的刚度判据

4.4.1 飞机结构的刚度对飞机的影响

1) 飞机结构刚度对飞机结构受力的影响

由于机翼、机身等均为高度静不定的结构,受力按刚度分配,刚度大小决定了受力构件的载荷大小。在某些情况下,如果因为相邻构件的刚度不匹配比较严重,在变形协调条件下会出现附加载荷。另外,如果结构刚度不足,在疲劳载荷下的反复变形过大,将导致结构的疲劳破坏。

2) 飞机结构刚度对飞机操纵性的影响

对于某些附件的支撑结构或操纵面的悬挂臂的支撑结构应有一定刚度要求,以免操纵面卡死,以及保证助力器等附件工作的精确性。操纵系统本身刚度不足还会造成操纵滞后,甚至不到位。

3）飞机结构刚度对飞机振动的影响

系统或结构的共振特性与该系统或结构的固有频率直接相关，也即与系统或结构的刚度特性有关。

4）飞机结构刚度对飞机气动性能的影响

为了保证飞机各部件具有设计时所预期的气动性能（升力特性、阻力特性、力矩特性），就要求机翼、尾翼及机身等具有足够的总体刚度。例如，与翼根一定距离处的翼剖面的扭转变形不允许超过某限制角度；机翼挠度不应超过某允许值。其次，还有局部刚度要求，特别对于高速飞机，机翼表面的凹凸变形将会严重影响气动特性。

5）飞机结构刚度对飞机气动弹性的影响

在高亚声速飞行时，如果机翼的刚度不足或刚心位置不当，会导致结构出现气动弹性问题，如机翼的扭转扩大、副翼反效和机翼颤振等。

由空气动力、弹性力和结构惯性力的相互作用，而引起飞机部件破坏或失效的各种典型问题，统称为气动弹性问题。气动弹性问题包括机翼的扭转扩大，副翼或舵面的操纵反效，机翼、尾翼、机身的颤振等。扭转扩大和操纵反效属静气动弹性问题，而颤振除与空气动力和结构弹性有关外，还与振动加速度和由此产生的结构惯性力有关，属动气动弹性问题。这里仅介绍静气动弹性问题，颤振问题参见第9章相关内容。

（1）机翼的扭转扩大。取机翼的一个典型剖面。该剖面上有三个重要的点，即剖面的气动力焦点、重心与刚心（机翼扭转时绕刚心转动），如图4-22所示。亚声速飞行时，焦点在翼弦25%~28%处，刚心在翼弦38%~40%处，即焦点在前、刚心在后。假设飞行时飞机遇扰动上升气流，导致飞机迎角增大，产生一附加升力ΔY作用在焦点上，剖面在$\Delta Y d_a$的作用下将产生扭转变形$\Delta \theta$，此时扭转气动力矩$\Delta Y d_a$与扭转产生的弹性恢复力矩M_k可看作相等，扰动消失后，该扭转变形的发展趋势有两种可能，一种是附加的扭转变形越来越大，另一种可能是附加的扭转变形越来越小，直至消失。现具体分析一下发展过程，如图4-23所示（$\theta_3 > \theta_2 > \theta_1$），附加扭转变形$\Delta \theta$引起该剖面的迎角增加$\Delta \alpha$，因此气动升力有一增量$\Delta y$，显然$\Delta y$对刚心产生的气动力矩$M_a$如果大于弹性恢复力矩$M_k$，则扭转变形越来越大，导致扭转扩大；而反之，如果$M_a$小于$M_k$，则附加扭转变形越来越小。

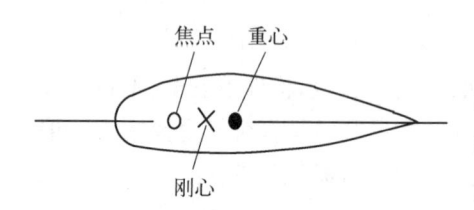

图4-22 机翼三心位置示意图

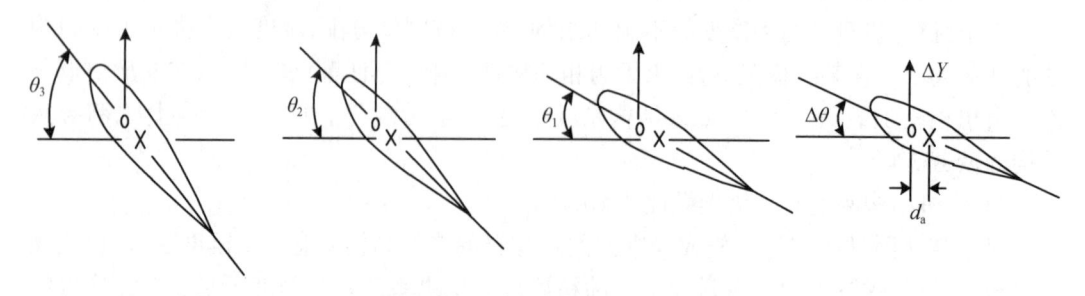

图4-23 机翼扭转扩大示意图

由于超声速飞行时,焦点已显著后移,此时出现扭转扩大的可能性较小。另外,为防止扭转扩大,可以将刚心前移,同时提高机翼的刚度。

(2) 副翼反效。副翼和舵面都有操纵反效的问题,现以副翼反效为例加以说明。如图 4-24 所示,现操纵副翼下偏 δ,使机翼翼段上产生附加升力 ΔY_a(即操纵力),ΔY_a 又要产生一个附加的低头力矩,使翼段迎角减小,产生一个负升力 ΔY_k,显然正常的操纵应使 $\Delta Y_a > \Delta Y_k$,否则会出现操纵反效。

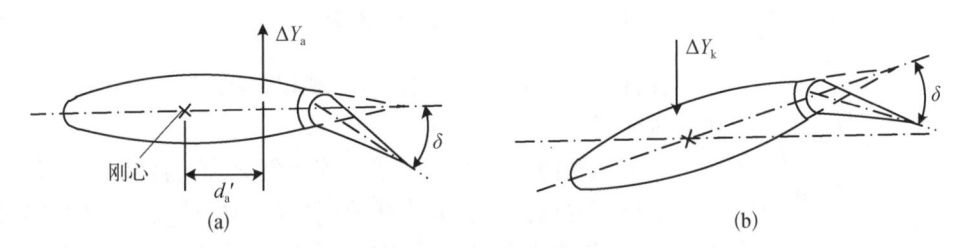

图 4-24 副翼反效示意图

4.4.2 飞机结构的刚度要求

飞机结构设计需考虑刚度要求。飞机结构的刚度要求,一般以在使用载荷下,结构的变形小于或等于许可变形,即

$$\delta_i \leqslant [\delta_i] \tag{4-40}$$

其中,δ_i 为结构在节点 i 或截面处的变形,该变形可以是线位移也可以是角位移;$[\delta_i]$ 为结构在节点 i 处的许可位移。

另外,在某些情况下(如为防止机翼发生颤振),对结构的刚度分布及翼剖面刚心位置应提出一定要求。

4.5 飞机结构的稳定性分析和判据

本节主要研究飞机薄壁构件失稳的计算方法,即求出其临界应力数值,确定其最大承载能力。

首先从物体的平衡状态谈起,在刚体动力学中,物体有三种平衡状态:稳定平衡、不稳定平衡和随遇平衡。处于平衡状态的物体,受到微小的干扰而稍离开其平衡位置后,若它仍能恢复到原来的位置,则这种平衡状态是稳定的。若物体稍离开其平衡位置后,不能再回到原平衡位置而继续远离,则这种平衡状态是不稳定的。若物体离开原平衡位置后,它既不恢复到原平衡位置,又不继续离开,而能在任何位置上处于平衡,则这种平衡状态是随遇平衡的。

如图 4-25 所示,位于凹面底部的刚球是处于稳定平衡状态的[图 4-25(a)],位于凸面顶部的刚球是处于不稳定平衡状态的[图 4-25(b)],而放在水平面上的刚球则是随遇平衡的[图 4-25(c)]。显然,在本例中,刚球的平衡稳定性取决于其所处位置的几何形状。

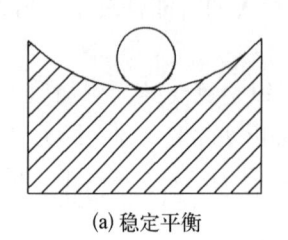

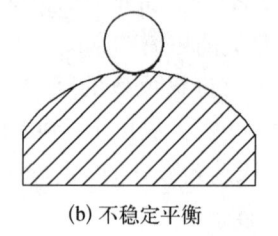

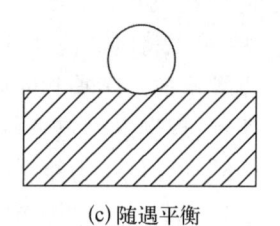

（a）稳定平衡　　　　　　（b）不稳定平衡　　　　　　（c）随遇平衡

图 4-25　三种平衡状态示意图

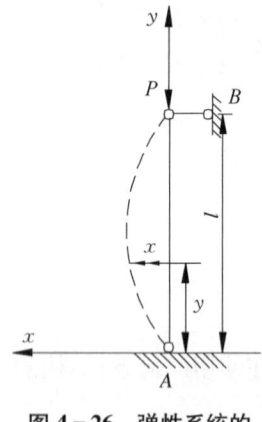

图 4-26　弹性系统的平衡状态

弹性系统也有三种平衡状态，现以受轴向压力作用的直杆为例来说明，如图 4-26 所示。

（1）当轴向压力 P 小于某一临界值 P_{lj} 时，杆轴是挺直的，倘若有一微小的横向干扰力使杆轴产生微小的曲度，而当横向力除去后，杆轴仍能恢复到直线形状。在这种情况下，杆的直线形式的平衡是稳定的。

（2）当轴向压力 P 大于某一临界值 P_{lj} 时，只要有任一微小的横向力使杆产生微小的曲度，那么，即使在横向力消除后，杆轴仍将继续弯曲而平衡于某一弯曲位置。在这种情况下，杆原来的直线形式的平衡是不稳定的。

（3）当轴向压力 P 等于临界值 P_{lj} 时，杆轴由于微小横向力而引起微小曲度，不管横力是否消除，杆轴仍能保持任一微弯状态，这种平衡称为随遇平衡。

在飞机结构中，要满足最小重量的要求，因此大量采用板、壳元件。板、壳同直杆一样，也有一个稳定的问题。侧面受压或受剪的板和壳，当压力或剪力大于某一临界值时也会出现失稳的现象，称这种现象为压曲，又称为失稳破坏。

由上述可知，在元件受压或受剪时，决定元件平衡状态的因素是作用力的大小。当作用力的值增加到某一临界值时，就会引起平衡状态的质变。而这一临界值简称为临界载荷 P_{lj}，它是一个使系统从稳定平衡过渡到不稳定平衡的临界值。不难看出，失稳破坏的强度条件为

$$P \leqslant P_{lj} \text{ 或 } \sigma \leqslant \sigma_{lj}$$

其中，P_{lj} 或 σ_{lj} 可以用实验确定，也可用分析计算的方法来确定，这里只介绍计算法。

因此，研究薄壁构件稳定性的目的，就是要找出薄壁构件失稳的临界应力 σ_{lj}，确定其最大承载能力，分析其失稳的有关因素。由于薄壁构件失稳时临界应力公式的推导比较复杂，着重引用一些理论公式和经验公式，进行构件稳定性分析并作初步计算时的参考。

4.5.1　矩形平板的稳定性

1. 单向压缩时简支矩形板的失稳

飞机上的薄板都是铆接在其他构件上以取得支持，如果这些支持薄板的构件本身的

强度、刚度都不是很高,当板受力变形时,其也将随之产生变形,这时就可近似地认为板的支持是简支的。凡是一块平板四边都有这种支持,就是四边简支的矩形板。例如,机翼的两个翼肋和两根桁条之间的蒙皮,机身的两个隔框和两根桁条之间的蒙皮等,均可近似地看作四边简支的矩形板。当机翼或机身受到弯曲和扭转时,蒙皮就会受到压缩和剪切的作用。取其中一块理想化的四边简支的矩形板,如图 4-27(a)所示,在 x 方向(单向), $x=0$ 及 $x=a$ 的两个边上作用有均匀分布的压力 N(N=常数),现在来讨论其稳定性问题。

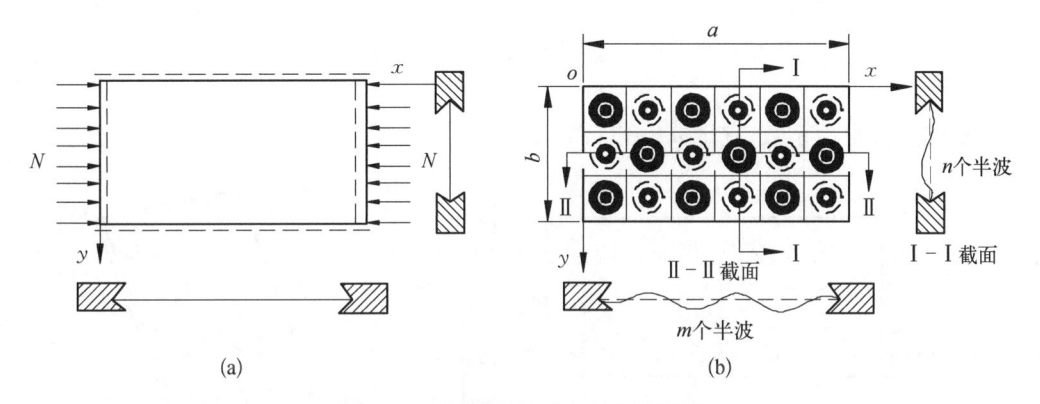

图 4-27 四边简支的矩形板的失稳

矩形板受到均布压力作用,当压力较小时,板是稳定的。当压力达到临界载荷 N_{lj} 时,板开始出现波浪式的皱纹,这时,板开始丧失稳定;当压力再继续增大时,板将迅速曲皱而破坏。

飞机上的薄壁构件,它所受的实际载荷必须小于其临界载荷。因此,在飞机的设计和修理中,都应该知道其临界载荷 N_{lj}。为了求得 N_{lj},直接引用四边简支矩形板在单向受压失稳时的载荷表达式:

$$N = \frac{E\delta^3\pi^2}{12(1-\mu^2)b^2}\left(\frac{mb}{a} + \frac{n^2a}{bm}\right)^2 \qquad (4-41)$$

其中,N 为单位宽度上的压力(N/cm);m,n = 1,2,3,…,表示板失去稳定时沿 x 轴、y 轴方向皱出波纹的半波数目[图 4-27(b)];μ 为泊松比,对于常用金属,取 μ = 0.3。

将 μ = 0.3 代入式(4-41),并注意到 $\sigma_{lj} = \dfrac{N_{lj}}{\delta}$,则有

$$\sigma_{lj} = \frac{\pi^2}{12(1-0.3^2)} \cdot \frac{E}{\left(\dfrac{b}{\delta}\right)^2} \cdot \left(\frac{mb}{a} + \frac{n^2a}{bm}\right)^2$$

上式简化为

$$\sigma_{lj} = \frac{0.9E}{\left(\dfrac{b}{\delta}\right)^2} K \qquad (4-42)$$

其中，
$$K = \left(\frac{mb}{a} + \frac{n^2 a}{mb}\right)^2 \quad (4-43)$$

式(4-43)为系数 K 的表达式，从中可以看出：对应于不同的 m 与 n，便有不同的 K 值，希望找到临界应力的最小数值，即 K 的最低值。因为 m、n 均为正整数，显然，当 $n=1$ 时，即在垂直于压力的方向只有一个半波时，在平行压力方向上可能有几个半波（图 4-28），这样式(4-41)可能有最低值，故式(4-43)改写为

$$K = \left(\frac{mb}{a} + \frac{a}{mb}\right)^2 \quad (4-44)$$

其中，K 称为稳定性系数，它随 a/b 和 m 而变化。

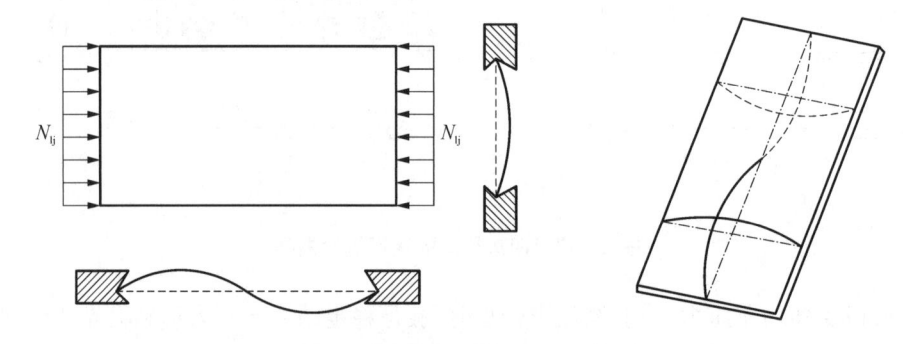

图 4-28 矩形板失稳时的半波

现在取 $\dfrac{\mathrm{d}K}{\mathrm{d}m} = 0$，以定出 m 取何值时 K 最小，将式(4-44)代入：

$$\frac{\mathrm{d}K}{\mathrm{d}m} = \frac{\mathrm{d}}{\mathrm{d}m}\left(\frac{mb}{a} + \frac{a}{mb}\right)^2 = 0$$

可得：

$$2\left(\frac{mb}{a} + \frac{a}{mb}\right)\left(\frac{b}{a} - \frac{a}{m^2 b}\right) = 0$$

因为 m、n 应取正整数，上式左边第一个括号内的值为正，只有第二个括号的值等于零，即有

$$\frac{b}{a} - \frac{a}{m^2 b} = 0$$

所以：

$$m = \frac{a}{b}$$

由此可以看出，当 $m = a/b$ 时（长边与短边之比），其 K 值为最小，如果将 $m = a/b$ 代入式(4-44)中，可得 $K = 4$。

矩形板发生失稳时所对应的波形是,沿压力作用边 b,半波数为 1(因为 $n=1$);而沿 a 边的半波数为 $m=a/b$,如果两边长之比 a/b 不是整数,如何确定 K 值呢?利用式 (4-44),令 $m=1,2,\cdots$,可作出一组 $K\sim a/b$ 的关系曲线,如图 4-29 所示,在这组曲线的实线部分上,根据已知的 a/b 值就可以找出 K 值及对应的 m 值。从图中可见,每条曲线的最小值都是在 $m=a/b$ 时取得,并且 $K=4$。从比较安全的观点来看,当 $a/b \geqslant 1$ 的范围,取 $K=4$ 是偏于安全的。而当 $a/b < 1$ 时,对应的 $m=1$,可按式(4-44)算出 K 值,即有:当 $a/b \geqslant 1$ 时,$K=4$;当 $a/b < 1$ 时,$K=\left(\dfrac{b}{a}+\dfrac{a}{b}\right)^2 > 4$。

在实际应用时,可近似地用图 4-30 所示曲线来代替图 4-29 的复杂曲线。求出 K 值后,代入式(4-42),便可计算出临界应力 σ_{lj}。

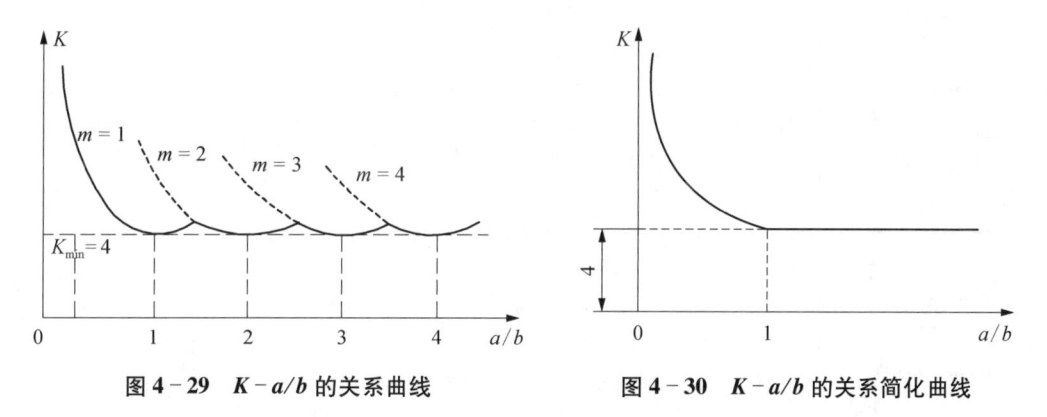

图 4-29 $K-a/b$ 的关系曲线　　　图 4-30 $K-a/b$ 的关系简化曲线

2. 矩形板其他情况的临界应力

通过对四边简支、单向均匀压缩的矩形平板失稳的研究,了解了飞机结构中矩形平板失稳的影响因素及临界应力的计算方法。那么,对于其他支持情况及不同形式外载荷作用下矩形平板的临界应力,就可用类似方法进行分析。实际研究表明,在不同载荷形式和支持情况下,矩形平板的临界应力计算公式有同一形式,即

$$\sigma_{lj} = \dfrac{0.9KE}{\left(\dfrac{b}{\delta}\right)^2}$$

其中,只是稳定性系数 K 有所不同,而系数 K 与下列因素有关:① 载荷的形式,如不同形式的受压或受剪;② 板的四边支持情况,如不同形式的固持、简支与自由边;③ 边长比 a/b。

为了便于应用,在表 4-2 中列出了四种载荷形式下不同支持情况的矩形平板的临界应力表达式及 K 值。

同样,还可利用图 4-31 中的曲线来确定临界应力的 K 值。图中表示矩形平板承受均匀压力,边界的支持情况不同时系数 K 值的变化规律。例如,第一条曲线表示矩形平板四边固持时 K 值随 a/b 的变化情况;第二条曲线表示矩形平板两边固持、两边简支时 K 值随 a/b 的变化情况。可以看出,当 a/b 增大时,这两条曲线的 K 值逐渐接近($K\to 7$)。这

表 4-2　矩形平板的临界应力表达式及 K 值

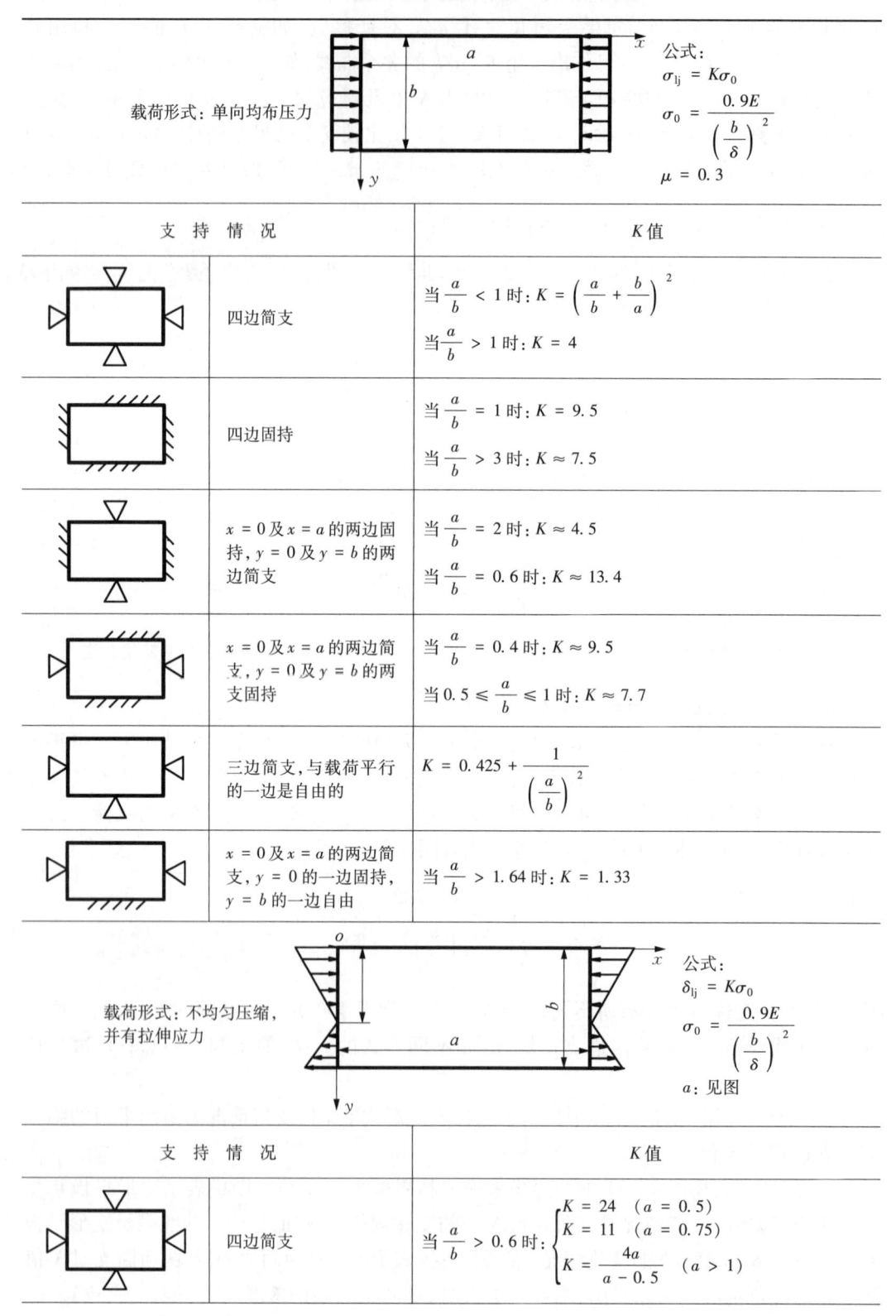

载荷形式：单向均布压力

公式：
$\sigma_{lj} = K\sigma_0$
$\sigma_0 = \dfrac{0.9E}{\left(\dfrac{b}{\delta}\right)^2}$
$\mu = 0.3$

支持情况	K 值
四边简支	当 $\dfrac{a}{b} < 1$ 时：$K = \left(\dfrac{a}{b} + \dfrac{b}{a}\right)^2$ 当 $\dfrac{a}{b} > 1$ 时：$K = 4$
四边固持	当 $\dfrac{a}{b} = 1$ 时：$K = 9.5$ 当 $\dfrac{a}{b} > 3$ 时：$K \approx 7.5$
$x=0$ 及 $x=a$ 的两边固持，$y=0$ 及 $y=b$ 的两边简支	当 $\dfrac{a}{b} = 2$ 时：$K \approx 4.5$ 当 $\dfrac{a}{b} = 0.6$ 时：$K \approx 13.4$
$x=0$ 及 $x=a$ 的两边简支，$y=0$ 及 $y=b$ 的两支固持	当 $\dfrac{a}{b} = 0.4$ 时：$K \approx 9.5$ 当 $0.5 \leq \dfrac{a}{b} \leq 1$ 时：$K \approx 7.7$
三边简支，与载荷平行的一边是自由的	$K = 0.425 + \dfrac{1}{\left(\dfrac{a}{b}\right)^2}$
$x=0$ 及 $x=a$ 的两边简支，$y=0$ 的一边固持，$y=b$ 的一边自由	当 $\dfrac{a}{b} > 1.64$ 时：$K = 1.33$

载荷形式：不均匀压缩，并有拉伸应力

公式：
$\delta_{lj} = K\sigma_0$
$\sigma_0 = \dfrac{0.9E}{\left(\dfrac{b}{\delta}\right)^2}$
a：见图

支持情况	K 值
四边简支	当 $\dfrac{a}{b} > 0.6$ 时：$\begin{cases} K = 24 & (a = 0.5) \\ K = 11 & (a = 0.75) \\ K = \dfrac{4a}{a - 0.5} & (a > 1) \end{cases}$

续 表

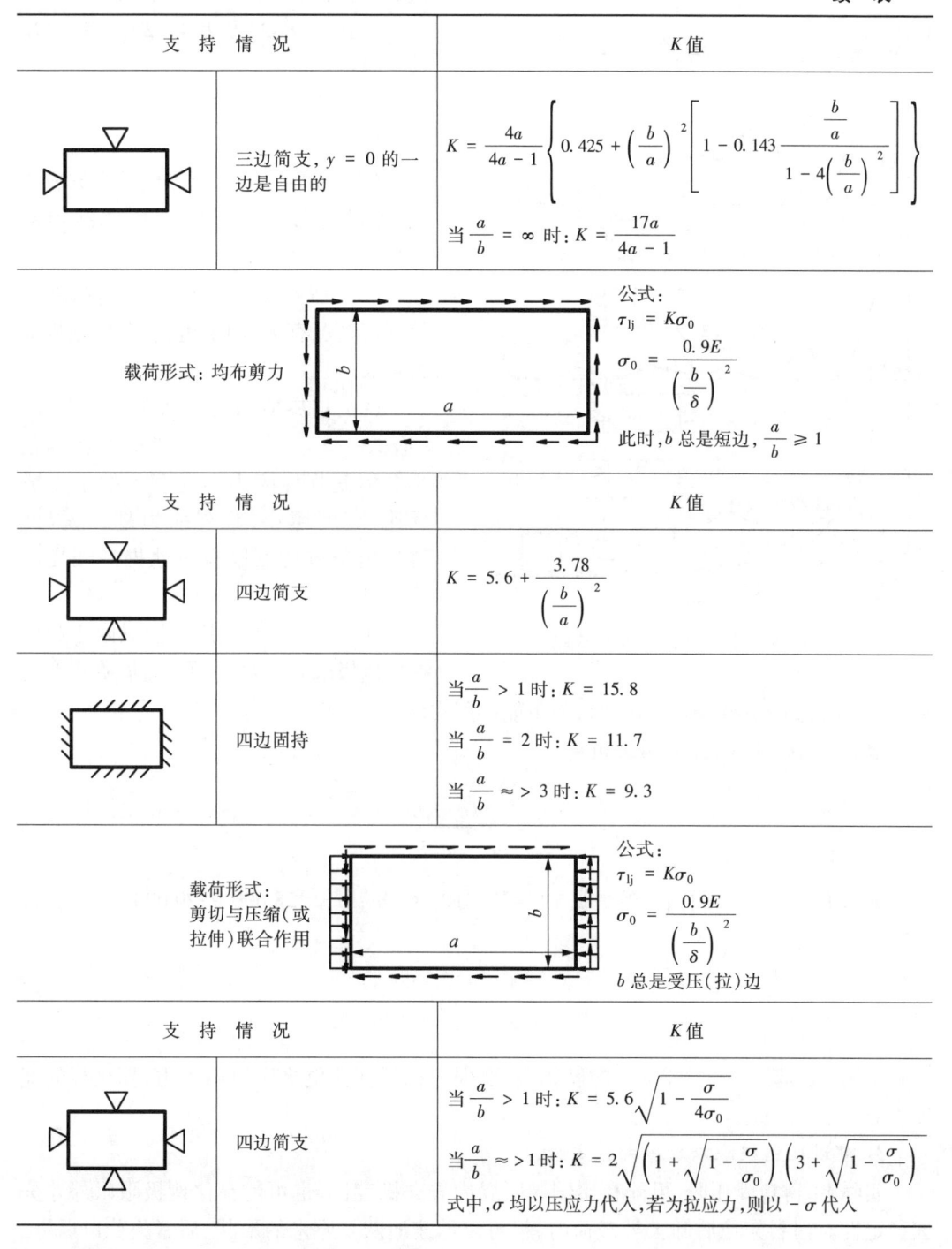

支 持 情 况	K 值
三边简支，$y = 0$ 的一边是自由的	$K = \dfrac{4a}{4a-1}\left\{0.425 + \left(\dfrac{b}{a}\right)^2\left[1 - 0.143\dfrac{\dfrac{b}{a}}{1 - 4\left(\dfrac{b}{a}\right)^2}\right]\right\}$ 当 $\dfrac{a}{b} = \infty$ 时：$K = \dfrac{17a}{4a-1}$

载荷形式：均布剪力

公式：
$\tau_{lj} = K\sigma_0$
$\sigma_0 = \dfrac{0.9E}{\left(\dfrac{b}{\delta}\right)^2}$

此时，b 总是短边，$\dfrac{a}{b} \geq 1$

支 持 情 况	K 值
四边简支	$K = 5.6 + \dfrac{3.78}{\left(\dfrac{b}{a}\right)^2}$
四边固持	当 $\dfrac{a}{b} > 1$ 时：$K = 15.8$ 当 $\dfrac{a}{b} = 2$ 时：$K = 11.7$ 当 $\dfrac{a}{b} \approx > 3$ 时：$K = 9.3$

载荷形式：剪切与压缩（或拉伸）联合作用

公式：
$\tau_{lj} = K\sigma_0$
$\sigma_0 = \dfrac{0.9E}{\left(\dfrac{b}{\delta}\right)^2}$

b 总是受压（拉）边

支 持 情 况	K 值
四边简支	当 $\dfrac{a}{b} > 1$ 时：$K = 5.6\sqrt{1 - \dfrac{\sigma}{4\sigma_0}}$ 当 $\dfrac{a}{b} \approx > 1$ 时：$K = 2\sqrt{\left(1 + \sqrt{1 - \dfrac{\sigma}{\sigma_0}}\right)\left(3 + \sqrt{1 - \dfrac{\sigma}{\sigma_0}}\right)}$ 式中，σ 均以压应力代入，若为拉应力，则以 $-\sigma$ 代入

说明当 a 边很长时，两端部支持的影响是很小的。

同理，如两短边固持、另外两边简支（第三条曲线）时，与四边简支（第四条曲线）相比较，在 a/b 值不大（如 $a/b \leq 3$）时，两者的 K 值相差较大，短边固持矩形板的临界应力比四边简支时要大。但是，若 a/b 继续增大，短边支持的影响将逐渐减弱，当 a/b 达到一定值后，两者的 K 值就非常接近（$K\to 4$）。

由式(4-42)及表4-2中可以得出如下结论：

（1）临界应力与材料的弹性模量 E 成正比；

（2）临界应力与板厚度的平方成正比，板的厚度越大，受压时越不容易失稳；

（3）临界应力的大小，与薄板四边的支持情况有关，固定得越牢靠，临界应力越大；

（4）临界应力与薄板的边长比 a/b 有关，$a/b>1$ 时对临界应力影响较小。但是临界应力与宽度 b 的平方成反比，宽度越小，临界应力越大，因此增加桁条数目可以有效地提高蒙皮的稳定性。

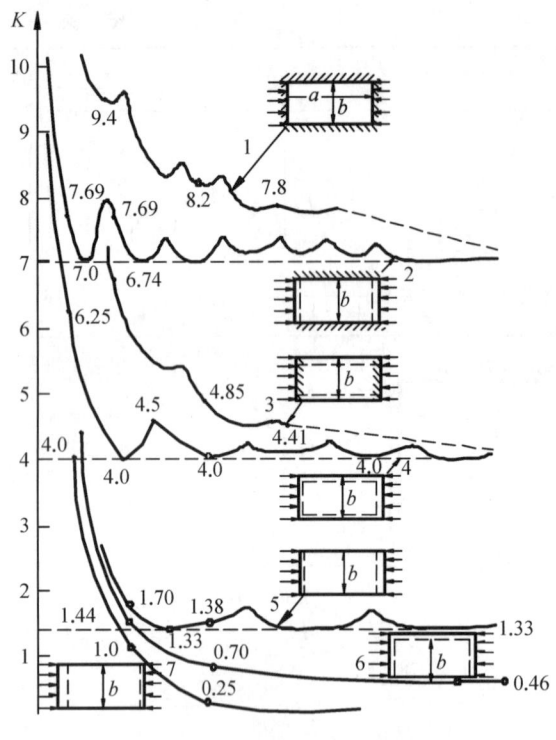

图 4-31 临界应力的 K 值曲线

式(4-42)的应用范围只限于材料在比例极限 σ_p 以内的受力，即临界应力 $\sigma_{lj} \leqslant \sigma_p$ 时，如算出的 $\sigma_{lj} > \sigma_p$ 时，就不能再用式(4-42)了。

令 $\sigma_{lj} = \sigma_p$ 代入式(4-42)可得

$$\frac{b}{\delta} = \sqrt{\frac{0.9KE}{\sigma_p}}$$

如取 $K=4$，再将硬铝板的数据（$E=7\times 10^6\ \text{N/cm}$，$\sigma_p = 28\ 000 \sim 29\ 000\ \text{N/cm}^2$）代入得

$$\frac{b}{\delta} \approx 30$$

上式说明：若选用厚度为 2 mm 的硬铝板，要保证铝板在比例极限以内受力，那么板的宽度不应小于 60 mm。

3. 超过比例极限以后板的稳定性

实际上，薄板受压时，可能在比例极限以内失去稳定性，也可能在比例极限以外才失去稳定性。前者失稳后卸去外载荷时，板可以迅速地恢复原来的形状；后者失稳以后，虽然卸去外载荷，板仍然存在有残余变形，这是因为其临界应力大于比例极限（$\sigma_{lj} > \sigma_p$），材料产生了塑性变形。这种超过比例极限后失稳的情况称为在塑性范围内的失稳，其情况与材料力学中的短柱失稳相似。

前面给出的板临界应力公式[式(4-42)]，即

$$\sigma_{lj} = \frac{0.9KE}{\left(\dfrac{b}{\delta}\right)^2}$$

与欧拉杆受压失稳的临界应力公式类似,按上式画出 σ_{lj} 与 b/δ 的关系曲线也称为欧拉曲线,见图 4-32,式(4-42)是利用材料在线弹性范围内的物理方程推导出来的,因此,它仅适用于计算临界应力 σ_{lj} 低于材料的比例极限 σ_p 的情况。若按式(4-42)计算出的 $\sigma_{lj} > \sigma_p$ 时,由于比例极限以外(塑性稳定)的弹性模量 E 不为常数,临界应力的计算变得相当复杂,经常采用一些经验公式来确定临界应力。

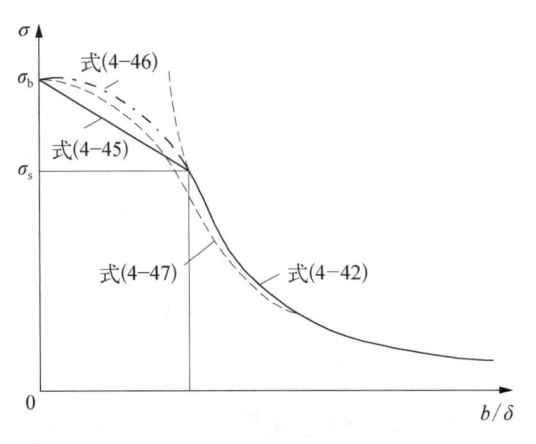

图 4-32 临界应力曲线

常用的经验公式之一是直线公式,即将比例极限以上部分曲线用直线代替,直线通过材料的极限压应力 σ_b 和比例极限 σ_p 两点,该直线用式(4-45)描述:

$$\sigma_{lj} = \sigma_b - \frac{\sigma_b - \sigma_p}{\left(\dfrac{b}{\delta}\right)_p}\left(\frac{b}{\delta}\right) \tag{4-45}$$

而 $(b/\delta)_p$ 是临界应力等于 σ_p 时的值,可由如下公式确定:

$$\left(\frac{b}{\delta}\right)_p = \sqrt{\frac{0.9KE}{\sigma_p}}$$

这条直线与欧拉曲线连接不光滑,而实际上应该是光滑的,因而,有人建议用抛物线连接这两点,这样就得到如下抛物线公式:

$$\sigma_{lj} = \sigma_b\left[1 - \left(1 - \frac{\sigma_p}{\sigma_b}\right)\frac{(b/\delta)^2}{(b/\delta)_p^2}\right] \tag{4-46}$$

另一个常用的经验公式为

$$\sigma_{lj} = \sigma_b \frac{1+v}{1+v+v^2} \tag{4-47}$$

其中,$v = \dfrac{\sigma_b}{\sigma'_{lj}}$; $\sigma'_{lj} = \dfrac{0.9KE}{\left(\dfrac{b}{\delta}\right)^2}$。

式(4-47)表示的曲线在比例极限以外接近抛物线公式[式(4-46)],在比例极限以下渐近于欧拉曲线[式(4-42)],且在比例极限以内或以外均适用。以上几种经验公式均用曲线表示在图 4-32 中。

此外,板在受剪力作用而失去稳定性时,板的临界剪应力也可按照与式(4-47)类似的公式来确定：

$$\tau_{lj} = \tau_b \frac{1+v}{1+v+v^2} \tag{4-48}$$

其中，$v = \dfrac{\tau_b}{\tau'_{lj}}$；$\tau'_{lj} = \dfrac{0.9KE}{\left(\dfrac{b}{\delta}\right)^2}$；$\tau_b = (0.6 \sim 0.65)\sigma_b$。

为了便于使用，对于常用材料，收集不同情况下板的临界应力曲线，可在一些手册和规范中进行查阅。

4.5.2 受压薄壁杆件的稳定性

飞机结构中的纵向加强构件，如桁条、梁缘条等，一般是由硬铝压制的型材或薄壁板弯制而成的，其剖面形状如图4-33所示。因为它们都是由薄壁板构成的，所以一般称为薄壁杆件。

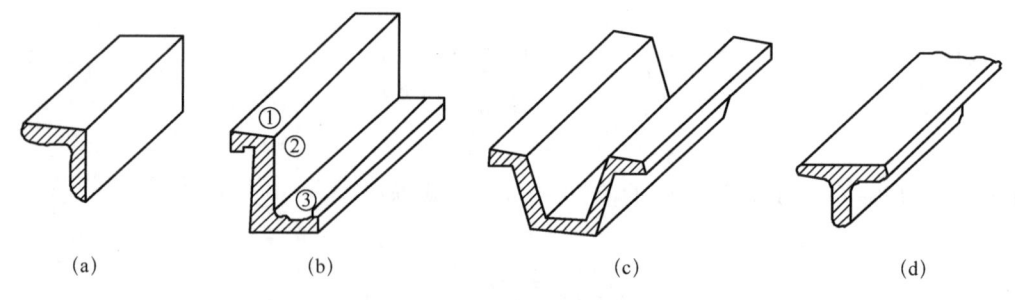

图4-33 桁条的剖面示意图

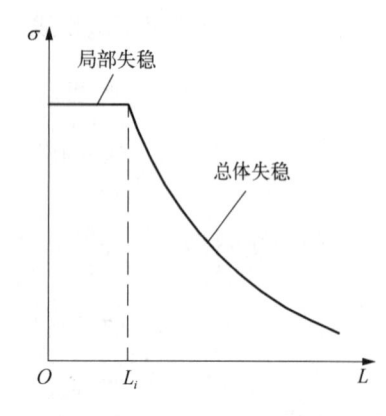

图4-34 临界应力与杆件长度的关系曲线

薄壁杆件受压时，通过实验可以得到其临界应力 σ_{lj} 与杆件长度 L 的关系曲线，如图4-34所示。当长度比较长时，杆件将产生"总体失稳"，当杆件比较短时，其临界应力与长度几乎无关，而使 σ_{lj} 保持一常值，这种与长度几乎无关的失稳称为"局部失稳"。因此，当 $L > L_i$ 时，将发生总体失稳；当 $L < L_i$ 时，将发生局部失稳。

1. 失去总体稳定性

较长的薄壁杆件（$L > L_i$），当纵向压力增加到临界值时，杆件的剖面形状没有改变，而整个杆件的纵轴发生弯曲而失去稳定性（图4-35），这种失稳现象称为失去总体稳定性，其临界应力可按材料力学中的欧拉公式进行计算，即

$$\sigma_{ztlj} = \frac{c\pi^2 E}{\left(\dfrac{l}{i}\right)^2} \tag{4-49}$$

其中，σ_{zllj} 为总体临界应力；l 为沿载荷方向的长度，通常，机翼桁条取两翼肋间的距离，机身桁条取两隔框间的距离；c 为支持系数，对于机翼、机身的桁条，通常取 1.5~2；i 为截面的最小惯性半径，若薄壁构件和蒙皮铆接(图 4 - 36)，近似取：

$$i = \sqrt{\frac{J_{x-x}}{F}}$$

其中，F 为桁条截面积与板有效面积之和；J_{x-x} 为组合面积 F 对过其形心且平行于板的 $x - x$ 轴的惯性矩。

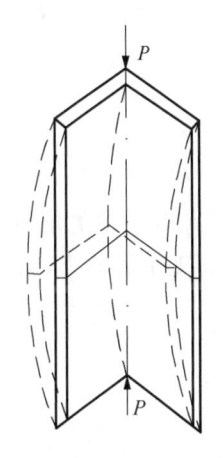

图 4 - 35 薄壁杆件总体失稳示意图 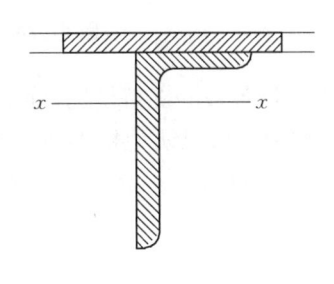　　**图 4 - 36 薄壁构件和蒙皮铆接示意图**

2. 失去局部稳定性

较短的薄壁杆件在纵向压力的作用下，通常不发生总体失稳现象，而是在壁板的某一部分发生局部变形(曲皱)，从而失去稳定性，如图 4 - 37 所示。薄壁杆件的纵轴仍然是直的，但其截面形状却发生了改变，产生了局部曲皱，这种失稳现象称为失去局部稳定性。

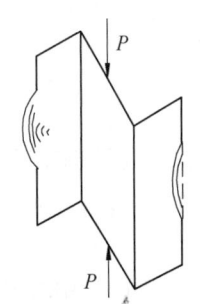

近似求局部失稳临界应力的方法是：把杆件看作由若干块薄板组成，假定在纵向压力作用下，杆的某一块板首先达到了临界状态而失去稳定，则这块板所负担的载荷就不再增加而保持为临界值，其余部分的载荷将由其他较强的板来负担，直到所有的板都失去稳定时，杆件就完全丧失继续承载能力。于是，整个杆件局部失稳的临界载荷就等于各块板临界载荷的和，这样求临界载荷的方法，称为"极限状态"法。求得杆件的临界载荷值称为破坏载荷 P_{jbph}，整个杆件的临界应力为

图 4 - 37 薄壁杆件局部失稳示意图

$$\sigma_{jblj} = \frac{P_{jbph}}{F}$$

其中，F 为杆的截面积；σ_{jblj} 为局部临界应力。

下面以图4-38所示薄壁杆件为例,说明其具体计算方法。

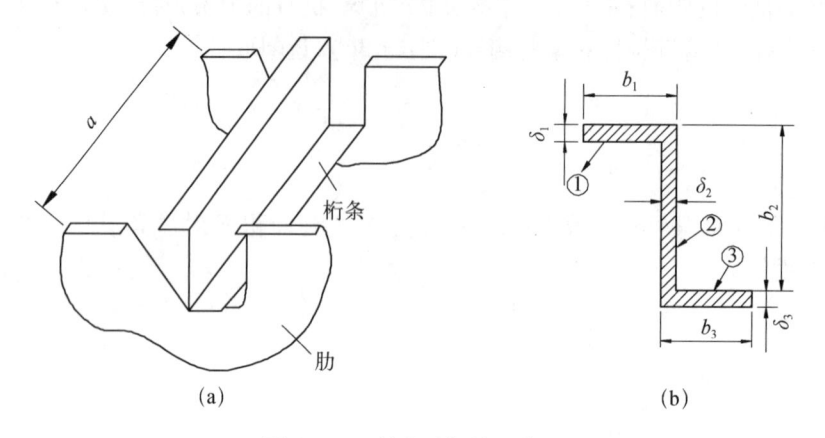

图4-38 某薄壁杆件示意图

(1) 根据杆件各板的支持情况,确定稳定性系数K。图4-38所示的桁条可以认为由三块板①~③组成。可以认为板①和板③的三边简支(两边简支于翼肋上,另一边简支于邻边),其他一边是自由的。由表4-2可找到K值为

$$K = 0.425 + \frac{1}{(a/b_i)^2} \quad (i = 1, 3)$$

板②为四边简支,查表4-2可知:$K = 4$。

(2) 根据所确定的K值由式(4-42)求出各板的临界应力:

$$\sigma_{ilj} = \frac{0.9K_i E}{(b_i/\delta_i)^2} \quad (i = 1, 2, 3)$$

(3) 求出各板的临界载荷:

$$P_{ilj} = \sigma_{ilj} b_i \delta_i \quad (i = 1, 2, 3)$$

(4) 用"极限状态"法求杆局部失稳的临界应力:

$$P_{jblj} = \sum P_{ilj} = \sigma_{①lj} b_1 \delta_1 + \sigma_{②lj} b_2 \delta_2 + \sigma_{③lj} b_3 \delta_3 \tag{4-50}$$

$$\sigma_{jblj} = \frac{P_{jbph}}{\sum b_i \delta_i} \quad (i = 1, 2, 3)$$

若求得的各板临界应力大于材料的比例极限σ_p,则应该用σ_p来计算该板所负担的载荷。如图4-38(b)所示的短脚①,计算时必须谨慎,因为它很短,显然其临界应力会很高,负担的载荷可以等于$P_1 = \sigma_p b_1 \delta_1$。然而,除非板②也能达到$\sigma_p$,否则短脚①在应力达到$\sigma_{②lj}$时也就破坏了。这就是说,薄壁结构的邻边对其他边的支持是有影响的。如果邻

边的支持比较强,则 K 值一般会有所提高;若邻边支持比较弱,K 值也随着降低。一般来说,一边自由的 K 值最小,其临界应力最低。如果靠近边缘的板弯边,则 K 值有所提高,临界应力也将增大。在飞机结构中,经常能看到翼肋的减轻孔周围都有弯边,桁条边缘也有凸角,其目的就是提高其稳定性。

以下经验公式,也可以用于计算薄壁结构杆件的临界应力:

$$\sigma_{lj} = \sigma_{jblj} \frac{1 + v_1}{1 + v_1 + v_1^2} \tag{4-51}$$

其中,$v_1 = \dfrac{\sigma_{jblj}}{\sigma_{ztlj}}$,$\sigma_{ztlj} = \dfrac{c\pi^2 E}{(l/i)^2}$。

也有人建议选用桁条中各块板临界应力的最小值来作为整个桁条的临界应力,这样的取法偏于安全。

一般情况下,较长的薄壁杆件多存在总体稳定性问题,并且这种临界应力较低,大都在材料比例极限以内失去稳定;较短的薄壁杆件,则多存在局部稳定性问题,并且这种临界应力较高,往往进入材料的塑性范围。由此不难想到,如果设法使薄壁杆件的总体临界应力和局部临界应力刚好相等,从强度观点来看,这是最合理的。因此,在飞机结构设计中,布置翼肋、隔框间距时,就考虑到桁条的长度来满足这一要求。

必须指出,薄壁杆件的稳定性问题是相当复杂的,以上计算方法只可能得到近似临界值,其精确值仍依赖于实验结果。

例 4-1 试求图 4-39 所示薄壁杆件的临界载荷。材料为硬铝,$E = 7 \times 10^6 \text{ N/cm}^2$,$L = 70$ cm,截面积 $F = 1.3$ cm^2,几何形状如图所示,惯性半径 $i = 1.16$ cm,$\sigma_p = 24\,000$ N/cm^2。

解:此例可分三步计算。

(1) 杆件的局部临界应力。首先计算中间板①的临界应力,近似地取 $K = 4$,由式(4-42)得

$$\sigma_{1lj} = \frac{0.9KE}{\left(\dfrac{b}{\delta}\right)^2} = \frac{0.9 \times 4 \times 7 \times 10^6}{\left(\dfrac{4}{0.1}\right)^2}$$

$$= 15\,750 \text{ (N/cm}^2) < \sigma_p$$

对于板②,K 值仍取 4,显然 $\sigma_{2lj} > \sigma_{1lj}$(因为 $b_2 < b_1$)。
对于其两边自由边③,可取 $K \approx 0.45$,其临界应力为

$$\sigma_{2lj} = \frac{0.9KE}{\left(\dfrac{b}{\delta}\right)^2} = \frac{0.9 \times 0.45 \times 7 \times 10^6}{\left(\dfrac{0.5}{0.1}\right)^2}$$

$$= 113\,400 \text{ (N/cm}^2) > \sigma_p$$

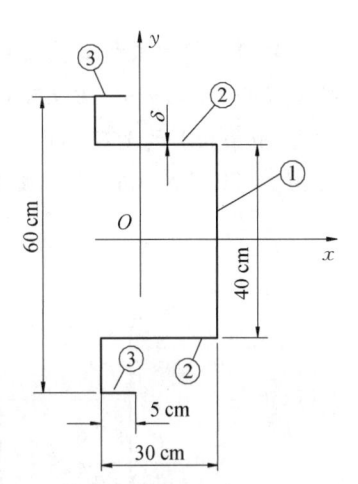

图 4-39 某薄壁杆件的剖面图

σ_{2lj} 在塑性区域内失去稳定性。为了偏于安全起见,暂取最小的 σ_{1lj} 作为桁条的局部失稳临界应力,即 σ_{jblj} = 15 750 N/cm²。

（2）分析杆件的总体稳定性。

$$\sigma_{ztlj} = \frac{c\pi^2 E}{\left(\dfrac{L}{i}\right)^2} = \frac{\pi^2 \times 7 \times 10^6}{\left(\dfrac{70}{1.16}\right)^2} = 18\,972.2(\text{N/cm}^2)$$

其中,$c = 1$(两端铰支)。

由以上计算,可以得到两种失稳情况的临界值,取其较小值作为杆件的临界应力。

（3）临界载荷：

$$P_{lj} = \sigma_{jblj} F = 15\,750 \times 1.3 = 20\,475(\text{N})$$

结果：破坏载荷为 20 475 N,杆件由于局部失稳而破坏。

前面分别介绍了薄板和薄壁杆件各自单独的承载能力,在飞机结构中采用的薄壁结构一般都是薄板和薄壁杆件组成的壁板(或加筋板),壁板的承载能力需综合考虑薄板和薄壁杆件的承载能力。另外,对于承受剪力的板,当板内剪应力达到临界剪应力 τ_{lj} 时,板也会失去稳定发生皱损。飞机结构中的板,一般在其四边周缘都有具备一定抗弯刚度的桁条支持着,因而,在板受剪失去稳定后,仍能承担继续增加的外载荷,直到周缘桁条破坏或者板被拉坏,板件才失去承载能力。

习 题

4-1 单块式机翼截面尺寸如题 4-1 图所示,其中：$\delta_\text{上} = 0.3$ cm,$\delta_\text{下} = 0.18$ cm,桁条截面积 $f_{ht} = 2$ cm²,$B = 70$ cm,$H_q = H_h = 26$ cm；上下壁板的桁条数为 $n_\text{上} = 8$,$n_\text{下} = 6$。蒙皮、桁条材料均为硬铝：$E = 68.67$ GPa,$\sigma_b = 412$ MPa,$\sigma_{ljht} = 294$ MPa。截面承受的弯矩 $M_w = 200$ kN·m,认为机翼前后段不受正应力。试近似求解桁条、蒙皮中的正应力及

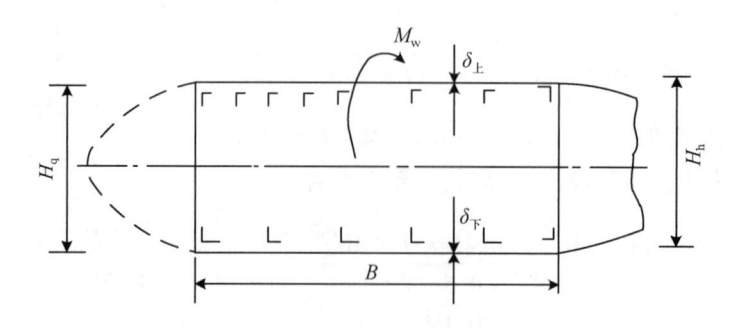

题 4-1 图 单块式机翼截面示意图

剩余强度系数。（注：$\sigma_{pjmp} = \sqrt{\sigma_{ljht}\sigma_{ljmp}}$，$\sigma_{ljmp} = \dfrac{0.9KE}{\left(\dfrac{b}{\delta}\right)^2}$，其中 $K = 4$；将已知载荷看作设计载荷，剩余强度系数为失效载荷与设计载荷之比。）

4-2 试计算题 4-2 图所示的桁条式机身 Ⅰ-Ⅰ 截面的正应力及剪应力。已知：作用在平尾上气动载荷 $Y_{平尾} = 10$ kN，平尾压力中心到 Ⅰ-Ⅰ 截面的距离 $L = 3$ m，机身直径 $D = 1.2$ m，蒙皮厚度 $\delta_{mp} = 0.15$ cm，桁条数目 $n = 25$（等距分布），桁条截面积 $f = 0.65$ cm^2，蒙皮和桁条材料相同。$\sigma_b = 392$ MPa，$E = 68.67$ GPa，$\tau_b = 176$ MPa，$\sigma_{ljht} = 274.6$ MPa，$\sigma_{ljmp} = 50.5$ MPa。

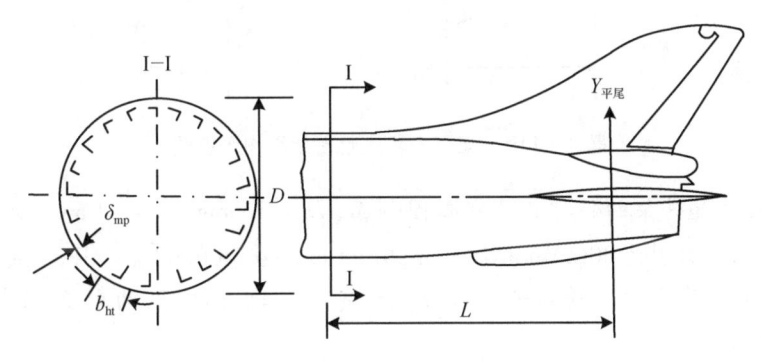

题 4-2 图　桁条式机身

4-3 已知 $P_{垂直} = 10$ kN，$L = 5$ m，$h = 3$ m，开口段长度 $l = 3$ m，$D = 1.7$ m，$H_L = 1.2$ m。刚心位置近似地认为在离开顶点 $H_L/2$ 处。求题 4-3 图所示的桁梁式机身在开口端部截面 $m-m$ 处桁梁的轴向力及蒙皮中的剪流。

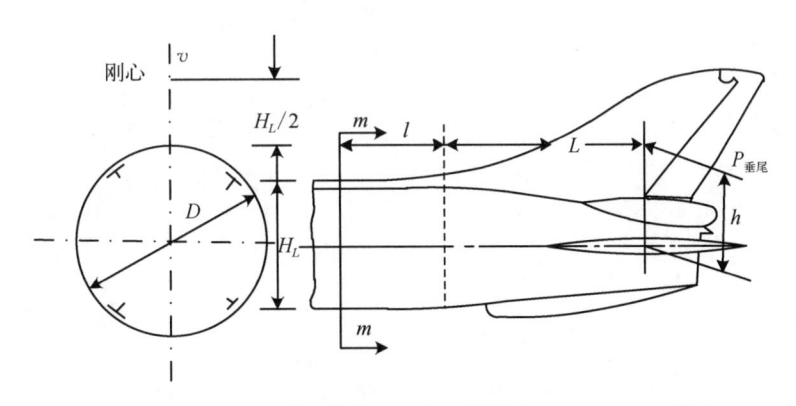

题 4-3 图　桁梁式机身及其截面

4-4 某歼击机主起落架的结构形式如题 4-4 图所示（图中 1~7 为节点编号）。已知：$P_0 = 44$ kN，$n_{max.sy} = 2.73$，安全系数 $f = 1.65$，$\alpha = 30°$，$\beta = 5°$，$\varphi = 45°$，$b = 35$ mm，$c = 455$ mm，$t = 63.1$ mm，$m = 150$ mm，$m' = 108$ mm，$l_1 = 300$ mm，$l_2 = 180$ mm，$l_3 = 172$ mm，$h = 220$ mm。求作用在摇臂式起落架各构件上的力，并绘制轮轴、摇臂、支柱的 M_w、Q、N、M_n 图。

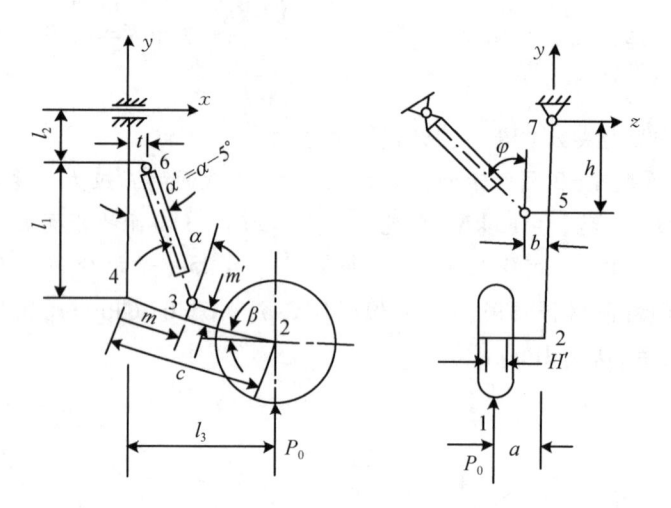

题 4-4 图 某歼击机主起落架结构示意图

4-5 某型起落架的斜撑杆为空心圆剖面，$D = 52$ mm，$d = 44$ mm，承受 $P_{\text{max.sy}} = 351$ kN 的载荷，该材料为 30CrMnSlNi2A，$\sigma_b/\sigma_s = 1.2$，$\sigma_b = 1\,568^{+196}_{-98}$ MPa，试用设计载荷法校核该斜撑杆的强度。并讨论：在 $\sigma_b/\sigma_s = 1.2$ 的条件下，为什么剩余强度系数 $\eta(>2)$ 这么大，原因何在？

第 5 章
飞机结构的疲劳强度

前面各章讨论的都是静载条件下的强度问题,结构的失效是由于结构受到的实际应力超过了构件所能承受的极限应力。然而,在实际使用过程中,飞机结构经常承受交变载荷,构件长期在交变载荷作用下,即使其最大工作应力远小于强度极限 σ_b,甚至比屈服极限 σ_s 还小,也可能发生断裂破坏。这种由交变应力引起的破坏称为"疲劳破坏"。

疲劳破坏是目前航空工程中一个十分突出的问题。据统计,飞机结构在外场使用中发生的断裂问题 80% 以上都是因疲劳而引起的,因此疲劳强度在飞机结构强度分析中占有重要地位。本章介绍疲劳的基本概念、影响结构疲劳强度的主要因素及其提高措施,以及飞机结构疲劳寿命估算方法等。

5.1 疲劳的基本概念

5.1.1 疲劳破坏的特征

材料在交变载荷(应力或应变)作用下,由于某点或某些点产生了局部的永久结构变化,从而在一定的循环次数以后形成裂纹或发生断裂的过程称为疲劳。材料所受到的这种载荷与静载荷相比有着本质的区别,因此疲劳破坏和静力破坏相比也存在着本质的不同,主要有以下特征。

(1) 在静载荷作用下,当构件中的静应力小于材料的屈服极限 σ_s 或强度极限 σ_b 时,不会发生静力破坏;而在受交变载荷作用时,构件中的交变应力在远小于强度极限,甚至小于屈服极限的情况下,疲劳破坏也可能发生。

(2) 静力破坏通常有明显的塑性变形产生;而疲劳破坏在宏观上均表现为无明显塑性变形迹象(无论是脆性材料或塑性材料),故疲劳断裂常表现为低应力类脆性断裂,这一特征使疲劳破坏具有更大的危险性。

(3) 静力破坏的抗力主要取决于材料本身的整体性能;而疲劳破坏常具有局部性质,并不牵涉整个结构的所有材料。局部改变细节设计或工艺措施,即可较明显地增加疲劳寿命。因此,结构或构件的抗疲劳破坏的能力不仅取决于所用的材料,而且敏感地取决于构件的形状、尺寸、连接配合形式、表面状态和环境条件等。

(4) 静力破坏是在一次最大载荷作用下的破坏,而疲劳破坏是一个累积损伤的过程,要经历一定的时间历程,甚至是很长的时间历程。实践已经证明,疲劳断裂由三个过程组成,即：① 裂纹（成核）形成；② 裂纹扩展；③ 裂纹扩展到临界尺寸时的快速（不稳定）断裂。

（5）在静力破坏的断口上，通常只呈现粗粒状或纤维状特征；而在疲劳破坏的断口上，总是呈现出三个区域特征，即疲劳源区（常称疲劳源）、疲劳裂纹扩展区（常称平滑区）和快速断裂区或瞬时破断区（常称粗粒状区）。图 5-1 所示为磨床砂轮轴和一个航空发动机压气机叶片的典型断口。由于疲劳破坏断口在宏观和微观上均有其特征，特别是宏观特征，通过外场目视检查即可观察到，有助于分析判断是否属于疲劳破坏。

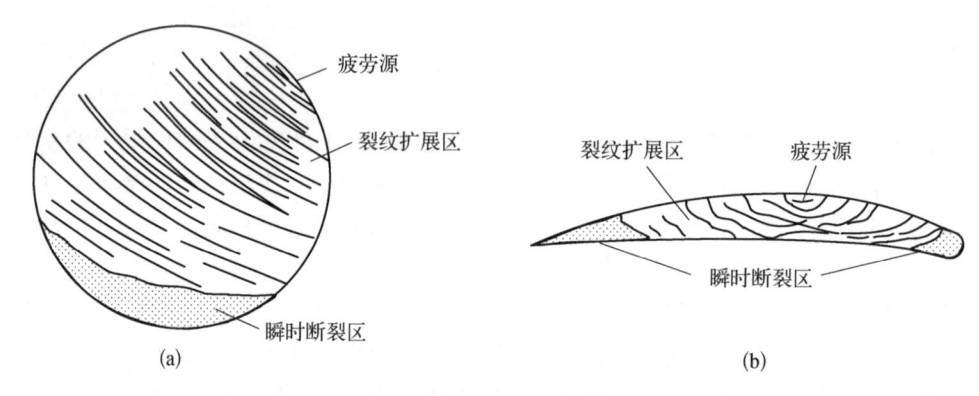

图 5-1 疲劳断口

5.1.2 疲劳破坏的过程

疲劳断裂是在多次交变载荷作用下造成的断裂。尽管疲劳现象十分复杂，但一般总是有裂纹成核、裂纹稳定扩展和临界扩展的过程。裂纹的稳定扩展又可分为微观裂纹扩展和宏观裂纹扩展两个阶段。

1）裂纹成核阶段

疲劳裂纹的萌生是由局部塑性应力集中所引起的，有三种裂纹萌生方式：① 滑移带开裂；② 晶界和孪晶界开裂；③ 夹杂物或第二相与基体的界面开裂。其中，滑移带开裂不但是最常见的疲劳裂纹萌生方式，也是最基本的一种萌生方式。材料如果没有夹杂物和缺陷或者其他切口之类的应力集中源，那么，裂纹成核通常是在构件表面。因为表面区域处于平面应力状态，有利于塑性滑移，虽然最高应力低于低应力脆断的临界应力和材料屈服极限，但在材料中的方位有利的晶粒仍可达到屈服条件而产生滑移变形。交变载荷造成循环应变，使微区产生反复的滑移过程，多次反复滑移过程造成如图 5-2 所示的滑移带挤出和挤入，从而形成微裂纹，并由此开始微观裂纹的稳定扩展阶段。裂纹成核阶段的最大损伤尺寸一般相当于 1~2 个晶粒，即 10^{-4}~

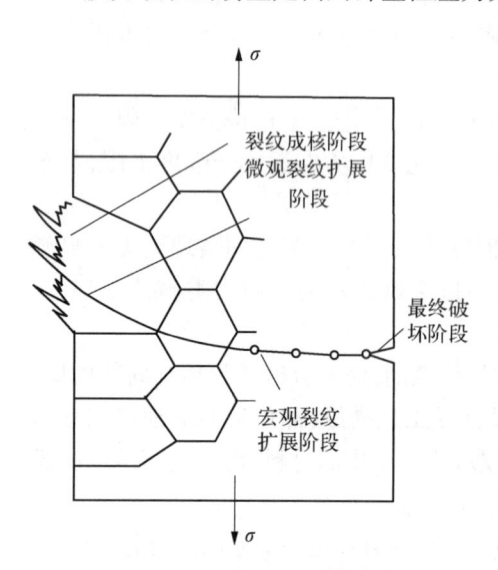

图 5-2 疲劳断裂过程示意图

10^{-5} mm 数量级大小。

2) 微观裂纹扩展阶段

这一阶段,裂纹仍沿滑移面扩展。裂纹在滑移带上萌生以后,首先沿着切应力最大的活性面扩展,具有一定的结晶学特性。在单轴应力下,即沿着与外加应力呈接近 45°角的滑移面扩展,这种切变形式的扩展称为第Ⅰ阶段裂纹扩展。在滑移带上往往萌生有很多条微裂纹,在继续施加循环载荷的过程中,这些微裂纹扩展并相互联结。但绝大多数裂纹很早就停止扩展,只有少数几条能超过几十微米的长度。当微裂纹扩展到一个晶粒或两个晶粒的深度后,裂纹的扩展方向由开始时与外加应力呈接近 45°角的方向,逐渐转向与拉伸应力垂直的方向。这种拉伸形式的裂纹扩展,称为第Ⅱ阶段裂纹扩展。微观裂纹扩展阶段,裂纹扩展很慢,其速率以埃/循环来计算(1 Å = 10^{-7} mm)。

3) 宏观裂纹扩展阶段

从第二阶段逐渐过渡过来的宏观裂纹扩展阶段,裂纹扩展速率增加,一般以微米/循环来计算 (1 μm = 10^{-3} mm),裂纹传播的方向与拉应力垂直。

4) 最后断裂阶段

当裂纹足够大时,产生疲劳破坏的最终阶段,即出现裂纹的临界扩展而断裂。与前两个阶段不同,此阶段是在瞬间突然发生的。但从疲劳的全过程来说,此阶段仍是渐进式的,是由损伤逐渐积累所引起的。

以上所述是软金属材料光滑试件的典型疲劳断裂过程。对于高强度材料,由于屈服强度高,缺口敏感性大,以及内部夹杂多,往往直接在宏观的应力集中部位裂纹成核,并且沿夹杂物与基体间的界面首先裂开,由此开始宏观裂纹稳定扩展阶段,而没有倾斜的微观裂纹扩展阶段。

5.1.3 疲劳破坏的断口分析

1. 疲劳断口的宏观形貌特征

对应断裂过程,典型的疲劳破坏断口有三个区域:疲劳核心区(疲劳源)、疲劳裂纹扩展区和快速断裂区(可参阅图 5-1)。

疲劳源是疲劳破坏的起点,常发生在表面,特别是应力集中严重的地方。如果内部存在缺陷(如脆性夹杂物、空洞、化学成分偏析等),也可在表皮下或内部发生。另外,零件间相互擦伤的地方也常是疲劳破坏发生的地方,这也是寻找疲劳源时应该注意的。但是,应该指出,疲劳源的数目可能是一个,也可能是多个(一般应力较大时,较易出现多个疲劳源)。

疲劳裂纹扩展区是疲劳断口最重要的特征区域,常呈贝壳状或海滩波纹状,这是疲劳裂纹扩展过程中留下的痕迹,它多见于低应力高周疲劳破坏断口。在低周疲劳断口,一般观察不到此类贝壳状波纹。在实验室进行恒应力或恒应变试验时,断口表面多次反复压缩摩擦,常使该区域变得光滑而呈细晶状,有时甚至光洁得呈瓷质状,这就是常说的疲劳断口光滑区,此时也看不到贝壳状(或海滩波纹状)区域。

快速断裂区(也称瞬时断裂区)的大小,常与材料、应力高低、有无应力集中等因素有关。一般应力较高、材料较脆时,快速断裂区面积较大;反之,应力较低、材料韧性较大时,快速断裂区面积就较小。快速断裂区的形状也可分为平断部分和斜断部分,平断部分属正断型,斜断部分属切断型。另外,快速断裂区在断口上的分布形状常与受载形式、有无尖锐缺口的应力集中等情况有关,参见图 5-3。

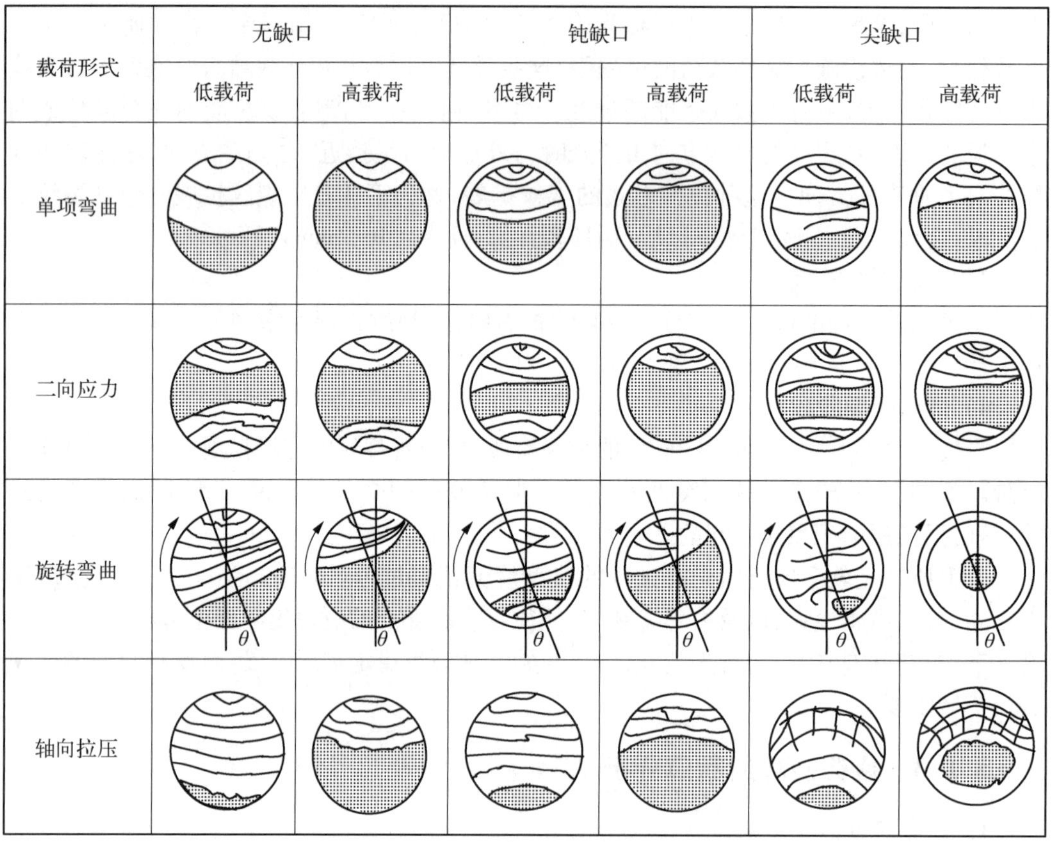

载荷形式	无缺口 低载荷	无缺口 高载荷	钝缺口 低载荷	钝缺口 高载荷	尖缺口 低载荷	尖缺口 高载荷
单项弯曲						
二向应力						
旋转弯曲						
轴向拉压						

图 5-3 轴向及弯曲受载下的疲劳断口形貌

2. 疲劳断口的微观形貌特征

如前所述,疲劳裂纹的扩展过程分为微观裂纹扩展和宏观裂纹扩展两个阶段(参阅图 5-2),下面分别说明这两个阶段断口的微观形貌。

1) 微观裂纹扩展阶段

这个阶段的断口区域极小,断口形貌的研究较困难,其微观特征常可分为平面状和锯齿状断口:① 平面状断口——不同材料的平面状断口微观特征也不一样,如铝合金的平面状断口除有擦伤的痕迹外,没有什么特征,而镍基高温合金的平面状断口上有类似于解理断裂的河流、台阶、舌状花样及滑移线和疲劳条纹等,其微观特征引人注目;② 锯齿状断口——其微观特征主要是一系列平行片层,位向在晶界处发生变化,有时还可见擦伤痕迹及疲劳条纹。

2) 宏观裂纹扩展阶段

这个阶段在断口上最重要的特征是疲劳条纹(也称疲劳条带或裂纹前休止线)的存

在。这种条纹的主要特征为一系列基本互相平行略带弯曲的波纹,它与裂纹的局部扩展方向垂直。由于疲劳断口在微观上通常由许多大小不一、高低不同的小块所组成,每一小块上的疲劳条纹是连续而平行的,但相邻小块上的疲劳条纹则不连续、不平行,如图5-4所示。由电子显微镜的观察分析已经证实,每一条疲劳条纹代表一次载荷循环,而且条纹间距随外加载荷的变化而变化:载荷大,间距宽;载荷小,间距窄。有些变程序加载物体断口上的疲劳条纹显示出的周期性疏密相间的特征就明显反映了这一点。

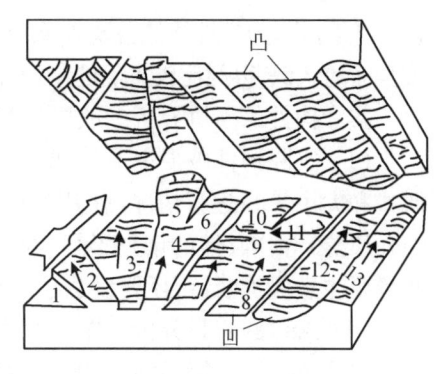

图5-4 疲劳条纹

疲劳条纹有两种典型类型,即塑性(也常称延性)条纹和脆性条纹,图5-5给出的是这两类疲劳条纹的示意图。这两类疲劳条纹中,塑性条纹是较常见的[图5-5(a)]。具有脆性条纹的断口[图5-5(b)]上会有"河床式"的线条把断口分割成不同的平面。脆性条纹断口较少出现,起初在高强度铝合金中发现,后来在铸铝、铸钢中发现,近年来在超高强度金属中常可发现。

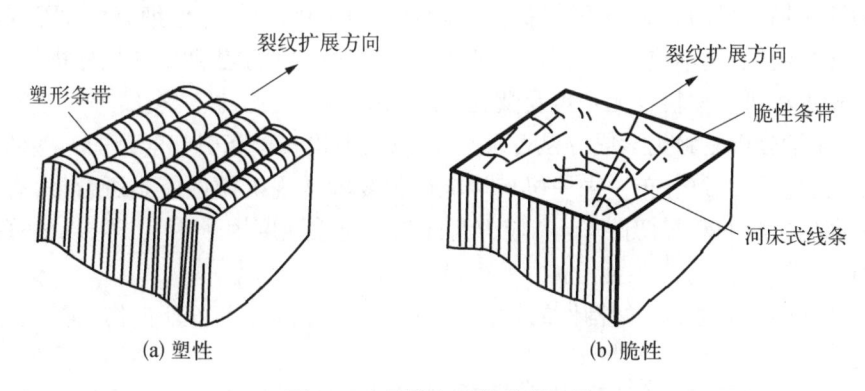

图5-5 塑性和脆性疲劳条纹

疲劳条纹的存在是辨别疲劳断裂的依据。一般来说,铝和铝合金、不锈钢、钛合金断口上的疲劳条纹清晰、明显;而超高强度钢等的疲劳条纹不明显也不清楚。在实际断口中,疲劳条纹有时易与断口上的其他花样混淆,不易识别和判断,而且疲劳条纹也未必一定与循环次数相等。另外,已经得出结论:只有疲劳断口的断面与疲劳载荷张开应力相垂直(即正断型)时,才能观察到疲劳条纹,而且要求在一定的循环寿命(如循环次数大于1 000)下才能形成疲劳条纹。虽然对于循环次数很少的低周疲劳断口的研究还不够,但已经观察到轮胎(痕迹)花样和脊骨状花样是低周疲劳断口中较常见的微观特征。

3. 疲劳断口分析方法

疲劳破坏的断口分析是判定断裂性质、寻找破坏原因、研究疲劳破坏机理、提出防止类似事故的重要依据。

一个实际构件的疲劳断口分析是一个技术上综合性很强的工作,它常常需要与金相分析、化学分析、力学性能试验及外载应力计算等相结合,才能对实际构件的疲劳破坏获得比较全面的认识,得到比较正确的结论。下面对疲劳破坏断口分析的一般方法作一简要介绍。

实际构件的断口分析一般要进行下面几方面的工作。

(1) 实际构件破损情况的现场调查:要对实际工作条件(如构件的部位和作用、受载形式和大小等);运行情况(使用时间、破断时有无施加载荷等);周围环境(温度、有无腐蚀介质等)等作具体的调查了解,如果破断时分成几块或有飞出的碎片,应尽量收集齐全,并且要注意保护断口,还要设法了解破断部分的材料、牌号、热处理及表面处理情况。

(2) 断口的宏观分析:首先要对断口进行净化清洗,铁锈可用10%~20%的草酸或柠檬酸溶液清洗,去油污可用乙醇、丙酮或汽油。清洗后的断口用清水及酒精清洗,并用热风吹干。总之,净化、清洗断口的目的是尽量清晰地暴露断口的形貌,而且在观察时要注意照明,必要时可转动断口,使断口形貌在一定的斜照光线下衬托得更清楚些。前面已经指出,宏观断口分析的主要任务是判定断口的特征、不同形貌特征的几个区域、裂纹源位置及初步分析破坏的可能原因等。

(3) 断口的微观分析:根据宏观断口分析,选择裂纹源附近、裂纹扩展区及其他重要区域取样作微观分析。注意取制复型的所在区域,一般不应有碰撞伤痕等,若认为断口不够干净,可以用塑料胶带或复型用的薄膜(如醋酸纤维薄膜等)反复揭几次空白的薄膜,以达到去除污垢的目的。对于重要部分,一般要照相拍片,以便作仔细分析并保存结果。

(4) 金相组织、化学成分、机械性能的检查:根据断口的宏观及微观分析结果,进一步采用金相方法研究材料有无宏观及微观缺陷(如夹杂、气孔、微观裂纹等)、金相组织是否正常,用化学分析复验化学成分是否合乎要求,也要检查可能引起问题的一些微量元素在金属中的含量及大致分布。采用机械性能试验复验常规机械性能是否合格,有时需要测定有关部位材料的断裂韧性K_{IC}和应力腐蚀临界应力强度因子K_{ISCC}等,以估算破断失效的原因。

(5) 其他因素的考虑:如构件的设计原则、加工方法、有无意外损伤、腐蚀及环境条件的变化等。

最后,应该强调指出,上面所列的只是一般分析中可能要考虑的几个方面,实际工作中并不一定要全部机械套用,而且正确的断口分析还有赖于实际经验的指导,因此,总的原则应该是具体问题具体分析。

5.2　金属材料的疲劳强度

5.2.1　疲劳应力与持久极限

1. 疲劳应力

飞机结构、汽车底盘、机车车轴等各种结构或构件在使用中所承受的载荷往往是变化的,相应地,其所承受的应力也是变化的。把这种变化着的载荷称为疲劳载荷,把相应的应力称为疲劳应力,而把载荷和应力随时间变化的历程则分别称为载荷谱和应力谱。载荷谱或应力谱一般地说是不规则的,或者说是随机的。但它也可能表现出一定的规律性,例如,按正弦曲线的规律变化的应力谱如图 5-6 所示。

应力由某一数值开始,经过变化又回到这一数值所经过的时间间隔称为变化周期,习惯上以符号 T 表示。应力的每一周期性变化过程称为一个应力循环,应力循环一般可用循环中的最大应力 S_{max}、最小应力 S_{min} 和周期 T(或其倒数,即频率 f)来描述。

疲劳应力有时又可定义为在两个极限之间随时间作周期性交替变化的应力,故又称为交变应力或循环应力。其中,代数值最大的称为最大应力 S_{max},代数值最小的称为最小应力 S_{min}。最大应力和最小应力的代数平均值称为平均应力 S_m,它是应力循环中不变的静态分量,其值为

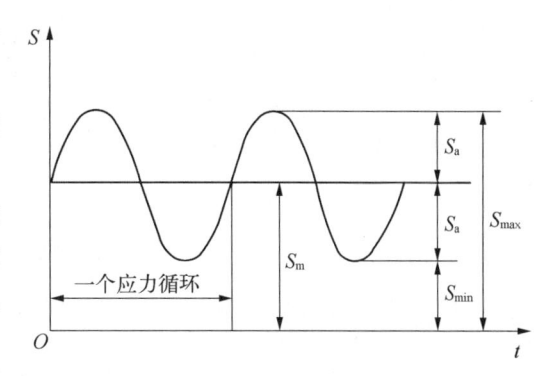

图 5-6 正弦曲线规律变化的应力谱

$$S_m = \frac{S_{max} + S_{min}}{2} \tag{5-1}$$

最大应力与平均应力的差值,或者是平均应力与最小应力的差值的绝对值称为应力幅 S_a,它是应力循环中变化的分量,其值为

$$S_a = \frac{S_{max} - S_{min}}{2} \tag{5-2}$$

由此可见:

$$S_{max} = S_m + S_a, \quad S_{min} = S_m - S_a \tag{5-3}$$

最小应力与最大应力之比称为循环特征或应力比 R,它是应力变化情况的一种表征,其值为

$$R = \frac{S_{min}}{S_{max}} \tag{5-4}$$

应该指出:S_{max}、S_{min}、S_m、S_a、R 中只有两个是独立的,用上列任一对独立的应力分量即可确定某一循环应力的应力水平。

在高温疲劳分析中,有时也以 S_a 与 S_m 的比值 A 作为应力变化的特征,即

$$A = \frac{S_a}{S_m} \tag{5-5}$$

A 称为载荷可变性系数,它与循环特征的关系为

$$A = \frac{1-R}{1+R} \tag{5-6}$$

或

$$R = \frac{1-A}{1+A} \tag{5-7}$$

利用上述的概念和符号,可以把循环应力作为时间 t 的函数,写出循环应力的一般表达式:

$$S = S_m + S_a F(t) \tag{5-8}$$

其中,$F(t)$ 代表应力幅 S_a 随时间的变化规律,当应力按正弦曲线的规律变化时,$F(t)$ 为

$$F(t) = \sin(\omega t + \varphi)$$

其中,ω 为应力变化的角频率($\omega = 2\pi/T = 2\pi f$);φ 为初相位角。

那么,循环应力就可以由式(5-9)描述:

$$S = S_m + S_a \sin(\omega t + \varphi) \tag{5-9}$$

即应力 S 是时间 t 的函数。

根据循环特征的不同,循环应力可分为以下两种类型。

(1) 一类循环是单向循环,在单向循环中,应力仅改变大小,不改变符号,如循环拉伸、循环压缩等。单向循环的特殊情况是零到拉伸的循环和零到压缩的循环,通常将这类循环称为脉冲循环。在这种情况下,$S_{max} = 0$ 或 $S_{min} = 0$,因此 $|S_m| = S_a$,例如耳片的受载情况,有时就属于这种类型。

(2) 另一类是双向循环,在双向循环中,应力的大小和方向都发生变化。双向循环中的特殊情况是完全反复的循环,在这种情况下,$R = -1$,$S_{max} = |S_{min}|$,所以它是一个对称循环。例如,在旋转弯曲疲劳试验中,试件所承受的循环应力就是这种类型的。除此以外的任何其他循环都称为非对称循环,在非对称循环中,$|S_m| \neq 0$,$|S_{min}| \neq |S_{max}|$,汽车、飞机等的许多元件承受的都是这种循环应力。

2. 持久极限

材料或构件抵抗疲劳破坏的能力称为疲劳强度,其大小是用疲劳极限(在高周疲劳时用持久极限)来衡量的,它是材料机械性能的一个重要指标,其定义为:在一定的循环特征下,材料可以承受无限次应力循环而不发生破坏的最大应力称为在这一循环特征下的"持久极限"或"疲劳极限",用 S_e 表示。通常,$R = -1$ 时,持久极限的数值最小。习惯上,如果不加说明的话,所谓材料的持久极限都是指 $R = -1$ 时的最大应力。这时,最大应力值就是应力幅的值,用 S_{-1} 表示。

在工程应用中,传统的方法是规定一个足够大的有限循环次数 N_L,在一定的循环特征下,材料承受 N_L 次应力循环而不发生破坏的最大应力作为材料在该循环特征下的持久极限。为了与前面所说的持久极限加以区别,有时也称为"条件持久极限"或"实用持久极限"。疲劳试验常根据这一规定的有限循环次数 N_L 来进行,N_L 的大小通常规定如下:对于结构钢和其他铁基合金,为 10^7;对于非铁基合金,为 10^8;对于各种结构元件,有时取为 2×10^6。当然,这种规定仅是建议性的。

在确定疲劳极限的试验中,破坏准则是试件断裂或是产生明显的裂纹。这一裂纹是

在低倍(如 25 倍以下)放大镜下或者是眼睛视力可见的。由于确定材料的持久极限时，通常总是采用小试件(如直径 $d = 6 \sim 10 \text{ mm}$)，当试件出现了上述的明显裂纹后，很快就会断裂，所以上述两种破坏准则实际上没有多大差别。

5.2.2 材料的 $S-N$ 曲线

疲劳失效以前所经历的应力或应变循环次数称为疲劳寿命，一般用 N 来表示。为了评价和估算疲劳寿命或疲劳强度，需要建立外载荷与寿命的关系。试验表明，试样的疲劳寿命取决于材料的机械性能和施加的应力水平，反映这种外加应力水平和标准试样疲劳寿命之间关系的曲线称为材料的 $S-N$ 曲线，或称沃勒(Wohler)曲线。图 5-7 是 $S-N$ 曲线的一个典型例子：采用若干个标准试件，在一定的平均应力 S_m(或在一定的循环特征 R)和不同的应力幅 S_a(或不同的最大应力 S_{max})下进行疲劳试验，测出试件断裂时的循环次数 N，然后将试验结果画在以 S_a(或 S_{max})为纵坐标、以 N 为横坐标的图纸上，将这些点连接就得到相应于该 S_m(或该 R)时的一条 $S-N$ 曲线。

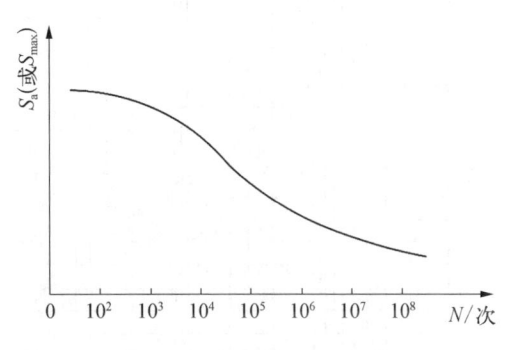

图 5-7 材料的 $S-N$ 曲线

多数 $S-N$ 曲线是画在 $S-\log N$ 坐标上的，钢材 GC-4(棒材)光滑试件的 $S-N$ 曲线如图 5-8 所示。从图中可以看出，当 N 值到一定大的数值后，钢材的 $S-N$ 曲线就变为平直线，与此平直线相对应的最大应力即为持久极限。图 5-9 和图 5-10 分别为 LY12CZ 和 LC4 铝合金板材在不同平均应力 S_m 下光滑试件($K_t = 1$)的 $S-N$ 曲线。

由疲劳试验绘制 $S-N$ 曲线是一件耗费很大的工作，因此，人们就想寻找 $S-N$ 曲线的规律，以便以公式的形式确定材料的 $S-N$ 曲线，较常见的经验公式有以下几种。

(1) 指数函数公式：

$$N \times e^{\alpha S} = C \tag{5-10}$$

其中，α 和 C 是取决于材料性能的材料常数。

式(5-10)两边取对数，可变为

$$\alpha S \times \lg e + \lg N = \lg C \tag{5-11}$$

或进一步改写为

$$a S + \lg N = b \tag{5-12}$$

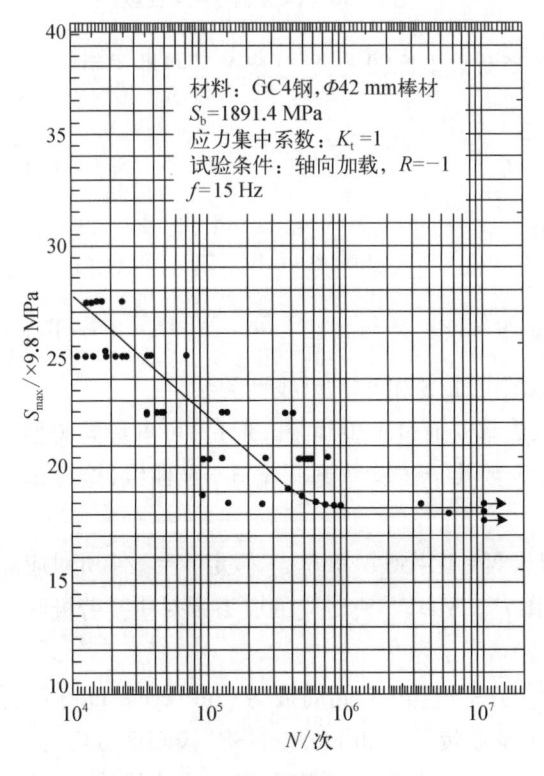

图 5-8 GC4 钢的 $S-N$ 曲线

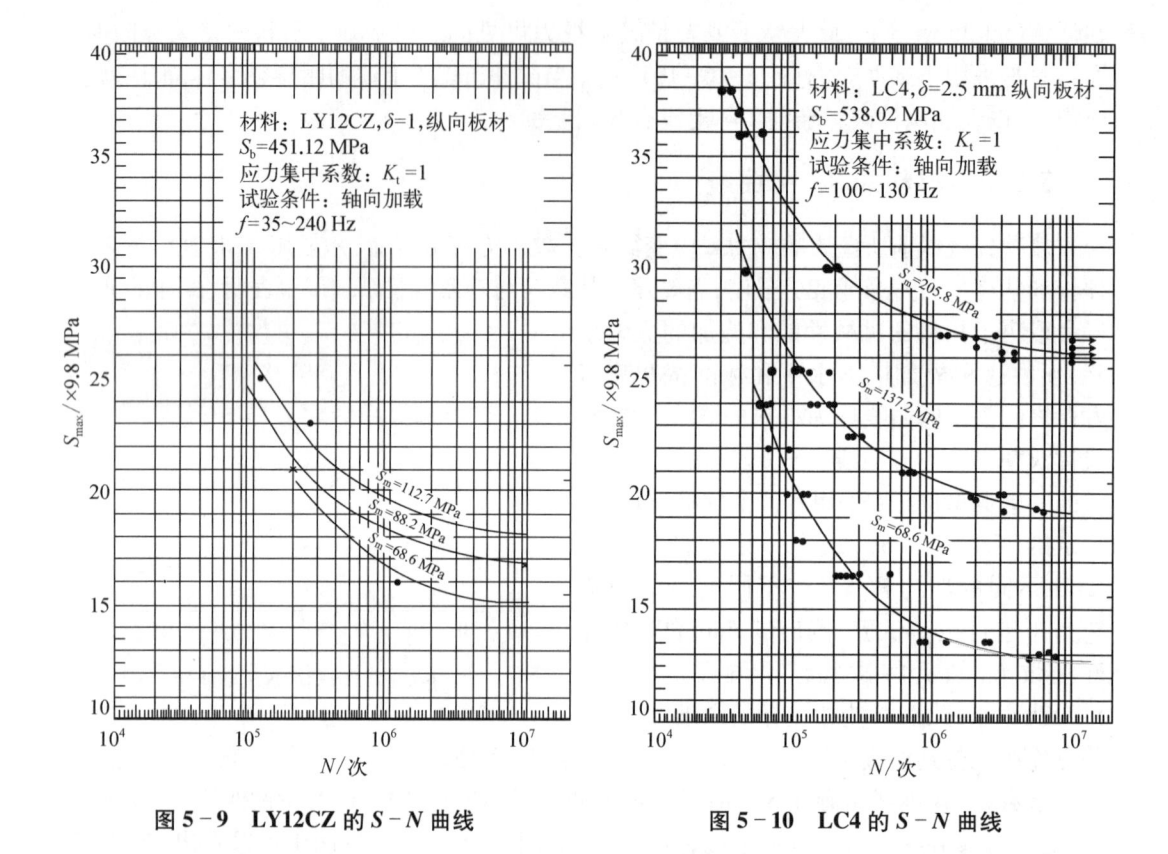

图 5-9　LY12CZ 的 S-N 曲线　　　　图 5-10　LC4 的 S-N 曲线

由此可见，指数函数的经验公式相当于在半对数坐标图上，S 与 $\lg N$ 呈线性关系。

（2）幂函数公式：

$$S^{\alpha}N = C \qquad (5-13)$$

其中，α 和 C 也是取决于材料性能的待定常数。

式（5-13）两边取对数，可变为

$$\alpha \times \lg S + \lg N = \lg C \qquad (5-14)$$

可见，幂函数的经验公式相当于在双对数坐标图中，$\lg S$ 和 $\lg N$ 呈线性关系。

上述的经验公式中都有待定系数，这些系数都要通过试验确定。但是，可参考同类型材料 S-N 曲线的变化规律，用经验公式拟合少数几个试验数据画出 S-N 曲线，这样做一般来说是比较方便的。

一条完整的 S-N 曲线，其横坐标的范围从 $N=1/4$ 到 $N \geqslant N_L$。假定 $N=1/4$ 所对应的破坏应力相当于静载或单调加载的强度极限 σ_b。$N \geqslant N_L$ 所对应的应力则对应疲劳极限 S_e（N_L 为相应于材料的持久极限时的循环次数）。

如图 5-11 所示，把一条 S-N 曲线分成了三段，包括低周疲劳（low cycle fatigue，LCF）区、高周疲劳（high cycle fatigue，HCF）区及亚疲劳（sub fatigue，SF）极限区，LCF 区和 HCF 区分别称为低周疲劳区和高周疲劳区。S-N 曲线也可能会有不连续的情况，这是与材料有关的。把金属的疲劳现象分成高周疲劳和低周疲劳是有实际意义的,因为在低周疲劳与高周疲劳中,材料会显示出不同的性质。在低应力高周疲劳情况下,材料的应力-应变关系是线性的。在高应力低周疲劳情况下,材料会出现宏观的屈服,应力-应变关系不再是线性的了,特别是材料所呈现的循环应变硬化或循环应变软化使应力-应变关系更加复杂化。低周疲劳问题的研究在工程中有着很大的实际意义,因为许多实际结构,如核压力容器、航空发动机等就存在着低循环疲劳破坏现象。

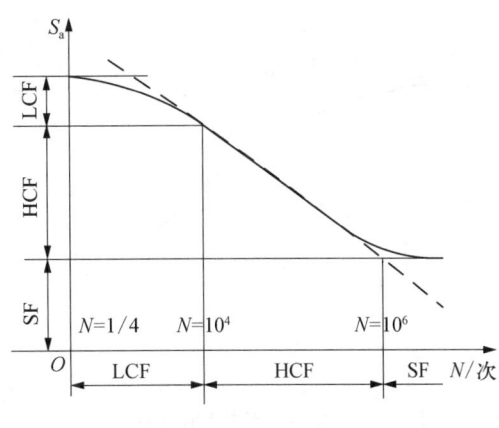

图 5-11　S-N 曲线的分区

5.2.3　材料的等寿命曲线

由 S-N 曲线可以看出,S_{max} 的数值越高,疲劳破坏的循环次数越少。事实上,这是对一定的应力状况(即一定的 S_m 或一定的循环特征 R)而言的。图 5-9 和图 5-10 表明,当 S_{max} 值一定,平均应力 S_m 或循环特征 R 不同时,疲劳破坏的循环次数是不同的。工程实际应用时常常需用对应于一定应力状态下材料的疲劳特性,因此常通过试验得出材料在不同应力状况下的等寿命曲线[也称古德曼(Goodman)图],图 5-12 就是一个例子。

由图 5-12 可以看出平均应力对疲劳强度的影响。通常,若要求的寿命(即到破坏的循环次数)不变,则应力幅 S_a 随平均应力 S_m 的增加而减少,而最大应力 $S_{max} = S_m + S_a$ 的值(由图 5-12 可得)是有所增加的。图中曲线 ABC 所包围的区域,表示在规定的寿命(图中 $N=10^7$)内,材料不会发生破坏。

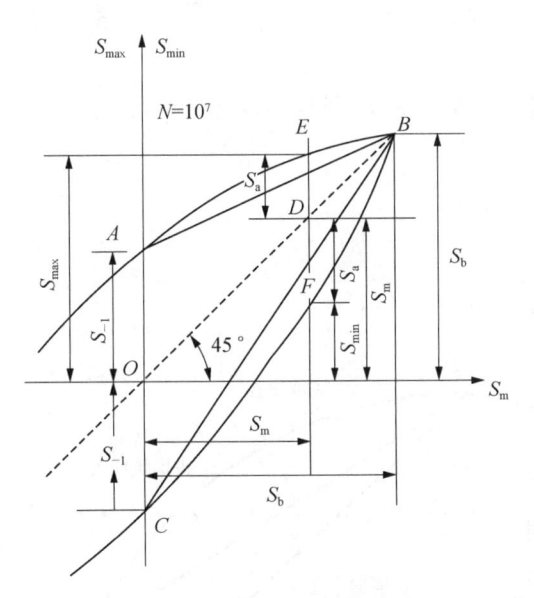

图 5-12　等寿命曲线(形式Ⅰ)

等寿命图还常常绘制成图 5-13 所示的 S_a-S_m 曲线的形式,这种曲线的形式可更清楚地表明应力幅 S_a 随平均应力 S_m 变化的情况,它反映了在给定的某一疲劳寿命下,循环应力中两个应力水平分量(应力幅 S_a 和平均应力 S_m)之间的关系。因此,等寿命图又常称为 S-S 图。在 $S_m > 0$ 的情况下,S_m 增大,S_a 减小。在曲线 ADB 下面的区域内的任何一点都表示在规定寿命(这里 $N=10^7$ 次)内不发生破坏。如图 5-13 中的点 C,在其对应的平均应力和应力幅下循环加载,在达到 $N=10^7$ 次前,材料是不发生破坏的。若在曲线 ADB 上方任一点 E 所对应的平均应力和应力幅下循环加载,则未到规定的寿命时就早已破坏了。而用曲线 ADB 上的任一点对应的平均应力和应力幅循环加载,则恰好在规定的寿命时破坏。应该指出,这种说法只是为了说明等寿命曲线的意义,没有涉及试验结果的分散性。在式(5-5)中,规定了一个比值 $A = S_a/S_m$,从 S_a-S_m 图中可以看出,由原点 O 出发画的任何一条直线,在它上面的所有点(如图 5-13 中的 C、D、E 各点)的比值 A 都是相同的。

材料的等寿命图可根据试验结果绘制,工程上也常用经验公式表示材料(光滑试件)的等寿命图,主要有以下几种。

抛物线公式[也称杰波(Gerber)抛物线]:

$$S_a = S_{-1}\left[1 - \left(\frac{S_m}{\sigma_b}\right)^2\right] \tag{5-15}$$

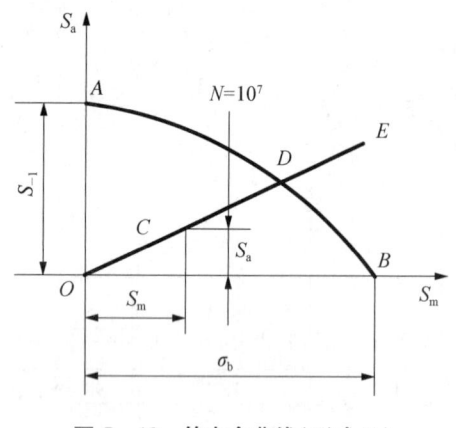

图 5-13 等寿命曲线(形式Ⅱ)

直线式(即古德曼公式):

$$S_a = S_{-1}\left[1 - \frac{S_m}{\sigma_b}\right] \tag{5-16}$$

对于塑性材料,有时把材料受到的应力达到屈服极限 σ_s 时作为破坏的标志,于是工程上就把式(5-16)进一步改写成为如下形式:

$$S_a = S_{-1}\left[1 - \frac{S_m}{\sigma_s}\right] \tag{5-17}$$

这一经验公式也称为索德柏格(Soderberg)公式。

以上三种经验公式的关系可由图 5-14 表示出来。

在结构的抗疲劳设计中,为了把材料的疲劳性能更清楚更全面地反映出来,常常利用"典型疲劳特性图"(图 5-15),这个图的中间部分实际上就是 S_a-S_m 图,只是 S_a 和 S_m 的坐标轴绘制成斜的方向。图中垂直及水平方向的坐标轴则分为 S_{max} 轴和 S_{min} 轴,所以典型疲劳特性图实际上就是一种等寿命图(前面给出的国产材料 LY12CZ、LC4 等的等寿命图也是典型疲劳特性图)。如前所述,在 S_a-S_m 图中,由原点画的任一直线上的各点对应的比值 $A = S_a/S_m$ 为常数。同样,在典型疲劳特性图中,过原点的任何直线上各点所对应的比值 $R = S_{min}/S_{max}$ 也为常数。图 5-15 中,对每一条由原点 O 所画的直线都分别标明了对应的 A 和 R 的数值。利用图 5-15 所示的典型

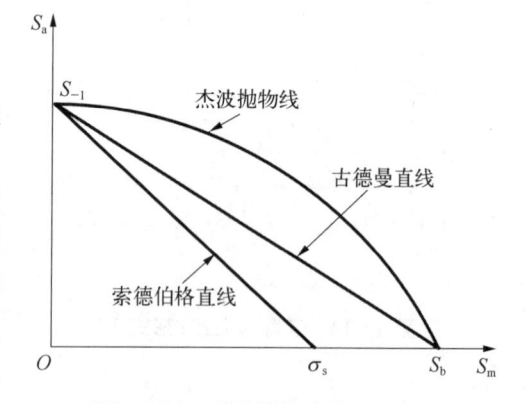

图 5-14 几种等寿命曲线形式

疲劳特性图,可以根据所要求的寿命(即循环次数 N),在一定的循环特征 R 下,直接查到相应的应力幅 S_a 和平均应力 S_m 的大小。反过来,若已知 S_a 和 S_m(或 S_{max} 和 S_{min})的值,也可由它查到相应的寿命。

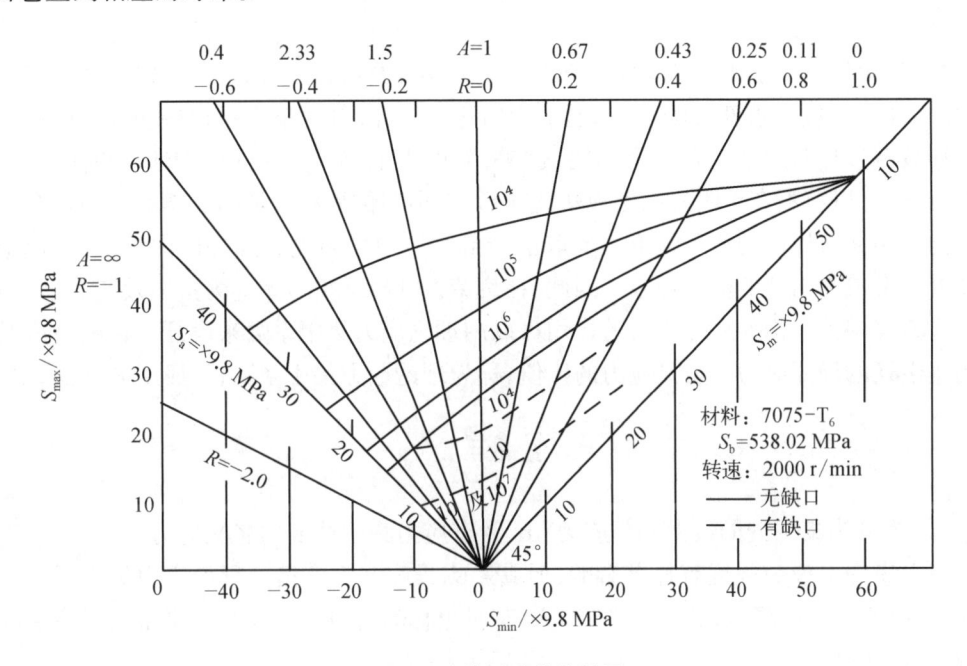

图 5‑15　典型疲劳特性图

5.3　疲劳强度的影响因素及提高措施

5.3.1　影响疲劳强度的因素

结构在一定的载荷作用下会发生破坏,这是静强度和疲劳强度都存在的问题,但是两者的载荷条件和破坏情况则是有原则区别的,这就是疲劳强度问题区别于静强度问题的特殊性。应力集中、腐蚀和温度等对材料的静强度和疲劳强度都有影响,但是影响的情况和程度是不一样的。零件表面的光洁度和零件尺寸的大小对零件的静力强度 σ_b 没有什么明显的影响,而零件的疲劳强度则必须考虑这些因素的效应。

影响结构疲劳强度的因素很多,概括起来有如下几种。

(1) 工作条件:① 载荷特性(应力状态、循环特征、高载效应);② 载荷交变频率;③ 使用温度;④ 环境介质。

(2) 几何形状及表面形状:尺寸效应;表面粗糙度和表面防腐蚀;缺口效应。

(3) 材料本质:化学成分、金相组织、纤维方向、内部缺陷。

(4) 表面热处理及残余内应力:① 表面冷作硬化;② 表面热处理;③ 表面涂层。

通过长期的生产实践和科学试验,人们对影响疲劳强度的很多因素有了一定的认识,并且还在不断地扩大和深化这些认识。本节将简要讨论一下较常遇到的影响疲劳强度的一些主要因素。

1. 应力集中的影响

在实际构件中,由于结构上的要求,一般都存在截面变化、拐角和孔等。在这些形状变化处,不可避免地要产生应力集中,而应力集中又必然使零件的局部应力提高。当构件承受静载荷时,由于常用的结构材料都有一定的塑性,在破坏以前有一个宏观塑性变形过程,使构件上的应力重新分配,自动趋于均匀化。因此,应力集中对构件静强度的影响不大。而疲劳破坏时的情况则完全不同,这时,截面上的名义应力尚未达到材料的屈服极限,因此破坏以前不产生明显的宏观塑性变形,不出现像静载破坏前那样的载荷重分配过程。这样便使得构件的疲劳强度主要取决于最大应力处附近的局部应力情况,因此应力集中处常常成为构件的薄弱环节。因此,在疲劳设计时必须考虑应力集中效应。

应力集中提高构件局部应力的作用可以用理论应力集中系数来表征。在缺口或其他应力集中处的局部应力与名义应力的比值,称为理论应力集中系数,一般用 K_t 表示,即

$$K_t = \frac{\sigma_t}{\sigma_n} \tag{5-18}$$

其中,σ_t 为应力集中处的最大局部应力;σ_n 为有应力集中截面的名义应力。

应力集中对疲劳强度有显著影响,但其影响程度并不直接由理论应力集中系数所决定,而是由疲劳强度降低系数 K_f 决定。K_f 有时也称为有效疲劳应力集中系数或疲劳缺口系数,其定义是

$$K_f = \frac{\text{光滑试件的疲劳强度}}{\text{缺口试件的疲劳强度}}$$

确定 K_f 的最直接的方法是进行疲劳试验。但进行这样的疲劳试验除了费时、费钱以外,其试验结果还与试件尺寸有关。因此,在一种试件上得到的 K_f 不能直接应用到同样材料而尺寸不同的试件上,若再加上材料不同,问题就更加复杂了。这是因为,不同材料对应力集中的敏感性是不同的:塑性好的材料,$K_f < K_t$;而塑性较差的材料,K_f 就比较接近于 K_t 了。为此,引入一个敏感系数 q 的概念,用 q 来表示材料对应力集中敏感的程度,其定义为

$$q = \frac{K_f - 1}{K_t - 1} \tag{5-19}$$

q 值一般是根据试验得到,也可以用经验公式来确定,如有必要,也可参考有关文献资料。有了 q 之后,可用式(5-20)计算 K_f:

$$K_f = 1 + q(K_t - 1) \tag{5-20}$$

理论应力集中系数和疲劳缺口系数的意义完全不同,前者代表应力提高倍数,是对工作应力而言;后者代表疲劳强度降低的倍数,是对强度而言。一般来说,疲劳缺口系数小于理论应力集中系数,即 $K_f < K_t$,它表示缺口降低疲劳强度的作用比其提高应力的作用要小。疲劳缺口敏感系数是材料对应力集中敏感性的一种度量。

2. 尺寸效应

试件和构件的尺寸对其疲劳强度的影响极大。一般来说,构件和试样的尺寸增大时,疲劳强度降低,这种疲劳强度随构件尺寸的增大而降低的现象称为尺寸效应。

尺寸效应是一个值得注意的问题,因为材料的疲劳强度总是用小试件来试验的,得到的疲劳强度数值就比实际使用中大部件所能承受的值高,如果不加修正,是不安全的。

材料尺寸效应的大小用尺寸系数 ε 来表示,它定义为

$$\varepsilon = \frac{\text{无缺口光滑大试件的疲劳强度}}{\text{无缺口光滑小试件的疲劳强度}} = \frac{\sigma_{-1d}}{\sigma_{-1}}$$

其中,σ_{-1d} 为尺寸为 d 的大试件的对称弯曲疲劳极限;σ_{-1} 为尺寸为 d_0 的标准试件的对称弯曲疲劳极限。对于中低强度钢,d_0 常取为 9.5 mm;对于高强度钢,d_0 常取为 7.5 或 6 mm。

引起尺寸效应的因素很多,归纳起来,可分工艺因素和比例因素两大类。

大型构件的铸造质量一般都比小型构件差,缺陷比小型构件大且多,大截面零件的锻造比或压延比都比小型构件小;大型构件热处理时的冷却速度比小型构件小,淬透深度比小型构件小;大型构件进行机械加工时的切削力及切削时的发热情况也都与小型构件不同。上述情况,都使得大型构件的疲劳强度小于小型构件,材质也比小型构件差,这便是工艺因素引起尺寸效应的原因。

当构件的形状和材质情况相同而尺寸不同时,其疲劳强度也不相同,这种由比例因素引起的尺寸效应称为绝对尺寸效应。

此外,应力梯度也是尺寸效应的成因之一。当构件上的应力分布不均匀,存在应力梯度时,构件外层晶粒的位移,可能在某种程度上被其内层的应力较低、位移较小,从而对其外层产生支持作用的晶粒所阻滞。因此,弯曲试样中的应力并非直线分布,外层有一水平地段。这样,假设大小试样发生疲劳破坏时水平地段的深度相等,因为小试样的应力梯度较大,从而使由直线分布计算出的名义弯曲应力比水平地段应力(等于均匀分布时的疲劳极限,即拉压疲劳极限 σ_{-1})高出较多,而大试样的应力梯度较小,从而使其名义弯曲应力比拉压疲劳极限的高出值减小。这样,大小试样疲劳破坏时的名义弯曲应力便有所不同,小试样较高,大试样较低,因而产生了尺寸效应。

ε 值的分散性较大。尺寸效应对疲劳强度的影响与材料内部结构的均匀性及表面加工状态等因素有关,同时还与材料的强度有关。高强度合金钢比一般碳素钢大,对于铝合金,其 ε 值也随强度的增加而增大。

在没有具体的实验数据情况下,对于承受弯曲和扭转载荷,直径在 13~30 mm 范围内的钢件,ε 可取 0.85;对于承受轴向载荷的情况,ε 可取 1.0(对于缺口试件,尺寸效应可在 K_f 中反映),对于更大的零件,疲劳强度可能会更低一些。在 10^3 的疲劳寿命下,一般认为尺寸效应不大,可不考虑。以 ε 为 10^3 作为一点,以疲劳极限处的 ε 值作为一点,在对数坐标上连成一条直线,就可近似地作为对 S-N 曲线的尺寸效应修正。

3. 表面质量的影响

疲劳裂纹常常从零件的表面开始,因为最大应力一般发生在零件表面层。另外,在表

面层,缺陷也往往最多。因此,金属零件的表面层状态对疲劳强度会有显著的影响。通常,表面层状态是指表面加工粗糙度、表面层的组织结构及应力状态等。

大量试验研究结果指出,试件的表面光洁度对疲劳强度有一定影响。一般来说,疲劳强度随表面光洁度的提高而增加。反之,如果表面加工越粗糙,疲劳强度的降低就越严重,而且通常钢的强度越高,这种影响越明显。表面粗糙度对疲劳强度的影响用表面敏感系数 β 来表示:

$$\beta = \frac{\text{某加工试件的疲劳强度}}{\text{精抛光试件的疲劳强度}}$$

图 5-16 所示为在几种不同加工方法下,表面敏感系数 β 随强度极限 σ_b 的变化情况。从图中可以看出,σ_b 越高,越需要注意表面加工的粗糙度。如果使用高强度优质合金钢而又不注意表面粗糙度,就会使优质钢白白浪费掉。

对于轻金属合金,表面加工质量对疲劳强度的影响与钢类似,值得强调的是钛合金材料表面加工质量对疲劳强度的影响非常敏感。表面质量系数对材料 $S-N$ 曲线的修正方法与应力集中系数 K、尺寸影响系数相同。

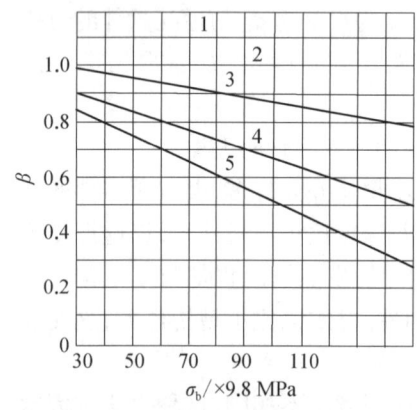

图 5-16 几种不同加工方法下 β 随 σ_b 的变化

1—抛光,▽11 以上;2—磨削,▽9~▽10;3—精车,▽6~▽8;4—粗车,▽3~▽5;5—轧制,未加工表面

4. 使用环境的影响

飞机结构并不总是在常温和空气中工作,实验室研究和外场实际使用表明,使用环境对构件疲劳强度有着不可低估的影响,因此,越来越多的学者开始将各种环境下的疲劳问题作为一些特殊疲劳问题来研究,得到了一些极为有用的结论,下面就一些重要的环境因素对疲劳强度的影响分别作一简介。

1) 腐蚀疲劳

金属材料在循环应力和腐蚀介质联合作用下引起的疲劳破坏,称为腐蚀疲劳。21 世纪初,人们就开始注意到腐蚀介质对疲劳性能的影响,到了两次世界大战期间已得到广泛研究,近年来,随着航空工业的发展,腐蚀疲劳受到了更多重视,并有了很大的进展。

腐蚀作用使金属表面变粗糙,形成很多坑穴、缝隙等应力集中点。因此,后来承受交变应力的疲劳强度就大大降低。应该指出,在交变应力作用的同时又承受腐蚀作用,对疲劳强度的不利影响更为严重。对于腐蚀疲劳,叠加原理是不适用的。在这样的情况下,材料对于复合环境的基本抗力主要取决于材料对腐蚀的抗力。这也就是说,增加材料对腐蚀的抗力比增加其疲劳强度更为重要。

有人曾做过这样的试验,试件一开始在没有腐蚀的环境中进行普通疲劳试验,然后再进行腐蚀疲劳试验,发现一开始的疲劳损伤并不明显影响后面的腐蚀疲劳强度。相反,若一开始进行腐蚀疲劳试验,然后去掉腐蚀环境,发现一开始的腐蚀疲劳影响很大,去掉了腐蚀环境后也并没有增加太多寿命。由此可以看出,由于腐蚀环境的存在,材料的裂纹形成寿命是很短的，腐蚀疲劳寿命主要是裂纹扩展阶段。

腐蚀对疲劳强度的影响可用腐蚀系数 β_2 来表示：

$$\beta_2 = \frac{\text{腐蚀环境下材料的疲劳极限}}{\text{空气中光滑试件的疲劳强度}}$$

腐蚀疲劳强度与腐蚀介质的种类有很大影响。图 5-17 所示为各种材料在不同腐蚀介质中的疲劳强度。试件在空气中和在真空中的疲劳强度也有很大的差别，这表明，从某种意义上讲，空气也是一种腐蚀介质。通常来讲，在空气中（实验室内）做试验，是指在干燥的空气中进行的试验。在这种情况下，空气的腐蚀作用比较小。也就是说，同一种腐蚀介质，若作用的方式不一样，金属腐蚀疲劳强度也不一样。一个试件完全浸在盐水中进行的试验，用浸透盐水的湿布贴在试件表面的试验及在盐雾中做试验，三种情况下的腐蚀疲劳强度也不一样。在盐雾中做试验，试件的疲劳强度最低，这与盐雾中含氧较多有关系。

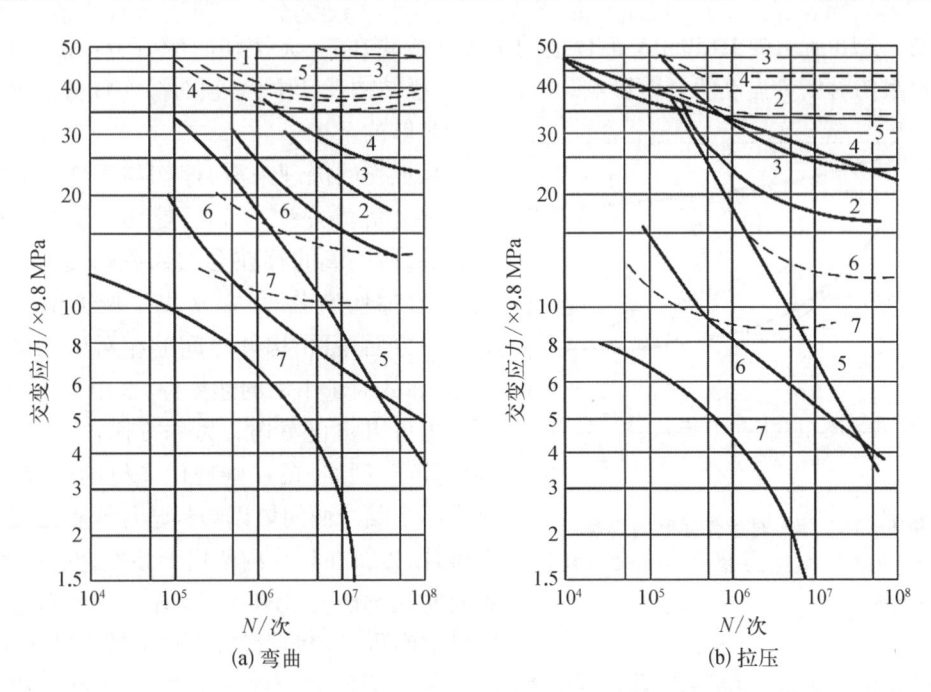

图 5-17 不同腐蚀介质中的疲劳强度

1-13%钢；2-15%Cr 钢；3-17/1Cr-Ni 钢；4-18/8Cr-Ni 钢；5-0.5%碳钢；6-硬铝；7-镁合金；实线-盐雾下的试验；虚线-空气中的试验

腐蚀是有一个过程的，所以腐蚀疲劳强度与腐蚀介质作用的时间有关系，也就是说试验频率对腐蚀疲劳强度有很大影响。频率越低，腐蚀疲劳强度越小，这与普通疲劳是不同的。腐蚀疲劳与应力腐蚀也不一样，它在各种腐蚀环境下的疲劳强度都要降低，并且它不像应力腐蚀那样有个门槛值，随着循环次数的增加，腐蚀疲劳强度在不断降低。因此，腐蚀环境下的疲劳强度，一般是指在某一频率和循环次数下的疲劳强度。

为提高抗腐蚀疲劳强度，可以进行表面保护或强化处理，前面提到的表面滚压和喷丸强化都可以提高材料抗腐蚀疲劳强度，而表面氮化是提高抗腐蚀疲劳强度的有效方法。

2) 擦伤疲劳(微动疲劳)

疲劳的一种特殊形式是：在重复载荷作用下，互相接触的表面存在着相对运动，而这种相对运动是有限的，相对位移量是很小的（如几十微米）。这种情况下的疲劳称为"擦伤疲劳""擦伤腐蚀"或"磨蚀疲劳"，也有称为"微动疲劳"或"微动擦伤疲劳"的。凡是存在接触表面的工程结构，配合零件之间的小量相对位移都会发生擦伤疲劳。因为擦伤疲劳与装配应力、偏心、表面残余应力等多种因素有关，所以通常不易进行理论计算，目前的主要研究方法是进行试验。

在擦伤表面上，常常形成细微的氧化物颗粒，在钢中是红褐色的氧化铁（Fe_2O_3），将其称为"可可粉"。在铝镁合金中，氧化物颗粒是黑色的。受到擦伤的表面，在出现氧化物颗粒的同时形成坑斑，这将导致疲劳强度的显著下降。例如，有的实验指出，擦伤疲劳可使构件的基本疲劳强度下降到原来的1/8，若再有其他腐蚀介质存在，问题则更为严重。

图 5-18 所示为 DT5050A 铝合金的平板和接头在有、无擦伤时的疲劳性能，由图可以看到擦伤对疲劳强度的显著影响。因此，在工程结构设计中，必须对擦伤疲劳这个问题给予足够的重视。

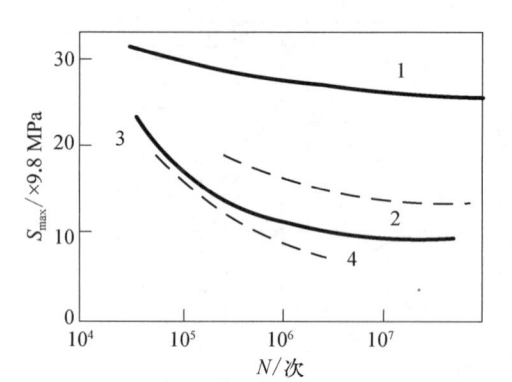

图 5-18 擦伤对疲劳强度的影响
1—$K_t=1$，无擦伤平板；2—接头；3—有擦伤平板；4—有擦伤接头

从擦伤的机理来看，擦伤与零件之间的相对位移有密切关系。另外，擦伤过程与氧化过程有关，所以氧的存在会加快擦伤疲劳。要防止、减轻擦伤疲劳，可以从以下两方面采取措施。一方面，阻止构件之间的相对运动可以防止擦伤，故对于不动的连接件，采用干涉配合或预紧力可以防止擦伤。另一方面，可使邻接的零件分离，例如，在一些现代飞机的连接件中，常在两个贴合面间填以塑料垫片或多层铝箔胶合整片，以及在耳孔内使用干涉配合的衬套等，都是防止擦伤疲劳的有效措施。在相对运动的零件之间可以加润滑油，不仅可减小摩擦系数，也可以防止氧化，从而减小擦伤疲劳的影响。另外，采取表面强化工艺，使表面造成残余压应力（如表面液压、钢的渗氮等），可以大大改善抗擦伤疲劳性能。在有振动的情况下，虽然载荷不大，但频率相当高，擦伤疲劳是非常严重的。因此，消除或减小振动是防止擦伤的重要措施之一。

3) 高温疲劳

温度是对疲劳寿命和损伤影响的另一个重要的环境因素。因为材料在不同的温度下，其疲劳强度会有很大的变化。

已知，在静载荷长期作用下，材料在高温时存在蠕变现象，在一定的应力下，温度越高，材料的蠕变变形越快，破坏所需的时间就越短。因此，材料在高温下首先需要具备较高的抗蠕变性能。如果高温和交变载荷同时作用，那么就会发生蠕变和疲劳的相互作用，在这种情况下，应变率、频率和停滞时间的影响都是重要的。那些在高温下抗蠕变性能较好的合金,常常也具有较好的抗疲劳性能。

如果材料在低于蠕变温度(蠕变温度一般是在金属绝对熔点的0.3~0.7倍,对于碳素钢、低合金钢,为315~350℃;对于奥氏体合金钢及铁基高温合金,约为540℃;对于镍基高温合金与钴基高温合金,约为650℃;铝合金约为205℃;其他轻合金约为150℃)的高温下工作,高温对长寿命疲劳的影响是降低其疲劳强度,材料的$S-N$曲线不再有水平的直线部分,即不存在持久极限。这时,要评价构件的疲劳性能,就需要采用对应高温条件下的疲劳曲线。

图5-19给出了钢、高强度铸铁及铝钛合金等的疲劳强度随温度升高而变化的情况。从图中可以看出,直至150℃左右,温度对铝合金的疲劳强度没有多大影响,但到300℃以后,疲劳强度就很低了。图中所示的铝锌合金比铝铜合金的抗高温性能要差一些。在250~500℃内,铁合金可以获得最高的强度对重量的比值。图5-19中,碳钢的曲线有些特殊,疲劳强度约在100℃时最低,此后疲劳强度随温度升高而升高,约到350℃时疲劳强度达到最大值(约增加了40%),然后温度继续升高,疲劳强度则迅速下降。碳钢的静强度起初也随温度升高而增加,到250℃时达到最大值,不过其增幅较小。铸铁的高温疲劳强度也与碳钢类似。直到450℃左右,图中所示的镍铬钼钢(SAE4340)的疲劳强度也没有什么变化,温度继续升高,其疲劳强度则显著下降。

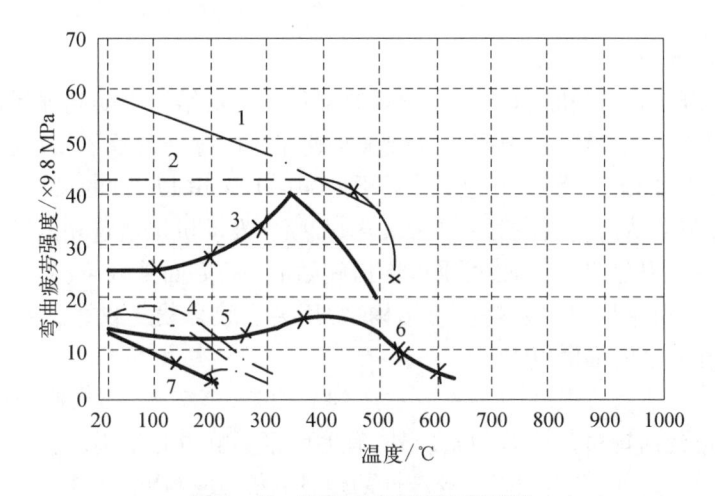

图5-19 温度对疲劳强度的影响

1—钛合金;2—镍铬钼钢;3—0.17%碳钢;4—铝铜合金;5—铝锌合金;6—高强度铸铁;7—镁铝锌合金

需要提醒一下的是:在高温下,不仅要注意在交变应力作用下的断裂破坏,也要注意其蠕变变形是否到达某一特定的量。

4) 热疲劳

在飞机结构中,由于飞机高速飞行时的气动加热及发动机开车、停车等,结构或构件内存在温度梯度。由于飞机结构是一个高度静不定结构,会限制构件的自由膨胀和收缩。同时,在一个零件上,由于温度梯度的影响,一部分材料约束另一部分材料的变形,这样在交变的温度作用下会引起交变的热应力,从而使构件产生疲劳破坏。为了与前面所讲的"高温疲劳"有所区别,把这种由交变热应力引起的疲劳破坏称为"热疲劳"。在高温时发生的疲劳破坏有相当大的部分是由这种热疲劳引起的。

喷气发动机涡轮机的热疲劳是一个严重的问题。由于发动机不断起动和停车,涡轮叶片、尾喷管等经常发生由热疲劳引起的裂纹。例如,由于发动机的重复开车和停车,一种镍基合金的叶片经过 85 次循环就产生了裂纹。与此相比,发动机在全功率下工作 360 h 还没有出现裂纹;在迅速惯性空转与加速旋转 16 h 下也没有出现裂纹。

有人根据试验结果认为:抗热疲劳特性是与材料延性相关的,而与抗拉强度或疲劳强度无关;一般来说,在相似的合金化程度下,铸造高温合金的组织稳定性较高,因而其使用温度比锻造高温合金高 50~80℃;材料的晶粒尺寸越大,抗热疲劳性能越低。钴基合金比镍基合金和铁基合金更耐热疲劳,但是 70% Ni 和 30% Fe 的镍基合金的耐热性很高。

决定抗热疲劳性能的重要因素有热膨胀系数 α、热传导率 K 和材料对交变应变的抗力。热膨胀系数大是不利的,而热传导率 K 高有利于减小温度梯度。材料能抵抗的交变应变分为弹性部分和塑性部分,弹性应变变程与疲劳强度成正比,即与抗拉强度密切有关,而塑性应变变程与延性有关。在几百次(或更少次数)的低循环情况下,对于塑性材料,其塑性应变变程比弹性应变变程大;但在循环次数较多的情况下,弹性应变变程占主要部分。热疲劳大都属于大塑性应变的低周疲劳,与室温下的低周疲劳相比,考虑的因素更多,如在高温下应力、应变的松弛等,若在更高的温度下,还需考虑材料的氧化、熔化等现象。

5) 声疲劳(噪声疲劳)

由于大功率喷气发动机的使用,靠近喷口部位的飞机结构因受到强噪声的激励而产生振动,这是现代飞机特有的"声疲劳"问题(高速飞机的噪声源除了发动机外,还有附面层噪声、尾流噪声、冲击波等)。在这种高声强(140~150 dB 以上)的声环境下,如果不采取措施,有关部位的结构会很快发生疲劳破坏,如喷气发动机尾喷管和钢机尾罩上的裂纹就是由于声疲劳所引起的。目前,可采取的措施如下:一方面是减声;另一方面是增加受力结构的阻尼(飞机结构中主要是薄壁结构,常用夹层胶合蒙皮或蜂窝夹层结构等),以控制交变应力在安全的幅值以内。

上面介绍了影响疲劳强度的一些较常遇到的因素,事实上,影响疲劳强度的因素很多。除了前面已经讨论过的一些因素以外,有的因素影响也并不小,而针对某些因素,目前还无法完全说清楚,或作出明确的规律性的定量分析,还有待于深入研究。

5.3.2 提高疲劳强度的措施

对影响疲劳强度的因素有了认识以后,重要之处不在于去解释这些因素,而是要运用这些认识去指导实践。在目前的飞机设计制造中,在结构布局、材料选择和工艺方法等方面,都采取了许多措施来提高飞机结构的疲劳强度,有不少文献资料已对此进行了专门介绍,这里仅就与使用维护有关的方面作一介绍。

1. 减缓局部应力

由于应力集中是影响疲劳强度的主要因素,减缓局部应力是提高构件疲劳强度的一项重要措施。在维护使用中减缓局部应力的方法,主要是增大圆角半径和打止裂孔。

1) 增大圆角半径

减缓局部应力的一般原则是:防止截面有急剧的变化,当这种变化不可避免时,应保证在变化区有足够的圆角半径。

某型飞机前起落架轮叉在接耳根部易产生裂纹,就是由于接耳根部的圆角半径过小(只有 $R_2 \pm 1$ mm),且接耳根部外缘的圆弧过渡区过小或根本未加工出来形成尖角而造成的。针对这一情况,部队采用锉修和打磨的方法,工厂将接耳根部的圆角半径增大到 R_3,并使根部外缘有一定宽度的圆弧过渡面(图 5-20),从而排除了这一故障。

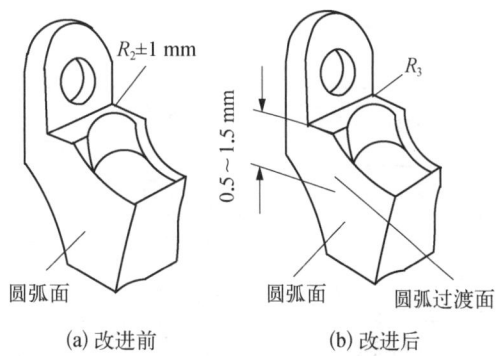

图 5-20 前起落架轮叉裂纹的改进

2) 打止裂孔

当构件上已出现疲劳裂纹之后,为了减缓裂纹尖端的局部应力,较有效的办法是打止裂孔。由疲劳裂纹扩展可知,疲劳裂纹在达到临界裂纹之前,扩展是缓慢的;一旦超过临界裂纹长度之后,裂纹即以声速瞬时撕毁结构。因此,一旦出现裂纹,将面临两个任务,一是如何制止裂纹缓慢扩展,二是如何防止裂纹瞬时扩展。打止裂孔是为了解决前一个问题,对于后一个问题,需要采取专门的止裂装置。

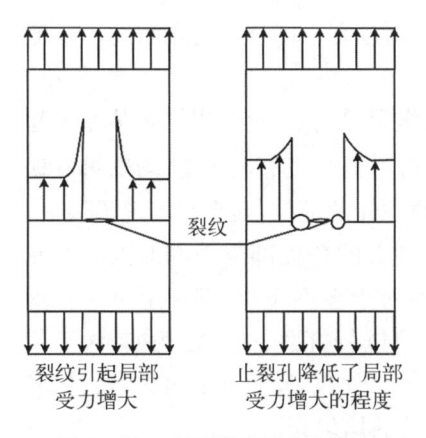

图 5-21 止裂孔降低应力集中

打止裂孔之所以能减缓裂纹尖端的局部应力制止裂纹缓慢扩展,主要是因为孔增大了裂纹尖端的曲率半径,减小了应力集中跨度(图 5-21)。同时,它又钻掉了裂纹尖端的塑性区,这样就消除了裂纹缓慢扩展的条件。

但应当指出,止裂孔制止裂纹缓慢扩展的作用只是暂时的。因为,使裂纹扩展的动力——外载荷仍旧存在,止裂孔本身就有应力集中,因此经过一段时间后,裂纹仍然会穿过止裂孔继续向前扩展,并且一旦穿过止裂孔后,其发展速度就会变快。尽管如此,比较同一种裂纹扩展得知,打止裂孔后,总的裂纹长度比不打止裂孔时要小得多。需要注意的是,止裂孔应除去全部的裂纹,并包括裂纹前端的塑性区,因为塑性区内有微裂纹存在。

2. 提高和保持表面质量

1) 制造过程中,选择合理的加工工艺,提高表面质量

由于表面状态对金属的疲劳强度有着重要的影响,在加工工艺中,可采用各种表面处理的方法来提高金属的疲劳强度。对于钢材,可以对表面进行化学热处理,如表面渗碳、渗氮、氰化和表面淬火(如高频电表面淬火,有时也用火焰加热表面淬火)等。不同表面处理方法的表面质量系数 β 均有明显提高,如表 5-1 所示。

表 5-1　不同表面处理方法的表面质量系数 β

强化方法	芯部强度 σ_b/MPa	光轴	低应力集中的轴 $K_f \leqslant 1.5$	高应力集中的轴 $K_f \geqslant 1.8$
高频淬火	600~800 800~1 000	1.5~1.7 1.3~1.5	1.6~1.7	2.4~2.8
氮化	900~1200	1.1~1.25	1.5~1.7	1.7~2.1
渗碳	400~600 700~800 1 000~1 200	1.8~2.0 1.4~1.5 1.2~1.3	3 2	
喷丸硬化	600~1 500	1.1~1.25	1.5~1.6	1.7~2.1
滚子滚压	600~1 500	1.1~1.3	1.3~1.5	1.6~2.0

注：1. 高频淬火方法系根据直径为 10~20 mm、淬硬层厚度为 (0.05~0.20)d 的试件的试验数据，对于大尺寸的试件，其强化系数的值会有些降低；
　　2. 氮化层厚度为 0.01d 时用小值，在 (0.03~0.04)d 时用大值；
　　3. 喷丸硬化方法系根据 8~40 mm 试件的数据，喷丸速度低时用小值，速度高时用大值；
　　4. 滚子滚压方法系根据 17~130 mm 试件的数据。

2) 使用维护中，注意保持表面质量

（1）消除构件上由于加工而残留的刀痕。消除的方法是：用锉刀、砂布进行打磨，但严禁用砂轮打磨。并应注意打磨方向，防止造成新的周向刀痕。打磨处的光洁度不应低于 ▽6，并应均匀光滑过渡。

实践证明，这个措施对于预防承力构件裂纹有明显作用。例如，凡按规定对某型主起落架支柱上合拢部位进行了打磨抛光的，均未再发现裂纹；而未进行打磨抛光的部位，几乎都出现了裂纹。

由于起落架支柱上的合拢部位易因加工产生周向刀痕或尖角，目前对于多型飞机，都规定对主起落架支柱上的合拢部位进行打磨、抛光。例如，对于某型飞机，规定在图 5-22 所示尺寸范围内的表面打磨到 ▽7，并保持过渡区的均匀光滑。

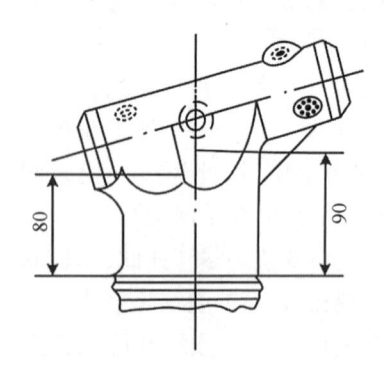

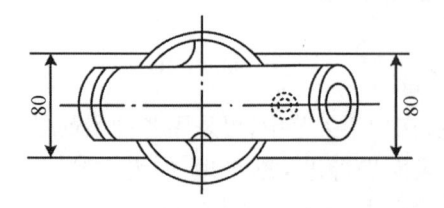

图 5-22　主起落架支柱上连接部位的打磨范围（单位：mm）

（2）应尽力防止构件表面人为地造成伤痕。过去有不少人认为，轻微碰伤、划伤，只能触及飞机结构的一点皮毛，不会影响飞机寿命。这个认识是片面的，下面用事实来说明这个问题不容忽视。

例如，图 5-23 中高强度铝合金构件的寿命为 1 000 000 次加载循环，其应力水平是 210 MPa，如果在构件上产生一个很小的缺口（如被工具划伤），则在缺口处会产生应力集中，其值大约为平均应力的 2.5 倍。此时，该构件的疲劳寿命，就相当于无缺口构件在 522 MPa 应力水平作用下的情况，即大约只能承受 2 000 多次加载循环。很明显，这种被划伤的构件会过早地损坏。

3. 合理地施加预应力

众所周知，飞机结构强度主要取决于结构中的薄弱环节，如机械连接孔和敞孔等部位即连接件的薄弱部位。近年来的研究证明，对连接孔采用不同形式的"干涉配合"和对敞孔采用"应力挤压"能有效地提高连接件的疲劳强度。实际上，这两种方法都是对孔施加了适当的预应力。

图 5-23　高强度铝合金构件的不同应力寿命

1) 干涉配合

干涉配合，就是使轴的尺寸适当大于孔的尺寸（有一定过盈量），在装配中使轴镦变粗，填满轴和孔的间隙，同时使孔产生极轻微塑性膨胀，给整个孔施加比较均匀的径向压应力（即预应力），形成干涉配合，这样即可提高孔和连接件的疲劳强度。

干涉配合之所以能起上述作用，主要是因为：当轴和孔存在间隙时，载荷是通过净面积（图 5-24）来传递的，因此，在孔的点 m 和点 n 处出现严重的应力集中，使孔的疲劳强度降低。实践证明，连接件的疲劳破坏，往往就是发生在孔的边缘。而当轴有一定过盈时，由于孔壁存在径向压应力[图 5-24(b)]，加载时力的传递方式就有了改变，孔的下半圆面积将卸载，压力 P_2 大大降低；而孔的上半圆面积加载，压力 P_1 稍有增加[图 5-24(c)]，外力的加载过程转化为径向压力变化。同时，干涉配合使孔、轴形成一个整体，载荷是通过全截面来传递的。这样大大改善了孔边缘的应力集中状况，故疲劳强度有所增加。

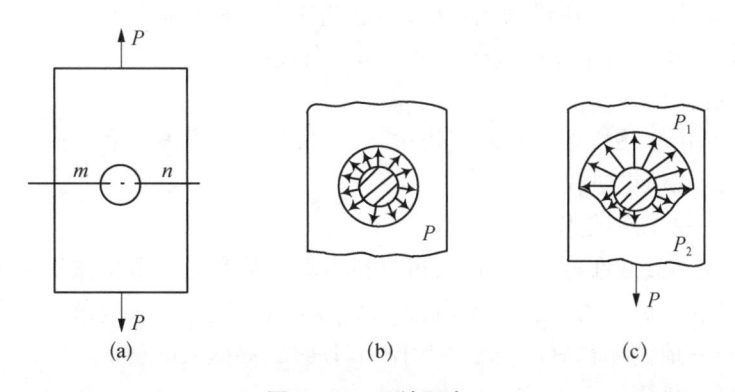

图 5-24　干涉配合

但应当指出，干涉配合的关键在于保证干涉量适当。根据铝合金材料的试验结果，对于每毫米直径，有 0.004 3 mm 的过盈，可大大提高孔的疲劳强度。如果考虑到维修拆装的方便，不宜使孔与钢直接配合时，则可在孔中使用较高过盈的衬套，同样可得有益的效果。

2）应力挤压

应力挤压法的实质就是有效地控制孔内和开口周围材料的屈服,其方法是在冷状态下造成一种残余压应力,以抵消集中在承载部位的拉应力,故也称挤压强化。试验结果表明,应力挤压法可使孔和开口的疲劳强度提高大约4倍,其显著优点在于既能有效提高疲劳强度,又不需要在设计上作重大修改,因而已得到修理工厂的普遍采用。例如,对某型飞机机翼主梁根部下缘条螺栓孔进行挤压强化后,提高了机翼主梁的抗疲劳能力。

随着科学技术的发展和使用维修实践经验的不断积累,人们提出了许多用来提高飞机结构疲劳强度的新工艺和新方法,有些正在探索研究之中,在此就不一一列举了,必要时可查阅相关资料。

5.4 飞机结构的疲劳载荷

疲劳载荷是引起疲劳破坏的外因,因此研究飞机结构的疲劳问题时,首先要弄清楚飞机所承受的疲劳载荷。本节简要介绍飞机结构的疲劳载荷。

5.4.1 飞机结构承受的疲劳载荷

飞机在每次飞行中一般都需要经过以下几个过程:起飞滑行、爬升、巡航(包括作各种机动飞行)、下降、着陆撞击、着陆滑行。因为在上述每个过程中飞机都要经受疲劳载荷,所以飞机结构的疲劳载荷必须包括地面滑行交变载荷、突风交变载荷、机动交变载荷、着陆撞击交变载荷等。此外,还有飞机由地面到空中、再由空中到地面所经受的不同水平的载荷,即地—空—地循环载荷。下面分别介绍这几种飞机结构所承受的疲劳载荷。

1）机动载荷

机动载荷是由于飞机在机动飞行中,因过载的大小和方向不断改变而使飞机承受的气动交变载荷,此类载荷用飞机过载的大小和次数表示。

2）突风载荷

突风载荷是由于飞机在不稳定气流中飞行时,受到不同方向和不同强度的突风作用而使飞机承受的气动交变载荷。

3）地—空—地循环载荷

飞机在地面停放或在地面滑行时,机翼在本身重量和设备重量作用下承受向下的弯矩,但飞机离地起飞后,机翼在升力作用下承受向上的弯矩。这种起落一次交变一次的载荷,称为地—空—地循环载荷。这是一种作用时间长、幅值大的载荷。

4）着陆撞击载荷

着陆撞击载荷是由于飞机着陆接地后,起落架的弹性引起飞机颠簸而加到飞机上的交变载荷。

5）地面载荷

地面载荷是由于飞机在地面滑行时因跑道不平引起飞机颠簸,或由于刹车、转弯、牵引等地面操纵而加到飞机上的交变载荷。

6) 座舱增压载荷

座舱增压载荷是由于座舱增压和卸压,而加给座舱周围构件的交变载荷。

在以上几种疲劳载荷中,对歼击机影响最大的是机动载荷、着陆撞击载荷和地面滑行载荷,而突风载荷是对运输机、轰炸机影响最大的一种载荷。

以上介绍了飞机结构承受的各种疲劳载荷(当然还不完全),这些载荷中有些对飞机疲劳寿命影响较大,有些影响较小;有些对该部分结构的影响大,有些对另一部分结构的影响大。表 5-2 说明了各种疲劳载荷对飞机不同部位的影响,在进行结构疲劳分析时应注意考虑。

表 5-2 各种疲劳载荷对飞机不同部位的影响

疲劳载荷	机翼						起落架	机身			尾翼
	中断	内翼	外翼	缝翼	襟翼	副翼扰流片		前段	中断	后段	
突风	△	△	△					△	△	△	△
机动				△	△	△					△
地—空—地	△	△	△	△	△			△		△	△
地面载荷							△				
座舱增压								△	△	△	
声振疲劳									△	△	

注:有 △ 符号处表示影响严重。

5.4.2 飞机疲劳载荷谱及其处理

疲劳破坏过程是一个损伤累积的过程。因此,分析疲劳强度时所关心的不是静强度分析中关心的最大载荷,而是实际结构在整个使用过程中对疲劳强度有影响的各级载荷的大小及其出现的次数(最好还能计及作用的次序),即飞机的承载性质与时间的关系。将表示飞机的承载性质与时间关系的曲线、表格、数据等称为飞机的疲劳载荷谱,或称为载荷-时间历程,载荷谱是研究疲劳强度不可缺少的资料。

1. 疲劳载荷谱分类

按飞机型号的全寿命管理周期来分,飞机结构疲劳载荷谱(通常也简称为载荷谱)主要可分为设计使用载荷谱和服役使用载荷谱。设计使用载荷谱是指在飞机设计阶段为进行耐久性(疲劳)/损伤容限分析和相应的试验所编制的载荷谱,其一般反映的是所设计飞机的预期平均使用情况,按照设计使用载荷谱给出的使用寿命只是该型飞机服役/使用寿命的期望值。飞机的服役使用载荷谱是通过飞机的定型试飞、使用试飞、领先使用、服役载荷监测等途径获取机群飞机结构实际载荷后编制的反映飞机实际使用情况的载荷谱,是进行飞机结构全机耐久性(疲劳)/损伤容限试验或飞机结构实际服役/使用寿命限制评定的重要依据。

按照损伤严重程度来分,载荷谱一般可分为平均载荷谱(或称基准载荷谱,简称平均谱或基准谱)和严重载荷谱(简称严重谱),既包括平均设计载荷谱(基准设计载荷谱)和严重设计载荷谱,又包括平均使用载荷谱(基准使用载荷谱)和严重使用载荷谱。平均谱反映了飞机的平均使用情况,对应于机队 50% 的飞机满足平均谱下的预期使用寿命;严重谱覆盖了机队飞机 90% 的使用情况,因此对应于机队 90% 的飞机满足严重谱下的预期使用寿命。从本质上说,载荷谱的严重程度是通过其对飞机结构所造成的损伤的严重程度来体现的。一般来说,严重谱的损伤约为基准谱的 2 倍,即飞机结构在基准谱下得到的寿命是严重谱下的 2 倍。

2. 疲劳载荷谱的原始数据来源

1) 飞机设计使用载荷谱的原始数据来源

飞机设计载荷谱是指在飞机设计阶段为进行疲劳/耐久性/损伤容限分析和相应的试验所编制的载荷谱,根据其任务要求和技术条件,获得编谱原始数据(飞机过载超越数曲线和典型载荷状态)的来源主要有如下三种基本技术途径。

(1) 规范谱分析法。直接利用飞机结构强度规范中所提供的载荷谱数据来编制设计使用载荷谱,其编谱基本思想如下:把飞机结构强度规范中的载荷谱数据与飞机的典型设计任务剖面结合起来编制该机的设计使用载荷谱。

(2) 飞行模拟分析法。对于有独特性能或使用要求的新飞机研制,一般也可采用飞行模拟与统计分析相结合的方法获得飞机的过载超越数曲线,其方法如下:由驾驶员操纵飞行模拟器,模拟各种典型飞行任务,同时测量响应的各种飞行参数的时间历程,然后对飞机过载作统计分析,得到飞机重心法向过载超越数曲线。分析其他飞行参数,可以得到飞机的典型载荷状态。

(3) 类比分析法。该方法是以类似飞机的典型飞行任务(或任务段)实测的载荷谱数据为基础,依据新设计飞机的性能变化、设计使用用途和寿命要求作适当的修正处理,然后利用统计分析的方法得到新设计飞机的总谱。这种方法比较简单,适用于改型机或性能相差不大的新机设计。

上述三种方法一般有其应用范围,但实际上,编制现代飞机设计使用载荷谱时常常是同时采用以上三种方法,但以一种方法为主,另外的一种或两种方法用于进行比较分析和验证。

2) 飞机服役使用载荷谱的原始数据获取

(1) 从飞机首飞至退役的不同阶段来分,飞机的服役使用载荷谱主要是通过飞机的定型试飞、使用试飞、服役载荷监控等途径获取结构实际载荷后编制的反映飞机实际使用情况的载荷谱。

新机定型试飞所获取的大量数据主要是为新机设计定型提供依据,利用定型试飞数据,经过适当的筛选、归并和数据处理,可以编制新机最初的实测载荷谱,以用于对设计使用载荷谱进行初步验证和修正。专门飞行试验实测载荷是从新机领先飞行或小批量投入使用的飞机中抽取部分飞机安装专门的测试仪器进行载荷谱实测。专门的载荷谱飞行实测是目前编制实测载荷谱的主要技术途径,新机一旦投入使用,就要求安装专门的测试设备(机载成品件)实施机队和单机疲劳载荷及使用寿命监控。

(2) 从飞机实测的部件及飞机飞行阶段来分,飞机的服役使用载荷谱主要是通过飞机飞行载荷谱实测、飞机操纵系统载荷谱实测和飞机地面载荷谱实测三个途径获取的原始数据。

飞机飞行载荷谱是指由机体在飞行中经受的时间-载荷历程编制的载荷谱,它反映飞机整机及机体各部件所承受的疲劳载荷情况,又称为飞机机体载荷谱。在飞机型号设计定型后期,需要从小批量领先飞行的飞机中至少抽取一架飞机,通过专门的测试改装和飞行试验实测编制飞机的飞行载荷谱,用于评定和验证飞机的设计使用寿命。按照实测部位/结构的细分,飞机飞行载荷谱又可分为重心法向过载谱、机翼载荷谱、机身弯矩谱、平尾载荷谱、垂尾载荷谱、活动舵面载荷谱、起落架舱门载荷谱、减速板载荷谱等。

飞机操纵系统通过操纵活动舵面的运动控制飞机,其失效会导致飞机失控,甚至发生灾难性事故。为了保障飞机使用寿命期内操纵系统拉杆及连接件等不发生疲劳破坏或功能失效,需要对飞机操纵系统进行疲劳寿命分析及组件疲劳试验验证。操纵系统载荷谱实测一般结合飞行载荷谱实测同时进行,在同一架试验飞机上进行飞行试验实测。不同类型的操纵系统的载荷谱形式会有所不同,同一操纵系统中,不同方向的操纵系统元件上的载荷也各不相同,应分别编制其载荷谱。

飞机地面载荷谱是指飞机起降和地面运动时经受的载荷时间历程,主要反映起落架及其与机体连接件所承受的疲劳载荷,地面载荷谱编制应涵盖的载荷情况一般包括起飞线发动机地面试车、起飞滑行、着陆、着陆滑行、刹车、转弯、发动机地面试车、牵引等。

3. 疲劳载荷谱编制的基本方法

编制的飞机载荷谱通常是以载荷谱块的形式重复加载进行疲劳试验,一个载荷谱块可大可小,最大可用一个寿命期作为一个载荷谱块,小的可用一次飞行或一个任务段时间作为一个载荷谱块,比较常用的是用 1 000 飞行小时、100 飞行小时的整数倍、飞行训练大纲中的一个训练周期或一年的飞行时间等对应的载荷谱块作为一个载荷谱块,一个载荷谱块也称一个载荷谱周期。

飞机载荷谱包括飞机设计使用载荷谱、通过飞行试验所得到的飞机实测载荷谱及由飞机寿命监控所得到的使用载荷谱。尽管编制飞机载荷谱的方法很多,但它们都基本上遵循编谱的基本方法——任务分析法,该方法由 7 个部分组成:

(1) 获取编谱原始数据,包括飞机任务剖面参数、飞机结构载荷环境参数、载荷计算和应力分析所需数据及材料参数等其他数据;

(2) 确定飞机典型任务剖面;

(3) 确定产生疲劳载荷的结构载荷环境,即确定飞机结构对作用在结构上的各种载荷源的响应,包括载荷来源的确定、选择每种载荷来源的响应参数、确定响应参数的统计分布等方面内容;

(4) 确定不同飞行(或地面)状态下的载荷情况,就是如何组合任务剖面的性能参数、结构载荷环境的响应参数和其他有关参数,形成不同的载荷情况作为载荷计算和应力分析的输入;

(5) 结构载荷计算和应力分析,把每种载荷情况下的一组参数代入相应的载荷或应力方程中,计算出指定结构或指定部位在每种载荷情况下的载荷或应力;

(6) 确定无顺序的载荷(应力)谱,以各级载荷累积频数分布曲线(或超越数曲线)的

形式给出,作为编制试验谱和疲劳寿命估算分析谱的输入;

(7)把无顺序载荷(应力)谱转换成试验谱和分析谱(程序块谱或飞—续—飞谱),包括高载截取、低载截除、确定载荷阶梯级的级数、确定阶梯级的间距、计算阶梯区间内的载荷频数等内容。

无顺序载荷谱离散化后,考虑载荷顺序,就可编制试验谱和分析谱,前者主要用于疲劳/耐久性/损伤容限试验,一般以全机或部件试验载荷谱的形式出现;后者主要用于疲劳寿命估算,一般以结构关键部位的应力谱形式出现。无论是试验谱还是分析谱,一般都包括两种顺序谱:程序块谱和飞—续—飞载荷谱。当然,如果能保证损伤等效的情况下,也可以用等幅谱表示。

实际上,飞机载荷谱主要包括重心过载谱、部件载荷谱和关键部位的局部载荷谱,其中重心过载谱是基础,关键局部部位的载荷谱则直接影响其寿命特性,其编制方法既有相同的一面又互相区别。

图 5-25 所示即为飞机机翼在一次飞行中的疲劳载荷谱。飞机的载荷谱随着地区、气候、飞行高度、飞行速度、飞行状态、飞机的型别和性能、飞行员操纵而有所不同,专用飞机的载荷谱是通过多次飞行实测整理得到的,对于同类飞机,则是用统计方法得到的。

根据飞行测得的真实载荷谱称为"随机载荷谱"(图 5-25),它通常用装在飞机重心处的过载记录仪测得。为了便于在疲劳试验中进行加载,在随机载荷谱的基础上,经过处理得到的分级载荷谱称为程序载荷谱。载荷大小随时间不变的称为常幅载荷谱。现在广泛采用的是程序载荷谱,表 5-3 给出了某型飞机机翼的程序载荷谱。程序载荷谱也可表示为如图 5-26 的形式。

表 5-3 某型飞机机翼 100 飞行小时程序载荷谱

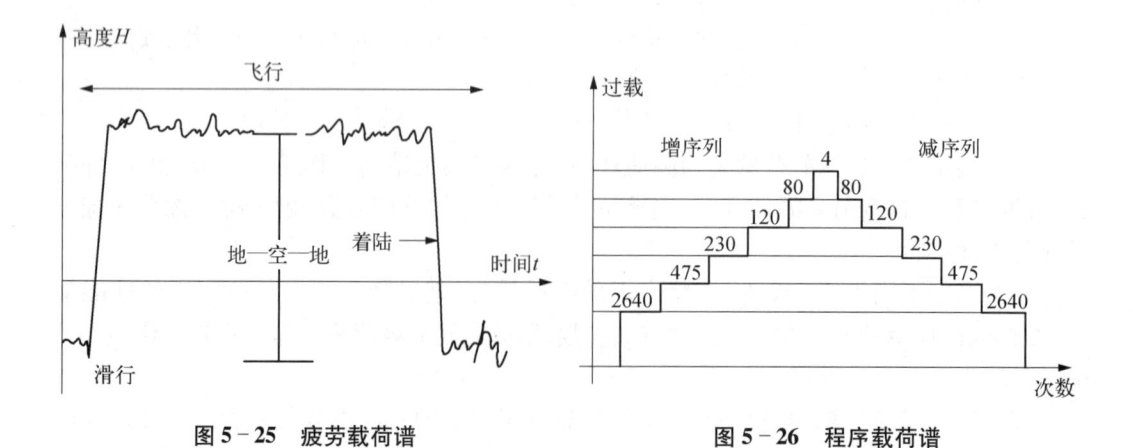

过载 n_y	2	3	4	5	6	7
N/次	2 640	475	230	120	80	4

图 5-25 疲劳载荷谱

图 5-26 程序载荷谱

这里需要指出的是,由实测得到的真实飞行载荷谱(随机载荷谱)到可应用于理论计算和实验研究的分级载荷谱(程序载荷谱),需要经过一定的数据处理过程再编制确定,这是一项工作量很大的复杂工作,必要时可参阅有关资料。

5.5 疲劳累积损伤理论

前面介绍了描述材料疲劳性能的 $S-N$ 曲线。在常幅载荷作用下,可以应用有关的 $S-N$ 曲线预计材料或构件的循环疲劳寿命。在实际工程中,结构材料往往受到复杂的变幅疲劳载荷的作用,在这种情况下,为了估计结构构件的疲劳寿命,只有相应的 $S-N$ 曲线是远远不够的。例如,某一构件承受两个不同交变应力 S_1 和 S_2 的作用,且知道每小时 S_1 作用 n_1 次,S_2 作用 n_2 次。通过该构件相应的 $S-N$ 曲线,可以分别找出在 S_1 单独作用时,构件到破坏所能承受的循环次数为 N_1;S_2 单独作用时,构件到破坏所能承受的循环次数为 N_2,但仍然不能确定在 S_1 和 S_2 同时作用的疲劳寿命是多少。因此,为了预计复杂疲劳载荷作用下的疲劳寿命,除了上面介绍过的 $S-N$ 曲线外,还必须借助疲劳累积损伤理论。

对于疲劳累积损伤规律,从宏观到微观,相关人员已进行过多年研究,提出了不下数十种累积损伤假设,但是在工程上真正有实用价值并已得到广泛应用的并不多。本节着重介绍工程上常用的线性累积损伤理论,并简要讨论说明存在的问题和应用中提出的一些问题,然后再简单介绍一种较有实用价值的修正线性累积损伤理论。

5.5.1 线性累积损伤理论及其应用

截至目前,工程上仍被广泛采用的累积损伤理论,是由德国的帕尔姆格林(Palmgram)和美国的迈纳(Miner)分别于1924年和1945年所提出的线性累积损伤理论(在国外文献中,这种累积损伤理论常称为 Palmgram-Miner 理论,或简称 Miner 理论),其基本假设如下:各级交变应力引起的疲劳损伤可以分别计算,再线性叠加起来。而某级应力水平 S_i 造成的疲劳损伤与该应力水平所施加的循环次数 n_i 和在同一应力水平下直至发生破坏时所需的循环次数 N_i 的比值成正比,即与比值 n_i/N_i 成正比,n_i/N_i 一般称为循环比或损伤比。很显然,如果是单级加载,循环比等于1时将出现破坏。如果是多级加载,则认为总损伤等于各循环比(或损伤比)的总和,且当循环比总和等于1时发生破坏。用公式来表示即为

$$\sum \frac{n_i}{N_i} = \frac{n_1}{N_1} + \frac{n_2}{N_2} + \frac{n_3}{N_3} + \cdots = 1 \qquad (5-21)$$

式(5-21)是多级循环加载下的破坏条件,也是线性累积损伤理论的计算公式。有了这个公式,再加上所需的 $S-N$ 曲线,就可以进行疲劳寿命估算了。现举例加以说明。

例 5-1 某个飞机零件采用一种不锈钢板制造,理论应力集中系数 K_t 为 4.0,应力比 $R=0$,用试验得到的 $S-N$ 曲线如图 5-27 所示。根据实测统计,每次飞行遭遇的应力历程如下:① 0~420 MPa(1次);② 0~350 MPa(10次);③ 0~210 MPa(200次);④ 0~140 MPa(1 000次)。

求：零件破坏前可以飞行的次数。

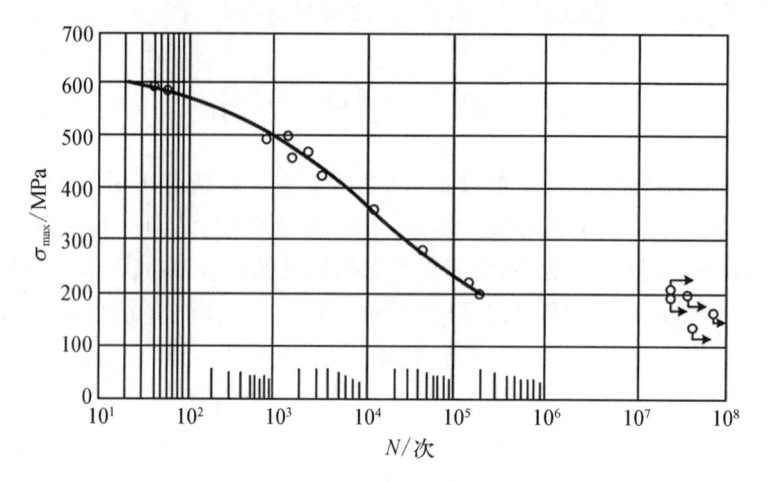

图 5-27　一种不锈钢板的 S-N 曲线

解： 查 S-N 曲线得

(1) 0~420 MPa 应力作用下破坏时的循环次数 $N_1 = 3.5 \times 10^3$；

(2) 0~350 MPa 应力作用下破坏时的循环次数 $N_2 = 1.2 \times 10^4$；

(3) 0~210 MPa 应力作用下破坏时的循环次数 $N_3 = 1.7 \times 10^5$；

(4) 0~140 MPa 应力作用下破坏时的循环次数 $N_4 \geqslant 10^8$。

现列表计算，见表 5-4。

表 5-4　某飞机零件损伤度计算列表

$S_{\min} \sim S_{\max}$/MPa	n_i	N_i	n_i/N_i
0~420	1	3.5×10^3	0.2857×10^{-3}
0~350	10	1.2×10^4	0.8333×10^{-3}
0~210	200	1.7×10^5	1.1765×10^{-3}
0~140	1 000	$\gg 10^8$	
		$\sum \dfrac{n_i}{N_i} = 2.2955 \times 10^{-3}$	

由表 5-4 可见，每次飞行的总损伤为

$$\sum \frac{n_i}{N_i} = 2.2955 \times 10^{-3}$$

若零件破坏前能飞行 L 次，则由 $L \times 2.2955 \times 10^{-3} = 1$，可得

$$L = \frac{1}{2.295 \times 10^{-3}} = 436(次)$$

显然，计算得到的是该零件破坏前可能进行的飞行次数的平均值。实际使用中，该零件破坏前可能进行的飞行次数将在436次上下波动。

线性累积损伤理论的另一个重要应用是折算简化载荷谱。例如，前面提到飞机结构的使用载荷谱是随机的、很复杂的，在疲劳试验中要直接模拟复杂的随机载荷谱会有困难，故得到较广泛应用的是按一定顺序施加简化的程序加载谱，有时甚至只进行等幅加载疲劳试验。显然，等幅加载只有一级，程序加载虽然有几级，为简化试验方法，使其切实可行，所加载荷级数也不能太多（也没有必要太多），一般比实测与计算得出的使用载荷谱的级数要少（如4~8级）。于是就出现了一个问题，即如何从较复杂的使用载荷谱折算成较简单的载荷谱？为此，先介绍一下在简化过程中一般遵守的几个原则，然后举例说明利用线性累积损伤理论进行简化计算的方法。

载荷谱简化过程中应遵循的原则如下。

(1) 为了降低在简化折算过程中可能引入的误差，各级载荷应该向造成损伤最严重的若干级上简化。若要简化为等幅谱，则应向损伤最严重的那一级简化。

(2) 在折算过程中，应使实际使用载荷谱与简化载荷谱的总损伤相等。

(3) 有时，为了减少加载次数，缩减试验时间，常往应力水平较高的级内折合，但仍要保证折算前后的损伤比相等。

上述第(1)条和第(2)条是必须遵循的两个原则，而第(3)条是视具体问题灵活运用的原则。如果因为应用第(3)条原则而破坏了前两个原则，这是不能允许的。例如，简单地把各级载荷都向最高一级载荷简化，而事实上，最高级载荷的损伤比很小，这就严重破坏了第(1)条原则，这样得到的就不是一个合适的简化载荷谱。

例 5-2 某运输机100次飞行所受的疲劳载荷谱（突风+机动+着陆撞击）及有关数据如表5-5(1~5列)所示。如以100次飞行作为一个加载程序，并分成四级加载，试拟定其简化谱。

表5-5 某运输机100次飞行所受的疲劳载荷谱及有关数据

Δg	$1+\Delta g$	$(\sigma_{max})_i$/MPa	N_i	n_i	n_i/N_i
0.2	1.2	1 081	1.00×10^6	2.40×10^3	2.40×10^{-3}
0.3	1.3	1 215	7.54×10^4	2.70×10^2	3.58×10^{-3}
0.4	1.4	1 314	3.10×10^4	5.49×10	1.77×10^{-3}
0.5	1.5	1 407	1.80×10^4	1.56×10	0.867×10^{-3}
0.6	1.6	1 503	1.20×10^4	6.40	0.533×10^{-3}
0.7	1.7	1 585	8.40×10^3	3.96	0.471×10^{-3}
0.8	1.8	1 681	5.60×10^3	1.23	0.220×10^{-3}
0.9	1.9	1 760	3.70×10^3	4.20×10^3	0.114×10^{-3}
1.0	2.0	1 860	2.35×10^3	1.40×10^3	0.060×10^{-3}
1.1	2.1	1 954	1.43×10^3	5.00×10^3	0.035×10^{-3}

$$\sum \frac{n_i}{N_i} = 10.05 \times 10^{-3}$$

解：表 5-5 中第 1~2 列列出的是所受的各级载荷；第 5 列列出的是大于等于 Δg 的各级载荷的次数 n_i；第 3 列是要计算的关键部位对应各级载荷时最大应力 $(\sigma_{\max})_i$ 的值；第 4 列列出的是根据 $S-N$ 曲线查得的对应各 $(\sigma_{\max})_i$ 值时的 N_i 值。显然，有了 n_i 和 N_i 的数值，就可以直接算出损伤比 n_i/N_i 及 100 次飞行造成的总损伤 $\sum(n_i/N_i)$ 的数值（表 5-5 中的第 6 列）。

根据载荷谱简化原则，要把十级载荷谱简化成四级载荷谱，应向损伤比最大的四级简化，从表 5-5 中可见，前四级的损伤比最大，这四级造成的损伤为

$$(2.40 + 3.58 + 1.77 + 0.867) \times 10^{-3} = 8.62 \times 10^{-3}$$

而原来十级使用载荷谱的总损伤为

$$\sum \frac{n_i}{N_i} = 10.05 \times 10^{-3}$$

故：

$$\frac{10.05 \times 10^{-3}}{8.62 \times 10^{-3}} = 1.17$$

为保证简化后的四级载荷谱的总损伤与原十级使用载荷谱的总损伤相等，把选定四级载荷的作用次数都放大 1.17 倍，即 $\Delta g \geq 0.2$ 时，作用次数为 $(2.40 \times 10^3) \times 1.17 = 2\,808$ 次；$\Delta g \geq 0.3$ 时，作用次数为 $(2.70 \times 10^2) \times 1.17 = 316$ 次；$\Delta g \geq 0.4$ 时，作用次数为 $(5.49 \times 10) \times 1.17 = 64$ 次；$\Delta g \geq 0.5$ 时，作用次数为 $(1.56 \times 10) \times 1.17 = 18$ 次。至此，已把一个十级使用载荷谱简化成了一个四级的简化谱了。

通过例 5-1 和例 5-2 可见，只要有了所需的 $S-N$ 曲线，采用线性累积损伤理论即可为疲劳寿命估算及载荷谱的简化折算等提供一个简便的方法。但是线性累积损伤理论存在着若干缺点，有些缺点是带有根本性质的。例如，线性累积损伤理论根本没有考虑在一个较复杂的载荷谱中各级载荷的相互影响；它不能计及低于持久极限的低应力所造成的损伤；也不能计及高应力引起的残余应力及应变硬化（或软化）等因素的有利或有害影响等。因此，采用线性累积损伤理论来估算疲劳寿命，其结果既可能是保守的，也可能是不安全的，而且有时可以相差很大。

线性累积损伤理论存在上述种种问题，就必然导致理论计算结果与实际寿命间常存在不同程度的差别。因此，用这种累积损伤理论计算的疲劳寿命只能称为估算。以往为了使估算的寿命更符合实际情况，国内外曾对破坏条件[式(5-21)]中的系数值进行过许多研究和推敲，即把线性累积损伤的破坏条件用式(5-22)来表示：

$$\sum n_i/N_i = K \tag{5-22}$$

而对于系数 K，再规定合理的数值。例如，在飞机设计中，有人根据机翼结构全尺寸疲劳试验结果，建议对于典型的飞机结构部件（如机翼等）取 K 值为 1.5，而元件仍采用 $K=1$。也有人为了安全，建议 K 值改用 0.5 或更低的值。应该指出，由于线性累积损伤理论

本身存在的问题,事实上不可能给出一个适用于一切情况的统一的 K 值。

尽管线性累积损伤理论存在不少问题,但是其简单明了、使用方便,并有一定的可靠性;并且至今还没有更精确、可靠,简单、方便的理论来代替它,所以目前在工程上仍然得到了较广泛的应用。

另外,为了克服线性累积损伤理论的严重缺陷,近年来,有些研究工作者已提出并使用相对线性累积损伤法则(或称相对 Miner 法则),其主要特点是避免式(5-21)中累积损伤为 1.0 代表破坏这一缺陷。相对线性累积损伤法则的计算公式为

$$N_\mathrm{A} = N_\mathrm{B} \frac{\sum (n/N)_\mathrm{B}}{\sum (n/N)_\mathrm{A}} \tag{5-23}$$

式中,N_A 和 N_B 为两个不同的载荷谱(即 A 谱和 B 谱)下的寿命;$\sum (n/N)_\mathrm{A}$ 和 $\sum (n/N)_\mathrm{B}$ 分别为 A 谱及 B 谱的累积损伤。

由式(5-23)可知,如果已经知道一种材料或一个物体在某一种已知载荷谱(如 B 谱)作用下的疲劳寿命(如 N_B),则该材料或该物体在另一种载荷谱(如 A 谱)作用下的疲劳寿命(如 N_A)就可以写出来了。在实际应用中已知谱(即 B 谱)常用某种标准谱,而我们要处理的某种载荷谱(即 A 谱),若设计中初步估算的谱常常是与标准谱相类似的,这样由式(5-23)就有可能得到较好的预测疲劳寿命值。

5.5.2 修正线性累积损伤理论

为了保持线性累积损伤理论便于应用的优点,又要克服其未计及应力相互影响等缺点,目前在工程上应用较多的是"修正线性累积损伤理论"。从不同的角度出发,可以得到不同的修正理论。下面具体介绍一种在我国已有较好实际应用的科汀-多沦(Corten-Dolan)修正线性累积损伤理论。

科汀-多伦修正线性累积损伤理论于 1956 年提出,该理论认为疲劳损伤可以想象为裂纹的累积和联合,并且与损伤核心数及裂纹扩展速率有关。对于由给定应力作用下所产生的疲劳损伤 D 可用式(5-24)来表示:

$$D = mrn^a \tag{5-24}$$

其中,a 为常数;m 为损伤核心数;n 为给定应力作用的循坏次数;r 为纹扩展系数。

科汀和多伦认为:对于所有应力历程,疲劳破坏时的总损伤 D_f 对于给定的元件是一常数,所以当同一个元件分别施加 σ_1 和 σ_2 时,其总损伤可分别表示为

$$D_\mathrm{f} = m_1 r_1 N_1^{a_1}$$
$$D_\mathrm{f} = m_2 r_2 N_2^{a_2}$$

于是可得

$$m_1 r_1 N_1^{a_1} = m_2 r_2 N_2^{a_2} \tag{5-25}$$

其中，N_1 和 N_2 分别表示在应力 σ_1 和 σ_2 作用下直至元件破坏时的循环次数；其他符号意义类同式(5-24)。

如果疲劳过程是在 σ_1 及 σ_2 下交变地变化，且假设 $\sigma_1 > \sigma_2$，则认为损伤核心数仅取决于较大的应力 σ_1，即 $m_1 = m_2$，且可假设 $a_1 = a_2 = a_0$。若在 σ_1 和 σ_2 同时作用下元件直到破坏的总循环次数为 N_g，应力 σ_1 的循环次数百分比为 a_1，则应力 σ_1 的循环次数百分比即为 $1-a_1$，于是有

$$\frac{N_g}{N_1} = \frac{1}{a_1 + (r_2/r_1)^{1/a}(1-a_1)} \tag{5-26}$$

式(5-26)中的 $(r_2/r_1)^{1/a}$ 与应力比有关，即

$$\left(\frac{r_2}{r_1}\right)^{1/a} = \left(\frac{\sigma_2}{\sigma_1}\right)^d \tag{5-27}$$

其中，d 为材料常数，要由试验确定；

将式(5-27)代入式(5-26)，可得

$$\frac{N_g}{N_1} = \frac{1}{a_1 + (1-a_1)\left(\dfrac{\sigma_2}{\sigma_1}\right)^d} \tag{5-28}$$

式(5-28)就是两级加载下的科汀-多伦累积损伤理论计算公式。

把式(5-28)推广到多级(如 K 级)加载情况，即可得

$$\frac{N_g}{N_1} = \frac{1}{\sum\limits_{i=1}^{K} a_i \left(\dfrac{\sigma_i}{\sigma_1}\right)^d} \tag{5-29}$$

其中，N_g 为在多级交变应力作用下直至破坏的总循环次数；N_1 为在最大交变应力 σ_1 下直至破坏的循环次数；σ_1 为多级交变应力中的最大交变应力；a_i 为交变应力 σ_i 下的循环百分数($i = 1, 2, \cdots, K$)；d 为由试验确定的材料常数。

对式(5-29)稍加整理后可得

$$\sum \frac{a_i N_g}{N_1 \left(\dfrac{\sigma_1}{\sigma_i}\right)^d} = 1 \tag{5-30}$$

显然，式(5-30)的形式与线性累积损伤理论[式(5-1)]很类似。式(5-30)中的 $a_i N_g$ 即相当于式(5-21)中的 n_i；而式(5-30)中的 $N_1(\sigma_1/\sigma_i)^d$ 即相当于式(5-21)中的 N_i，即

$$N_i = N_1 \left(\frac{\sigma_1}{\sigma_i}\right)^d \tag{5-31}$$

把式(5-31)改写成：$\frac{N_i}{N_1} = \left(\frac{\sigma_1}{\sigma_i}\right)^d$，再对公式两边取对数，可得

$$\lg \frac{N_i}{N_1} = d\lg \frac{\sigma_1}{\sigma_i} \tag{5-32}$$

由式(5-32)可以看出，在应力 σ_i 与寿命 N_i 的双对数坐标系中，应力和寿命成线性关系，直线的斜率则与材料常数 d 有关。

从这里可以看出，根据这个累积损伤理论，$S-N$ 曲线在双对数坐标上应为线性关系，这对于相当一部分工程材料是符合的或近似符合的。

5.6 飞机结构疲劳寿命估算

5.6.1 疲劳寿命的概念

1. 疲劳寿命的定义

飞机结构的疲劳寿命的一般定义可以叙述为：飞机结构的疲劳寿命是指结构从投入使用到最后发生疲劳断裂所经历的飞行次数（或飞行小时数）。而飞机结构的疲劳断裂，是指飞机结构的关键部位发生了疲劳破坏。因此，飞机结构的疲劳寿命又是以关键部件的疲劳寿命为代表的。飞机结构的关键部件有时可能不止一个，这时，以其疲劳寿命相等为最佳，否则，只能以其中疲劳寿命最小者为代表。

除了上述一般性的定义外，关于疲劳寿命还有多种定义，如无裂纹寿命、裂纹扩展寿命、全寿命、安全寿命、使用寿命、经济寿命等。疲劳破坏一般经历疲劳裂纹的形成、疲劳裂纹的稳定扩展和疲劳裂纹扩展到临界尺寸时的快速（不稳定）扩展，而裂纹的不稳定扩展时间很短，因此飞机结构的疲劳寿命 N 为

$$N = N_i + N_g$$

其中，N 为疲劳寿命，或称全寿命；N_i 为裂纹形成寿命（即无裂纹寿命）；N_g 为裂纹扩展（稳定）寿命。

至于安全寿命，是在考虑了安全系数和疲劳寿命分散性以后的无裂纹寿命或全寿命的安全指标。使用寿命则是指结构实际使用的寿命。结构使用到一定时间后产生了疲劳破损，需进行修复，如果破损较为严重，若不修则无法使用，而再修又不经济，此寿命即经济寿命。

2. 无裂纹寿命的地位

在全寿命中，无裂纹寿命和裂纹扩展寿命所占的比例各是多大，谁是主要的，还是平分秋色，这与结构形式、载荷条件、环境、材料等因素有关。例如，对于疲劳试验中的标准小试件（一般直径为 6~10 mm），试验中一旦出现裂纹，则很快就会断裂。这说明，对于该试件，裂纹形成寿命是主要的，而裂纹扩展寿命所占的比例则很小，甚至可以忽略不计。可是，对于带有缺陷的板材的试验则不同，裂纹扩展寿命所占的比例比较大，约占一半，甚

至更大。但是,随着冶金技术、加工工艺水平、无损探伤技术的不断提高,在结构的关键部位、危险的方向上应确保无明显初始裂纹(缺陷)的存在,这既是必要的,也是可能的。这样,结构的无裂纹寿命所占的比例必然会提高。因此,对于飞机结构,考虑其无裂纹寿命是必要的。

无裂纹寿命的估算是疲劳学科研究的课题,因而是本章的内容,本章仍将无裂纹寿命称为疲劳寿命;而裂纹扩展寿命则是断裂力学研究的课题,由本书后续章节介绍。

那么,上述两个阶段究竟如何分界呢?工程上的疲劳裂纹形成阶段常指疲劳成核并扩展到工程上可检裂纹长度的阶段,这里所说的可检裂纹长度是不确定的。有人认为,初始裂纹长度应是断裂力学计算方法可应用的最短裂纹长度,也有人用疲劳机理、断裂机理分别算出应力集中处的材料破坏速率,当两种破坏速率相等时,所对应的裂纹长度即为初始裂纹长度。然而从工程的观点看,初始裂纹的确定,是与裂纹检测手段和要求的置信水平有关的。但无论怎样确定初始裂纹的长度,只要通过计算得出了结构的无裂纹寿命,则认为在结构的危险部位的小范围内已发生破坏,即出现了工程上较小的可检裂纹。

3. 疲劳寿命估算方法分类

估算疲劳寿命的方法可分为名义应力法和局部应力-应变法。名义应力法是最早形成的抗疲劳设计方法,它以材料或构件的 $S-N$ 曲线为基础,对照试件或结构疲劳危险部位的应力集中系数和名义应力,结合疲劳损伤累积理论,校核疲劳强度或计算疲劳寿命。局部应力-应变法是一种较新的疲劳寿命估算方法,它以材料或构件的循环应力-应变曲线和应变-寿命曲线为基础,将构件上的名义应力谱转换成危险部位的局部应力-应变谱,结合疲劳损伤累积理论,进行疲劳寿命估算,主要应用于高应力低循环疲劳(即低周疲劳)寿命的估算。对于一些具有良好设计传统的设计、制造单位,也可采用类比法,即利用已知寿命的部件,通过类比原理来确定未知部件的寿命,但这需要原有经验和资料数据的积累。

估算疲劳寿命的方法的分类如下:

$$\text{疲劳寿命估算方法} \begin{cases} \text{名义应力法} \begin{cases} \text{常规方法} \\ \text{应力严重系数} \end{cases} \\ \text{局部应力法-应变法} \\ \text{类比法} \end{cases}$$

5.6.2 疲劳寿命估算的名义应力法

1. 方法简介

用名义应力法估算飞机结构危险部位或拟具体计算的关键部位的疲劳寿命,需要做的工作很多,具体如图 5-28 中的计算程序框图所示。下面就其主要内容进行简要讨论。

1) 确定交变载荷环境、计算疲劳载荷谱

(1) 确定交变载荷环境。可根据规范或飞行实测统计资料确定。表 5-2 列出了主要载荷对飞机哪些部位影响较大,可供参考。

```
┌─────────────────────────┐              ┌─────────────────────┐
│   重复载荷环境          │              │  元件试验的 S-N 曲线 │
│(突风、机动、着陆撞击、滑行等)│              └──────────┬──────────┘
└───────────┬─────────────┘                         │
┌──────────────┐                                    │
│ 飞机典型     │                                    │
│ 飞行剖面图   │                                    │
└──────┬───────┘                                    │
┌─────────────────────────┐                         │
│  飞机重心处过载谱       │                         │
│(突风、机动、着陆撞击、滑行等)│                         │
└───────────┬─────────────┘                         │
┌──────────────┐                                    │
│ 1g应力水平   │                                    │
│(S平飞,S停机) │                                    │
└──────┬───────┘                                    │
┌────────────────────┐         ┌──────────────────────┐
│ 危险部位元件的应力谱│         │ 对应于应力谱的 S-N 曲线│
└──────────┬─────────┘         └──────────┬───────────┘
           │                              │
           └──────────────┬───────────────┘
              ┌────────────────────────────┐
              │ 累积损伤计算 D=∑(n/N)      │
              └──────────────┬─────────────┘
              ┌────────────────────────────┐
              │ 估算的疲劳寿命 Lp=KT/(DSF) │
              └────────────────────────────┘
```

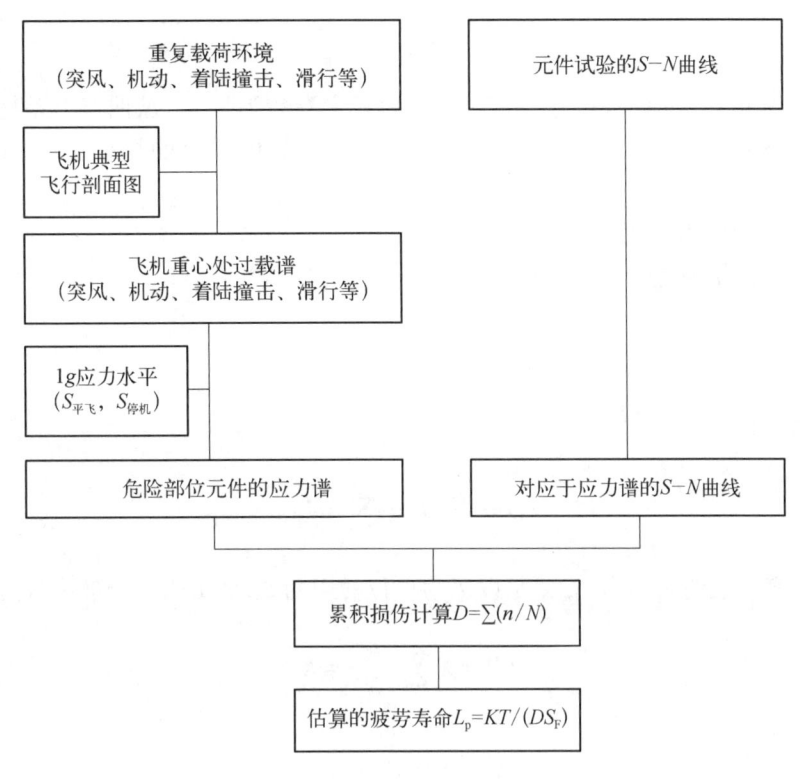

图 5-28 疲劳寿命估算程序框图

(2) 确定疲劳载荷谱。根据飞机预期的飞行任务,给出具有代表性的一种或几件飞行剖面图,从而将各种复杂载荷环境数据,转换成具体飞机的重心处各种类型的疲劳载荷谱。

2) 确定危险部位应力谱

首先要确定危险部位或关键部位。在进行寿命估算时,危险部位应为已知。利用已确定的疲劳载荷谱,通过结构中应力和过载(或载荷)间的相互关系,计算危险部位的应力谱。

对于较刚硬的飞机或者是飞机重心附近的部位,可认为待确定的应力谱和重心过载谱成线性关系,此时水平等速飞行时静载荷作用下(此时重心过载为 $1g$)常规强度计算所提供的应力分析就可直接用于计算某部位的应力谱。

3) 取得对应于应力谱的 $S-N$ 曲线

$S-N$ 曲线是与应力比 R 对应的。若要求得与应力谱相应的 $S-N$ 曲线,则必须有多条 $S-N$ 曲线。而能直接用于估算危险部位疲劳寿命的 $S-N$ 曲线必须由试验获得,这种试验既不经济又费时,很难获得多条所需的 $S-N$ 曲线。实际工作中通常的做法是:先按一个给定的平均应力直接由疲劳试验获得一条 $S-N$ 曲线,再由有关的疲劳试验资料获得不同平均应力时的 $S-N$ 曲线。当缺乏有关试验资料时,也可借 Goodman 直线公式推求,即

$$S'_a = S_a \frac{\sigma_b - S_m}{\sigma_b - S'_m} \tag{5-33}$$

其中，S_m 为给定 $S-N$ 曲线的平均应力；S_a 为某个寿命下从 $S-N$ 曲线上差得的交变应力；S'_m 为要求的平均应力；S'_a 为等寿命前提下与 S'_m 相对应的交变应力；σ_b 为强度极限。

4）运用累积损伤原理进行寿命估算

先计算每级循环应力造成的损伤：

$$d_i = \frac{n_i}{N_i}$$

再求出总损伤：

$$D = \sum d_i = \sum \frac{n_i}{N_i}$$

若应力谱代表的时间为 T，λ 是以 T 为单位的周期数，疲劳寿命分散系数为 S_F，则：

$$\lambda D = \lambda \sum \frac{n_i}{N_i} = K \tag{5-34}$$

安全疲劳寿命 L_p 为

$$L_p = \frac{\lambda T}{S_F} = K \frac{T}{D S_F} \tag{5-35}$$

对于 K 的取值，是有不同意见的，在没有合适的数据时，作为初步估算，不妨取 $K=1$。对疲劳寿命分散系数 S_F 的合理确定既是一个理论问题，也是一个实际问题，它是对疲劳载荷、使用环境、材料或构件性能等各种因素分散性的一种考虑，需要针对具体情况进行具体分析。针对分散系数的选取，各国都制订了自己的标准，必要时可参考有关强度规范。目前，我国多将分散系数取为 4。

2. 应用举例

例 5-4 已知：某型歼击机主起落架的危险部位是外筒上接头的①—①剖面，使用过程中，起落架支柱在该剖面曾断裂过（图 5-29），材料为 30CrMnSiNi2A，$\sigma_b = 1\ 700$ MPa，该材料在旋转弯曲条件下的 $\sigma-N$ 曲线见图 5-30。该剖面每 1 000 次飞行的应力谱分 7 种情况，共 31 级，如表 5-6 所示，要求对该剖面进行安全寿命估算。

解： 为了方便，列表（表 5-6）进行计算，其步骤如下。

（1）根据表 5-6 的应力谱，算出各级应力的 σ_m 和 σ_a 值。

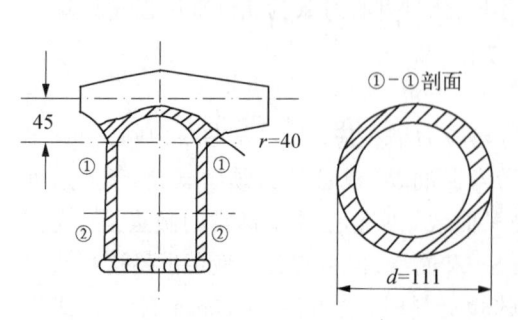

图 5-29 某型歼击机主起落架支柱（单位：mm）

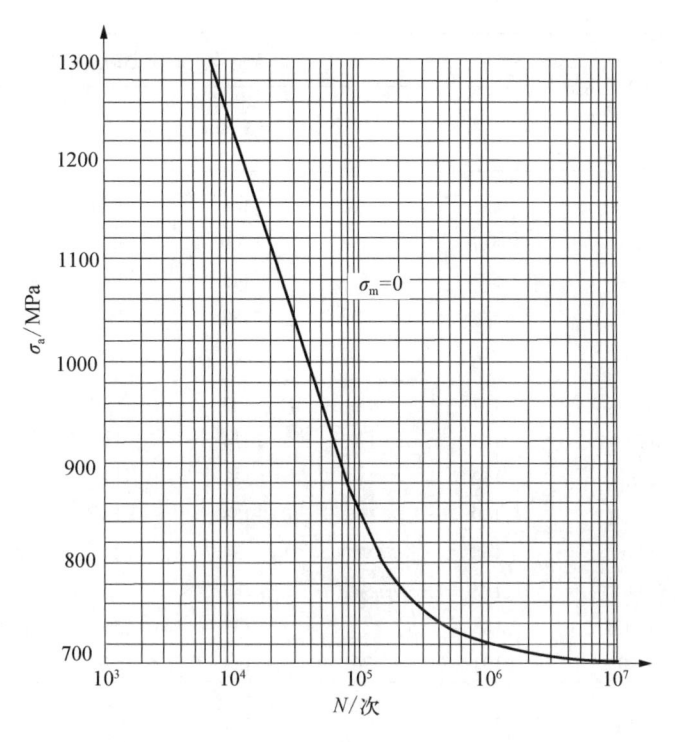

图 5-30 30CrMnSiNi2A 材料的 σ-N 曲线

表 5-6 某飞机每 1 000 次飞行的应力谱

受载情况序号		每1 000次飞行作用次数 n_i	①-①剖面危险点的应力谱及损伤度					
			σ_{max}/MPa	σ_{min}/MPa	σ_m/MPa	σ_a/MPa	N_i/×10⁵	$\frac{n_i}{N_i}$/10⁻⁵
对称着陆	1	72	130	7	69	61	61.10	1.2
	2	116	203	−44	80	123	27.14	4.3
	3	104	275	−95	90	155	9.68	10.7
	4	62	348	−146	101	247	4.78	13.0
	5	31.2	422	−196	113	309	2.00	15.6
	6	10.4	493	−246	124	369	0.94	11.1
	7	3.2	565	−297	134	431	0.48	6.7
	8	0.6	638	−347	146	492	0.30	2.0
	9	0.4	710	−398	156	554	0.16	2.5
	10	0.2	783	−449	167	616	0.10	2.0
偏航着陆	1	54	123	21	72	51	71.0	0.8
	2	87	188	−16	85	102	36.2	2.4
	3	78	254	−52	101	153	17.4	4.5
	4	46.5	320	−89	116	204	8.4	5.5
	5	23.4	366	−125	131	255	4.18	5.6

续 表

受载情况	序号	每1000次飞行作用次数 n_i	①-①剖面危险点的应力谱及损伤度					
			$\sigma_{max}/$MPa	$\sigma_{min}/$MPa	$\sigma_m/$MPa	$\sigma_a/$MPa	$N_i/\times 10^5$	$\dfrac{n_i}{N_i}/10^{-5}$
偏航着陆	6	7.8	451	-162	145	305	1.89	4.1
	7	2.4	517	-198	160	357	0.96	2.5
	8	0.45	583	-234	175	408	0.53	0.8
	9	0.3	648	-271	189	459	0.35	0.9
	10	0.15	714	-307	204	510	0.20	0.8
地面情况	1	3 000 000	137	129	133	4	—	—
	2	165 000	145	122	134	11	—	—
	3	27 000	152	114	133	19	—	—
	4	2 000	160	106	133	27	94.7	21.1
	5	90	168	99	134	34	87.5	1.0
	6	4	175	91	133	42	79.1	0.1
	7	0.15	183	83	133	50	70.8	—
	8	0.005	191	76	134	57	63.5	—
最大刹车及发动机试车		3 000	333	134	234	99	33.8	88.7
正常刹车		5 000	232	134	183	49	68.4	73.0
转弯		5 000	602	-28	287	315	1.11	4 504.5
每1000次飞行的总损伤							$\sum \dfrac{n_i}{N_i}=$	4 785.4

(2) 将材料的 σ-N 曲线(图5-30)对 K 进行修正,并考虑低于疲劳极限以下应力对损伤的影响,取得构件危险部位的 σ-N 曲线。

a. 考虑构件的外形、尺寸、表面光洁度的影响

由于构件的形状、尺寸及表面光洁度等的影响,构件的 σ-N 曲线与材料的 σ-N 曲线是不相同的。

(a) 应力集中对疲劳强度的影响。应力集中对构件疲劳强度的影响可用有效应力集中系数 K_f 来进行修正。根据外筒上接头①-①剖面处的尺寸,得 $D=d+2r=111+2\times 40=191$ mm,则 $D/d=191/111=1.72$,$r/d=40/111=0.36$,通过查应力集中系数表得 $K_f=1.29$。

(b) 构件尺寸大小对疲劳强度的影响。尺寸大小对构件疲劳强度的影响,可用尺寸系数 ε 来进行修正。根据外筒上的接头外径 $D=111$ mm,查尺寸影响系数表得 $\varepsilon=0.62$。

(c) 构件表面加工质量对疲劳强度的影响。表面加工质量对构件疲劳强度的影响可以用表面质量系数 β 进行修正。根据外筒上接头的表面光洁度 ▽4 及该材料的 $\sigma_b=170$ kg/mm²,查表面质量系数表得 $\beta=0.65$。

构件危险部位 σ-N 曲线,是将材料的 σ-N 曲线,考虑了影响构件疲劳强度的三个

因素，即 ε、β 及 K_f 的修正而绘制成的。此时，假设 ε、β 和 K_f 在半对数坐标上（$N = 10^0 \sim 10^7$）线性变化，并假设当循环次数 $N = 10^0$ 时的 ε、β 和 K_f 均为 1；在 $N = 10^7$ 时，ε、β 和 K_f 分别等于 0.62、0.65 及 1.29，见图 5-31。

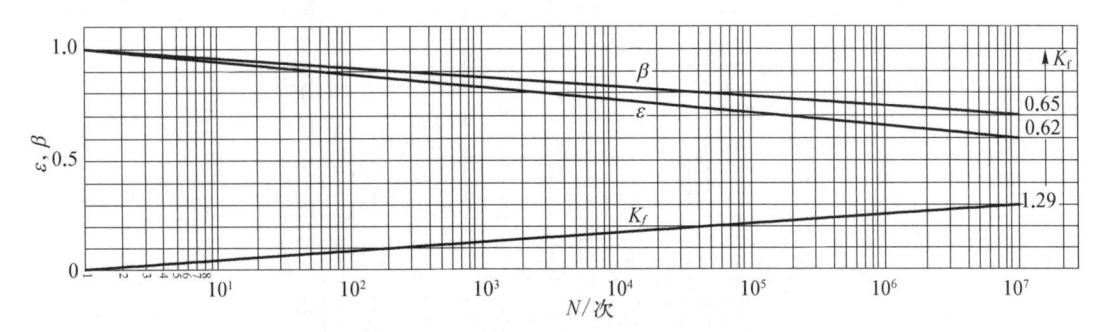

图 5-31 ε、β 及 K_f 随循环次数的变化曲线

根据图 5-31，可以查出在不同的循环次数 N 下的 ε、β 及 K_f，从而可以得到对应的总修正系数 $K = \varepsilon\beta/K_f$，结果见表 5-7。

表 5-7 不同循环次数 N 对应的修正系数

参数	10^4 次	3×10^4 次	10^5 次	3×10^5 次	10^6 次	3×10^6 次	10^7 次
ε	0.770	0.743	0.716	0.700	0.680	0.650	0.620
β	0.800	0.770	0.750	0.740	0.70	0.68	0.65
K_f	1.160	1.180	1.202	1.222	1.246	1.267	1.290
$K = \varepsilon\beta/K_f$	0.53	0.485	0.446	0.424	0.382	0.349	0.312

这样，根据图 5-30 中材料的 σ-N 曲线对 K 值进行修正后，便可得到危险部位 ①-① 剖面的 σ-N 曲线，见表 5-8 和及图 5-32。

表 5-8 危险部位 ①-① 剖面的 σ-N 关系

参数	10^4 次	3×10^4 次	10^5 次	3×10^5 次	10^6 次	3×10^6 次	10^7 次
σ_a'/MPa	1 237.6	1 051.0	850.00	755.0	722.5	709.0	704.0
K	0.53	0.485	0.446	0.424	0.382	0.349	0.312
$\sigma_a = K\sigma_a'/\text{MPa}$	656	510	379	320	276	247	21 960

注：σ_a' 由图 5-30 查得。

b. 对低于疲劳极限 σ_r 以下的应力所造成的损伤的考虑

根据 Miner 线性累积损伤原理，对于低于疲劳极限以下的应力是不考虑的。但许多研究证明，在谱载荷作用下，低于疲劳极限以下的应力对损伤有重大影响。在国外，对这一因素的考虑是将 σ-N 曲线作某种修正，修正的方法较多，下面介绍其中的一种。

（a）认为使裂纹不扩展的应力对试件不造成损伤，这一应力级规定为低于疲劳极限的 10%。

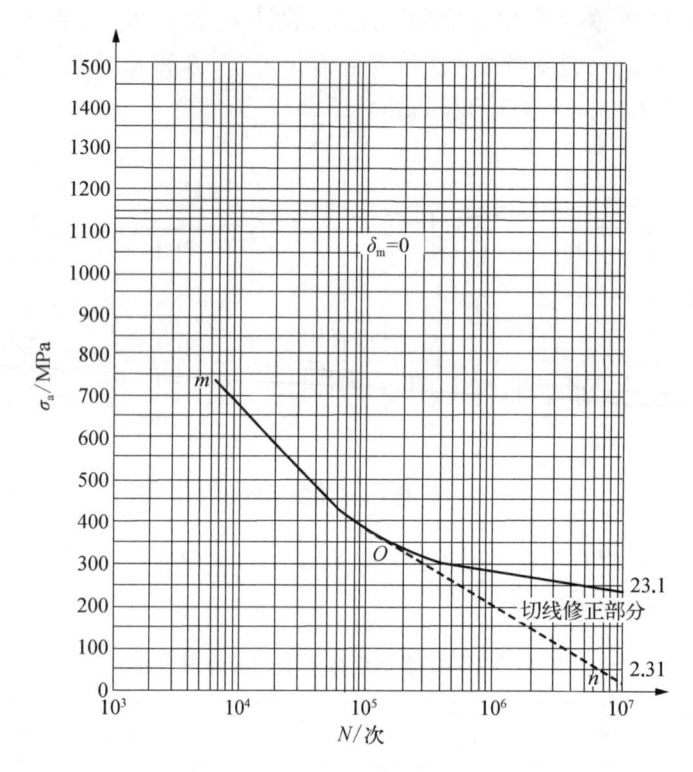

图 5-32　外筒上接头①-①剖面的 S-N 曲线

(b) 在图 5-32 中 $N=10^7$ 及 $\sigma'_r=10\%\sigma_r$ 的交点上,向 σ-N 曲线作切线,这一切线部分即为对低于疲劳极限以下应力的考虑,因此考虑低于疲劳极限以下应力所造成的损伤,则 σ-N 曲线为 m-O-n 线段(图 5-32)。

(c) 绘制等寿命曲线。对于高强度钢,可以选取直线方程的经验公式 $\sigma_a=\sigma_{-1}(1-\sigma_m/\sigma_b)$ 来绘制等寿命曲线族(图 5-33)。其中,$\sigma_b=170\ \text{kgf/mm}^2$($1\ \text{kgf/mm}^2\approx 0.1\ \text{MPa}$),$\sigma_{-1}$ 值及所对应的循环次数 N 由图 5-32 查得。

(d) 根据算出的 σ_m 及 σ_a 值,在等寿命图上用线性内插法求出其对应的循环次数 N_i。

(e) 计算各级应力的损伤度 n_i/N_i。

(f) 用线性累积损伤原理计算构件危险部位的安全寿命:

$$\lambda \cdot \sum \frac{n_i}{N_i} = 1$$

$$\lambda = \frac{1}{\sum \dfrac{n_i}{N_i}} = \frac{10^3}{4\,785.4\times 10^{-5}} = 20\,897(\text{次})$$

因为疲劳寿命的分散性很大,为保证构件的安全可靠,取分散系数 $S=4$,则危险部位的安全寿命为

$$L = \frac{\lambda}{4} = 5\,224(次)$$

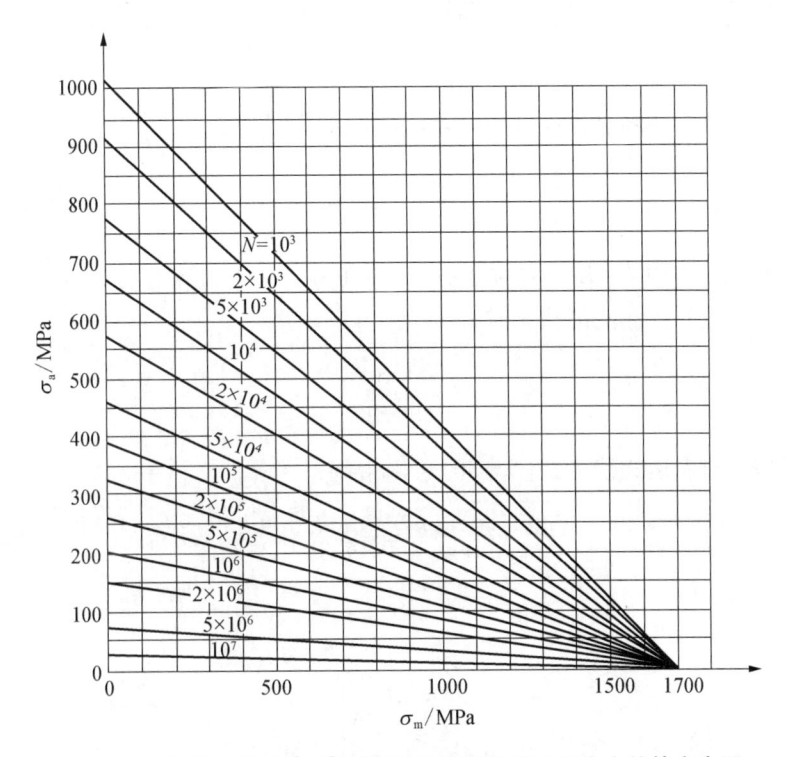

图 5-33 外筒上接头①—①剖面考虑疲劳极限以下应力的等寿命图

5.6.3 疲劳寿命估算的局部应力-应变法

名义应力法中考虑材料及结构的疲劳特性均建立在应力与疲劳损伤的关系上。但实际上,疲劳应力只反映了结构所承受的载荷,而应变则反映了结构内部的变形,和应力相比,应变与疲劳损伤有更直接的联系。特别是在短寿命区,疲劳应力较大,应力集中部位进入塑性状态,再用应力与疲劳寿命的关系计算疲劳寿命就不可行了。实验数据表明,在疲劳寿命小于 10^4 时,$S-N$ 曲线不再适用,必须用应变与疲劳寿命的关系来描述材料的疲劳特性,称为应变疲劳。

用应变疲劳的方法计算结构寿命的方法称为局部应力-应变法,其基本理论仍是 Miner 线性累积损伤理论,只是计算损伤度不再是用名义应力和 $S-N$ 曲线,而是从疲劳危险部位的局部真实应变和 $\varepsilon-N$ 曲线计算结构的损伤。局部应力-应变法的计算步骤如下。

1. 确定载荷与局部应变的关系

对于实际的结构,给出的疲劳载荷谱往往是名义应力谱或载荷谱,局部应力由于应力集中和材料进入塑性区而与疲劳载荷或名义应力不再成正比关系,所以首先要确定局部应力集中处的真实应力和真实应变。工程上常用的方法有如下几种。

1) 诺伯法

诺伯法假设：采用线弹性理论计算的理论应力集中系数 K_t 是真实应力集中系数 K_σ 和真实应变集中系数 K_e 的几何平均值，即

$$K_t = \sqrt{K_\sigma K_e} \qquad (5-36)$$

真实应力集中系数和真实应变集中系数的定义分别为

$$K_\sigma = \frac{\sigma}{S}, \quad K_e = \frac{\varepsilon}{e}$$

其中，σ、ε 分别为真实应力及真实应变；S、e 分别为名义应力和名义应变。并且，当名义应力和名义应变处于弹性范围状态时有

$$e = \frac{S}{E}$$

将 K_σ 和 K_e 的表达式代入式(5-36)可以得到：

$$K_t^2 = \frac{\sigma\varepsilon}{Se} = \sigma\varepsilon\frac{E}{S^2} \qquad (5-37)$$

即：

$$\sigma\varepsilon = K_t^2 \frac{S^2}{K} \qquad (5-38)$$

当结构细节的形式、名义应力及材料的弹性模量确定的时候，式(5-38)是 $\sigma-\varepsilon$ 平面上的一条双曲线。同时，材料在循环载荷下的真实应力-应变关系曲线为稳定迟滞回线，则稳定迟滞回线与式(5-36)描述的双曲线的交点，即为在名义应力 S 上的局部真实应力和真实应变。

2) 实验标定法

局部的真实应变是可以用贴应变片的方法测到的。在结构应力集中的部位贴上应变片，对结构施加给定的疲劳载荷 ΔP 或名义应力 ΔS，在迟滞回线稳定后可以测得对应 ΔP 或 ΔS 的应变变程 $\Delta\varepsilon$。通过测量不同的 ΔP 或名义应力 ΔS 对应的 $\Delta\varepsilon$ 值，可以得到一条 ΔP-ε 或 ΔS-ε 标定曲线。试验标定时要注意，应变片的尺寸应适当，尺寸太大将导致测不到应力集中区的真实最大应变，尺寸太小将影响测量精度。

3) 弹塑性有限元计算法

用弹塑性有限元方法可以计算出对应载荷或名义应力的局部真实应变，但应注意在有限元模型中的本构关系应用稳定迟滞回线，而不能用静拉伸的 $\sigma-\varepsilon$ 曲线。由于采用弹塑性有限元法计算应力-应变关系时的计算量太大，不可能直接从载荷谱计算应变谱，一般也是计算一条 ΔP-ε 或 ΔS-ε 标定曲线。

以上三种方法各有优缺点，诺伯法较简单，但精度不高；试验标定法精度高，但是实验费用高、周期长；有限元法介于两者之间，但是在有限元模型建立时应十分仔细，以免造成较大的计算误差。

2. 计算应变谱

得到载荷变程 ΔP（或名义应力变程 ΔS）之后，就可以从载荷谱（或名义应力谱）计算局部应变谱。下面通过一个实例，介绍计算应变谱的方法。

结构的疲劳危险部位的名义应力谱如图 5-34 所示，确定应变谱的过程如下。

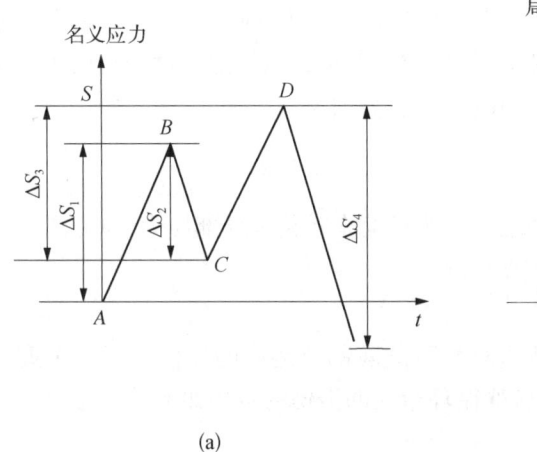

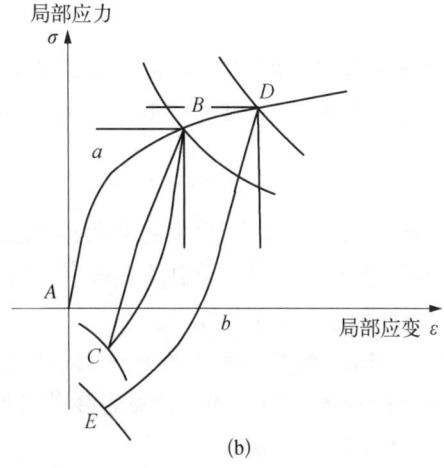

图 5-34 局部应力应变的确定

1）确定加载过程中的局部应力-应变过程

（1）采用诺伯法。首先按线弹性原则计算该部位的理论应力集中系数 K_t 及对应载荷谱的名义应力。然后，由原点出发作稳定迟滞回线 a。最后，按载荷谱中的名义应力变程 $\Delta S = S_b - S_a$ 作双曲线 $\sigma \varepsilon = K_t^2 \dfrac{(\Delta S)^2}{E}$，得到交点 B 处对应的局部实际应力 σ_b 和应变值 ε_b。

（2）采用载荷-应变标定曲线。从载荷变程（或名义应力变程）与实际应变变程标定曲线出发，计算对应加载变程 ΔP 的局部实际应变变程面 $\Delta \varepsilon$。从原点绘制稳定迟滞回线 a，与竖直线 $\varepsilon = \Delta \varepsilon$ 交于点 B，得到对应的局部应力和应变 σ_b、ε_b。

2）确定卸载过程的局部应力-应变过程

从点 B 出发作向左的 ε 轴和向下的 σ 轴。以点 B 为原点作稳定迟滞回线 b，同时按与第（1）步相同的方法计算对应点 C 的局部应力 σ_c 和应变 ε_c。

3）计及记忆效应的加载局部应力-应变过程

材料的记忆效应，是指在非等幅的加载—卸载—加载过程中：加载时，应力-应变曲线由点 O 到点 A（图 5-35）；卸载时，由于塑性变形的存在，并不是沿 $A-O$ 曲线，而是相当于将 $O-A$ 曲线转 $180°$，由点 A 卸载到点 B。当第二次加载时，按 $O-A$ 曲线的形状

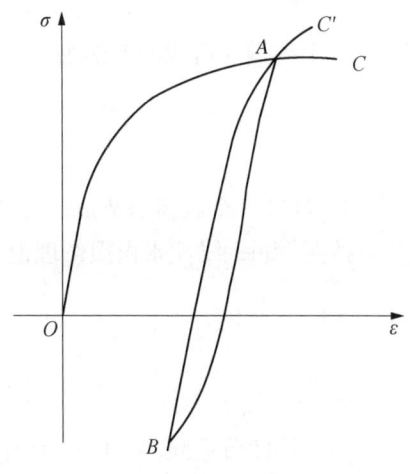

图 5-35 材料的记忆效应

从点 B 到点 A,但是当进一步加载时曲线不是继续向上,而是如同"记住"了前一次加载的情况,像并无卸载—再加载过程一样继续沿 $A-C$ 曲线加载,这个特点称为"材料的记忆特性"。

图 5-34 中,继续自点 C 作向右的 ε 轴和向上的 σ 轴,由点 C 作稳定迟滞回线 c,当 c 曲线到达点 B 之后将不是按 C' 继续向上,而是沿从点 A 开始的稳定迟滞回线 a 继续向前加载。若按 $C-D$ 加载过程计算的应力-应变过程超过了点 B,则需按从点 A 出发的稳定迟滞回线计算对应点 D 的局部应力-应变。而 $B-C-B$ 的卸载—加载过程构成了一个独立的疲劳应变循环,其疲劳应变的幅值 ε_a 和均值 ε_m 分别为

$$\varepsilon_a = (\varepsilon_b - \varepsilon_c)/2, \quad \varepsilon_m = (\varepsilon_b + \varepsilon_c)/2$$

不断重复上述过程,就会将载荷谱或名义应力谱完全转化为局部应力-应变谱。与此同时,可以将载荷谱分离成独立的疲劳应变循环。

3. 计算载荷谱造成的损伤

按照 Miner 线性累积损伤理论,载荷谱对疲劳危险部位造成的损伤为每一个疲劳应变循环所造成的损伤的和。计算各疲劳应变循环造成的损伤的步骤如下。

1) 计算等效应变幅

用等效应变幅计算公式计算幅值为 ε_{ai} 的疲劳应变循环所对应的等效疲劳应变循环幅值 ε_{eqi}:

$$\varepsilon_{eqi} = \frac{(\sigma'_f - \sigma_m)}{E}(2N_f)^b + \varepsilon'_f(2N_f)^c \qquad (5-39)$$

2) 计算每一个疲劳应变循环造成的疲劳损伤

从 $\varepsilon-N$ 曲线上查找对应等效应变幅 ε_{eqi} 的疲劳寿命 N_{fi},则对于完全疲劳应变循环造成的损伤为

$$d_i = \frac{1}{N_{fi}}$$

对于半循环造成的损伤为

$$d_i = \frac{1}{2N_{fi}}$$

3) 计算一个载荷谱造成的损伤

按照 Miner 线性累积损伤理论,一个载荷谱造成损伤 d 为

$$d = \sum_{i=1}^{m} d_i$$

4. 计算疲劳寿命

当结构疲劳危险部位的疲劳损伤达到了疲劳损伤的临界值 D_c 时,结构将发生破坏,则结构的疲劳寿命为

$$T = t\frac{D_c}{d} = t\frac{D_c}{\sum_{i=1}^{m} d_i} \qquad (5-40)$$

其中,临界疲劳损伤值 D_c 取决于结构的形式和结构的重要性。

局部应力-应变法使用材料的 ε-N 曲线,试验的工作量较小。同时,直接应用局部真实应力与应变可以比较真实地反映结构的疲劳损伤状态,是一种比较有应用前景的疲劳寿命估算方法。

5.6.4 估算裂纹形成寿命的类比法

由于 Miner 线性累积损伤公式中常量 K 的取值问题至今还没有得到很好解决,人们就试图充分利用以往的成功经验,提出类比估算裂纹形成寿命的方法,以避免常值 K 带来的误差。

1. 类比估算公式的建立

对于一个已知寿命的部件,按 Miner 理论有

$$\lambda \sum \frac{n_i}{N_i} = K \qquad (5-41)$$

其中,λ 为已知寿命部件的循环周期数;n_i 为已知寿命部件在谱载荷的一个周期内,第 i 级载荷的循环次数;N_i 为第 i 级载荷下的破坏循环次数。

由于:

$$S_a^m N = C$$

其中,S_a 为应力幅;m、C 为与零部件材料、形状及载荷的循环特征有关的常数;N 为与 S_a 对应的破坏循环次数。

所以,对同一部件的同一部位有

$$S_{a_i}^{m_i} N_i = S_R^{m_i} N_0 \qquad (5-42)$$

即

$$\frac{N_i}{N_0} = \left(\frac{S_R}{S_{a_i}}\right)^{m_i} \qquad (5-43)$$

其中,S_R 为应力比为 R 时的疲劳极限;N_0 为与 S_R 对应的循环基数。

将式(5-41)两边乘以 N_0,得

$$\lambda \sum n_i \frac{N_0}{N_i} = KN_0 \qquad (5-44)$$

将式(5-43)代入式(5-44)得

$$\lambda \sum n_i \left(\frac{S_{a_i}}{S_R}\right)^{m_i} = KN_0 \tag{5-45}$$

对于一个未知寿命的部件,同样可以有

$$\lambda' \sum n'_i \left(\frac{S'_{a_i}}{S'_R}\right)^{m'_i} = K'N'_0 \tag{5-46}$$

当未知寿命部件和已知寿命部件具有可类比性(即结构形式、载荷性质、加载顺序及材料类型等特征基本相同)时,有

$$\begin{cases} S'_R = S_R \\ N'_0 = N_0 \\ K'N'_0 = KN_0 \end{cases}$$

因而可得

$$\lambda' \sum n'_i \left(\frac{S'_{a_i}}{S'_R}\right)^{m'_i} = \lambda \sum n_i \left(\frac{S_{a_i}}{S_R}\right)^{m_i} \tag{5-47}$$

即

$$\lambda' = \frac{\sum n_i \left(\frac{S_{a_i}}{S_R}\right)^{m_i}}{\sum n'_i \left(\frac{S'_{a_i}}{S'_R}\right)^{m'_i}} \lambda \tag{5-48}$$

2. 类比估算公式的简化

1) m 值的影响

由式(5-41)可知,m 值对裂纹形成寿命是有影响的,但是 m 值的影响,在式(5-46)中要比在式(5-41)中小得多。

图 5-36 是根据两种飞机的相同部件用各自的载荷谱类比计算得到的结果。由图可见,m 值的变化对寿命的影响是较小的,例如,当 m 值增加 1 时,相对寿命只降低 5%。

图 5-36 是取 $m'_i = m_i$ 时的情形。若 $m'_i \neq m_i$,而有完整的 $S-N$ 曲线时,m 可由曲线直接取值,若没有现成的 $S-N$ 曲线,则可取 m 的推荐值。同样可知,m'_i 或 m_i 取值有误差时,其所带来的误差,比 Miner 公式中 K 值的误差所带来的误差要小得多。

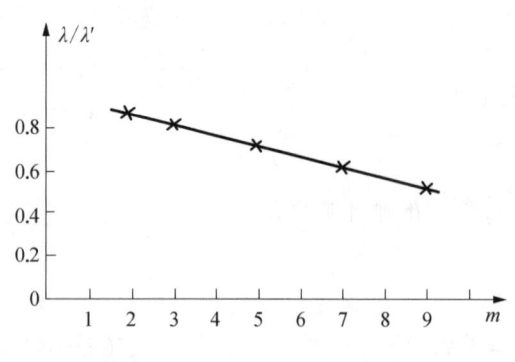

图 5-36 λ/λ' 与 m 的关系曲线

2) 类比公式的简化

从工程应用的角度看,取 $m_i' = m_i = m$ 是具有足够的精度的,M 为两者的平均值。这样方程[式(5-48)]便可得到简化:

$$\lambda' = \frac{\sum n_i S_{a_i}^m}{\sum n_i' S_{a_i}'^m} \lambda \tag{5-49}$$

习　题

5-1 已知钢棒材的 $S-N$ 曲线如题 5-1 图所示,试用杰波抛物线公式和古德曼直线公式作出 $N = 10^5$ 时的等寿命曲线。材料:GC4 钢,$\Phi 42$ mm 棒材,$\sigma_b = 193 \times 9.807 = 1894.4$ MPa。

实验条件:轴向加载,$R = -1$。

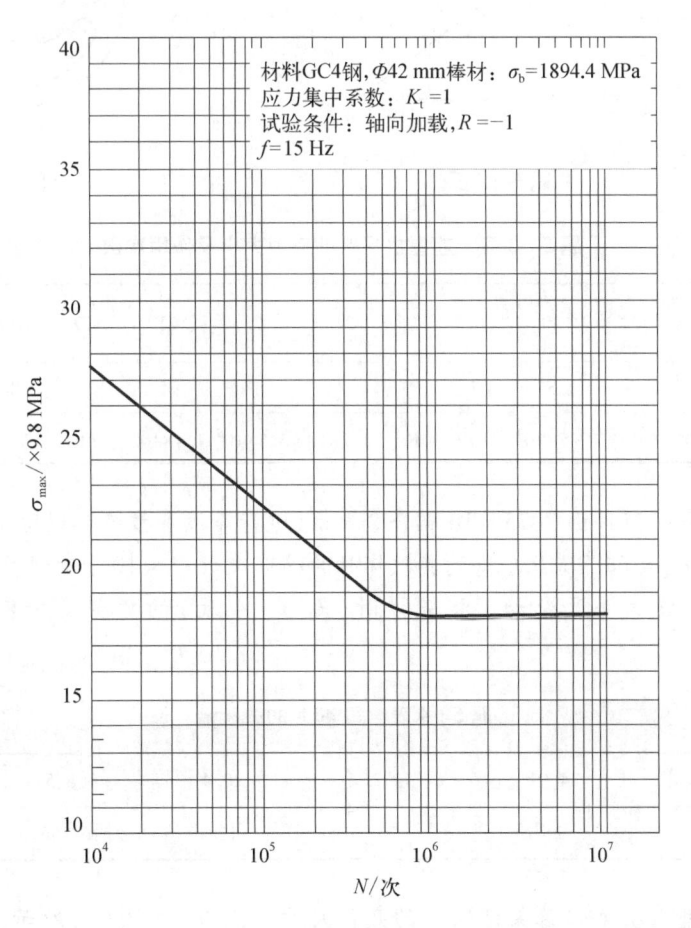

题 5-1 图

5-2 已知 30CrMnSiNi2A 材料在 $N = 10^4$ 时的等寿命曲线（直线形式）如题 5-2 图所示，试确定该材料在此寿命下，当应力循环比 $r = -1$、-0.5、0、0.5、1 时的疲劳极限。

5-3 题 5-3 图所示为一起重机吊钩，当起吊重量不同时，吊钩产生的应力也不同。题 5-3 表列出了该吊钩在每天的起吊工作中，其危险部位产生的应力 σ_i、出现次数 n_i，以及在达到破坏时的循环次数 N_i。试用 Miner 线性累积理论估算该吊钩的使用寿命。

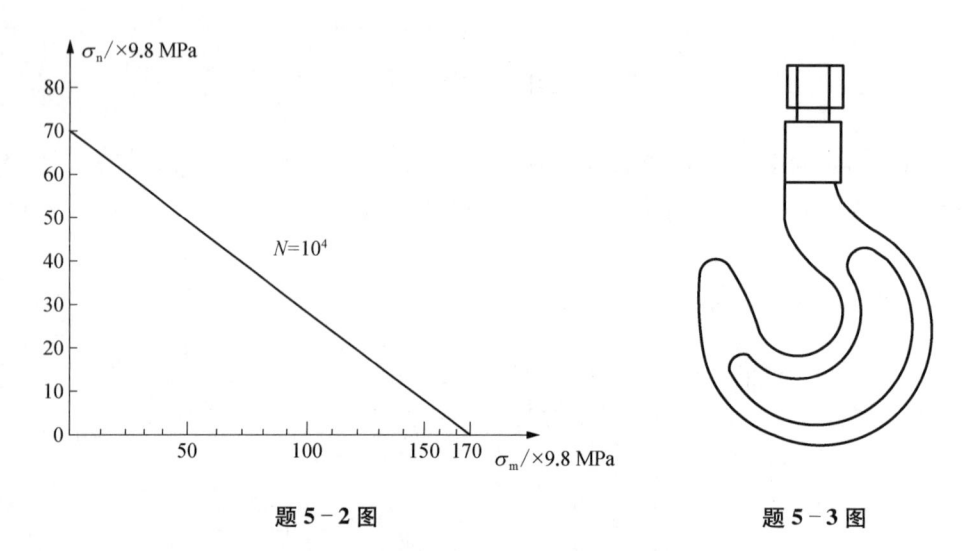

题 5-2 图

题 5-3 图

题 5-3 表　起重机吊钩的应力大小及作用次数

σ_{max} /×9.8 MPa	33	32	30	28.5	26	24.5	23	21	19	17	14	5.8
n_i	1	3	5	7	9	11	13	15	17	19	21	23
N_i	4×10^3	6×10^3	2.5×10^4	4×10^4	10^5	1.7×10^5	3.5×10^5	1.4×10^6	8×10^6	7×10^7	7×10^7	7×10^7

5-4 已知一试件由 7075-T6 铝合金制成，进行等幅加载疲劳试验，加载的应力为：$\sigma_m = 90 \text{ MPa}$, $\sigma_a = 64.7 \text{ MPa}$，得到其破坏时的循环次数 $N = 10^4$，试利用科汀-多伦累积损伤理论，估算该试件承受如下试验谱时（题 5-4 表）的疲劳寿命（假定材料常数 d 为 5.8）。

题 5-4 表　每 30 h 的试验谱

σ_{max}/×9.8 MPa	14.91	12.71	10.4	8.55	7.14
n_i	21	76	128	356	617

5-5 某型飞机主起落架活塞杆的几何尺寸如题 5-5 图(a)所示，活塞杆材料为 30CrMnSiNi2A 钢，$\sigma_b = 170 \times 9.8 \text{ MPa}$，该材料在旋转弯曲条件下的 $\sigma-N$ 曲线（$\sigma_m =$

0)的数据见题5-5表。求活塞杆①-①剖面[题5-5图(b)]部位的$\sigma - N$曲线和等寿命曲线(直线形式)。

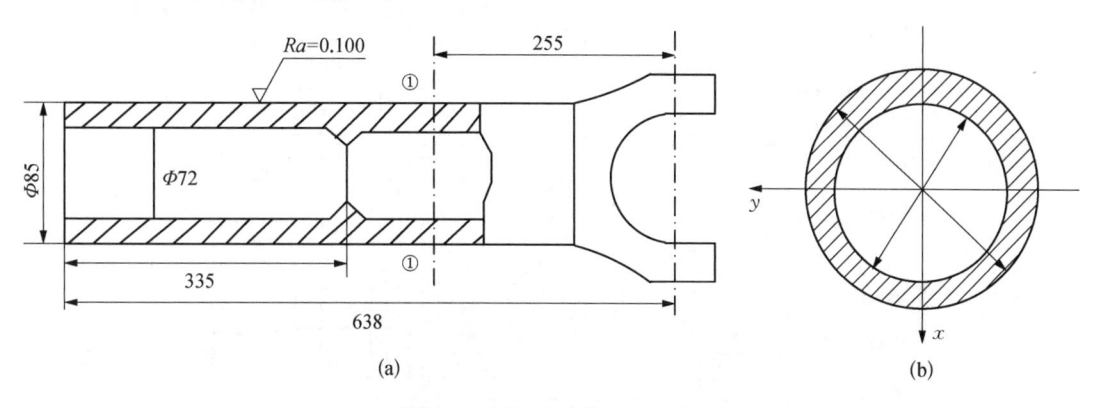

题5-5图(尺寸单位：mm)

题5-5表 某型飞机主起落架活塞杆旋转弯曲条件下的$\sigma - N$曲线数据

循环次数 N	10^4	3×10^4	10^5	3×10^5	10^6	3×10^6	10^7
$\sigma_a = \sigma_{max} \times 9.8$ MPa	123.76	105.1	85	75.5	72.25	70.9	70.4

5-6 题5-5图(b)中活塞杆危险截面(①-①)上点A的应力谱如题5-6表所示，若疲劳分散系数$S_f = 4$，K取1.5，试运用线性累积损伤理论估算活塞杆的疲劳安全寿命(等寿命曲线可用题5-5的计算结果)。

题5-6表

受载情况	每5 000次飞行作用次数 n	σ_{Amax} /×9.8 MPa	σ_{Amin} /×9.8 MPa	σ_{Am} /×9.8 MPa	σ_{Aa} /×9.8 MPa
转弯	2 500	64.1	-4.2	29.95	34.45
地面滑跑	14 675	22.1	13.2	17.65	4.45
最大刹车	1 000	17.7	14.7	16.2	1.5
正常刹车	2 500	17.7	16.2	16.95	0.75
发动机试车	500	17.7	14.7	16.2	1.5
偏航着陆	106	26.9	-8.1	9.4	17.5
对称着陆	71	12.9	12.9	12.9	0
地—空—地	500	17.7	0	8.85	8.85

5-7 已知某型歼击机机翼主梁材料为30CrMnSiNi2A，$\sigma_b = 1700$ MPa，该主梁的$S-N$曲线如题5-7图所示，使用中每飞行64.5 h内该机翼主梁所经历的载荷谱如题表5-7所示，最大设计过载为12。试运用线性累积损伤理论估算该主梁的安全寿命。

飞机结构强度

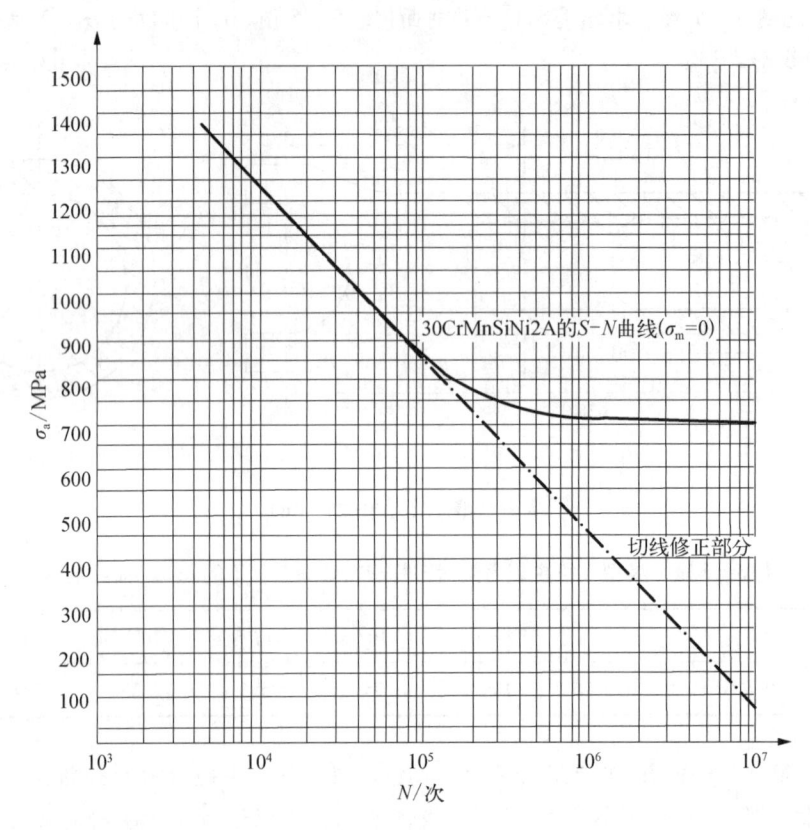

题 5-7 图中曲线：30CrMnSiNi2A 的 S-N 曲线（$\sigma_m=0$），切线修正部分。

题 5-7 图

题 5-7 表　某型歼击机机翼主梁每飞行 64.5 h 所经历的载荷谱

过载 n_y	2.5	3.5	4.5	6.0	7.0
次数 N	1 048	852	382	39	1

第 6 章
断裂力学的基本理论及应用

断裂力学是在固体力学基础上发展起来的一门新兴学科,即研究带裂纹物体的强度和裂纹扩展规律。断裂力学是在历史上无数次灾难性事故的研究中逐渐产生和发展起来的。

在传统的强度学科里,无论是材料力学、弹性力学,还是结构力学与强度计算,为了使工程结构及其零件的强度设计满足安全要求,都是按照材料力学建立的强度条件来设计的,认为只要满足 $\sigma \leqslant [\sigma]$ 时,结构就是安全的。按传统安全条件设计制造的结构,能否真正保证安全可靠地工作呢?

1938~1942 年,欧洲有 40 座铁桥在未见任何事故征兆时突然倒塌断裂;第二次世界大战期间,船只脆性断裂事故有 1 000 多起,其中 238 艘完全报废,破坏处的工作应力 σ 不到材料屈服极限 σ_s 的一半。20 世纪 50~70 年代,美国曾发生北极星导弹发动机壳体爆炸事故;在 F-111 飞机的飞行过程中,其左机翼脱落;DC-10 巨型客机中,因发动机与机翼连接件断裂而使一台发动机脱落。我国某部某型飞机也曾因机翼主梁第一螺栓孔边产生了裂纹,在俯冲拉起时导致左翼折断。类似的破坏事例还可以列举很多,如海洋平台崩溃、压力容器破裂、吊桥钢索断裂、天然气管道破裂、汽轮机叶片断裂事故都时有发生。这些事故中,结构往往都是在较低的工作应力下突然脆断的,这表明由传统安全条件设计制造的结构在工作中不一定都能保证安全。这是为什么呢?原来任何固体材料并不是材料力学和弹性力学所假设的连续介质,而总会有局部不连续缺陷(裂纹)存在,随着使用时间的推移,缺陷(裂纹)会逐渐扩展,从而导致结构的最后断裂。

传统强度科学以固体材料由连续介质组成为前提条件而建立安全强度条件,与工程材料的实际情况不相符合。大量的试验和分析证明,工程中发生的低应力脆断事故,根本原因在于构件中存在大于 0.1 mm 的可见初始裂纹。这种宏观裂纹在冶金、工艺制造和使用过程中总是不可避免,如砂眼、气孔、夹杂、划痕等组织不均匀连续的宏观缺陷。这种由裂纹扩展而导致的低应力脆断,无法用传统强度条件解释,也无法用传统的强度标准加以衡量。因此,为了防止低应力脆断,必须改变以固体材料为均匀连续介质的前提,而应在材料存在宏观初始裂纹的条件下研究构件强度。也就是说,不仅要研究材料在无裂纹时的强度,也要研究带裂纹构件的断裂强度问题。

如何研究带裂纹构件的断裂强度问题呢?过去有一种方法,沿用构件工作应力大于材料强度极限即发生破坏的传统强度观念,先求出裂纹尖端的应力,如果此应力超过材料的强度极限,裂纹就发生扩展,这就是应力集中理论,因此在构件加工中要避免尖角;如果裂纹扩展,要立即采取止裂措施。但是,应用应力集中理论求出的裂纹尖端最大应力是否符合实际值仍值得怀疑。因此,应力集中理论除能形象、定性地说明带裂纹构件的承载能力会迅速降低的物理原因外,难以成为一个可靠的、定量的判断构件会否发生断裂的强度标准。

断裂力学方法是首先承认构件存在着初始的宏观裂纹,然后致力于研究裂纹何时扩展和如何扩展。断裂力学提出了在相当范围内已被证明是符合实际的具体的判断裂纹何时扩展的强度标准,把带裂纹构件的工作应力、裂纹长度和材料的抵抗裂纹扩展能力定量地联系起来,揭示了传统强度学不能解释的低应力脆断原因,指明了防止此类事故发生的方向,因此成为研究材料断裂强度的一个分支(即在研究结构强度问题时,既要满足传统的结构静强度要求,又要满足疲劳强度要求,对于主要结构或关键部位,还要满足断裂强度要求),得到了广泛接受。对于已制成的结构,断裂力学主要用于断裂控制,即确定裂纹产生后的剩余强度、使用寿命和检查周期等。

断裂力学分为宏观和微观两大类,本书介绍的内容属于宏观断裂力学。宏观断裂力学又称为工程断裂力学,主要研究宏观缺陷(大于 0.1 mm)对结构强度的影响,以及带裂纹构件的裂纹扩展规律和控制条件。宏观断裂力学分为线弹性断裂力学、弹塑性断裂力学、动态断裂力学和断裂力学的试验、计算技术问题。本书主要介绍线弹性断裂力学,线弹性断裂力学的任务是研究裂纹尖端趋于发生完全弹性变形或小范围屈服的断裂问题,其特点是裂纹体(带裂纹的材料或构件)在裂纹扩展过程中没有发生塑性变形或塑性变形很小。

6.1 线弹性断裂力学能量原理

断裂力学是在近40年发展起来的,但早在1921年,格利菲斯(Griffith)就应用能量平衡原理研究了带裂纹的脆性材料的断裂问题,解释了材料的实际强度值远小于理论强度值的原因,找出了使裂纹快速(失稳)扩展的条件和所需的应力。之后,欧文(Irwin)和奥罗文(Orwan)从热力学观点将其推广至一般工程材料,并与裂纹尖端的应力场分析联系起来,从而发展成为现代的线弹性断裂力学。

6.1.1 Griffith 能量释放观点

Griffith 的研究对象是由各向同性的理想脆性材料做成的无限大薄平板,带有一条长度为 $2a$ 的中心穿透裂纹,受与裂纹垂直的均匀拉伸载荷。当加载到应力 σ,使平板伸长 δ 时,将板两端固定,如图 6-1(a)所示,其载荷位移曲线是图 6-1(b)中的 OD 线。由于加载时应力对平板做功,平板内将存储弹性应变能,其大小可用面积 OAC 表示。之后,如果因某种客观因素使平板上的裂纹扩展 Δa 长度(由于对称性,裂纹必然是沿着原方向向左、右两端同时延伸),则平板的刚度将下降,载荷位移曲线由 OD 变为 OE。因为平板的两端是固定的,上、下边缘不可能产生位移,所以加载于平板上、下边缘处的外力在裂纹扩展时将不做功,但一部分载荷会被松弛。此时,平板内存储的弹性应变能就下降为由面积 OBC 表示的某一个值。也就是说,当裂纹由 a 扩展到 $a + \Delta a$ 时,将有一部分弹性应变能释放出来,其数值等于面积 OAB,以 Δu 表示。由图 6-1(b)可见,如果平板加载到更高的应力,裂纹同样扩展 Δa,能量释放值就更大。

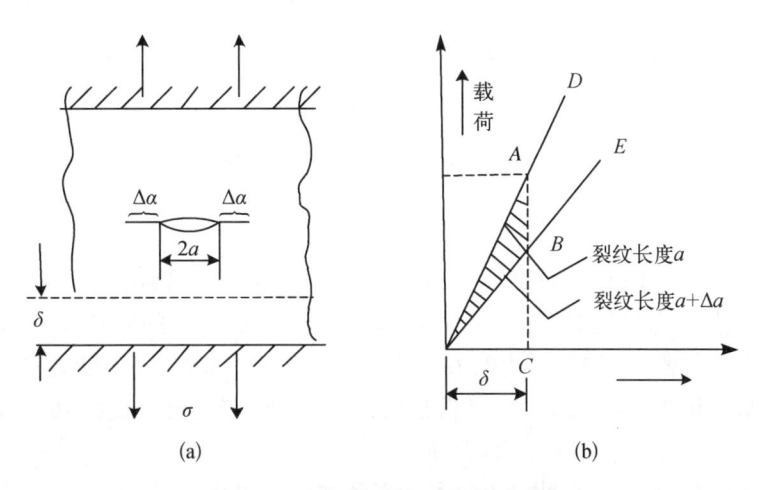

图 6-1 恒位移条件下的裂纹扩展

由实验得知,物体在断裂时会发出响声,断裂面及其附近区域可能发热,产生电磁辐射,还可能发光。因此,当裂纹扩展、形成新的裂纹表面时,是需要能量的,这些能量将转换为声、光、电、热的能量形式消耗。裂纹扩展形成新表面所需要吸收的那部分能量以 Δw 表示,它对于同样扩展 Δa 的裂纹长度是一个常值,只与平板材料的性质有关。因此,Griffith 提出,如果裂纹扩展时平板所释放出来的能量足以满足其形成裂纹新表面所需要吸收的能量,裂纹就会扩展;如果这个条件不满足,要使裂纹扩展就必须升高平板的工作应力 σ(OD 与 OE 直线所围成的三角形区域 ODE 表示裂纹扩展可利用的能量)。这样就得出了裂纹扩展过程中的能量关系:

(1) 新表面不能形成,裂纹不会扩展 $\Delta u < \Delta w$;
(2) 新表面可以形成,裂纹会迅速扩展 $\Delta u > \Delta w$;
(3) 裂纹处于将要扩展的临界状态 $\Delta u = \Delta w$。

这就是经典线弹性断裂力学关于裂纹扩展原因的解释。

根据 Griffith 的能量释放观点,引入能量释放率的概念。能量释放率表示裂纹由某一端点向前扩展一个单位长度时,平板每单位厚度所释放出来的能量,通常用 G 表示。如果以 $\Delta U(a)$ 表示裂纹扩展前平板中的弹性应变能,以 $\Delta U(a + \Delta a)$ 表示裂纹扩展 Δa 后平板的弹性应变能,则可根据能量释放率的定义,得出:

$$G = \lim_{\Delta a \to 0} \frac{1}{2B} \frac{U(a + \Delta a) - U(a)}{(a + \Delta a) - a} = \frac{1}{2B} \frac{\partial U}{\partial a} \quad (6-1)$$

其中,B 为平板厚度。

材料形成裂纹新表面所需要的能量较多,则只有在较大的外载下才能使裂纹扩展。因此,裂纹形成新表面所需要的能量,体现了材料抵抗裂纹扩展的能力,这个能力可用表面自由能来度量。表面自由能定义为材料形成单位裂纹面积所需要的能量,用 γ_s 表示。

这样,裂纹将要扩展时,临界状态的能量平衡关系可写为

$$G(B\Delta a) = \gamma_s(2B\Delta a) \tag{6-2}$$

等式右边的 $2B\Delta a$ 是裂纹扩展时的新增表面,约去 $B\Delta a$,式(6-2)可改写为

$$G = 2\gamma_s \tag{6-3a}$$

有时经常用 G_c 或 R 来代表 $2\gamma_s$,式[6-3(a)]又变为

$$G = G_c \text{ 或 } G = R \tag{6-3b}$$

式(6-3)就是著名的 Griffith 断裂判据,通常称为"G 准则""G 判据"或"能量准则"。

Griffith 假设 γ_s 为材料常数,因此,判断裂纹是否扩展,主要问题就是计算裂纹体裂纹尖端处的能量释放率 G。如果得出的 G 值大于或等于 $2\gamma_s$,就会发生断裂;如果 G 值小于 $2\gamma_s$,则不会发生断裂。$G_c = 2\gamma_s$,为材料常数,它标志着材料抵抗裂纹失稳扩展的能力,是材料的一种性能参数,称为材料的断裂韧性。

能量释放率 G 的计算,在数学上往往比较困难。Griffith 找出的一个算例是受到均匀拉伸的无限大平板、带有穿透板厚的中心裂纹问题,于是此裂纹问题就以"Griffith 裂纹"命名。Griffith 利用带有椭圆孔的无限大平板的弹性解析解,得出了因裂纹存在而附加的应变能 U,其表达式为

$$U = \frac{\pi\sigma^2 a^2 B}{E} \tag{6-4}$$

其中,σ 为无穷远处的均匀拉伸应力;E 为材料的弹性模量。

将式(6-4)代入式(6-1),可得 Griffith 裂纹能量释放率为

$$G = \frac{\pi\sigma^2 a}{E} \tag{6-5}$$

由断裂判据[式(6-3)]可得,Griffith 裂纹的裂纹判据为

$$\sigma^2 a = \frac{2E\gamma_s}{\pi} \tag{6-6}$$

对于脆性材料,式(6-6)右端为材料常数,因此在刚发生断裂时,$\sigma^2 a$ 也是一个常数。若 $\sigma^2 a < \dfrac{2E\gamma_s}{\pi}$,则此时的应力水平和裂纹长度不足以使材料产生断裂。反之,若 $\sigma^2 a > \dfrac{2E\gamma_s}{\pi}$,则此时的应力水平和裂纹长度将使材料发生断裂。以上关系可用图 6-2 中以 $\sigma^2 a$ 为常数的曲线来划分断裂区与安全区。由图 6-2 可知,若已知当前裂纹的长度,即可算出发生断裂的临界应力。如果初始裂纹长度为 $2a$,则发生断

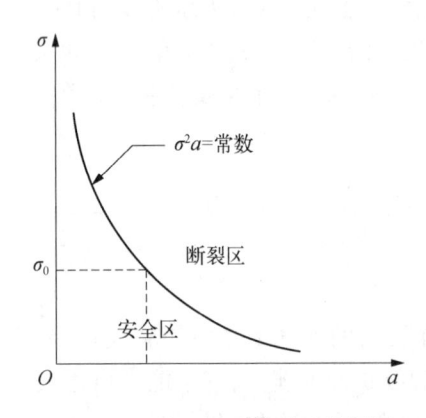

图 6-2 Griffith 裂纹的裂纹判据

裂时的临界应力为 σ_c，可由式(6-7)得出：

$$\sigma_c = \sqrt{\frac{2E\gamma_s}{\pi a}} \tag{6-7}$$

因此，当工作应力 $\sigma \geqslant \sqrt{\dfrac{2E\gamma_s}{\pi a}}$ 时，裂纹即开始扩展。式(6-7)中，σ_c 表示裂纹体的实际断裂强度，由式(6-7)可以看出，对于已经存在着裂纹的材料或构件，其断裂强度随裂纹大小而变化，裂纹越长，断裂强度就越低。这就说明，对于一切裂纹体，不能忽视初始裂纹对实际强度的影响。高强度材料几乎不可避免地存在初始裂纹，所以完全有可能在工作应力远低于屈服极限 σ_s 时就发生突然断裂。

6.1.2 能量平衡理论

在 Griffith 提出的弹性应变能释放理论的基础上，Irwin 和 Orowan 从热力学的观点提出了能量平衡理论。根据热力学的能量守恒定律，在单位时间内，外界对系统所做功的改变量应等于系统储存的应变能的改变量加上动能的改变量和不可恢复的消耗能的改变量。假设 W 为外界所做的功，U 为系统所储存的弹性应变能，D 为不可恢复的消耗能，则 Irwin-Orowan 能量平衡理论可表达如下：

$$\frac{dW}{dt} = \frac{dU}{dt} + \frac{dT}{dt} + \frac{dD}{dt} \tag{6-8}$$

其中，t 为时间。

假设裂纹处于静止或以稳定速度扩展的准状态，则动能不会发生变化，即 $dT/dt = 0$。若所有不可恢复的消耗能都用来制造裂纹新面积，则有

$$\frac{dD}{dt} = \frac{dD}{dA_t}\frac{dA_t}{dt} = \gamma_p \frac{dA_t}{dt} \tag{6-9}$$

其中，A_t 为裂纹总面积；γ_p 为表面能，指形成单位裂纹面积所需要的能量。若无塑性变形，则 γ_p 等于 Griffith 的表面自由能 γ_s；若裂纹扩展过程中产生塑性变形，则形成裂纹新面积需要更多的能量，因此 $\gamma_p > \gamma_s$。据估计，塑性很好的材料(如低碳钢)与脆性材料(如玻璃)相比，γ_p 比 γ_s 大 2~3 个数量级。

利用 $d/dt = d/dA_t \cdot dA_t/dt$，式(6-8)可写为

$$\frac{d(W-U)}{dA(t)}\frac{dA_t}{dt} = \gamma_p \frac{dA_t}{dt} \tag{6-10}$$

式(6-10)已去掉动能改变率。消去共同因子 dA_t/dt，则得

$$\frac{d(W-U)}{dt} - \gamma_p = 0 \tag{6-11}$$

式(6-11)是产生断裂的临界条件，即为断裂体的断裂判据。

对于产生脆性断裂的材料,在断裂前,裂纹尖端区域塑性变形所消耗的能量可忽略不计。此时,表面能 γ_p 即为表面自由能 γ_s,式(6-11)即成为脆性断裂的判据。式(6-11)表示的断裂判据和 Griffith 断裂判据[式(6-5)]都是根据能量守恒定律建立起来的,因此两者属于同一判据。

6.2 裂纹尖端应力场及应力强度因子

6.1 节介绍的经典能量平衡理论,提出了能量释放率这个重要概念,所建立的断裂准则在概念上很清楚,形式上也很简单。但经典理论的结果不便于应用,因为要计算能量释放率 G,在教学和力学分析上都有很大困难,表面自由能 γ_s 和表面能 γ_p 也不易测量。根据能量释放观点,物体在发生断裂时,裂纹尖端要释放出多余的能量。这个能量必然与裂纹尖端附近区域的应力场有关,裂纹尖端应力场的强度足够大时,断裂即可发生,反之就不会发生。因此,近代线弹性断裂力学的研究都注重裂纹尖端应力场的分析,从应力场的特征寻找裂纹失稳扩展的条件,即应力强度因子断裂准则(K 准则);并研究了裂纹尖端塑性区的影响和修正,使脆性断裂准则应用于实际工程材料。

6.2.1 裂纹体的三种断裂类型

由于外加作用力的不同,裂纹体中的裂纹可以分为三种不同的类型,如图 6-3 所示,相应地称为 Ⅰ、Ⅱ、Ⅲ 型断裂问题。第一种是裂纹在垂直于裂纹面的拉应力 σ 作用下扩展,称为张开型;第二种是裂纹在平行于裂纹面且垂直于裂纹前缘的剪应力 τ 的作用下扩展,称为剪开型;第三种是裂纹在平行于裂纹面且平行于裂纹前缘的剪应力 τ 的作用下扩展,称为撕开型。

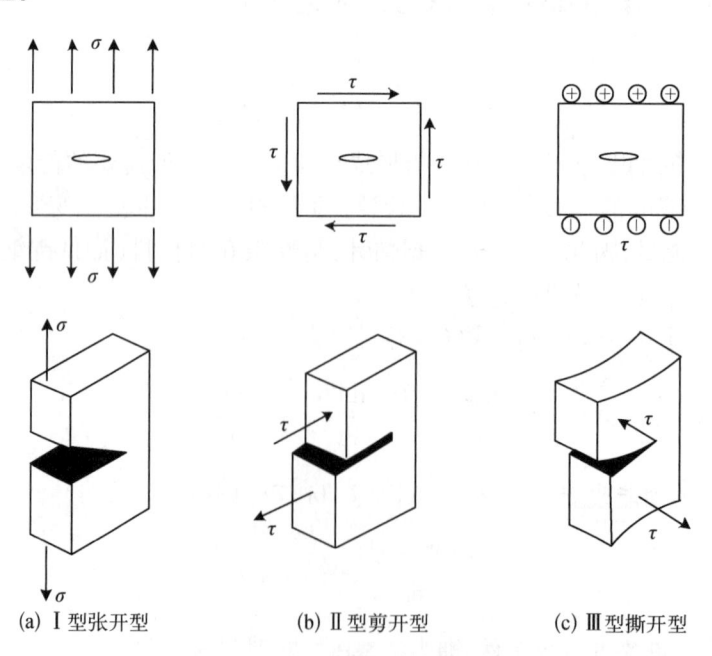

(a) Ⅰ型张开型　　(b) Ⅱ型剪开型　　(c) Ⅲ型撕开型

图 6-3 裂纹体的三种断裂类型

如果固体内的裂纹同时受到正应力和剪应力作用,或裂纹面与正应力成一角度,就同时存在Ⅰ型和Ⅱ型(或Ⅱ型和Ⅲ型)裂纹,称为复合型裂纹。

由于Ⅰ型裂纹是最常见和最危险的,容易引起超低应力脆断,近年来对Ⅰ型裂纹的研究也最多,实际裂纹即使是复合型裂纹,也往往将其作为Ⅰ型裂纹来处理,这样更安全。因此,本章只介绍Ⅰ型断裂问题的研究结果,对于Ⅱ型、Ⅲ型断裂问题有完全相似的理论。

6.2.2 平面应力与平面应变

在分析裂纹尖端的应力场时,将遇到两种应力应变状态,即平面应力状态和平面应变状态,这两种状态也贯穿在断裂力学的整个分析过程中。为了以后方便研究问题,这里首先将这两种状态作出说明。

取一块中央带有穿透裂纹,受与裂纹垂直的均匀拉应力 σ 作用的平板[图6-4(a)]来研究。假设围绕裂纹尖端的原子局部排列情况如图6-4(c)所示,这个近似模型有助于认识裂纹尖端的应力应变情况。

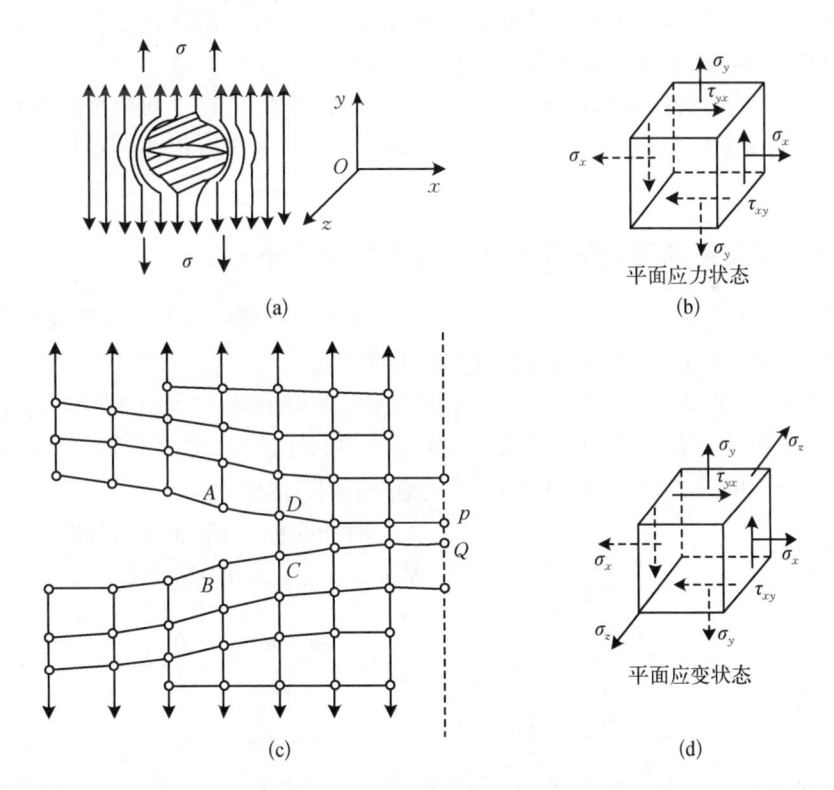

图6-4 裂纹板的应力状态

很明显,在 σ 作用下,要产生拉伸应变 ε_y,因而将产生拉伸正应力 σ_y。但由于裂纹的存在,裂纹面上下的阴影区实际上是不受载的。阴影区的载荷将全部通过原子键 AB、CD 等传递。AB 承受的载荷最大,产生的变形最大,CD 承受的载荷及产生的变形则较小;而在距裂纹尖端相当远的地方,如 PQ 键处,所受的应力实际上与加在板端的相同。这时,可以发现,键 AB 较 CD 稍长,所以沿 AC 及 BD 还会引起拉伸应变,因而就引起了拉伸

应力 σ_x。因此,受单向拉应力 σ 作用的带裂纹板不仅会产生内应力 σ_y,还会产生内应力 σ_x。由于板内各点的 σ_x、σ_y 不一样大,板内任意微元体在 σ_x、σ_y 的作用面上还将产生剪应力 τ_{xy} 和 τ_{yx},以及与其相应的剪应变 γ_{xy}。由于裂纹尖端有 x、y 方向的伸长,又会有 z 方向收缩的趋势。但是否能产生收缩,取决于板的厚薄及材料在厚度方向(z 向)所处的位置。对于薄板,由于上下两表面为自由表面,没有约束,材料沿厚度方向可以自由变形,有收缩应变 ε_z。因为是自由变形,所以 $\sigma_z = 0$,因而又有 $\tau_{xz} = \tau_{yz} = 0$,相应地有 $\gamma_{xz} = \gamma_{yz} = 0$。对于厚板,情况则不同,处于板厚中间部分的材料,将受到上下表面的约束,很难产生沿厚度方向的自由变形,因此没有收缩应变 ε_z。因为沿厚度方向的变形受到约束,所以 $\sigma_z \neq 0$;但由于 σ_z 沿板厚方向不变,仍有 $\tau_{xz} = \tau_{yz} = 0$。

综上所述可知:对于薄板,裂纹尖端材料将受到作用在 xOy 平面的应力 σ_x、σ_y、τ_{xy} 的作用,所以将这种状态称为平面应力状态,如图 6-4(b) 所示。在这种状态下,$\sigma_z = \tau_{xz} = \tau_{yz} = 0$,但 $\varepsilon_z \neq 0$,所以平面应力状态是三向应变状态,裂纹尖端容易产生变形。

对于厚板,裂纹尖端材料的应变仅发生在 xOy 平面内,所以将这种状态称为平面应变状态,如图 6-4(d) 所示。在这种状态下,不仅有 σ_x、σ_y、τ_{xy},而且 $\sigma_z \neq 0$,所以平面应变状态是三向应力状态,裂纹尖端不易产生变形。

因此,对于实际构件,可以认为:如果构件的厚度很小,就是平面应力状态;如果厚度很大,就是平面应变状态;厚度中等,则两个外表面属于平面应力状态,中间的大部分区域属于平面应变状态。

6.2.3 裂纹尖端附近的应力场和应力强度因子

仍取单位厚度的无限大平板,中央有长度为 $2a$ 的穿透裂纹,承受与裂纹垂直的均匀拉伸应力,如图 6-5 所示,现在研究裂纹尖端的应力场。

20 世纪 50 年代,欧文(Irwin)利用韦斯特加德(Westergaard)研究裂纹问题所采用的线弹性力学方法,对裂纹尖端附近区域的应力状态进行了研究,得出了裂纹尖端附近各点(极坐标为 r、θ)的应力分量,并引出了"应力强度因子"的概念。

对于薄板,为平面应力状态,三个应力分量 σ_x、σ_y、τ_{xy} 的表达式为

$$\begin{cases} \sigma_x = \dfrac{\sigma\sqrt{\pi a}}{\sqrt{2\pi r}}\cos\dfrac{\theta}{2}\left(1 - \sin\dfrac{\theta}{2}\sin\dfrac{3\theta}{2}\right) \\ \sigma_y = \dfrac{\sigma\sqrt{\pi a}}{\sqrt{2\pi r}}\cos\dfrac{\theta}{2}\left(1 + \sin\dfrac{\theta}{2}\sin\dfrac{3\theta}{2}\right) \\ \tau_{xy} = \dfrac{\sigma\sqrt{\pi a}}{\sqrt{2\pi r}}\sin\dfrac{\theta}{2}\cos\dfrac{\theta}{2}\cos\dfrac{3\theta}{2} \end{cases}$$

(6-12)

对于厚板,为平面应变状态,还有

$$\sigma_z = \mu(\sigma_x + \sigma_y)$$

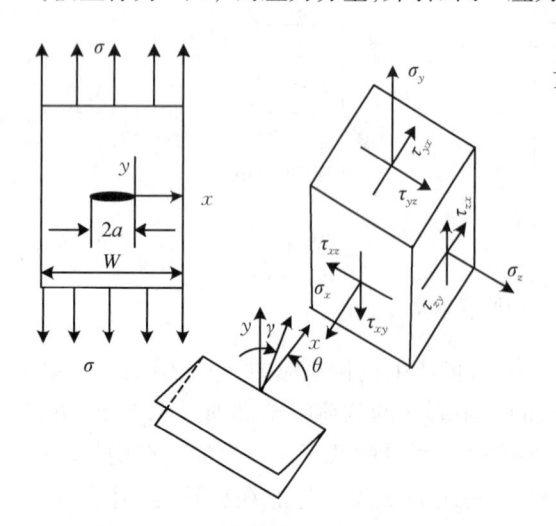

图 6-5 I 型裂纹尖端附近的应力场

其中，μ 为材料的泊松比。

从式(6-12)可见，应力场内各点的应力是不相同的，取决于坐标值 r 和 θ，随着 r、θ 的变化而变化，也就是说 r、θ 决定了应力场内的应力分布规律。在应力场内的任意给定点（即给定 r、θ），其应力分量的大小均与 $\sigma\sqrt{\pi a}$ 这个因子成正比。也就是说，当 $\sigma\sqrt{\pi a}$ 增大时，应力场内各点的应力均"放大"了；反之，各点的应力就"缩小"了。因此，$\sigma\sqrt{\pi a}$ 实质上是一个"比例系数"。当 $\sigma\sqrt{\pi a}$ 较大时，应力场中各点的应力均较大，应力场的强度较强；反之，则应力场的强度较弱，即 $\sigma\sqrt{\pi a}$ 是决定裂纹尖端区域应力场强度的因子，所以称它为"应力强度因子"，用符号 K_I（K_I 符号的注脚 I，表示是 I 型断裂问题的应力强度因子，以区别于 II、III 型的断裂问题）表示。在研究无限大板中心穿透裂纹时，有

$$K_\mathrm{I} = \sigma\sqrt{\pi a} \tag{6-13}$$

由上述可知，在裂纹尖端区域起主导作用的那一部分应力场，可以用参数 K_I 来描述。特别是传统强度学只考虑外载荷对断裂的影响，而没有考虑构件存在初始裂纹这一重要因素；而应力强度因子这个参数，既包含外加的名义应力 σ，又包含构件中已经存在的裂纹长度 a，也就是说，既与远离裂纹平板承受的均匀拉应力成正比，又与裂纹的形式和尺寸有关。

现在可将式(6-12)改写为

$$\begin{cases} \sigma_x = \dfrac{K_\mathrm{I}}{\sqrt{2\pi r}}\cos\dfrac{\theta}{2}\left(1 - \sin\dfrac{\theta}{2}\sin\dfrac{3\theta}{2}\right) \\ \sigma_y = \dfrac{K_\mathrm{I}}{\sqrt{2\pi r}}\cos\dfrac{\theta}{2}\left(1 + \sin\dfrac{\theta}{2}\sin\dfrac{3\theta}{2}\right) \\ \tau_{xy} = \dfrac{K_\mathrm{I}}{\sqrt{2\pi r}}\sin\dfrac{\theta}{2}\cos\dfrac{\theta}{2}\cos\dfrac{3\theta}{2} \end{cases} \tag{6-14}$$

由式(6-14)可见，若令 $\theta = 0$，即可得裂纹延长线上的各应力分量：

$$\begin{cases} \sigma_x = \dfrac{K_\mathrm{I}}{\sqrt{2\pi r}} \\ \sigma_y = \dfrac{K_\mathrm{I}}{\sqrt{2\pi r}} \\ \tau_{xy} = 0 \end{cases} \tag{6-15}$$

对于平面应力状态，$\sigma_z = 0$；对于平面应变状态，则有

$$\sigma_z = \dfrac{2\mu K_\mathrm{I}}{\sqrt{2\pi r}}$$

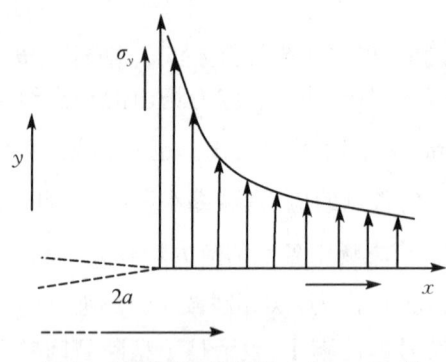

图6-6 裂纹尖端附近 $\sigma_y(\theta=0)$ 的分布曲线

根据式(6-15),当给定 K_I 值时,可作出 σ_y 随 r 的变化曲线,如图6-6所示。由图可以进一步得出以下几点结论。

(1) 当 r 很大时,应力 σ_y 趋于零,然而实际应该为 σ。所以很明显,式(6-12)仅在裂纹尖端周围一个有限的区域内有效,是裂纹尖端附近应力场的近似表达式,越接近裂纹尖端,精确度越高,即仅在 $r \ll a$ 时才适用。因此,应力强度因子 K_I 又可以用极限形式来描述,即

$$K_\mathrm{I} = \lim_{r \to 0} \sigma_{y(\theta=0)} \sqrt{2\pi r} \qquad (6-16)$$

(2) 当 $r \to 0$ 时,应力 σ_y 无限增大,这表明在裂纹尖端($r=0$ 的点),应力是奇点(奇点就是此点的数值趋近于无穷大)。也就是说,裂纹尖端的应力场具有奇异性。在这种情况下,按照传统的材料力学观点,材料的强度就低到近乎为零,但这并不符合实际情况。因此,已不能再用裂纹尖端的应力大小来判断材料是否具有足够的强度,而只能用应力强度因子 K_I 来反映裂纹尖端区域应力场奇异性的强度。且只要 K_I 相同,即使裂纹尺寸和外载不同,在裂纹尖端区域的应力场也是完全相同的。因此,应力强度因子 K_I 就是用来描述这种奇异性的力学参量。

(3) $r \to 0$,应力无限增大,这反映了完全不进入塑性状态的"理想脆性"材料的特征。因此,用 K_I 来表达裂纹尖端的应力场,严格来说,只对"理想脆性"材料才合适,实际工程材料要应用 K_I 概念,则必须进行修正。

式(6-13)是对无限大板中心贯穿裂纹推导出来的应力强度因子表达式。对于其他裂纹体的应力强度因子,可概括为以下普遍关系式:

$$K_\mathrm{I} = \sigma Y \sqrt{a} \qquad (6-17)$$

式中,Y 是一个与裂纹形状、加载方式及构件几何形状等有关的系数。对于无限大板中心贯穿裂纹,$Y = \sqrt{\pi}$。如果只对一般平板来概括,则应力强度因子表达式可写为

$$K_\mathrm{I} = F_\mathrm{I} \sigma \sqrt{\pi a} \qquad (6-18)$$

其中,F_I 为构件几何形状修正系数。

由式(6-13)可见,应力强度因子 K_I 的量纲为 $[力] \cdot [长度]^{-\frac{3}{2}}$,其公制单位是:千克力·毫米$^{-\frac{3}{2}}$($1\,\mathrm{kgf} \cdot \mathrm{mm}^{-\frac{3}{2}}$)或千克力·厘米$^{-\frac{3}{2}}$($1\,\mathrm{kgf} \cdot \mathrm{cm}^{-\frac{3}{2}}$),国际单位制是:$\mathrm{MPa}\sqrt{\mathrm{m}}$,其转换关系为 $1\,\mathrm{kgf} \cdot \mathrm{mm}^{-\frac{3}{2}} = 0.310\,\mathrm{MPa}\sqrt{\mathrm{m}}$。

这里顺便指出,无限大板中心贯穿裂纹在Ⅱ型和Ⅲ型情况下的裂纹尖端附近应力场和应力强度因子表达式如下。

对于Ⅱ型裂纹(图6-7):

$$\begin{cases} \sigma_x = \dfrac{K_{\mathrm{II}}}{\sqrt{2\pi r}}\left(-\sin\dfrac{\theta}{2}\right)\left(2+\cos\dfrac{\theta}{2}\cos\dfrac{3\theta}{2}\right) \\ \sigma_y = \dfrac{K_{\mathrm{II}}}{\sqrt{2\pi r}}\cos\dfrac{\theta}{2}\sin\dfrac{\theta}{2}\cos\dfrac{3\theta}{2} \\ \tau_{xy} = \dfrac{K_{\mathrm{II}}}{\sqrt{2\pi r}}\cos\dfrac{\theta}{2}\left(1-\sin\dfrac{\theta}{2}\sin\dfrac{3\theta}{2}\right) \end{cases} \qquad (6-19)$$

其中，K_{II}是Ⅱ型裂纹应力强度因子，对于无限大板含$2a$穿透裂纹情况：

$$K_{\mathrm{II}} = \tau\sqrt{\pi a} \qquad (6-20)$$

对于平面应力状态，$\sigma_z = 0$；对于平面应变状态，$\sigma_z = \mu(\sigma_x + \sigma_y)$。

但应指出，实验结果表明，Ⅱ型裂纹的扩展途径并非沿原来的裂纹线，而是沿着与原裂纹线成一定倾角的方向扩展，如图6-7(b)所示。

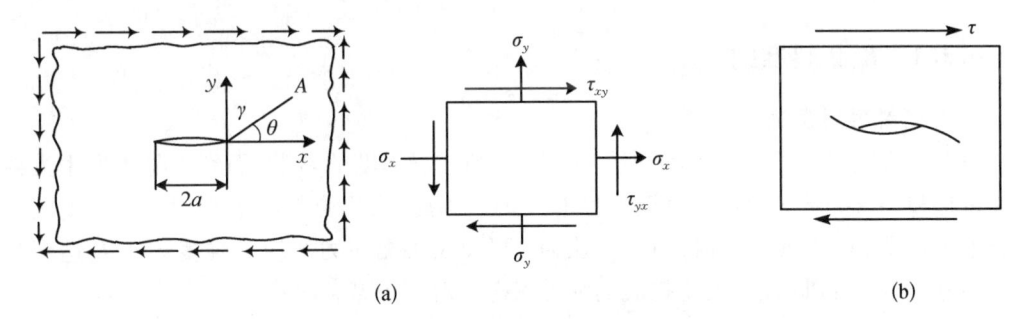

图6-7　Ⅱ型裂纹尖端附近的应力场

对于Ⅲ型裂纹(图6-8)：

$$\begin{cases} \tau_{xz} = -\dfrac{K_{\mathrm{III}}}{\sqrt{2\pi r}}\sin\dfrac{\theta}{2} \\ \tau_{yz} = \dfrac{K_{\mathrm{III}}}{\sqrt{2\pi r}}\cos\dfrac{\theta}{2} \\ \sigma_x = \sigma_y = \sigma_z = \tau_{xy} = 0 \end{cases} \qquad (6-21)$$

在平面应力和平面应变条件下，应力分量的表达式相同。其中，K_{III}是Ⅲ型裂纹应力强度因子，对于无限大板含$2a$穿透裂纹情况，则有

$$K_{\mathrm{III}} = \tau\sqrt{\pi a} \qquad (6-22)$$

图6-8　Ⅲ型裂纹尖端附近的应力场

实验结果表明，Ⅲ型裂纹的扩展方向和Ⅰ型裂纹的扩展方向一致，都是沿着原裂纹线扩展的。

综上所述，无限大板含$2a$长度的穿透裂纹时，在三种形式的裂纹问题中，其应力强度

因子 K 的表达式为

$$\begin{cases} K_{\mathrm{I}} = \sigma\sqrt{\pi a} \\ K_{\mathrm{II}} = \tau\sqrt{\pi a} \\ K_{\mathrm{III}} = \tau\sqrt{\pi a} \end{cases} \quad (6-23)$$

在其他情况下,则可表示为

$$\begin{cases} K_{\mathrm{I}} = F_{\mathrm{I}}\sigma\sqrt{\pi a} \\ K_{\mathrm{II}} = F_{\mathrm{II}}\tau\sqrt{\pi a} \\ K_{\mathrm{III}} = F_{\mathrm{III}}\tau\sqrt{\pi a} \end{cases} \quad (6-24)$$

6.3 线弹性断裂准则及其应用

6.3.1 K 断裂准则

1. K 断裂准则表达式

由于应力强度因子 K 是反映裂纹尖端应力场强弱程度的参数,而裂纹是否发生失稳扩展总是和裂纹尖端应力场的强弱程度有关的。因此,人们自然考虑到用应力强度因子 K 来建立裂纹发生扩展的判据,即可以认为:当裂纹尖端应力场应力强度因子 K 达到某一个临界值时,裂纹即处于失稳扩展的临界状态。对于 I 型裂纹:

$$K_{\mathrm{I}} = K_{\mathrm{IC}} \quad (\text{平面应变}) \quad (6-25)$$

$$K_{\mathrm{I}} = K_{\mathrm{C}} \quad (\text{平面应力}) \quad (6-26)$$

满足式(6-25)和式(6-26)时,裂纹处于失稳扩展的临界状态,式(6-25)和式(6-26)称为 K 断裂准则,而 K_{C} 和 K_{IC} 分别称为平面应力状态和平面应变状态的临界应力强度因子,其可以表示为

$$K_{\mathrm{IC}}(\text{或}\ K_{\mathrm{C}}) = \sigma_{\mathrm{c}}\sqrt{\pi a}F_{\mathrm{I}} \quad (6-27)$$

其中,σ_{c} 为临界应力。

K_{I} 究竟能否成为一个物理量,K 准则究竟能否成立,不仅在于理论上的推导是否合乎逻辑,关键在于其能否通过实验直接或间接地测定出来,并且表明它确实是与裂纹的扩展有关的。裂纹试样的拉断试验表明:材料一定,在低应力脆断情况下,K_{C} 和 K_{IC} 是确实存在的。并且在裂纹尺寸一定时,K_{C} 或 K_{IC} 的值越大,裂纹扩展所需的临界应力 σ_{c} 就越高;相反,在给定外加应力 σ 时,如果 K_{C} 或 K_{IC} 的值越大,裂纹扩展的临界尺寸 a_{c} 就越大。显然,K_{C} 或 K_{IC} 表征了材料抵抗裂纹失稳扩展的能力,是材料抗脆性破坏能力的一个韧性指标,是一个崭新的物理量,分别称为平面应力断裂韧性和平面应变断裂韧性。因此,K 准则是确实成立的。

材料的断裂韧性值与裂纹处的应力状态有关,不同的应力状态对应的断裂韧性值不

一样。由于构件的厚度确定了构件中的应力状态,构件厚度将直接影响材料的断裂韧性。当厚度较小,趋于平面应力状态时,断裂韧性值较高,称为平面应力断裂韧性 K_C。不同的厚度所对应的 K_C 值不相同,有一个最佳厚度,其所对应的 K_C 值最高。厚度增加时, K_C 值减小。当厚度增加到某一个数值时,裂纹尖端趋于平面应变状态,此时的断裂韧性值是一个较低的常值 K_{IC},这就是平面应变断裂韧性, K_{IC} 值不随厚度变化。关于断裂韧性值与构件厚度的关系,在随后的"影响断裂韧性的因素"小节中将作进一步阐述。

2. K 准则与 G 准则的关系

K 准则与 G 准则虽然是各自分别导出的,然而它们之间却存在着十分密切的关系,实际上是等同的,比较 Ⅰ 型裂纹的应力强度因子 K_I 与能量释放率 G_I 即可看出这种关系。对于平面应力状态:

$$G_I = \frac{\sigma^2 \pi a}{E} = \frac{K_I^2}{E} \tag{6-28}$$

当 $K_I = K_C$ 时, $G_I = G_C$,即有

$$G_C = \frac{K_C^2}{E} \tag{6-29}$$

理想脆性材料在线弹性条件下有 $G_C = 2\gamma_s$,因此:

$$K_C = \sqrt{2E\gamma_s} \tag{6-30}$$

另外,由式(6-7)所表示的裂纹临界扩展条件:

$$\sigma = \sqrt{\frac{2E\gamma_s}{\pi a}}$$

也可以导出:

$$\sigma\sqrt{\pi a} = \sqrt{2E\gamma_s}$$

显然,等式左端为 K_I,右端为 K_C,所以有

$$K_I = K_C$$

说明 K 准则与 G 准则实际上是等同的。

对于平面应变状态,根据弹性力学分析,只要以 $E/(1-\mu^2)$ 代替 E,平面应力状态下的全部表达式都适用于平面应变情况。因此有

$$G_I = (1-\mu^2)K_I^2/E \tag{6-31}$$

$$G_{IC} = (1-\mu^2)K_{IC}^2/E \tag{6-32}$$

$$K_{IC} = \sqrt{\frac{2E\gamma_s}{1-\mu^2}} \tag{6-33}$$

由式(6-30)和式(6-33)可以看出,在线弹性条件下, K_I 和 K_{IC} 只取决于材料表面能 γ_s 和弹性模量 E(后者还与泊松比 μ 有关),所以是材料的性能指标。通过这两个关系

式,可使 K_C 和 K_{IC} 的物理概念更为明确。

综上所述,当裂纹体的能量释放率达到临界能量释放率,或者是裂纹尖端区域的应力强度因子达到其临界值时,裂纹即将发生临界扩展。所以：

$$G_I = G_{IC} \text{ 或 } G_C$$

$$K_I = K_{IC} \text{ 或 } K_C$$

以上两个公式都称为脆性断裂准则,G_{IC} 与 K_{IC},以及 G_C 与 K_C 分别称为平面应变断裂韧性和平面应力断裂韧性。但 G_{IC} 和 G_C 不易测量,而 K_C 和 K_{IC} 可以直接或间接由实验测定,应用比较方便,所以通常把 K 准则作为断裂准则的常用形式。在已知 K_{IC} 和 K_C 时,可换算出 G_{IC} 和 G_C。这样,只要应用如下公式即可进行断裂分析：

$$K_I \leqslant K_{IC} \quad \text{（平面应变）} \tag{6-34}$$

$$K_I \leqslant K_C \quad \text{（平面应力）} \tag{6-35}$$

应用时,应先选择 K_I 的表达式,因为它与外载荷作用形式、裂纹形式和构件几何形状有关。K_I 的数值一般由计算得出,断裂韧性 K_{IC} 和 K_C 的数值由实验测定。

按照与Ⅰ型裂纹问题同样的思路,可以导出Ⅱ型和Ⅲ型裂纹问题的以下关系式。

对于Ⅱ型裂纹,有

$$\begin{cases} G_{II} = G_{IIC} \\ K_{II} = K_{IIC} \\ G_{II} = \dfrac{1}{E} K_{II}^2 \quad \text{（平面应力）} \\ G_{II} = \dfrac{1-\mu^2}{E} K_{II}^2 \quad \text{（平面应变）} \end{cases} \tag{6-36}$$

其中,G_{II} 为Ⅱ型(剪开型)裂纹的应变能释放率,也称为裂纹扩展力；G_{IIC} 为Ⅱ型裂纹的临界应变能释放率,也称为材料的断裂韧性；K_{IIC} 为Ⅱ型裂纹的临界应力强度因子,也是材料的断裂韧性。

对于Ⅲ型裂纹,有

$$\begin{cases} G_{III} = G_{IIIC} \\ K_{III} = K_{IIIC} \\ G_{III} = \begin{cases} \dfrac{1}{2G} K_{III}^2 \quad \text{（平面应变）} \\ \dfrac{1+\mu}{E} K_{III}^2 \quad \text{（平面应力）} \end{cases} \end{cases} \tag{6-37}$$

其中,G_{III} 为Ⅲ型(撕开型)裂纹的应变能释放率,也称为裂纹扩展力；G_{IIIC} 为Ⅲ型裂纹的临界应变能释放率,也称为材料的断裂韧性；K_{IIIC} 为Ⅲ型裂纹的临界应力强度因子,也是材料的断裂韧性。

6.3.2 裂纹尖端塑性区

前面所有的讨论都是以理想脆性材料为研究对象的,没有考虑材料塑性的影响。实际的工程材料一般都具有一定的塑性,而不是理想脆性材料。因此,在研究实际工程材料的断裂问题时,必须考虑材料塑性的影响,并对脆性断裂准则进行必要的修正。

1. 塑性区对断裂韧性的影响

由于材料具有塑性,以及裂纹尖端应力集中的影响,当裂纹扩展时,即使是较小的工作应力,也会在裂纹尖端产生塑性变形,从而形成一个微小的塑性区,如图 6-9 所示。随着裂纹的不断扩展,塑性区也必然向前扩展。在塑性区的形成和扩展过程中,必然要吸收和消耗能量,这些能量也是靠外力做功来提供的。

塑性区的变形能量分为两部分:一部分是产生弹性变形的弹性应变能,存储在塑性区内,可以把它包含到整个平板的变形能量中去;另一部分(也是主要部分)是产生塑性变形的塑性应变能,它被转化为热能而消耗。这部分能量消耗,也是形成裂纹新表面所需要的。

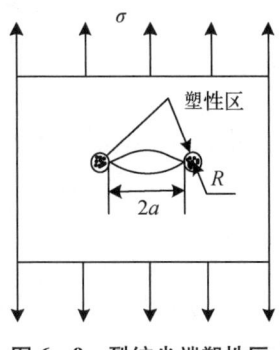

图 6-9 裂纹尖端塑性区

实验表明,塑性变形虽然只发生在一个很小的区域内,但其塑性变形能的数值却相当大,远远超过了材料的表面能。例如,中低强度钢的塑性应变能要比表面能大 4~6 个数量级,高强度钢的塑性应变能要比表面能大 3 个数量级。因此,对于实际工程材料,影响断裂的主要因素是塑性应变能而不是表面能。这种影响表现在材料抵抗裂纹扩展的能力上,即影响材料的断裂韧性。如前所述,裂纹在扩展过程中,要消耗大量的塑性变形能,在扩展同样的裂纹长度时,需要外力做更多的功,即扩展同样的裂纹长度,需要对裂纹体施加较大的外载荷。因此,裂纹尖端塑性区的形成和扩展,提高了材料的断裂韧性,这就是塑性材料有较好的抵抗裂纹扩展能力的原因。

2. 塑性区对应力强度因子的影响

塑性区还会影响裂纹尖端应力场分布,因而会影响应力强度因子 K_I。严格来说,用 K_I 来表达裂纹尖端的应力状态,只对理想脆性材料适用。因为在塑性区域内,由于塑性变形而不断把机械能转化成热能,根本无法用 K_I 值的概念来反映其内部变形规律。但在工程应用方面,可以有条件地将 K 值的概念应用于工程材料,从而得到一些实用的结果,即在考虑了塑性区的影响,对 K_I 作适当修正之后,仍然可以应用线弹性理论所得的结果。

考虑塑性对 K_I 值影响的最简便实用的方法是等效裂纹尺寸法。如果把塑性区近似看成圆形,塑性半径为 $R/2$,如图 6-10 所示,则等效裂纹尺寸法认为:考虑塑性后,裂纹长度为 a 时的弹塑

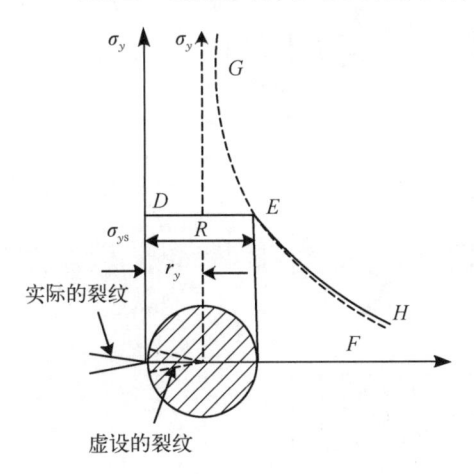

图 6-10 等效裂纹尺寸法

性应力场(图6-10中的曲线 *DEH*)与裂纹长度为 $a+r_y$ 时的弹性应力场(图6-10中的曲线 *GEF*)是等效的。也就是说，如果将实际的裂纹长度 a，以虚设的等效裂纹长度 $a+r_y$ 代替，则弹性材料的 σ_y 应力分布就可以用一种理想脆性材料的 σ_y 应力分布来处理了，只要将纵坐标在 x 轴上平移 r_y 的距离即可，$r_y = R/2$ 的假定可以在理论上得出证明。这样，就可以借用 K_I 值的计算公式。

对于无限大平板中央穿透裂纹情况，有

$$K_I = \sigma\sqrt{\pi(a+r_y)} \tag{6-38}$$

其中，塑性半径 r_y 的数值可由式(6-39)和式(6-40)确定：

$$r_y = \frac{1}{2\pi}\left(\frac{K_I}{\sigma_s}\right)^2 \quad (\text{平面应力}) \tag{6-39}$$

$$r_y = \frac{1}{6\pi}\left(\frac{K_I}{\sigma_s}\right)^2 \quad (\text{平面应变}) \tag{6-40}$$

由式(6-39)和式(6-40)可见，平面应变状态时的塑性半径为平面应力状态的1/3，其原因是平面应变状态为三向应力状态，沿板厚方向产生了约束，使材料不容易屈服。对于一般常用的板材，板表面裂尖处处于平面应力状态，板的中间部分处于平面应变状态。因此，裂尖塑性区沿板厚方向是变化的，如图6-11所示。

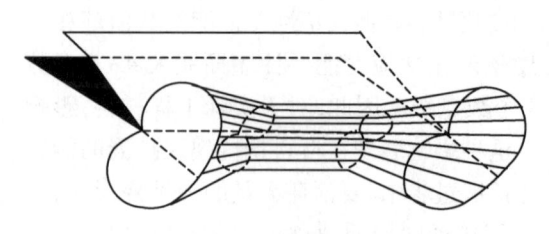

图6-11 裂纹尖端三维塑性区

将式(6-39)和式(6-40)代入式(6-38)，即可看出考虑塑性区的影响之后，实际工程材料的 K_I 值的变化。

对于平面应力状态：

$$K_I = \sigma\sqrt{\pi(a+r_y)} = \sigma\sqrt{\pi\left[a+\frac{1}{2\pi}\left(\frac{K_I}{\sigma_s}\right)^2\right]}$$

经简化后得

$$K_I = \frac{\sigma\sqrt{\pi a}}{\sqrt{1-\frac{1}{2}\left(\frac{\sigma}{\sigma_s}\right)^2}} \tag{6-41}$$

对于平面应变状态：

$$K_I = \sigma\sqrt{\pi(a+r_y)} = \sigma\sqrt{\pi\left[a+\frac{1}{6\pi}\left(\frac{K_I}{\sigma_s}\right)^2\right]}$$

可得

$$K_{\text{I}} = \frac{\sigma\sqrt{\pi a}}{\sqrt{1 - \frac{1}{6}\left(\frac{\sigma}{\sigma_\text{s}}\right)^2}} \qquad (6-42)$$

可见,考虑塑性影响后 K_I 值均有增大。其中, $\dfrac{1}{\sqrt{1 - \dfrac{1}{2}\left(\dfrac{\sigma}{\sigma_\text{s}}\right)^2}}$ 和 $\dfrac{1}{\sqrt{1 - \dfrac{1}{6}\left(\dfrac{\sigma}{\sigma_\text{s}}\right)^2}}$ 称为考虑塑性区影响后的应力强度因子增大系数。平面应力与平面应变情况相比较,平面应变情况下应力强度因子的增大系数比平均应力时要小些。

应当指出,上述确定塑性半径的公式和将 K_I 值概念应用于实际工程材料时,是有条件的:一是不能适用于塑性区域内部;二是塑性区域不能过大(即小范围屈服)。为了有个数量级的概念,以无限板裂纹尖端 $(\sigma_y)_{\theta=0}$ 为例来说明,它的近似解为

$$(\sigma_y)_{\theta=0} = \frac{K_\text{I}}{\sqrt{2\pi r}} = \sigma\sqrt{\frac{a}{2r}}$$

它的精确解(塑性分析)为

$$(\sigma_y)'_{\theta=0} = \sigma\frac{a+r}{\sqrt{2ar+r^2}}$$

其比值为

$$\frac{(\sigma_y)_{\theta=0}}{(\sigma_y)'_{\theta=0}} = \frac{\sqrt{1+\dfrac{r}{2a}}}{1+\dfrac{r}{a}}$$

这样,当 $r/a = 1/5$ 时,上述比值为 0.87,误差为 13%。当 $r/a = 1/10$ 时,上述比值为 0.93,误差为 7%。因此,当 $r/a < 0.1$ 时,具有相当高的精度。所以,只有在 r 相对于 a 值是一个小值时,上述近似应用才成立。既然要求 $r \ll a$,则就更应满足 $r_y \ll a$ 才行,所以必须是小范围屈服。有的资料也规定,其限制条件为

$$\frac{\sigma_{\text{net}}}{\sigma_\text{s}} < 0.8 \qquad (6-43)$$

其中, σ_{net} 表示净截面上的应力,因为当 σ_{net} 超过 0.8 倍的 σ_s 时,塑性半径 r_y 已可与 a 相比拟,这时塑性区已扩大到很大范围, r_y 的计算式和 K_I 的修正式就不再适用了。

3. 影响断裂韧性的因素

断裂韧性标志着构件抵抗断裂的能力。因此,有必要进一步研究影响断裂韧性的因素,并从断裂力学观点出发,较深入地分析断裂过程,从而说明不同材料和不同应力状态下的应力特征,并把断口形状和断裂韧性从物理概念上联系起来。

影响断裂韧性的因素有材料的表面能、弹性模量、泊松比和塑性应变能,其中最主要

的影响因素是塑性应变能。影响塑性应变能的因素主要有两个方面,一是材料的屈服极限 σ_s,二是构件(如平板)的厚度 B。

1) 材料屈服极限对断裂韧性的影响

材料屈服极限对断裂韧性的影响主要表现在以下三个方面。

(1) 材料的 σ_s 值越低,裂纹尖端越容易进入屈服状态而产生塑性变形,因而塑性应变能将增大,使构件具有较高的断裂韧性;反之,则断裂韧性较低,如图 6-12(a) 所示。因此,LY12 铝合金虽然静强度较低,但其抗断裂性能优于 LC4 铝合金或 30CrMnSiA 钢材。

(2) 温度降低时,材料的 σ_s 值提高,因此低温下的材料呈现脆性状态,抗断裂性能降低,易发生断裂。反之,温度提高时,抗断裂性能提高[图 6-12(b)],但过高的温度则会使断裂韧性降低,以致丧失。

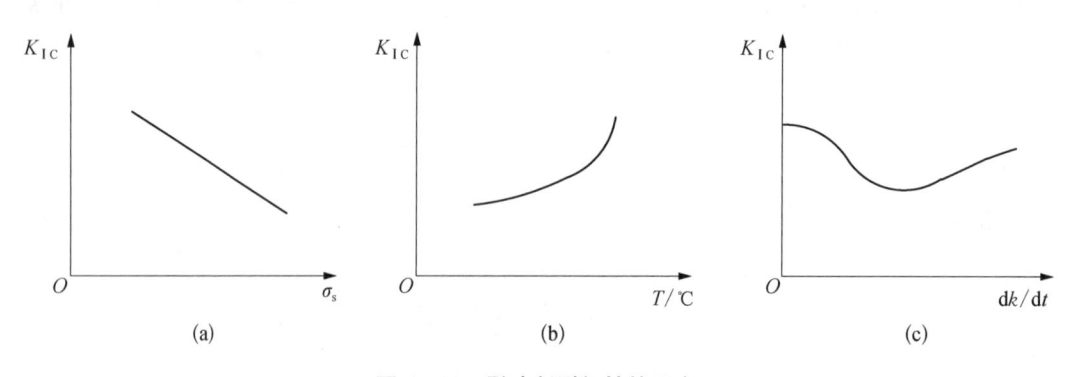

图 6-12 影响断裂韧性的因素

(3) 加载速率对断裂韧性也有明显影响,如图 6-12(c)所示。通常是加载速率提高,使材料的 σ_s 值增大,因而材料变脆,抗断裂性能降低。但继续提高加载速率,材料不能及时响应,断裂韧性反而提高了。为了考虑这种影响,引入动态断裂韧性 K_{Id},它是与加载速率有关的材料断裂韧性,在研究加载速率很高的动载作用下的构件断裂问题时,才要用到动态断裂韧性 K_{Id}。

2) 构件厚度对断裂韧性的影响

构件的厚度不同时,在构件中将产生不同的应力状态和变形,直接影响构件的断裂韧性。构件较薄时(如图 6-13 中所示薄板),受到板平面内的拉伸作用,其将处于平面应力状态。在此应力状态下,板的前、后(在图中示为上、下)表面没有横向约束,可以自由变形,因而较容易产生塑性变形,导致裂纹尖端的塑性区较大,因而塑性半径 r_y 较大,塑性变形能较大,断

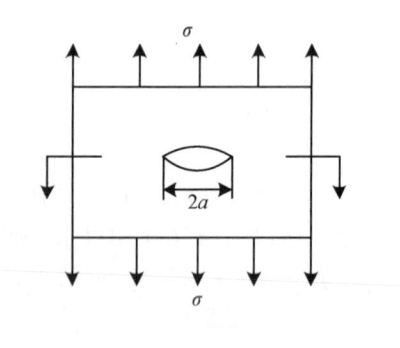

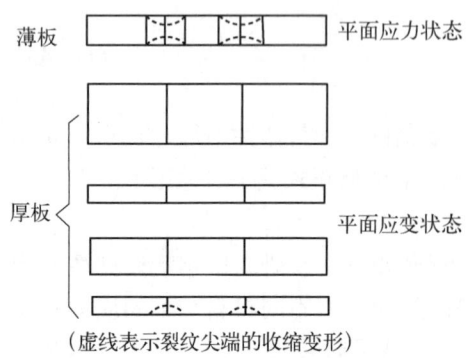

图 6-13 不同应力状态下板的变形
(虚线表示裂纹尖端的收缩变形)

裂韧性值较高。

构件较厚时(如图 6-13 中所示厚板),当它受到板平面内的拉伸作用,虽然前、后表面仍可自由变形,但由于较厚,其中间部分的大部分材料将处于平面应变状态。在平面应变状态下,变形受到限制,不易产生塑性变形,使裂纹尖端的塑性区较小,因而塑性半径 r_y 较小,塑性变形能较小,断裂韧性值较低。

因此,断裂韧性是随构件的厚度 B 而变化的,如图 6-14 所示。当厚度较小,趋于平面应力状态时, K_C 值较高,有一个最佳厚度 B_0,此时的断裂韧性值达到最高值,这个值通常视为真实的平面应力断裂韧性。当厚度较大,在 $B > B_S$ 时,将处于平面应变状态,这时,断裂韧性值将是一个较低的常值,与厚度 B 无关,这就是平面应变断裂韧性 K_{IC}。当 $B_0 < B < B_S$ 时,断裂韧性值不定,在一些情况下是水平变化,另外一些情况是随厚度增加而降低。

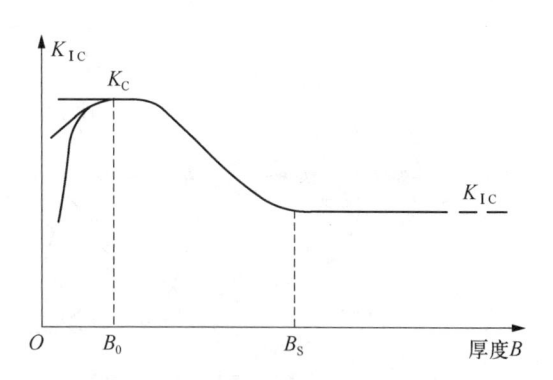

图 6-14 断裂韧性与构件厚度的关系

在飞机结构中,大部分构件处于平面应力状态,但有的构件是处于平面应变状态的;还有一些构件,其表面部分处于平面应力状态,中心部分处于平面应变状态,其间还存在一段过渡区域。因此,研究这两种状态下的断裂韧性是有实际意义的。

那么,怎样判断一个构件所处的状态呢?理论分析指出,可以用如下公式作为厚度界限的定性判别标准,即当满足以下条件时,认为构件处于平面应变状态:

$$B \geq 2.5 \left(\frac{K_{IC}}{\sigma_s} \right)^2$$

4. 断裂过程分析

1) 断裂过程

根据断裂力学关于裂纹扩展的能量推测,首先从能量观点来分析实际材料的断裂过程。

图 6-15 给了图 6-13 所示平板在 σ 作用下的裂纹扩展情况,其中横坐标表示裂纹扩展长度 $2a$,纵坐标表示两个不同的量:细斜直线表示平板的能量释放率 G_I(与"外力做功减去弹性应变能的增量"相对应);粗曲线表示裂纹扩展单位长度时所需要吸收的能量 R(与"塑性应变能加表面能"相对应)。$G_I - 2a$ 斜直线,是按公式 $G_I = (\sigma^2 \pi / E) a$ 的函数关系画出的,当 σ 增大时,直线的斜率增加。$R - 2a$ 曲线是依据实验数据描成的:开始一段为平

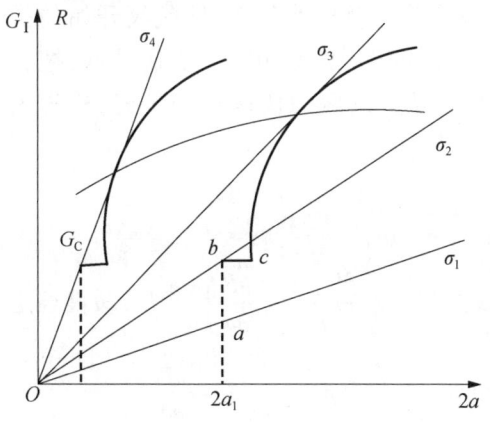

图 6-15 断裂过程

行于纵坐标轴的直线,然后是一小段平行于横坐标轴的直线,最后是一段曲线。对于不同的初始宏观裂纹长度,都有这样一段相似的 $R - 2a$ 曲线。

$R - 2a$ 曲线的形状可以这样理解:平行于纵坐标轴的一段,表示裂纹开始扩展所需要消耗的能量(即表面能)。表面能是一个材料常数,所以与初始裂纹长度无关,对于各个不同的初始裂纹长度,这一段直线都一样高。平行于横坐标轴的一小段,表示裂纹开始扩展的初始阶段。由于裂纹刚开始扩展,在裂纹尖端尚未产生塑性变形,所需要消耗的能量仍为表面能(常值)。当裂纹扩展一小段长度以后,材料已产生塑性变形。此后,如果裂纹连续扩展,则必须要消耗塑性应变能。由于裂纹尖端塑性区随裂纹长度的增大而迅速增长(图 6 - 16),消耗的塑性应变能也随着裂纹的扩展而增加,R 值不断提高。

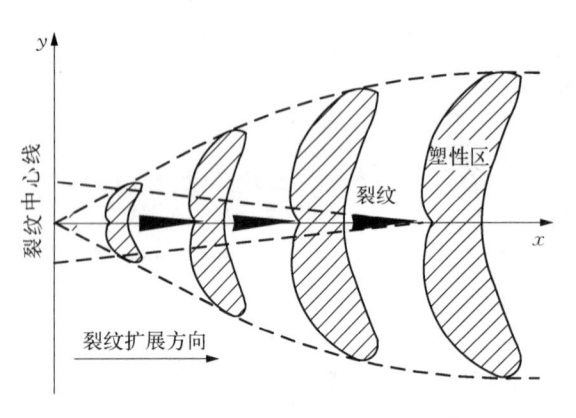

图 6 - 16 断裂扩展中塑性区的扩大

下面以初始宏观裂纹长度为 $2a_1$ 的情况,来说明裂纹扩展过程。如图 6 - 15 所示,当平板所承受的应力水平较低为 σ_1 时,G_I 斜线与 R 曲线交于点 a,此时外力所能提供的能量 G_I 小于裂纹扩展所需要的最小能量 R_1,因而裂纹静止不动。当增大至 σ_2 时,G_I 斜线与 R 曲线交于点 b,此时 $G_I = R_b$,满足裂纹扩展条件,裂纹开始扩展;并且在开始扩展后,由于 $G_I > R_b$,裂纹将"突进"式地快速扩展,在试验时可以听到材料开裂的"噼啪"响声。但经历一微段距离到达点 c 时,又因为 $R > G_I$ 而停止扩展。此时,如果保持的 σ_2 应力水平不变,则裂纹不会继续扩展,而稳定在某一个长度上。如果要使裂纹继续向前扩展,就必须再增大工作应力 σ,直至 σ_3。因此,在工作应力由 σ_2 增大至 σ_3 的过程中,裂纹为持续缓慢扩展。当 $\sigma = \sigma_3$ 时,G_I 直线与 R 曲线交于点 d。之后,始终满足 $G_I > R$ 的条件,裂纹将快速(失稳)扩展,直至板件断裂。

可见,对工程材料来说,裂纹开始扩展时,构件并不会立即断裂,即裂纹开始的扩展并不是失稳扩展。在这里,点 d(G_I 直线与 R 曲线相切的点)是一个临界点,把临界点以前的缓慢稳定扩展,称为亚临界扩展;把临界点以后的快速自动扩展,称为失稳扩展。

如果再仔细分析图 6 - 15,就可以看出:

(1) 要使裂纹扩展,必须满足条件 $G_I \geq R$;

(2) 在点 d 之前,G_I 直线的斜率小于 R 曲线的斜率 $\left(\dfrac{\partial G_I}{\partial a} < \dfrac{\partial R}{\partial a}\right)$,裂纹缓慢稳定扩展;在点 d 之后,$\dfrac{\partial G_I}{\partial a} > \dfrac{\partial R}{\partial a}$,裂纹快速失稳扩展;在临界点,$\dfrac{\partial G_I}{\partial a} = \dfrac{\partial R}{\partial a}$。

因此,裂纹失稳扩展的条件是

$$\begin{cases} G_{\mathrm{I}} \geqslant R & \text{(必要条件)} \\ \dfrac{\partial G_{\mathrm{I}}}{\partial a} \geqslant \dfrac{\partial R}{\partial a} & \text{(充分条件)} \end{cases}$$

2) 三种断口的形状

根据对断裂过程的观察,可以发现试件有三种断口形状,它们与试件的断裂值有着密切的关系。

在试件开始裂纹扩展的突进区,由于没有产生塑性变形或者塑性变形极其微小,断口形状平直,如图6-17(b)所示,称为直断型断口。这种情况与拉伸脆性材料的光滑试件的平直断口相似,所以又称为脆性断口,其断裂特征是:断裂韧性值较低(因为没有塑性变形),断裂过程是突进式的快速断裂。

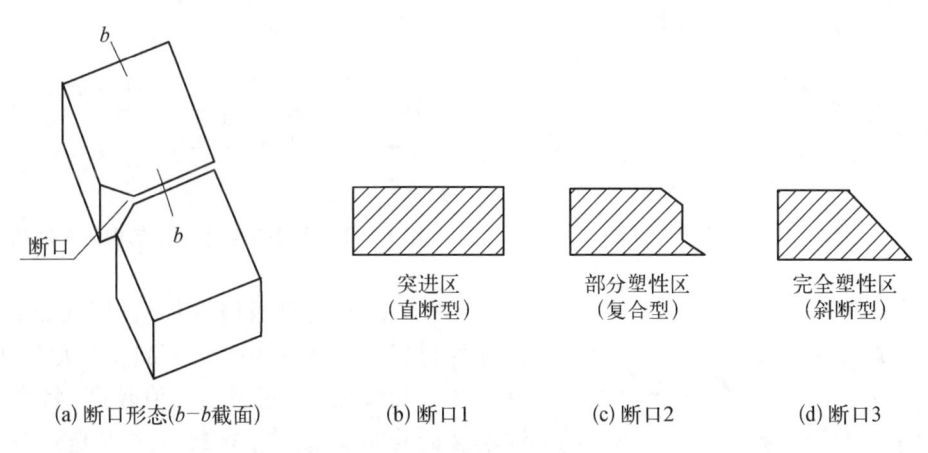

图 6-17 断口形态及三种断口形状

在突进区之后,由于塑性变形,断口上将出现约45°的部分斜面,而材料的中间部分仍保持平直,如图6-17(c)所示,呈现为复合型断口。之后,随着情况的不同,塑性区的范围可能被控制,断口呈现固定的斜面和平直面混合形式;也可能是塑性区继续扩展,以致断口转变成完全的45°斜面,呈现为斜断型断口,如图6-17(d)所示。上述两种可能的断口形状的断裂特征是:断裂韧性值较高(因为有塑性变形能的消耗),断裂过程开始是缓慢的,然后是快速的。斜断口与拉伸塑性材料光滑试件时的断口形状相似,因此又称为塑性断裂。

3) 断裂特征

把上述断裂过程和断口形状与工程实践联系起来,就可以看出,不同材料和不同应力状态下的断裂特征。

(1) 当板件较厚,材料的屈服极限较高(如脆性材料)时,此时板件处于平面应变状态,由于不易产生塑性变形,断裂韧性值往往较低,易于产生脆性断裂而形成平直断口,此时的断裂过程只是快速连续失稳扩展,直至断裂,如图6-18所示,裂纹扩展时 R 值即为平面应变断裂韧性值 G_{IC},它表示材料抵抗裂纹扩展的最低能力,对于同种材料,R 是一个常数。应当指出,除理想脆性材料外,即使在平面应变条件下,裂纹开始扩展时,也不一定就是失稳扩展,因为在裂纹尖端总存在一定的塑性区。但由于塑性变形很小,当裂纹扩展量还很高时,R 曲线就已经趋于饱和(变平坦),即临界点和 R 曲线的饱和点基本一致。实验表明,临界点和裂纹相对扩展 2% 的点相对应,即 $\Delta a/a = 2\%$,如图 6-19 所示。因此,在平面应变条件下,一般都不由 R 曲线与 G_I 直线相切的点来确定临界点,而是用 $\Delta a/a = 2\%$ 的点作为裂纹开始失稳扩展的临界点。

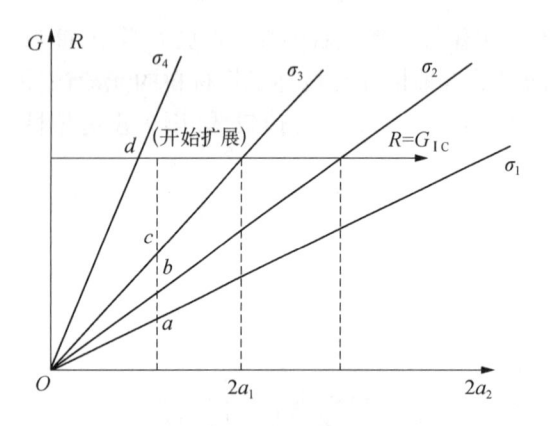

图 6-18 塑性断裂过程

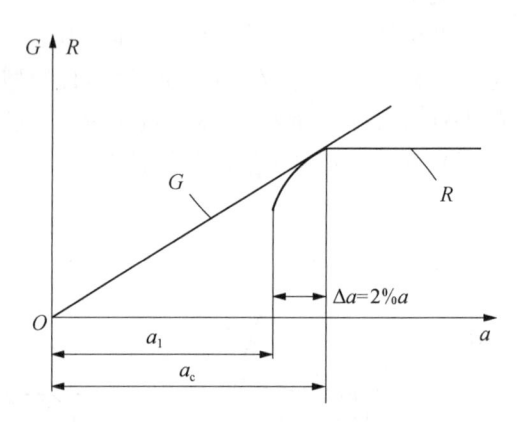

图 6-19 平面应变条件下的裂纹扩展临界点

(2) 当板件较薄,材料屈服极限较低(如塑性好的材料)时,板件处于平面应力状态,由于易于产生塑性变形,断裂韧性值较高,将产生塑性断裂而形成斜断口,其断裂过程是:突进阶段很短,以至可以忽略不计,主要是开始的缓慢扩展和之后的快速扩展两个阶段(图 6-20)。裂纹快速扩展时的 R 值,即为板件的平面应力断裂韧性值 G_C,它不仅与材料的性质有关,还与板件的厚度和裂纹长度等因素有关,是一个变量。

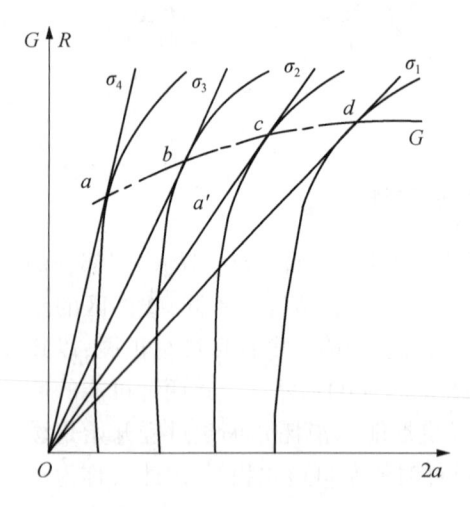

图 6-20 塑性断裂过程

(3) 具有一定塑性的中等厚度板件。此时,往往是板件的两个表面处于平面应力状态,由于断裂韧性值较高,出现塑性断裂性质的斜断口;而在板件厚度方向的中间部分材料,则处于平面应变状态,由于断裂韧性值较低,出现脆性断裂性质的平直断口,此时的断裂过程如图 6-15 所示,仍以裂纹快速扩展时的 R 值作为板件的断裂韧性值,即 G_C,这种情况是工程实际中常见的。

综上所述可知,对一定的受力构件,外载荷使裂纹扩展的能力通过参数 G_I 表示;而材料或构件抵抗裂纹扩展的能力,则由断裂韧性值 G_C 集中地表示。在一定的材料和环境条件下,断裂韧性值主要和板件的厚度有关。断裂韧性值不同,断口形状也不同。典型的

G_I、板厚 B 和断口形状的关系如图 6-21 所示,由图可见,B 值越小,G_C 值越大,平直型断口的成分越少;而随着 R 值的增大,G_C 值逐渐减小,趋向于某一定值 G_{IC},此时直端口的成分也最大。

6.3.3 线弹性断裂力学的适用范围

材料或构件的断裂准则,在传统的材料强度学和断裂力学是十分不同的。传统的材料强度学认为,材料一般分为脆性和塑性两大类,两种材料的断裂在一般受拉情况下是截然不同的。脆性材料总是脆性断裂,塑性材料总是产生塑性断裂,断裂准则如下:

$$\sigma \leq \sigma_s \quad (塑性材料)$$

$$\sigma \leq \sigma_b \quad (脆性材料)$$

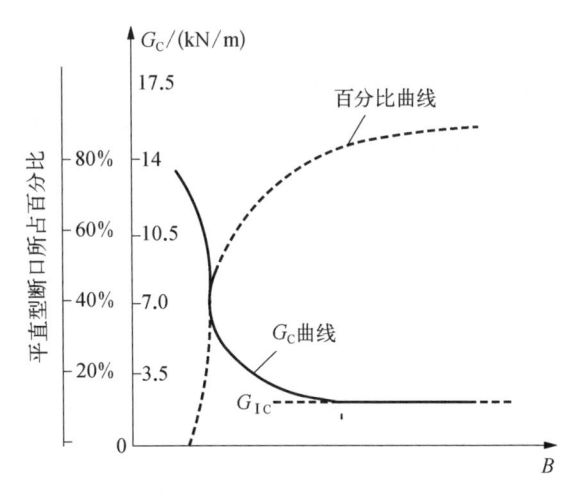

图 6-21 板厚对断裂韧性及断口形状的影响

式中,σ_s 和 σ_b 分别是材料的屈服极限和强度极限,这里没有考虑材料或构件中的缺陷对其强度的影响。

断裂力学的基本出发点,是承认材料或构件中不可避免地存在裂纹、夹杂等各种缺陷这样一个事实,在线弹性理论分析的基础上,引入了应力强度因子和断裂韧性两个概念,不管是什么材料,只要当它的应力强度因子达到了 K_{IC} 或 K_C,就会发生断裂,因此断裂准则是

$$K_I \leq K_{IC}(或 K_C)$$

其中,$K_I = \sigma\sqrt{\pi a} F_I$,在这里 K_{IC}(或 K_C)相当于 σ_b,而 K_I 则相当于 σ。

但需要说明的是,并非任何应力和裂纹大小情况下的断裂,都能按照断裂力学准则进行分析。这可以从图 6-22 中看出,图中的曲线 AmB 表示在某一 K_C 值下的断裂临界应力与裂纹长度的关系;图中的直线 $A'B'$ 表示净截面应力都等于屈服极限($\sigma_{静} = \sigma_s$),代表了传统的塑性断裂准则。$A'B'$ 直线是这样作出的,由于受力的连续性,由图 6-22 可见:

$$\sigma_{静}(W - 2a) = \sigma W$$

得

$$\sigma = \frac{\sigma_{静}(W - 2a)}{W}$$

在 $\sigma_{静} = \sigma_s$ 的条件下,有

$$\sigma = \frac{\sigma_s(W-2a)}{W}$$

这就是直线 $A'B'$ 的方程式。

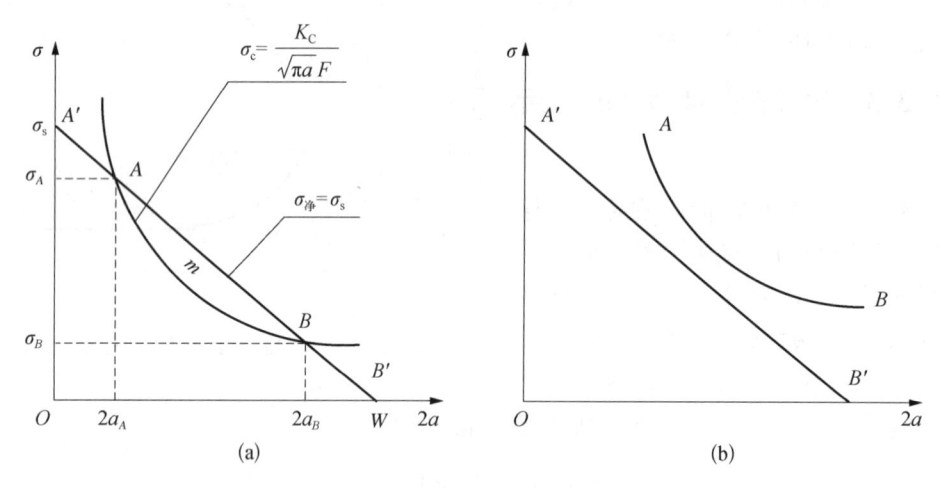

图 6-22 断裂准则的应用范围

那么,当构件受力时,究竟是由于超载引起断裂,还是由于裂纹扩展引起断裂呢?这就要从当时的应力和裂纹情况来判断了。由图 6-22 可见,当满足如下条件时:

$$\sigma_B < \sigma < \sigma_A$$

或

$$2a_B > 2a > 2a_A$$

构件是由于裂纹扩展而断裂,应按断裂力学的断裂准则来进行分析。在上述范围之外,材料或构件是由于超载而断裂,应按传统的断裂准则进行分析。

不难看出,材料越接近脆性材料(即 σ_s 较高,而 K_C 较低),断裂力学断裂准则的适用性越强;材料越接近塑性材料(即 σ_s 较低,而 K_C 较高),则传统断裂准则的适用性越强。如果是如图 6-22(b)所示的情况,则说明不可能发生低应力脆断,但材料的脆性和塑性也不是一成不变的。例如,在低温下,中等强度的塑性材料也可以变脆;对于塑性材料的构件,当厚度增大到一定程度时也可以变脆。因此,在运用上述两种准则时,必须对具体的事物作具体分析。通常是先计算一下净截面应力,如果它小于 σ_s,就按断裂力学准则进行分析;反之,则按传统准则分析。当事先无法计算净截面应力时,事后也要计算一下净截面应力,以判断用断裂力学准则进行的分析是否可用。

在选用断裂韧性值时还应当注意:一般要选用实测的 K_C,通常 K_C 是包含了塑性修正的;而塑性影响的考虑,总是使 K_C 值增大的,因而也使临界应力 σ_c 增大。严格地说,如果使用的 K_C 包含了塑性修正,那么据此求出的(或使用)a_c(临界裂纹长度)值也包含塑性区在内,即

$$a_c = a'_c + \frac{1}{2\pi}\left(\frac{K_C}{\sigma_s}\right)^2$$

其中，a'_c 为可测见的裂纹长度，而后一项为塑性区尺寸。有时得到的 K_C 并不包含塑性修正，但在初步设计和断裂分析中，这种 K_C 数据的应用是允许的，不过相应地要采用不考虑塑性影响的 a_c，即 $a_c = a'_c$。

总之，选用考虑塑性影响的 K_C 求出的（或使用的）a_c 也应包含塑性影响；选用不考虑塑性影响的 K_C 求出的（或使用的）a_c 也应不包含塑性影响。如果忽略了这种对应关系，可能导致不合理的结果。例如，选用了包括塑性影响的 K_C，又采用不包括塑性影响的 a_c，那么求出的临界应力 σ_c 就会偏大（偏危险）。相反，如果采用了不包含塑性影响的 K_C，又采用包含塑性影响的 a_c，则求出的临界应力 σ_c 偏小（偏保守）。对于塑性好的材料，这种偏差尤其严重，使用中应当注意。

6.3.4 应用举例

线弹性断裂力学的 K 准则把材料的抗断裂性能 K_{IC}（或 K_C）和构件内的裂纹尺寸 a 及实际的断裂应力 σ_c 定量地联系起来了，因而根据 K 准则，线弹性断裂力学在结构静强度分析方面可有以下三方面的应用。

（1）若已知（通过无损探伤）构件内裂纹的大小和位置，就可根据 K_{IC}（或 K_C）来估算构件的临界断裂应力 σ_c，它就是破损构件的实际承载能力或剩余强度。

（2）若已知构件的工作应力 σ，就可根据 K_{IC}（或 K_C）来确定构件的临界裂纹长度 a_c，如探伤出来的裂纹 $a_0 < a_c$，则构件是安全的，否则不安全，由此可建立相应的检查标准。

（3）若已知构件裂纹尺寸的大小和工作应力，就可算出裂纹尖端应力强度因子 K_I，据以判断构件是否安全。若 $K_I < K_{IC}$（或 K_C），则构件就是安全的，否则就有脆断的危险。

现在举例说明以上三方面的应用。

1. 确定破损构件的剩余强度

对于在工作中出于种种原因而已有损伤的构件，还能否继续承受一定的载荷，传统强度学无法解答，按照断裂力学方法，则可以算出其剩余的承载能力。

例 6-1 某机机翼大梁下缘条凸缘的承载情况如图 6-23 所示，经长期工作后，孔边出现 1 mm 深的穿透裂纹，材料为 30CrMnSiNi2A 特种钢，$\sigma_b = 1\ 667.19$ MPa，$\sigma_s = 1\ 274.91$ MPa，$K_{IC} = 55.82$ MPa$\sqrt{m}$，问该构件的承载能力还有多少？

解：根据孔边裂纹 K_I 的表达式：

$$K_I = \sigma\sqrt{\pi a} \cdot F_I$$

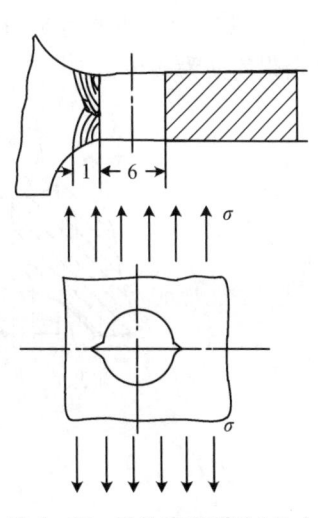

图 6-23 孔边穿透裂纹（尺寸单位：mm）

当 $a/r = 1/3$ 时,由资料查得 $F = 1.98$。

由 $B \geqslant 2.5 \times \left(\dfrac{K_{IC}}{\sigma_s}\right)^2$,得

$$B = 5 \geqslant 2.5 \times \left(\dfrac{55.82}{1\,274.91}\right)^2 = 4.79 \times 10^{-3}$$

故应按平面应变来计算,即当 $K_I \to K_{IC}$ 时:

$$\sigma_c = \dfrac{K_{IC}}{\sqrt{\pi a} F}$$

由于大梁材料为高强度材料,略去塑性区不计,则上式中的 a 即为可测见的裂纹($a = 1\,\text{mm}$),得

$$\sigma_c = \dfrac{55.82}{\sqrt{\pi \times 1 \times 10^{-3}} \times 1.98} = 502.98(\text{MPa})$$

大梁只能承担 $\sigma < \sigma_c$ 的负载。

为了与传统静强度观点作比较,可将这时的承载能力换算成过载。假设按静强度计算时,安全系数取为 $f = 1.5$,则该构件的许用应力为

$$[\sigma] = \dfrac{\sigma_b}{f} = \dfrac{1\,667.19}{1.5} = 1\,111.46(\text{MPa})$$

由于该构件所在的飞机是按照过载为 $n_{使用} = 8$ 设计的,则现在的飞行过载为

$$n = n_{使用} \dfrac{\sigma_c}{[\sigma]} = 8 \times \dfrac{502.98}{1\,111.46} \approx 3.6$$

例 6-2 如果例 6-1 中的构件所发生的是孔边角裂纹,其尺寸如图 6-24 所示,剩余强度又为多少?

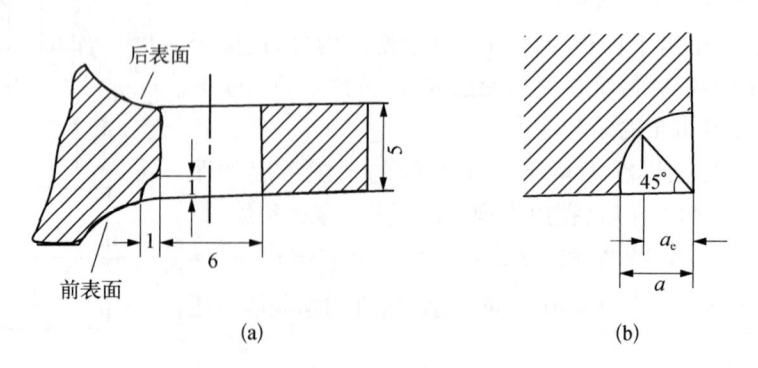

图 6-24 孔边角裂纹(尺寸单位:mm)

解:根据孔边角裂纹的应力强度因子 K_I 的表达式:

$$K_{\mathrm{I}} = \sigma\sqrt{2a}\,\alpha_{\mathrm{b}} f\left(\frac{L}{r}\right)$$

其中，α_{b} 为后表面系数，由于裂纹远离表面，可取 $\alpha_{\mathrm{b}} = 1$；L 为当量裂纹长度[图 6-24(b)中的 a_{e}]，此处假设裂纹当量长度 $L = \dfrac{a}{\sqrt{2}}$，即认为孔边角裂纹相当于 $L = \dfrac{a}{\sqrt{2}}$ 深的孔边穿透裂纹；$f = \left(\dfrac{L}{r}\right)$ 为考虑孔的影响（包括前表面影响）的修正系数。

根据 $\dfrac{L}{r} = \dfrac{a/\sqrt{2}}{3} = \dfrac{a}{3\sqrt{2}} = \dfrac{1}{3 \times 1.414} = 0.236$，由有关资料查得 $f = \left(\dfrac{L}{r}\right) = 2.21$。则当 $K_{\mathrm{I}} \to K_{\mathrm{IC}}$ 时，有

$$\sigma_{\mathrm{c}} = \dfrac{K_{\mathrm{IC}}}{\sqrt{2a}\,\alpha_{\mathrm{b}} f\left(\dfrac{L}{r}\right)} = \dfrac{55.82}{\sqrt{2 \times 1 \times 10^{-3}} \times 1 \times 2.21} = 564.78(\mathrm{MPa})$$

$$n = n_{\text{使用}} \dfrac{\sigma_{\mathrm{c}}}{[\sigma]} = 8 \times \dfrac{564.78}{1\,111.46} \approx 4.07$$

即飞行 4.07 个过载时，大梁就可能断裂。

例 6-3 有一受压容器，材料的屈服极限为 $\sigma_{\mathrm{s}} = 2\,059.47$ MPa，$K_{\mathrm{IC}} = 37.21$ MPa$\sqrt{\mathrm{m}}$，容器沿纵向有一表面半椭圆片状裂纹，$2c = 10$ mm，$a = 2$ mm，如图 6-25 所示。若要求工作应力（指周向应力 σ_1）和材料屈服极限之比为 $\dfrac{\sigma_1}{\sigma_{\mathrm{s}}} = 0.6$，求该容器的剩余压强 p_{c}。

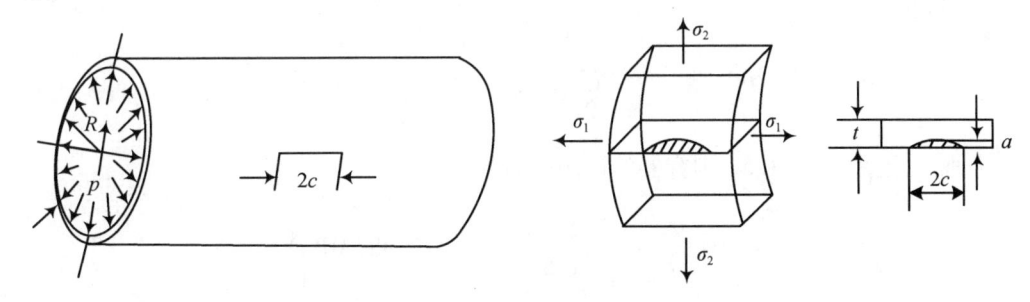

图 6-25 受压容器表面半椭圆裂纹

解：根据材料力学可知，容器受有二向应力，即

$$\sigma_1 = \dfrac{pR}{t} \quad \text{（周向应力）}$$

$$\sigma_2 = \dfrac{pR}{2t} \quad \text{（轴向应力）}$$

第三向应力（径向应力）$\sigma_3 = p$，因为 $\sigma_3 \ll \sigma_1$（或 $\sigma_3 \ll \sigma_2$），故忽略不计。

由于这是表面浅裂纹问题,可采用平板表面浅裂纹应力强度因子表达式,由相关资料可得

$$K_{\mathrm{I}} = \frac{1.1\sigma\sqrt{\pi a}}{\sqrt{Q}}$$

由 $\dfrac{a}{2c} = 0.2$,$\dfrac{\sigma}{\sigma_\mathrm{s}} = 0.6$,根据有关资料可查得裂纹几何形状参数 $Q = 1.22$。则当 $K_\mathrm{I} \to K_\mathrm{IC}$ 时,有

$$\sigma_1 = \frac{K_\mathrm{IC}\sqrt{Q}}{1.1\sqrt{\pi a}} = 12.67 K_\mathrm{IC}$$

故:

$$p_\mathrm{c} = \frac{t}{R}\sigma_1 = 12.67 K_\mathrm{IC}\frac{t}{R}$$

将 K_IC 值代入,得

$$p_\mathrm{c} = 12.67 \times 37.21\frac{t}{R} = 471.45\frac{t}{R}(\mathrm{MPa})$$

若给定 t 和 R,即可算出临界工作压力为 p_c,此即容器的剩余压强。反之,若已知压强 p,则可求出壁厚 t 与半径 R 的临界比值。

为了比较,按传统强度学中的第四强度理论进行计算:

$$\frac{1}{\sqrt{2}}\sqrt{(\sigma_1 - \sigma_2)^2 + (\sigma_2 - \sigma_3)^2 + (\sigma_3 - \sigma_1)^2} \leqslant [\sigma]$$

由上式可得

$$\frac{\sqrt{3}}{2}\sigma_1 \leqslant [\sigma]$$

若取安全系数 $f = 1.5$,则容器的许用应力为

$$[\sigma] = \frac{\sigma_\mathrm{s}}{f} = \frac{2\,059.47}{1.5} = 1\,372.98(\mathrm{MPa})$$

也就是说,临界应力 σ_1 为

$$\sigma_1 \leqslant \frac{2}{\sqrt{3}}[\sigma] = \frac{2}{\sqrt{3}} \times 1\,372.98 = 1\,585.38(\mathrm{MPa})$$

故按传统强度学计算的临界压强为

$$p'_\mathrm{c} = \sigma_1 \frac{t}{R} = 1\,583.38\frac{t}{p}(\mathrm{MPa})$$

p'_c 比 p_c 大得多。可见,如按传统强度学设计壳体,由于实际的 p_c 值为原设计的30%,发生

脆性破坏的可能性较高。

2. 确定构件的临界裂纹长度

这类问题和前述问题的性质是一样的,只是强调的侧重点不同。

例 6-4 例 6-3 中,如果容器不是表面裂纹,而是有一沿纵向的贯穿裂纹,试求该容器的临界裂纹长度 $2a_c$。

解: 由于裂纹相对于容器尺寸来说较小,可近似采用无限大平板具有中心贯穿裂纹的应力强度因子表达式:

$$K_I = \sigma\sqrt{\pi a}$$

则当 $K_c \to K_{IC}$ 时,有

$$2a_c = \frac{2}{\pi}\left(\frac{K_{IC}}{p} \times \frac{t}{R}\right)^2$$

若已知 p、t、R,即可算出容器的临界裂纹长度 $2a_c$。

例 6-5 有一厚度 $B = 5$ mm,长度 $L = 200$ mm 和宽度 $W = 50$ mm 的板条,由 40SiMiNiVNb 钢制成,$\sigma_b = 1667.19$ MPa,$K_{IC} = 57.99$ MPa$\sqrt{m}$,受单向均匀拉伸应力作用,在单侧有穿透裂纹,如图 6-26 所示。若该板的设计应力为屈服极限的 2/3,则当裂纹失稳扩展时,裂纹的临界长度 a_c 为多少?

解: 根据题中给出的板的尺寸,可暂按半无限板、单侧穿透裂纹受单向均匀拉伸的情况处理。这样,应力强度因子表达式为

$$K_I = 1.12\sigma\sqrt{\pi a}$$

根据:

$$B = 5 \text{ mm} > 2.5\left(\frac{K_{IC}}{\sigma_s}\right)^2 = 2.5\left(\frac{57.99}{1667.19}\right)^2 \approx 3(\text{mm})$$

应按平面应变状态计算。

因此,当 $K_I \to K_{IC}$ 时,有

$$a_c = \left(\frac{K_{IC}}{1.12\sigma}\right)^2 \frac{1}{\pi}$$

又因为

$$\sigma = \frac{2}{3}\sigma_s = \frac{2}{3} \times 1667.19 = 1111.46(\text{MPa})$$

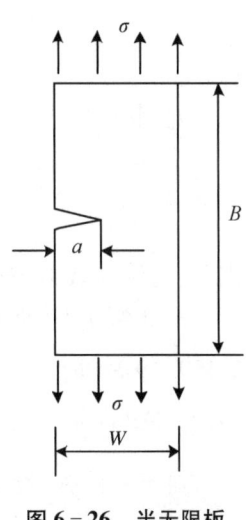

图 6-26 半无限板单侧裂纹

所以可得

$$a_c = \left(\frac{57.99}{1.12 \times 1111.46}\right)^2 \frac{1}{\pi} = 0.69(\text{mm})$$

因为 $\dfrac{2a_c}{W} = \dfrac{2 \times 0.7}{50} = 0.028 < 0.2$，所以按半无限板、单侧穿透裂纹计算是合理的。

考虑塑性影响时，则有

$$r_y = \dfrac{1}{6\pi}\left(\dfrac{K_{IC}}{\sigma_s}\right)^2 = \dfrac{1}{6\pi}\left(\dfrac{57.99}{1\,667.19}\right)^2 \approx 0.064(\text{mm})$$

$$a'_c = a_c - r_y = 0.69 - 0.064 = 0.626(\text{mm})$$

这就是说，当裂纹扩展到 0.626 mm 时，板即发生脆断。而这种裂纹深度相当于板边被工具划伤的情况，可见，高强度钢对裂纹是非常敏感的。

3. 根据 K_I 判断构件是否安全

例 6-6 一超高强度钢制薄壁容器，设计时的许用应力 $[\sigma] = 1\,372.98$ MPa，对容器进行探伤时只能发现大于 1 mm 深度的缺陷。因此，假定容器虽然经过了探伤检查，仍有可能在其内部存在着深度为 $a = 1$ mm、长度 $2c = 4$ mm 的表面裂纹，并设该裂纹处于焊缝热影响区域沿容器母线方向的最不利位置。现有两种钢材可供选择，问应选哪一种安全合适？

解： 从静强度观点看，两种钢材的强度储备如下。

对钢材 A：

$$n = \dfrac{\sigma_s}{[\sigma]} = \dfrac{2\,059.49}{1\,372.98} = 1.5$$

对钢材 B：

$$n = \dfrac{\sigma_s}{[\sigma]} = \dfrac{1\,667.19}{1\,372.98} = 1.21$$

因此，钢材 A 较 B 安全。

从断裂力学的观点来看，两种钢材的应力强度因子如下：① 钢材 A，$\sigma_s = 2\,059.49$ MPa，K_{IC} 为 46.52 MPa$\sqrt{\text{m}}$；② 钢材 B，$\sigma_s = 1\,667.19$ MPa，$K_{IC} = 77.53$ MPa$\sqrt{\text{m}}$。

对于钢材 A，设工作应力即为许用应力，即 $\sigma = [\sigma] = 1\,372.98$ MPa，则 $\dfrac{\sigma}{\sigma_s} = \dfrac{1\,372.98}{2\,059.49} = 0.67$，由裂纹的几何参数 $\dfrac{a}{2c} = \dfrac{1}{4} = 0.25$，可查得裂纹形状参数 $Q = 1.37$。根据表面裂纹应力强度因子表达式，有

$$K_I = \dfrac{1.1\sigma\sqrt{\pi a}}{\sqrt{Q}} = \dfrac{1.1 \times 1\,372.98\sqrt{\pi \times 1 \times 10^{-3}}}{\sqrt{1.37}} = 72.30 > 46.52$$

对于钢材 B，则 $\dfrac{\sigma}{\sigma_s} = \dfrac{1\,372.98}{1\,667.19} = 0.82$，$\dfrac{a}{2c} = \dfrac{1}{4} = 0.25$，查得 $Q = 1.32$，则有

$$K_{\mathrm{I}} = \frac{1.1\sigma\sqrt{\pi a}}{\sqrt{Q}} = \frac{1.1 \times 1\,372.98\sqrt{\pi \times 1 \times 10^{-3}}}{\sqrt{1.32}} = 73.70 < 77.53$$

可见，钢材 A 不满足脆断条件，在 $\sigma = 1\,372.98$ MPa 的工作应力下，必然产生脆性断裂；钢材 B 能满足脆断条件，是安全的。

因此，过高地按静强度观点提出强度储备要求，将 σ_b 或 σ_s 提高到不必要的程度，反而会使材料的脆性断裂性能大幅度降低，得到相反的效果，造成十分严重的脆性断裂事故。因此，当前在新材料的研制中，应同时注意使 $K_{\mathrm{I}C}$ 和 σ_b 成比例增大。

6.4 疲劳裂纹扩展规律

以上讨论了有关静载脆断的一些基本问题，可知，对含初始裂纹 a_0 的构件，只有当构件中的应力达到材料的断裂强度 σ_c，也就是其裂纹尖端的应力强度因子 K_{I} 达到 $K_{\mathrm{I}C}$（或 K_C）时，构件才会发生突然断裂。但在交变载荷作用下，情况就不一样了。此时，虽然载荷的绝对值远小于临界载荷，裂纹也能发生亚临界扩展，这就是裂纹的疲劳扩展，这两种载荷促使裂纹扩展的机理是不相同的。由于工程结构大多数都承受疲劳载荷，疲劳裂纹的扩展问题是工程应用中的一个重要问题。

6.4.1 疲劳裂纹的扩展机理

关于疲劳裂纹扩展机理，目前还不十分清楚，说法很多，比较流行且有说服力的模型是塑性钝化模型，现简单说明如下。

如图 6-27 所示，当外加应力为零时，裂纹长度为 a_0，裂纹尖端是闭合的（位置 1）。如在垂直裂纹的平面加一拉伸应力，裂纹前端有大的应力集中，故很容易使裂纹周围材料发生塑性变形。裂纹前端材料在最有利的滑移面上，沿最大切应力方向产生滑移（图 6-27 位置 1）。滑移使裂纹张开，同时也把裂纹拉长（图 6-27 位置 2），滑移也可在另一些滑移面上产生（图 6-27 位置 3）。随着滑移的进行，材料加工硬化，当外应力达到最大值时，可使裂纹顶端许多滑移面同时滑移，这就会导致裂纹尖端钝化（图 6-27 位置 4）。

加载至最高载荷（位置 4），裂纹张开，尖端钝化，同时扩展了 Δa^*。由于滑移，在裂纹尖端存在一个塑性区（即已发生了滑移的区域），塑性区周围全是弹性区。当从最大载荷卸载时，弹性应变将恢复到零，即弹性区要收缩。但塑性变形不可逆，不能恢复，由于它不能跟着弹性区一起收缩，弹

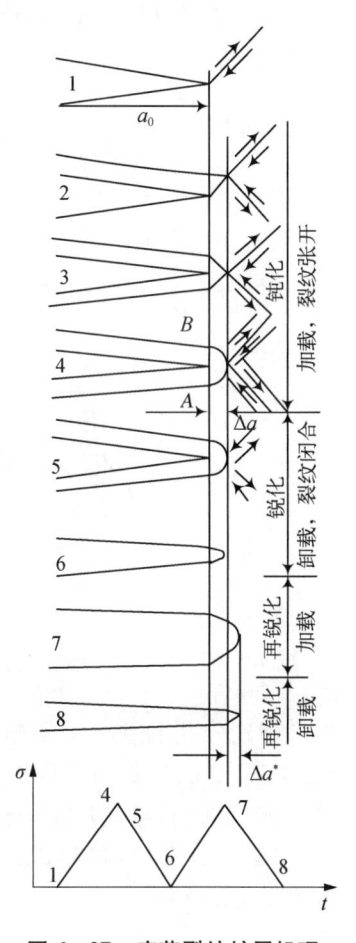

图 6-27 疲劳裂纹扩展机理

性区将会有一个压缩力作用在塑性区。在裂纹尖端,这些压缩应力是充分大的,它能超过材料的屈服极限,从而使裂纹前端产生压缩塑性变形,即滑移方向与拉伸变形时正相反(图6-27位置5)。这种反向滑移的结果,就使裂纹尖端闭合而又锐化(图6-27位置6)。

载荷重新从零到最大,裂纹又张开而钝化,同时又向前扩展 Δa^*(图6-27位置7),卸载时又闭合而锐化(图6-27位置8)。

随着裂纹周期性的张开和闭合,裂纹不断向前扩展,同时在断口上留下一条条疲劳痕迹(即疲劳条纹)。条纹间距与疲劳一次裂纹的扩展量 Δa^* 相对应。

6.4.2 等幅载荷作用下疲劳裂纹的扩展速率

从以上情况看来,裂纹的扩展主要受裂纹尖端区域应力-应变场的运动变化情况控制,是与裂纹前端产生了一个拉伸、压缩反复交变的塑性区有关的。一般将这个塑性区称为反复塑性区或循环塑性区,其情况如图6-28所示。当循环载荷升到最大值时,裂纹前端的应力分布和塑性区如图6-28(a)所示,所形成的塑性区尺寸较大。载荷反向变化时,随着载荷减小,又会在裂纹前端开始反向塑性流动,形成一个新的相反的塑性变形区。当载荷达到循环低限时,裂纹前端的应力分布和塑性区如图6-28(b)所示,塑性区压缩到最小。正是这些反复的塑性变形造成材料的损伤、缺陷的集聚,以致裂纹的扩展。反复塑性区越大,裂纹扩展越快。

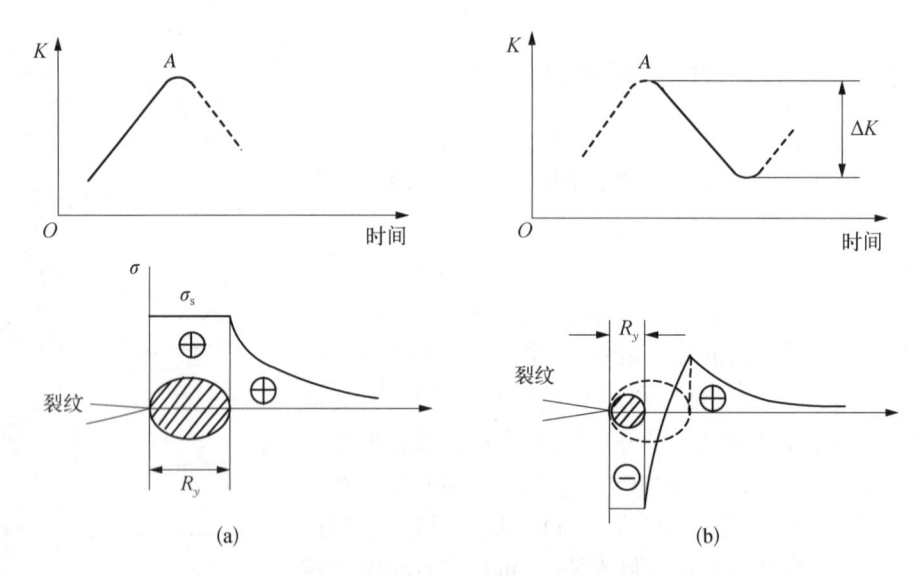

图6-28 在交变载荷作用下裂纹前端塑性区的变化

理论分析证明,反复塑性区的大小是由应力强度因子幅值 $\Delta K(\Delta K = K_{max} - K_{min})$ 决定的,这是与静载作用不同的。在静载作用下,裂纹前端塑性区用应力强度因子 K 来描述,且不是反复塑性区。因此,对于疲劳裂纹扩展,ΔK 是主导因素。如果以 da 代表裂纹长度 a 的增量,dN 是疲劳循环次数 N 的增量,则裂纹扩展速率 da/dN 主要取决于 ΔK:

$$da/dN = f(\Delta K) \tag{6-44}$$

大量的试验证明,这种设想是完全正确的。如图 6-29 所示,一组 7075-T6 铝合金的试验结果表明,裂纹扩展速率随 ΔK 增加而增加。

如果把实验测得的数据画在 da/dN 和 ΔK 的对数坐标中,以 $\lg \Delta K$ 为横轴,以 $\lg \dfrac{da}{dN}$ 为纵轴,就可获得如图 6-30 所示的直线,直线方程可写为

$$\lg \frac{da}{dN} = \lg C + n\lg \Delta K = \lg C(\Delta K)^n$$

因而有

$$\frac{da}{dN} = C(\Delta K)^n \tag{6-45}$$

这就是由派耳斯(Paris)提出的目前在工程中广泛应用的裂纹扩展速率的半经验公式,其中 C 和 n 是材料常数,由实验决定。

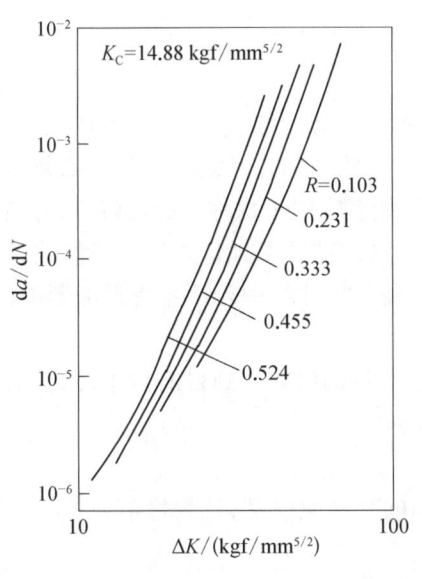

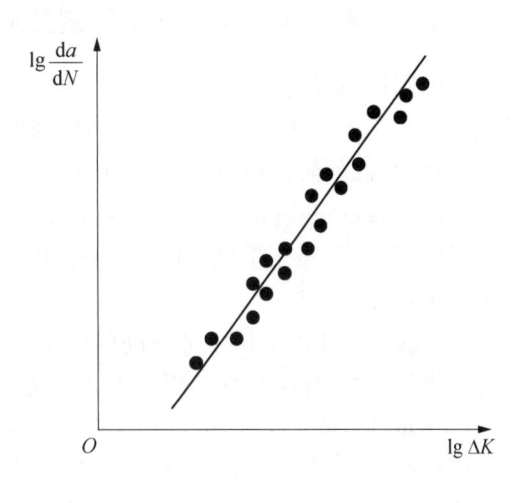

图 6-29 7075-T6 铝合金的 da/dN-ΔK 试验图　　　　**图 6-30** $\lg \dfrac{da}{dN}$-$\lg \Delta K$ 曲线

图 6-31 为变斜率的 $\lg \dfrac{da}{dN}$-$\lg \Delta K$ 曲线,由图可见,n 即为直线的斜率,C 为直线与纵坐标截距所决定的系数。由试验得到的结果表明各种金属材料的指数 n 为 2~7,而其中绝大多数材料的指数为 $n = 2 \sim 4$。

还应指出,实际试验数据常常使 $\lg(da/dN)$ 与 $\lg \Delta K$ 的关系呈一条 S 形曲线,或是几段变斜率的直线(图 6-31)。低 ΔK 时,裂纹扩展速率极为缓慢,当 ΔK_I 小于某一界限值 ΔK_{th} 时,裂纹基本上不扩展,这一界限值 ΔK_{th} 称为裂纹扩展的门槛值。当 $\Delta K_I > \Delta K_{th}$ 后,裂纹开始扩展,$\lg(da/dN)$ 与 $\lg \Delta K$ 呈线性关系。当 ΔK_I 继续增大,超过转折点 B_1 后,扩

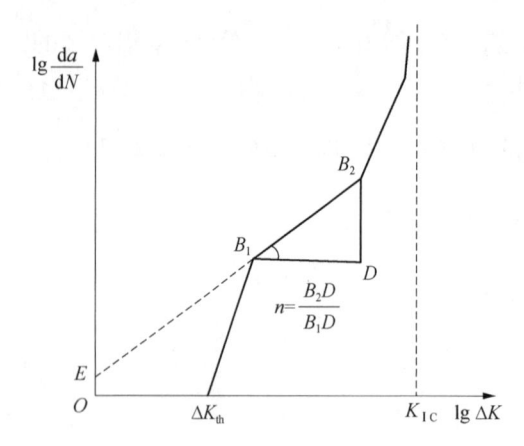

图 6-31 变斜率的 $\lg \dfrac{\mathrm{d}a}{\mathrm{d}N} \sim \lg \Delta K$ 曲线

展速率增长速度放慢,一般符合式(6-45)表达的关系。当 ΔK 增大超过转折点 B_2 后,K_{max} 已接近材料的 K_{IC},扩展速率急剧加快,直至断裂。由于式(6-45)没有反映 K_{max} 接近 K_{IC} 时 $\mathrm{d}a/\mathrm{d}N$ 急剧增加的趋势,也没有反映应力比 R 的影响,福尔门(Forman)提出了另外一个常用公式：

$$\dfrac{\mathrm{d}a}{\mathrm{d}N} = \dfrac{C(\Delta K_I)^n}{(1-R)K_{IC} - \Delta K_I} \quad (6-46)$$

其中,$\Delta K_I = (1-R)K_{max}$,当 ΔK_{max} 趋近于 K_{IC} 时,$\Delta K_I = (1-R)K_{IC}$,代入得,$\mathrm{d}a/\mathrm{d}N$ 趋于无穷大。

把裂纹尖端应力强度因子作为裂纹扩展控制性因素的裂纹扩展速率公式还有一些,这些公式区别不大,都是半经验的,这里就不再一一介绍了。

6.4.3 超载对裂纹扩展的延迟效应

前面阐述的裂纹扩展速率,是指等幅交变载荷的情况。实际工程中的结构绝大多数承受的载荷是不等幅的,高载、低载的出现次序往往是随机的。实验证明,高峰载荷出现后,对后续的低载荷的 $\mathrm{d}a/\mathrm{d}N$ 有减小的作用。这种相互间的干扰称为延迟效应,或高载迟滞效应。高载迟滞效应的影响有时可使裂纹扩展寿命增加好几倍,并且当峰值载荷足够大时,裂纹甚至会停止扩展。因此,在疲劳裂纹扩展分析计算中若不考虑迟滞影响,其结果可能很粗糙、保守。

为了在裂纹扩展分析中考虑高载迟滞,进行了大量的研究。到目前为止,已提出十多种迟滞模型,这里介绍几种应用简单、精度较高的模型。

1. Wheeler 模型

Wheeler 模型是一种以残余应力-应变为基础的半经验模型,认为峰值载荷将在裂纹尖端造成一个大的塑性区,这个塑性区在卸载时不能完全恢复原状,因此要受到周围弹性材料的压缩,这些压缩应力减小了裂纹尖端实际的应力强度因子,进而降低了裂纹扩展速率。因此,在裂纹穿过高载塑性区的整个过程中,裂纹扩展都将受到迟滞。迟滞的大小取决于裂纹穿过高载塑性区的距离(图 6-32 中的 $A_p - a$),即裂纹刚进入高载塑性区时的迟滞影响最大,然后随着裂纹进一步扩展而逐渐衰减,直至完全消失。基于对高载迟滞过程的这一描绘,Wheeler 认为,受到迟滞影响的裂纹扩展速率可用对等幅载荷下的裂纹扩展速率引入一个迟滞系数 C_p 来获得。

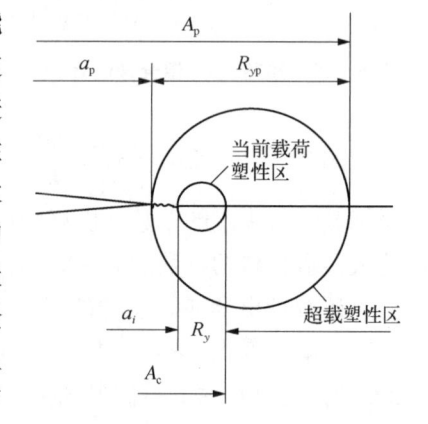

图 6-32 Wheeler 模型

若 $\left(\dfrac{\mathrm{d}a}{\mathrm{d}N}\right)_\mathrm{D}$ 为受到迟滞的裂纹扩展速率,则有

$$\left(\frac{\mathrm{d}a}{\mathrm{d}N}\right)_\mathrm{D} = C_\mathrm{p}\left(\frac{\mathrm{d}a}{\mathrm{d}N}\right)_\mathrm{c} \tag{6-47}$$

其中,$\left(\dfrac{\mathrm{d}a}{\mathrm{d}N}\right)_\mathrm{c}$ 为等幅载荷下的裂纹扩展速率;C_p 为迟滞系数,按照 Wheeler 的假设,迟滞系数 C_p 可表示为

$$\begin{cases} C_\mathrm{p} = \left(\dfrac{R_y}{A_\mathrm{p}-a}\right)^m & (a+R_y < A_\mathrm{p}) \\ C_\mathrm{p} = 1 & (a+R_y \geq A_\mathrm{p}) \end{cases} \tag{6-48}$$

其中,A_p 为高载产生的塑性区边界;m 为迟滞指数,由谱载荷试片试验获得;a 为裂纹长度;R_y 为后续载荷产生的塑性区,其计算公式为

$$R_y = \frac{1}{C\pi}\left(\frac{K_\mathrm{I}}{\sigma_{ys}}\right)^2$$

其中,$C=2$(平面应力);$C=6$(平面应变)。

式(6-47)表示迟滞系数 C_p 在 0~1 变化(很明显它永远不等于0)。当高载刚过去时,$(A_\mathrm{p}-a)$ 最大,C_p 相应较小,裂纹扩展速率较慢,此时迟滞影响较大;此后随着裂纹长度 a 增加,C_p 逐渐加大,$\left(\dfrac{\mathrm{d}a}{\mathrm{d}N}\right)_\mathrm{D}$ 与 $\left(\dfrac{\mathrm{d}a}{\mathrm{d}N}\right)_\mathrm{c}$ 逐渐接近,迟滞影响减小;而当后续低载荷产生的塑性区前缘与高载塑性区边界齐平(即 $A_\mathrm{p}-a=R_y$)时,$C_\mathrm{p}=1$,迟滞完全消失,裂纹扩展速率则恢复到高载作用前的水平。

2. Willenborg 模型

Willenborg 模型与 Wheeler 模型一样以残余应力-应变为基础,提出该模型的出发点是要避免附加实验。模型的基本设想是:裂纹在超载塑性区内,如果要消除迟滞影响,必须将外在的名义应力由 σ_B 提到无迟滞应力 σ_WZ(由 σ_WZ 产生的塑性区恰好与超载塑性区边界平齐),如图 6-33 所示。这个应力的提高部分代表超载循环在 $a=a_i$ 时对基本循环的迟滞影响:

$$\sigma_\mathrm{R} = \sigma_\mathrm{WZ} - \sigma_\mathrm{B} \tag{6-49}$$

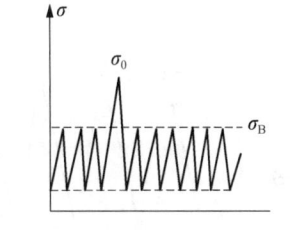

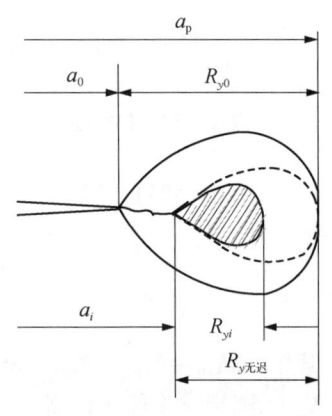

图 6-33 Willenborg 模型

而要计算基本应力循环扩展裂纹的有效应力,必须从 σ_B 中减去 σ_R,即

$$\sigma_\mathrm{eff} = \sigma_\mathrm{B} - \sigma_\mathrm{R} = 2\sigma_\mathrm{B} - \sigma_\mathrm{WZ} \tag{6-50}$$

其中,eff 代表"有效";WZ 表示"无滞"。

这样,受到迟滞后的裂纹扩展速率公式为

$$\left(\frac{da}{dN}\right)_D = C(\Delta K_{eff})^n \tag{6-51}$$

其中,C 和 n 为等幅交变载荷裂纹扩展速率公式(Paris 公式)中的常数;ΔK_{eff} 为有效应力强度因子幅值,和 $\Delta \sigma_{eff}$ 相对应。

3. 疲劳裂纹闭合理论

通过对裂纹前缘区域的一系列实验观察,发现试件承受一定的外加拉伸应力时,裂纹表面仍保持接触,这就是裂纹闭合现象。裂纹闭合是由于裂纹表面的残余压应力引起的,如图 6-34 所示。疲劳裂纹在其扩展过程中留下了一片残余拉伸塑性区,该塑性区使裂纹周围在卸载后受到残余压应力的作用,这个压应力促使裂纹闭合,导致在卸载过程中,载荷还没卸到零,裂纹就闭合了。由于此闭合应力的存在,当载荷再次增加时,在应力循环的较低范围内,裂纹的端部是闭合的,仅仅当外加应力超过某个应力水平(设为 σ_{op})以后,裂纹才张开。裂纹闭合理论认为:在裂纹张开前,裂纹是不会扩展的,只有能使裂纹完全张开的循环应力,才能发生疲劳裂纹扩展。

设 $\Delta \sigma_{eff} = \sigma_{max} - \sigma_{op}$,$\Delta \sigma_{eff}$ 称为有效应力范围,裂纹扩展速率必须由相应的有效应力强度因子范围 ΔK_{eff} 来表示。于是,对等幅载荷情形,有

$$\frac{da}{dN} = f(\Delta K_{eff}) \tag{6-52}$$

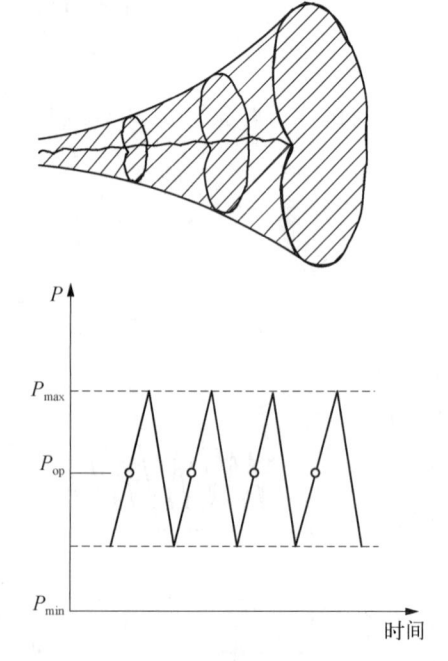

图 6-34 裂纹闭合模型

式(6-45)应改写为

$$\frac{da}{dN} = C(\Delta K_{eff})^n \tag{6-53}$$

其中,$\Delta K_{eff} = K_{max} - K_{op}$。显然,裂纹的闭合效应可使裂纹扩展速率相应减小。如果 $K_{op} > K_{max}$,则裂纹将停止扩展。

引入有效应力范围比 u:

$$u = \frac{\Delta \sigma_{eff}}{\Delta \sigma} = \frac{\sigma_{max} - \sigma_{op}}{\sigma_{max} - \sigma_{min}}$$

于是可得 $\Delta K_{eff} = u \Delta K$,则式(6-53)可写为

$$\frac{da}{dN} = C(u\Delta K)^n \tag{6-54}$$

有效应力范围比 u 可由实验确定，它一般与应力比 $R = \dfrac{\sigma_{\min}}{\sigma_{\max}}$ 有关。例如，对于 2024-T3 铝合金，有

$$u = 0.5 + 0.4R \quad (-0.1 \leqslant R \leqslant 0.7) \tag{6-55}$$

将式(6-55)代入式(6-54)，则有

$$\frac{da}{dN} = C[(0.5 + 0.4R)\Delta K]^n \tag{6-56}$$

6.5 疲劳裂纹扩展寿命计算

传统的疲劳寿命计算方法，主要是依据材料或构件的 $S-N$ 曲线，运用线性累积损伤理论或修正的线性累积损伤理论来估算构件的疲劳寿命。在存在初始裂纹的条件下，采用传统方法计算，疲劳寿命将严重偏高。断裂力学应用于疲劳，就是从构件本身存在裂纹这一客观事实出发，充分研究裂纹在交变载荷作用下的扩展，以确保构件的安全可靠。因此，断裂力学的应用，使传统的疲劳寿命计算方法有了重大发展。一般来讲，构件的疲劳寿命由两部分组成：一部分是构件的无裂纹寿命(裂纹形成寿命) N_0，另一部分是构件的裂纹扩展寿命 N_p。裂纹扩展寿命指的是从构件上出现宏观初始裂纹 a_0 开始，直至裂纹扩展到临界裂纹 a_c 这个时期所经历的循环次数。

本节将分别叙述等幅载荷下裂纹扩展寿命的计算和谱载荷下裂纹扩展寿命的计算，并在此基础上，简要讨论一下结构断裂控制的主要内容。

6.5.1 等幅载荷下裂纹扩展寿命的计算

等幅载荷下的裂纹扩展速率主要取决于应力强度因子幅值 ΔK，因此寿命计算比较简单，可直接用式(6-45)或式(6-46)积分而得。

如果用式(6-45)来描述裂纹扩展速率：

$$\frac{da}{dN} = C(\Delta K)^n$$

则有

$$dN = \frac{da}{C(\Delta K)^n}$$

$$N_p = \int_{N_0}^{N_p} dN = \int_{a_0}^{a_c} \frac{da}{C(\Delta K)^n} = \int_{a_0}^{a_c} \frac{1}{da/dN} da$$

由于在一般条件下，$K_I = Y\sigma\sqrt{a}$，$\Delta K = Y\Delta\sigma\sqrt{a}$，代入式(6-45)，得

$$\frac{da}{dN} = C(Y\Delta\sigma)^n a^{\frac{n}{2}}$$

则：

$$N_p = \frac{2}{C(Y\Delta\sigma)^n (n-2)} \left(\frac{1}{a_0^{\frac{n-2}{2}}} - \frac{1}{a_c^{\frac{n-2}{2}}} \right) \quad (n \neq 2) \tag{6-57}$$

或：

$$N_p = \frac{1}{C(Y\Delta\sigma)^n} (\ln a_c - \ln a_0) \quad (n = 2) \tag{6-58}$$

6.5.2 谱载荷下裂纹扩展寿命的计算

由于受变幅载荷和高载等因素的影响，谱载荷下的裂纹扩展寿命计算问题要复杂一些。下面分别介绍谱载荷下裂纹扩展寿命的三种积分方法和按最大损伤度理论将变幅载荷化为等幅载荷的简化工程计算方法，其中重点是按最大损伤度理论的计算方法。

1. 谱载荷下裂纹扩展寿命的三种积分方法

1) 按载荷顺序一级循环一级循环地直接积分

从对应应力幅度 $\Delta\sigma_1$ 的裂纹长度 a_0 开始，应力强度因子幅值就是 $\Delta K_1 = \Delta\sigma\sqrt{\pi a_0}F$，根据 da/dN 可得 $(da/dN)_1$，于是裂纹扩展增量 $\Delta a_1 = (da/dN)_1 \times 1$，则新裂纹长度为 $a_0 + \Delta a_1$；接着它将遇到下一个应力幅度 $\Delta\sigma_2$，按上述同样方法，计算出 ΔK_2、$(da/dN)_2$ 和 Δa_2，则裂纹新长度为 $a_0 + \Delta a_1 + \Delta a_2$，如此进行下去，直到裂纹长度扩展到临界裂纹长度为止。这时，所经过的循环周期数 λ 即为裂纹扩展寿命，以数学式表示出来，则为

$$a_0 + \lambda(\Delta a_1 + \Delta a_2 + \cdots + \Delta a_i + \cdots) = a_c$$

$$\lambda(\Delta a_1 + \Delta a_2 + \cdots + \Delta a_i + \cdots) = a_c - a_0$$

$$\lambda = \frac{a_c - a_0}{\sum_{i=1}^{j} \Delta a_i}$$

若谱载荷中每个循环周期为 100 飞行小时，则裂纹扩展寿命 N_p（飞行小时）为

$$N_p = \frac{a_c - a_0}{\sum_{i=1}^{j} \Delta a_i} \times 100$$

2) 把随机载荷谱简化成程序载荷谱后积分

积分方法基本与前述方法相同，只是将按载荷顺序一级循环一级循环地积分，并且为简单起见，认为在裂纹长度增量很小的扩展期间（每一级载荷循环期间），da/dN 是一个常数。

3) 按每飞行小时平均裂纹增长速率积分

首先，将每飞行小时的载荷谱整理成程序块形式，列出每个飞行小时的平均裂纹增长速率公式：

$$\frac{da}{dF} = \sum_{i=1}^{j} \left[n_i \left(\frac{da}{dN} \right)_i \right]$$

其中，n_i 为谱载中第 i 级循环载荷水平每小时出现的次数；j 为谱载中不同循环载荷水平的级数。

然后，利用式(6-45)或式(6-46)，对一系列 a 的选定值，求出相应的一系列 da/dF 值，由此可以画出 da/dF 对 a 的曲线。

最后，在初始裂纹 a_0 和临界裂纹 a_c 之间，对 $da/dF - a$ 扩展速率曲线进行数值积分，就可以求出相应的裂纹扩展寿命（小时）：

$$F = \int dF = \int_{a_0}^{a_c} \frac{da}{\sum_{i=1}^{j} \left[n_i \left(\frac{da}{dN} \right)_i \right]}$$

2. 按最大损伤度理论计算裂纹扩展寿命

为了简化计算，在工程上也可将变幅载荷谱转化为某种等幅载荷谱来计算裂纹扩展寿命。通常按最大损伤度理论来进行折算，可以得到偏于保守（安全）的结果。

按最大损伤度理论来进行折算，就是将变幅载荷按造成构件最大损伤度的载荷折算成等幅载荷，其折算方法如下。

已知某构件在 100 飞行小时中，承受的载荷谱如下：

σ_{maxi}	σ_{max1}	σ_{max2}	σ_{max3}	σ_{max4}	σ_{max5}
σ_{mini}	σ_{min1}	σ_{min2}	σ_{min3}	σ_{min4}	σ_{min5}
n_i	n_1	n_2	n_3	n_4	n_5

注：n_i 为各级应力在每 100 飞行小时的作用次数。

则可根据构件的疲劳曲线或等寿命曲线查知各级应力作用下构件的安全循环次数 N_i，计算损伤度，并找出最大损伤度载荷：

$$K_1 = \frac{n_1}{N_1}, \quad K_2 = \frac{n_2}{N_2}, \quad K_3 = \frac{n_3}{N_3}, \quad K_4 = \frac{n_4}{N_4}, \quad K_5 = \frac{n_5}{N_5}$$

设最大损伤度 $K_{max} = K_3$，则最大损伤度载荷为 σ_{max3}、σ_{min3}，其作用次数为

$n_{\max损伤度} = n_3$。

按最大损伤度载荷,将变幅载荷折算成等幅载荷:

$$n_{等幅} = n_{\max损伤度}\left(\frac{K_1}{K_{\max}} + \frac{K_2}{K_{\max}} + \frac{K_3}{K_{\max}} + \frac{K_4}{K_{\max}} + \frac{K_5}{K_{\max}}\right)$$

$$= n_{\max损伤度}\frac{\sum K_i}{K_{\max}}$$

折算后的等幅载荷为

$$\begin{cases}\sigma_{\max等幅} = \sigma_{\max 3}\\ \sigma_{\min等幅} = \sigma_{\min 3}\\ \Delta\sigma_{等幅} = \sigma_{\max 3} - \sigma_{\min 3}\end{cases}$$

作用次数 $= n_{等幅}$(每 100 飞行小时)

也就是说,现在已将每 100 飞行小时变幅载荷谱,转化为每 100 飞行小时中相当于只作用最大损伤度载荷 $n_{等幅}$ 次的等幅载荷谱了。这样,就可按等幅载荷下的寿命计算方法,来计算构件的裂纹扩展寿命。

6.5.3 结构断裂控制

1. 断裂控制的主要内容

对于一个已制成的结构,从断裂力学的观点来看,使用中十分关注的是结构带裂纹后的使用寿命(即裂纹扩展寿命)、安全检查周期和允许裂纹容限,这也是断裂控制的主要内容,它们的关系可以用图 6-35 来表示。图 6-35 中,纵坐标表示在一定的裂纹长度情况下,构件能够承担的载荷大小;横坐标表示裂纹长度 $2a$。从图中可见:构件在开始状态能够承受极限载荷,随着初始裂纹 $2a_0$ 的出现和裂纹不断地扩展为可见裂纹 $2a_i$,构件能承担载荷的能力就越来越小。但应当保证,当裂纹扩展到临界裂纹 $2a_c$ 时,结构仍能承担设计使用载荷,以保证使用安全。因此,临界裂纹长度 $2a_c$ 就是允许的最大损伤容限。而从初始可见裂纹 $2a_0$ 发展到临界裂纹 $2a_c$ 所经过的时间(或起落次数),称为构件的裂纹扩展周期(或使用寿命)。显而易见,裂纹扩展周期取决于初始的可见裂纹长度、临界裂纹长度及裂纹扩展速率。已知临界裂纹长度和规定了初始可见裂纹长度后,根据裂纹扩展速率,就可找到裂纹扩展周期。在找到了裂纹扩展周期之后,可以根据使用的具体情况,确定安全检查期和相应的允许裂纹容限。这样就可以为在使用中规定必要的检查制度、进行断裂控制提供依据。

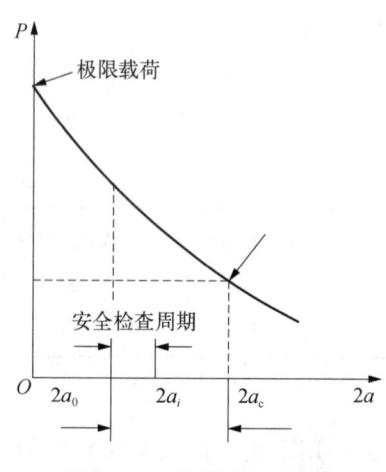

图 6-35 断裂控制示意图

上述概念的具体步骤可用图 6-36 来表示。

2. 初始可见裂纹长度 a_0、临界裂纹长度 a_c、裂纹扩展周期、安全检查周期和允许裂纹容限的确定

1) a_0 的确定

初始可见(可检)裂纹长度 a_0 是根据无损探伤能力和具体的结构形式来确定的,该值定得是否合适,将显著地影响使用寿命。

无损探伤能力,是指生产和使用中所使用的无损探伤设备能发现裂纹的能力。

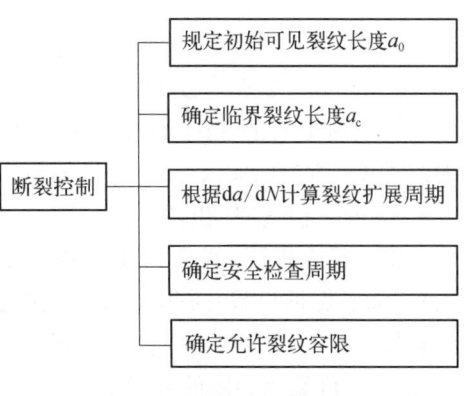

图 6-36 断裂控制方块图

结构形式,是指考虑结构类别不同,应当提出的不同断裂控制要求。例如,对于单传力结构或开敞性不好、外场不易检查的结构,初始可检裂纹长度应规定得大一些;而对于多传力结构和开敞性好的结构,初始可检裂纹则可规定得小一些。

在无法依据探伤能力来确定 a_0 时,作为初步估算,可以根据有关断裂控制规范(如美国军用规范 MIL-A-83444)来规定。

2) a_c 的确定

视材料韧性的不同,应有不同的确定原则:对于高韧性、低(中)强度材料,应根据构件净断面应力达到材料的极限拉伸强度时的裂纹长度来确定;对于低韧性、高强度材料,则应根据脆断准则 $K_I = K_{IC}$(或 K_C)来确定。a_c 也可直接取自构件的疲劳试验。

这里着重讨论按脆断准则确定 a_c 的情况。例如,在穿透裂纹情况,则有如下公式。

平面应力状态:

$$K_I = \sigma\sqrt{\pi a_c}F = K_C$$

$$a_c = \frac{1}{\pi}\left(\frac{K_C}{F\sigma}\right)^2$$

平面应变状态:

$$K_I = \sigma\sqrt{\pi a_c}F = K_{IC}$$

$$a_c = \frac{1}{\pi}\left(\frac{K_{IC}}{F\sigma}\right)^2$$

式中的 σ 都是设计使用应力,对于等幅载荷,就是应力循环中的最大应力 σ_{max};对于变幅载荷,则为对应损伤容限极限载荷的应力。损伤容限极限载荷,就是构件在最恶劣条件下的工作载荷,目前一般按 MIL-A-83444 的规定选取。如构件有残余应力,也应考虑到 σ 中。

3) 裂纹扩展周期的确定

在已知 a_0 和 a_c 的条件下,裂纹扩展周期为

$$N_c = \int_{a_0}^{a_c} \frac{1}{da/dN} da$$

应当指出的是,由于通常从临界裂纹长度的75%到临界裂纹长度的扩展时间只占总裂纹扩展周期的1%以下,积分号的临界裂纹长度最好取为75% a_c。

4) 安全检查周期的确定

安全检查周期,就是裂纹扩展周期除以合适的安全系数(或称为裂纹扩展分散系数)。为了保证检验者有两个以上的机会探测出给定的裂纹,减少漏检的可能,一般取安全系数>2。也就是说,在整个使用寿命范围内,要定期检查三次以上。

5) 允许裂纹容限的确定

允许裂纹容限就是各次定期检查时允许的最大裂纹长度,可以由解析法或作图法来确定。

(1) 解析法。根据式(6-57)和式(6-58),可写为

$$N_i = \frac{2}{C(Y\Delta\sigma)^n(n-2)} \left(\frac{1}{a_0^{\frac{n-2}{2}}} - \frac{1}{a_i^{\frac{n-2}{2}}} \right) \quad (n \neq 2)$$

或

$$N_i = \frac{2}{C(Y\Delta\sigma)^n} [\ln a_i - \ln a_0] \quad (n = 2)$$

由以上二式可得

$$a_i = \left[\frac{1}{\frac{1}{a_0^{\frac{n-2}{2}}} - \frac{N_i C(Y\Delta\sigma)^n(n-2)}{2}} \right]^{\frac{2}{n-2}} \quad (n \neq 2) \quad (6-59)$$

或

$$\ln a_i = N_i C(Y\Delta\sigma)^n + \ln a_0 \quad (n = 2)$$
$$(6-60)$$

根据式(6-59)和式(6-60),对应于规定的安全检查周期 N_i,即可求得允许裂纹容限 $a_{容许}$。

(2) 作图法。作图法即根据裂纹长度-剩余寿命曲线(图6-37)来确定允许裂纹容限。裂纹长度-剩余寿命曲线,也是由裂纹扩展速率的积分作出的。例如,当 $a = a_0$ 时,剩余寿命就等于使用寿命,为

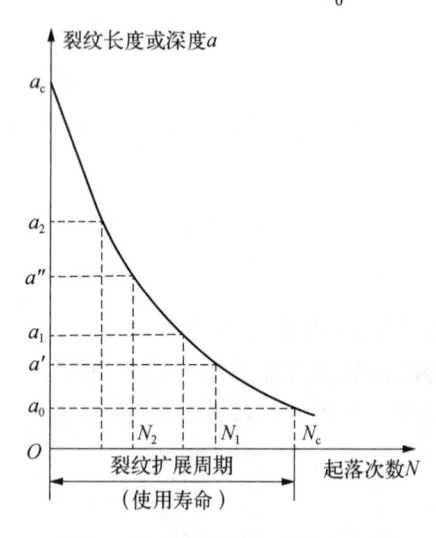

$$N_c = \int_{a_0}^{a_c} \frac{1}{da/dN} da$$

图6-37 裂纹长度-剩余寿命图

当 $a = a_1$ 时,剩余寿命为

$$\int_{a_0}^{a_c} \frac{1}{\mathrm{d}a/\mathrm{d}N}\mathrm{d}a - \int_{a_0}^{a_1} \frac{1}{\mathrm{d}a/\mathrm{d}N}\mathrm{d}a$$

当 $a = a_2$ 时,剩余寿命为

$$\int_{a_0}^{a_c} \frac{1}{\mathrm{d}a/\mathrm{d}N}\mathrm{d}a - \int_{a_0}^{a_2} \frac{1}{\mathrm{d}a/\mathrm{d}N}\mathrm{d}a$$

显而易见,有了这个曲线图,允许裂纹容限就容易确定了。只要确定了安全检查周期(即确定了横坐标分几等分),从图上也可立刻查出(取相应的纵坐标值)相应的允许裂纹容限。例如,构件出厂时,允许裂纹容限为 a_0;出厂后第一次定检时,允许裂纹容限为 a',第二次定检允许裂纹容限为 a''。

6.5.4 应用举例

例 6-7 经超声波探伤,发现某机车主动轴镶入部有横向裂纹,如图 6-38 所示,将直接危及行车安全。根据机车运行实测,该处的最高工作应力为 $\sigma = 78.46$ MPa,主动轴材料为 40 号钢,其最低使用温度为 $-40℃$。这时的屈服极限 $K_{IC} = 62.02$ MPa$\sqrt{\mathrm{m}}$,$\sigma_{0.2} = 392.28$ MPa,材料的裂纹扩展速率为 $\mathrm{d}a/\mathrm{d}N = 1.15 \times 10^{-12} \Delta K^3$,试估算车轮的裂纹扩展寿命,并规定检查标准。

解:(1)确定初始可检裂纹 a_0。按厂修规定,允许初始可检裂纹深度为 $a_0 = 3$ mm。

(2)确定临界裂纹长度 a_c。由于主动轴横向裂纹是表面裂纹,且形状浅长,可用表面裂纹断裂准则来进行计算,即

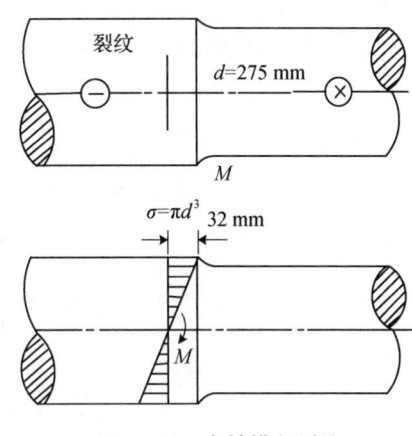

图 6-38 车轴横向裂纹

$$K_I = \frac{1.1\sigma\sqrt{\pi a_c}}{\sqrt{Q}} = K_{IC}$$

其中,Q 为裂纹形状因子,根据 $\dfrac{\sigma}{\sigma_{0.2}} = \dfrac{78.46}{392.28} = 0.2$,$\dfrac{a}{2c} = 0.03$,查得 $Q \approx 1$。这样,上式可改写为

$$K_I = 1.1\sigma\sqrt{\pi a_c} = 1.95\sigma\sqrt{a_c} \approx 2\sigma\sqrt{a_c} = K_{IC}$$

根据实测值 $\sigma = 78.46$ MPa,现取 $\sigma = 100$ MPa,则有

$$a_c = \left(\frac{K_{IC}}{2\sigma}\right)^2 = \left(\frac{62.02}{2 \times 100}\right)^2 \approx 96(\mathrm{mm})$$

但是考虑到各种不利因素的影响,仅取 $a_c = 30 \sim 40$ mm,是能保证不会发生突然断裂的。

(3) 裂纹扩展速率 $\mathrm{d}a/\mathrm{d}N$ 的规定。用如下公式进行估算:

$$\frac{\mathrm{d}a}{\mathrm{d}N} = C'(\Delta K)^n = \frac{C}{10^3 \times 0.3101^n}(\Delta K)^n$$

$$= \frac{1.15 \times 10^{-12}}{10^3 \times 0.3101^3}(\Delta K)^3$$

$$= 0.3865 \times 10^{-13}(\Delta K)^3$$

其中, $\Delta K = 2\Delta\sigma\sqrt{a}$, 而 $\Delta\sigma = \sigma_{\max} - \sigma_{\min} = 78.46 - 0 = 78.46$ MPa, 则 $\Delta K = 2 \times 78.46\sqrt{a} = 156.92\sqrt{a}$。

由此可得

$$\frac{\mathrm{d}a}{\mathrm{d}N} = 0.3856 \times 10^{-13} \times (156.92\sqrt{a})^3$$

$$= 0.1490 \times 10^{-6} a^{\frac{3}{2}}$$

(4) 裂纹扩展周期 N_c 的确定:

$$N_c = \int_{a_0}^{a_c} \frac{1}{\mathrm{d}a/\mathrm{d}N} \mathrm{d}a$$

$$= \int_{a_0}^{a_c} \frac{1}{0.1490 \times 10^{-6} \times a^{\frac{3}{2}}} \mathrm{d}a$$

$$= \frac{1}{0.1490 \times 10^{-6}} \int_{a_0}^{a_c} a^{-\frac{3}{2}} \mathrm{d}a$$

$$= \frac{1}{0.0745 \times 10^{-6}} \left(\frac{-1}{\sqrt{a_c}} - \frac{-1}{\sqrt{a_0}} \right)$$

由于 $a_0 = 3$ mm, 取 $a_c = 36$ mm, 则裂纹扩展周期为

$$N_c = \frac{1}{0.0745 \times 10^{-6}} \left(\frac{-1}{\sqrt{0.036}} - \frac{-1}{\sqrt{0.003}} \right) = 1.74 \times 10^8 (次)$$

车轮周长为 4.7 m, 若取寿命安全系数为 2, 则在裂纹扩展周期内运行的公里数为

$$\frac{1.74 \times 10^8 \times 4.7}{2 \times 10^3} = 40.9 (万 km)$$

根据统计,机车一年运行约 10 万 km,因此裂纹从 3 mm 扩展到 36 mm,需 4 年多,比一个厂修期还久。

(5) 安全检查周期和允许裂纹容限的确定。根据上述周期的计算公式,只要把积分上限 a_c 改为不同的裂纹长度,即可计算一系列的扩展周期。这样就可以作出裂纹深度-

剩余寿命曲线,如图6-39所示。从图中可得如下结论:① 若已有裂纹深度为3 mm,则再行走40万km左右,裂纹即扩展到临界裂纹36 mm,车轴就要发生快速断裂;② 若已有裂纹深度为10 mm,则再行走15万km左右,就会发生快速断裂;③ 若已有裂纹深度为20 mm,则再行走5万km左右,就会发生快速断裂。由此可确定:厂修允许裂纹深度为3 mm;架修允许的裂纹深度为≤10 mm;运行使用中的允许裂纹深度为≤20 mm;厂修期为两年半。

但凡带有裂纹继续使用的主动轴,均应进行超声波探伤,并在履历簿内写明裂纹的长度和深度,以保证安全和在使用中考察裂纹的发展情况,为进一步掌握裂纹发展情况积累资料。

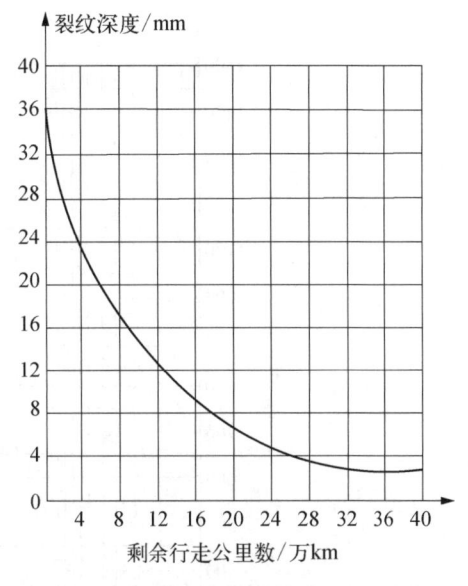

图6-39 机车主动轴裂纹深度-剩余寿命曲线

由于运用了断裂力学方法进行断裂控制,历来在运行使用中的允许裂纹深度不得大于2 mm的规定范围大大地扩展了。这样在确保安全的前提下,尽量避免了在厂修期限内更换新轴,节约了材料,降低了成本。

例6-8 在使用中发现某机翼主梁下缘条前缘凸耳第一螺栓孔(图6-40)普遍存在裂纹,甚至造成严重事故。现已知:该梁材料为30CrMnSiNi2A,$\sigma_b = 1\,667.19$ MPa,$K_{IC} = 76.9$ MPa$\sqrt{m}$,材料的裂纹扩展速率为 $da/dN = C(\Delta K)^n = 10^{-9}(\Delta K)^{2.77}$,主梁下缘条的 $S-N$ 疲劳曲线如图6-41所示,$B = 5$ mm,$2r = 6$ mm。在每64.5飞行小时内,该机翼主梁所经受的载荷谱如下:

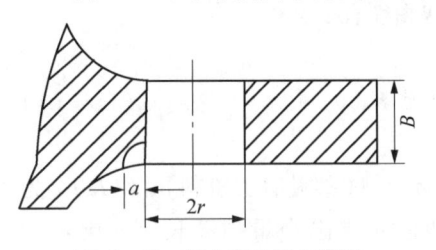

图6-40 某主梁孔边角裂纹

载荷 n_y	2.5	3.5	4.5	6.0	7.0
次数 n	1 048	852	382	39	1

已知最大设计过载为12,试运用线弹性断裂力学方法,初步估算该主梁的裂纹扩展寿命和安全检查周期。

解:(1)初始可检裂纹长度的确定。根据我国使用中检查和修配厂检查的经验,该主梁螺栓孔的可检孔边角裂纹为0.2 mm,出于安全,取 $a_0 = 0.5$ mm。

(2)临界裂纹长度计算。根据实际使用经验得知,该主梁出现的裂纹多为孔边角裂纹。应用角裂纹公式得断裂准则为

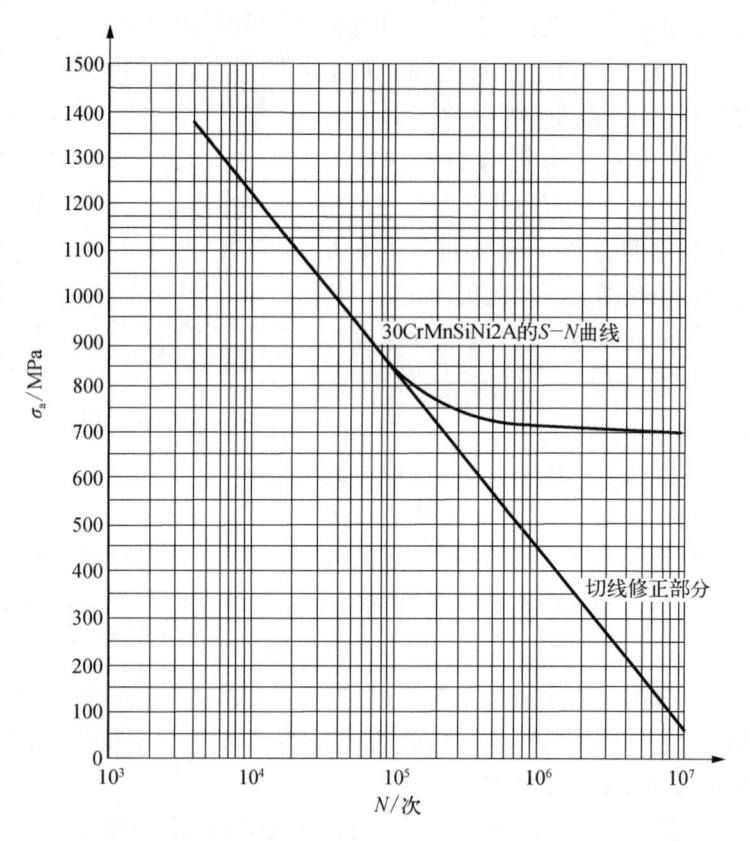

图 6-41 某机机翼主梁下缘条的 $S-N$ 曲线 ($\sigma_m = 0$)

$$K_{\mathrm{I}} = \sigma\sqrt{2a}\,\alpha_b F\left(\frac{L}{r}\right) / 1.12 \leqslant K_{\mathrm{IC}} \tag{6-61}$$

其中，α_b 为后表面系数，由于裂纹远离后表面，此处取 $a_b = 1$（参见有关资料）；$F(L/r)$ 为考虑孔和前表面影响系数，其确定方法有两种：一种是先求出当量裂纹长度 $L = a_e = a/\sqrt{2}$（图 6-42），再根据 L/r 值查有关资料曲线即得 $F(L/r)$ 值；另一种是将式(6-61)中的 a 用两次取近似当量裂纹长度 a'_e 来代替，即 $a_e = a/\sqrt{2}$，再按孔旁单边穿透裂纹化成当量中心穿透裂纹公式 $2a'_e = 2r + a_e$ 作近似，得

$$a'_e = \frac{2r + a_e}{2} = r + \frac{a_e}{2} = r + \frac{a}{2\sqrt{2}} \tag{6-62}$$

代替办法如下：

$$\sqrt{2a}\,F\left(\frac{L}{r}\right) = \sqrt{2a'_e} \tag{6-63}$$

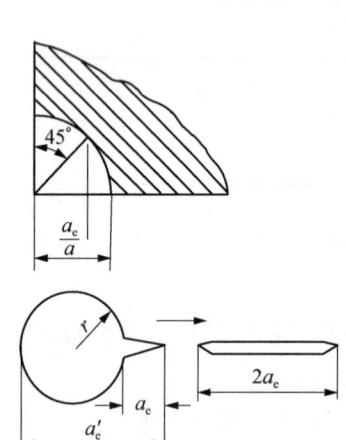

图 6-42 当量裂纹长度

所以：

$$F\left(\frac{L}{r}\right) = \sqrt{\frac{a'_e}{a}} = \sqrt{\frac{r + \dfrac{a}{2\sqrt{2}}}{a}} = \sqrt{\frac{0.003}{a} + 0.354} \tag{6-64}$$

在本例中,取第二种方法得到的 $F(L/r)$ 进行计算。

根据 MIL-A-83444 的规定,对于本机机翼主梁下缘条,应取 2 500 次飞行至少出现一次的最大载荷(即损伤容限极限载荷)来进行计算 σ。根据题意,在本例中,损伤容限极限载荷为 $n_y = 7$。在缺乏准确的主梁应力计算报告的条件下,可按下述原则确定主梁下缘条前缘凸耳的应力:认为当载荷达到设计载荷 ($n_y = 7$) 时,应力达到 σ,且应力随外载荷线性变化,则:

$$\sigma = \sigma_b \times \frac{7}{12} = 972.53(\text{MPa})$$

由此,式(6-61)可改写为

$$\sigma\sqrt{2a} \cdot 1 \cdot \sqrt{\frac{0.003}{a} + 0.354} \Big/ 1.12 \leq K_{IC}$$

$$\sqrt{0.006 + 0.7a} \leq \frac{1.12 K_{IC}}{a}$$

$$a_c = \left[\left(\frac{1.12 \times K_{IC}}{\sigma}\right)^2 - 0.006\right] \Big/ 0.7 = \left[\left(\frac{1.12 \times 76.9}{972.53}\right)^2 - 0.006\right] \Big/ 0.7 = 2.63(\text{mm})$$

(3) 裂纹扩展速率 da/dN 的确定。

取:

$$\frac{da}{dN} = C'(\Delta K)^n = \frac{C}{10^3 \times 0.310\,1^n}(\Delta K)^n$$

$$= \frac{10^{-9}}{10^3 \times 0.310\,1^{2.77}}(\Delta K)^{2.77} = 0.256 \times 10^{-10}(\Delta K)^{2.77}$$

其中,$\Delta K = \Delta\sigma\sqrt{2a}\,\alpha_b F\left(\dfrac{L}{r}\right)\Big/1.12$;$\Delta\sigma$ 为按最大损伤度理论,取造成最大损伤度的过载 $n_{y\max 损}$ 形成的等幅载荷计算,其计算步骤如下。

a. 将载荷谱转化成应力谱

$$\sigma_i = \frac{\sigma_b}{12}n_y = \frac{1\,667.19}{12}n_{yi}(\text{MPa}) \tag{6-65}$$

计算结果见表 6-1。

b. 按最大损伤度理论将变幅应力谱折算成等幅应力谱

计算损伤度 K_i:根据已知应力 σ_i,从主梁缘条的 $S-N$ 曲线中,查出对应的安全循环次数 N_i,再根据对应的实际循环次数 n_i 计算出在 σ_i 作用下循环 n_i 次的损伤度 $K_i = n_i/N_i$,其结果列入表 6-1 中。

飞机结构强度

表 6-1 损伤度 K_i 的计算

过载	2.5	3.5	5	6	7
应力 σ_i /MPa	347.33	486.26	625.20	833.60	972.53
循环次数 n_i	1 048	852	382	39	1
安全循环次数 $N/\times 10^{-5}$	10.7	7.6	3.4	1	0.42
损伤度 $K/\times 10^{-5}$	98	112.1	112.4	39	2.4

将 $n_{变幅}$ 变成 $n_{等幅}$：由损伤度计算可见，造成主梁最大损伤度的过载为 $n_{y\max损}=4.5$，这个结果与该主梁的实验结果相符。因此，$n_{等幅}$ 可按以下公式计算：

$$n_{等幅} = n_{\max损} \frac{\sum K_i}{K_{\max}} = 382 \times \left(\frac{112.4 + 98 + 112.1 + 39 + 2.4}{112.4} \right) \approx 1\,237(次)$$

折算后的等幅应力谱为

$$\begin{cases} \sigma_{\max} = 625.20 \text{ MPa} \\ \sigma_{\min} = 0 \\ \Delta\sigma = 625.20 \text{ MPa} \end{cases}$$

因此，每飞行 64.5 h，循环 1 237 次。

这样，应力强度因子幅值为

$$\Delta K = \frac{\Delta\sigma}{1.12}\sqrt{0.006 + 0.7a} = \frac{625.20}{1.12}\sqrt{0.006 + 0.7a}$$

裂纹扩展速率为

$$\frac{da}{dN} = 0.256 \times 10^{-10} \left(\frac{625.20}{1.12}\sqrt{0.006 + 0.7a} \right)^{2.77}$$
$$= 0.104 \times 10^{-2}(0.006 + 0.7a)^{1.385}$$

（4）裂纹扩展周期计算：

$$N_c = \int_{a_0}^{a_c} \frac{1}{da/dN} da = \int_{0.0005}^{0.00263} \frac{da}{0.104 \times 10^{-2}(0.006 + 0.7a)^{1.385}} \approx 1\,930(次)$$

相当飞行小时数：

$$N_c = \frac{1\,930}{1\,237} \times 64.5 \approx 100(飞行小时)$$

（5）安全检查周期的确定。取裂纹扩展分散系数（安全系数）为 3，则安全检查周期 $N_i = \frac{100}{3} = 33$ h，取 $N_i = 30$ h。

（6）允许裂纹容限的确定。因为裂纹扩展周期为

$$N_i = \int_{a_0}^{a_i} \frac{1}{\mathrm{d}a/\mathrm{d}N} \mathrm{d}a = \int_{0.0005}^{a_i} \frac{\mathrm{d}a}{0.104 \times 10^{-2}(0.006 + 0.7a)^{1.385}}$$
$$= -35.68 \times 10^2 [(0.006 + 0.7a_i)^{-0.385} - 7.013]$$

则：

$$a_i = \frac{\left(7.013 - \dfrac{N_i \times 10^{-2}}{35.68}\right)^{\frac{-1}{0.385}} - 0.006}{0.7}$$

将 $N_i = 30\text{ h}, 60\text{ h}, 90\text{ h}$ 换算成循环次数后代入上式，即得对应的允许裂纹容限：

$$N_1 = \frac{1\,930}{100} \times 30 = 579(次) \quad (a_1 = 1.07 \text{ mm})$$

$$N_2 = \frac{1\,930}{100} \times 60 = 1\,158(次) \quad (a_2 = 1.68 \text{ mm})$$

$$N_3 = \frac{1\,930}{100} \times 90 = 1\,737(次) \quad (a_3 = 2.37 \text{ mm})$$

6.6 飞机结构损伤容限和耐久性评定

20 世纪 70 年代中期以来，随着断裂力学的不断发展，断裂力学原理逐步应用于飞机结构设计，飞机设计思想发生了较大的变化。一些飞机失事事故表明，采用传统的设计观点（即"安全寿命"设计观点），往往不能确保飞机的安全，这是因为飞机结构在生产制造、使用和维护过程中，经常不可避免地产生在各种各样的缺陷。而安全寿命设计观点没有考虑这种缺陷的影响，另外也缺乏完善的机务维修管理大纲。断裂力学的应用，促使人们在控制缺陷增长、飞机跟踪检查、保证结构安全性和经济性等方面做了大量的工作。采用断裂力学原理，在考虑结构初始缺陷的基础上进行飞机结构的设计，在学科上构成了断裂力学设计方法，在技术上称为损伤容限耐久性设计。同时，按照损伤容限和耐久性观点，对现役飞机进行评定，可以提高现役飞机的安全性和经济性。本节简要介绍对现役飞机进行损伤容限耐久性评定的基本内容。

6.6.1 损伤容限和耐久性的概念

飞机结构使用中的破坏统计表明，由于疲劳开裂而引起的破坏概率很高，这极大地影响了飞机的战备完好性和维修的经济性。为了评价和提高飞机结构在使用中的抗疲劳断裂强度和维修经济性，对飞机结构进行损伤容限和耐久性评定是一条重要的途径。损伤容限定义为在规定的未修使用期内，飞机结构抵抗因缺陷、裂纹或其他损伤存在而导致破坏的能力。这是一种安全性的考虑，主要指飞行安全结构，以飞机在使用期内具有足够的剩余强度来保证安全。耐久性定义为在规定的时间内，飞机结构抵抗开裂

(包括应力和应力腐蚀开裂)、腐蚀、热疲劳、剥离、磨损和外来物损伤的能力。这些结构开裂虽然不会立即引起安全性问题,但影响到结构功能的发挥、结构维护要求和寿命周期费用,如果未对含裂纹的结构细节进行修理,当超过某个极限裂纹尺寸时,则不能做到经济修理,所以耐久性是一种经济上的考虑,以经济寿命来体现。由于结构在使用期内不断发现并修复裂纹,经过一段时间后,构件上的裂纹成批出现,不但多而且大,修复困难或者修复的代价大,这时从经济观点来看,就不应再使用,这时的寿命即为经济寿命。

对飞机结构进行损伤容限和耐久性评定的目的是对飞机结构进行损伤容限和耐久性控制(断裂控制),损伤容限控制的目的是保证可能存在于飞行安全结构的缺陷在设计使用期间不会扩展到能引起结构毁灭性破坏的临界尺寸,并且保证在设计使用期间,剩余强度保持规定的水平。耐久性控制的目的是保证经济寿命所要求的设计寿命,并保证不需要昂贵的维护和修理。

6.6.2 损伤容限和耐久性评定的目标

对现役飞机进行损伤容限和耐久性评定的主要目标如下:
(1) 确定为保证结构安全所要求的检查及应该何时完成这些检查;
(2) 获得有关今后为维护和更改结构所需成本预算方面的所有资料;
(3) 预测飞机可能的经济寿命极限;
(4) 根据具体情况和必要性确定延寿方案。

为达到这些目标,须做大量的工作,这些工作简略地示意在图 6-43 中。

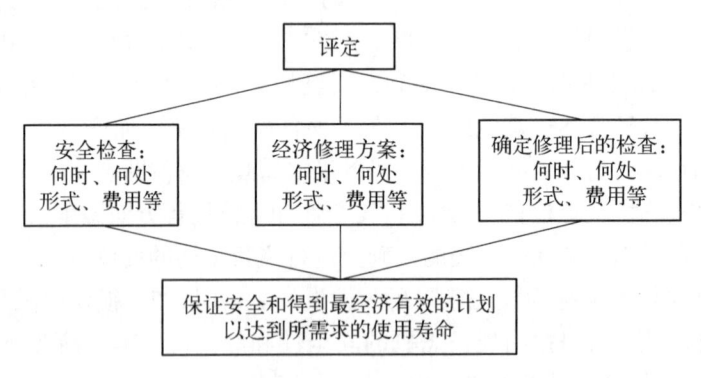

图 6-43 评定目标

第一项工作是确定在整个预计的寿命期内,为保证飞机结构安全所需的检查要求,包括确定必须检查的部位、第一次检查时间、以后检查的间隔、所有的具体检查手段(目视、超声波、涡流、X 射线等),以及估计检查费用和可能影响飞机使用的因素。

第二项工作是确定哪些明显需要修理部位的经济修理方案,这包括确定修理形式、什么部位、在什么时间修理及估计修理费用等。

第三项工作是确定修理后的检查要求,估计经济修理区域的寿命极限,同样也包括必须检查的具体部位、何时以什么样的形式检查及估计所需要的费用等。

当确定了安全检查要求,修理方案及修理后的检查要求后,则可根据这些内容制定部队飞机结构维修大纲及不断改进每架飞机的跟踪计划,以确保部队飞行安全。

6.6.3 损伤容限和耐久性评定的程序

现役飞机损伤容限耐久性评定,可按图6-44所示的程序进行。用于评定所需的输入数据量较多,因此应尽可能多地收集到评定时为止,部队的使用维护经验及飞机初始研制阶段和鉴定阶段所做的试验结果。但作为评定的基础,至少应包括图6-44所示几方面的输入数据。

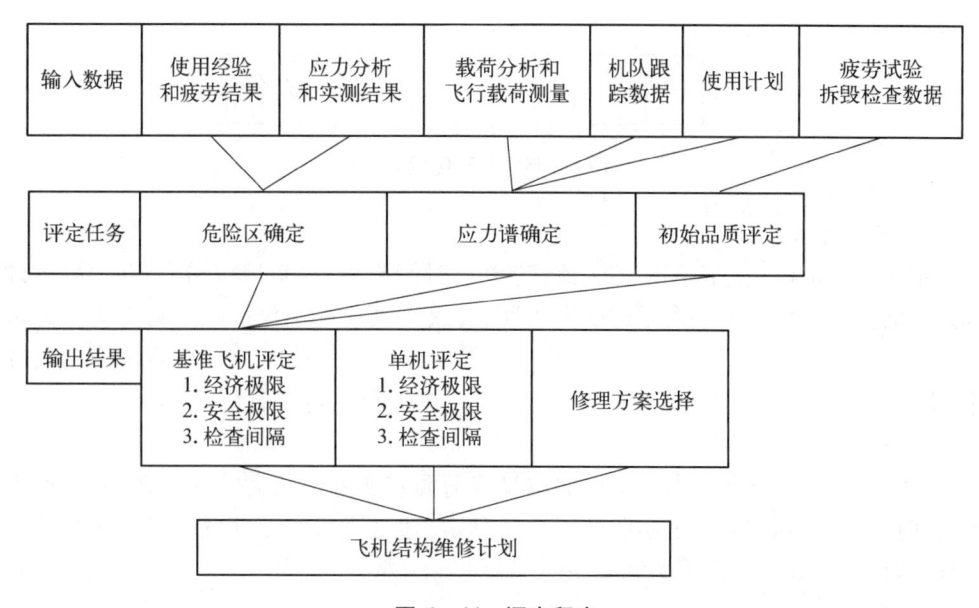

图6-44 评定程序

评定的主要任务,包括对一架飞机鉴定其危险部位,以及确定危险区域结构的应力谱和概率初始品质,然后对飞机进行损伤容限耐久性评定并确定修理方案。评定的最后结果是推荐一个部队飞机结构维护计划,这个计划包括了全部检查和修理要求,以及改进了的跟踪计划和飞机经济寿命下限值的估计。下面对每一项工作进行简要介绍。

1. 危险区的确定

危险区是指潜在的或可能的危险(或临界)部位,包括安全危险区和耐久性危险区。安全危险区指这个区域的破坏会导致飞机失事;耐久性危险区是指这个区域的破坏虽然不危及安全,但它会引起重大的经济损失。确定危险区,应从三个方面考虑:结构破坏造成的影响(如安全性、经济性),结构形式(破损—安全结构、缓慢裂纹增长结构等),危险程度(如临界裂纹尺寸大小、可检查性等),如图6-45所示。

例如,对于某一个构件,如果其损坏会影响飞行,且处于缓慢裂纹扩展结构或整体结构中,其临界裂纹尺寸小且不可检,则应定为最危险的构件,反之,如果这个区域对修理费用的影响较小,它是破损—安全结构或多路传力结构,临界裂纹尺寸大并且可检,则该区域可列为非危险区。对于介于这两者之间的部位,则要从安全、经济和技术等方面评定。

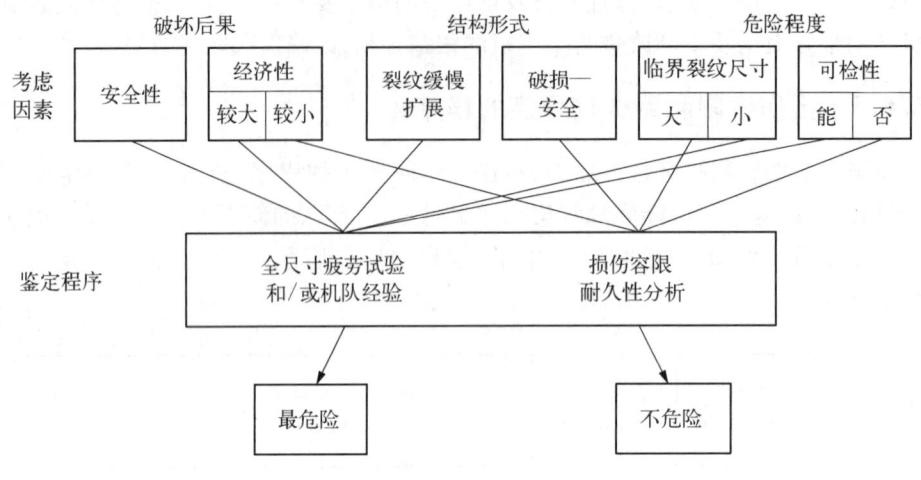

图 6-45 危险区确定

2. 确定应力谱

确定应力谱即确定危险部位的载荷(应力)-时间历程,这是进行损伤容限/耐久性分析和试验的先决条件。断裂力学的研究表明,裂纹扩展速率不仅依赖于名义应力的水平和频数,也与各级应力水平出现的先后次序有很大的关系。因此,在损伤容限和耐久性分析中,应按飞机的设计使用方法,一个飞行接着一个飞行地建立载荷谱(应力谱),即通常简称的飞—续—飞谱。

飞—续—飞谱应当包括所有重要的重复载荷源和所经历的大气环境条件,每种重要的重复载荷源的载荷谱应根据实际使用方法制定,通过飞机实测并按照逐次飞行的顺序来排列组合,以形成分析使用的载荷序列。

3. 初始结构品质估计

损伤容限/耐久性设计的一个基本观点是,任何新结构(构件、部件)并不是完好无缺的,存在各种形式的损伤(缺陷)。在这一前提下,结构初始品质分析的问题也就应运而生了。结构损伤(缺陷)的来源一般有两类,一类是飞机出厂时自带的,包括原材料和冶金方面所带有的材料缺陷,以及在加工装配过程中造成的损伤;另一类是飞机使用过程中产生的,它包括不恰当的使用和维护,以及高应变集中区的疲劳、应力腐蚀、擦伤、腐蚀造成的损伤及外物损伤等。这些损伤(缺陷)都是不可避免的,因此在分析之前,应对初始结构质量进行评价。

如何恰当估计飞机初始概率质量,是损伤容限和耐久性分析中最困难的任务之一。这里有两个主要关心的问题:一个是在损伤容限分析中,一架或几架部队飞机中任何安全危险区域可能存在的最大初始缺陷是多大;另一个是在进行耐久性评定时,经济寿命计算中所用的飞机结构各危险区域的初始缺陷尺寸(或当量初始尺寸)应该选用多大。估计初始缺陷尺寸的大小,应考虑下列因素:在安全极限分析中,所选择的初始缺陷尺寸应足够大,使得实际使用中,飞机危险部位不可能含有超过选定尺寸的缺陷,以防结构在达到预定的安全极限之前就会出现损坏(或飞机失事),但初始缺陷尺寸也不得大到会引起飞机过早修理,以致限制飞机总寿命。在经济寿命计算中,所选用的初始缺陷尺寸应该代表刚好合格的初始质量,这样可提高在所预计的经济极限内能够进行经济修理的概率,同时也应防止过大,以致飞机过早修理。

在工程分析中,一种确定初始缺陷概率分布的方法是通过对断口裂纹面疲劳条纹进行分析,外推到时间为零时的等效初始缺陷分布,其程序如图6-46所示。

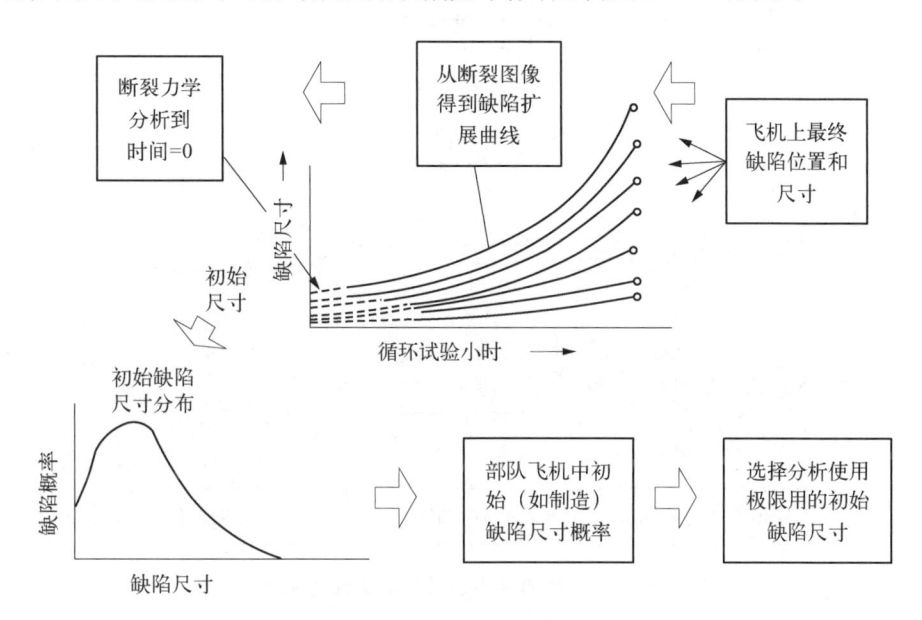

图 6-46 初始质量估算(程序)

6.6.4 损伤容限和耐久性设计的主要内容

围绕着每一受力结构在严重受力部位和方向上都不可避免地存在裂纹这一假设条件,以断裂力学为核心的损伤容限/耐久性设计有以下主要内容。

在损伤容限方面:① 发展损伤容限结构设计概念,如单途传力路径、多途传力路径、止裂、定期剥层、保证试验等;② 引入断裂力学准则,实行合理选材;③ 将全机疲劳试验改为耐久性试验,增加拆毁检查和其他损伤容限试验,以获得更多的裂纹扩展及初始质量的信息;④ 完善无损检验系统,实行原材料及生产中的质量控制;⑤ 完善裂纹的检测和实行跟踪监控。这样,就大大增强和充分地发挥结构的抗裂能力。

在耐久性方面:① 改进细节设计;② 控制应力水平;③ 正确处理残余应力;④ 采用有效的工艺措施,如喷丸、挤压、干涉配合等;⑤ 考虑抗腐蚀、应力腐蚀、磨蚀等一系列措施。通过对各因素进行控制,抑制裂纹萌生和微裂纹扩展,从而降低开裂的可能性。

为了把以上内容构成一个整体,以便对飞机结构各元件进行切实的控制,必须掌握好关键元件和部位的鉴别,以及对其实施控制这两大环节。

关键元件和部位的鉴别可按下列流程图进行(图6-47),需要说明的是耐久性与损伤容限关键元件的划分并非由于其破坏机理不同,而往往是由于其在结构安全性和经济性中的地位不同,必须满足各自的准则而造成的。按损伤容限要求筛选的元件而不满足其准则者必然列入耐久性关键元件。不按损伤容限要求筛选的飞行安全结构元件可进入耐久性要求筛选,以决定其是否成为耐久性关键元件。由于问题的复杂性,不能完全按照准则强制作出判断,还必须用附加的工程判断来考虑外场或实验室试验。对于一个价值昂贵的元件,不管其判断如何,多半会列入关键元件之列。

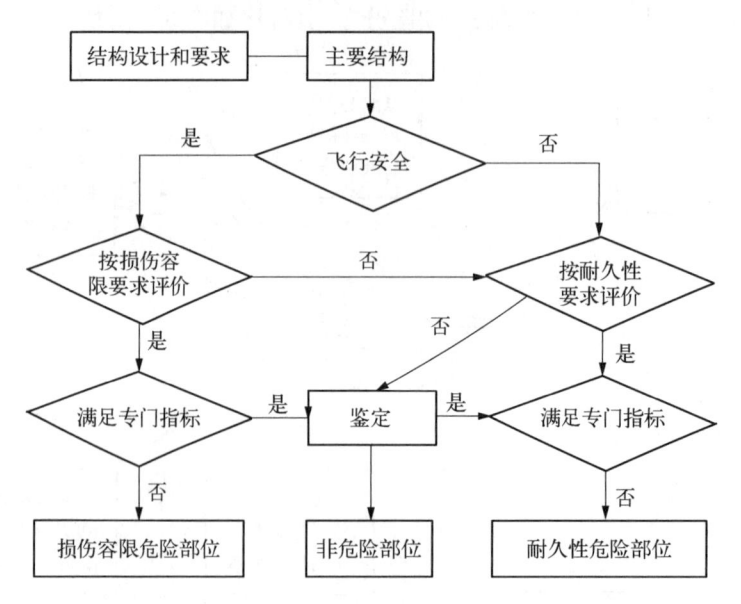

图 6-47 耐久性和损伤容限危险部位选择流程图

在鉴别元件中要用到损伤容限准则或耐久性准则,应主要在使用期内满足剩余强度和裂纹扩展两方面的要求。这要求确定与结构寿命相关的一系列因素,其中包括以下几个重要元素:① 被鉴别部位的应力谱;② 裂纹初始质量和初始裂纹尺寸假设;③ 应力强度因子;④ 有关材料特性值;⑤ 最小剩余强度要求;⑥ 寿命累积模型。可获得估算寿命或检查间隔,将其与设计使用寿命或规定的检测间隔相比较,即可判断是否满足损伤容限耐久性准则,关键元件的选择往往要反复进行才能判断和确定。

6.6.5 提高飞机结构损伤容限和耐久性特性的措施

在结构开孔及断面突变的应力集中部位有较高的局部应力,加上腐蚀环境的作用,常常导致构件的疲劳断裂破坏。因此,为了提高飞机结构的损伤容限和耐久性,需采取有效的工艺措施,目前常用的方法有内孔挤压强化、喷丸强化、干涉配合、防腐蚀等。

1. 内孔挤压强化

内孔挤压强化是一种利用金属的塑性变形特点,使孔的内壁获得良好质量的新工艺,它是在冷态下利用硬质材料制成的挤压棒对预加工件的内孔表面施加压力,使之产生塑性变形,改变表层金属结构和应力状态,以强化孔的内表面并使之变得光洁。在挤压强化过程中,消除了以前的机械划伤、微观裂纹等原始缺陷,从而提高了疲劳强度。同时,内孔壁在挤压棒工作面的作用下,引起垂直于表面压缩塑性流变和沿表面切线方向的拉伸塑性流变,形成了强化层内残余压应力,该残余压应力在挤压棒卸荷以后仍保留在孔的内壁,称为挤压强化层内的残余应力。

构件受外加交变载荷作用时,由于强化层中残余压应力的存在,降低了构件实际承受的载荷水平。因此,残余压应力对疲劳寿命都具有良好的影响,可提高构件的疲劳寿命。

对于孔边已出现裂纹的构件,如果残余压应力分布的深度超过该裂纹的深度,在未施加交变载荷之前,裂纹尖端附近就已形成了残余压应力场,与外加交变应力叠加,从而导致裂纹尖端附近实际承受的拉应力幅值下降或完全抵消,因此作用到裂纹尖端的有效应力强度因子幅值 ΔK 必然减小,构件的抗裂性能提高。

2. 喷丸强化

喷丸强化是指高速弹丸流喷射金属表面,使金属表面发生塑性变形的过程(塑性变形厚度通常处于 0.1~0.8 mm)。

材料表层内的变形具有循环塑性变形的性质。循环应变的结果使材料的表面形成"应变硬化"层或"应变硬化+应变软化"层,统称为"循环应变层"。应变层内发生以下两种变化:组织结构变化(即位错密度及形态变化、亚晶粒尺寸变化、相转变等)和残余应力。恰当、合理地控制应变层内上述两方面的变化,便可改善构件的表面完整性,从而提高构件在室温和高温下的疲劳断裂和应力腐蚀断裂抗力。

3. 干涉配合

在紧固孔连接件中,无头铆接和普通沉头铆接试件的疲劳对比实验证明,即使采用较低的干涉量,干涉配合试件的抗疲劳断裂寿命也会提高一倍以上。将由于干涉配合产生的力学效果归结为干涉配合产生的"支撑效应"。

在连接孔中装入一个直径略大于孔的销,则孔与销之间就形成了干涉配合,此时孔周围产生了预应力,沿孔周围的切向和径向应力相等而符号相反。由于干涉配合产生的预应力,在外加载荷作用下,孔边的应力将是两种应力叠加的结果。应力分析表明,适当的干涉配合量可使孔内的应力变化幅值较无干涉配合的敞孔内的应力变化幅值降低许多,由此可以提高连接件的疲劳寿命。

4. 防腐蚀

在应力和腐蚀介质作用下,构件将发生应力腐蚀开裂破坏,根据腐蚀现象的不同,可分为化学腐蚀、电化学腐蚀和氢脆等,这些腐蚀会导致金属构件产生不同类型的损伤,从而降低寿命。对于飞机结构,结构所用合金的强度越来越高,从而导致应力腐蚀、氢脆和腐蚀疲劳问题更加突出。控制或减缓这三种腐蚀的产生,首先是在飞机结构设计时控制设计应力、避免应力集中和合理选材,其次是防护。

关于腐蚀的防护问题,涉及面较广,这里就不作讨论了。

6.7 弹塑性断裂力学简介

线弹性断裂力学的应用限于小范围屈服的条件下,即裂纹前缘附近的塑性区尺寸小于 K 主导区和构件的其他有关几何尺寸时,才能应用线弹性断裂力学的理论去分析含裂纹体的断裂问题。对于高韧性材料和一般能承受大塑性变形且其裂纹尖端在起裂前已经钝化的低强度高韧性材料,实际上不可能满足上述条件。对于这类材料的含裂纹构件,其在裂纹起裂以后通常有相当一段的稳定扩展期。虽然前面介绍了采用线弹性断裂力学的方法加塑性区修正的方法或阻力曲线的方法去处理一些实际上属于弹塑性断裂力学的问题,当塑性区尺寸与裂纹尺寸相比很小时(属小范围屈服),经过修正,线弹性断裂力学方法尚可应用。但当塑性区尺寸与裂纹尺寸相比达到同一数量级时(属大范围屈服),采用线弹性断裂力学方法对含裂纹构件的承载能力做出的预测往往存在误差,因此有必要对此种情况进行弹塑性分析。但是在一般情况下,由于含裂纹体的弹塑性问题属于非线性的可动边界问题,它的求解是非常复杂的,只有极少数问题可以获得精确解。为了了解裂纹尖端附近的弹塑性场的构造,许多学者获得了 I 型裂纹(平面应力与平面应变情况)、理想塑性材料和幂硬化材料的局部解(渐近解),对于了解裂纹尖端场的构造、建立弹塑性断裂准则有重要意义。与线弹性断裂力学相同,要建立断裂准则,首先要确定一个能定量地描述含裂纹体的应力、应变场强度,而又易于实验测定或理论计算的参量,裂纹张开位移(crack opening displacement, COD)、J 积分等都是这类参量。有关 COD 理论和 J 积分理论的叙述可参考断裂力学有关教材,这里不再赘述。

习 题

6-1 设裂纹的一段可看作在 A-A 截面固支的两个悬臂梁,如题 6-1 图所示。试按梁的公式近似的求解在不变外力 P 作用下的能量释放率 G 和应力强度因子 K_I。

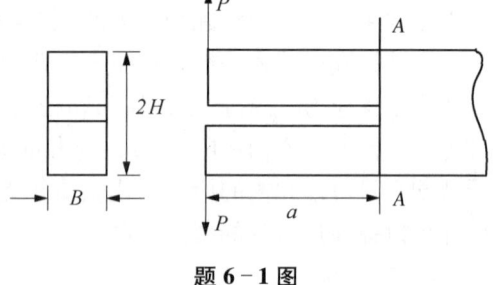

6-2 有一厚度 $B = 0.8$ mm 的无限大板,由 7075-T6 铝合金制成。在板的中央有长度为 $2a$ 的穿透直裂纹,受二向均匀拉应力 $\sigma = 333$ MPa 作用,如题 6-2 图所示。材料的参数如下:$\sigma_s = 496$ MPa,$K_{IC} = 37$ MPa$\sqrt{m}$,$K_C = 106$ MPa$\sqrt{m}$($B = 0.8$ mm 时)。求当裂纹开始扩张时,裂纹的临界长度 $2a_c$。

题 6-1 图

6-3 有两块厚度 $B = 3.5$ mm,长度 $L = 5\,000$ mm 和宽度 $W = 1\,200$ mm 的薄板,分别由 7075-T6 铝合金和 X-200 钢制成,中央具有长度 $2a = 16.5$ mm 的穿透裂纹,受单向均匀拉伸应力作用,如题 6-3 图所示。试分别求解两板开始扩展时的临界应力 σ_c。

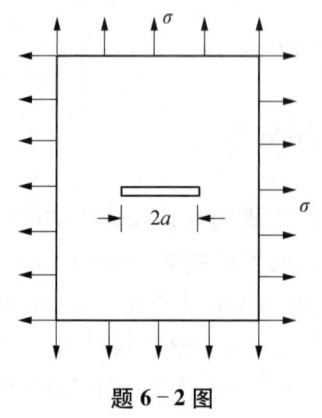

题 6-2 图

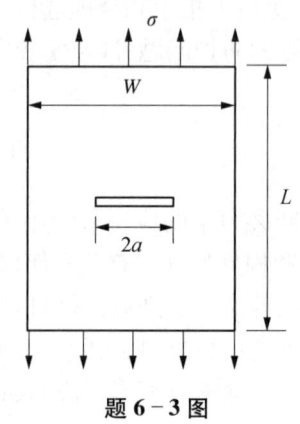

题 6-3 图

已知,对于 7075-T6 铝合金:$\sigma_s = 496$ MPa, $K_{IC} = 37$ MPa·m$^{1/2}$, $K_C = 98$ MPa·m$^{1/2}$($B = 3.5$ mm 时)。对于 X-200 钢:$\sigma_s = 1\,667$ MPa, $K_{IC} = 60$ MPa·m$^{1/2}$。

6-4 由厚度 $B = 3.2$ mm 的 7075-T6 铝合金板制成的球形气密座舱,平均直径 $D = 1.5$ m,上有一条 $2a = 20$ mm 的穿透直裂纹。材料的参数如下:$\sigma_s = 496$ MPa, $K_{IC} = 37$ MPa·m$^{1/2}$, $K_C = 98$ MPa·m$^{1/2}$($B = 3.2$ mm 时)。问当该壳承受二向均匀拉伸薄膜应力 $\sigma = 7.7$ MPa 时,裂纹是否扩张?

6-5 考虑塑性区的影响后,对题 6-2 计算的临界裂纹长度 a_c 有何影响?

6-6 考虑塑性区的影响后,试重新计算题 6-3 图所示平板的临界拉应力 σ_c。

6-7 考虑塑性区的影响后,重新检查题 6-4 所述的壳体的裂纹是否扩张?

6-8 LC4 铝合金薄板,宽度 $2b = 1\,000$ mm,长度大于 1 m,中央有长度为 $2a = 20$ mm 的穿透裂纹,如题 6-8 图所示。对应此厚度的材料的断裂韧性 $K_{IC} = 60$ MPa·m$^{1/2}$,问这一薄板能否承受应力 $\sigma = 137.2$ MPa 的作用,在这一应力作用下的临界裂纹长度为多少?

6-9 设半径为 R、壁厚为 t 圆筒形压力容器,沿纵向有一长度 $2a = 3.4$ mm 的贯穿裂纹。已知材料的强度极限 $\sigma_b = 2$ GPa, $K_{IC} = 37.6$ MPa$\sqrt{m}$。试估算容器的剩余强度 P_c;若静强度安全系数 f 取 2,判断由静强度设计是否安全。

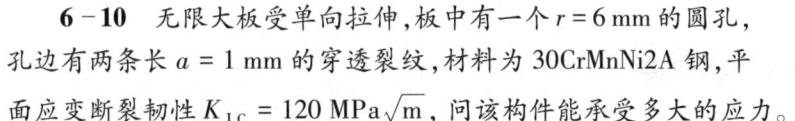

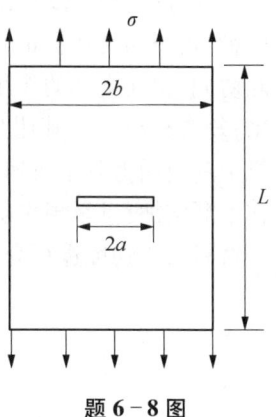

6-10 无限大板受单向拉伸,板中有一个 $r = 6$ mm 的圆孔,孔边有两条长 $a = 1$ mm 的穿透裂纹,材料为 30CrMnNi2A 钢,平面应变断裂韧性 $K_{IC} = 120$ MPa$\sqrt{m}$,问该构件能承受多大的应力。

题 6-8 图

6-11 用低合金超高强度钢 37SiMnCrMiMoV 制成的薄壁容器,壁厚为 8 mm,内直径为 560 mm,它所承受的最大压力为 27 MPa,最小压力为 3 MPa。此材料的 K_{IC} 值为 50 MPa$\sqrt{m}$,其屈服极限为 $\sigma_{0.2} = 1\,600$ MPa,疲劳裂纹扩展速率为 $da/dN = 6.86 \times 10^{-11}(\Delta K_I)^2$,在此容器的纵焊缝中可能存在漏检焊接裂纹(按半椭圆表面裂纹处理,$a = 0.5$ mm, $2c = 2$ mm)。设此裂纹在发生疲劳扩展时是按比例增大的,试求该容器的使用寿命(半椭圆表面裂纹应力强度因子按 $K_I = 1.11\sigma\sqrt{\pi a/Q}$ 计算,其中 $Q = 1.35$)。

第7章
飞机复合材料结构强度

复合材料是20世纪60~70年代之间出现的一种新型材料,其通常由两种以上(包括两种)的材料在不同的尺寸维度下通过物理或化学变化而形成,其各组成成分能够起到相互协同、相互支撑的作用,因此复合材料的性能通常优于其单质组分材料性能。近20年来,复合材料凭借其比强度/刚度高、耐腐蚀性能和抗疲劳性能好等优点,在民用、军用飞机上的应用得到了飞速的发展,随着时间的推移,民用、军用飞机使用复合材料的比例均在不断增加,且呈现出加速上涨的趋势,表现出非常优越的应用前景,本章主要对飞机复合材料结构强度进行介绍。

7.1 复合材料概述

7.1.1 复合材料及其种类

1. 基本概念

复合材料是由两种或多种不同性质的材料用物理和化学方法在宏观尺度上组成的具有新性能的材料。一般复合材料的性能优于其组分材料的性能,并且有些性能是原来组分材料所没有的,复合材料改善了组分材料的刚度、强度、热学等性能。

人类使用复合材料的历史已经很久了。我国古代使用的土坯砖是由黏土和稻草(或麦秆)两种材料组成的,稻草起增强黏性的作用。古代的宝剑是用复合浇铸技术得到的包层金属复合材料,它具有锋利、韧性好、耐腐蚀的优点。现在的胶合板、钢筋混凝土、夹布橡胶轮胎、玻璃钢等都属于复合材料。

按应用性质,复合材料可分为功能复合材料和结构复合材料两大类。功能复合材料主要具有特殊的功能,例如,导电复合材料是用聚合物与各种导电物质通过分散、层压或形成表面导电膜等方法构成的复合材料;烧蚀材料是由各种无机纤维增强树脂或非金属基体构成的,可用于高速飞行器头部热防护;摩阻复合材料是用石棉等纤维和树脂或非金属制成的有高摩擦系数的复合材料,应用于航空器、汽车等运转部件的制动、控速等机构。

本章主要研究结构复合材料,它由基体材料和增强材料两种组分组成。基体采用各种树脂或金属、非金属材料;增强材料采用各种纤维或颗粒等材料。其中,增强材料在复合材料中起主要作用,提供刚度和强度,基本控制其性能。基体材料起配合作用,它支持和固定纤维材料,传递纤维间的载荷,保护纤维,防止磨损或腐蚀,改善复合材料的某些性能。复合材料的力学性能比一般金属材料复杂得多，主要有不均匀、不连续、各向异性等，因此逐步发展成为复合材料特有的力学理论，称为复合材料力学，它是固体力学学科中的一个新分支。

2. 复合材料种类

根据复合材料中增强材料的几何形状，复合材料可分为以下三大类。

(1) 颗粒复合材料，由颗粒增强材料和基体组成。

(2) 纤维增强复合材料，由纤维和基体组成。

(3) 层合复合材料，由多种片状材料层合而组成。

本节主要研究纤维增强复合材料，对其他两种复合材料作简单介绍。

1) 颗粒复合材料

颗粒复合材料由悬浮在一种基体材料的一种或多种颗粒材料组成，颗粒可以是金属，也可以是非金属。

(1) 非金属颗粒在非金属基体中的复合材料。最普通的例子是混凝土，它由砂、石、水泥和水黏合在一起经化学反应而变成坚固的结构材料，如加入钢筋又可制成钢筋混凝土。另外，还有用云母粉悬浮在玻璃或塑料中形成的复合材料。

(2) 金属颗粒在非金属基体中的复合材料。例如，固体火箭推进剂是由铝粉和高氯酸盐氧化剂无机微粒放在有机黏结剂(如聚氨酯)中组成的，微粒约占75%，黏结剂约占25%。为了产生稳定的燃烧反应，复合材料必须均匀并避免开裂。火箭推力与燃烧表面积成比例，为增加表面积，固体推进剂常制成星形或轮形内孔，并研究其内应力。

(3) 非金属在金属基体中的复合材料。氧化物和碳化物微粒悬浮在金属基体中得到金属陶瓷，适用于耐腐蚀的工具制造和高温环境：碳化钨在钴基体中的金属陶瓷适用于高硬度零件制造，如拉丝模具；碳化铬在钴基体中的金属陶瓷有很高的耐磨性和耐腐蚀性，适用于制造阀门。

2) 纤维增强复合材料

按纤维种类，纤维增强复合材料可分为玻璃纤维(其增强复合材料俗称玻璃钢)、硼纤维、碳纤维、碳化硅纤维、氧化铝纤维和芳纶纤维等。

按基体材料，纤维增强复合材料可分为各种树脂基体、各种金属基体、陶瓷基体和碳(石墨)基体几种。按纤维形状、尺寸，纤维增强复合材料可分为连续纤维、短纤维、纤维布增强复合材料等。

3) 层合复合材料

层合复合材料至少由两层不同材料复合而成，其增强性能有强度、刚度、耐磨损、耐腐蚀等，层合复合材料有以下几种。

(1) 双金属片。由两种不同热膨胀系数的金属片层合而成，当温度变化时，双金属片产生弯曲变形，可用于温度测量和控制。

(2) 涂覆金属。将一种金属涂覆在另一种金属上，得到优良的性能。例如，用10%的铜涂覆铝丝作为铜丝的替代物，铝丝价廉而质轻，但难以连接，导热性较差；铜丝价贵而较重，但导热性好，易于连接。因此，涂铜铝丝比纯铜丝价廉且性能好。

(3) 夹层玻璃。夹层玻璃的作用是用一种材料保护另一种材料。普通玻璃透光性好但易脆裂,聚乙烯醇缩丁醛塑料韧性好但易被划损,夹层玻璃是两层玻璃夹包一层聚乙烯醇缩丁醛塑料,具有良好的性能。

4) 以上两种或三种混合的增强复合材料

例如,用两种或更多种纤维增强一种基体的复合材料。玻璃纤维与碳纤维增强树脂称为混杂纤维复合材料,已在很多工程中得到了广泛应用,限于篇幅所限,本节不再详述。

3. 几种常用纤维

1) 玻璃纤维

玻璃纤维是最早使用的一种增强材料,在飞行器结构中常用 E 型玻璃和 S 型玻璃两个品种。玻璃纤维的直径为 5~20 μm,其强度高、延伸率较大,可制成织物;但弹性模量较低,约为 $7×10^4$ MPa,与铝接近。一般,硅酸盐玻璃纤维的耐用温度可达 450℃,石英和高硅氧玻璃纤维可耐 1 000℃ 以上高温。玻璃纤维的线膨胀系数约为 $4.8×10^{-6}℃^{-1}$。玻璃纤维由拉丝炉拉出单丝,集束成原丝,经纺丝加工成无捻纱及各种纤维布、带、绳等。

2) 硼纤维

硼纤维是由硼蒸气在钨丝上沉积而制成的纤维(属复相材料,钨丝为芯,表面为硼)。由于钨丝直径较大,硼纤维不能制作成织物,成本较高。20 世纪 60 年代初,硼纤维由美国研制成功并应用于某些飞行器。

3) 碳纤维

碳纤维由各种有机纤维经加热、碳化制成,主要以聚丙烯腈(polyacrylonitrile,PAN)纤维或沥青为原料,纤维经加热氧化、碳化、石墨化处理而制成。碳纤维可分为高强度、高模量、极高模量等几种,后两种需经 2 500~3 000℃ 石墨化处理,又称为石墨纤维。碳纤维制造工艺较简单,价格比硼纤维便宜得多,因此成为最重要的先进纤维材料。碳纤维的密度比玻璃纤维小,模量比玻璃纤维高好几倍,因此碳纤维增强复合材料已应用于宇航、航空等工业部门。碳纤维的应力-应变关系为一直线,纤维断裂前是弹性体,高模量碳纤维的最大延伸率为 0.35%,高强度碳纤维的延伸率可达 1.5%。碳纤维的直径一般为 6~10 μm。碳纤维的热膨胀系数与其他纤维不同,具有各向异性,沿纤维方向为 $-0.7×10^{-6}$~$0.9×10^{-6}℃^{-1}$,而垂直于纤维方向为 $22×10^{-6}$~$32×10^{-6}℃^{-1}$。

4) 芳纶纤维

芳纶纤维是新型有机纤维,属聚芳酰胺,国外牌号为 Kevlar,有三种产品:K-29 用于绳索电缆;K-49 用于复合材料制造;K-149 强度更高,可用于制作航天容器等。芳纶纤维性能优良,单丝强度可达 3 850 MPa,比玻璃纤维约高 45%;弹性模量介于玻璃纤维和硼纤维之间,为碳纤维的一半;热膨胀系数:沿纤维方向 $-2×10^{-6}℃^{-1}$,横向为 $-5×10^{-6}℃^{-1}$,与碳纤维接近。

5) 碳化硅纤维及氧化铝纤维

碳化硅纤维及氧化铝纤维属于陶瓷纤维。碳化硅纤维有两种形式,一种是采用与硼纤维相似的工艺,在钨丝上沉积碳化硅(SiC)形成复相纤维;另一种是于 20 世纪 70 年代由日本研制的连续碳化硅纤维,用二甲基二氯硅烷经聚合纺丝成有机硅纤维,再高温处理转化成单相碳化硅纤维。碳化硅纤维具有抗氧化、耐腐蚀和耐高温等优点,它与金属相容性好,可制成金属基复合材料,用它增强的陶瓷基复合材料制成的发动机,工作温度可达1 200℃以上。

氧化铝纤维的制法有多种,其一是采用三乙基铝、三丙基铝、三丁基铝等原料制造聚铝氧烷,加入添加剂调成黏液喷丝,形成直径为 100 μm 的纤维,再经 1 200℃加热制成氧化铝纤维。

4. 几种常见基体

1）树脂基体

树脂基体分为热固性树脂和热塑性树脂两大类。常用的热固性树脂有环氧、酚醛和不饱和聚酯树脂等,其最早应用于复合材料。环氧树脂应用最广泛,其主要优点是黏结力强,与增强纤维表面的浸润性好,固化收缩小,有较高耐热性,固化成型方便。酚醛树脂耐高温性好、吸水性差、电绝缘性好、价格低廉。聚酯树脂工艺性好,可在室温下固化,价格低廉,但固化时收缩大,耐热性低。树脂基体固化后都不能软化。

热塑性树脂有聚乙烯、聚苯乙烯、聚酰胺（又称尼龙）、聚碳酸酯、聚丙烯树脂等,它们加热到转变温度时会重新软化,易于制成模压复合材料。

2）金属基体

金属基体主要用于耐高温或其他特殊需要的场合,具有耐 300℃以上高温、表面抗侵蚀、导电、导热、不透气等优点。基体材料有铝、铝合金、镍、钛合金、镁、铜等,目前应用较多的是铝,一般有碳纤维铝基、氧化铝晶须镍基、硼纤维铝基、碳化硅纤维钛基等复合材料。

3）陶瓷基体

陶瓷基体耐高温、化学稳定性好,具有高模量和高抗压强度,但具有脆性、耐冲击性差,为此用纤维增强制成复合材料,可改善抗冲击性并已试用于发动机部分零件。纤维增强陶瓷基复合材料,如单向碳纤维增强无定形二氧化硅复合材料,其碳纤维含量为 50%,室温下的弯曲模量为 1.55×10^5 MPa,800℃时为 1.05×10^5 MPa。多向碳纤维增强无定形石英复合材料的耐高温性强,可供远程火箭头锥用作烧蚀材料。此外,还有石墨纤维增强硅酸盐复合材料、碳纤维增强碳化硅或氮化硅复合材料、碳化硅纤维增强氮化硅复合材料、碳化硅晶须增强含有 Y_2C_3（碳化钇）的多晶四方相氧化铅复合材料（SiC 晶须/Y-TZP）和 SiC/SiC 复合材料等。

4）碳素基体

碳素基体主要用于碳纤维增强碳基体复合材料,又称为碳/碳复合材料。按照纤维和基体的不同,可分为三种：碳纤维增强碳、石墨纤维增强碳、石墨纤维增强石墨。碳/碳复合材料 C-CA 和 C-CE 采用碳布叠层,通过化学气相沉积、石墨化处理制成,其中 CA 和 CE 是采用碳纤维,分别应用聚丙烯腈基氧化法和催化法生产的。化学气相沉积法是采用碳氢化合物气体,如甲烷、乙炔等在 1 000~1 100℃下进行分解,在三维碳纤维织物、碳毡或碳纤维缠绕件的结构空隙中进行沉积,将碳细粉渗透到整个结构,形成致密的碳/碳复合材料。

7.1.2 复合材料的构造

1. 单层复合材料(又称单层板)

如图7-1所示,单层复合材料中的纤维按一个方向整齐排列或由双向交织纤维平面排列(有时是曲面,例如在壳体中),其中纤维方向称为纵向,用"1"表示;垂直于纤维方向(有时有交织纤维,含量较少或一样多)称为横向,用"2"表示;沿单层材料厚度方向用"3"表示,1~3称为材料主轴。单层复合材料是不均匀材料,虽然纤维和基体分别都可能是各向同性材料,但由于纤维排列有方向性,或交织纤维在两个方向含量不同,单层材料一般是各向异性的。单层板中的纤维起增强和主要承载作用,基体起支撑纤维、保护纤维,并在纤维间起分配和传递载荷作用,载荷传递的机理是在基体中产生剪应力,通常将单层材料的应力-应变关系看作线弹性的。

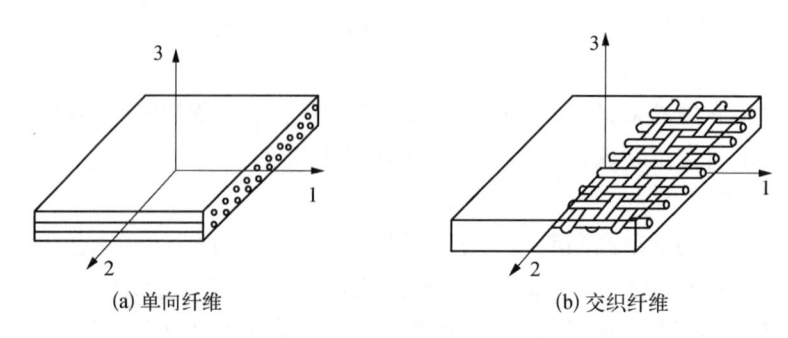

(a) 单向纤维　　　　　　(b) 交织纤维

图7-1 单层复合材料构造形式

2. 叠层复合材料(又称层合板)

叠层材料是由上述单层板按照规定的纤维方向和次序,铺放成叠层形式进行黏合,再经加热固化处理而成的。层合板由多层单层板构成,各层单层板的纤维方向一般不同。每层的纤维方向与叠层材料总坐标轴的 x-y 方向不一定相同,用 θ(1轴与1轴的夹角,由 x 轴逆时针方向到1轴夹角为正)表示,如图7-2所示。例如,由四层单层材料组成的层合板,为了表明铺设方式可用下列顺序表示法,图7-2中的层合板可表示如下:$\alpha/0°/90°/-\alpha$。

其他层合板铺层表示举例如下:$60°/-60°/0°/0°/-60°/60°$ 可表示为 $(\pm 60°/0°)$,"$\pm$"号表示两层正负角交错;$45°/90°/0°/0°/90°/45°$ 还可表示为 $(45°/90°/0°)_s$,s表示铺层上下对称。

层合板也是各向异性的不均匀材料,但比单层板复杂得多,因此对其进行力学分析计算将变得更为复杂化。叠层材料可以根据结构元件的受载要求,设计各单层材料的铺设方向和顺序。

3. 短纤维复合材料

以上两种构造形式一般是连续纤维增强的复合材料,但是由于工程的需要及提高生产效率,又有短纤维复合材料的构造形式。如图7-3所示,这里又分为两种:① 随机取向的短切纤维复合材料,由基体与短纤维搅拌均匀模压而成的单层复合材料;② 单向短纤维复合材料,复合材料中的短切纤维呈单向整齐排列,具有正交各向异性。

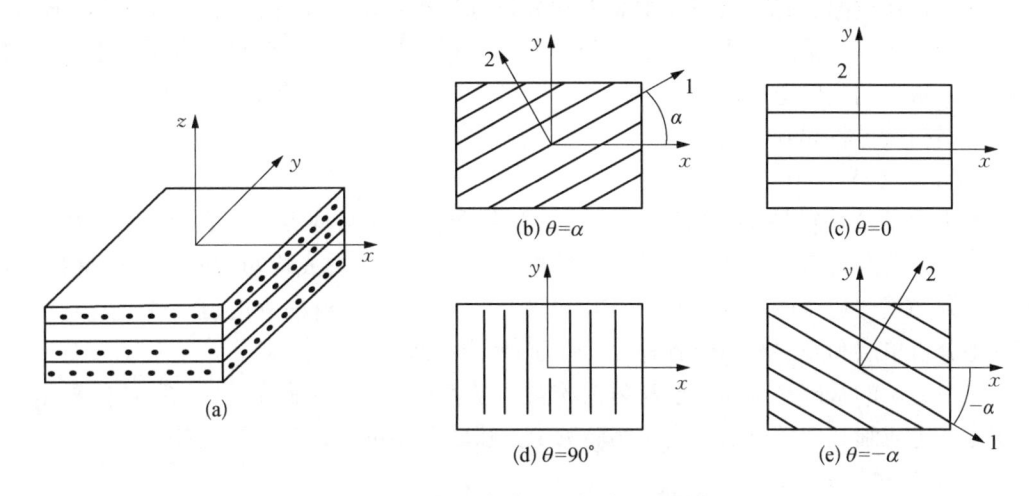

图7-2 叠层复合材料构造形式举例

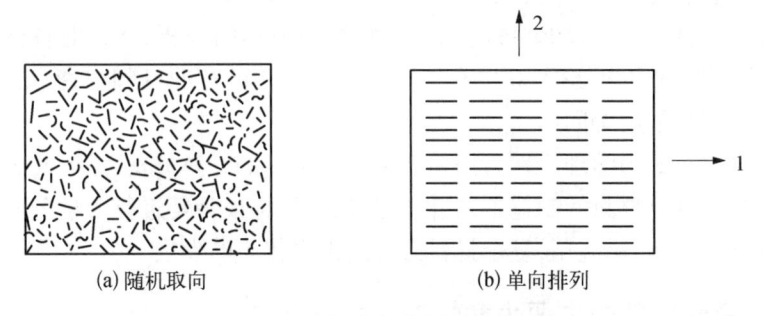

图7-3 短纤维复合材料构造形式

7.1.3 复合材料的力学分析方法

对于复合材料的力学分析和研究大致可分为材料力学和结构力学两大部分,习惯上把复合材料的材料力学部分称为复合材料力学,而把复合材料结构(如板、壳结构)的力学部分称为复合材料结构力学,有时这两部分广义上也统称为复合材料力学。根据所采用力学模型的精细程度,复合材料的材料力学部分可分为细观力学和宏观力学两部分,下面分别说明这三种力学分析方法的基本特点。

1. 细观力学

细观力学从细观角度分析组分材料之间的相互作用来研究复合材料的物理力学性能。它以纤维和基体作为基本单元,把纤维和基体分别看作各向同性的均匀材料(有的纤维属横观各向同性材料),根据材料纤维的几何形状和布置形式、纤维和基体的力学性能、纤维和基体之间的相互作用(有时应考虑纤维和基体之间界面的作用)等条件来分析复合材料的宏观物理力学性能。这种分析方法比较精细但相当复杂,目前还只能分析单层材料在简单应力状态下的一些基本力学性质,如材料主轴方向的弹性常数及强度。此外,由于实际复合材料的纤维形状、尺寸不完全规则且排列不完全均匀,制造工艺上的差异和材料内部存在空隙、缺陷等,采用细观力学分析方法还不能完全考虑材料的实际状况,需进一步深入研究。采用细观力学方法分析复合材料的性质,在复合材料力学的学科范围内是不可缺少的重要组成部分,它对于研究材料破坏机理、提高复合材料性能、进行复合材料和结构设计将起到很大作用。

2. 宏观力学

宏观力学从材料是均匀的假定出发,只从复合材料的平均表观性能检验组分材料的作用来研究复合材料的宏观力学性能。它把单层复合材料看成均匀的各向异性材料,不考虑纤维和基体的具体区别,用其平均力学性能表示单层材料的刚度、强度特性,可以较容易地分析单层和叠层材料的各种力学性质,所得结果较符合实际。

宏观力学的基础是预知单层材料的宏观力学性能,如弹性常数、强度等,这些数据来自实验测定或细观力学分析。由于实验测定方法较简便可靠,在工程中应用较多。

3. 复合材料结构力学

复合材料结构力学从更粗略的角度来分析复合材料结构的力学性能,把叠层材料作为分析问题的起点,叠层复合材料的力学性能可由上述宏观力学方法求出,或者可用实验方法直接求出。它借助现有均匀各向同性材料结构力学的分析方法,对各种形状的结构元件,如板、壳等进行力学分析,其中有层合板和壳结构的弯曲、屈曲与振动问题,以及疲劳、断裂、损伤、开孔强度等问题。

总之,复合材料的力学理论作为固体力学的一个新的学科分支,是近几十年来发展形成的,它涉及根据复合材料的制造工艺、性能测试和结构设计等进行力学分析。随着新复合材料的不断开发和广泛应用,复合材料力学理论也将不断发展。

7.1.4 复合材料的主要力学性能

1. 纤维增强复合材料的主要力学性能

复合材料与常规的金属材料相比具有优良的力学性能,不同的纤维和基体材料组成的复合材料性能也很不相同。几种目前较成熟的复合材料的主要力学性能见表7-1,为了对比,表中还列出了几种常用金属材料的性能数据。

表7-1 几种复合材料的力学性能

材 料	相对密度 γ	纵向拉伸强度 σ_b/10 MPa	纵向拉伸模量 E/10^5 MPa	比强度 (σ_b/γ)/10 MPa	比模量 (E/γ)/10^5 MPa
玻璃/环氧	1.80	137	0.45	76.1	0.25
高强碳/环氧	1.50	133	1.55	88.7	1.03
高模碳/环氧	1.69	63.6	3.02	37.6	1.79
硼/环氧	1.97	152	2.15	77.1	1.09
Kevlar49/环氧	1.38	131	0.78	94.9	0.57
碳/石墨	2.20	73.8	1.37	33.5	0.62
碳/铝	2.34	80	1.20	34.2	0.51

续 表

材　料	相对密度 γ	纵向拉伸强度 σ_b/10 MPa	纵向拉伸模量 $E/10^5$ MPa	比强度 (σ_b/γ)/10 MPa	比模量 $(E/\gamma)/10^5$ MPa
碳/镁	1.83	51	3.01	27.9	1.64
硼/铝	2.64	152	2.34	57.6	0.89
铝合金	2.71	29.6	0.70	10.9	0.26
镁合金	1.77	27.6	0.46	15.5	0.26
钛合金	4.43	10.6	1.13	23.9	0.26
钢(高强)	7.83	134	2.05	17.1	0.26

常常采用比强度(σ_b/γ)和比模量(E/γ)值(σ_b为纵向拉伸强度，E为纵向拉伸模量，γ为相对密度)作为主要力学性能比较，分别表示在重量相当情形下材料的承载能力和刚度，其值越大，表示性能越好。但是这两个值是根据材料受单向拉伸时的强度和伸长确定的，实际上，结构的受载条件和破坏方式是多种多样的，这时的力学性能不能完全用比强度和比模量值来衡量，因此这两个值只是粗略的定性指标。

玻璃纤维增强复合材料的特点是比强度高、耐腐蚀、电绝缘、易制造、成本低，很早就开始应用，且应用广泛，缺点是比模量较低。

碳纤维复合材料有很高的比强度和比模量，耐高温、耐疲劳、热稳定性好，但成本较高，现已逐步扩大应用，已成为主要的先进复合材料。

芳纶纤维增强复合材料是一种新型复合材料，它有较高的比强度和比模量，成本比玻璃钢高，但比碳纤维复合材料低，正发展成较广泛应用的材料。

2. 复合材料的优点

复合材料的优点主要有如下几方面。

(1) 比强度高，尤其是高强度碳纤维、芳纶纤维复合材料。

(2) 比模量高，除玻璃纤维环氧复合材料外，其余复合材料的比模量比金属高很多，特别是高模量碳纤维复合材料最为突出。

(3) 材料具有可设计性。这是复合材料与金属材料很大的不同点，复合材料的性能除了取决于纤维和基体材料本身的性能外，还取决于纤维的含量和铺设方式。因此，可以根据载荷条件和结构构件形状，将复合材料内的纤维设计成适当含量并合理铺设，以便用最少的材料满足设计要求，最有效地发挥材料的作用。

(4) 制造工艺简单，成本较低。复合材料构件一般不需要很多复杂的机械加工设备，生产工序较少，它可以制造形状复杂的薄壁结构，消耗材料和工时较少。

(5) 某些复合材料的热稳定较高。例如，碳纤维和芳纶纤维具有负的热膨胀系数，因此，当与具有正膨胀系数的基体材料适当组合时，可制成热膨胀系数极小的复合材料，当环境温度变化时，结构只有极小的热应力和热变形。

(6) 高温性能好。通常，铝合金的适用温度为200~250℃，温度更高时，其弹性模量和强度将降低很多。而碳纤维增强铝复合材料能在400℃下长期工作，力学性能稳定；碳纤维增强陶瓷复合材料能在 1 200~1 400℃ 下工作;碳/碳复合材料能承受近 3 000℃ 的高温。

此外,各种复合材料还具有各种不同的优良性能,如抗疲劳性、抗冲击性、透电磁波性、减振阻尼性和耐腐蚀性等。

3. 复合材料的缺点

复合材料的缺点有如下几方面。

(1) 材料各向异性严重。表 7-1 中所列的各项性能都是沿纤维方向的,而垂直于纤维方向的性能主要取决于基体材料的性能和基体与纤维间的结合能力。一般情况下,垂直于纤维方向的力学性能较低,特别是层间剪切强度很低。

(2) 材料性能的分散度较大,质量控制和检测比较困难,但随着加工工艺改进和检测技术的发展,材料质量可提高,性能分散性也会减小。

(3) 材料成本较高。目前,硼纤维复合材料的价格最高,碳纤维复合材料成本比金属高,玻璃纤维复合材料成本较低。

(4) 有些复合材料的韧性较差,机械连接较困难。

以上缺点中,除各向异性是固有的外,有些可以设法改进,提高性能,降低成本。总之,复合材料的优点远多于缺点,因此具有广泛的使用领域和巨大的发展前景。

7.1.5 复合材料的各种应用

20 世纪 40 年代初,由于航空工业和其他工业的需要,在设计制造高性能复合材料方面取得了很大的进展。玻璃钢最早于 1942 年在美国生产并应用于军用飞机雷达天线罩,它必须承受飞行时的空气动力载荷,耐气候变化,在使用温度范围内保持制品尺寸稳定,同时特别要求能透过雷达波。铝材可满足强度要求,但不能透过雷达波,陶瓷材料则相反,而玻璃纤维复合材料两方面都能满足要求,因此在飞机制造方面得到应用,后来又逐步应用于其他领域。由于玻璃钢弹性模量不够高,不能满足飞行器刚度的高要求,20 世纪 60 年代,美、英等国先后研制了硼纤维、碳纤维、石墨纤维、芳纶纤维等增强的先进复合材料,并很快在航空、航天领域得到应用。

我国从 20 世纪 50 年代以来发展了复合材料工业并开展各种应用,下面分几个方面介绍复合材料在国内外的应用情况。

1. 航空航天工程中的应用

1) 航空工程

在国内外,复合材料已应用于飞机机身、机翼、驾驶舱、螺旋桨、雷达罩、机翼表面整流装置、直升机旋翼浆叶等。其中,除单一复合材料外,还大量应用混杂复合材料,如碳纤维和玻璃纤维混杂复合材料、碳纤维和芳纶纤维混杂复合材料等。

表 7-2 中列举出了各种复合材料在航空工程中应用的例子。另外,1981 年,美国 Lear Fan 飞机公司制造了全复合材料飞机,空载质量 1 816 kg,航速 640 km/h,飞行高度 12 000 m,高空飞行 3 680 km,所用燃料减少 80%。1986 年,BurtRutan 公司研发了 Voyager 全复合材料飞机,经受多次暴风雷雨,实现不着陆环球飞行。

表7-2 航空工程中应用复合材料的例子

序号	材料	应用场合	应用效果
1	碳纤维树脂基	L-1011空中客车上RB-211发动机风扇叶片，直升机压气机叶片	代替钛合金，减振性好
2	硼纤维/铝	TF-30发动机叶片（第一、三级）	
3	碳化硅改性硼纤维/铝	发动机转子	降低重量和旋转时的离心力
4	玻璃钢	美国X-19,H-43,CH-47A直升机螺旋桨；德国B-105,苏联M-4直升机旋翼（长10 m）	旋翼长10 m
5	非金属蜂窝夹层	波音727;B-52,B-57轰炸机;F-4H战斗机雷达罩	减重34%
6	石墨-芳纶（CF/GF）复合材料，中间为硼纤维增强蜂窝结构	机翼（F-14）整流装置；军用飞机机翼、机身	减重25%，节约40%费用
7	混杂复合材料	美国YUH-60A、德国BO-117、法国"海豚"和我国"延安二号"直升机旋翼桨叶	减重40%，使用寿命高达上万小时
8	硼/环氧	F-111飞机机身、水平尾翼；F-14飞机水平安定面	
9	石墨/环氧	YF-16飞机水平、垂直安定面	
10	石墨纤维复合材料	喷气发动机；固体火箭喷管	推力-重量比由5∶1增大到40∶1
11	CF/KF混杂复合材料	B757,B767飞机前后翼身整流罩、主起落架舱门等	

2) 航天工程

要将航天飞行器送入地球轨道，必须超越第一宇宙速度——7.91 km/s。按照牛顿第二定律，物体得到的加速度与所受的力成正比，与其质量成反比，即既要增加火箭发动机的推力又要减轻飞行器结构的重量，而减重必须用先进复合材料。国外航天工程中应用复合材料的一些例子见表7-3。我国航天工业中也应用了先进复合材料，全面解决了战略导弹的热防护问题。例如，战略导弹端头采用的防热复合材料已经历玻璃纤维复合材料、高硅氧纤维、陶瓷基复合材料到三向碳/碳复合材料时期，并进入第五代新防热复合材料时期。结构复合材料现已应用于大型承力构件，例如，CZ-2E整流罩前后柱段为铝蜂窝结构，卫星接口支架采用碳/环氧复合材料等。近年来，混杂复合材料已应用于航天工程，例如，固体火箭发动机壳体采用CF/KF混杂复合材料；在人造卫星中，混杂材料已应用于卫星天线、摄像机支架、蒙皮；碳/玻璃纤维混杂复合材料应用于卫星遥控协调电机壳体；碳纤维/玻璃纤维/酚醛复合材料应用于战略导弹头锥。

表7-3 国外航天工程中应用复合材料的例子

序号	材料	应用场合	应用效果
1	纤维复合材料	美国"先锋号"飞船第二级发动机壳体	
2	酚醛石棉内衬玻璃布/酚醛蜂窝夹层外壁	美国"大力神""北极星""阿特拉斯"火箭发动机；苏联"萨龙""索弗林"导弹	重量减轻45%，射程由1 600 km增加到4 000 km

续 表

序号	材 料	应 用 场 合	应 用 效 果
3	金属蜂窝增强陶瓷	"宇宙神""大力神"、Ⅰ型弹头	
4	蜂窝夹层：铝面板玻璃布蜂窝夹芯和铝面板酚醛玻璃布蜂窝夹芯	"阿波罗"宇宙飞船火箭 S-Ⅳ级前后舱 S-Ⅱ和Ⅳ级液氢液氧储箱共底	
5	石墨/环氧层压板面板Nomex夹芯蜂窝	"哥伦比亚"号航天飞机机身舱门	宽 4.57 m×长 18.29 m
6	石墨/铝复合材料	外壳构架、太阳能电池帆板、天线	

2. 船舶工程中的应用

截至 1972 年，美国制造的玻璃钢船舶总数已达 50 多万艘，玻璃钢深水潜艇的潜水深度可达 4 500 m。英国用玻璃钢制造的最大扫雷艇"威尔逊"号长达 47 m；日本制造的快速游艇外板采用碳纤维复合材料，外壳和甲板采用 CF/GF 混杂夹芯结构。采用混杂复合材料制造的高速舰艇受到巨大波浪冲击时可产生较大变形以吸收冲击能，除去外力后又可复原，它在破坏前产生的永久变形很小，可在大变形下保持弹性。

3. 建筑工程中的应用

复合材料在建筑工程中有广泛应用。例如，大型体育场馆、厂房、超市等需要屋顶采光，可用短玻璃纤维或玻璃布增强树脂复合材料制成薄壳结构，透光柔和、五光十色，又便于拆装、成本较低。复合材料还可用于建筑内外表面装饰板、通风、落水管、卫生设备等，经久耐用、耐腐蚀、轻量美观。近年来，混杂复合材料在各种建筑中得到了应用，例如，工字梁用碳纤维复合材料制作梁翼表面，用短玻璃纤维复合材料制作腹板，这两部分按优化设计，其刚度比全玻璃纤维复合材料有明显提高。另外，已有复合材料用于多处公路桥梁。

4. 兵器工业中的应用

1）坦克装甲

中子弹是一种强核辐射的微型氢弹，主要用于对付坦克，其杀伤力主要靠中子流和 γ 射线。γ 射线在 10~12 cm 厚的重金属钢装甲中可削弱 90%；中子流的杀伤力比 γ 射线强 5 倍，对快中子只能削弱 20%~30%。例如，在钢装甲内层采用芳纶纤维增强树脂基复合材料，可大大降低中子流的辐射穿透强度，减小对乘员的杀伤力，此外，它还是抗穿甲弹的优良材料。

2）武器装备

纤维增强复合材料可应用于炮弹箱、打靶用炮弹弹壳、枪支的枪托、手枪把等。混杂复合材料具有优良的抗冲击性能，可用于防弹背心、防弹头盔等制品。

7.2 复合材料的本构模型

飞机复合材料的本构模型就是指复合材料的应力-应变关系，本小节介绍复合材料典型的本构模型。

7.2.1 平面应力下单层复合材料的应力-应变关系

正交各向异性单层板在平面应力状态下的应变-应力关系可用柔度系数矩阵表示为

$$\begin{cases} \begin{bmatrix} \varepsilon_1 \\ \varepsilon_2 \\ \gamma_{12} \end{bmatrix} = \begin{bmatrix} S_{11} & S_{12} & 0 \\ S_{21} & S_{22} & 0 \\ 0 & 0 & S_{66} \end{bmatrix} \begin{bmatrix} \sigma_1 \\ \sigma_2 \\ \tau_{12} \end{bmatrix} \\ \gamma_{31} = \gamma_{23} = 0 \\ \varepsilon_3 = S_{13}\sigma_1 + S_{23}\sigma_2 \end{cases} \quad (7-1)$$

其中,$S_{ij}(i,j=1,2,6)$ 为柔度系数:

$$S_{11} = \frac{1}{E_1}, \quad S_{22} = \frac{1}{E_2}, \quad S_{66} = \frac{1}{G_{12}} \quad (7-2\text{a})$$

$$S_{12} = \frac{-v_{21}}{E_1} = \frac{-v_{12}}{E_2}, \quad S_{13} = \frac{-v_{31}}{E_1}, \quad S_{23} = \frac{-v_{32}}{E_2} \quad (7-2\text{b})$$

单层板在平面应力状态下的应力-应变关系可用刚度系数矩阵表示为

$$\begin{bmatrix} \sigma_1 \\ \sigma_2 \\ \tau_{12} \end{bmatrix} = \begin{bmatrix} Q_{11} & Q_{12} & 0 \\ Q_{21} & Q_{22} & 0 \\ 0 & 0 & Q_{66} \end{bmatrix} \begin{bmatrix} \varepsilon_1 \\ \varepsilon_2 \\ \gamma_{12} \end{bmatrix} \quad (7-3)$$

其中,

$$Q_{11} = \frac{S_{22}}{S_{11}S_{22} - S_{12}^2}, \quad Q_{22} = \frac{S_{11}}{S_{11}S_{22} - S_{12}^2} \quad (7-4\text{a})$$

$$Q_{12} = \frac{-S_{12}}{S_{11}S_{22} - S_{12}^2}, \quad Q_{11} = \frac{1}{S_{66}} \quad (7-4\text{b})$$

$Q_{ij}(i,j=1,2,6)$ 为刚度系数,用复合材料弹性常数表示如下:

$$Q_{11} = \frac{E_1}{1 - v_{12}v_{21}}, \quad Q_{22} = \frac{E_2}{1 - v_{12}v_{21}} \quad (7-5\text{a})$$

$$Q_{12} = \frac{v_{21}E_2}{1 - v_{12}v_{21}} = \frac{v_{12}E_1}{1 - v_{12}v_{21}}, \quad Q_{66} = G_{12} \quad (7-5\text{b})$$

因为 $v_{21}/E_1 = v_{12}/E_2$,所以当单层板处于平面应力状态下时,复合材料的 4 个材料常数 E_1、E_2、v_{21} 和 G_{12} 是相互独立的。因此,当复合材料常数 E_1、E_2、v_{21} 和 G_{12} 已知时,可根据式(7-2)和式(7-5)计算出柔度系数 S_{ij} 和刚度系数 Q_{ij}。

7.2.2 层合板的刚度和柔度

假定 N_x、N_y、N_{xy} 为层合板横截面上单位宽度(或长度)的内力(拉、压或剪切力),

M_x、M_y、M_{xy}为层合板横截面上单位宽度的内力矩(弯矩或扭矩)。假设层合板厚度为t,z方向为厚度方向,z_k为第k层单层板的坐标,复合材料层合板各单层板的z坐标如图7-4所示。

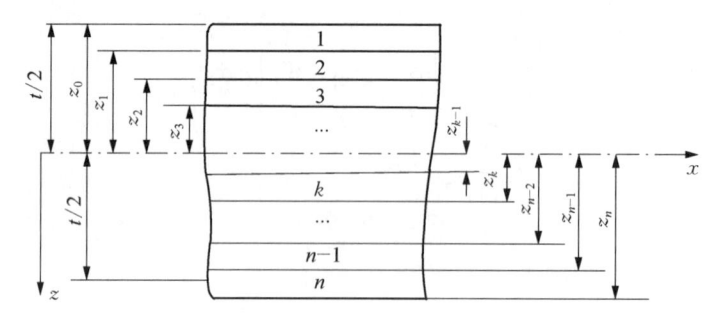

图7-4 层合板各单层板的z坐标

根据经典层合板理论(以直法线假设为前提)得

$$\begin{cases} \begin{bmatrix} N_x \\ N_y \\ N_z \end{bmatrix} = \begin{bmatrix} A_{11} & A_{12} & A_{16} \\ A_{12} & A_{22} & A_{26} \\ A_{16} & A_{26} & A_{66} \end{bmatrix} \begin{bmatrix} \varepsilon_x^0 \\ \varepsilon_y^0 \\ \gamma_{xy}^0 \end{bmatrix} + \begin{bmatrix} B_{11} & B_{12} & B_{16} \\ B_{12} & B_{22} & B_{26} \\ B_{16} & B_{26} & B_{66} \end{bmatrix} \begin{bmatrix} K_x \\ K_y \\ K_{xy} \end{bmatrix} \\ \begin{bmatrix} M_x \\ M_y \\ M_z \end{bmatrix} = \begin{bmatrix} B_{11} & B_{12} & B_{16} \\ B_{12} & B_{22} & B_{26} \\ B_{16} & B_{26} & B_{66} \end{bmatrix} \begin{bmatrix} \varepsilon_x^0 \\ \varepsilon_y^0 \\ \gamma_{xy}^0 \end{bmatrix} + \begin{bmatrix} D_{11} & D_{12} & D_{16} \\ D_{12} & D_{22} & D_{26} \\ D_{16} & D_{26} & D_{66} \end{bmatrix} \begin{bmatrix} K_x \\ K_y \\ K_{xy} \end{bmatrix} \end{cases} \quad (7-6)$$

其中,A_{ij}为拉伸刚度系数;D_{ij}为弯曲刚度系数;B_{ij}为耦合刚度系数,K_x和K_y为板中面弯曲挠曲率;K_{xy}为板中面扭曲率。A_{ij}、B_{ij}、D_{ij}可由式(7-7)得出:

$$\begin{cases} A_{ij} = \sum_{k=1}^{n} (\overline{Q_{ij}})_k (z_k - z_{k-1}) \\ B_{ij} = \frac{1}{2} \sum_{k=1}^{n} (\overline{Q_{ij}})_k (z_k^2 - z_{k-1}^2) \\ D_{ij} = \frac{1}{3} \sum_{k=1}^{n} (\overline{Q_{ij}})_k (z_k^3 - z_{k-1}^3) \end{cases} \quad (7-7)$$

最后,层合板的柔度矩阵可由其刚度矩阵求逆得到。

7.2.3 层合板的应力-应变关系

以对称层合板为例,且只受N_x、N_y、N_{xy}面向载荷,因$B_{ij}=0$,且载荷与中面应变有下列关系:

$$\begin{bmatrix} N_x \\ N_y \\ N_{xy} \end{bmatrix} = \begin{bmatrix} A_{11} & A_{12} & A_{16} \\ A_{12} & A_{22} & A_{26} \\ A_{16} & A_{26} & A_{66} \end{bmatrix} \begin{bmatrix} \varepsilon_x^0 \\ \varepsilon_y^0 \\ \gamma_{xy}^0 \end{bmatrix}$$

逆关系为

$$\begin{bmatrix} \varepsilon_x^0 \\ \varepsilon_y^0 \\ \gamma_{xy}^0 \end{bmatrix} = \begin{bmatrix} A'_{11} & A'_{12} & A'_{16} \\ A'_{12} & A'_{22} & A'_{26} \\ A'_{16} & A'_{26} & A'_{66} \end{bmatrix} \begin{bmatrix} N_x \\ N_y \\ N_{xy} \end{bmatrix} \qquad (7-8)$$

设 N_x、N_y、N_{xy} 按比例加载，令 $N_x = N$，$N_y = \alpha N$，$N_{xy} = \beta N$，则式(7-8)可写为

$$\begin{bmatrix} \varepsilon_x^0 \\ \varepsilon_y^0 \\ \gamma_{xy}^0 \end{bmatrix} = A' \begin{bmatrix} N \\ \alpha N \\ \beta N \end{bmatrix} = \begin{bmatrix} A_x \\ A_y \\ A_{xy} \end{bmatrix} N$$

其中，$A_x = A'_{11} + \alpha A'_{12} + \beta A'_{16}$；$A_y = A'_{12} + \alpha A'_{22} + \beta A'_{26}$；$A_{xy} = A'_{16} + \alpha A'_{26} + \beta A'_{66}$。

根据单层板的应力-应变关系得出每一层应力，第 k 层应力为

$$\begin{bmatrix} \sigma_x \\ \sigma_y \\ \tau_{xy} \end{bmatrix} = \begin{bmatrix} Q_{11} & Q_{12} & Q_{16} \\ Q_{12} & Q_{22} & Q_{26} \\ Q_{16} & Q_{26} & Q_{66} \end{bmatrix} \begin{bmatrix} \varepsilon_x \\ \varepsilon_y \\ \gamma_{xy} \end{bmatrix} \qquad (7-9)$$

采用蔡-希尔(Tsai-Hill)失效判据判断各单层板强度时，需已知各单层板在材料主方向的应力，即有

$$\begin{bmatrix} \sigma_x \\ \sigma_y \\ \tau_{xy} \end{bmatrix}_k = T \begin{bmatrix} \sigma_x \\ \sigma_y \\ \tau_{xy} \end{bmatrix}_k = T Q_k \begin{bmatrix} A_x \\ A_y \\ A_{xy} \end{bmatrix} N \qquad (7-10)$$

对于一般不对称层合板，受全部内力和内力矩，存在刚度系数 A_{ij}、B_{ij} 和 D_{ij}，则有

$$\begin{bmatrix} \varepsilon^0 \\ k \end{bmatrix} = \begin{pmatrix} A' & B' \\ B' & D' \end{pmatrix} \begin{bmatrix} N \\ M \end{bmatrix}$$

其中，A'、B'、D' 为柔度系数。设 $N_x = N$，$N_y = \alpha N$，$N_{xy} = \beta N$，$M_x = aN$，$M_y = bN$，$M_{xy} = cN$，由于 M 和 N 量纲不同，a、b、c 是有量纲的系数，则上式可写成以下形式：

$$\begin{cases} \begin{bmatrix} \varepsilon_x^0 \\ \varepsilon_y^0 \\ \gamma_{xy}^0 \end{bmatrix} = \begin{pmatrix} A'_{11} & A'_{12} & A'_{16} \\ A'_{12} & A'_{22} & A'_{26} \\ A'_{16} & A'_{26} & A'_{66} \end{pmatrix} \begin{bmatrix} N \\ \alpha N \\ \beta N \end{bmatrix} + \begin{pmatrix} B'_{11} & B'_{12} & B'_{16} \\ B'_{12} & B'_{22} & B'_{26} \\ B'_{16} & B'_{26} & B'_{66} \end{pmatrix} \begin{bmatrix} aN \\ bN \\ cN \end{bmatrix} = \begin{bmatrix} A_{N_x} \\ A_{N_y} \\ A_{N_{xy}} \end{bmatrix} N \\ \begin{bmatrix} \kappa_x \\ \kappa_y \\ \kappa_{xy} \end{bmatrix} = \begin{pmatrix} B'_{11} & B'_{12} & B'_{16} \\ B'_{12} & B'_{22} & B'_{26} \\ B'_{16} & B'_{26} & B'_{66} \end{pmatrix} \begin{bmatrix} N \\ \alpha N \\ \beta N \end{bmatrix} + \begin{pmatrix} D'_{11} & D'_{12} & D'_{16} \\ D'_{12} & D'_{22} & D'_{26} \\ D'_{16} & D'_{26} & D'_{66} \end{pmatrix} \begin{bmatrix} aN \\ bN \\ cN \end{bmatrix} = \begin{bmatrix} A_{M_x} \\ A_{M_y} \\ A_{M_{xy}} \end{bmatrix} N \end{cases} \qquad (7-11)$$

其中，

$$A_{N_x} = A'_{11} + \alpha A'_{12} + \beta A'_{16} + aB'_{11} + bB'_{12} + cB'_{16}$$

$$A_{N_y} = A'_{12} + \alpha A'_{22} + \beta A'_{26} + aB'_{12} + bB'_{22} + cB'_{26}$$

$$A_{N_{xy}} = A'_{16} + \alpha A'_{26} + \beta A'_{66} + aB'_{16} + bB'_{26} + cB'_{66}$$

$$A_{M_x} = B'_{11} + \alpha B'_{12} + \beta B'_{16} + aD'_{11} + bD'_{12} + cD'_{16}$$

$$A_{M_y} = B'_{12} + \alpha B'_{22} + \beta B'_{26} + aD'_{12} + bD'_{22} + cD'_{26}$$

$$A_{M_{xy}} = B'_{16} + \alpha B'_{26} + \beta B'_{66} + aD'_{16} + bD'_{26} + cD'_{66}$$

得到第 k 层单层板中应力与载荷之间的关系，同样可求得各单层板材料主方向的应力表达式如下：

$$\begin{bmatrix} \sigma_1 \\ \sigma_2 \\ \tau_{12} \end{bmatrix}_k = TQ_k \left(\begin{bmatrix} A_{N_x} \\ A_{N_y} \\ A_{N_{xy}} \end{bmatrix} N + z \begin{bmatrix} A_{M_x} \\ A_{M_y} \\ A_{M_{xy}} \end{bmatrix} N \right) \tag{7-12}$$

7.3 复合材料的强度分析

7.3.1 复合材料强度理论

强度理论是衡量承力部件是否破坏的理论，主要包括强度指标和失效判据两方面内容。对于各向同性复合材料，强度理论中所指的最大应力和应变是材料的主应力和主应变；对于各向异性复合材料，强度理论中所指的最大应力和应变是材料的各主方向上的最大应力和应变。

1. 复合材料强度指标

若复合材料单层板拉伸和压缩时具有相同的强度，则正交各向异性单层板的强度指标有三个，如图 7-5 所示，其中，X 为纵向强度（沿纤维方向，1 方向）；Y 为横向强度（垂直纤维方向，2 方向）；S 为剪切强度（1-2 平面）。

若拉伸和压缩时具有不同强度，则对于纵向强度和横向强度来说各有两个方面，即纵向拉伸强度、纵向压缩强度和横向拉伸强度、横向压缩强度四种指标，而剪切强度指标不变。

2. 复合材料失效判据

复合材料单层板在应力作用下常用的失效判据理论包括最大应力理论、最大应变理论、Tsai-Hill 失效判据、霍夫曼（Hoffman）理论、Hashin 失效准则等。

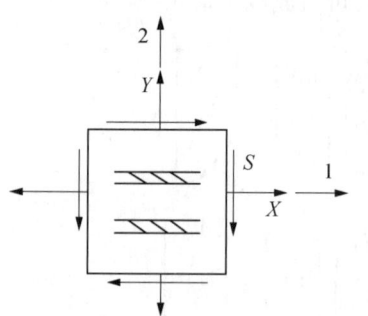

图 7-5 复合材料强度指标

1) 最大应力理论

最大应力理论认为复合材料各主方向的强度应大于该方向上受到的最大应力,否则认为材料失效,对于拉伸应力有

$$\begin{cases} \sigma_1 < X_t \\ \sigma_2 < Y_t \\ |\tau_{12}| < S \end{cases} \tag{7-13}$$

对于压缩应力,有

$$\sigma_1 > -X_c, \quad \sigma_2 > -Y_c \tag{7-14}$$

其中,σ_1 和 σ_2 分别指材料 1、2 主方向的应力,而且 S 与 τ_{12} 的符号无关。上述五个判别准则都必须满足,否则认为材料发生破坏失效。当单层板承受的单向载荷 σ_x 与纤维方向夹角为 θ 时,该判据形式为

$$\begin{cases} \sigma_x < X/\cos^2\theta \\ \sigma_x < Y/\sin^2\theta \\ \sigma_x < S/\sin\theta\cos\theta \end{cases} \tag{7-15}$$

2) 最大应变理论

该理论约束的参数是应变,对于拉伸和压缩强度不同的材料,判别失效理论的表达式如下:

$$\begin{cases} \varepsilon_1 < \varepsilon_{X_t}, \quad \varepsilon_1 > -\varepsilon_{X_c} \\ \varepsilon_2 < \varepsilon_{Y_t}, \quad \varepsilon_2 > -\varepsilon_{Y_c} \\ |\gamma_{12}| < \gamma_s \end{cases} \tag{7-16}$$

当上述五个不等式中有任意一个不满足时,即认为材料失效。其中 ε_{X_t} 和 ε_{X_c} 分别是 1 方向的最大拉伸应变和最大压缩应变;ε_{Y_t} 和 ε_{Y_c} 分别是 2 方向的最大拉伸应变和最大压缩应变;γ_s 是 1-2 平面内的最大剪应变。

3) Tsai-Hill 失效判据

该理论的数学表达式为

$$\frac{\sigma_1^2}{X^2} - \frac{\sigma_1\sigma_2}{X^2} + \frac{\sigma_2^2}{Y^2} + \frac{\tau_{12}^2}{S^2} = 1 \tag{7-17}$$

当单层板受到偏轴向单向载荷作用时,该理论数学表达式为

$$\frac{\cos^4\theta}{X^2} + \left(\frac{1}{S^2} - \frac{1}{X^2}\right)\cos^2\theta\sin^2\theta + \frac{\sin^2\theta}{Y^2} = \frac{1}{\sigma^2} \tag{7-18}$$

但是 Tsai-Hill 失效判据未考虑拉、压性能不同的复合材料,关于这方面问题,Hoffman

提出了 Hoffman 理论。

4) Hoffman 理论

该理论的数学表达式如下：

$$\frac{\sigma_1^2}{X_t X_c} - \frac{\sigma_1 \sigma_2}{X_t X_c} + \frac{\sigma_2^2}{Y_t Y_c} + \frac{X_c - X_t}{X_t X_c}\sigma_1 + \frac{Y_c - Y_t}{Y_t Y_c}\sigma_2 + \frac{\tau_{12}^2}{S^2} = 1 \quad (7-19)$$

当 $X_t = X_c$，$Y_t = Y_c$ 时，式(7-19)就与式(7-17)相同。

5) Hashin 失效准则

采用 Hashin 失效准则可以准确地判定复合材料各种形式的损伤，该理论将单向纤维复合材料失效模式分为两大类，即纤维控制失效和基体控制失效，总结起来包括下列几种失效模式。

纤维拉伸断裂（$\sigma_{11} \geqslant 0$）：

$$F_f^t = \left(\frac{\sigma_{11}}{X^t}\right)^2 + \alpha\left(\frac{\tau_{12}}{S^l}\right)^2 \quad (7-20)$$

纤维压溃（$\sigma_{11} \leqslant 0$）：

$$F_f^t = \left(\frac{\sigma_{11}}{X^c}\right)^2 \quad (7-21)$$

基体拉伸断裂（$\sigma_{22} \geqslant 0$）：

$$F_m^t = \left(\frac{\sigma_{22}}{Y^t}\right)^2 + \alpha\left(\frac{\tau_{12}}{S^l}\right)^2 \quad (7-22)$$

基体压溃（$\sigma_{22} \leqslant 0$）：

$$F_m^c = \left(\frac{\sigma_{22}}{2S}\right)^2 + \left[\left(\frac{Y^c}{2S^t}\right)^2 - 1\right]\frac{\sigma_{22}}{Y^c} + \left(\frac{\tau_{12}}{S^l}\right)^2 \quad (7-23)$$

其中，X^t、X^c、Y^t、Y^c、S^t、S^l 分别是轴向拉伸强度、轴向压缩强度、横向拉伸强度、横向压缩强度、轴向剪切强度和横向剪切强度；α 是剪切对纤维拉伸破坏的贡献因子；σ_{11}、σ_{22}、τ_{11} 分别是有效应力 σ 的分量。

7.3.2 复合材料损伤特性

在复合材料中，通常认为纤维主要承受载荷，而基体则起支撑纤维的作用。失效分析中所遇到的损伤特征一般是失效的最终形式，因此这里强调纤维增强复合材料的失效模式。大多数工程上使用的复合材料都是多向铺层结构。为了解断口特征，首先应对单向板有系统的研究。

1. 基本失效模式——静载下单向层合板的失效模式

1) 纵向拉伸

在纵向拉伸载荷下,随着载荷的增加,单向板首先在最薄弱的横截面内出现少量纤维断裂。每个纤维的断裂都将引起载荷的转移,即载荷通过基体传递到邻近纤维。然后,由于载荷持续增加,引起更多的纤维断裂。当某个静截面承载能力降低到低于施加载荷时,最终失效发生。尽管失效会出现一些孤立的在树脂或界面且平行于纤维的剪切破坏,失效模式还是可以归结为三种模式,即脆性破坏、带纤维拔出的脆性破坏和不规则破坏(图7-6)。由纤维断裂引起的裂纹在随后的加载过程中会扩展到基体中去,其路径主要依赖于基体和界面的性能。如果基体与纤维之间的黏结强度高,那么裂纹沿垂直于载荷的方向在基体中扩展,表现为相当光滑的断面[图7-6(a)]。相反,裂纹则主要沿界面扩展,表现为在一些薄弱界面纤维与基体界面剥离和断裂纤维从基体中拔出[图7-6(b)]。中间状态则为不规则破坏,见图7-6(c)。

(a) 脆性　　(b) 带纤维拔出的脆性断裂　　(c) 不规则破坏

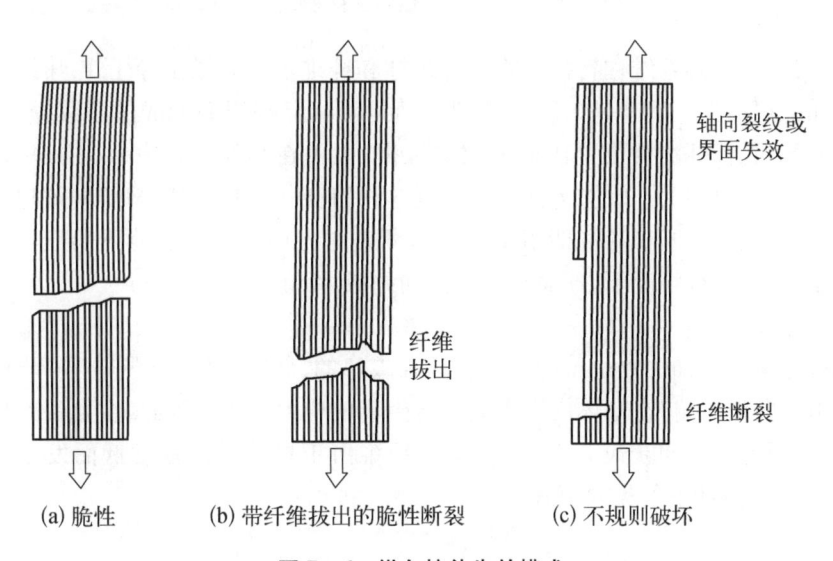

图7-6　纵向拉伸失效模式

单向层合板的拉伸失效表面具有两个主要特点:大量的纤维拔出和断裂纤维末端的断裂痕迹。在相同应力下,随着试验温度和/或湿度的增加,基体剪切强度降低,"拔出"长度增加,纤维变得异常干净且不黏带树脂。在高倍扫描电子显微镜(scanning electron microscope,SEM)下进行检查,常常会发现纤维末端一个断裂起始位置和由此处发射出的棱线,这些棱线指示出了那个特定纤维的失效方向。

2) 纵向压缩

由于基体和界面与纤维相比相对较弱,单向层合板在压缩载荷作用下可沿纤维方向在基体内或界面上产生断裂[图7-7(a)]。这是因为基体和纤维的泊松比存在差异,从而导致横向拉伸应力。如果纤维产生屈曲,界面可剪切破坏并导致最终失效。但是,如果基体韧性较好且界面强度较高,则纤维可以弯曲而不发生基体破坏,最终的失效形式是弯曲。宏观上,纵向压缩载荷下的主要失效模式是剪切屈曲[图7-7(b)],它就像是面内的与载荷成一定角度的剪切破坏。

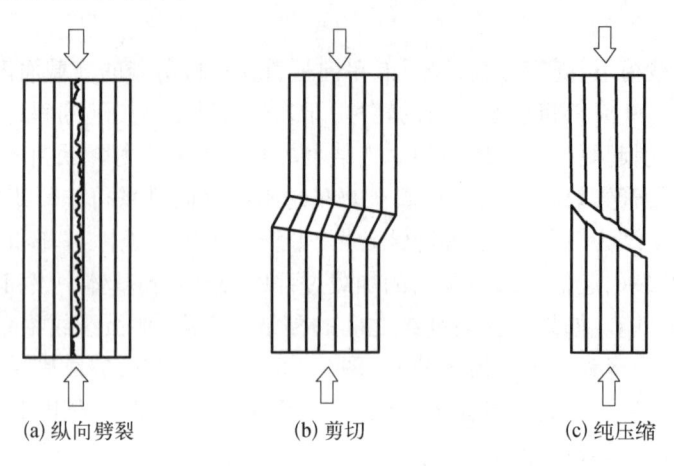

(a) 纵向劈裂　　(b) 剪切　　(c) 纯压缩

图 7-7　纵向压缩失效模式

微观上,可观察到纤维柱特征。除了纤维柱和纤维末端的屈曲特征外,压缩失效还会导致分层和磨损损伤。后者是因匹配断裂表面之间相互挤压而形成的后续损伤,一般认为这种磨损的、无特征的损伤是压缩失效的证据,因为在其他形式失效(拉伸、分层)中,匹配的断裂表面是相互分开的,因而并不出现这种特征。但是,层间剪切失效也可能产生类似的磨损损伤,没有断口特征能指示出压缩断裂的方向。压缩载荷下第三类失效模式是纤维压缩破坏,这种情况下,断面与加载方向约成 45°。

3) 横向拉伸

复合材料横向拉伸失效是可能不发生纤维破坏的,即"基体模式"失效。当横向拉伸载荷作用于单向板时,将在基体内和界面上产生高的应力集中。因此,主要失效模式为基体内和/或界面上的拉伸开裂。有时,极少数纤维由于局部横向强度低而发生断裂。图 7-8 给出了横向拉伸下的失效模式。

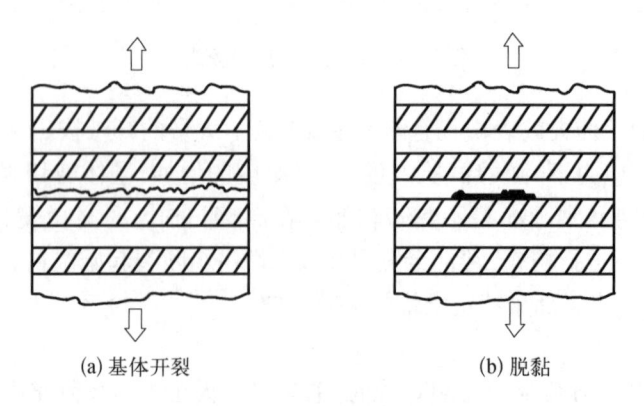

(a) 基体开裂　　(b) 脱黏

图 7-8　横向拉伸失效模式

4) 横向压缩

失效可能沿平行于纤维轴的基体界面出现剪切破坏,类似于均质材料的压缩破坏。

5) 剪切

单向板的剪切破坏一般发生在平行于纤维的树脂和纤维/树脂界面,而且界面的完整性对剪切强度是一个重要因素。图7-9给出了剪切载荷下的失效模式。

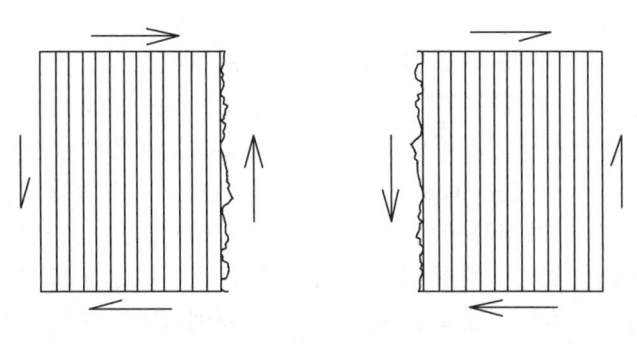

图7-9 剪切载荷下的失效模式

2. 多向层合板的基本失效模式

纤维增强复合材料层合板的失效是损伤的积累而导致的,与材料、层合板叠合顺序及环境相关,失效是一个复杂和相互作用的分离损伤模式集合。前面介绍了许多损伤模式,主要有横向、纵向裂纹的形成,还有倾向于在试样自由边缘起始的分层。但是,最终的复合材料层合板失效在本质上与纤维断裂有关。因此,多向层合板的最终失效可以归结为单层的失效和/或层与层之间的分离(分层)。

1) 单层的拉伸失效

层合板中包括不同纤维方向的铺层。在单一载荷拉伸下,损伤积累的一般是由90°层的横向(层内)裂纹的形成。在横向开裂的开始阶段,可以观察到非线性变形,这在应力-应变曲线中表现为"弯折"。弯折的形成是由于这样一个事实:开裂层在裂纹附近经历了应力松弛,而在那个区域受限制的铺层承担增加的应力。当使用韧性树脂系时,横向裂纹的发展将会延迟。但是,不仅是基体的延性,而且基体与纤维的结合质量也会影响横向裂纹的形成。横向裂纹的形成具有以下特点:当承受的载荷增大时,横向裂纹在与之垂直方向上的密度逐渐增加,并最终达到饱和裂纹密度状态。

2) 单层的压缩失效

复合材料层合板在压缩载荷下的失效模式与拉伸载荷下的失效模式有一些不同。压缩下的主要损伤模式首先是0°层纤维的屈曲,然后是分层和子层的依次屈曲。试验研究结果表明,剪切挠曲是一种可能的失效模式。剪切挠曲是层合板中主要承力纤维的弯折失效,它可由带屈曲的断裂纤维来表征,这些纤维同时经历了剪切和压缩变形。一般认为,在纯单向压缩失效观察到的"弯折带"失效机制仍然可用。但是,纯单向试验中包含较少的约束,而在一个多向层合板中,由于其他层的支撑,压缩失效程度将有所限制。

3) 层的剪切失效

这种失效模式可以在±45°层合板的纯纵向拉伸中很好地观察到。作用于每层的载荷几乎为纯剪切,等于施加应力的一半。检查表明,平行于和相交于纤维的剪切失效均存在,失效试样表现出一定程度的分层。

4) 分层

分层会引起层合板强度和刚度的变化,通常这种变化呈下降趋势,当分层达到一定程度时,将导致实际使用性能的丧失。层间的裂纹扩展,即分层是复合材料损伤中最常见的。层间富含树脂,因而其开裂的断裂能比穿过纤维的层外开裂的断裂能要低几个数量级。在大量关于复合材料层间断裂的研究报告中,很多包含有断口特征。分层表面的梳排状花样(hackle markings)是层间断裂的主要断裂特征之一,有人称这种梳排状花样为堆积片层(stacked lamellae)或撕裂痕(lacerations),常见于纤维之间的基体中,就有点像层片的规则堆积。关于梳排状花样的形成,一种观点认为,在纤维之间基体中形成且垂直于最大主应力方向的脆性基体微裂纹是造成这种特征的原因(图7-10)。梳排状花样的细节依赖于失效时局部和全局的应力状态,但梳排状层片的倾斜方向可指示裂纹扩展方向。另一种观点认为,根据观察到的起源于纤维/基体边界的河流花样证据,梳排的形成起源于纤维/基体界面,而且层片本身就像是经历了某种塑性剪切变形和脆性断裂,梳排状花样并不一定在纤维之间基体的脆性断裂中出现,而是起始于纤维/基体边界上剪切屈服的次效应。这种对片层(梳排状)特征解释的最根本差别是,微裂纹起始于纤维-基体边界而不是纤维之间的区域,以及梳排的形成更基本的是基体剪切失效而不是脆性断裂。一般认为,除了特殊情况,否则不能通过梳排状花样的排列来确定裂纹扩展方向。但也有学者认为,那些层片上的河流花样细节可以提示局部裂纹扩展方向。根据断裂力学理论,层间裂纹的形成可归结为三种受载形式的组合,其中,I型称为张开型,II型称为滑剪型,III型称为扭剪型。对层合板这三种断口进行的大量扫描电镜分析工作表明,单一扩展形式的分层断口具有明显的特征图像,I型分层扩展断口表现为树脂断裂或树脂与纤维界面的破坏,基本上没有梳排状花样的基体层片出现;II型分层断口呈现典型的极具规律的基

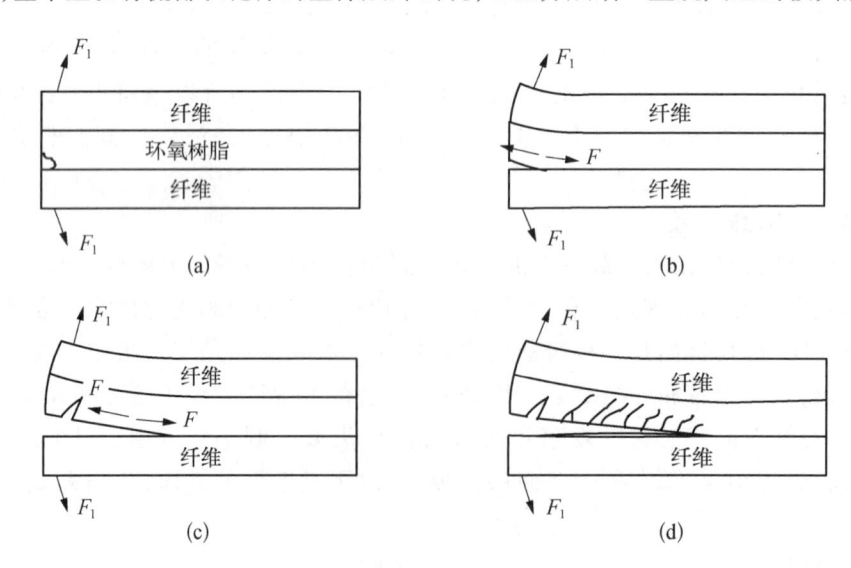

图 7-10 梳排状花样形成机制示意图

体梳排状花样特征,梳排状花样的层片倾斜方向与层间裂纹的扩展方向相一致,表明层间为剪切破坏;Ⅲ型分层断口与Ⅱ型分层断口有些相似,也具有规律性的基体梳排状花样特征,但其梳排状花样的层片结构形状与Ⅱ型分层断口不同,梳排状花样的层片沿层间裂纹扩展的方向前倾后,其尖角部分向后扭曲,指示了典型的扭剪特征。

3. 静态和循环载荷下的异同点

由于复合材料强度和刚度的各向异性,复合材料在静态和循环载荷下表现出复杂的失效机制。四种基本的失效机制是基体开裂、分层、纤维断裂和界面脱黏。其中的任何一种组合,都可能促使疲劳损伤并导致疲劳强度和刚度的下降。损伤的形式和程度主要依赖于材料性能、铺层顺序、疲劳载荷类型等。通过观察表明,疲劳和静态载荷下的损伤发展是类似的,只是在疲劳载荷下,损伤随循环次数的增加而增加。这种相似性可能是由于复合材料具有高疲劳强度,即通常可达到拉伸强度的70%。在承受面内载荷的多向层合板中,失效总是依次发生,从最薄弱层到最强层。一般地,失效特征在微观上可分为两种形式,即脆性和延性。

1) 脆性断裂面的微观特征

脆性断裂面的共同断面特征如下:① 一组平行的纤维束,这是因为纤维-基体界面上发生脱黏,根据粘接在纤维上的碎基体的数量,结合应力分析,可推断界面的质量情况,在应力相同的条件下,碎基体越多,界面强度越高。② 二次裂纹,很多二次裂纹位于基体中或纤维-基体界面上,如果界面上存在较多二次裂纹,则表明界面强度较弱。③ 断裂的纤维。当一根纤维断裂时,纤维有可能从基体中拔出并在基体中留下一个孔洞,如果界面较弱,那么拔出的纤维留在基体上的孔洞都比较光滑。但是,在循环载荷下,除能观察到上述特点外,还可观察到如下特征:① 大量的微裂纹,呈龟裂状,存在于界面和基体中;② 大量的分层裂纹,可用断口金相观察到。

2) 延性断裂面上的微观特征

静态载荷下延性断裂的主要特点是微观变形特征,如撕裂棱线、层间撕裂等。而在疲劳载荷下,在基体中可观察到疲劳条带。

7.3.3 复合材料的失效分析

尽管损伤机制和损伤累积是近年来研究的主题,但在文献中很难发现针对失效分析而进行的研究,特别是案例分析。前面的讨论证明,通过分析损伤特征来确定失效原因和失效模式是非常复杂的,是一个棘手的问题。但是,尽管层合板的失效是复杂的,通过分析损伤特征和断裂表面,失效分析还是可以揭示断裂特征和相关的影响因素,显示材料缺陷,并且帮助判断失效原因。从微观角度来看,不同载荷下的失效模式相对来说是类似的,因此复合材料的失效分析更应着重于宏观的分析。

1. 表面保护

复合材料的表面保护主要是防止机械的和化学的损伤。一般地,聚合物基体复合材料都相对较软并且倾向于溶解在有机溶剂中,因此在发生断裂的复合材料层合板的运输过程和切割试样时必须小心移动,并且防止与有机溶剂接触。通过罐封损伤区,以防止二次损伤,然后剖开进行金相观察,整个损伤可以得到保存且便于检查。

2. 损伤特征分析

已经证实,多向层合板中各层的断面特征与相同方向的单向层合板中的断面特征是极其相似的。尽管在微观上,微裂纹起始于多处,但在宏观上,通常只有可数几个宏观裂纹。通过对接匹配的两个断面,可以用来确定裂纹起始区和扩展方向。也就是说,裂纹起始区裂纹张开较大,而从宽到窄就是裂纹扩展方向。当载荷施加于复合材料时,裂纹起始和扩展将会受到纤维的阻止,并且裂纹倾向于沿纤维-基体界面发展,因而形成了很多分叉的微裂纹。因此,损伤起始区存在于裂纹起始区并体现出不同的颜色。玻璃纤维/环氧树脂试样在拉伸载荷下的损伤起始和扩展方向特征:在微观上,局部的裂纹起始位置和扩展方向可由放射棱线来确定。复合材料层合板由具有高度各向异性的材料层组成,因此缺陷最可能发生在平行于或者垂直于纤维的方向上,通过 SEM 观察可以提供有关缺陷对裂纹起始影响的信息。最后,通过宏微观分析,并依据前面讨论的基本失效模式,可以确定复合材料层合板的主要失效模式。

3. 理论分析

利用理论来分析层合板中层的失效并预测层合板的最终失效是非常吸引人的。尽管经典的层合板理论存在着一些不足,但它简单易行,而且能给出一个定量的了解。通过理论分析,可提供另外一种确定失效原因和失效模式的方法。

4. 分析仪器和方法

复合材料的失效分析应采取宏观和微观相结合的方法,进行综合分析。宏观分析方法是用肉眼和体式显微镜来确定损伤的大小和分布,以及失效模式。微观分析方法是利用电子显微镜,特别是扫描电镜来观察分析断裂表面。断口分析人员应该依赖破坏性方法观察分层的范围及其他有关损伤。尽管采用无损检测方法,如超声、X 射线拓谱仪能用来确定损伤位置,但这些技术目前尚不能揭示损伤的细节特征。有两种重要的方法可用来检测损伤,即剖面法和揭层法。剖面法通过切下围绕损伤的周围区域,然后剖开并将切片抛光来进行金相检查,观察损伤情况。初始切割的区域选择由超声波确定,进行切片之前,将切下的区域罐封在透明环氧树脂中对截面进行切割,以减少切片和抛光过程中可能的二次损伤。另一个评估损伤的方法是使用揭层技术,揭层技术有很多种形式。用目视方法可以检查到损伤的层合板,可采用氯化金或氯化铜溶液渗透的方法使溶液完全渗入内部损伤区域后将其烘干,这时,分层损伤区即留下明显的标记,然后用酸蚀法或加热聚合物基体使之分解的方法去除基体,再用镊子或薄刀片小心地分离各单层。有些研究人员则认为没有必要热分解基体,只需简单地用剃须刀片剥离各层即可。这种方法对脆性基体复合材料来说是很有效的,但是有证据表明它并不适用于韧性基体材料。揭层技术的优点之一是可用 SEM 观察分离的各层,从而了解细节损伤特征,如梳排状花样、断裂纤维等。当然,必须把原始损伤与揭层产生的二次损伤区分开。

7.3.4 复合材料层合板强度的宏观力学分析

1. 层合板强度概述

像刚度一样,层合板由基本元件单层板组成,因此主要由单层板强度来预测层合板强度,该方法的基础是计算每一层单层板的应力状态。由于复合材料的各向异性和不均匀性，破坏形式复杂，对于层合复合材料板，某一单层板的破坏不一定等同于整个层合板的破坏。虽然某个或某几个单层板破坏会带来层合板的刚度降低，但层合板仍可能承受更高的载荷，继续加载，直至层合板全部破坏，这时的外载荷称为层合板的极限载荷，层合板强度分析的主要目的是确定其极限载荷。

图 7-11 所示为层合板的载荷与变形的特性曲线，图中 N_1，N_2，N_3，N_4，…依次为层合板中各单层板相继发生破坏时的载荷，在 N_1 处开始有某单层板发生破坏，这时层合板刚度有所减低，即直线斜率减小，表示相同载荷增量时的变形比原来增大，随着外载荷增加，破坏层数越多，刚度越低，因此图中曲线由斜率依次减小的各折线组成。当达到层合板极限载荷时，层合板刚度为零，在点 N_1 后已有单层板破坏，刚度不能恢复到原来状态，点 N_1 称为层合板的"屈服"点，这种特性与金属材料的屈服现象相似，但机理完全不同。在此区间，层合板载荷与变形成线性关系。

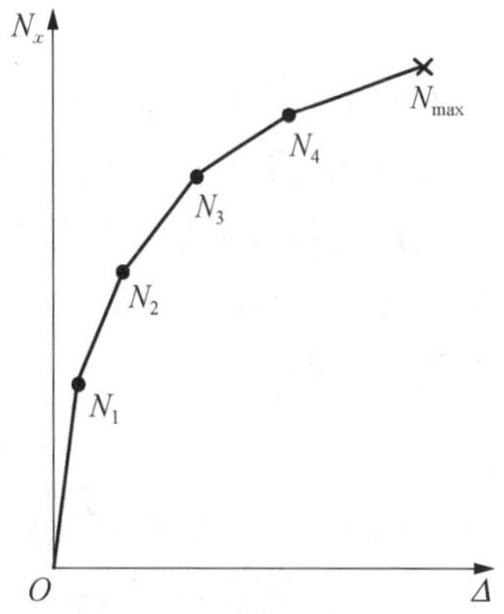

图 7-11 层合板载荷与变形曲线

求层合板的极限载荷较为复杂，其计算步骤大致如下。

（1）先设定各外载荷之间的比例，即按各载荷分量比例加载。

（2）根据各单层板性能，计算层合板刚度 A_{ij}、B_{ij} 及 D_{ij}。

（3）求各单层在材料主方向上应力与外载荷之间的关系。

（4）将各单层应力分别代入强度理论（准则）关系式进行比较，确定哪一单层先破坏。

（5）将已破坏单层板从层合板中排除，但仍保持其余单层板的几何位置，重新计算层合板刚度。

（6）重复上述过程，计算各层应力，再用强度理论比较，检查其他单层是否破坏，然后计算刚度和检查，直到剩下的层合板能继续承受增加的载荷为止。当所有单层板破坏时，此时的载荷即为层合板极限载荷。

现在来讨论层合板的强度理论。层合板也有多种强度理论，使用的实验方法与单层板相似，但试件用三层对称角铺设层合板，受单向拉伸时（$B_{ij}=0$），内力和应变关系为

$$\begin{bmatrix} N_x \\ N_y \\ N_z \end{bmatrix} = \begin{bmatrix} N_1 \\ 0 \\ 0 \end{bmatrix} = \begin{bmatrix} A_{11} & A_{12} & A_{16} \\ A_{12} & A_{22} & A_{26} \\ A_{16} & A_{26} & A_{66} \end{bmatrix} \begin{bmatrix} \varepsilon_x^0 \\ \varepsilon_y^0 \\ \gamma_{xy}^0 \end{bmatrix} \qquad (7-24)$$

因此有

$$\begin{bmatrix} \varepsilon_x^0 \\ \varepsilon_y^0 \\ \gamma_{xy}^0 \end{bmatrix} = \begin{bmatrix} A'_{11} & A'_{12} & A'_{16} \\ A'_{12} & A'_{22} & A'_{26} \\ A'_{16} & A'_{26} & A'_{66} \end{bmatrix} \begin{bmatrix} N_1 \\ 0 \\ 0 \end{bmatrix} \qquad (7-25)$$

即 $\varepsilon_x^0 = A'_{11} N_1$，$\varepsilon_y^0 = A'_{12} N_1$，$\gamma_{xy}^0 = A'_{16} N_1$。

由单层板的应力-应变关系可得每一层的应力为

$$\begin{bmatrix} \sigma_x \\ \sigma_y \\ \sigma_{xy} \end{bmatrix}_k = \begin{bmatrix} Q_{11} & Q_{12} & Q_{16} \\ Q_{12} & Q_{22} & Q_{26} \\ Q_{16} & Q_{26} & Q_{66} \end{bmatrix}_k \begin{bmatrix} A'_{11} \\ A'_{12} \\ A'_{16} \end{bmatrix} N_1 \qquad (7-26)$$

对于三层层合板(玻璃/环氧),将上述应力代入各强度理论,以确定任何层不破坏时的 N_1 最大值。实际上,以后将学习到角铺设层合板具有所有单层同时破坏的特点。将各强度理论和实验结果进行绘图,对比之下,Tsai-Hill 失效判据在定性和定量方面都与实验值较接近,因此采用 Tsai-Hill 失效判据预测层合板强度,但其他强度理论也可能适用于其他复合材料。

2. 层合板的强度分析

例 7-1 现以特殊正交铺设层合板,即三层对称正交铺设层合板为例,计算其强度,求层合板的极限载荷,并作载荷-应变的特性曲线。已知:三层层合板如图 7-12 所示,受载荷 $N_x = N$,其余载荷皆为零。外层厚度为 t_1,内层厚度 $t_2 = 10t_1$,正交铺设比 $m = 0.2$。玻璃/环氧单层板性能:$E_1 = 5.40 \times 10^4$ MPa,$E_2 = 1.80 \times 10^4$ MPa,$\gamma_{21} = 0.25$,$G_{12} = 8.80 \times 10^3$ MPa,$X_t = X_e = 1.05 \times 10^3$ MPa,$Y_t = 2.80 \times 10^1$ MPa,$Y_e = 14.0 \times 10^1$ MPa,$S = 4.2 \times 10^1$ MPa。

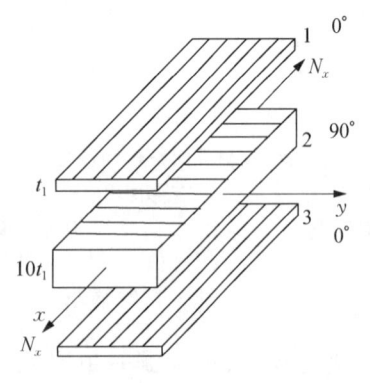

图 7-12 三层层合板

解:(1) 求开始发生破坏的屈服强度值 $(N_x/t)_1$。

a. 由原始数据计算 Q_{ij} 和 A_{ij}:

$$Q_{1,3} = \begin{bmatrix} 5.515 & 0.4596 & 0 \\ 0.4596 & 1.838 & 0 \\ 0 & 0 & 0.880 \end{bmatrix} \times 10^4 (\text{MPa})$$

$$Q_2 = \begin{bmatrix} 1.838 & 0.4596 & 0 \\ 0.4596 & 5.515 & 0 \\ 0 & 0 & 0.880 \end{bmatrix} \times 10^4 (\text{MPa})$$

$$A_{ij} = (Q_{ij})_{1,3} 2t_1 + (Q_{ij})_2 10t_1, \quad t = 12t_1$$

$$A = \begin{bmatrix} A_{11} & A_{21} & 0 \\ A_{12} & A_{22} & 0 \\ 0 & 0 & A_{66} \end{bmatrix} = \begin{bmatrix} 2.451 & 0.4596 & 0 \\ 0.4596 & 4.902 & 0 \\ 0 & 0 & 0.880 \end{bmatrix} \times 10^4 (\text{MPa})$$

由 $A' = A^{-1}$,$|A| = 10.39 \times (10^4 t)^3 (\text{MPa})^3$ 得

$$A'_{11} = \frac{A_{22} A_{66}}{|A|} = 4.152 \times 10^{-5} t^{-1} (\text{MPa})^{-1}$$

$$A'_{12} = \frac{-A_{12} A_{66}}{|A|} = -0.3893 \times 10^{-5} t^{-1} (\text{MPa})^{-1}$$

$$A'_{22} = \frac{A_{11}A_{66}}{|A|} = 2.076 \times 10^{-5} t^{-1} (\text{MPa})^{-1}$$

$$A'_{66} = \frac{A_{11}A_{22} - A_{12}^2}{|A|} = \frac{1}{A_{66}} = 11.36 \times 10^{-5} t^{-1} (\text{MPa})^{-1}$$

$$A'_{16} = A'_{26} = 0$$

b. 求 ε_x^0、ε_y^0、γ_{xy}^0：

$$\begin{bmatrix} \varepsilon_x^0 \\ \varepsilon_y^0 \\ \gamma_{xy}^0 \end{bmatrix} = \begin{bmatrix} A'_{11} & A'_{12} & 0 \\ A'_{12} & A'_{22} & 0 \\ 0 & 0 & A'_{66} \end{bmatrix} \begin{bmatrix} N_x \\ 0 \\ 0 \end{bmatrix} = \begin{bmatrix} 4.152 \\ -0.3893 \\ 0 \end{bmatrix} \frac{N_x}{t} \times 10^{-5}$$

c. 求各层应力：

$$\begin{bmatrix} \sigma_x \\ \sigma_y \\ \tau_{xy} \end{bmatrix}_{1,3} = \begin{bmatrix} \sigma_1 \\ \sigma_2 \\ \tau_{12} \end{bmatrix}_{1,3} = Q_{1,3} \begin{bmatrix} \varepsilon_x^0 \\ \varepsilon_y^0 \\ \gamma_{xy}^o \end{bmatrix} = \begin{bmatrix} 2.272 \\ 0.1193 \\ 0 \end{bmatrix} \frac{N_x}{t} (\text{MPa})$$

$$\begin{bmatrix} \sigma_x \\ \sigma_y \\ \tau_{xy} \end{bmatrix}_{2} = \begin{bmatrix} \sigma_1 \\ \sigma_2 \\ \tau_{12} \end{bmatrix}_{2} = Q_2 \begin{bmatrix} \varepsilon_x^0 \\ \varepsilon_y^0 \\ \gamma_{xy}^o \end{bmatrix} = \begin{bmatrix} 0.7452 \\ -0.0239 \\ 0 \end{bmatrix} \frac{N_x}{t} (\text{MPa})$$

d. 用 Tsai-Hill 失效判据求第一个屈服载荷强度理论表达式（$\tau_{12} = 0$）：

$$\frac{\sigma_1^2}{X_1^2} - \frac{\sigma_1 \sigma_2}{X_1^2} + \frac{\sigma_2^2}{Y_1^2} = 1$$

将求得的各单层材料主方向应力分别代入，解出：

$$\left(\frac{N_x}{t}\right)_{1,3} = 210.4 (\text{MPa})$$

$$\left(\frac{N_x}{t}\right)_{2} = 37.6 (\text{MPa})$$

显然，第 2 层板先破坏，即 $N_x/t = 37.6$ MPa 为层合板的第一屈服载荷，此时 ε_x 值为

$$\varepsilon_x = A'_{11} N_x = 4.152 \times 37.6 \times 10^{-5} = 1.56 \times 10^{-3}$$

各层应力为

$$\begin{bmatrix} \sigma_1 \\ \sigma_2 \\ \tau_{12} \end{bmatrix}_{1,3} = \begin{bmatrix} 85.4 \\ 4.49 \\ 0 \end{bmatrix} (\text{MPa})$$

$$\begin{bmatrix} \sigma_1 \\ \sigma_2 \\ \tau_{12} \end{bmatrix}_2 = \begin{bmatrix} 28.02 \\ -0.899 \\ 0 \end{bmatrix} (\text{MPa})$$

第 2 层的 σ_2 达 Y_t，σ_1 远小于 X_t。

（2）进行第二次计算。

a. 求削弱后的层合板刚度：

$$Q_{1,3} = \begin{bmatrix} 5.515 & 0.4596 & 0 \\ 0.4596 & 1.838 & 0 \\ 0 & 0 & 0.880 \end{bmatrix} \times 10^4 (\text{MPa})$$

$$Q_2 = \begin{bmatrix} 0 & 0 & 0 \\ 0 & 5.515 & 0 \\ 0 & 0 & 0 \end{bmatrix} \times 10^4 (\text{MPa})$$

其中，第 2 层板材料的第二主方向破坏后，不能抗剪，故 $Q_{66} = 0$，继续计算层合板刚度 A_{ij}：

$$A = \begin{bmatrix} 0.9192 & 0.0766 & 0 \\ 0.0766 & 4.902 & 0 \\ 0 & 0 & 0.1467 \end{bmatrix} \times 10^4 t (\text{MPa})$$

$$|A| = 0.6602 \times 10^{12} t^3 (\text{MPa})^3$$

$$A'_{11} = 1.089 \times 10^{-4} t^{-1} (\text{MPa})^{-1}$$

$$A'_{12} = -0.01702 \times 10^{-4} t^{-1} (\text{MPa})^{-1}$$

$$A'_{22} = 0.2043 \times 10^{-4} t^{-1} (\text{MPa})^{-1}$$

$$A'_{66} = 6.817 \times 10^{-4} t^{-1} (\text{MPa})^{-1}$$

$$A' = \begin{bmatrix} 1.089 & -0.01702 & 0 \\ -0.01702 & 0.2043 & 0 \\ 0 & 0 & 6.817 \end{bmatrix} \times 10^{-4} t^{-1} (\text{MPa})^{-1}$$

b. 求应变和应力，并代入 Tsai-Hill 失效判据：

$$\begin{bmatrix} \varepsilon_x^0 \\ \varepsilon_y^0 \\ \gamma_{xy}^0 \end{bmatrix} = A' \begin{bmatrix} N_x \\ 0 \\ 0 \end{bmatrix} = \begin{bmatrix} 1.089 \\ -0.01702 \\ 0 \end{bmatrix} \frac{N_x}{t} \times 10^{-4}$$

$$\begin{bmatrix} \sigma_1 \\ \sigma_2 \\ \tau_{12} \end{bmatrix}_{1,3} = \begin{bmatrix} 5.515 & 0.4596 & 0 \\ 0.4596 & 1.838 & 0 \\ 0 & 0 & 0.880 \end{bmatrix} \begin{bmatrix} 1.089 \\ -0.01702 \\ 0 \end{bmatrix} \frac{N_x}{t} = \begin{bmatrix} 5.999 \\ 0.4692 \\ 0 \end{bmatrix} \frac{N_x}{t} (\text{MPa})$$

$$\begin{bmatrix}\sigma_2\\\sigma_1\\\tau_{12}\end{bmatrix}_2 = \begin{bmatrix}0 & 0 & 0\\0 & 5.515 & 0\\0 & 0 & 0\end{bmatrix}\begin{bmatrix}1.089\\-0.01702\\0\end{bmatrix}\frac{N_x}{t} = \begin{bmatrix}0\\-0.0939\\0\end{bmatrix}\frac{N_x}{t}(\text{MPa})$$

代入 Tsai-Hill 失效判据得出：

$$\left(\frac{N_x}{t}\right)_{1,3} = 56.7(\text{MPa})$$

$$\left(\frac{N_x}{t}\right)_2 = 11.18 \times 10^3(\text{MPa})$$

$$\varepsilon^0_{x_1} = 1.089 \times 10^{-4} \times 56.7 = 0.006\,175$$

将 $(N_x/t)_{1,3} = 56.7$ MPa 代入第 1 层和第 3 层求得应力：

$$\sigma_1 = 5.999 \times 56.7 = 340.1(\text{MPa}) \ll X_t$$

$$\sigma_2 = 0.4692 \times 56.7 = 26.6(\text{MPa}) \approx Y_t$$

即外层第二主方向破坏，因此 1,3 层和 2 层板剩余纤维方向（第一主方向）继续承受载荷，需进一步计算。

(3) 第三次计算。

a. 求削弱后层合板的刚度：

$$Q_{1,3} = \begin{bmatrix}5.515 & 0 & 0\\0 & 0 & 0\\0 & 0 & 0\end{bmatrix} \times 10^4(\text{MPa})$$

$$Q_2 = \begin{bmatrix}0 & 0 & 0\\0 & 5.515 & 0\\0 & 0 & 0\end{bmatrix} \times 10^4(\text{MPa})$$

$$A = \begin{bmatrix}0.9192 & 0 & 0\\0 & 4.596 & 0\\0 & 0 & 0\end{bmatrix} \times 10^4 t(\text{MPa})$$

$$A' = \begin{bmatrix}1.088 & 0 & 0\\0 & 0.2176 & 0\\0 & 0 & 0\end{bmatrix} \times 10^{-4} t^{-1}(\text{MPa})^{-1}$$

b. 求应变和应力增量：

$$\begin{bmatrix}\Delta\varepsilon^0_x\\\Delta\varepsilon^0_y\\\Delta\gamma^0_{xy}\end{bmatrix} = \begin{bmatrix}1.088\\0\\0\end{bmatrix}\frac{\Delta N_x}{t} \times 10^{-4}, \quad \begin{bmatrix}\Delta\sigma_1\\\Delta\sigma_2\\\Delta\tau_{12}\end{bmatrix}_{1,3} = \begin{bmatrix}6.00\\0\\0\end{bmatrix}\frac{\Delta N_x}{t}$$

$$\begin{bmatrix} \sigma_2 \\ \sigma_1 \\ \tau_{12} \end{bmatrix}_2 = \begin{bmatrix} 0 \\ 0 \\ 0 \end{bmatrix}$$

代入强度理论公式得

$$\left(\frac{\Delta N_x}{t}\right)_{1,3} = 175(\mathrm{MPa})$$

此时应变增量为

$$\Delta \varepsilon_x = 1.088 \times 175 \times 10^{-4} = 1.904\%$$

极限载荷为

$$\left(\frac{N_x}{t}\right)_L = \left(\frac{N_x}{t}\right)_1 + \left(\frac{\Delta N_x}{t}\right) = 212.6(\mathrm{MPa})$$

总应变为

$$\varepsilon_x = \varepsilon_{x1} + \Delta \varepsilon_x = 1.56 \times 10^{-3} + 1.904 \times 10^{-2} = 2.06\%$$

此层合板的载荷-应变特性曲线如图 7-13 所示,曲线的"角点"载荷为 N_1/t,计算的极限载荷为 $N_{\max}/t$,在实验中可观察到"角点",图 7-13 中用虚线表示实验值,实验值与计算值相当接近,实验的极限载荷与计算值很接近。

现在再举一角铺设层合板的例子说明强度分析的情况。如图 7-14 所示的 -15°/+15°/-15° 三层等厚层合板,总厚度为 t,承受面内拉力 N_x。各单层板材料是玻璃/环氧,其性能同上例,要求确定极限载荷 N_x。

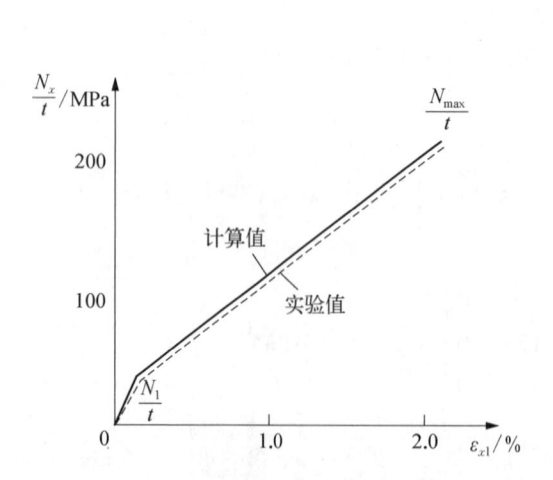

图 7-13 层合板的载荷-应变特性曲线

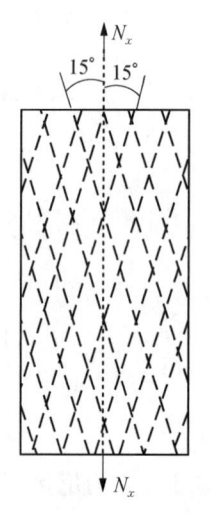

图 7-14 三层角铺设层合板示意图

(1) 计算初始层合板的刚度和应力。

a. 由单层板的 Q 计算 $\overline{Q}$:

$$Q = \begin{bmatrix} 5.515 & 0.459\,6 & 0 \\ 0.459\,6 & 1.838 & 0 \\ 0 & 0 & 0.880 \end{bmatrix} \times 10^4 (\mathrm{MPa})$$

$$\overline{Q}_{1,3}^{-15°} = \begin{bmatrix} 5.086 & 0.641\,7 & -0.774\,9 \\ 0.641\,7 & 1.902 & -0.144\,2 \\ -0.774\,9 & -0.144\,2 & 1.062 \end{bmatrix} \times 10^4 (\mathrm{MPa})$$

$$\overline{Q}_2^{15°} = \begin{bmatrix} 5.086 & 0.641\,7 & 0.774\,9 \\ 0.641\,7 & 1.902 & 0.144\,2 \\ 0.774\,9 & 0.144\,2 & 1.062 \end{bmatrix} \times 10^4 (\mathrm{MPa})$$

b. 计算 A 及 A'：

$$A = \begin{bmatrix} 5.086 & 0.641\,7 & -0.258\,3 \\ 0.641\,7 & 1.902 & -0.048 \\ -0.258\,3 & -0.048 & 1.062 \end{bmatrix}$$

$$|A| = 9.715 \times 10^{12} t^3 (\mathrm{MPa})^3$$

$$A' = \begin{bmatrix} 0.207\,7 & -0.068\,9 & 0.047\,4 \\ -0.068\,9 & 0.549\,1 & 0.008\,1 \\ 0.047\,4 & 0.008\,1 & 0.953\,3 \end{bmatrix} \times 10^{-4} t^{-1} (\mathrm{MPa})^{-1}$$

c. 计算 $[\varepsilon^0]$ 和各层应力：

$$\begin{bmatrix} \varepsilon_x^0 \\ \varepsilon_y^0 \\ \gamma_{xy}^0 \end{bmatrix} = A' \begin{bmatrix} N_x \\ 0 \\ 0 \end{bmatrix} = \begin{bmatrix} 0.207\,7 \\ -0.068\,9 \\ 0.047\,4 \end{bmatrix} \frac{N_x}{t}$$

$$\begin{bmatrix} \sigma_x \\ \sigma_y \\ \tau_{xy} \end{bmatrix}_{1,3} = \overline{Q}_{1,3} \begin{bmatrix} \varepsilon_x^0 \\ \varepsilon_y^0 \\ \gamma_{xy}^0 \end{bmatrix} = \begin{bmatrix} 0.975\,4 \\ -0.046 \\ -0.120\,5 \end{bmatrix} \frac{N_x}{t} (\mathrm{MPa})$$

$$\begin{bmatrix} \sigma_x \\ \sigma_y \\ \tau_{xy} \end{bmatrix}_2 = \overline{Q}_2 \begin{bmatrix} \varepsilon_x^0 \\ \varepsilon_y^0 \\ \gamma_{xy}^0 \end{bmatrix} = \begin{bmatrix} 1.049 \\ 0.009\,1 \\ 0.201\,4 \end{bmatrix} \frac{N_x}{t} (\mathrm{MPa})$$

(2) 按 Tsai-Hill 失效判据求各层破坏载荷。为此，必须将上述应力转到材料主方向，由于这里 σ_y 很小，可略去不计，故得

$$\begin{bmatrix} \sigma_1 \\ \sigma_2 \\ \tau_{12} \end{bmatrix} = T \begin{bmatrix} \sigma_x \\ \sigma_y \\ \tau_{xy} \end{bmatrix} = T \begin{bmatrix} \sigma_x \\ 0 \\ \tau_{xy} \end{bmatrix}$$

将其代入强度方程 $\dfrac{\sigma_1^2}{X^2} - \dfrac{\sigma_1\sigma_2}{X^2} + \dfrac{\sigma_2^2}{Y^2} + \dfrac{\tau_{12}^2}{S^2} = 1$，得到 $x-y$ 坐标中的方程（$\sigma_y = 0$）为

$$K_1\sigma_x^2 + K_2\sigma_x\tau_{xy} + K_3\tau_{xy}^2 = X^2$$

其中，

$$\begin{cases} K_1 = \cos^4\theta + \left(\dfrac{X^2}{S^2} - 1\right)\sin^2\theta\cos^2\theta + \dfrac{X^2}{Y^2}\sin^4\theta \\ K_2 = \left(6 - \dfrac{2X^2}{S^2}\right)\sin\theta\cos^3\theta + \left(2 - 4\dfrac{X^2}{Y^2} + \dfrac{2X^2}{S^2}\right)\sin^3\theta\cos\theta \\ K_3 = \dfrac{X^2}{S^2}(\cos^4\theta + \sin^4\theta) + \left(8 + 4\dfrac{X^2}{Y^2} - \dfrac{2X^2}{S^2}\right)\sin^2\theta\cos^2\theta \end{cases}$$

将 X、Y、S 的数据代入，对 $\theta = -15°$，$K_1 = 46.18$，$K_2 = 363.4$，$K_3 = 820.8$，得

$$46.18\sigma_x^2 + 363.4\sigma_x\tau_{xy} + 820.8\tau_{xy}^2 = 1\,050^2$$

第 1 层和第 3 层：$\sigma_x = 0.975\,4\dfrac{N_x}{t}$，$\tau_{xy} = -0.120\,5\dfrac{N_x}{t}$，代入解得

$$\left(\dfrac{N_x}{t}\right)_{1,3} = 289.6\ \text{MPa}$$

对 $\theta = 15°$，$K_1 = 46.18$，$K_2 = -363.4$，$K_3 = 820.8$，得

$$46.18\sigma_x^2 - 363.4\sigma_x\tau_{xy} + 820.8\tau_{xy}^2 = 1\,050^2$$

第 2 层：$\sigma_x = 1.049\dfrac{N_x}{t}$，$\tau_{xy} = 0.201\,4\dfrac{N_x}{t}$，代入上式解得

$$\left(\dfrac{N_x}{t}\right)_2 = 387.7\ \text{MPa}$$

比较可知，第 1 层和第 3 层先破坏。这时 τ_{12} 为

$$\tau_{12} = -\sin\theta\cos\theta\sigma_x + (\cos^2\theta - \sin^2\theta)\tau_{xy} = 40.39\ \text{MPa} \approx S = 42\ \text{MPa}$$

说明第 1 层和第 3 层因剪切而破坏，故刚度变化为 $Q_{66} = 0$。

(3) 进行第二次计算。计算降级后的刚度及应力，再按强度理论求破坏载荷。

a. 第 1 层和第 3 层按 $Q_{66} = 0$ 计算刚度 Q_{ij}，第 2 层为原刚度：

$$\overline{Q}_{1,3} = \begin{bmatrix} 4.867 & 0.861\,7 & -1.156 \\ 0.861\,7 & 1.682 & 0.236\,8 \\ -1.156 & 0.236\,8 & 0.402\,1 \end{bmatrix} \times 10^4\ (\text{MPa})$$

$$\overline{Q}_2 = \begin{bmatrix} 5.086 & 0.6417 & 0.7749 \\ 0.6417 & 1.902 & 0.1442 \\ 0.7749 & 0.1442 & 1.062 \end{bmatrix} \times 10^4 (\text{MPa})$$

b. 降级后,A_{ij} 及 A'_{ij} 为

$$A = \begin{bmatrix} 4.940 & 0.7884 & -0.5124 \\ 0.7884 & 1.755 & 0.2059 \\ -0.5124 & 0.2059 & 0.6221 \end{bmatrix} \times 10^4 t (\text{MPa})$$

$$|A| = 4.168 \times 10^{12} t^3 (\text{MPa})^3$$

$$A'_{11} = 0.2518 \times 10^{-4} t^{-1} (\text{MPa})^{-1}$$

$$A'_{12} = -0.143 \times 10^{-4} t^{-1} (\text{MPa})^{-1}$$

$$A'_{16} = 0.2547 \times 10^{-4} t^{-1} (\text{MPa})^{-1}$$

c. 一次降级后,应变及应力为

$$\begin{bmatrix} \varepsilon_x^0 \\ \varepsilon_y^0 \\ \gamma_{xy}^0 \end{bmatrix} = A' \begin{bmatrix} N_x \\ 0 \\ 0 \end{bmatrix} = \begin{bmatrix} 0.2518 \\ -0.1430 \\ 0.2547 \end{bmatrix} \frac{N_x}{t} \times 10^{-4}$$

$$\begin{bmatrix} \sigma_x \\ \sigma_y \\ \tau_{xy} \end{bmatrix}_{1,3} = \overline{Q}_{1,3} \begin{bmatrix} \varepsilon_x^0 \\ \varepsilon_y^0 \\ \gamma_{xy}^0 \end{bmatrix} = \begin{bmatrix} 0.8079 \\ 0.0368 \\ -0.2225 \end{bmatrix} \frac{N_x}{t} (\text{MPa})$$

$$\begin{bmatrix} \sigma_x \\ \sigma_y \\ \tau_{xy} \end{bmatrix}_2 = \overline{Q}_2 \begin{bmatrix} \varepsilon_x^0 \\ \varepsilon_y^0 \\ \gamma_{xy}^0 \end{bmatrix} = \begin{bmatrix} 1.386 \\ -0.0737 \\ 0.4450 \end{bmatrix} \frac{N_x}{t} (\text{MPa})$$

d. 采用 Tsai-Hill 失效判据

第 1 层、第 3 层和第 2 层破坏时的载荷分别为

$$\left(\frac{N_x}{t}\right)_{1,3} = 449.6 \text{ MPa}, \quad \left(\frac{N_x}{t}\right)_2 = 201.6 \text{ MPa}$$

原第 1 层和第 3 层的 $(N_x/t)_{1,3} = 289.6 \text{ MPa}$,而 $(N_x/t)_2 = 201.6 \text{ MPa}$,说明当 $N_x/t = 289.6 \text{ MPa}$ 时,第 1 层和第 3 层首先破坏,紧接着第 2 层也破坏,该层合板发生破坏。角铺设层合板没有正交铺设层合板那样的拐点,极限载荷 $(N_x/t) = 289.6 \text{ MPa}$,相应的面内应变为

$$\begin{bmatrix} \varepsilon_x^0 \\ \varepsilon_y^0 \\ \gamma_{xy}^0 \end{bmatrix} = \begin{bmatrix} 60.14 \\ -19.95 \\ 13.73 \end{bmatrix} \times 10^{-4}$$

角铺设层合板的载荷-轴向应变曲线如图 7-15 所示。

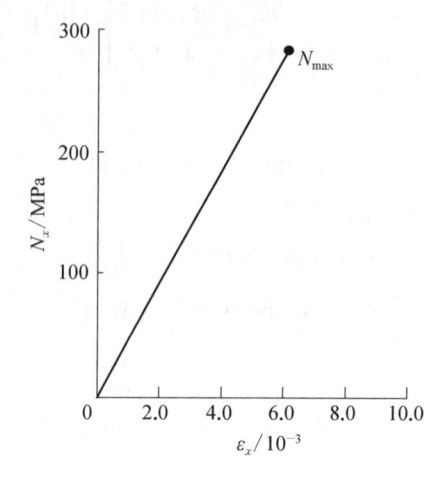

图 7-15　角铺设层合板的载荷-轴向应变曲线

习　题

7-1　什么是复合材料？有哪些种类？

7-2　简述复合材料的优点，为什么复合材料能取代金属及塑料等单一材料？

7-3　复合材料在各种工程结构中有哪些应用？请列举另外的一些例子。

7-4　说明单层板和层合板复合材料的基本构造。

7-5　复合材料层合板的强度理论有哪些？

7-6　复合材料的损伤特性和失效分析方法有哪些？

7-7　复合材料的失效判据包括哪些？

第8章
服役环境影响下的飞机结构强度

军用飞机是在一定环境下服役使用的,服役环境对结构寿命有直接影响,且一般而言,这些影响都是有害影响。从广义的概念来说,服役环境包括飞机在服役期间遇到的所有环境,包括腐蚀环境、老化环境、热环境等"空间"类环境,也包括载荷环境,甚至还可以包括政治环境、管理环境、维修保障环境等"软"环境。从狭义的概念来说,服役环境主要是指飞机遇到的自然环境和诱发环境,如大气环境、机堡内环境、发动机运行期间的热环境等,本章的研究内容主要是后者。服役环境会给结构带来环境损伤:一方面,这些损伤会促进结构的疲劳和断裂,降低飞机的服役寿命;另一方面,这些损伤还可能引发服役飞机发生安全性事故或故障。在飞机结构强度研究时,应当充分考虑服役环境的影响。

本章主要介绍我国军用飞机的服役环境,服役环境下的飞机金属结构腐蚀、非金属材料结构老化、受热结构热损伤、复合材料结构吸湿及其对结构强度的影响,并介绍环境影响下的飞机结构寿命分析方法——飞机结构安全寿命包线。其中,金属结构的腐蚀类型、军用飞机的腐蚀规律及预防措施是本章的重点内容。

8.1 飞机的服役环境与寿命指标

服役环境下的结构寿命分析是飞机全寿命周期内的重要工作,本节首先对军用的飞机服役环境和寿命指标进行简要介绍。

8.1.1 军用飞机的服役环境

影响军用飞机服役寿命的主要环境因素有腐蚀环境、老化环境、热环境等。其中,腐蚀环境主要有湿热大气、降水、雾露、盐雾(海洋、盐湖地区,主要是 Cl^-)、工业污染物(在工业发达地区,主要有 NO_x、SO_x 等)、飞机使用维护中的污染物(如飞机上的液体、维护中使用的化学品)、霉菌等,对飞机上的金属结构、电子设备寿命有重要影响;老化环境主要有湿热大气、降水、雾露、紫外线、臭氧、风沙、飞机上的油液(燃油、滑油、液压油等)、霉菌、温度冲击等,对飞机上的非金属结构(如橡胶、有机涂层、密封剂等)寿命有重要影响;热环境主要有发动机发热、电子设备散热、气动加热等,对飞机上受到热影响的结构寿命有重要影响。

1. 军用飞机服役历程分析

飞机在服役周期内,结构遇到的损伤模式主要分为疲劳载荷损伤、环境损伤和意外损伤三类，其中前两类损伤模式不可避免，并且是结构寿命损耗的主要原因。对疲劳损伤和环境损伤的研究占据了结构寿命研究的大部分内容，对意外损伤的研究主要体现在结构安全性和结构修理等方面。

其中，决定飞机服役时间长短（日历寿命）的主要环境损伤是飞机结构的腐蚀/老化损伤，军用飞机典型部位在一个起落下的载荷/腐蚀损伤的时间历程示意图如图8-1所示。

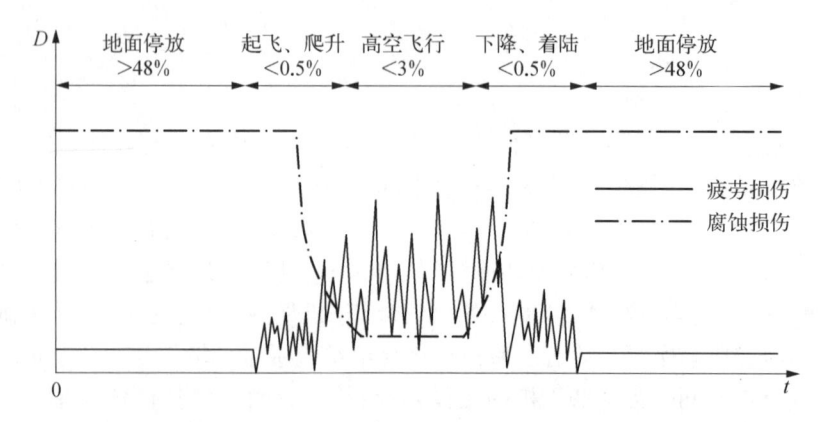

图8-1　一个起落下军用飞机典型部位载荷/腐蚀损伤的时间历程示意图

从疲劳损伤历程来看，结构受到飞—续—飞过程的疲劳损伤，在地面停放时的主要受载形式为静载，由飞机自重和燃油重量等造成，也受到一定的疲劳载荷，主要由机务维修和地面阵风造成。地面停放造成的疲劳损伤很小，在工程上可以不予考虑；飞机从起飞爬升到执行飞行任务，一直到下降着陆的过程所受到的载荷占据着疲劳损伤的绝大部分。

从腐蚀损伤历程来看，结构受到地—空—地过程的腐蚀损伤。在地面停放时受到温湿环境的作用，腐蚀性大，且地面停放时间很长，受到的腐蚀损伤占据了绝大部分；在飞机爬升过程中，环境腐蚀性逐渐减小，主要体现在温度逐渐降低至-25℃以下、湿度降低至65%以下、大气中有害介质的含量也逐渐减少；当飞机爬升至正常飞行状态时，结构主要受到干冷空气的作用，腐蚀性很小，在工程上可不予考虑；当飞机在下降过程中，飞机结构吸热回温，飞机结构外表面、一些通风良好或一些密封不严的结构表面会出现冷凝现象，其腐蚀损伤要比爬升过程严重。

可以看出，飞机的典型结构在地面停放时主要受到环境腐蚀损伤的作用，在起飞爬升和下降着陆过程受到腐蚀疲劳的共同作用，在高空飞行时主要受到疲劳损伤的作用。开展结构腐蚀/疲劳试验研究时可以采用预腐蚀疲劳、腐蚀疲劳共同作用或腐蚀/疲劳交替作用的方式进行，但总的来说，腐蚀疲劳共同作用或腐蚀/疲劳交替作用的试验方法更接近飞机的损伤历程，预腐蚀疲劳所得到的结果会偏于严重（但结果是偏于安全的）。

2. 我国大气环境的腐蚀/老化特点

我国地缘辽阔，不同地区的大气环境差异性大，对飞机结构寿命的影响差异也十分明显,例如,与新疆大气环境相比,南海大气环境的腐蚀性是其100倍以上。因此,对于不同地区服役的飞机,考虑环境条件对结构寿命的影响应当差异化处理。

我国于2001年建成了国防科技工业自然环境试验站网,以大气站和海水站为主,我国主要气候区自然环境试验站的站点布置如表8-1所示。

表8-1 我国主要气候区自然环境试验站的站点布置

序号	气候区类型	大气试验站	海水试验站
1	寒冷	漠河站	—
2	干热	敦煌站	—
3	暖温	北京站、拉萨站	青岛站
4	亚热带	江津站	厦门站
5	湿热	西双版纳站	万宁站、三亚站

根据我国自然环境试验站的实际腐蚀/老化试验研究及各地区气象站的监测数据,可以将我国的腐蚀/老化环境进行分区。我国的气象环境主要因素的分布图和气候老化影响程度分布图可参见《三元乙丙橡胶老化与气候关联性及老化程度全国分布预测》。综合考虑我国各地区的气候、化学环境因素,以及铝合金、钢结构的腐蚀数据,我国大气环境的分区可参见《基于航空金属材料腐蚀的我国大气环境分区》。按照金属材料腐蚀情况的严重程度,可将我国分为5个区,各环境分区的主要特征如下。

(1) Ⅰ区大气的腐蚀性最弱,本分区主要包括寒温—湿润、中温—亚干旱、暖温—极干旱、高原—干旱等气候环境带,气候干、冷,大气污染水平低,铝合金在此分区腐蚀一年相当于受到标准潮湿空气作用0~500 h,合金钢在此分区腐蚀一年相当于受到标准潮湿空气作用0~300 h。

Ⅰ区的典型代表城市是张家口。Ⅰ区覆盖的国土面积最大,包括西藏、新疆、青海、甘肃、宁夏、内蒙古的全部区域,以及黑龙江的西北部、河北北部、山西北部、陕西西北部。

(2) Ⅱ区大气的腐蚀性中等偏下,本分区主要包括中温—湿润、暖温—亚湿润、高原温带—湿润等气候环境带,气候温和、湿润,大气污染水平较高,铝合金在此分区腐蚀一年相当于受到标准潮湿空气作用500~1 000 h,合金钢在此分区腐蚀一年相当于受到标准潮湿空气作用300~800 h。

Ⅱ区的典型代表城市是北京。Ⅱ区覆盖的省(直辖市)最多,包括北京、天津、辽宁、吉林的全部区域、黑龙江的东南部、云南北部,以及河北、山西、山东、河南、陕西、四川的大部分地区。

(3) Ⅲ区大气的腐蚀性属于中等水平,本分区主要包括北亚热带—湿润、暖温—亚湿润—沿海等气候环境带,年平均气温较高、湿度较大,大气污染严重,铝合金在此分区腐蚀一年相当于受到标准潮湿空气作用1 000~1 500 h,合金钢在此分区腐蚀一年相当于受到标准潮湿空气作用800~1 300 h。

Ⅲ区的典型代表城市是青岛。Ⅲ区覆盖的省市包括上海、江苏、安徽的全部区域,以及山东东南部，河南、陕西南部，浙江、江西北部，湖南东北部和湖北大部分地区。

（4）Ⅳ区大气的腐蚀性属于中等偏上水平，本分区主要包括中亚热带—湿润、南亚热带—湿润—内陆等气候环境带，年平均气温高、湿度大、降雨多，大气污染严重，铝合金在此分区腐蚀一年相当于受到标准潮湿空气作用 1 500～2 000 h，合金钢在此分区腐蚀一年相当于受到标准潮湿空气作用 1 300～1 800 h。

Ⅳ区的典型代表城市是厦门。Ⅳ区覆盖的省市包括重庆、贵州的全部区域，以及云南、浙江南部，四川中东部，广西、广东、福建北部，湖北西部，湖南和江西的大部分地区。

（5）Ⅴ区大气的腐蚀性最为严重，本分区主要包括南亚热带—湿润、边缘热带—湿润、中热带—湿润、赤道热带—湿润等气候环境带，气候炎热、多雨、湿度大，铝合金在此分区腐蚀一年相当于受到标准潮湿空气作用 2 000 h 以上，合金钢在此分区腐蚀一年相当于受到标准潮湿空气作用 1 800 h 以上。

Ⅴ区的典型代表城市是万宁。Ⅴ区的地理位置最靠南，包括海南、台湾、香港、澳门、我国南海海域的全部区域，以及广东、广西、福建的南部地区。

需要注意的是，飞机上的一些结构（如大梁、隔框、壁板、桁条等）和橡胶件等位于飞机内部，受到飞机舱室局部环境的直接影响而发生腐蚀或老化。对这些舱室内部结构的环境影响研究应以局部环境展开，需要建立局部环境与外部环境的关系，编制飞机局部环境谱，这里不再展开介绍。

8.1.2　飞机结构的寿命指标

我国飞机结构的使用寿命包含两个主要指标，一个是以飞行小时数或飞行起落数表示的疲劳寿命；另一个是以使用年限表示的日历寿命。研制目标中要求的通常是综合疲劳寿命与日历寿命的总寿命，无论是哪一种寿命达到了设计指标，飞机结构的寿命都会中止。需要说明的是，美国飞机未将日历寿命作为飞机使用寿命的控制指标，在飞机结构寿命控制过程中，针对腐蚀问题，主要贯彻"预防为主"和"发现即修理"的措施。

现代飞机要求具有长寿命、高可靠性和良好的经济性，为实现这一综合要求，对决定飞机使用寿命的关键构件及关键部位，均应尽可能设计成可以在整个寿命期内进行适当的检查的经济修理。飞机结构的总寿命通常允许经过一定的大修予以实现，因此，无论是疲劳寿命还是日历寿命，均由对应的首翻期、修理（大修）间隔和总寿命组成，并包括相应的修理大纲，即每次修理的构件、部位和修理方法，飞机达到了疲劳寿命或日历寿命的首翻期，就需进行首翻。首翻后无论是先达到下一个疲劳寿命修理间隔还是日历寿命修理间隔，均需进行第二次大修，以此类推，直至达到了疲劳总寿命或日历总寿命，飞机结构寿命中止。疲劳寿命或日历寿命的首翻期、修理间隔及对应的修理次数是以实现飞机结构疲劳与日历总寿命研制指标为目的，经过设计后的寿命评定（包括分析与试验）给出的。但是，修理次数的增加会对飞机的出勤率和战备完好率产生重要影响，同时会增加修理费用，从而影响经济性。因此，允许的修理次数通常必须得到用户认可，用户也可事先对此提出一定要求。

需要说明的是,有些国家的飞机结构寿命指标中,日历寿命指标已经不再是强制性的限制指标,如美国等。随着腐蚀控制等技术的发展,取消日历寿命指标也成为飞机结构日历寿命体系的发展方向。无效日历寿命指标并不意味着忽略服役环境的影响,而是对服役环境的影响更加重视,强化相应的腐蚀防护手段,加强腐蚀损伤的检查与预防,并做好相应的腐蚀损伤影响评估及修理恢复等工作。

8.2 飞机金属结构的腐蚀

金属具有很多优异的特性,如较高的强度、可塑性、耐磨性、导热性、导电性及良好的加工成型性能,因此,尽管在非金属材料异军突起的今天,金属材料仍不失为当代各领域中应用最广泛的一种重要工程材料,特别是现代军用飞机和其他武器装备主要由各种金属材料制造。

除了极少数的贵金属,绝大多数金属在通常条件下都会遭受不同程度的变质或损坏。为了延长金属构件的使用寿命,创造更大的经济效益和军事效益,在结构材料的各种破坏形式中,腐蚀问题引起人们越来越多的重视。关于腐蚀的定义,许多著名学者都有自己的表述,下面是人们从不同的角度出发对金属腐蚀冠以的各种定义:

(1) 金属在周围介质的作用下被氧化成金属阳离子的过程;

(2) 金属在周围介质的作用下所发生的化学作用或电化学作用;

(3) 金属在周围介质的作用下发生化学作用或电化学作用而引起的破坏;

(4) 金属在周围介质的作用下失去电子的过程。

综合起来,比较确切的定义应当是上面第(3)条所述,在这里需要强调以下两点。

(1) 金属或合金的腐蚀主要是由于电化学或化学的作用引起的破坏,有时还伴有机械、物理或生物的作用。例如,应力腐蚀开裂就是应力和化学物质共同作用的结果。严格说来,所有的疲劳都属于腐蚀疲劳,因为这种破坏绝非在真空中进行。

(2) 有人习惯地将金属的腐蚀狭义地理解为"生锈",这是不妥当的。"生锈"这个俗语常用于描述铁及铁基合金以水合氧化铁为主要腐蚀产物时的腐蚀现象,但非铁基金属受腐蚀并不生锈,往往形成可溶的金属氧化物、氢氧化物或较复杂的配合物。

实际上,金属材料发生腐蚀是自然界的客观规律,其腐蚀过程实际上是金属恢复到自然界中最稳定的状态(矿石状态)。

8.2.1 金属材料的腐蚀机理

在大气、水溶液和许多腐蚀介质中,绝大多数金属及其合金在热力学上是不稳定的,有自发腐蚀的倾向,腐蚀的结果是金属原子从金属晶体点阵中转变为离子状态。按照这种转变过程的性质,可将金属腐蚀分为化学腐蚀和电化学腐蚀两类。

1. 化学腐蚀

金属和非电解质(如酒精、石油)或干燥的气体相互作用产生的腐蚀属于化学腐蚀,其特点是化学作用过程中没有腐蚀电流产生。最重要的化学腐蚀形式是金属的气体腐蚀,即金属与活性气态介质(二氧化硫、硫化氢、卤素、水蒸气和二氧化碳等)在高温下的化学作用。飞机结构中的许多重要零件由于气体腐蚀而遭到严重的破坏,如飞机喷气发动机的燃烧室、导向叶片、涡轮叶片等。飞机整体油箱的微生物腐蚀可视为化学腐蚀(若燃油中不含水)。

2. 电化学腐蚀

1) 电化学腐蚀的基本类型

电化学腐蚀是金属在导电的液体(电解质溶液)中因电化学作用而导致的腐蚀,其特点是在腐蚀过程中有腐蚀电流产生。大气腐蚀、海水腐蚀、土壤腐蚀等都属于电化学腐蚀。

需要指出的是:在实际应用中,有时很难把化学腐蚀和电化学腐蚀严格地区分开来。例如,铁在水蒸气中一般发生电化学腐蚀,但在高温时却转化为化学腐蚀,而且很难确定温度的转换界限。又如,锌在稀盐酸中的溶解过程是一个腐蚀进行的过程,腐蚀过程中既有电化学作用又有化学作用。电化学腐蚀是最常见的腐蚀形式,以锌在稀盐酸中的腐蚀为例,将一粒工业粗锌投入稀盐酸中,可明显观察到有大量氢气放出。锌溶解并产生氯化锌溶液,其离子反应方程式为

$$Zn + 2H^+ = Zn^{2+} + H_2\uparrow$$

上式可分为两个反应即氧化(阳极反应)和还原(阴极反应):

$$Zn - 2e^- = Zn^{2+}$$

$$2H^+ + 2e^- = H_2\uparrow$$

铁和铝投入稀盐酸中,也会发生类似的反应。这些产生氢气的电化学腐蚀称为析氢腐蚀,它常发生在酸洗或用酸浸蚀某种较活泼金属的加工过程中。当钢铁制件暴露于潮湿空气中时,由于表面的吸附作用,钢铁表面会覆盖一层极薄的水膜。在工业发达地区的空气中含有大量的 CO_2、SO_2 等酸性气体(例如,一个十万千瓦火力的发电站,每昼夜从烟囱中排放出的 SO_2 就有 10 t 之多),这些气体溶于水膜中,离解出氢离子,可能发生析氢腐蚀。

在中性或碱性溶液中,其阴极反应为

$$O_2 + 2H_2O + 4e^- = 4OH^-$$

因为阴极发生吸氧作用,所以称为吸氧腐蚀。由于任何水溶液与空气接触就能产生上述阴极反应,大多数金属都可能产生吸氧腐蚀,甚至在酸性较强的溶液中,金属发生析氢腐蚀的同时,也有吸氧腐蚀的产生。

2) 电极电位

金属是一种特殊的晶体,其中总是含有一定数量的金属阳离子和自由电子。当把一种较活泼的金属,如镍浸入镍盐水溶液中时,由于 Ni^{2+} 在溶液中的能级比在金属晶体中的能级低,因此金属镍中的 Ni^{2+} 将从金属转入溶液中,而电子仍然留在金属上,这个过程称为金属镍的水化溶解(氧化)过程。另外,在 Ni^{2+} 不断脱离金属表面进入溶液中

的同时，溶液中的 Ni^{2+} 也有可能再沉积到金属表面上，这个过程称为沉积结晶（还原）过程。溶解过程和沉积结晶过程是同时进行的。随着时间的推移，水化溶解速度不断下降，而沉积结晶速度在不断上升，最后可达到一个状态：正逆两过程的速度相等。这时，在金属表面附近的溶液中维持着一定数量的 Ni^{2+}，而在金属镍表面上，则保留着相应数量的自由电子[图 8-2(a)]。金属镍表面带负电，溶液带正电，这两种相反的电荷构成的整体，就称为双电层，双电层在宏观上能反映出一个稳定的电位差，这个电位差就称为金属镍的电极电位。

另外还有一种情况，把一种较不活泼的金属，如铜浸入铜盐水溶液中时，由于 Cu^{2+} 在金属上的能级反而比在溶液中低，即它存在于金属上时比在溶液中更稳定些。溶液中的 Cu^{2+} 会自发地沉积到金属铜上，当然金属铜的溶解过程也在同时进行着。在某一状态下，当这两个相反的过程的速度相等时，就形成了与金属镍电荷符号相反的双电层[图 8-2(b)]。

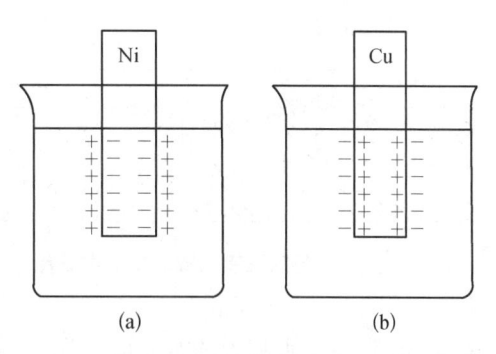

图 8-2 双电层简单示意图

3）腐蚀电池和微电池

金属在电解质溶液中的电化学腐蚀，是由于腐蚀电池和微电池的作用而引起的。

(1) 腐蚀电池。前面已经讲过，将单个金属放在金属盐溶液中以后，就会产生电极电位，由于金属本性不同，各种金属的电极电位也不同。

如果把两种电极电位不同的金属同时放在同一种电解液中，并将其用导线连接起来，便组成了一个腐蚀原电池。例如，把铜和锌同时放在稀硫酸中，金属锌的电极电位较负，因此发生氧化反应：

$$Zn - 2e^- = Zn^{2+}$$

而铜电极由于电极电位较正，在稀硫酸中发生还原反应，溶液中的 H^+ 与从锌电极中流过来的电子相结合，生成氢气：

$$2H^+ + 2e^- = H_2\uparrow$$

由于锌的氧化反应不断进行，电子不断从锌电极流向铜电极，而电子在铜电极上被氢离子的还原所消耗，于是整个电池就构成了一个回路，回路中的电子流动就会使电极电位较负的金属锌不断溶解而进入溶液，即金属锌遭到了腐蚀，其原理见图 8-3。

在电化学中，把发生氧化反应的电极称为阳极，而把发生还原反应的电极称为阴极，阳极被腐蚀，阴极被保护。前面已经介绍过，由于阴极反应不同，主要有以下两类，分别称为析氢腐蚀和吸氧腐蚀：

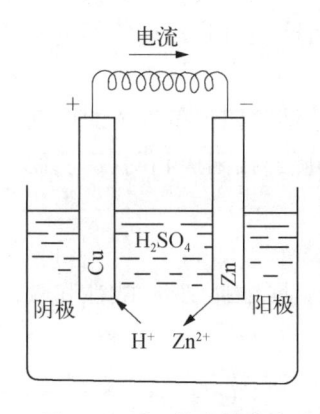

图 8-3 铜-锌腐蚀电池

$$2H^+ + 2e^- = H_2\uparrow \quad (析出氢气)$$

$$2H_2O + O_2 + 4e^- = 4OH^- \quad (吸收氧气)$$

一般情况下,钢铁在大气中的腐蚀主要是吸氧腐蚀。

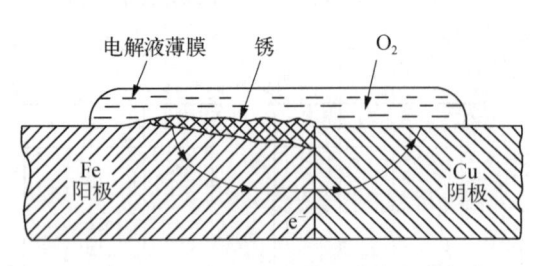

图 8-4 铜与铁直接接触组成的腐蚀电池

实际上,在电解液中的两种金属,不一定非要有导线连接才能组成腐蚀电池,两种金属直接接触也能组成腐蚀电池。例如,在大气条件下,铜与铁直接接触,如果在其表面上凝聚了一层水膜,也就组成了一个腐蚀电池,如图 8-4 所示。

在该腐蚀电池中,铁电极电位较负,为阳极,发生氧化反应;而铜的电极电位较正,为阴极,存在于水膜中的氧吸收由阳极流过来的电子,发生还原反应。阳极反应生成的 Fe^{2+} 离子与阴极反应生成的 OH^- 离子在水膜中相遇,产生 $Fe(OH)_2$,附着在铁的表面上,铁很快被腐蚀;进一步,$Fe(OH)_2$ 在空气中被氧化为 $Fe(OH)_3$:

$$4Fe(OH)_2 + 2H_2O + O_2 = 4Fe(OH)_3$$

$Fe(OH)_3$ 脱水后生成红褐色的 Fe_2O_3,Fe_2O_3 是铁锈的主要成分。在该腐蚀电池中,电子不是通过导线传递,而是通过铁和铜直接接触(短路连接)来传送电子的,结果使金属铁遭到腐蚀。在自然界中,由不同金属直接接触的构件在海水、大气或酸、碱、盐水溶液中所发生的接触腐蚀,就是由于这种腐蚀电池作用而产生的,由这种形式产生的腐蚀往往称为电偶腐蚀。

上面所提到的腐蚀电池又称为宏观腐蚀电池。分析宏观腐蚀电池的工作原理,可以归纳出,电池要连续工作,必须满足以下四个条件:

a. 必须存在具有腐蚀倾向的金属(腐蚀金属称为阳极);

b. 必须存在不同于阳极的腐蚀倾向小的不同导电材料(阴极)(可以是不同的金属,相同金属的受保护部分或导电非金属);

c. 导电液体(电解质)必须连接阳极和阴极(以便离子可以在其之间传输电流);

d. 必须存在阳极和阴极之间的电接触(通常是以金属-金属接触的形式),使得电子可以在阳极和阴极之间移动。

这四个条件是造成电化学腐蚀的充分必要条件,缺一不可。消除四种条件中的任何一种都会减缓或阻止腐蚀,例如,金属表面上的漆膜会阻止电解质连接阳极和阴极,从而避免腐蚀。

军用飞机上常见的腐蚀介质有如下几种:

a. 酸碱性物质,如清洗剂、清洁剂、脱漆剂、腐蚀产物去除剂、腐蚀抑制剂、酸性和碱性蓄电池的电解液等;

b. 盐,如沿海和近海区域的大气中含有较高的盐分;

c. 大气,特别是工业污染大气,因为含有许多污染性气体和尘埃;

d. 水,大部分水溶液都会导致对飞机金属结构的腐蚀,即使是天然水也是如此。

(2) 腐蚀微电池。实际上,有许多金属在大气和海水等介质中,不与其他金属接触也会发生腐蚀,这是由于腐蚀微电池作用而引起的。

例如,粗锌溶于稀盐酸一例就是腐蚀微电池的作用结果。粗锌中的基体为锌,同时含有一些电极电位比锌高的杂质相,又共存于稀盐酸电解液中,满足了几个组成腐蚀原电池的条件,于是就组成了腐蚀电池。这种腐蚀电池与前面所讲的宏观腐蚀电池的区别,仅仅在于阴极和阳极非常细小,因此把这种腐蚀电池称为腐蚀微电池,或简称微电池。粗锌在稀盐酸中的溶解是无数个腐蚀微电池作用的总结果,如图 8-5 所示。

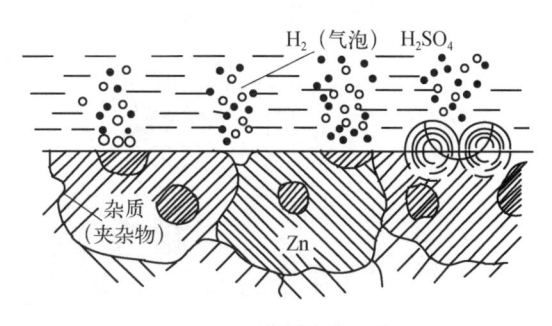

图 8-5 腐蚀微电池示意图

8.2.2 飞机金属结构的常见腐蚀类型

军用飞机的腐蚀破坏有多种形式,飞机的金属材料到底以哪种形式发生腐蚀破坏,取决于材料的成分和组织、构件的形式及外部的环境条件等各种因素。各种腐蚀破坏形式有其各自的特征和腐蚀破坏机理,但是它们之间总是有着或多或少的联系。有时,在同一个金属构件上,往往同时发生几种类型的腐蚀破坏。

1. 均匀腐蚀

均匀腐蚀表现为金属表面可见的均匀侵蚀,它直接由化学侵蚀作用而引起,腐蚀的结果是使金属构件变薄,直至最后发生破坏。例如,金属构件在大气中的腐蚀,以及在酸、碱等电解溶液中的腐蚀,往往表现为均匀腐蚀破坏。金属的氧化,也多表现为均匀腐蚀。

如果飞机零件或部件表面没有涂层,或不合理地施用保护性涂层和密封层,或保护性涂层由于机械磨损而破坏,都会导致均匀腐蚀的产生。

均匀腐蚀将影响外观。例如,飞机机身外表呈现无光泽的灰色和条纹,表面粗糙。在运输机内部,厨房和洗手间的溢出物常使邻近区域发生均匀腐蚀;均匀腐蚀也常出现在地板结构区域。如不及时将其去除,腐蚀将进一步发展,从而导致点状腐蚀和晶间腐蚀,这类腐蚀会导致飞机结构件强度大大减弱,因此,根据腐蚀程度的大小,需要进行修理或更换部件。

通常,采用合适的材料及合适的保护性覆盖层,使用缓蚀剂,并注意及时冲掉腐蚀产物和恢复保护性涂层,就可抑制腐蚀速率。

2. 电偶腐蚀

在腐蚀性介质中,金属与电位更正的另一种金属或非金属导体(如石墨和碳纤维复合材料)相互接触时而引起的加速腐蚀,称为电偶腐蚀,又称为不同金属的接触腐蚀。两种电位不同的金属(或金属与非金属),当它们单独处于电解质环境中时,这两种金属都会发生程度不同的腐蚀。但当它们通过导体连接或直接连接时,电位较正的金属的腐蚀速率变小,甚至不发生腐蚀,而电位较负的金属的腐蚀速率将增大几倍甚至几十倍,通常所说的"引起的加速腐蚀",就是这个意思。军用飞机上不同金属的接触情况很多,因此电偶腐蚀经常发生,如图 8-6 所示。

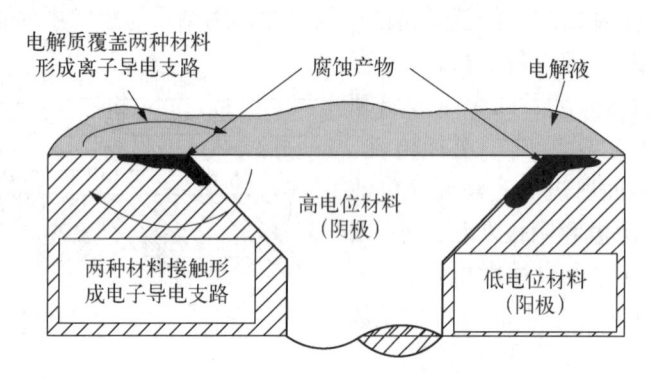

图 8-6 电偶腐蚀示意图

电偶腐蚀主要发生在两种不同金属接触的边缘附近,而在远离接触边缘的区域,其腐蚀程度要轻得多。此种腐蚀类型常以白色或灰色的粉状颗粒为特征出现在金属制件上,飞机上的搭接、铆接部分最为常见。

如果不同金属的接触面有缝隙并存留电解液时,还将遭到缝隙腐蚀和电偶腐蚀的联合作用,其破坏性更大。

在双金属电偶中,保持阳极面积一定时,电偶的腐蚀程度与阴极面积成正比,这一结论称为"给氧面积原理",这对选用阴阳极相对面积比有着重要的意义。大阴极、小阳极的状况是极为有害的,例如,将铜铆钉铆接的钢板和钢铆钉铆接的铜板同时放在海水中浸泡 15 个月后发现,铜板虽然有些腐蚀,但和铜铆钉的连接仍然很牢固,而铆接铜板的钢铆钉却是完全腐蚀破坏了。这是由于在海水中钢-铜电偶中的铜为阴极而钢为阳极,用钢铆钉铆接铜板相当于大阴极、小阳极。

有多种方法可以防止或减轻电偶腐蚀。在不同的金属之间可采取绝缘措施,例如,加入绝缘垫片、用涂层或密封剂加以隔离;采用合适的油漆层或金属镀层进行保护;在封闭系统中可加入缓蚀剂,以减轻介质的侵蚀性等。当采用油漆层时,应将漆层涂覆在阴极表面上而不是涂覆在阳极表面上,因为若阳极表面上的漆层发生局部脱落时,则会形成大阴极、小阳极的有害局面。

3. 小孔腐蚀

小孔腐蚀又称为点蚀、孔蚀或坑蚀。它是金属的大部分表面不发生腐蚀或轻微腐蚀,但在局部地方出现腐蚀小孔并向纵深处发展的一种极为隐蔽的局部腐蚀形态,如图 8-7 所示。

在很多情况下都能发生小孔腐蚀,例如,金属在潮湿的大气条件下,在电解液中及当表面的防护性涂层不恰当或损坏时,都可能发生小孔腐蚀。开始发生的小孔腐蚀像局部的表面腐蚀,由于裂缝、污染物的沉积和潮湿的环境,会加速小孔腐蚀的发展。小孔腐蚀通常与其他形式的腐蚀同时发生,例如,与均匀腐蚀或早期的微生物腐蚀同时发生。

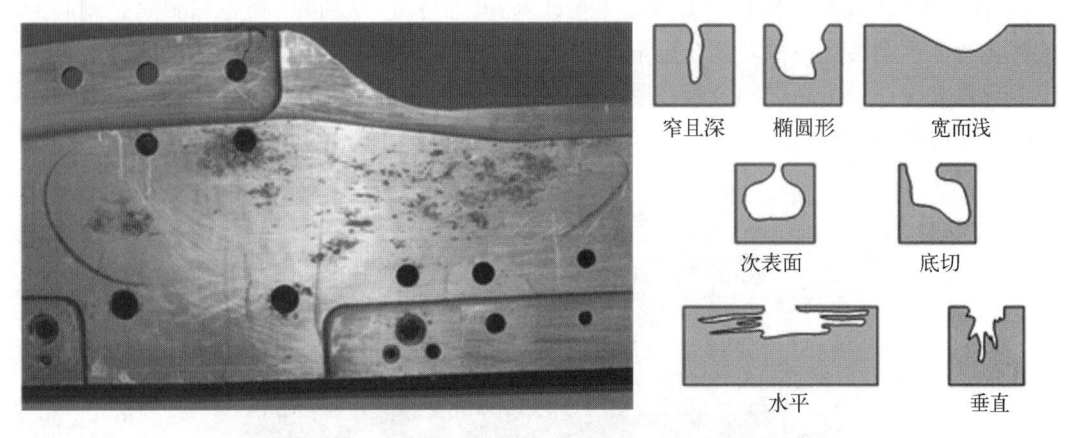

图 8-7　小孔腐蚀的典型示例及几种典型的蚀坑形貌

钢铁、铜、铅和镁等多种金属都容易发生小孔腐蚀，特别是表面上存在钝化膜或氧化膜的金属或合金，如不锈钢、耐热合金、铝及铝合金等，在一定条件下都有产生小孔腐蚀的可能性。检查小孔腐蚀很困难（蚀孔很小并常被腐蚀产物所覆盖），往往由于蚀孔穿透金属构件而造成突发性的恶性事故。除此之外，产生于缝隙内的小孔腐蚀的发展速度比表面的小孔腐蚀发展速度快，是导致疲劳断裂的诱因，因此小孔腐蚀的危害性极大。在含氯离子的海洋性大气环境中，飞机结构中使用的多种金属都可能发生小孔腐蚀。

4. 晶间腐蚀

晶间腐蚀是在金属晶界发生腐蚀的行为。任何合金（除单晶）的横切面经放大后都可以显示出晶粒结构。合金由一定数量的单个晶粒组成，每个晶粒都有一个明确定义的边界，该边界在化学成分上与晶粒内的金属不同。相对于晶粒内的金属，晶粒边界通常是阳极（更容易腐蚀）。当存在电解质时，在晶界发生快速的选择性腐蚀。高强度铝合金依赖于合金元素沉淀相的强化，特别容易受到晶间腐蚀。图 8-8 展示了 7075-T6 铝合金中晶间腐蚀的情况。

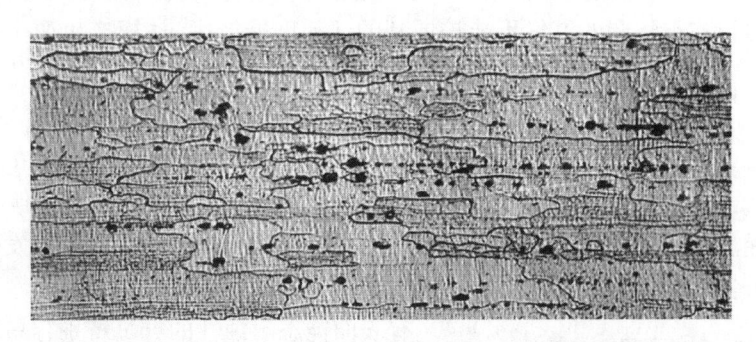

图 8-8　7075-T6 铝合金晶间腐蚀形貌（金属截面）

5. 剥蚀

剥蚀属于晶间腐蚀的一种，是晶间腐蚀的更严重的表现形式，腐蚀产物在晶界发生膨胀,从而产生"楔入力",导致金属表面晶粒被剥开,如图8-9所示,膨胀和剥离是剥腐的最明显特征。剥蚀是一种对铝合金危害很大的局部腐蚀形态,也是军用飞机结构腐蚀的主要形式之一。一些高强铝合金在受力状况下对晶间腐蚀特别敏感,严重的剥蚀可使材料使用寿命降低40%以上。

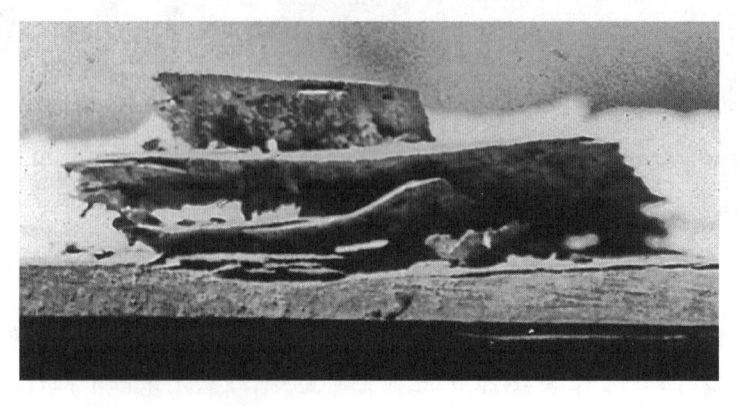

图8-9 铝合金板的剥蚀

剥蚀的危害很大,因为在可觉察到的迹象发生之前,结构件就非常脆弱了。飞机机体结构常采用整体的轧制板材,为产生剥蚀创造了条件。

6. 缝隙腐蚀

缝隙腐蚀也是最常见的腐蚀类型之一。经验表明,这种类型的腐蚀可能发生在溶液汇集的任何缝隙中,缝隙通常位于垫圈、搭接接头、螺栓或铆钉头下。缝隙局部环境与外部环境之间存在差异,从而导致缝隙腐蚀发生。此外,即使相接触的金属是同等材料,它们也有可能具有不同的活性,导致产生缝隙腐蚀。当表面覆盖有异种材料时,这类腐蚀也会发生。减少缝隙腐蚀的措施包括通过焊接、密封剂、锡焊、无吸收性的垫圈等方式使缝隙关闭。

1) 氧浓差电池

氧浓差电池属于缝隙腐蚀的一种形式。与金属表面接触的电解质通常含有溶解氧。氧浓差电池可以在空气中的氧气不能扩展到的任何区域产生,从而产生两个点之间的氧气浓度差异。氧浓差电池的典型位置一般在金属表面与接合面(如铆接搭接接头等)的金属或非金属沉积物(污垢)外。氧浓差电池也可以在垫圈、木材、橡胶、胶带和其他与金属表面接触的材料接合面形成。腐蚀将发生在低氧浓度区域(阳极),如图8-10所示。不锈钢等具有表面钝态耐蚀性的合金特别容易发生这种类型的腐蚀。

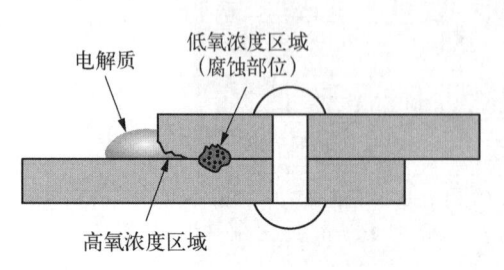

图8-10 氧浓差电池示意图

2) 活化/钝化电池

具有紧密黏附的钝化膜的金属,如耐腐蚀钢上的氧化膜,易受活化/钝化电池的快速腐蚀侵蚀。腐蚀作用通常始于沉积的污垢或盐创造的氧浓差电池,然后在盐沉积区域中破坏钝化膜,随后,钝化膜下活跃的金属将暴露于腐蚀性侵蚀环境。由于周围阴极(钝化膜)的面积大得多,这个小的阳极区域将迅速腐蚀,造成表面的快速点蚀,如图 8-11 所示。

图 8-11　活化钝化电池示意图

7. 丝状腐蚀

丝状腐蚀是一种特殊的缝隙腐蚀类型,多数发生在钢、镁和铝的镀层、磷化层和涂覆的漆膜下,因此又称为膜下腐蚀或漆膜下腐蚀,其腐蚀产物形似线状细丝构成的网络,往往使表层起泡或破裂。例如,在飞机蒙皮接缝处和蒙皮上紧固件头部周围及因过分潮湿而引起涂层破损的地方(蒙皮漆膜下),均可见丝状腐蚀,如图 8-12 所示。

丝状腐蚀最重要的影响因素是大气的相对湿度。以钢铁为例,丝状线的头部由较浓的亚铁盐组成,周围大气中的水分借以渗透,水解产生酸性物质,加速腐蚀。而线头的尾部成为阴极,并积聚 OH^-。因为腐蚀产物 $Fe(OH)_3$ 沉淀的亲水性比亚铁盐溶液小,所以水通过漆膜扩散出去,成为非活性区,不遭腐蚀。

潮湿气氛加速丝状腐蚀的蔓延,在相对湿度大于 65% 时,丝状物开始形成,随着湿度的增加,丝状物增多,当相对湿度大于 95% 时,将形成疱状物。

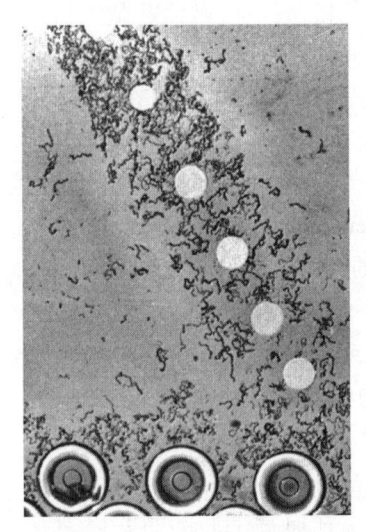

图 8-12　丝状腐蚀示意图

8. 冲蚀

冲蚀是指腐蚀性流体与金属表面间因相互运动而引起的金属加速腐蚀破坏。腐蚀性流体不断以高速对金属表面进行动态撞击或冲刷,从而引起金属或涂层的加速腐蚀或破坏。飞机安定面和机翼前缘、机身下部、舱门、发动机压气机叶片、涡轮叶片、涡轮导向叶片及各种流体的管道系统(特别是弯头和肘管部分)等,都会受到冲蚀。

经常采用的防止或减缓冲蚀的措施如下:选用耐冲蚀的涂层或镀层;采取过滤措施滤去固体颗粒,例如,发动机在地面使用时加防尘罩;在海上使用时,加盐分过滤器。

9. 磨蚀(磨振腐蚀)

在大气环境中,两个受重载荷的表面相互接触,彼此作相对振动和滑动时可产生磨蚀,腐蚀使零件表面上呈现麻点和沟纹,如图 8-13 所示。在发动机内部或受其影响的飞机上的某些部件易出现这类腐蚀,如压气机叶片榫槽、轴承与轴之间、整流片与蒙皮的结合处、接近翼面的机翼油箱、衬套和配件间的结合处、

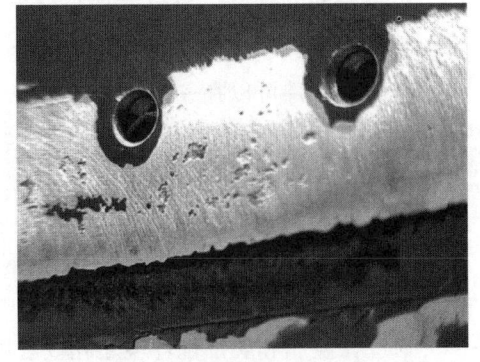

图 8-13　典型磨蚀形貌

飞机螺旋桨的铝青铜封严锥、螺栓结合处等。钢与几乎所有的材料（包括塑料）结合使用时，在钢上发生的"流血"（鲜红色铁的氧化物）现象就是发生了磨蚀的结果。

磨蚀破坏金属零件，产生的氧化锈泥往往引起黏结，同时也破坏了部件接触面所容许的公差，紧配合松动了，进而可能发生松脱，造成事故。

减少或防止磨蚀的措施有：使用垫片或尼龙防磨带，以减缓振动；使用低黏度、高韧性的润滑脂润滑；采用表面热处理或离子注入技术等表面强化技术，以提高金属的耐磨性。

10. 微生物腐蚀

微生物腐蚀是由飞机油箱中的微生物（主要为真菌）所引起的，它们在燃油和水的分界面上繁殖，形成的新陈代谢产物腐蚀金属。在热而潮湿的气候条件下，燃油的微生物腐蚀率高。

真菌形似线状，形成簇状或分散的小球，具有黏性，通常呈棕色或黑色黏附在油箱底。在不到四个月的时间里，肉眼可观察到簇团状的缠结生长物。

11. 应力腐蚀

应力腐蚀也称为应力腐蚀开裂（stress corrosion cracking，SCC）。应力腐蚀（图8-14）是由恒定拉伸应力（内应力或外加应力）和腐蚀的综合影响引起的金属的晶间或穿晶开裂。在零件制造过程中，焊接、冷加工、成形和热处理操作均可能产生内应力或残余应力。除非采用应力消除的操作，否则残余应力仍会隐藏在部件中。当使用干涉配合，以及使用铆钉和螺栓将略微不匹配的部件连接在一起时，在部件中会引入应力，且这些应力与运行载荷叠加会使应力峰值增大。应力腐蚀通常是局部的并以裂纹的形式出现。发生SCC时，金属的大部分表面未损伤，而细小的裂纹会穿过部件的内部，裂纹通常垂直于施加的应力。金属具有应力腐蚀门槛值K_{ISCC}，低于该门槛值时不会发生应力腐蚀开裂。该门槛值随金属而变化，且对于相同金属的不同状态也是不同的，并且三个方向的应力中的每一个都是不同的。在飞机中，高强度钢部件（如起落架）和高强度铝部件特别容易受到应力腐蚀。

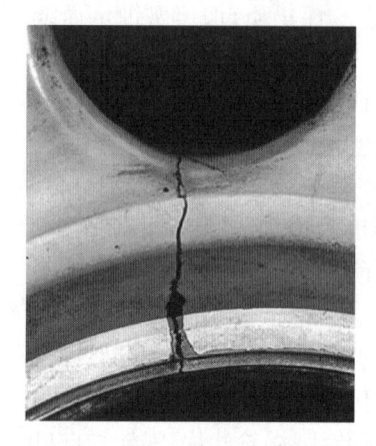

图8-14 典型应力腐蚀形貌

应力腐蚀开裂是一种极其危险的失效类型，因为它可以在远低于金属额定强度的应力水平下发生，从看起来非常轻微的腐蚀坑开始。这种类型的故障可能是灾难性的，同时是隐蔽的。零件可以在一瞬间完全断裂，或者可以缓慢地开裂。在服役运行期间，开裂速率和应力限制是不可预测的。例如，7075-T6铝合金在承受仅为其额定强度的10%的应力时会因应力腐蚀开裂而失效。

目前已经确定了导致某些合金应力腐蚀开裂的特定环境：盐溶液、海水和潮湿的含盐空气可能会导致热处理铝合金、不锈钢和一些钛合金的应力腐蚀开裂；镁合金可能会在潮湿空气中产生应力腐蚀。

通过在金属和腐蚀性环境之间设置屏障，或通过施加保护涂层和/或水置换防腐蚀化合物可以防止应力腐蚀。制造期间的应力消除操作会有所帮助，因为它会降低零件的内部应力水平。喷丸强化金属通过在表面上产生残余压应力来增加对应力腐蚀开裂的抵抗力。更换合金(例如,用 7075－T73 或－T76 合金制成的铝替换 7075－T6 部件)可以大大提高对 SCC 的抵抗力。

12. 腐蚀疲劳

腐蚀疲劳是由循环应力和腐蚀的综合影响引起的金属开裂。如果金属处于腐蚀性环境中,则所有金属对循环应力的抵抗力均会降低。腐蚀通过点蚀破坏金属,然后由于循环应力在凹坑区域形成裂纹。裂纹在疲劳载荷作用下扩展,其中裂纹的扩展速率受到应力水平、材料性质及裂纹张开面上的腐蚀产物的影响。当剩余的截面积不能承受所施加的载荷时,会因腐蚀疲劳而发生金属部件的断裂。与应力腐蚀一样,腐蚀疲劳通常是局部的并且以裂纹的形式出现。裂纹通常垂直于施加的应力。即使在仅具有轻度腐蚀性的环境中,对受到循环应力的所有部件的保护也尤为重要。预防措施包括减少部件上的应力、使用腐蚀抑制剂,以及在部件上涂覆金属涂层(如铬、镉或离子气相沉积铝)。

8.2.3 飞机腐蚀的一般规律

1. 不同服役条件下的腐蚀规律

根据我军部分现役飞机结构腐蚀的调查,可以得到飞机腐蚀的一般规律,叙述如下。

(1) 沿海使用的飞机发生的腐蚀比内地严重,离海岸越近,腐蚀越严重;大气污染严重地区的飞机腐蚀比其他地区严重;南方沿海的飞机腐蚀比其他沿海地区严重。例如,对于某型战斗机,南方和东部沿海地区发生严重腐蚀的飞机分别占被检查飞机的 46.7% 和 40.3%,而北方沿海地区中仅有一些老旧飞机发生了腐蚀。

(2) 飞机在多雨水、多盐雾或空气湿度大、温度高的地区腐蚀比较严重。例如,对于某型飞机,其中两处机场虽然大气污染较严重,但空气比较干燥,飞机表面漆层仅轻微脱落,而在盐雾天气较多的盐碱地区,服役的飞机表面漆层均有程度不同的脱落。

(3) 服役日历年限长的飞机腐蚀比服役时间短的严重。

(4) 连续停放时间长的飞机,其腐蚀情况比经常使用和维护的飞机严重。例如,有的飞机连续停放时间最长达 8 年之久,腐蚀相当严重。

2. 易腐蚀的部位和结构形式

我军部分现役飞机结构的腐蚀比较普遍,有的还很严重,根据调查,易腐蚀的部位和结构形式如下所述。

(1) 异种金属接触部位及存在结构缝隙的部位。例如,各机种的配重连接部位和钢连接件等,因缺少必要的防护措施或防护不当等导致不同程度的腐蚀。

(2) 紧固件和紧固孔周围,不密封或密封质量差的连接结构,如钢接和螺接结构。

(3) 制造死角、易积水或排水条件差及维护困难的部位。

(4) 装配加工部位和表面防护层质量差或受到损伤的部位,如装配、钻孔、锪窝、切割/锉修、对接和搭接接缝处的加工端面等,在加工后没有采取相应的防护措施或防护层,受到损伤后没有补充施加防护层。

(5) 腐蚀集中的结构部位:① 机翼-主起落架舱区;② 机身减速板舱内;③ 尾翼蒙皮

与配重连接区;④蒙皮外表面防护层;⑤活动部位(如襟翼滑轨轮缘处、副翼根部轴承及根部轴处的磨蚀)。

3. 飞机易受腐蚀的材料

根据我军部分现役飞机结构腐蚀的调查,易受腐蚀的材料有如下几种。

(1) 镁合金构件易产生不同程度的腐蚀。

(2) 铝合金2000系和7000系对晶间腐蚀和剥蚀非常敏感,易发生腐蚀。主轮舱区机翼前梁和蒙皮(油箱下壁板)易发生剥蚀和晶间腐蚀。

(3) 30CrMnSiA钢件,尤其是紧固件,均易发生不同程度的锈蚀。

(4) 早期服役的飞机,其外表面蒙皮涂层系统抗老化、耐蚀性和附着力较差,几乎每架被检飞机的外表面蒙皮漆层均有程度不同的脱落。

4. 飞机腐蚀的主要原因

从腐蚀的现象和规律分析,飞机结构腐蚀的原因,涉及设计、制造和使用维护等各个方面,主要影响因素有以下几种。

1) 设计方面

通风、排水、密封;结构缝隙、沟槽、内腔;异种金属;表面防护系统;材料与工艺选择;应力和变形控制;结构维修性(含可达性、可检测性);构件的具体使用环境控制。

2) 制造方面

制造工艺及生产质量控制;表面防护工艺及质量控制;密封、装配工艺及质量控制;包装、储存、运输等。

3) 使用维护方面

可维护性差;表面损伤;使用环境(包括内部或局部环境、人为环境);疏忽或对腐蚀损伤认识不足;腐蚀维修计划不当或措施缺乏;排水孔等堵塞。

5. 飞机上存在的金属材料的腐蚀特征

没有金属具有完美的环境完整性,即在环境下完全不被腐蚀,也就是说,所有金属迟早都会腐蚀。表8-2总结了飞机金属材料的腐蚀特性。

表8-2 飞机金属材料的腐蚀特征

合　　金	合金易受到的腐蚀类型	腐蚀产物和腐蚀外观
铝合金	表面点蚀、晶间腐蚀、剥蚀、应力腐蚀和腐蚀疲劳开裂、微动腐蚀	白色或灰色粉末
镁合金	非常容易发生麻点	白色、粉状、雪状堆积,表面有白色斑点
碳钢和低合金钢(4000系~8000系)	表面氧化和点蚀、表面腐蚀和晶间腐蚀	红褐色氧化物(锈)
不锈钢(300系~400系)	缝隙腐蚀、在海洋环境中有点蚀、应力腐蚀开裂、晶间腐蚀(300系)、表面腐蚀(400系)	粗糙的表面,有时会出现红色、棕色或黑色斑点
钛合金	高度耐腐蚀,长期或反复接触氯化溶剂可能导致金属结构性能下降,镀镉工具会导致脆化	低温下无可见的腐蚀产物,在370℃以上出现有色表面氧化物
镉(用作钢的保护镀层)	表面均匀腐蚀	白色粉末沉积或表面的棕色或黑色斑点

续 表

合　　金	合金易受到的腐蚀类型	腐蚀产物和腐蚀外观
铬(板)	点蚀(促进钢板中出现凹坑的生锈)	没有可见的腐蚀产物,生锈和开裂导致镀层起泡
镍基合金(铬镍铁合金,蒙乃尔铜-镍合金)	一般具有良好的耐腐蚀性,容易在海水中点蚀	绿色粉末沉积物
化学镀镍(用作电镀层)	表面电镀层的点蚀和剥落	镍不会腐蚀,但会促使铝基金属中出现点蚀
铜基合金、黄铜、青铜	表面腐蚀和晶间腐蚀	蓝色或蓝绿色粉末沉积物
银	硫磺存在会导致变色	棕色或黑色膜
金	高度耐腐蚀	沉积物导致表面变暗
锡	受须晶生长影响	须晶状沉积物

8.2.4　腐蚀损伤对结构寿命的影响

对不同损伤类型的结构关键件采用针对性的寿命控制措施可以充分地提高寿命利用效率。根据飞机结构设计资料、全机疲劳试验结果、飞机服役/使用环境及外场维修统计数据,可以将飞机结构关键件按照损伤类型划分为疲劳关键件、腐蚀关键件和腐蚀疲劳关键件。腐蚀损伤主要对飞机结构的腐蚀关键件和腐蚀疲劳关键件造成影响。总体来说,包括两个方面：一方面是飞机在地面停放时,基于机场自然环境等因素,导致各疲劳关键件及关键部位处于一定的局部腐蚀环境中,随着地面停放年限的增加,腐蚀的作用使这些构件的疲劳品质不断下降,从而降低疲劳寿命;另一方面,在空中飞行时,空中环境与载荷的共同作用使疲劳损伤加剧,使疲劳寿命下降。对于军用飞机,地面停放时间要远大于空中飞行时间,后者通常不会超过总使用时间的2%～3%,且空中环境通常要弱于地面环境,因此军用飞机在地面停放期间的腐蚀一般居于主导地位。

腐蚀对结构疲劳寿命的影响反映在两个方面：一是腐蚀环境引入了初始的腐蚀损伤,结构在这些部位存在应力集中,易萌生疲劳裂纹,缩短了结构的裂纹萌生寿命;二是腐蚀损伤导致材料性能劣化,提高了结构裂纹扩展速率,降低了结构剩余强度,从而缩短了裂纹扩展寿命。图8-15反映了一些典型飞机结构在受到腐蚀损伤后的疲劳寿命衰减规律,坐标横轴代表腐蚀时间,纵轴代表腐蚀后结构寿命与未腐蚀结构寿命的比值。

8.2.5　飞机的腐蚀预防、检查与修理

飞机的腐蚀控制是指通过一系列措施防止和抑制腐蚀发生及造成不良影响的过程,包括两个方面：预防性控制和补救性控制。预防性控制是指预先采取必要的措施防止或延缓腐蚀损伤扩展及失效的过程;补救性控制是指发现腐蚀后再设法消除它的过程。此外,发现腐蚀的过程属于腐蚀检查,既是腐蚀预防的重要活动,又是开展腐蚀

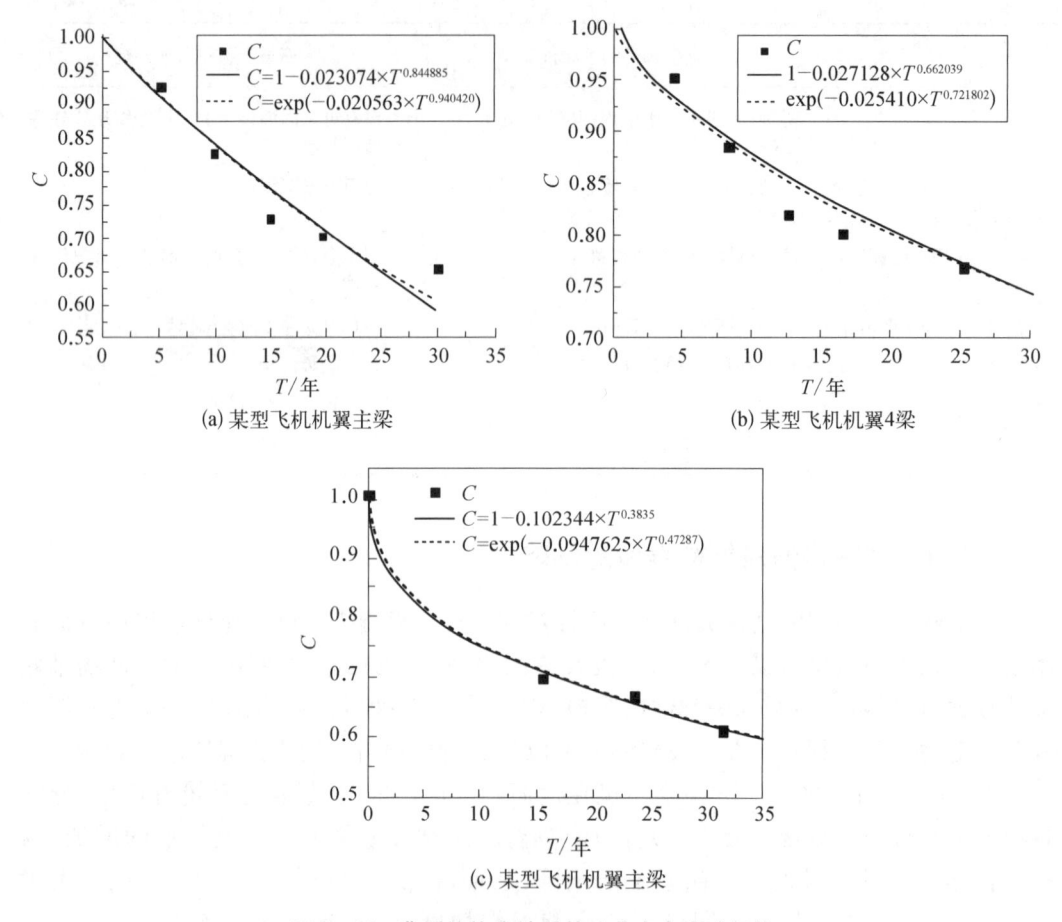

(a) 某型飞机机翼主梁: $C=1-0.023074\times T^{0.844885}$; $C=\exp(-0.020563\times T^{0.940420})$

(b) 某型飞机机翼4梁: $1-0.027128\times T^{0.662039}$; $\exp(-0.025410\times T^{0.721802})$

(c) 某型飞机机翼主梁: $C=1-0.102344\times T^{0.3835}$; $C=\exp(-0.0947625\times T^{0.47287})$

图 8-15 典型结构腐蚀后的疲劳寿命衰减规律

修理的必要输入条件。本节主要对飞机服役期间的腐蚀预防、检查与修理方法进行介绍。

1. 预防军用飞机腐蚀的外场维护方法

腐蚀的预防性控制又分飞机设计阶段、飞机制造阶段和飞机使用维护阶段。其中，飞机腐蚀的预防性维护是机务部队保持飞机安全性和耐久性的一项重要任务。

1）定期冲洗去除飞机表面的污染物

飞机在使用过程中不可避免地会积留沙尘、金属碎屑及其他腐蚀性介质。这些物质会吸收湿气，加重局部环境腐蚀，因此必须清除污物，定期清洗飞机，保持飞机表面洁净，这是一种简便的、有效的外场防腐蚀措施。

（1）飞机的冲洗。冲洗不仅美化了飞机形象，而且也减少了产生腐蚀的外因。冲洗能去除堆积在飞机表面上的腐蚀性污染物（如飞机飞行期间所接触到的废气、废水、盐水及污染性尘埃等），从而减缓腐蚀。

飞机的冲洗，要遵循以下原则。

a. 冲洗飞机所用的清洗剂为《维护手册》所指定的，应是对漆膜不会带来有害影响的水基乳化碱性清洗剂、溶剂型清洗剂。要严格掌握使用浓度,使用不合适或配制不当的清洗剂,会产生新的腐蚀。

b. 用清水彻底清洗飞机表面和废气通道的内部区域。若气温在零度以下,则不能用水清洗,应使用无水、清洁的溶剂或煤油清洗表面,然后用清洁的布擦干。

c. 在气候炎热时,应尽可能在阴凉通风的地方清洗飞机,以减少条纹的出现。

d. 在冲洗过程中,会冲洗掉部分润滑油、机油、密封剂和腐蚀抑制化合物,同时高压软管有可能将冲洗液冲进缝隙和搭接处,从而带来新的问题。因此,飞机冲洗后应重新加润滑油脂和涂敷 BMS3-23 等缓蚀剂等,重新加、涂的周期将受冲洗次数和清洗液的冲洗强度的影响。要十分注意彻底清洗和干燥缝隙处和搭接处。

e. 冲洗次数要适度,不是"多多益善"。飞机的冲洗周期由飞行环境和飞机被污染的程度而定,建议性的冲洗频度为:腐蚀轻微地区,90 天一次;中等腐蚀地区,45 天一次;腐蚀严重地区,15 天一次。

f. 如果在没有涂漆的铝表面上过多使用"光亮剂",最终会导致包铝层的破坏。使用"光亮剂"的间隔时间,以 18 个月或 2 年为宜。

(2) 酸、碱的清除。酸、碱一方面来自电池组舱内(充电和维护过程);另一方面来自日常维护工作中广泛使用的酸性和碱性腐蚀产物去除剂和飞机清洗剂等。

a. 酸的清除

金属表面出现褪色及呈黑、白、黄、褐色等迹象(不同的酸溢到不同的金属表面上,沉积色不同),表明可能遭到酸浸蚀并应立即调查落实,可采用 20% 小苏打溶液进行中和。

b. 碱的清除

白色粉末沉积物是铝结构遭到碱腐蚀的特征形貌,可采用 5% 醋酸溶液或全浓度的家用食醋,用刷子或抹布涂敷在碱外溢区,以中和碱的作用。

c. 注意事项

对接缝和搭接处要倍加注意(用塑料布保护好),若酸、碱已浸蚀到接缝或搭接处,则应施用压力冲洗;清洗并干燥外溢区域后,应广泛涂敷缓蚀剂。

2) 确保飞机排水、防潮和通风良好

水分的存在满足了电化学腐蚀产生的条件,因此要特别注意飞机的排水和通风的工作。

(1) 排水。

a. 定期检查飞机排水设备

必须定期检查飞机的排水通道和排水阀是否正常工作,检查受压蒙皮排水管。如发现有密封剂、碎屑、杂物等堵塞了排水管或排水阀,可用管道清除装置或细木钉予以清除。

b. 填平剂的使用

填平剂主要用来填充低凹的地方并作为引导液体排泄的通道。

(2) 防潮。防潮工作主要指防水和通风。防水就是防止雨、雪、霜、露等长期淤留在飞机表面或进入飞机内部。对于易积水区,特别是地板以下的区域和容易聚积水分的搭接缝处,要引起高度的重视,发现有水分应及时通风干燥。通风可以使机身内部的潮湿空气散走,也可以使零件上的水分易于蒸发,因此整个结构必须提供此防腐蚀措施。

与有机吸湿材料(如海绵橡胶、隔音材料和绝缘材料)相接触的金属遭受腐蚀的可能性较大,要经常检查并保证隔离层是干燥的。采用尖点测试仪可用来发现与吸湿材料相接触的金属是否遭到腐蚀及其腐蚀的程度如何。在使用该测试仪时,要倍加小心,以免对金属造成损伤。

注意机身隔热层的通风应与内饰和环境相协调。应按时打开舱门、口盖通风,排除积液,尤其是雨后或用高压水清洗后。应特别注意及时检查排水孔或口、排水装置是否畅通。通风、排水是一种日常工作,必须常年坚持。

3) 保持飞机涂层和密封剂的完整

(1) 保持飞机涂层的完整。飞机表面涂层在金属和环境之间建立了一道防线和阻挡层,使金属处于一个优良的状态之中。斑斓纷呈的各色涂层既装点了飞机的外貌,又给飞机披上了一层防腐的"盔甲"。

涂层除具有保护金属防止腐蚀的作用外,通常还具有其他的作用,如对燃料、液压油、高速气流、磨蚀、高温等具有好的抵御能力。只有保持涂层的完整,才能使其起到隔离外界物质与金属接触的作用。在日常外场维护工作中,应注意以下几方面。

a. 防止机械损伤

飞机表面的涂层硬度一般都不大,而且很薄,受到碰撞、摩擦时容易损坏。维护工作中应尽量避免坚硬物体与飞机金属表面涂层直接碰撞、摩擦,以防止涂层受到机械损伤。涂层损伤后,不仅会引起零件的腐蚀,同时也会使飞行性能受到影响。

一些人为因素常带来破坏涂层的不良后果。例如,拆装零件时,由于失手,因螺丝刀滑脱而划伤飞机蒙皮;带有坚硬砂砾甚至铁钉的鞋底与飞机蒙皮表面产生猛烈摩擦;拆下的飞机零件直接放在铺满灰尘和砂石的地面上;拆装时不加小心,敲敲打打、磕磕碰碰等不规范行为,常使涂层遭到损伤或脱落。

夏季气候炎热,飞机蒙皮温度较高,若突然下雨,会使温度骤然降低。由于基体金属与涂层的收缩率不相同会产生内应力,容易引起涂层变形或脱落,雨后不要立即擦拭飞机。冬天降雪后,应及时消除掉积雪,防止冻结,以免损伤涂层。

b. 防止酸、碱和化学制剂的侵蚀

飞机表面涂层系统的耐化学性能是有限的,酸、碱溶液和其他化学制剂会迅速地破坏飞机表面涂层,应避免这类物质滴落在涂层上,若不慎沾上,应及时用热水清洗干净。若涂层已遭损坏,应及时恢复;若不能及时恢复,可喷涂一层 BMS3 - 23 等缓蚀剂,作为暂时性保护。此外,一些溶剂型清洁剂能溶解涂层,也要防止其沾污。

(2) 保持密封剂(胶)的完整。填充于连接结构缝隙处的密封剂,对减缓缝隙腐蚀和电偶腐蚀的作用很大,若遭损坏(自然老化、经高压冲洗等),要及时进行更换和填充。

密封剂有多种用途,如用于整体油箱结构密封,用于隔火墙,用于结构和整流罩缝隙密封等,还有用途更为广泛的其他种类的密封剂。其中,应用最为普遍的是一种含铬酸盐的聚硫化合物,通常应用于密封结合面,如机身搭接接头、蒙皮搭接处,以及机翼和安定面的梁缘与肋、梁缘与蒙皮、蒙皮与加强板之间的结合面等。密封剂也经常用于紧固件的"湿安装"、胶接件的边缘密封,避免水分进入胶接面。

4）加强润滑

接头、摩擦表面、轴承和操纵钢索的正常润滑十分重要,高压冲洗或蒸气清洗后的再润滑也不容忽视。润滑剂(脂)除能有效地防止或减缓功能接头和摩擦表面的磨蚀外,对静态接头的缝隙腐蚀的防止或减缓作用也很大。对于静态接头,在安装时施用带缓蚀剂的润滑脂包封。

对于由镀锡的碳钢丝制成的操纵钢索的润滑,可用干洁布把润滑油脂沿全长擦抹钢索,使其在索套内留下一层薄的、连续的油脂带,以起到防磨和防腐的作用。

然而,对于不锈钢索,则不建议使用润滑油脂。

2. 军用飞机腐蚀的检查方法

腐蚀是不可避免的,在飞机的使用、维护和修理工作中,必须经常进行腐蚀损伤的检查,以便及时发现和排除飞机腐蚀。

1）飞机腐蚀的重点检查部位

及早对腐蚀进行检查,对于及时维修,防患于未然是十分必要的。利用方便、简单和廉价的维修就可将危害降低到最小限度,对早期的腐蚀迹象和促使腐蚀的条件必须给予正确的辨别,以利于采取防护性措施。

下列迹象表征着腐蚀已经存在或终将出现：

（1）碎物或污染物的聚集；

（2）涂层剥落、碎裂、突起或起泡；

（3）表面破裂、不光滑；

（4）蒙皮凹凸不平；

（5）紧固件顶部变形或脱落；

（6）褪色、斑纹；

（7）形变、有裂纹或小点。

这些迹象向机务维修人员提出了警告：要引起足够的重视了！此时,必须对腐蚀部位进行检查。要将腐蚀的检查列为日常维护程序中的重要环节,不要认为是无关紧要的事情。须知,一切粗心和偷懒都将可能酿成之后的事故或灾难。

检查者必须对飞机结构十分熟悉。应该在好的采光条件下进行检查,以保证清晰度。要将其面板、覆盖物和设备移走,以利观察,必要时对其检查部位进行清理。这样做,虽然造成诸多不便,但对于完成检查是必不可少的。检查完毕后,应将其复原。

检查中,特别要注意以下部位：

（1）搭接和连接结构；

（2）易积水区,如被外来物堵塞的排水孔区域、承压隔框等；

（3）运输机的厕所、厨房；

（4）未漆和已漆的外蒙皮区,特别是紧固件周围和蒙皮的边缘处；

（5）外露的接头,如整流蒙皮、发动机安装架接头、液压管路接头支架、机翼前梁和后梁外露区的液压和电气支架；

(6) 蓄电池舱周围；

(7) 整流罩和整流罩下的表面；

(8) 龙骨梁区域；

(9) 座椅导轨；

(10) 吸湿材料；

(11) 铰链；

(12) 整体油箱；

(13) 操纵钢索和控制电缆。

2) 腐蚀的检查方法

对于腐蚀区域的检查，最基本的方法往往是目视。检查者须辨认出早期的腐蚀迹象，还必须确定出导致腐蚀的原因。

目视检查常用的工具有：

(1) 照明灯、电筒；

(2) 长柄反射镜；

(3) 10倍放大镜；

(4) 塑料刮刀；

(5) 管道窥镜（有条件时配备）；

(6) 工作台、梯子等。

在下列情况下，需采用其他的检查方法：

(1) 对重要隐蔽区域部件的检查需省时、节省经费；

(2) 测量或估算材料腐蚀的损失量；

(3) 核查腐蚀是否完全消除；

(4) 探测和确定怀疑有破裂的区域。

常用的方法是：涡流法、X射线法、磁粉探伤法、超声波法和渗透检测法。

3. 军用飞机腐蚀损伤的修复

即使在飞机设计和制造阶段采取了腐蚀防护与控制措施，飞机在使用中还会产生腐蚀，因此必须采取有效的措施，及时修复飞机的腐蚀。在飞机使用过程中采取有效的腐蚀损伤修复措施，可以大大减轻和延缓飞机结构腐蚀。使用维护阶段的腐蚀损伤修复是实现飞机全寿命期的一个重要方面，是保持和恢复飞机原设计效能、保证日历寿命期内的安全及提高飞机日历寿命的重要措施。

飞机的腐蚀损伤修复可分为外场的腐蚀损伤修复，以及大修时的检查、修理和防护两类。其中，外场的腐蚀损伤修复主要是保证外场飞机出现腐蚀后适时的检查、维护和修理，并采取外场可实施的相应技术方法；大修时的检查、修理和防护是在大修厂对飞机腐蚀损伤进行检查、修复和腐蚀防护，以保证大修后的飞机在下一个翻修间隔内的腐蚀能够得到控制。

1) 飞机腐蚀损伤修复的要求

(1) 保持机体内外表面洁净和防护涂层完好；

(2) 确保飞机结构中不残留腐蚀产物；

(3) 使用维护和腐蚀修复时不应引起二次腐蚀;
(4) 去除裂纹时不应引起腐蚀,腐蚀修理时不应引发裂纹。

2) 腐蚀损伤修复准则和要求

进行飞机腐蚀损伤分析和修复设计时,在必须满足结构静强度要求的基础上,对一些关键件、重要件,必须满足耐久性和损伤容限要求,一般准则和要求如下。

(1) 等强度准则。等强度准则的基本思想是保持原构件的静强度能力,即构件损伤部位经修复后,其静强度恢复到原设计的静强度水平。

(2) 静强度要求。静强度要求是飞机结构修理最基本的要求,它并不要求结构修理后一定要恢复到原有强度水平,不一定"有伤必补",但要求修理后的结构能够承受结构应承受的限制载荷和极限载荷。

(3) 耐久性要求。腐蚀损伤修复和疲劳损伤修复是满足耐久性要求的重要内容。结构修理设计必须包括对这些损伤的预防措施,对结构修理件进行抗腐蚀、抗疲劳细节设计。

(4) 损伤容限要求。在修理区域允许出现疲劳裂纹,但必须要求裂纹扩展到临界长度之前,能够通过可靠的检查发现结构损伤,及时给予适当修理,以满足结构修理区域的损伤容限要求。

(5) 广布损伤(容限)要求。除上述要求外,在腐蚀损伤修复部位,可能发生广布疲劳小裂纹,必须保证任意两个裂纹连接之前,能通过适当的检查发现损伤,否则要给予阻止"连接"或其他形式的修理。

3) 飞机腐蚀损伤修理的分类

根据上述各项准则和要求,可以确定各类腐蚀损伤的修复容限和等级,按损伤程度可分为如下三类,并分别采取不同的修复方法进行修复。

(1) 可允许损伤,简单维修。飞机结构件存在腐蚀损伤,但不超过容限值,可不需要进行任何补强修理,仅进行简单防护处理。

(2) 需补强修复损伤。飞机结构腐蚀损伤较严重,超过修复容限,需要进行补强修复。

(3) 换件修复损伤。飞机结构腐蚀损伤严重,已不能局部补强修复,或者损伤在多处发生,进行多处局部补强修复在经济上不合算,需局部或整体更换损伤件,达到排除故障的目的。

4) 飞机腐蚀损伤修理的一般工作程序

当腐蚀区域确定之后,如果有维修价值,立即进行腐蚀区域的修复是必要的,修复工作的基本程序如下。

(1) 腐蚀区域修复前的准备。在开始任何腐蚀修复工作之前,必须执行以下程序:① 给飞机受腐蚀影响的区域提供一个能迅速冲洗的条件;② 将飞机搭地线接地;③ 拆除或断开飞机蓄电池。

(2) 清洁被处理区域。在去除腐蚀产物前,被处理的区域必须清洗、脱漆和去除污染物。采用溶剂类清洁剂,如甲基乙基酮、汽油干洗溶剂等去除掉所有的脂类、润滑油或其他污染物。若底漆分层、剥落、软化或有腐蚀,则需脱去底漆。

(3）估计腐蚀损坏状况。建议使用无损检测设备、直尺、印痕材料、深度千分尺等测量腐蚀损坏状况。

（4）机械法和化学法去除腐蚀产物。第一种为机械法，主要包括手工打磨、机械打磨两类：① 手工打磨是指使用研磨纸或金属棉等，采用擦拭的方式除去中度表面腐蚀和轻度点蚀；② 机械打磨包括砂轮打磨、喷丸或喷砂、刮削、金属丝刷等方式，在操作时需谨慎对待机械打磨产生的热量，防止失火或改变材料机械性能。

第二种为化学法，用液体化学试剂去除腐蚀的方法统称化学法。使用化学法去除腐蚀产物时，必须对流淌的试剂给予严密的控制，同时需对被处理区域提供一个能彻底冲洗的条件。

（5）修整区域的光顺和融合。在去除腐蚀后，所有的凹陷部位均应光顺并使之与周围金属表面融合（使应力集中减至最小）。

（6）修整测量。在腐蚀产物彻底去除并将腐蚀区域光顺、融合之后，必须进行深度测量，以保证材料的去除量没有超过极限，可以使用深度千分表或印痕材料获得所要求的测量数据。

（7）确定损伤是否彻底清除。经过以上步骤处理过的受损区域，需认真检查以确定损伤是否彻底清除。检查方法和检查后的处理，可参照前面的有关内容。

（8）进行喷丸强化或冷加工紧固件孔。

（9）制件表面抛光、清洁并干燥。

（10）恢复原有表面涂镀层。

8.3　飞机非金属材料结构的老化

飞机上的非金属材料在环境条件下随时间推移而产生各种不可逆的化学变化或物理变化，从而引起非金属材料结构性能的逐渐变坏，最后丧失使用价值，这种现象称为非金属材料结构的老化。有时，人们也将老化看作腐蚀的一种形式，称为非金属材料的腐蚀。

飞机上常见的非金属材料主要有复合材料、结构表面防护层、橡胶、有机玻璃、塑料、密封剂等。易发生老化的非金属材料主要是高分子材料，包括复合材料的树脂基、油漆涂层、橡胶、有机玻璃、塑料、密封剂等。

8.3.1　高分子材料的老化机理

高分子材料以有机共价键为基础，在金属发生电化学腐蚀的环境下，虽然不发生腐蚀，但可能存在严重的环境失效行为。在热、氧、水、光、微生物、化学介质等环境因素的作用下，高分子材料的化学组成和结构会发生一系列变化，物理性能也会相应变差，如发硬、发黏、变脆、变色、失去强度等。实际上，老化造成的危害要比人们想象严重得多，尤其在苛刻环境条件下，常导致装备过早失效，严重影响装备服役的可靠性、安全性等。高分子材料的老化失效问题已成为限制高分子材料在武器装备上进一步发展和应用的关键问题之一。

1. 高分子材料的老化过程

高分子材料的老化(腐蚀)与金属腐蚀有本质的差别。金属腐蚀在大多数情况下可用电化学过程来说明,而高分子材料一般不导电,也不以离子形式溶解,因此其老化过程不具有电化学腐蚀规律,高分子材料老化的本质是其物理结构或化学结构的改变。此外,金属的腐蚀过程大多在金属的表面发生,并逐步向深处发展,对高分子材料而言,介质可以向材料内部渗透扩散,同时介质也会将高分子材料中的某些组分萃取出来,这是引起和加速高分子材料老化的重要原因。高分子材料的老化过程示意见图 8-16。

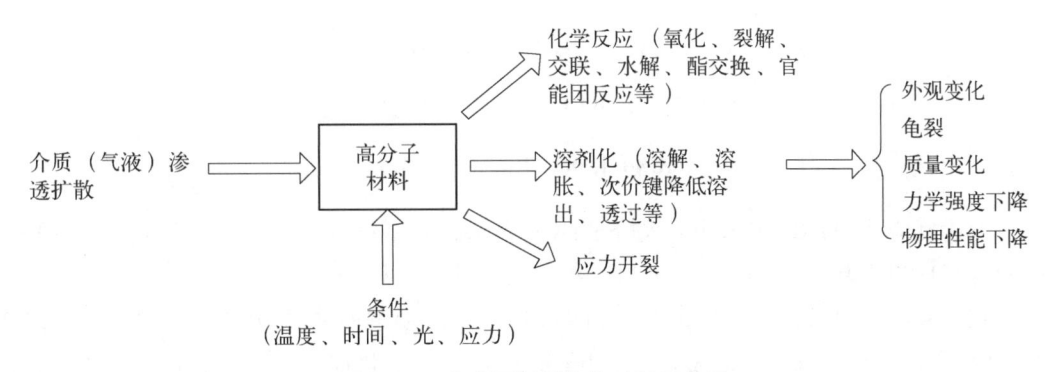

图 8-16 高分子材料老化过程示意图

用广义的腐蚀定义更适合描述高分子材料的老化过程,即"材料与环境介质的共同作用下,材料因劣化变质而丧失其使用性能的过程"。

高分子材料与环境的作用过程,首先是介质的渗透扩散,其次是以下三类作用过程:① 化学反应;② 溶剂化;③ 应力和化学反应(溶剂化)共同作用,最终引起材料的宏观性能变化,主要表现如下。

(1) 外观的变化:出现污渍、斑点、银纹、裂缝、喷霜、粉化及褪光褪色等现象。

(2) 物理性能的变化:包括溶解性、溶胀性、力学状态、流变性能、耐寒、耐热、耐水、透光及透气等变化。

(3) 力学性能的变化,如拉伸强度、弯曲强度、冲击强度等变化。

(4) 电性能的变化,如绝缘电阻、电击穿强度、介电常数等变化。

(5) 质量变化:增重或减重。

2. 高分子材料的老化机理

1) 热(光)氧老化

在有氧条件下发生的是自由基链式自催化氧化反应,造成过度交联,使高分子材料变硬、变脆,机理如下。

链引发:

$$RH \longrightarrow R \cdot + \cdot H(热、氧、光或催化剂作用)$$

链增长:

$$R\cdot + O^2 \longrightarrow ROO\cdot$$

$$ROO\cdot + RH \longrightarrow ROOH + R\cdot$$

链转移：

$$ROOH \longrightarrow RO\cdot + \cdot OH$$

$$2ROOH \longrightarrow RO\cdot + ROO\cdot + H_2O$$

链中止：

$$R\cdot + R\cdot \longrightarrow R\text{—}R$$

$$ROO\cdot + ROO\cdot \longrightarrow 稳定产物 + O_2$$

$$R\cdot + ROO\cdot \longrightarrow ROOR$$

上述反应式中，RH 表示橡胶大分子；R·表示自由基；RO·表示氧化自由基；ROO·表示过氧化自由基。

在无氧的高温条件下发生的是主链断裂反应，键裂解能越低，则高分子材料分解越快，在离子化的同时又产生激发，分子裂解并生成自由基，进而主链发生断裂及产生交联，最后产生出各种各样的气体，高分子材料变软、发黏。

此外，在紫外照射条件下，分子会激发特定的官能基并分解，或经过在其他官能团基中的能力转移等进行分解，或通过生成活性基而进行反应。

2）臭氧老化

臭氧在大气中的含量极低，但是对橡胶等高分子材料的老化产生大的影响，能够使弹性体中的碳—碳双链逐渐分解。以橡胶为例，在老化过程中，臭氧攻击橡胶分子，使橡胶膨胀，致使产生裂纹。臭氧与橡胶分子中的双键进行反应，生成摩尔臭氧化物和过氧化物，进而再生成臭氧化物。该臭氧化物在光和热的作用下分解成自由基，导致链增长反应。另外，橡胶会在应力作用下产生分子裂解，而不生成臭氧化物，出现龟裂老化现象。臭氧导致的橡胶使用寿命降低呈现出先快后慢的趋势。

3）机械应力老化氧化

高分子材料受机械作用发生形变时，特别是对于多次变形，其氧化速度会大大提高，氧化速度的增加是因为机械应力作用于分子链中原子的价力，并使其减弱，所以使氧化反应的活化能降低。有两个主要因素活化作用的结果，即力和热作用结果。因此，应力会加速高分子材料的降解，并且高分子材料的组成不同，降解的机理也有所差异。

4）介质老化

介质会引起材料的溶胀或收缩（取决于介质和材料的相对溶解度参数和极限溶解度），并且引起高分子材料交联键的增补或断裂，从而使压缩永久变形和应力松弛增加，力学性能降低，且这些化学变化所带来的影响是随着温度的升高而增大的。

8.3.2 飞机非金属材料结构的老化类型及使用要求

1. 复合材料

复合材料的老化特性主要表现在：环境介质的老化、生物老化、雨蚀等。

1) 环境介质的老化

环境介质的老化包括树脂基体的老化、增强材料的老化、界面的老化、应力老化及老化疲劳等。

(1) 树脂基体的老化。基体的老化可分为物理老化和化学老化。物理老化是指老化介质经扩散、渗透、吸附或经吸收而进入基体内部，导致聚合物性能的改变。化学老化是指介质与基体发生化学反应，破坏其分子结构（如降解或生成新化合物等），从而改变了原来的性质。图 8-17 所示为树脂基体的老化类型。

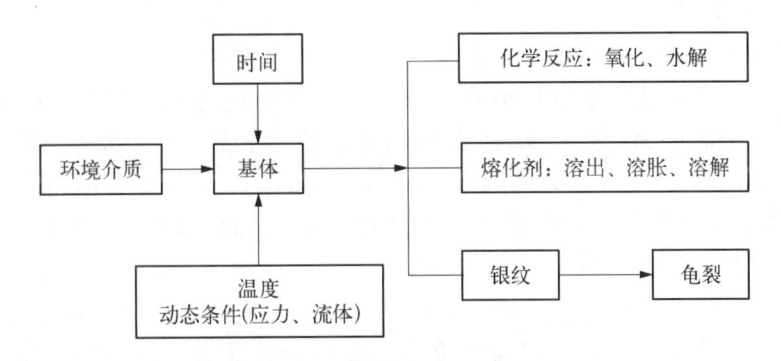

图 8-17 树脂基体的老化类型

(2) 增强材料的老化。尽管增强材料处于基体的包围之中，未能与介质直接接触，但各种介质一旦沿界面或通过微裂纹、工艺过程中形成的气泡及在应力作用下破坏而形成的串通通道浸入基体，就将与增强材料作用。对于无缺陷的复合材料表面，介质虽不能大量浸入，但对于水等一些有很强吸附、渗透和扩散能力的液体介质，仍能进入树脂层，使纤维与基体的黏结劣化，并增加微裂纹。

(3) 界面的老化。老化介质通过各种渠道聚集在界面处，使树脂溶胀，并从界面析出可溶性物质，在局部区域形成浓度差，从而产生渗透压。同时，介质与界面物质也发生化学反应，破坏其化学结构，使粘接劣化，纤维与树脂脱黏，导致脱黏破坏。

(4) 应力老化及老化疲劳。老化介质渗入基体表面的薄弱部位后，产生局部增塑作用，在应力作用下增塑部位局部取向，形成较多的银纹。当介质进一步浸入时，使银纹末端应力集中处进一步增塑，银纹逐步发展、汇合，直至开裂。在外载荷作用下，介质分子更易浸入基体，一些有表面活性物质的介质使材料开裂所需的能量降低，加速了应力老化开裂。若作用应力是交变载荷，产生的这种加速老化开裂称为老化疲劳。

2) 生物老化

生物老化通常发生在油箱部位。对复合材料能造成危害的生物主要指细菌、真菌、霉菌等微生物。微生物在水/油交界面上繁殖，迅速成倍地在油箱中形成黏质物或缠结的滋生物。当油箱表面上大面积的保护涂层连续经受含微生物的缠结网和微生物的排泄物（草酸、乳酸等）的浸泡时，保护涂层最终会破裂，产生老化现象。

3) 雨蚀

飞机在雨中飞行时，其迎面受到雨滴的直接撞击，使得复合材料构件表面脱黏、破裂并受雨水浸蚀，从而形成蚀坑，甚至使复合材料产生剥离。雨蚀的程度与材料表面状况（如粗糙度、硬度、冲击强度等）及雨滴的作用方向有关。对前缘区，需要在两个15°角切点的前缘部位进行雨水浸蚀防护。对于翼面结构，当冲击角小于15°时，雨滴的运行方向与构件表面几乎平行，雨蚀作用极小，见图8-18。

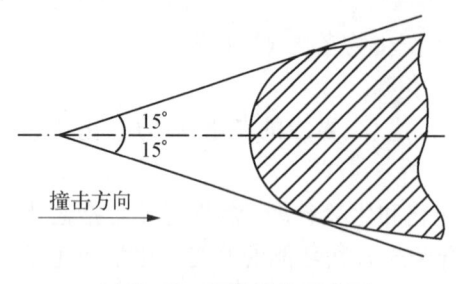

图8-18 雨蚀的作用范围

2. 防护涂层

防护涂层对飞机结构抵抗环境腐蚀有着举足轻重的作用。目前，飞机结构中最广泛采用的防护涂层为有机类涂层（又称油漆），在服役期间，由于受到紫外线照射、湿热环境、盐雾、SO_2、低温疲劳等因素的综合作用，涂层会发生变色、粉化、龟裂、起泡，以及冲击强度和其他力学性能下降等老化现象，进而导致涂层脱落，丧失防护功能。涂层老化的本质是一种化学反应，即以从分子链弱键开始的化学反应（如氧化反应）为起点并引起一系列复杂的反应，其结果是涂层材料分子结构发生变化及相对分子质量下降或交联。这不仅会严重影响涂层的外观，而且还将导致涂层的防护功能失效，基体发生腐蚀，甚至引起重大故障或事故的发生。统计分析表明，飞机结构因腐蚀损伤所造成的失效或事故，主要是由涂层防腐功能失效引起的。在沿海和内陆湿热地区服役的主要机种都存在不同程度的涂层老化失效，以及由此引起的基体结构腐蚀问题，严重影响了飞机的正常使用和合理维修。对有机涂层的选用原则有如下几点。

（1）应将环境-基体材料-防护体系视为一体，综合进行优选组合；对处于恶劣环境中的结构/细节应选用重防护体系；所有暴露于外部环境中的内表面和经常处于腐蚀环境下的内表面，应视为外表面并按要求进行防护。

（2）应根据工作环境，综合考虑涂镀层之间及其与基体的附着力、涂层的耐蚀性能、耐大气老化性能与耐湿热、盐雾、霉菌的"三防"性能，以及涂层系统各层间的适配性和工艺性。

（3）应对所防护体系进行权衡分析，表面涂镀层及其厚度的选择和施工工艺、涂镀层寿命应尽可能与结构寿命相匹配，尽可能实现高性能、长寿命、低成本。

3. 塑料

塑料具有质量小、可塑性好、耐环境稳定性好及对酸、威、盐溶液抵抗力强，在不外加保护层的情况下可长期在潮湿空气或老化气氛中工作等特点，且有电绝缘、热绝缘等特性，因此在航空工业得到了广泛的使用。但塑料具有力学性能差、耐热性低、导热性差、尺寸稳定性差及易受环境因素和应力作用而老化等缺点，因此塑料常用于

飞机上有特殊功能要求的非受力部位。在结构设计中,选用塑料时应注意如下限用要求:

(1) 易老化塑料,应尽量避免用于飞机外表面易受紫外线辐射的部位;

(2) 因耐热性低,避免用在受发动机热影响较大的区域内;

(3) 因军用飞机的特殊使用环境,所使用的塑料应视情况,补充必要的盐雾、湿热和霉菌试验;

(4) 在密闭及通风条件差的区域内,部分塑料挥发出的腐蚀性气氛对周围金属的锌、镀铬层有较强的腐蚀作用,因此在这些区域内,应避免使用挥发性强的塑料;

(5) 避免使用吸水性强的塑料及与金属产生接触腐蚀的塑料;

(6) 必要时,应根据塑料不同的使用环境,进行表面处理。

4. 透明材料

飞机用透明材料分为两大类:无机玻璃和有机玻璃。两者自身的耐蚀性都较好,也不会使周围金属结构产生电偶腐蚀。但有机玻璃在大气中长期暴露,受热、潮湿和紫外线辐射等因素的综合积累作用而发生老化。银纹是在有机玻璃表面或内部产生的极细微的开裂,它是有机玻璃部件中的常见故障。由于开裂部位的内外折光指数不同,在光照下发出银白色闪光条纹,故称银纹。它的出现不仅会严重影响有机玻璃的光学性能,导致折光,降低透明度,而且还会降低有机玻璃的机械强度。当有机玻璃内的拉伸应力比较大时,经过一段时间的存放或使用,往往会产生银纹。

有机玻璃产生银纹的原因主要有:

(1) 烯酸的影响;

(2) 酒精和水分的影响;

(3) 高温、高湿和暴晒的影响;

(4) 有机玻璃上的裂纹或划伤;

(5) 有较大负荷的作用或有机玻璃内有较大的残余应力和装配应力。

5. 胶黏剂

胶接具有能提高结构强度和整体刚度,改善结构的抗疲劳性能、耐腐蚀性能、破损安全性能和气动力特性,以及降低结构重量、制造成本等优点,因此胶黏剂在航空产品中具有较广泛的用途。结合军用飞机的特殊使用环境,胶黏剂有如下限用要求。

(1) 所选胶黏剂应与被粘物体及其表面相容;胶黏剂不应腐蚀被胶接的金属零件及表面膜层;不得使用502胶。

(2) 确定胶黏剂的使用指标时,应考虑极限工作温度时的性能和经环境介质作用后的性能。使用环境是决定胶黏剂失效速度的主要因素,在使用环境作用下,胶黏剂本身可能因腐蚀、老化、变质而失效,因此所有胶黏剂必须经过盐雾、湿热和霉菌等环境试验。

(3) 胶黏剂不得使用酸性活化剂或固化剂,以免造成周围金属的气氛腐蚀。若不可避免时,可以提高固化温度或在黏合固化后、装配前放置足够的时间,使腐蚀性气氛充分逸出。

(4) 胶黏剂与被粘材料必须相适应,被粘材料表面应良好,不得影响粘接性能。

(5) 不同的金属(尤其是非相容的金属)接触偶之间不得使用导电胶黏剂(包括用金属填充的胶黏剂)。若不可避免时,应采取避免湿气浸入的措施。在必须使用导电胶黏剂的地方,应避免湿气浸入,注意在胶接前保持被粘物体表面清洁,没有污物,并要求在胶接后及组装前彻底固化。此外,可用有机绝缘涂层覆盖不同金属的接触部位。

(6) 应优先采用热固化型胶黏剂,尽量少用室温固化型胶黏剂。

6. 密封剂

由于飞机整体油箱和水密、气密结构及防腐蚀的需要,密封剂在飞机上有较大的用途。结合军用飞机使用特点,所选用密封剂应具有如下特性:

(1) 具有良好的抗渗透性,不得渗透被隔离的液体或气体;

(2) 具有良好的耐高温、低温性能,并能耐油、海水浸泡及耐盐雾、高湿度大气作用;

(3) 对金属与非金属材料不得有腐蚀性,包括不得有气氛腐蚀;

(4) 毒性小,对人体不产生有害作用;

(5) 在容易滋生微生物的地方,如整体油箱内,应选用能防止微生物腐蚀的密封剂,或采用有效的防微生物腐蚀措施。

7. 橡胶材料

橡胶材料在飞机轮胎、软油箱、软管、胶垫、薄膜、减振和密封零件等的制造中得到了广泛应用。选择飞机结构用橡胶材料时,除满足制品的性能要求外,不得对金属和非金属产生腐蚀(包括释放出的气体引起的腐蚀)。尽量避免使用吸水性较强的橡胶制品,橡胶制品应进行盐雾、湿热和霉菌等试验。

8. 其他非金属材料

其他非金属材料,如润滑剂、纺织材料、陶瓷、木材等在飞机上的用量很少,它们的限用要求可遵循如下共同原则:

(1) 在军用飞机环境中使用,具有较好的耐老化性;

(2) 不得对金属和非金属产生腐蚀(包括释放出的气体引起的腐蚀),包括不得有气氛腐蚀;

(3) 不得有较强的吸水性;

(4) 各种仪表中的水银及电瓶中的酸、碱液在飞机上安装或维护时泼溅出来后,对机体结构存在强烈的腐蚀、老化作用,应及时彻底排除。

8.4 湿热环境影响下的复合材料结构强度

复合材料对湿热环境敏感,可以依据经验公式预估湿热环境对物理和力学性能的影响,也可根据试验结果进行内外插值。

8.4.1 湿热环境对复合材料物理性能的影响

1. 玻璃化转变温度

复合材料吸湿后,玻璃化转变温度 T_g 将下降。表 8-3 给出了一些材料的玻璃化转变温度随吸湿量的变化。图 8-19 给出了三种材料体系的玻璃化转变温度随吸湿量变化的试验结果。从图中可以看出,对于环氧树脂体系,吸湿量在 0.5% 时,T_g 约下降 25℃,然后变化不大,到吸湿量超过 1.2% 后又有少量下降;对于双马体系,吸湿量对 T_g 几乎没有什么影响;对于氰酸盐体系,吸湿量超过 0.3% 后,T_g 约下降 20℃。

表 8-3 一些材料的玻璃化转变温度 T_g 随吸湿量的变化

性质	914					T300/914C			HT3/5222		HT3/4211		4211	
吸湿量/%	0	0.9	0.6	2.9	4.7	0	0.9	1.6	0	1.0	0	1.0	0	1.02
T_g/℃	208	188	178	160	137	219	169	153	245	195	99	84	156	132

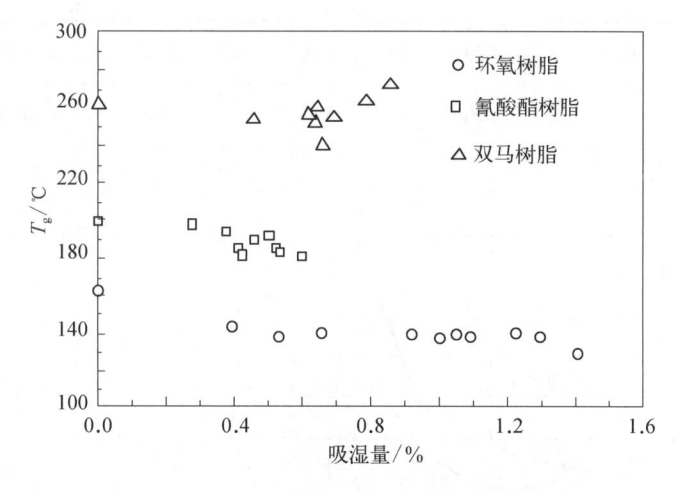

图 8-19 三种材料体系下 T_g 随吸湿量的变化

2. 湿膨胀系数和热膨胀系数

几种材料的湿膨胀系数和热膨胀系数如表 8-4 所示。热膨胀系数随吸湿量的变化可用式(8-1)预估:

$$\alpha(T) = \alpha(\mathrm{RT}) \left(\frac{T_{gw} - T}{T_{gd} - T_{RT}} \right)^{1/2} \tag{8-1}$$

其中,$\alpha(T)$ 为温度 T 及某一吸湿量下的热膨胀系数;$\alpha(\mathrm{RT})$ 为室温下的热膨胀系数;T_{gw} 为某一吸湿量下的玻璃化转变温度;T_{gd} 为干态下的玻璃化转变温度;T_{RT} 为室温。

表 8-4 几种材料的热膨胀系数和湿膨胀系数

膨胀系数	T300/5208	B/5505	AS/3501	Scotch/1002	kevlar/epoxy
$\alpha_L /10^{-6}\ K^{-1}$	0.02	6.1	-0.3	8.6	-0.4
$\alpha_T /10^{-6}\ K^{-1}$	22.5	30.3	28.1	22.1	79.0

续 表

膨胀系数	T300/5208	B/5505	AS/3501	Scotch/1002	kevlar/epoxy[①]
β_L	0.0	0.0	0.0	0.0	0.0
β_T	0.6	0.6	0.44	0.6	0.6

表 8-5 和图 8-20 给出了 914C 纯树脂和 T300/914C 单向板的热膨胀系数随温度的变化曲线，经验证，式(8-1)可用。914C 纯树脂和 T300/914C 单向板的湿膨胀系数随纤维体积含量的变化如图 8-21 所示。溶胀应变随吸湿量的变化如图 8-22 所示，可以看出 ε_{SL} 随吸湿量的变化很小，ε_{ST} 则呈线性变化。

表 8-5 热膨胀系数随温度的变化

热膨胀系数	120℃	80℃	40℃	23℃	0℃	-55℃
$\alpha_L /10^{-6}\ K^{-1}$	38.4	36.0	34.4	32.8	32.0	29.6
$\alpha_T /10^{-6}\ K^{-1}$	—	—	-0.8	—	—	—

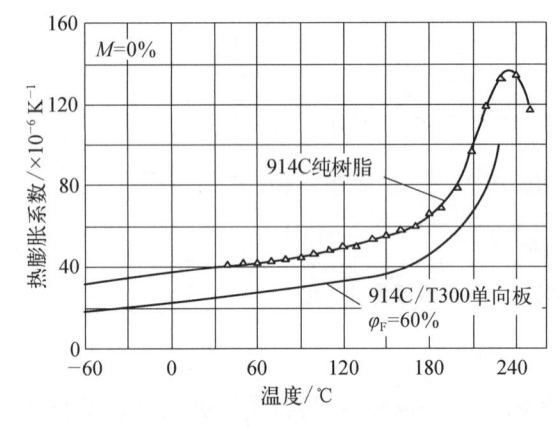

图 8-20 914C 纯树脂和 T300/914C 单向板的热膨胀系数随温度的变化

图 8-21 914C 纯树脂和 T300/914C 单向板的湿膨胀系数随纤维体积含量的变化

8.4.2 湿热环境对复合材料力学性能的影响

湿热环境对复合材料力学性能，特别是基体控制的力学性能影响较为严重。试验结果表明，在设计时必须考虑湿热环境对层间剪切强度、压缩强度、冲击后压缩、开孔拉伸和压缩强度的影响。缺乏试验结果时，可用下述方法预估。

引入无量纲参数 T^*：

$$T^* = (T_g - T)/(T_g - T_r) \tag{8-2}$$

---

① kevlar/epoxy 表示凯夫拉-环氧树脂复合材料。

其中，T 为工作温度；T_g 为玻璃化转变温度；T_r 为参考温度或室温。

$$\begin{cases} X/X^0 = (V_f/V_f^0)(T^*)^{0.04} \\ E/E_1^0 = (V_f/V_f^0)(T^*)^{0.04} \\ X'/X'^0 = (V_f/V_f^0)(T^*)^{0.04}(T^*)^{0.05} \\ E_2/E_2^0 = [(T_g - T)/(T_g^0 - T_r)]^{0.5} \\ G_{12}/G_{12}^0 = [(T_g - T)/(T_g^0 - T_r)]^{0.5} \\ S/S^0 = (T^*)^{0.2} \\ v/v^0 = \alpha[(T_g - T)/(T_g^0 - T_r)]^{0.5} \end{cases} \quad (8-3)$$

其中，上标"0"为表示干态；"′"表示压缩；α 为与吸湿量有关的参数，对于碳纤维复合材料，当吸湿量不大于 1.0% 时，$\alpha \approx 1.0$；V_f 为纤维体积含量。

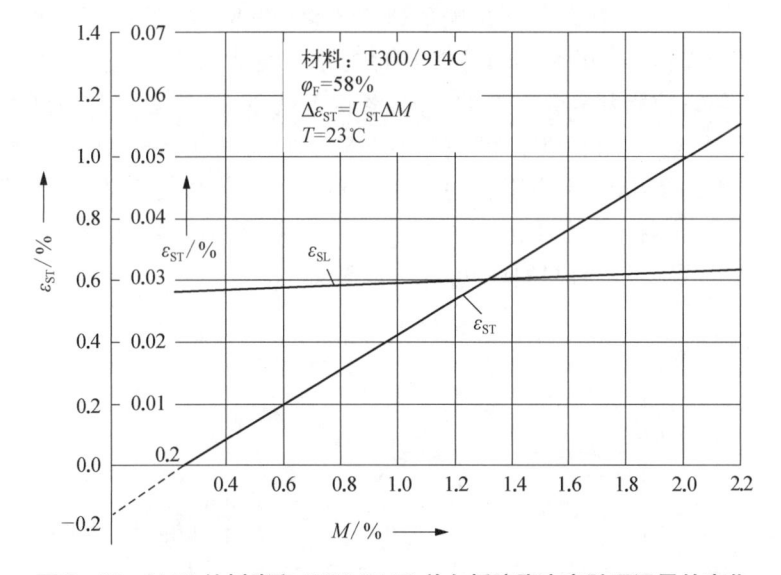

图 8-22 914C 纯树脂和 T300/914C 单向板溶胀应变随吸湿量的变化

8.4.3 湿热环境对复合材料破坏模式的影响

湿热环境不仅影响复合材料层压板的物理、力学性能，也影响其破坏模式。以 T300/914C 层压板的压缩破坏模式为例可以说明，低温干态环境（-55℃，干态）下，破坏模式基本是基体本身的破坏；常温湿态环境（23℃，湿态，$M = 0.9\%$）下，则是基体和界面的混合破坏；高温高湿环境（120℃，$M = 1.6\%$）下，几乎全是纤维/基体界面的破坏。

8.4.4 湿热老化效应

树脂基复合材料的强度和刚度性能会随着使用时间，特别是在湿热环境中的使用时间的增加而产生重大变化。纤维增强树脂基复合材料的湿热老化，实际上是复合材料经受吸湿、温度和应力联合作用而产生的退化过程，退化机制作用于纤维、界面和基体上,并引起物理-化学变化。在吸湿过程中,结构内部会产生溶胀应力,而湿结构在热冲击下由于外层快速脱湿而产生更大的溶胀应力。这种内应力反复作用并达到某一量级时会引起应力开裂,从而形成龟裂,龟裂会影响复合材料结构的再吸湿及再干燥速率,最后可能形成宏观裂纹,因此在复合材料结构设计阶段必须研究所选材料体系的老化效应。然而由于环境的不确定性及湿热应力和外部载荷的耦合,理论分析十分困难。一般的研究方法是针对不同使用环境的不同体系,采用地面自然环境老化、实验室加速老化和随机性老化的试验方法,对大量实测试验数据进行综合分析,得到湿热老化设计准则。

1. 湿热老化对复合材料物理性能的影响

复合材料长期暴露在湿热环境中,基体的组分会发生化学反应。很多因素会影响变化速率,如相容材料的化学成分、老化温度、纤维体积含量和层压板的铺层顺序等。对于确定的材料体系,主要因素则是老化时间、温度等。

湿热老化对复合材料物理性能影响的研究不多,图 8-23 给出了三种体系层压板在 70℃/85%相对湿度(relative humidity,RH)老化环境下的 T_g 随老化时间的变化。从图中可以看出,环氧树脂基复合材料的 T_g 受老化影响较大,从老化开始到大约 50 h 期间,T_g 呈线性下降,最大下降 25℃,然后基本保持不变或稍有变化,到大约 900 h 又开始第二次下降,到大约 2 700 h 又下降了约 10℃。对于氰酸盐基复合材料,T_g 随老化时间的增加呈缓慢线性下降,大约老化 1 400 h 后,T_g 下降 20℃,然后基本就不再变化了。另外,老化作用对双马基复合材料的 T_g 几乎没有影响。

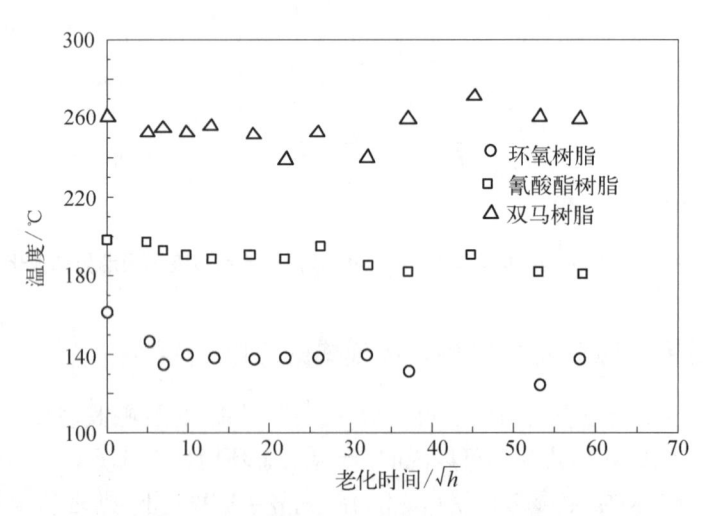

图 8-23 在 70℃/85%RH 老化环境下 T_g 随老化时间的变化

湿热老化对湿热膨胀系数影响的研究不多,相关的国外资料也很少,AIAA—94-1395 中给出了基体热膨胀系数的修正公式,供参考:

$$\alpha'_m = \alpha_m [1 + \Delta\alpha_{\alpha 1}(\alpha_1)^{n_\alpha}\alpha_1][1 + \Delta\alpha_{\alpha 2}(\alpha_2)^{n_\alpha}\alpha_2] \tag{8-4}$$

$$\alpha_1 = \frac{T_{gd} - T_g^0}{T_{gf} - T_g^0}$$

$$\alpha_2 = \frac{m_0 - m}{m_0 - m_f}$$

其中,α_m' 为是计及老化影响的热膨胀系数;α_m 为常温干态下的热膨胀系数;α_1 为基体链环机理的降质参数;α_2 为表示基体质量变化的参数;T_{gd} 为常温干态下的玻璃化转变温度;T_g^0 为老化起始时的玻璃化转变温度;T_{gf} 为老化结束时的玻璃化转变温度;m_0 为老化起始时的质量;m 为常温干态下的质量;m_f 为老化结束时的质量;$\Delta\alpha_1$、$\Delta\alpha_2$、$n_{\alpha\alpha_1}$、$n_{\alpha\alpha_2}$ 是由于 α_1 和 α_2 变化而产生的数据拟合,湿膨胀系数也可采用类似的方法进行修正。

2. 湿热老化对复合材料层压板力学性能的影响

树脂基复合材料的老化过程也是其降质(退化)过程,在此过程中,力学性能,特别是受基体控制的性能,如剪切和横向响应变化很大。由于老化过程理论预估十分困难,一般是通过老化试验或加速老化得到数据,然后根据试验数据的综合分析,给出老化设计准则。

表 8-6 给出了 HT3/QY8911 单向层压板的热老化性能。图 8-24 和图 8-25 给出了环氧树脂基复合材料在 70℃/85%RH 环境中进行老化,然后在不同温度下进行层间剪切强度试验的结果。从图 8-25 和图 8-26 中可以看到,在常温下,老化时间和吸湿量对层间剪切强度的影响轻微;但在 100℃下进行试验,层间剪切强度随吸湿量的增加而呈线性下降,每增加 1% 吸湿量,层间剪切强度下降 7.9MPa。图 8-26 和图 8-27 给出了双马基复合材料的老化环境效应,从图中可以看到,吸湿量低于 0.6% 时(相应于 70 h 老化)基本无影响;但吸湿量超过 0.6% 后,层间剪切强度严重下降(与干态相比,湿饱和状态下大约下降 50%)。对此现象的解释,可能是水与基体的反应需要一定的时间。如果在结构中使用双马基复合材料,则控制其吸湿量就成为设计的关键准则。

表 8-6 HT3/QY8911 单向层压板的热老化性能

老化时间/h	τ_b^i/MPa		σ_b^f/MPa	
	25℃	150℃	25℃	150℃
0	114.1	77.0	1 916	1 752
100	118.1	94.4	1 925	1 748
240	113.2	84.1	1 876	1 759
400	114.8	92.2	1 819	1 700
710	117.5	89.1	1 914	1 684
1 000	114.7	88.0	1 941	1 684

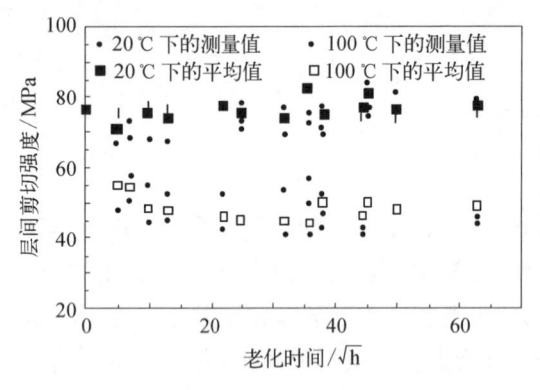

图 8-24　环氧树脂基复合材料在不同温度下进行层间剪切强度试验的结果（测量值和平均值）

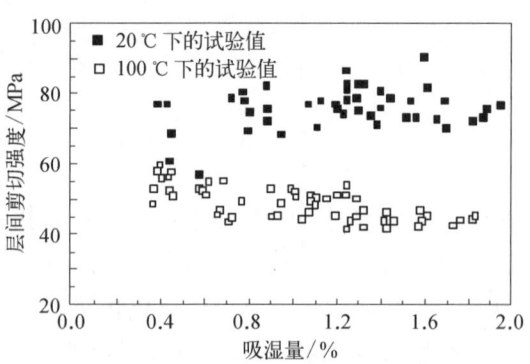

图 8-25　环氧树脂基复合材料在不同温度下进行层间剪切强度试验的结果（试验值）

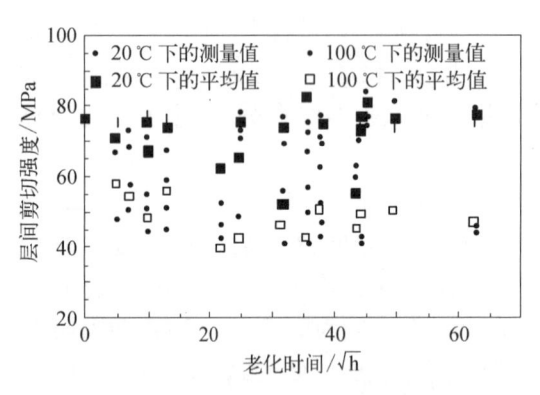

图 8-26　双马基复合材料的老化环境效应（测量值和平均值）

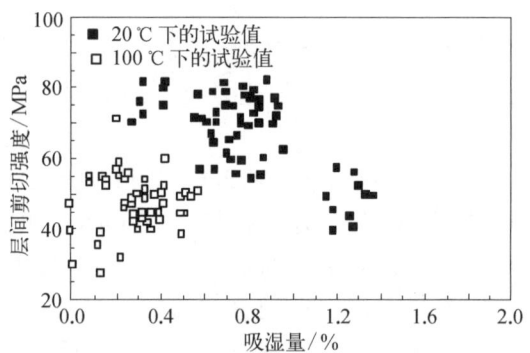

图 8-27　双马基复合材料的老化环境效应（试验值）

8.5　热环境影响下的飞机结构强度

飞机上靠近发动机的一些结构及高马赫数飞机受到气动加热影响的结构必须需考虑热环境的影响。热环境也是飞机结构设计中的一种载荷，对热环境影响下的结构必须采用热强度设计和试验验证的方法。

8.5.1　飞机上的热源及其产生的影响

1. 飞机结构的热源

使飞机机体结构温度迅速上升的各种热源有如下几种：

（1）气动加热，通常飞行速度为 $Ma \geqslant 2.2$ 时，在设计中就需要考虑气动加热对结构强度和刚度的影响；

（2）发动机和内部电子设备的散热；

（3）太阳对飞机的辐射热；

(4) 作为核运载工具的飞机(如载核轰炸机)由核爆炸引起的热冲击或飞行器受激光武器攻击引起的热攻击。

对于超声速飞机($1 < Ma < 5$)和高超声速飞机($Ma \geqslant 5$),其主要热源是气动加热和发动机散热。

对于越层飞行器,热源主要是太阳的辐射热,但当它重返大气层时,气动加热是影响结构的主要热源。

2. 气动加热

气动加热为超声速和高超声速气流绕物体流动所引起的物体加热。在超声速和高超声速情况下,物体的钝头部或钝前缘附近会出现弓形激波,如图 8-28 所示,其中央部分近乎正激波,正激波与物体之间的气体被压缩,从而引起高温,这一受压缩区域是物体绕流中高温气体的主要热源。气体绕弓形激波引起的温度升高随自由流的速度及物体头部(或前缘)曲率半径的增大而增加。高温气体经附面层,将热传给物体,由于物体头部的驻点区域和翼前缘处压强最高且附面层最薄,热传递在这个区域最严重。除压缩引起温度升高以外,在附面层中由于黏性摩擦而产生热摩擦,也会引起温度升高。

图 8-28 钝头部或机翼前缘的弓形激波

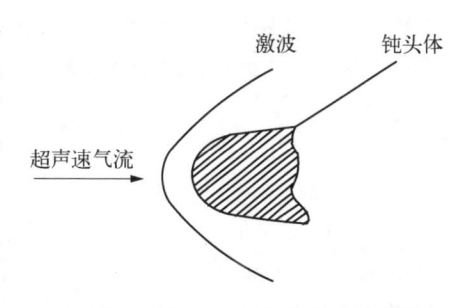

超声速飞行器中大部分结构温度在 600℃ 以内,头锥及翼前缘局部温度最高可达 800℃;高超声速飞行器结构前缘驻点温度最高可达 1 500~2 000℃,大部分结构表面温度在 1 000℃ 以内。

3. 热应力

热应力是物体温度变化或分布不均匀时,在物体内产生的应力,按其产生的原因,可以分为如下两类:① 物体由于温度升降不能自由伸缩或因物体内各部分的温度不同而产生的应力;② 由热冲击引起的含有动态效应的冲击热应力,即热冲击现象。一般情况下,超声速和高超声速飞机结构中最普遍的是第一种热应力。

按其所受温度变化与时间的关系,可分为定常热应力和非定常热应力(也称为瞬态热应力)。如果不考虑热冲击引起的动态效应,热应力是热膨胀引起的一个自身平衡的内力系统,其大小与温差、材料的热膨胀系数和弹性模量成正比。

定常热应力是物体的温度场为定常温度场时物体内出现的热应力,其值不随时间而改变。非定常热应力是物体温度场为非定常温度场时物体内出现的热应力,其值随时间而改变。在实际计算中通常给定一系列时间点,把非定常问题转化成定常问题处理,计算出一系列时间点的热应力值。

由于热应力是因热膨胀受限制引起的一个自身平衡的内力系统,应力超过材料的屈服极限的部位,塑性变形减弱了由热膨胀受到限制而引起的热应力,使这些部位的热应力减少或消失。同时,对于发生屈曲的构件,屈曲变形也减弱了对热膨胀的限制,也使其热应力减少或消失。基于热应力的这一特性,在飞行器设计时,通常认为热应力对受拉结构,或先产生局部屈曲再产生总体破坏这一类结构的极限载荷值的影响不大。

在受热结构设计中通常选定飞行轨迹中的若干个危险点进行热应力计算,所计算的热应力属定常热应力。热应力计算方法有两种:对于简单结构如梁或板,可以在合理简化后采用解析法;而对于复杂结构必须采用数值解法,目前常采用有限元法进行求解。

4. 热冲击

热冲击是急剧加热或冷却时,在结构内产生热冲击应力的现象,如受到核辐射时或在激光脉冲表面,以及常见的热处理中的淬火均属于此类。

由于热冲击作用时,加热或冷却时间极短($10^{-8} \sim 10^{-2}$ s),热量来不及传递,结构受热或冷却面的温度急剧升高或降低,结构内部温度还处于原来的温度,结构中的温差特别大,热冲击应力大于正常热应力,同时热冲击应力速度很高,材料来不及产生应变,因此会造成材料失去塑性而容易产生脆性破坏。热冲击对脆性材料特别重要,当热应变急剧增大时,热应力已达到材料的强度极限,产生了破坏,材料的热冲击抗力通常用热冲击系数来衡量:

$$P = \frac{\lambda_1 \sigma_b}{E\alpha}$$

其中,λ_1 为材料的导热系数;σ_b 为材料的抗拉强度;E 为材料的弹性模量;α 为材料的热膨胀系数。

5. 热对结构强度的影响

飞机以 $Ma \geq 2.2$ 超声速飞行时,要考虑气动加热对结构的影响。由于气动加热给结构强度设计与验证引入了温度和时间两个参数,给飞机结构强度设计带来的主要问题有如下几种。

(1) 机体结构温度升高引起材料的强度极限和弹性模量降低,使结构强度和刚度降低。

(2) 在结构中产生热应力,与载荷作用所产生的机械应力叠加,使结构应力和变形增大,影响结构局部或总体承载能力,甚至由于高温出现与时间有关的蠕变。

(3) 在高温和热应力作用下,结构局部或总体产生过大的变形,从而破坏结构的气动外形,高温又使结构刚度下降,在几种因素综合作用下,会降低结构的固有频率,甚至引起灾难性的颤振,最终可导致结构破坏。

(4) 在高温下结构的变形与损伤是依赖于时间及空间多轴应力状态的复杂现象,其复杂性大大地增加了破坏控制的难度。结构高温下的破坏一直是威胁现代高超声速飞行器的主要因素,也是受热结构完整性研究的难点所在。

(5) 飞机外表面受到严重空气加热时,设备舱、乘员舱内的温度也急剧升高,过高的舱内温度将会超过仪器设备的使用限制温度和乘员的生活温度上限,导致设备和乘员无法正常工作。

8.5.2 受热结构的蠕变

在恒定温度和恒定载荷(或恒定应力)作用下,金属结构的变形随着时间增长而缓慢增大,这一现象称为蠕变。实际上,当结构的变形增大时,应力也可能变化,因此蠕变的广义定义为:当固体受恒定外力作用时,其应力与变形随时间变化的现象。这种现象的特点是:变形应力与外力不再保持一一对应关系,而且这种变形即使小于屈服极限时仍具有不可逆的变形性质。

对于大多数金属材料而言,蠕变变形在室温环境下通常很小,可以忽略不计。一般认为,蠕变发生与否,与金属的熔点温度 T_m 有关,可粗略地根据工作温度是否大于 $0.5T_m$ 进行判断,实际合金多在 $(0.4 \sim 0.6)T_m$。当工作温度大于 $0.5T_m$ 时,即使应力小于材料屈服极限,蠕变也会发生。对于重复使用的超声速飞行器或温度很高且工作时间较长的高超声速飞行器的金属结构,由于结构承受高温和长时间工作,会出现蠕变屈曲、蠕变断裂、紧固件的连接渐渐变得松动、蠕变和疲劳的交互作用影响使用寿命等问题,因此在其强度设计中要考虑蠕变的影响。

1. 蠕变曲线

当温度一定时,蠕变变形、应力和时间存在一定关系:$\varepsilon_e = f(\sigma, t)$,其中 ε_e 为蠕变量,σ 为应力,t 为时间。表示蠕变变形与应力、温度、时间等参数之间的关系曲线,称为蠕变曲线。试验的蠕变曲线是建立和检验蠕变理论的基础,也是计算蠕变的依据。

蠕变曲线有以下几种常用的表示方法。

(1) 恒定温度下,以应力为参数的变形-时间关系曲线。典型的金属材料蠕变曲线可分为三段,如图 8-29 所示。其中,OA 段为加载的初始变形,蠕变变形是从点 A 开始发展的。AB 段称为蠕变第一阶段,也称为瞬时蠕变阶段,在此阶段内,蠕变速率逐渐减小。BC 段称为蠕变第二阶段,也称定常蠕变阶段,在此段内,蠕变速率最小且为常值。CD 段称为蠕变第三阶段,从点 C 开始,蠕变速率迅速增大。

(2) 恒定温度下,以时间为参数的变形-应力曲线又称等时蠕变曲线。当 $t = 0$ 时,即为瞬时拉伸曲线。对于金属材料,蠕变曲线的第一和第二阶段往往具有几何相似性,如图 8-20 所示,利用相似性可简化蠕变计算。

(3) 恒定温度下,以变形为参数的应力-时间曲线,亦即松弛曲线,如图 8-30 所示。

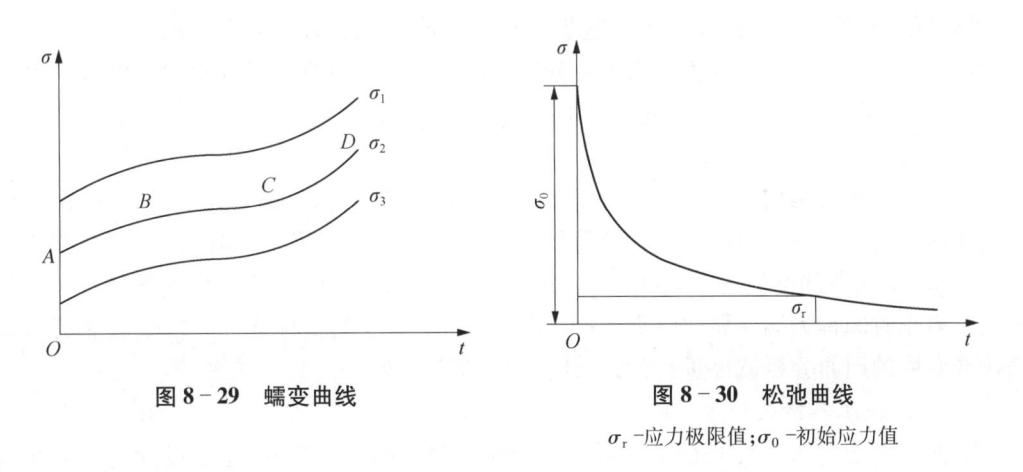

图 8-29 蠕变曲线

图 8-30 松弛曲线

σ_r-应力极限值;σ_0-初始应力值

2. 蠕变松弛

蠕变松弛是指材料或结构在承载过程中的总变形保持不变,蠕变变形使应力随时间缓慢降低的现象。典型蠕变松弛曲线如图 8-29 所示。

螺钉连接件可作为松弛现象的典型例子。假定被连接体是绝对刚性的,则螺钉在预紧力作用下产生的初始变形不随时间变化,螺钉蠕变变形随着时间缓慢增长,是靠初始的弹性变形减小来实现的,故螺钉预紧力将随时间增长而缓慢降低,原来很紧密的连接逐渐变得松弛。

在受热结构连接设计中要计及蠕变松弛,以保证连接强度。

3. 蠕变速率

蠕变速率即蠕变变形对时间的变化率。蠕变速率对材料微观结构特性、温度、应力等因素非常敏感,蠕变试验测得的数据分散性很大,因此由实验确定的蠕变速率通常是统计平均值,该值用于确定金属材料或零件的蠕变极限或蠕变寿命。

以实验为基础的描述蠕变速率的几个常用的蠕变理论如下。

(1) 定常蠕变理论:在给定温度下,蠕变速率是应力的函数。

(2) 时间硬化理论:在给定温度及给定应力条件下,蠕变速率是时间的函数。

(3) 应变硬化理论:在给定温度及给定应力条件下,蠕变速率是应变的函数。

4. 蠕变试验数据的应用

1) 短时试验结果向长时外推

进行高温结构设计时,首先要选择合适的材料,由该材料的许用应力水平可初步确定结构的尺寸,然后才能进行复杂应力分析和校核计算。蠕变的许用应力水平可以采用强度准则和变形准则确定。

强度准则:在设计要求的寿命范围内,材料发生蠕变断裂所需要的应力水平。

变形准则:在设计要求的寿命范围内,产生一定应变所需要的应力水平。

实验室中进行试验的时间往往不会很长,因此为了确定上述应力水平,必须把短时试验结果向长时外推,参数外推法可用以预测断裂和变形的特性。

2) 单轴蠕变试验结果向多轴应力状态推广

在实验室,单轴应力试验最为简单,因此所得到的材料的力学行为多是在单轴应力状态下取得的,而实际的结构却多为在复杂应力状态下工作,这就存在着如何用单轴试验的结果解释多轴应力状态下的力学行为的问题。研究试验中的现象并通过建立多轴应力下的本构方程,可将一维空间获得的知识推广到三维空间。

5. 蠕变屈曲

蠕变屈曲是指结构在蠕变条件下的失稳现象。当载荷小于临界载荷时,结构在承载的初始状态是稳定的。但由于蠕变变形的累积而使结构的刚度逐渐降低,或逐渐改变结构的形状,使其内部产生逐渐增大的附加应力,经历一定时间后,使结构丧失稳定性。此经历的累积时间称为蠕变屈曲临界时间,该量是蠕变强度的指标之一。蠕变屈曲可采用通用或专用的屈曲分析软件进行计算,计算的是临界时间。

6. 蠕变极限与持久强度

蠕变极限与持久强度是衡量材料和结构蠕变强度的两个指标,也是设计与校准结构在高温下工作时的强度指标。

持久强度又称蠕变破坏强度,顾名思义,即在高温情况下材料抵抗长期加载发生断裂而破坏的能力,由加载直至破坏所经过的时间称为破坏时间。持久强度是在某一规定的时间期限发生蠕变破坏的应力,而规定的时间期限则视零件工作环境及服务期限而定。要确定持久强度,必须进行材料在工作温度下的蠕变破坏试验。

持久强度是从破坏(或寿命)角度提出的指标,实际上大量长期工作的零件,其应力并不大,断裂并不是主要的破坏形式。为了保证零件的正常工作,在设计中还需要考虑刚度问题。而从刚度出发,给出的强度指标即蠕变极限,蠕变极限的定义有两种:其一是在给定的使用期限产生允许应变值的应力值;其二是产生规定蠕变速度的应力。可由蠕变试验所得到的蠕变第一阶段和第二阶段的试验资料作出 $\lg \sigma - \lg \dot{\varepsilon}_{\max}$ 曲线或等应变蠕变曲线等确定应力值。

7. 蠕变断裂

当载荷作用足够长时间后,材料或结构的蠕变由第二阶段进入第三阶段,最终发生断裂破坏,按破坏性质,可分为韧性断裂和脆性断裂。一般来说,在给定温度下,应力水平较高时常发生韧性断裂,应力水平较低时常发生脆性断裂,而有些材料的破坏形式处于韧性断裂和脆性断裂的中间状态。

用持久强度表示引起断裂的应力与时间的关系,此量可作为蠕变断裂计算的依据。

8. 蠕变寿命

结构在蠕变条件下能安全工作的累计时间称为蠕变寿命。根据结构的材料性质、结构形式及载荷性质,从以下三个方面考虑结构的蠕变寿命:

(1) 以结构所允许的最大变形为控制量,通过试验或理论计算求得结构在给定条件下的蠕变速率,便可计算出变形达到允许值的时间;

(2) 以蠕变断裂为准则,即可考虑结构是否有可能发生脆性断裂破坏或近似脆性破坏,可以由理论计算或试验确定给定条件下的断裂时间;

(3) 对于易发生蠕变屈曲的结构,可计算出发生蠕变屈曲的临界时间。

将以上结果加以比较,选其中最小者作为结构的蠕变寿命。

8.5.3 受热结构的疲劳强度

为了确定重复使用或长时间使用的受热结构寿命,需要研究受热结构的疲劳强度。对于受热结构,通常有两类疲劳问题:其一是在等温环境下结构中交变应力的疲劳,常称为等温疲劳;另一类是结构在交替加热和冷却过程中由热应力引起的疲劳,常称为热疲劳。

1. 等温疲劳

等温疲劳指某温度环境下,材料或结构受交变应力反复作用而破坏的疲劳,又称为高温疲劳,如图 8-31 所示。高温时,材料力学性能发生变化,如弹性模量、强度极限下降,因此影响了材料的疲劳性能,等温疲劳引起的破坏大多呈现塑性破坏,其中包含与时间有关的蠕变成分。等温疲劳与应力水平、载荷频率、温度高低和载荷波形等因素有关。

2. 热疲劳

热疲劳是指材料或结构在交替加热和冷却过程中,会在结构内形成不均匀温度场,故自由膨胀和收缩受到部分或完整约束,从而引起热应力,在热应力反复作用下,逐渐发生局部损伤产生裂纹,最后因裂纹扩展而导致破坏的过程。

(a) 等温疲劳　　　　　　　　　　　(b) 等温蠕变疲劳

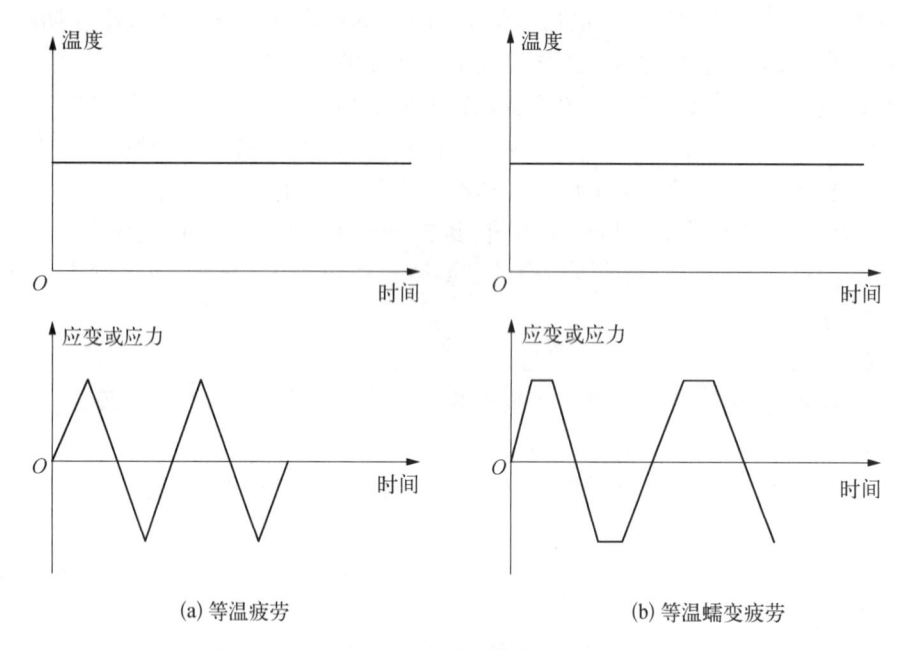

图 8-31　等温疲劳

导致热疲劳破坏的热疲劳裂纹是热应力引起的塑性应变反复作用的结果,它通常出现在塑性应变集中的局部表面区域,以细小裂纹出现,随着塑性应变的反复作用,裂纹逐渐变长并向深处扩展。中等高温开裂是穿晶型,温度的提高使裂纹沿晶向扩展,热疲劳裂纹扩展到临界尺寸,导致结构丧失承载能力而破坏。

材料或结构除受到循环变化的温度载荷外,还受到循环变化的机械载荷作用,称为热机械疲劳(简称热疲劳)。根据温度和机械疲劳的相位关系,热机械疲劳可分为两种极限形式:同相(in-phase, IP)热疲劳和异相(out-of-phase, OP)热疲劳。同相热疲劳是指当温度升高时,作用在试验件上的拉伸载荷也相应增大,温度升高到最大时,拉伸载荷也加到最大值;相反,当温度下降到最低值时,作用于试验件的压缩载荷也增大到最大值。异相热疲劳则正好与之相反。在实际工程问题中,温度和载荷的相位关系是复杂的,但由于同相和异相最具有代表性,为了研究方便,大多数研究者都研究这两种典型情况。各种相位关系如图 8-32 所示。

3. 蠕变-疲劳交互作用

高温下材料的疲劳损伤通常包括与时间无关的塑性变形和与时间有关的蠕变作用。如果把蠕变和疲劳造成的损伤独立进行考虑,认为相互间是孤立的,没有相互作用,因此失效的判断也依据各自的判据,看何者先达到失效的临界值,或者进一步地认为各自造成的损伤分数可以进行线性叠加,其和为 1。实际通过试验发现,如果在疲劳循环中引入保持时间,则在保持时间段发生蠕变松弛,使得循环寿命缩短,此时两者的损伤分数之和小于 1。同样,在有较长保持时间或慢循环疲劳破坏时,两者损伤分数之和也小于 1,此即存在蠕变-疲劳交互作用,蠕变-疲劳交互作用的区域如图 8-33 所示。因此,高温结构寿命预测的模型非常复杂,目前已提出了多种预估模型,而且有的模型只限于实验室中使用。

(a) 同相 (b) 异相

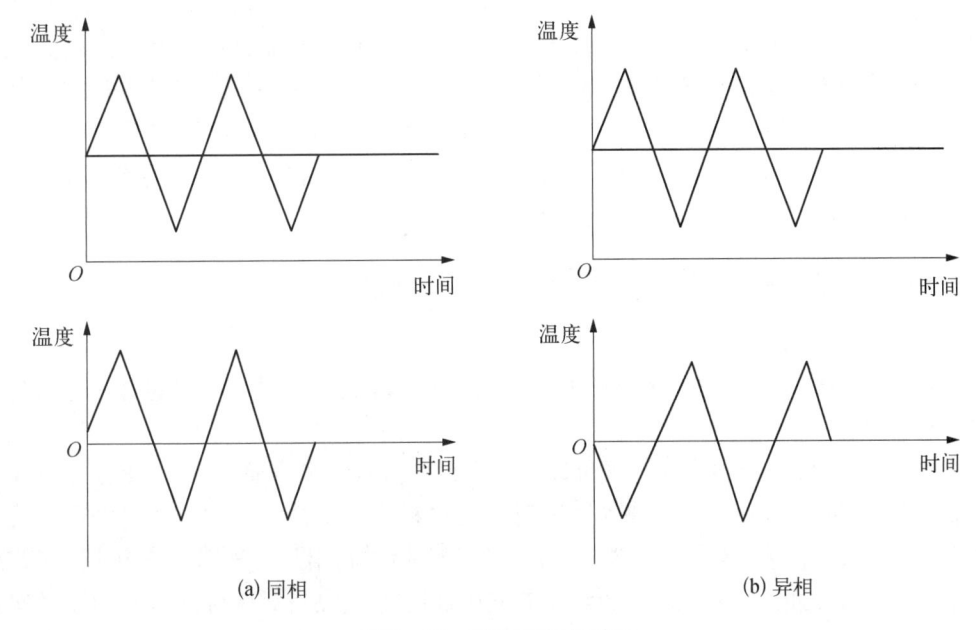

图 8‑32 热疲劳相位关系

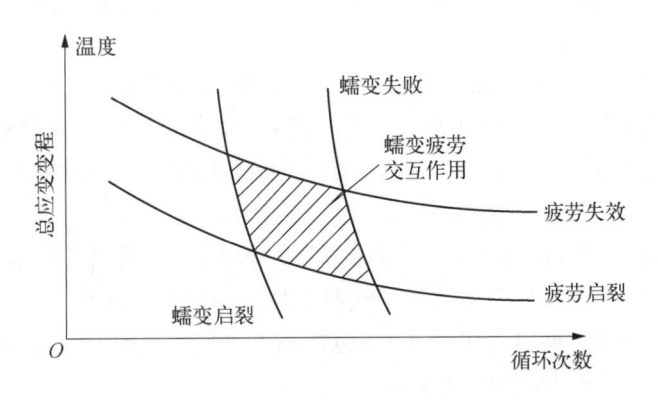

图 8‑33 蠕变‑疲劳交互作用的区域

8.6 飞机结构安全寿命包线的基本原理与应用方法

我国现阶段是依据飞机结构设计状态对疲劳问题和腐蚀问题进行单独"定寿"管理的,当飞机的实际使用情况与设计状态的"基准"情况相偏离时,就可能造成疲劳寿命与日历寿命不匹配、结构腐蚀或疲劳损伤问题严重、结构服役状态危险等问题。

例如,考虑一种"合法"的极限情况:飞机一直停放至日历寿命到寿的前一年,在最后的一年内将所有的疲劳寿命储备全部用完。明显地,飞机结构由于多年的停放及腐蚀影响,其结构寿命品质已经下降,在最后一年按原定疲劳寿命目标的极限使用,很有可能发生飞行事故。当然,上述极限情况一般不会发生,但下述情况则很有可能出现:假设一种型号的飞机疲劳寿命限制为 3 000 飞行小时,日历寿命限制为 20 年,在飞机服役的前 10 年,平均飞行强度为60飞行小时/年;随着部队训练要求的提高,或是出于发挥飞机结构最大寿命潜力的目的,飞机在服役的后10年以平均飞行强度240飞行小时/年使用。也不难想象,已存在腐蚀损伤的飞机要完成之前4倍的飞行任务,结构必然存在巨大的安全隐患。造成飞机结构上述危险服役状态的本质原因就是疲劳寿命和日历寿命的相互独立管理。

本节介绍一种飞机结构服役寿命评估的方法——飞机结构安全寿命包线,可以有效解决飞机疲劳寿命与日历寿命不匹配的问题。

8.6.1 飞机结构寿命包线的基本概念与内涵

1. 材料寿命包线的概念

材料寿命包线是表征材料的疲劳寿命随腐蚀时间变化的曲线。典型的材料寿命包线如图8-34所示。

如图8-34所示,材料寿命包线可以表示在以腐蚀时间T为横坐标、以疲劳寿命N为纵坐标的二维直角坐标系中,反映了腐蚀时间对材料疲劳寿命的影响。材料寿命包线是用若干组相同的无防护体系的材料试验件(也不包括材料出厂时所带的包铝层、镀锌层等),在一定的载荷谱和环境谱下,历经不同的腐蚀周期T,测得试验件断裂时的循环次数N;计算同组试验件的疲劳寿命平均值,并以其为纵坐标、以对应的腐蚀周期T为横坐标在上述坐标系中作点;最后将上述坐标系中所作的点平滑连接,就得到了一条对应于该载荷谱和环境谱的材料寿命包线。

材料寿命包线与坐标轴纵轴的交点N_0对应于材料试验件在无腐蚀条件下得到的疲劳寿命(均值),反映的是材料的纯疲劳性能;材料寿命包线与坐标轴横轴的交点T_0的含义是材料腐蚀过于严重,以至于完全丧失了疲劳性能(在第一次加载时尚未达到最大应力就已经断裂),反映的是材料的腐蚀性能。

在获取材料寿命包线的过程中,根据研究目的的不同,载荷谱和环境谱的作用方式可以是预腐蚀疲劳作用、腐蚀疲劳交替作用或腐蚀疲劳同时作用,但同一条材料寿命包线必须要采用相同的载荷谱/环境谱作用方式(包括腐蚀疲劳交替作用下的交替周期相同、腐蚀疲劳同时作用下的试验频率相同等)。

2. 结构寿命包线的概念

结构寿命包线是表征结构的疲劳寿命随腐蚀时间变化的关系线,典型的结构寿命包线如图8-35所示。

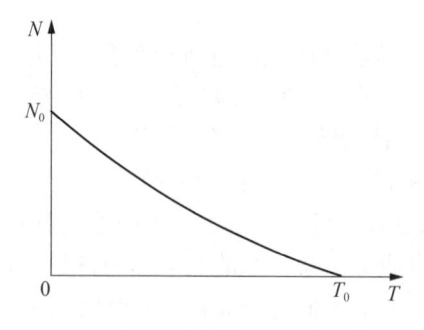

图8-34 典型的材料寿命包线

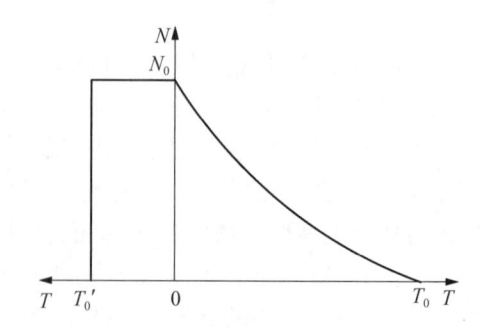

图8-35 典型的结构寿命包线

如图 8-35 所示,结构寿命包线可以表示在以腐蚀时间 T 为横坐标、以疲劳寿命 N 为纵坐标的二维直角坐标系中。但与材料寿命包线相比,结构寿命包线分为左右两侧,且其所处的坐标系的横坐标左右方向均为正值。结构寿命包线的左侧部分代表了结构表面防护体系的影响,横坐标 T'_0 为结构表面防护体系的日历寿命平均值。若结构表面无防护体系(包括包铝层、镀锌层等),则结构寿命包线的左侧部分不存在。结构寿命包线的右侧部分与材料寿命包线类似,反映了腐蚀时间对结构疲劳寿命的影响,表征腐蚀时间与结构疲劳寿命的对应关系。

3. 飞机结构安全寿命包线的概念

飞机结构寿命包线是表征飞机结构在服役过程中当量飞行小时数/起落次数与服役日历时间范围的边界线,也就是飞机结构当量疲劳寿命与日历寿命的使用限制线,可以在以疲劳寿命和日历寿命为坐标轴的二维直角坐标系中用曲线表示,其反映了飞机结构疲劳寿命与日历寿命之间的相互关系。

依据飞机结构寿命包线,可以预测飞机在特定服役环境下经历不同强度飞行后的结构剩余寿命,进而实现实际服役条件下的飞机结构寿命控制。基于寿命包线理论对飞机结构寿命进行管理/控制可以有效解决飞机结构疲劳寿命与日历寿命不匹配的问题。

按照飞机结构的服役条件(或失效形式),可以将其划分为疲劳关键件、腐蚀关键件和腐蚀疲劳关键件,对应于三类关键件的安全寿命包线如图 8-36~图 8-39 所示。安全寿命包线图中,纵坐标为基准飞行小时数 N_f,单位为当量飞行小时(efh);横坐标为日历使用时间 N_y,单位为年。疲劳关键件的安全寿命包线如图 8-36 所示,由于一般认为疲劳关键件不受使用环境的影响,其使用寿命限制仅与疲劳载荷有关,在安全寿命包线的横坐标方向(日历寿命)没有明显的使用限制,仅由疲劳寿命指标(疲劳安全寿命)控制使用。腐蚀关键件的安全寿命包线如图 8-37 所示,由于一般认为腐蚀关键件不受载或受载很小,其疲劳寿命是无限的,其使用寿命限制仅与腐蚀环境有关,在安全寿命包线的纵坐标方向(疲劳寿命)没有明显的使用限制,仅由日历寿命指标(日历安全寿命)控制使用。对于腐蚀疲劳关键件,在单一服役环境下的安全寿命包线如图 8-38 所示。若飞机在多个地区转场使用,则多种典型环境下的安全寿命包线如图 8-39 所示(四种腐蚀环境)。

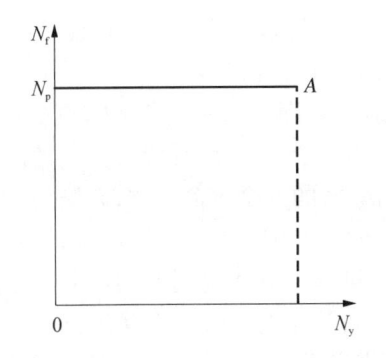

图 8-36 疲劳关键件的安全寿命包线

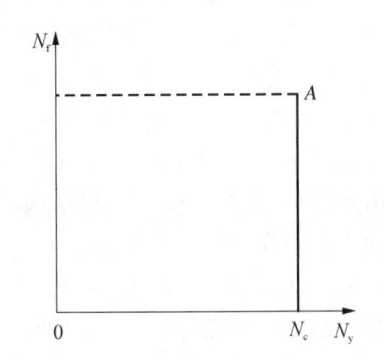

图 8-37 单一环境下腐蚀关键件的安全寿命包线

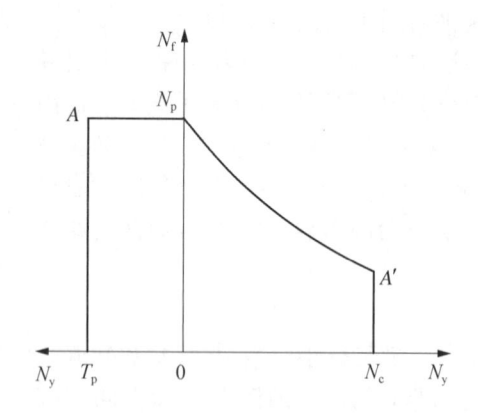

图 8-38 单一环境下腐蚀疲劳关键件的安全寿命包线

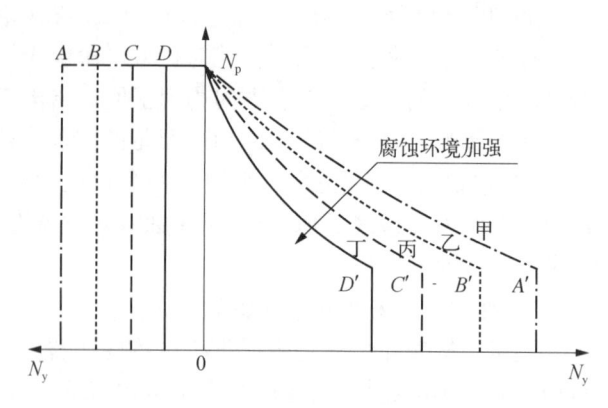

图 8-39 多环境下腐蚀疲劳关键件的安全寿命包线

这里需要说明的是，现阶段用于飞机结构寿命管理的疲劳损伤性能指标，美国是采用飞行次数、飞行小时数和起落次数；由于同一架飞机的飞行次数和起落次数基本一样，我国采用的是飞行小时数和起落次数两个指标。之所以采用飞行小时数和起落次数两个指标，是因为飞机上的结构其受到的载荷来源不同。例如，飞机上大多数的结构在服役时主要受到飞行载荷的作用，主要以飞行小时数作为疲劳指标；起落架、起落架大梁等结构在服役时主要受到地面载荷的作用，主要以起落次数作为疲劳指标；襟翼、增压舱等结构在服役时的受载情况主要与飞行次数有关，主要以飞行次数或起落次数作为疲劳指标；机翼大梁等一些结构，在飞行与起落时均起到受力的作用，要以飞行小时数和起落次数共同作为疲劳指标。现阶段，我国是根据飞机的一般任务特征确定飞行小时数与起落次数的比例，再根据具体部件的受载特征，通过寿命评估来给出其飞行小时数和起落次数这两个指标，在飞机服役时以先到者为准。实际上，飞行小时数和起落次数这两个指标往往不能完全匹配，对于一些特殊情况（如进行航母上的起降训练），其相差更远。

在飞机结构安全寿命包线中，以损伤度作为结构到寿的依据，因此结构在飞行时与起落时受到的损伤是均应考虑的，其分别对应结构的飞行谱和起落谱，单位分别为当量飞行小时数与起落次数。因此，对同时受到飞行载荷和起落载荷的结构，其完善的安全寿命包线应该有两条，分别用于计算结构在飞行和起落时的损伤。当然，若要简化处理，也可以将飞行谱和起落谱按照一定的比例合并成"飞—续—飞"谱，并将每次飞行任务（飞行+起落）的损伤按等损伤原则折算到"飞—续—飞"谱下的当量值。

飞机结构中腐蚀疲劳关键件的寿命特性最为复杂。图 8-39 中横坐标的左右两个方向均为日历寿命 N_y，均为正值；纵坐标为当量飞行小时数 N_f。腐蚀疲劳关键件的安全寿命包线由两部分组成，左侧为飞机结构防护体系有效时的安全寿命包线，右侧为防护体系失效后的安全寿命包线。腐蚀疲劳关键件安全寿命包线中的 N_p 为飞机结构的基准疲劳（耐久性）安全寿命值，是通过结构疲劳试验后进行可靠性分析得到的满足一定可靠度和置信度要求的基准寿命；点 A 对应着防护体系的有效使用时间 T_p，在防护体系的有效时段 $(0, T_p)$，飞机结构的损伤来源为结构经历的疲劳载荷作用，不必考虑腐蚀对结构的影响；$N_p - A'$ 段曲线反映了防护体系失效后环境腐蚀时间对基准疲劳（耐久性）安全寿命的影响；点 A' 是防止结构在腐蚀与疲劳的共同作用下发生意外断裂的结构安全限制点，一般是考虑腐蚀环境下结构的静强度要求、腐蚀环境下结构的断裂特性要求、结构经济修理及飞机技术状态的要求，通过综合分析得到。反映在安全寿命包线图上，不同的腐蚀强度对应着不同的安全寿命包线范围，腐蚀环境越强，则结构在此环境下的使用寿命限制范围越小，结构到寿时的基准疲劳(耐久性)安全寿命和日历安全寿命越小。

对于疲劳关键件和腐蚀关键件，由于其寿命限制指标单一，可以分别由现有的疲劳安全寿命管理方法和第 3 章提出的日历安全寿命管理方法进行寿命管理/控制，基于安全寿命包线的寿命管理/控制方法与上述方法也基本类似；而对于腐蚀疲劳关键件，其在疲劳和腐蚀的共同影响下使用，寿命限制条件复杂，需要反映出疲劳寿命限制和日历寿命限制的影响，因此研究腐蚀疲劳关键件的安全寿命包线具有重要的意义。一般所说的飞机结构安全寿命包线，在没有特指的情况下，默认为飞机结构腐蚀疲劳关键件的安全寿命包线。

4. 飞机结构安全寿命包线的本质

飞机结构安全寿命包线与飞机的机动飞行包线一起，构成了飞机结构安全服役/使用限制的两道防线。机动飞行包线限制了飞机在不同高度下的过载使用范围，保证的是飞机结构在每次飞行的安全；安全寿命包线则限制了飞机的寿命使用范围，保证的是飞机结构在全寿命服役周期的安全。

飞机结构安全寿命包线实质上是在一定的可靠度与置信度要求下，飞机结构损伤度达到 1 时的当量飞行小时数与日历使用时间的关系曲线，依据结构安全寿命包线对飞机结构进行寿命管理/控制都是以结构损伤度为基准的。

首先，飞机结构安全寿命包线的本质是飞机结构服役/使用的安全寿命限制线，这里要特别强调"安全"的含义。飞机结构安全寿命包线上的任意一点被认为是结构损伤度达到 1 时状态点，然而，其并不代表结构达到此损伤状态时一定会发生真实断裂，只是出于安全的角度出发，达到了所定义的"安全使用限制"。例如，如果飞机结构寿命服从对数正态分布，则安全寿命包线就是根据试验结果进行可靠性分析得到的满足一定可靠度与置信度(99.9%可靠度与 90%置信度)要求的安全限制性，如图 8-40 所示。

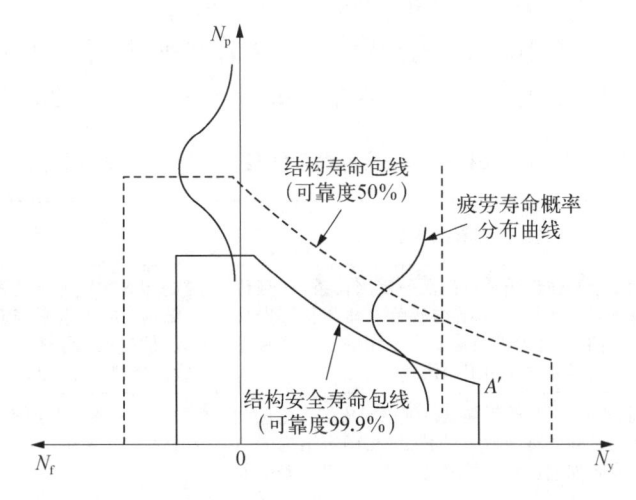

图 8-40 飞机结构安全寿命包线与结构寿命包线的关系

其次，结构损伤度是依据安全寿命包线进行飞机结构寿命管理/控制的基础。对于飞机的机动飞行包线，飞机只要在飞行过程中不超过机动包线的限制范围即可认为是安全的，进行的是"直观"的控制。与机动包线不同，安全寿命包线上的点对应的是飞机在某一特定飞行强度下的状态（寿命包线上任意一点与原点连线的斜率即为基准疲劳寿命/日历寿命，单位为 efh/年），而飞机在全寿命期内的飞行强度并不是固定不变的，其实际服役的状态可能无法在安全寿命包线中找到对应点。因此，飞机结构安全寿命包线进行的是"非直观"控制。在飞机飞行强度为某一定值的一段时间内，可以依据安全寿命包线求得飞机在该时间段的结构损伤度。对于全寿命周期内不同飞行强度的时间段，可以分别求得其损伤度，然后进行累积（最为简单的是采用损伤线性累积方法，也可采用精度更高的方法），当结构累积损伤度达到 1 时，认为结构到寿。

5. 飞机结构安全寿命包线对保证结构安全的意义

现阶段，世界各国对于腐蚀疲劳关键件的腐蚀控制方面基本上都采取"发现即修理"的维护措施（国外称为 find and fix）。例如，在美军航母的飞机上，即使是发现米粒般大小的涂层损伤也要立即采取修理措施，防止因基体材料发生腐蚀而使结构整体的疲劳寿命受到影响。

然而，平时的维护主要是通过目视检查的方法对外部暴露结构进行检查，大多数内部结构发生的腐蚀可能并不会被马上发现；即使是飞机大修也不是重新组装飞机，很多内部结构可能即使发生腐蚀也未被检查出来（如整体油箱内部的腐蚀），甚至飞机的有些内部结构在生产时经防腐处理过后，直至退役都不会再作防腐处理；加之各种检查、检测手段在实施过程中都存在漏检的可能，也就是说，"发现即修理"的维护措施背后存在着"发现不到的地方就不会被修理"这一事实，已经发生腐蚀损伤的结构也有可能长时间在疲劳载荷的作用下服役/使用。

飞机结构安全寿命包线就是针对上述问题，研究腐蚀环境对结构寿命的影响规律，从可靠性的角度来解决飞机结构在腐蚀条件下的寿命管理问题，即使是结构在腐蚀环境和疲劳载荷条件下共同服役，也能从理论上保证结构安全（发生失效的概率很低），发挥结构寿命的最大潜力。

6. 飞机结构安全寿命包线与结构 $p-S-N$ 曲线的对比

通过将飞机结构安全寿命包线与结构 $p-S-N$ 曲线进行对比，可以更好地理解安全寿命包线的概念与内涵。飞机结构安全寿命包线与 $p-S-N$ 曲线的对比如表 8-7 所示。

表 8-7 飞机结构安全寿命包线与 $p-S-N$ 曲线对比

对比项	飞机结构安全寿命包线	$p-S-N$ 曲线
概念	结构安全寿命包线是表征在一定服役条件（载荷条件和腐蚀环境）下，结构疲劳寿命与日历寿命的关系曲线，是飞机结构安全使用的当量疲劳寿命与日历寿命的使用限制线	结构 $p-S-N$ 曲线是表征在一定的应力比下，结构的应力水平与断裂循环次数的关系曲线，是在一定可靠度和置信度下，结构不发生疲劳断裂的应力水平与疲劳寿命的限制线
建立方法	在同一环境下开展不同飞行强度对应的多组预腐蚀疲劳试验或腐蚀疲劳交替试验，确定结构的防护层有效周期及腐蚀环境对结构基体疲劳寿命的影响关系	在同一应力比下开展不同应力水平的成组疲劳试验，确定疲劳寿命与应力水平的关系

续表

对比项	飞机结构安全寿命包线	p-S-N 曲线
应用范围	对腐蚀和疲劳共同影响下的结构进行寿命监控、寿命预测等	对纯疲劳作用下的结构进行寿命预测等
曲线形式	（图：N_f 当量飞行小时数 随日历时间变化，点 A、B，横轴 N_y—0—N_y）	（图：S 应力水平 随疲劳寿命 N 变化，$p=90\%$，点 A、B）
曲线上任意点的含义	曲线上任意点代表了在特定服役环境下对应飞行强度时结构的疲劳安全寿命与日历寿命值	曲线上任意点代表了特定应力水平载荷条件下结构的疲劳寿命值
应用	飞机结构安全寿命包线只是结构安全使用时疲劳寿命与日历寿命的限制线,根据飞机结构安全寿命包线进行剩余寿命预测时,必须要指明飞机的飞行强度与使用环境;例如,使用 S-N 曲线进行寿命预测,必须要指明结构的应力水平和应力比	

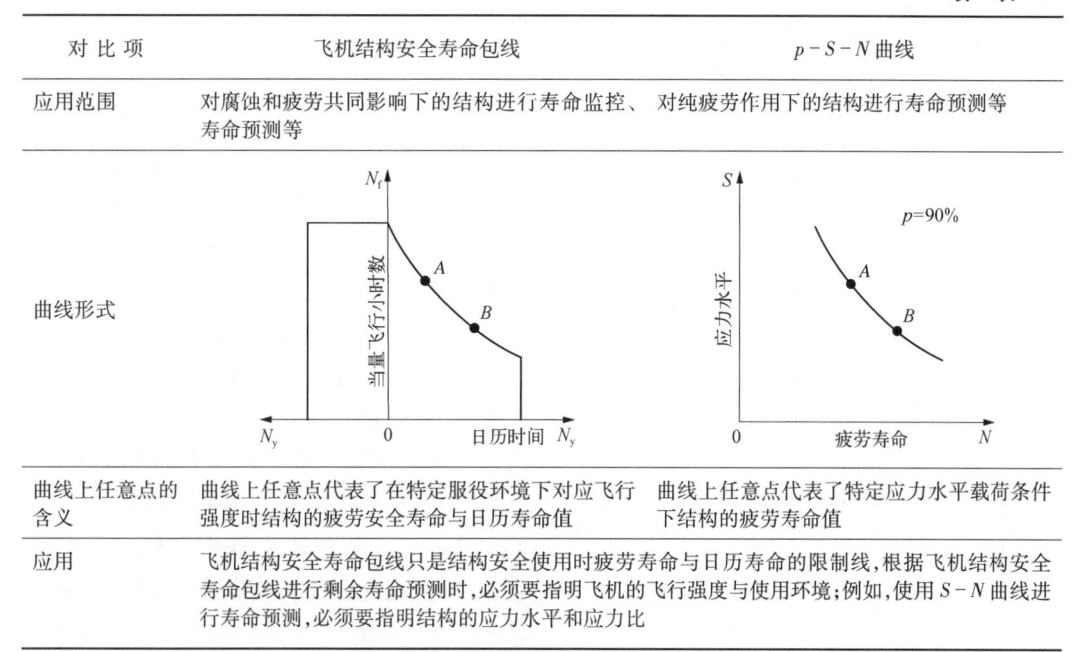

8.6.2 飞机结构寿命包线的建立方法

1. 建立飞机结构安全寿命包线的基本条件

飞机结构的安全寿命包线一般通过实验室条件下的加速腐蚀/疲劳试验确定。其中,防护体系的日历安全寿命通过防护体系模拟件的加速腐蚀试验确定;结构基体随日历腐蚀时间的寿命退化规律是根据其服役/使用情况,通过预腐蚀疲劳试验或腐蚀疲劳交替试验确定的。

在建立结构安全寿命包线的腐蚀试验过程中,所采用的加速腐蚀环境应与结构的实际服役环境具有明确的损伤当量关系,常应采用当量加速环境谱,以便模拟实际条件下的寿命管理/控制,所编制加速环境谱的最小施加单位一般为年。

飞机的飞行强度实际上包括飞行密度(年飞行小时数,反映飞机使用的频繁程度)和飞行载荷(反映飞机单次飞行时结构所受的载荷水平)两部分内容,反映在安全寿命包线上即为当量飞行小时数一个参数(此时认为飞行载荷是不变的)。因此,在一条飞机结构安全寿命包线上,常常把飞行密度称为飞行强度。在建立结构安全寿命包线的疲劳试验过程中,所采用的加载条件一般为飞机的基准使用载荷谱,得到的试验结果为基准疲劳寿命。基准使用载荷谱是根据飞机使用时测量的数据对设计载荷谱的修正,代表了在规定使用方法下飞机实际使用中所承受的平均载荷谱。因此,依据安全寿命包线对服役飞机进行寿命管理/控制时,都应先将飞机的实际飞行小时数等损伤折算为飞机结构在基准载荷谱下的当量飞行小时数,其表达式为

$$L_{eq} = \frac{d_b}{d_r} L_b \tag{8-5}$$

其中，L_{eq} 为当量飞行小时数；L_b 为飞机的实际飞行小时数；d_b 为飞机实际飞行载荷谱的损伤度；d_r 为基准载荷谱的损伤度。

2. 建立飞机结构安全寿命包线的基本假设

建立飞机结构安全寿命包线及在其基础上进行的飞机结构剩余寿命预测过程是基于以下两点假设：一是认为当结构防护体系完好时，结构处于纯疲劳状态，结构的损伤按照疲劳线性累积损伤理论计算；二是认为防护体系失效后，结构基体在不同腐蚀/疲劳施加比的作用下也服从线性累积损伤理论，即腐蚀条件下的线性损伤累积假设。虽然这不算严格，但这样处理可以满足工程应用对精确的要求。

3. 建立飞机结构安全寿命包线的步骤

以图 8-41 为例，介绍某一服役环境下飞机结构腐蚀疲劳关键件安全寿命包线的建立步骤，只要将每条包线在同一坐标系中单独建立即可得到多服役环境下的寿命包线。

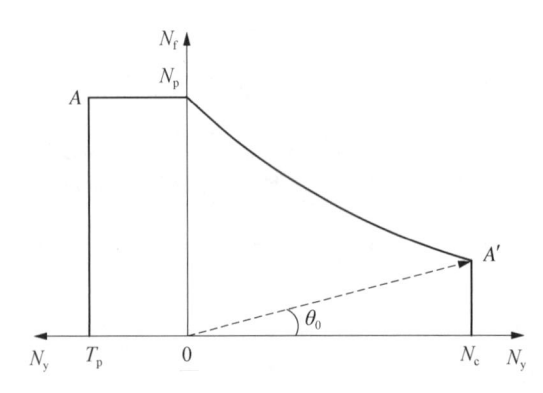

图 8-41 单一服役环境下的飞机结构安全寿命包线

1) 确定防护体系日历安全寿命 T_p

飞机结构防护体系日历安全寿命的确定方法是，通过在实验室条件下开展防护体系模拟件的加速腐蚀试验（若能得到结构防护体系在实际大气条件下的失效数据更佳），确定防护体系的日历安全寿命 T_p。

2) 确定结构疲劳/耐久性安全寿命 N_p

开展实际结构件或结构模拟件的疲劳/耐久性试验，依据现有的疲劳可靠性分析方法（假设疲劳寿命服从对数正态分布），根据试验数据计算得到满足一定可靠度和置信度（如 99.9% 可靠度和 90% 置信度）的结构疲劳/耐久性安全寿命 N_p。对于飞机全尺寸结构，疲劳/耐久性安全寿命 N_p 就是由全机疲劳/耐久性试验结果为依据而给定的。

3) 确定结构腐蚀影响系数 $C(T)$ 曲线

从偏安全的角度出发，认为飞机结构防护体系在达到日历安全寿命限制时防护体系失效，可以通过无防护体系结构件（或模拟件）的预腐蚀疲劳试验或腐蚀疲劳交替试验探明结构基体寿命特性随日历腐蚀时间的寿命退化规律。开展若干组不同预腐蚀周期或不同腐蚀疲劳交替强度的试验，通过拟合的方法确定结构基体的腐蚀影响系数 $C(T)$ 曲线：

$$C(T) = \frac{N_\alpha(T)}{N_p} \tag{8-6}$$

其中，$N_\alpha(T)$ 为经历服役环境当量作用 T 年后结构模拟件满足 α 可靠度与相应置信度要求的疲劳/耐久性安全寿命；N_p 实际上就是 $N_\alpha(0)$，表征未经腐蚀作用的结构模拟件满足 α 可靠度与相同置信度要求的疲劳/耐久性安全寿命；$C(T)$ 曲线表征环境腐蚀时间对结构疲劳安全寿命的影响。

不同结构在不同腐蚀环境下的寿命退化规律不同,其对应的 $C(T)$ 曲线拟合形式也不尽相同。常见的结构 $C(T)$ 曲线拟合形式有

$$C(T) = 1 - \alpha T^b \qquad (8-7)$$

$$C(T) = \exp(\alpha T^b) \qquad (8-8)$$

其中,a 和 b 均为未知参数,需要通过试验数据拟合确定。

4) 确定结构安全使用限制点 A'

随着飞机服役年限的增长,结构的寿命品质不断下降,为防止结构的意外断裂,要通过考虑腐蚀环境下结构的静强度、断裂特性要求及结构经济修理要求和飞机技术特性等,综合分析确定特定腐蚀环境下飞机结构的安全使用限制,即图 8-41 中点 A'。例如,可以根据腐蚀条件下满足结构静强度和断裂韧度要求的两者中的较小值对应的日历年限指标确定点 A'。针对结构静强度要求,通常采用极限载荷(或 1.5 倍的最大使用载荷)进行静强度校核;针对结构断裂韧度分析,例如,对损伤容限结构进行试验时所施加的载荷应考虑结构破坏时的冲击相应,一般可定为 1.15 倍临界破损安全载荷。

点 A' 对应了数值为 $\tan \theta_0$ 的飞行强度 I_{f0},点 A' 的实际含义是:当飞机的年当量飞行小时数小于 $\tan \theta_0$ 时,则认为飞机的飞行强度偏低,地面停放时间偏长;假设飞机一直以这种状态使用至到寿,则按照 $N_p - A'$ 曲线发展规律确定的结构基体日历安全寿命就会很长,可能会因为结构基体腐蚀严重,导致结构不能满足静强度要求、断裂特性要求等而发生意外断裂。因此,对于飞行强度小于 $\tan \theta_0$ 的情况,结构基体的日历安全寿命限制均以点 A' 为准。

5) 绘制结构安全寿命包线

由图 8-41 中点 T_p 的横坐标与点 N_p 的纵坐标共同确定点 A;将结构的腐蚀影响系数 $C(T)$ 曲线与疲劳安全寿命 N_p 相乘得到满足一定可靠度和置信水平(如 99.9% 可靠度与 90% 置信度)要求的腐蚀时间(即使用年限)与当量飞行小时数的关系曲线,曲线在结构安全限制点 A' 截止,得到图 8-41 中的 $N_p - A'$ 段;由点 A' 的横坐标确定图 8-41 中点的 N_c。上述方法只是确定 $N_p - A'$ 段的一种方案,也是工程中最常见、最便捷的方案,也可采用等幅度压缩的方法来实现。至此,即可得到结构安全寿命包线 $T_p - A - N_p - A' - N_c$。

8.6.3 基于寿命包线的结构剩余寿命预测方法

飞机结构剩余寿命预测是安全寿命包线最基础的应用,其突破了传统的飞机结构"固定寿命"理念,实现了基于飞机使用强度、服役环境和维护水平的结构寿命动态评定与管理,其核心是以飞机结构的实际损伤状态(用损伤度描述)为依据来确定飞机结构的剩余寿命。

1. 单一服役环境下飞机结构剩余寿命预测方法

以图 8-42 为例介绍单一服役环境下基于安全寿命包线的飞机结构剩余寿命预测方法。

1) 防护体系有效时,结构当量损伤的计算

在防护体系失效前,飞机结构疲劳寿命的消耗不考虑环境影响,结构的疲劳累积损伤

仅与飞行强度相关;飞机结构的飞行强度可以通过飞参记录、飞行履历、关键部位的应力(应变)数据计算得到,认为是已知量,但一般要根据折算到结构基准载荷谱下以当量飞行小时数作为度量标准。根据线性累积损伤理论,防护体系有效时的结构当量损伤 d_A 为

$$d_A = \sum_{T=1}^{T_p} \frac{I(T)}{N_p} \quad (8-9)$$

其中,$I(T)$ 为第 T 年的当量飞行小时数;N_p 为结构的疲劳安全寿命;T_p 为防护体系的日历安全寿命。

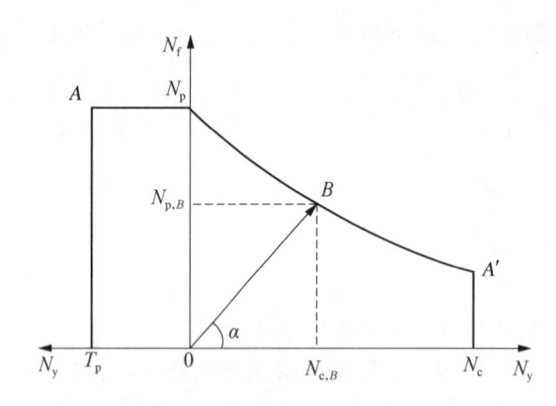

图 8-42 单一服役环境下基于安全寿命包线的飞机结构剩余寿命预测示意图

2) 防护体系失效(达到日历安全寿命 T_p)后,飞机结构的年损伤度计算

当防护体系达到其日历安全寿命后,从偏于安全的角度考虑,认为防护体系失效,飞机结构基体受到疲劳载荷和腐蚀环境的共同作用,此时结构的当量损伤和飞机所处的飞行强度及在该飞行强度下所能实现的疲劳寿命与日历寿命值密切相关。

以图 8-42 中的点 B 为例,飞机在此点对应的飞行强度为当量飞行小时与服役/使用时间的比值,在图中表现为直线 $O-B$ 的斜率值。防护体系失效后,假设飞机在点 B 状态下使用 $N_{c,B}$ 年,首先计算出在点 B 状态下的飞机年损伤度 d_B。点 B 状态下对应的结构基体当量飞行小时数与日历安全寿命的关系如下:

$$N_{p,B} = I_B \times N_{c,B} = C(N_{c,B}) \times N_p \quad (8-10)$$

其中,I_B 为点 B 对应的飞行强度,单位为 efh/年;$N_{p,B}$ 为结构在无防护体系保护作用下以 I_B 飞行至到寿时对应的当量飞行小时数;$N_{c,B}$ 为结构在无防护体系保护作用下以 I_B 飞行至到寿时对应的日历使用时间;$C(N_{c,B})$ 为点 B 对应的腐蚀影响系数;N_p 为结构疲劳安全寿命。式(8-10)实际为二元一次方程,其中 N_p 为已知量,$C(T)$ 的表达形式已知,若已知点 B 对应的飞行强度,则可以求出此飞行强度对应的结构基体疲劳安全寿命限制 $N_{p,B}$ 和日历安全寿命限制 $N_{c,B}$。

则点 B 对应的结构基体年损伤度为

$$d_B = \frac{I_B}{N_{p,B}} = \frac{1}{N_{c,B}} \quad (8-11)$$

飞机以 I_B 飞行强度使用 T_B 年,则飞机结构在此时间段内的累积损伤为

$$d_{B,T_B} = d_B \times T_B \quad (8-12)$$

3) 飞机结构的剩余寿命预测

假设飞机的服役/使用状态如表 8-8 所示,所有飞行强度均大于临界值 I_θ。

表 8-8　某架飞机在单一服役环境下的服役/使用状态

防护体系状态	飞行强度/(efh/年)	服役时间/年
有效	I_1	T_1
	I_2	T_2
失效	I_3	T_3
	I_4	T_4
	I_5	T_5

根据式(8-9)，在防护体系有效期间，飞机结构的累积损伤为

$$d_A = \frac{I_1 \times T_1 \times I_2 \times T_2}{N_p} \tag{8-13}$$

根据式(8-11)和式(8-12)，在防护体系失效后，飞机结构的累积损伤 d_C 为

$$d_C = \frac{I_3 \times T_3}{N_{p,3}} + \frac{I_4 \times T_4}{N_{p,4}} + \frac{I_5 \times T_5}{N_{p,5}} \tag{8-14}$$

其中，$N_{p,3}$、$N_{p,4}$ 和 $N_{p,5}$ 可通过式(8-10)求得。

则飞机结构的剩余损伤度为

$$d_R = 1 - d_A - d_C \tag{8-15}$$

若飞机继续以 I_5 的飞行强度使用至到寿，则飞机的剩余当量飞行小时数为

$$N_{p,R} = d_R \times N_{p,5} \tag{8-16}$$

剩余日历使用时间为

$$T_R = N_{p,R}/I_5 \tag{8-17}$$

从这里也可以看出，剩余疲劳寿命与剩余日历寿命是一一对应且可以相互表征的，都是用来描述飞机结构的同一剩余损伤度。

2. 多服役环境下飞机结构剩余寿命预测方法

在实际服役情况下，飞机通常会在不同环境地区转场使用，基于多服役环境下的飞机结构寿命包线进行结构的剩余寿命预测更贴近实际使用情况。根据我国的大气腐蚀性分区，我国气候环境可分为五类，其中，干燥-寒冷区可不考虑结构的腐蚀问题，因此基于安全寿命包线理论对我国飞机进行寿命管理/控制，一般只要建立四类腐蚀地区的安全寿命包线即可满足需求。

多服役环境下，飞机结构剩余寿命预测方法的基本思想与单一服役环境下基本相同。在多服役环境下计算防护体系有效时的结构当量损伤，首先就要确定在多服役环境下的防护体系日历安全寿命。假设防护体系的损伤服从线性累积损伤理论，当总损伤度为

1时,任务防护体系失效。当飞机在某一腐蚀地区服役时,飞机的服役/使用年数除以防护体系在此地区的日历安全寿命即为防护体系在此段时间的损伤度;当飞机在不同地区服役后的防护体系的损伤度累积至1时,即认为防护体系失效。

在已知多服役环境下防护体系日历安全寿命的基础上,在防护体系有效期内(根据多服役环境下防护体系日历安全寿命的确定方法计算得到),多服役环境下结构的累积损伤计算公式与单一服役环境下相同,如式(8-9)所示。

防护体系失效后,计算多服役环境下飞机结构年损伤度的基本思想与单一服役环境下相同,只是需要将不同腐蚀环境下的飞机服役状态分开考虑即可。

8.6.4 基于寿命包线的飞机服役使用寿命调控

从飞机结构腐蚀疲劳关键件的典型安全寿命包线及基于安全寿命包线的结构剩余寿命预测方法可以看出,飞机结构腐蚀疲劳关键件在执行服役期内的飞行任务时,其历次损伤度水平决定了腐蚀疲劳关键件的疲劳安全寿命(或日历安全寿命,其与疲劳安全寿命均对应于结构损伤度为1),疲劳关键件的损伤度大小除了与结构本身的设计制造水平(由寿命包线的范围表征)相关外,还受到服役过程中疲劳载荷和腐蚀环境的双重影响。因此,飞机飞行载荷或服役环境的改变,可以影响腐蚀疲劳关键件的疲劳安全寿命或日历安全寿命。在服役过程中,在保持机群飞机总体飞行强度变化不大(或单机全寿命期内总飞行小时数变化不大)的前提下,通过对机群(或单机)飞行载荷和服役环境的合理调整,可以在一定程度上实现对腐蚀疲劳关键件寿命的主动控制,实现服役寿命的延长,主要包括以下方面。

1. 服役环境调整策略

不同服役地区的地面腐蚀环境不同,例如,在沿海、湿热地区服役的飞机,其结构的腐蚀程度比在北方、干燥地区服役的飞机要严重得多。腐蚀较重的服役环境不仅会加速防护体系的日历安全寿命的缩短,而且当防护体系破坏后,会大大增加结构基体的损伤度,使结构的疲劳安全寿命和日历安全寿命明显缩短。

根据飞机结构腐蚀疲劳关键件的安全寿命包线,当防护体系完好时,飞机结构的疲劳寿命是按照线性累积损伤理论消耗的,而疲劳寿命指标不会减小;如果防护体系遭到破坏,则疲劳寿命指标会受到腐蚀环境的影响而下降严重。因此,对在不同服役区域执行飞行任务的飞机的损伤度进行计算,基于飞机结构状态对飞机的服役区域适时进行调整,将腐蚀较为严重区域的飞机调至腐蚀较为轻微的区域进行飞行,可以延长其服役使用寿命,从而使机群实现总飞行小时数的增长,并保证了机群规模。

2. 飞行任务调整策略

根据飞机结构腐蚀疲劳关键件的安全寿命包线,在防护体系完好时,飞机结构的疲劳寿命是按照线性累积损伤理论消耗的,而疲劳寿命指标不会减小;如果防护体系遭到破坏,则疲劳寿命指标会受到腐蚀环境的影响而下降严重;并且防护涂层的有效时间往往仅与服役年限有关。因此,对于同一架飞机而言,在防护体系完好期间(防护体系日历安全寿命内)加大飞行强度,可以有效提高服役期内的总当量飞行小时数;在防护体系失效后(超过日历安全寿命后)减小飞行强度,可以有效提高飞机的日历服役时间。

针对一个机群来说,制定不同飞机的梯次使用计划,使新飞机(防护体系完好)执行高强度飞行任务,老飞机(防护体系失效)执行低强度飞行任务,可以有效维持整个机群的整体飞行强度。

执行短途飞行任务的飞机,由于地—空—地载荷循环较为频繁,其疲劳损伤度大于在相同飞行小时数下执行长途飞行任务的情况。短途飞行任务属于大飞行强度,长途飞行任务属于小飞行强度。执行不同飞行剖面任务的飞机,其疲劳载荷历程不一样,相应的疲劳损伤度值也不同。

3. 飞行航线调整策略

对于运输机等大飞机,执行不同飞行航线的飞机,由于其经历的疲劳载荷历程不同,在飞行小时数一样的情况下,其疲劳寿命的耗损值也是不同的。

基于飞机结构安全寿命包线的调整策略,对不同飞行航线飞机的疲劳损伤度进行计算,基于飞机结构状态对飞机的飞行航线适时进行调整,将损伤度值较大的飞机调整至损伤度值小的飞行航线,以延长其服役使用寿命,从而使机群实现总的飞行小时数增长,并保证了机群规模。

习 题

8-1 列出飞机服役环境中对结构强度产生影响的主要因素。

8-2 阐述飞机结构腐蚀预防的基本原理。

8-3 阐述飞机结构易发生腐蚀的主要部位。

8-4 飞机金属结构的腐蚀有哪些类型?

8-5 飞机在南海岛礁驻训,请提出防腐蚀措施建议。

8-6 如果要设计一款小型空天飞机,需要考虑哪些热环境?

8-7 甲、乙、丙、丁四地的寿命包线如题 8-7 图所示,甲、乙、丙、丁四个地区的腐蚀影响系数曲线分别为 $C_1(T)$、$C_2(T)$、$C_3(T)$ 和 $C_4(T)$。对飞机的服役/使用状态进行假设,如题 8-7 表所示,所有飞行强度均大于临界值 I_∞。试以表中所列示服役/使用历程为例,写出飞机结构剩余疲劳寿命和剩余日历寿命的预测过程。

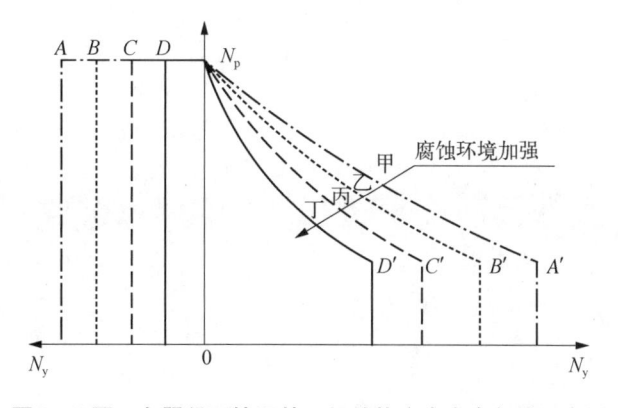

题 8-7 图 多服役环境下的飞机结构安全寿命包线示意图

题 8-7 表 某架飞机在多服役环境下的服役/使用状态

防护体系状态	服役环境	飞行强度/(efh/年)	服役时间/年
有效	甲	I_1	T_1
	甲	I_2	T_2
	乙	I_3	T_3
失效	乙	I_4	T_4
	丙	I_5	T_5
	丁	I_6	T_6

第 9 章
飞机结构的动强度

随着飞机结构强度分析技术和试验技术的发展,飞机结构的静力破坏在使用中逐渐减少,而由疲劳引起的裂纹和断裂破坏所占的比例明显增多,其中有很大一部分是由振动、冲击等动载荷引起的振动疲劳破坏或动强度破坏。据有关资料介绍,在由环境应力引起的疲劳破坏事件中,振动所引起的破坏约占 30%。另外,飞机在飞行时的气动弹性动力不稳定性(如飞机颤振)和在地面滑行时的动力不稳定性(如起落架摆振)也是造成飞机结构破坏和飞机灾难性事故的重要原因。由于振动、冲击等动载荷及动力不稳定性引起的结构故障和事故统称动强度问题。可见,飞机结构的动强度问题必须得到足够重视。

本章首先简单介绍必要的振动基础理论,然后介绍飞机结构的振动和噪声载荷环境,最后依次介绍几种典型的飞机结构动强度问题。

9.1 振动基础理论简介

机械系统的振动是指物体的位移、速度、加速度、应力及应变等机械量或物理量作时而增大、时而减小的反复变化。通常,工程中研究的对象称作系统,外界激振力等因素称作激励,系统在激励下发生的振动称为系统对激励的响应。

按决定其位形所需独立坐标的数目可将振动系统分为单自由度系统(需一个独立坐标)、多自由度系统(需多个独立坐标)及连续体系统(需无限多个坐标或几个函数),前两者统称为离散化系统。

9.1.1 单自由度系统的振动

单自由度系统(图 9-1)的运动可用微分方程来描述,利用牛顿第二定律,得到质量块的运动微分方程为

$$m\ddot{x} + c\dot{x} + kx = f(t) \quad (9-1)$$

其中,m 为质量块的质量;k 为弹簧的刚度系数;c 为阻尼器的阻尼系数。许多实际机械系统的振动在一定程度上可以用单自由度系统的模型来描述。

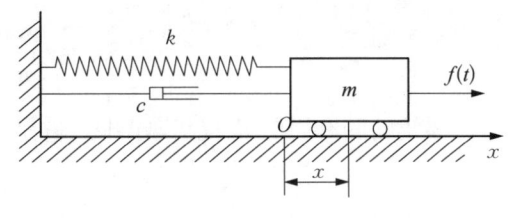

图 9-1 单自由度振动系统

1. 单自由度系统自由响应

在不受外界激励的条件下,振动系统仅由于初始位移或初始速度(或两者兼有)而发生的运动,称为自由响应或自由振动。

取图 9-1 所示的单自由度系统研究其自由响应。令 $f(t)=0$,则由式(9-1)得运动微分方程为

$$m\ddot{x} + c\dot{x} + kx = 0 \qquad (9-2)$$

或化为标准形式:

$$\ddot{x} + 2\sigma\dot{x} + \omega_n^2 x = 0 \qquad (9-3)$$

其中,$\sigma = \dfrac{c}{2m}$,称为系统的衰减系数;$\omega_n = \sqrt{\dfrac{k}{m}}$,称为系统的固有(角)频率。

由微分方程理论知识,式(9-3)的解为

$$x = e^{-\sigma t}(C_1 e^{\sqrt{\sigma^2 - \omega_n^2}\,t} + C_2 e^{-\sqrt{\sigma^2 - \omega_n^2}\,t}) \qquad (9-4)$$

其中,C_1、C_2 为取决于初始条件的积分常数。

引入表征阻尼大小的无量纲量 $\xi = \dfrac{\sigma}{\omega_n}$,称为系统的阻尼比,显然有

$$\xi = \frac{\sigma}{\omega_n} = \frac{c}{2m\omega_n} = \frac{c}{2\sqrt{mk}} \qquad (9-5)$$

下面根据 ξ 的大小分别讨论解[式(9-4)]的性质。

1) 无阻尼情形:$\xi = 0$ ($c = 0$, $\sigma = 0$)

此时微分方程[式(9-2)]简化为

$$\ddot{x} + \omega_n^2 x = 0 \qquad (9-6)$$

解[式(9-4)]也可改写为

$$x = A_0 \sin(\omega_n t + \theta_0) \qquad (9-7)$$

可知,在无阻尼情况下,自由响应是等幅简谐振动(图9-2中的曲线 a),振动的角频率 ω_n 仅取决于系统本身的惯性和弹性,而与外界因素及初始条件无关,故将 ω_n 称为系统的固有(角)频率,单位为 rad/s。系统每秒振动的次数,称为系统的固有频率 f_n,它与 ω_n 的关系为

$$\omega_n = \frac{\omega_n}{2\pi} = \frac{1}{2\pi}\sqrt{\frac{k}{m}} \qquad (9-8)$$

系统的固有周期 T_n 是 f_n 的倒数,它是系统每振动一次所需要的时间,即

$$T_n = \frac{1}{f_n} = 2\pi\sqrt{\frac{m}{k}} \qquad (9-9)$$

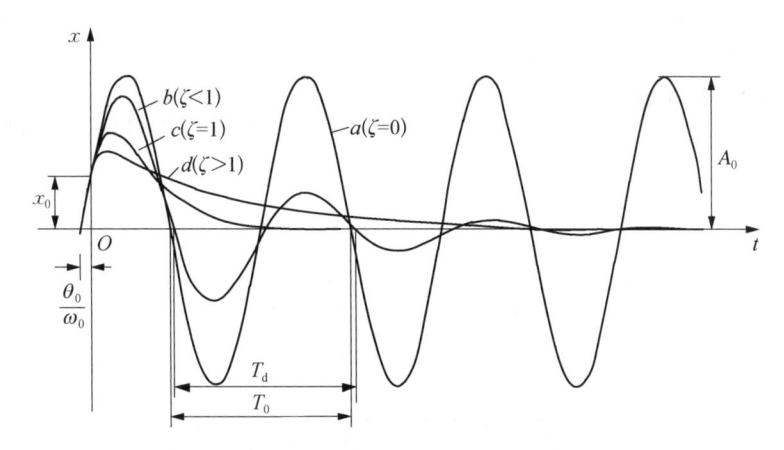

图 9-2　单自由度系统的自由响应

自由响应的振幅 A_0 和初相位 θ_0 取决于初始条件，也取决于 $t = 0$ 时刻质量块具有的初始位移 x_0 和初始速度 $\dot{x}_0$，关系式为

$$A_0 = \sqrt{x_0^2 + \left(\frac{\dot{x}_0}{\omega_n}\right)^2} \tag{9-10}$$

$$\theta_0 = \arctan \frac{\omega_n x_0}{\dot{x}_0} \tag{9-11}$$

2) 小阻尼情形 $0 < \xi < 1$ ($\sigma < \xi < \omega_n$)

此时，式(9-4)的解中的两个根均为虚数，利用欧拉公式可求得

$$x = A_1 \mathrm{e}^{-\sigma t} \sin(\sqrt{\omega_n^2 - \sigma^2}\, t + \theta_1) \tag{9-12}$$

其中，取决于初始条件的积分常数为

$$A_1 = \sqrt{\frac{(\dot{x}_0 + \sigma x_0)^2}{\omega_n^2 - \sigma^2} + x_0^2} \tag{9-13}$$

$$\theta_1 = \arctan \frac{x_0 \sqrt{\omega_n^2 - \sigma^2}}{\dot{x}_0 + \sigma x_0} \tag{9-14}$$

可见，在小阻尼情况下，自由响应是一个振幅随时间按指数规律衰减的振动，即衰减振动，典型的波形如图 9-2 中的曲线 b。

3) 临界阻尼情形 $\xi = 1$ ($\sigma = \omega_n$)

此时，微分方程[式(9-3)]的解为

$$x = \mathrm{e}^{-\sigma t}(C_1 + C_2 t) \tag{9-15}$$

积分常数 C_1、C_2 由初始条件决定，关系式为

$$C_1 = x_0, \quad C_2 = \dot{x}_0 + \sigma x_0 \tag{9-16}$$

系统的运动已经没有往复性。

4）大阻尼情形 $\xi > 1$（$\sigma > \omega_n$）

此时，式(9-4)可改写为

$$x = A_2 e^{-\sigma t} \sinh(\sqrt{\sigma^2 - \omega_n^2} t + \theta_2) \quad (9-17)$$

积分常数为

$$A_2 = \sqrt{\frac{(\dot{x}_0 + \sigma x_0)^2}{\sigma^2 - \omega_n^2} - x_0^2} \quad (9-18)$$

$$\theta_2 = \operatorname{artanh} \frac{x_0 \sqrt{\sigma^2 - \omega_n^2}}{\dot{x}_0 + \sigma x_0} \quad (9-19)$$

系统的运动也已没有往复性。

临界阻尼和大阻尼情况在实际机械系统中较少碰到，其波形随初始条件而略有不同，图9-2中的曲线c、d为其典型的波形。

2. 单自由度系统对简谐激励的响应

振动系统在外界激励下产生的振动称为响应，或称强迫振动。工程中的响应不但取决于激励，也取决于系统本身。振动系统实际上多少有些阻尼，因此在讨论简谐激励的响应时，认为激励一开始引起的瞬态振动会或早或晚地消失，而把研究的重点放在稳态响应上。对任意的非周期激励，系统没有稳态振动，也就没有这一假定。

对图9-1所示的单自由度系统，已知其运动微分方程为

$$m\ddot{x} + c\dot{x} + kx = f(t) \quad (9-20)$$

令

$$f(t) = F_0 \sin(\omega t) \quad (9-21)$$

其中，F_0为激励振幅；ω为激励频率。

将式(9-21)代入式(9-20)，求得微分方程[式(9-20)]的特解为

$$x = B\sin(\omega t - \varphi) \quad (9-22)$$

其中，B为振幅，φ为相位差，其大小分别为

$$B = \frac{F_0}{k} \frac{1}{\sqrt{(1-\lambda^2)^2 + (2\xi\lambda)^2}} \quad (9-23)$$

$$\varphi = \arctan \frac{2\xi\lambda}{1-\lambda^2} \quad (9-24)$$

记λ为频率比，定义为

$$\lambda = \frac{\omega}{\omega_n} \quad (9-25)$$

由式(9-21)可以看出,线性系统对简谐激励的稳态响应是频率等于激励频率而相位滞后于激励力的简谐振动,稳态响应的振幅和相位差只取决于系统本身的物理性质(质量、刚度、阻尼)和激励的频率及力幅,而与系统进入运动的方式(即初始条件)无关。

为了具体讨论影响稳态响应的振幅和相位差的各种因素,记:

$$B_0 = \frac{F_0}{k} \tag{9-26}$$

B_0 实际是质量块在激振力幅静作用下的最大位移。再引入无量纲的振幅放大因子 β,其定义为

$$\beta = \frac{B}{B_0} = \frac{1}{\sqrt{(1-\lambda^2)^2 + (2\xi\lambda)^2}} \tag{9-27}$$

由式(9-27)和式(9-24)可以画出 β-λ 和 φ-λ 曲线,前者称为幅频响应曲线,后者称为相频响应曲线,如图9-3所示。

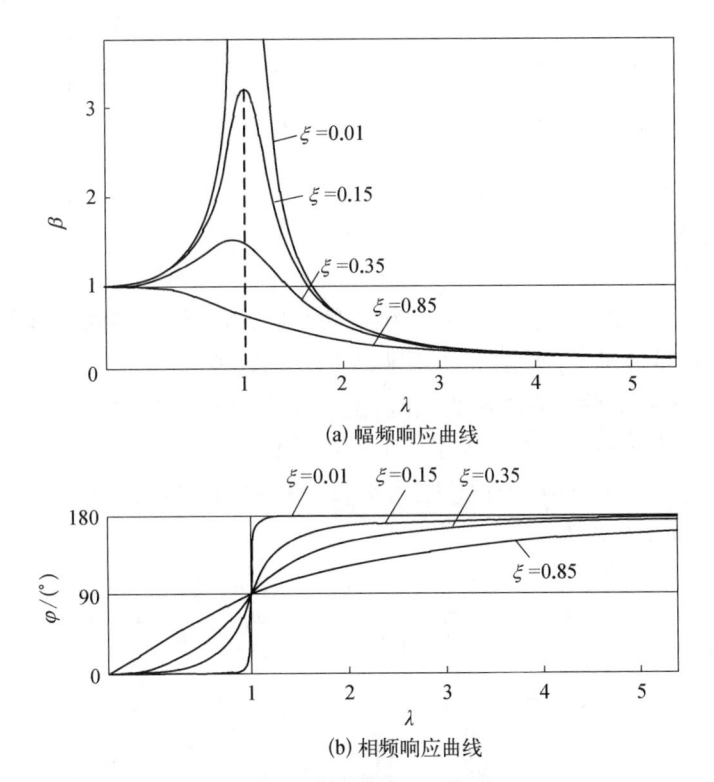

(a) 幅频响应曲线

(b) 相频响应曲线

图 9-3 单自由度系统的幅频响应曲线和相频响应曲线

从幅频响应曲线[图9-3(a)]可以得出如下结论。

(1) 当 $\lambda \ll 1$,即 $\omega \ll \omega_n$ 时,$\beta \approx 1$,说明激振频率相对于系统固有频率很低时,响应的振幅与静位移大小相当;当 $\lambda \gg 1$,即 $\omega \gg \omega_n$ 时,$\beta \approx 0$,说明激振频率相对于系统固有频率很高时,响应的振幅很小。

(2) 当 $\lambda \approx 1$,即激振频率接近系统固有频率时,对应于较小 ξ 值的振幅放大因子迅

速增大,但这种增大对于来自阻尼的影响很敏感,在 $\lambda = 1$ 附近的区域内,增加阻尼使振幅明显下降。

(3) 振幅放大因子的最大值并不出现在 $\lambda = 1$ 处,而是稍微偏左。

响应的振幅急剧增大的现象称为共振,通常将共振频率定义为 $\omega = \omega_n$,这时有

$$\beta = \frac{1}{2\xi}, \quad \varphi = \frac{\pi}{2}, \quad B = \frac{F_0}{2\xi k} = \frac{F_0}{c\omega_n} \tag{9-28}$$

实验技术中,常以 $\varphi = \frac{\pi}{2}$ 作为判断共振发生的依据。

3. 单自由度系统对任意激励的响应

如果作用在系统上的激励力不是简谐的,那么求解响应的方法就有所不同。

1) 周期性激励力

设周期性激励力的周期为 $T = \frac{2\pi}{\omega}$,将激励力 $f(t)$ 展开为傅里叶级数形式,于是系统的微分方程为

$$m\ddot{x} + c\dot{x} + kx = f(t) = a_0 + \sum_{n=1}^{\infty} [a_n \cos(n\omega t) + b_n \sin(n\omega t)] \tag{9-29}$$

对于线性系统,可以运用叠加原理,先根据式(9-22)求出激振力的每一个简谐分量引起的响应,然后再叠加起来,得到总响应。

2) 单位脉冲激励

单位脉冲是一种抽象化的脉冲,它集中反映了脉冲的特点,持续时间趋于零,幅值趋于无限,而力的冲量等于1。数学上,单位脉冲用 δ 函数表示。

当单位脉冲作用于系统的质量块上时,由于作用时间极短,可以认为质量 m 仅发生速度突变 $1/m$(因为脉冲的力冲量为1),而还来不及产生位移。设质量块起始时是静止的,则以初始条件 $x_0 = 0, \dot{x}_0 = 1/m$ 代入式(9-13)和式(9-14),由式(9-12)得到单自由度系统对单位脉冲的响应为

$$h(t) = \frac{1}{m\omega_n \sqrt{1-\xi^2}} e^{-\xi\omega_n t} \sin(\omega_n \sqrt{1-\xi^2}\, t) \tag{9-30}$$

对于无阻尼系统,$\xi = 0$,式(9-30)为

$$h(t) = \frac{1}{m\omega_n} \sin(\omega_n t) \tag{9-31}$$

其中,$h(t)$ 为系统的冲击响应函数,它也是描述系统动力特性的一个重要函数。

如果某一脉冲持续时间较系统的固有周期短得多,脉冲的冲量为 I,那么工程上常将其响应表示为 $Ih(t)$。至于系统对任意冲击力的响应,将在下面论述。

3) 任意力激励

把任意激励力看作一系列脉冲的组合(图9-4)。先考虑在 $t = \tau$ 时宽度为 $\Delta\tau$ 的一个

脉冲，其冲量为 $f(\tau)\Delta\tau$。根据 $h(t)$ 的含义，在 t 瞬时，此脉冲引起的响应为

$$\Delta x(t,\tau) = f(\tau)\Delta\tau \cdot h(t-\tau) \tag{9-32}$$

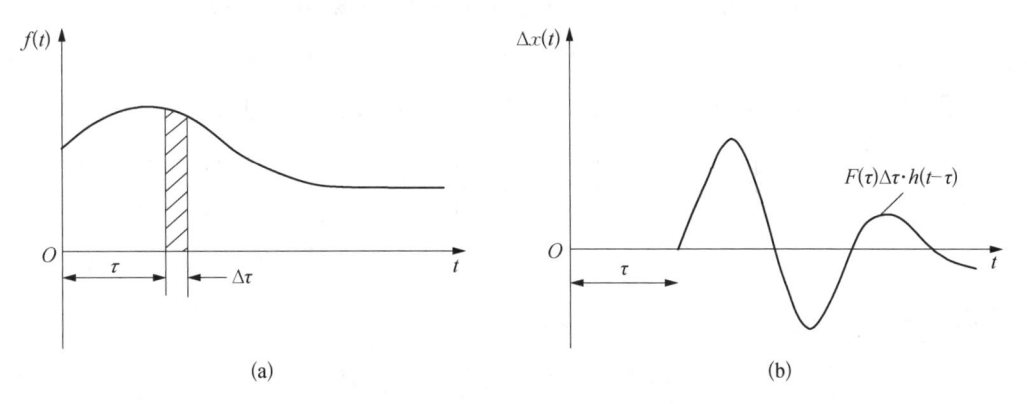

图 9-4 任意激励力分解为脉冲系列

任意激励力 $f(t)$ 的激励是一系列脉冲的顺序作用，故其响应近似为式(9-32)的叠加，即

$$x(t) = \sum_{\tau}\Delta x(t,\tau) = \sum_{\tau}f(\tau)\Delta\tau \cdot h(t-\tau) \tag{9-33}$$

令 $\Delta\tau \to 0$，就得到系统对 $f(t)$ 激励的真实响应为

$$x(t) = \int_0^t f(\tau)h(t-\tau)\mathrm{d}\tau \tag{9-34}$$

式(9-34)为杜哈梅(Duhamel)积分，也称为 $f(t)$ 与 $h(t)$ 的卷积积分，或记作：

$$x(t) = h(t)*f(t) \tag{9-35}$$

从理论上讲，如果认为 $f(t)$ 在 $t<0$ 时也有定义，则式(9-34)的积分下限可扩展至 $-\infty$，此外由于当 $\tau>t$ 时，$h(t-\tau)=0$，积分上限可扩展至 ∞ 也不影响卷积积分的计算结果，有

$$x(t) = \int_{-\infty}^{\infty} f(\tau)h(t-\tau)\mathrm{d}\tau \tag{9-36}$$

利用变量置换方法，可将式(9-34)变成另一种形式：

$$x(t) = \int_{-\infty}^{\infty} f(t-\tau)h(\tau)\mathrm{d}\tau \tag{9-37}$$

式(9-36)、式(9-37)说明，卷积积分中两个被积函数是对等的，即通常有

$$x(t) = h(t)*f(t) = f(t)*h(t) \tag{9-38}$$

9.1.2 多自由度系统的振动

多自由度系统是离散化系统中较复杂的系统。图 9-5 为一个两自由度振动系统模

型,描述其运动需要两个独立的坐标 x_1 和 x_2,其运动微分方程是一个二阶常微分方程组:

$$\begin{cases} m_1\ddot{x}_1 + (c_1 + c_2)\dot{x}_1 - c_2\dot{x}_2 + (k_1 + k_2)x_1 - k_2x_2 = f_1(t) \\ m_2\ddot{x}_2 - c_2\dot{x}_1 + (c_2 + c_3)\dot{x}_2 - k_2x_1 + (k_2 + k_3)x_2 = f_2(t) \end{cases} \quad (9-39)$$

其中,m_1、m_2 为质量块的质量;k_1、k_2、k_3 为各连接弹簧的刚度系数;c_1、c_2、c_3 为各阻尼器的阻尼力系数;$f_1(t)$、$f_2(t)$ 为作用在质量块上的外力。式(9-39)写成矩阵形式为

$$\begin{bmatrix} m_1 & 0 \\ 0 & m_2 \end{bmatrix} \begin{Bmatrix} \ddot{x}_1 \\ \ddot{x}_2 \end{Bmatrix} + \begin{bmatrix} c_1 + c_2 & -c_2 \\ -c_2 & c_2 + c_3 \end{bmatrix} \begin{Bmatrix} \dot{x}_1 \\ \dot{x}_2 \end{Bmatrix} + \begin{bmatrix} k_1 + k_2 & -k_2 \\ -k_2 & k_2 + k_3 \end{bmatrix} \begin{Bmatrix} x_1 \\ x_2 \end{Bmatrix} = \begin{Bmatrix} f_1(t) \\ f_2(t) \end{Bmatrix}$$

$$(9-40)$$

或者简写为

$$[m]\{\ddot{x}\} + [c]\{\dot{x}\} + [k]\{x\} = \{f(t)\} \quad (9-41)$$

对于一个 N 自由度的振动系统,$[m]$、$[c]$、$[k]$ 都是 $N \times N$ 的实数矩阵,分别称为系统的质量矩阵、阻尼矩阵和刚度矩阵;$\{\ddot{x}\}$、$\{\dot{x}\}$、$\{x\}$ 都是 $N \times 1$ 列矩阵,分别称为系统的加速度矢量、速度矢量和位移矢量。$\{f(t)\}$ 也是 $N \times 1$ 列矩阵,称为激励力矢量。

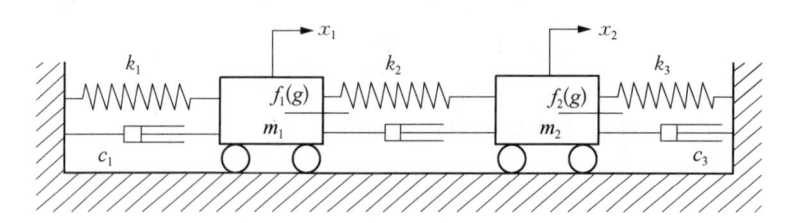

图 9-5 两自由度系统

1. 无阻尼的多自由度振动系统的自由响应

先来分析一个 N 自由度无阻尼系统的自由响应,由式(9-41),令 $\{f(t)\} = 0$,并取 $[c] = 0$,得运动微分方程为

$$[m]\{\ddot{x}\} + [k]\{x\} = 0 \quad (9-42)$$

假定式(9-42)的特解为

$$\{x\} = \{X\}\sin(\omega t + \theta) \quad (9-43)$$

代入式(9-42),得到:

$$([k] - \omega^2[m])\{X\} = 0 \quad (9-44)$$

其中,$\{X\}$ 有非零解的条件是

$$|[k] - \omega^2[m]| = 0 \quad (9-45)$$

此即系统的特征方程式,方程有 N 个根,设它们各不相同,一般由小到大排列,记作 $\omega_r(r = 1, 2, \cdots, N)$,并称为系统的第 r 个特征根。将求得的 ω_r 代入式(9-44)可得到 N 组比例解 $\{X\}_r = \{X_{1r}, X_{2r}, \cdots, X_{Nr}\}^T (r = 1, 2, \cdots, N)$,称为系统的特征矢量。每一个 ω_r 和与其对应的 $\{X\}_r$ 称为一个特征对。

对于保守系统,质量矩阵$[m]$和刚度矩阵$[k]$都是实数对称阵,N个特征值ω_r都是正实数,$\{X\}_r$也都是实矢量。故特解[式(9-43)]为

$$\{x\} = \{X\}_r \sin(\omega_r t + \theta_r) \quad (r = 1, 2, \cdots, N) \tag{9-46}$$

对于第r个特征对,特解[式(9-46)]表示系统作角频率为ω_r的简谐振动。振动的特点是各坐标在振动过程中频率相同,相位相同(或相反),位移大小始终保持着一定的比例关系$\{X\}_r$,这种振动称为系统的第r阶模态(或第r阶主振动),ω_r为系统的第r阶无阻尼模态频率(或第r阶主频率),$\{X\}_r$为对应于ω_r的模态矢量[或振型矢量、模态振型、(主)振型]。由于其频率及振型都是实数,这种模态称为实模态。

微分方程组[式(9-42)]的一般解应是N个特解[式(9-46)]的线性组合,即可写为

$$\{x\} = \sum_{r=1}^{N} A_r \{X\}_r \sin(\omega_r t + \theta_r) \tag{9-47}$$

其中,$2N$个积分常数A_r、$\theta_r (r=1, 2, \cdots, N)$取决于初始位移$\{x_0\}$和初始速度$\{\dot{x}_0\}$。

由式(9-47)可知:多自由度系统的无阻尼自由响应是N个(不同频率的)模态的叠加,各阶模态在其中占多大比例及各阶模态的初始相位由初始条件决定。一般来说,这样的振动不再是简谐的,甚至不是周期的。

2. 有阻尼的多自由度振动系统的自由响应

当考虑阻尼时,系统自由振动的微分方程式为

$$[m]\{\ddot{x}\} + [c]\{\dot{x}\} + [k]\{x\} = 0 \tag{9-48}$$

式(9-48)的有阻尼自由响应的通解为

$$\{x\} = \sum_{r=1}^{N} A_r \{\phi\}_r e^{-\sigma_r t} \sin(\sqrt{\omega_r^2 - \sigma_r^2}\, t + \theta_r) \tag{9-49}$$

这是非常复杂的振动,但从其中可看出它有下列特点。

(1) 自由响应由N个衰减振动组成,各衰减振动的圆频率为$\omega_{dr} = \sqrt{\omega_r^2 - \sigma_r^2}$,衰减指数为$\sigma_r$。$\omega_{dr}$和$\sigma_r$取决于振动系统本身的特性,一般说,各阶的$\omega_{dr}$和$\sigma_r$值并不相同。

(2) 各个衰减振动在总的自由响应中所占的比例的大小A_r及各自的初相位θ_r取决于初始条件——初始位移$\{x_0\}$和初始速度$\{\dot{x}_0\}$。

(3) 在每一个衰减振动过程中,系统的各阶坐标始终保持着对应的无阻尼系统的该阶模态振型$\{\phi\}_r$。

3. 多自由度振动系统对激励的响应

一个N自由度系统受到激励时,其运动微分方程为

$$[m]\{\ddot{x}\} + [c]\{\dot{x}\} + [k]\{x\} = \{f(t)\}$$

用模态叠加法计算可得

$$\{x(t)\} = [\varPhi]\{q(t)\} = \sum_{r=1}^{N} \{\phi\}_r q_r(t) \qquad (9-50)$$

由上述结果可以看出,多自由度系统的强迫响应有如下特点。

(1) 强迫响应随时间的变化规律取决于外加激励力 $\{f(t)\}$ 的变化规律。例如,$\{f(t)\}$ 是频率为 ω 的简谐力,则响应也是频率为 ω 的简谐振动;$\{f(t)\}$ 为频率为 ω_i 的 n 个简谐力的叠加,则响应也是频率为 ω_i 的 n 个简谐振振动的叠加,$\{f(t)\}$ 为任意力,响应也为任意振动等。

(2) 当 $\{f(t)\}$ 为单一频率的简谐力时,响应是同频的简谐振动,其振幅 $\{X\}$ 由 N 个模态矢量 $\{\phi\}_r$,$(r = 1, 2, \cdots, N)$ 叠加而成,其中某一模态振型所占的比例大小取决于该阶模态坐标 q_r 的大小。

(3) 对于激励频率为 ω 的简谐激励,且有 $\omega \approx \omega_r$,那么,在总的振幅中 $\{X\}$ 和 $\{\phi\}_r$ 就占主导地位,其他振型成分均可忽略不计,这是第 r 阶共振情形。可以推论:N 个自由度系统会有 N 阶共振,在某一阶共振时,相应该阶的振型就突出来,振动实验中,常用激发 r 阶共振的办法来近似地获得第 r 阶模态。

9.1.3 连续体系统的振动

连续体振动系统的力学参数(如质量、刚度、阻尼等)在空间是连续分布的,其运动需用偏微分方程来描述。

如图 9-6 所示,一根沿轴向作振动的杆是连续体振动系统的简单例子。质量 $m(s)$ 和刚度 $EA(s)$ 都是位置 s 的函数,位移 $x(s, t)$ 和单位杆长上作用的激励力 $f(s, t)$ 是位置 s 和时间 t 的函数,描述运动的偏微分方程为

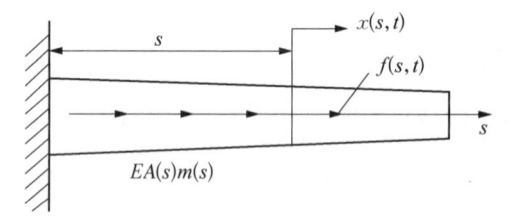

图 9-6 连续体振动示例

$$m(s) \frac{\partial^2 x(s, t)}{\partial t^2} = \frac{\partial}{\partial s}\left[EA(s) \frac{\partial x(s, t)}{\partial s} \right] + f(s, t) \qquad (9-51)$$

求解偏微分方程比常微分方程困难得多,只有少数简单的连续体振动系统,才有可能通过解偏微分方程求得运动的解析表达式。对于大多数系统,只能从数学上采用各种近似方法求得数值解,例如把微分方程化为差分方程等。

一个实际的机械系统,什么情况下可抽象化为离散系统,什么情况下应该采用连续体振动系统,取多少个自由度,都要根据下列这些因素具体灵活地决定,即机械系统的具体结构、求解问题的性质、精度要求、解题的时间要求和需要的费用、解题者个人的经验和习惯,以及所掌握的计算方法和计算工具等。

9.2 飞机结构的振动和噪声环境

飞机振动和噪声载荷是飞机结构进行动强度分析的基础。固定翼飞机的振动和噪声

载荷环境主要包括由下列载荷源所产生的环境,见表 9-1。

表 9-1　固定翼飞机的振动和噪声载荷源

分　类	振动和噪声载荷源
动力装置源	1. 螺旋桨噪声,包括桨叶通过载荷; 2. 喷气涡流噪声; 3. 当飞机在舰上弹射器的发射位置,而喷焰偏转器竖起时,以及当飞机在竖起的喷焰偏转器之后,在弹射器的下一个发射位置所经受的喷气涡流噪声; 4. 压气机或风扇噪声; 5. 燃烧噪声; 6. 喷口不稳定噪声; 7. 进气道不稳定噪声; 8. 推力反向装置产生的载荷; 9. 推力矢量装置产生的载荷; 10. 所有可能与推进系统有关的其他源
机械源	1. 旋转部件的不平衡; 2. 武器发射力; 3. 辅助动力源,如泵、发电机和压气机; 4. 燃料晃动; 5. 所有其他机械现象
气动力源	1. 边界层压力脉动; 2. 尾流引起的振动和噪声; 3. 空腔噪声; 4. 基本压力脉动; 5. 振荡激波; 6. 各种舱门及减速板打开时产生的扰动; 7. 武器发射时的压力冲击波; 8. 飞机突出结构和不规则处的表面,如发动机进气道前缘、机翼前缘外伸部分、雷达天线罩和涡流发生器的尾迹涡系; 9. 辅助动力装置的噪声; 10. 所有可能与非定常气流现象有关的其他气动力源噪声
其他动载荷源	1. 突风(阵风)、抖振和外挂投放载荷; 2. 滑行、着陆、弹射和着陆拦阻装置载荷; 3. 着舰和着舰拦阻装置载荷; 4. 鸟或其他外来物的撞击载荷

这些振动噪声激励及振动冲击作用的类型、强烈程度、持续时间和危害程度不仅与相应的运动状态(运动形式、速度、高度和相关物体状况等)及环境有关,而且还与飞机结构本身的固有频率、振动模态等动态特性有密切关系。在飞机强度规范和标准中,对飞机在振动和噪声环境下的动强度主要有以下要求。

(1) 振动和抖振。飞机在飞行过程中始终处于各种动力学环境之中,飞机结构和机载设备(含动力装置和相关结构、外挂物系统、仪器仪表装置、燃油/滑油/液压系统等)发生振动是不可避免的。飞机机体结构(含部件)在飞行过程中,除失速告警抖振之外,不应当出现任何过度振动和抖振。为确保飞机运行安全,飞机机体结构和机载设备必须能够承受飞机在运行条件下可能发生的(或不可避免的)任何振动和抖振。

为满足这些要求,通常应当采用结构动力学设计技术和振动控制措施避免(或抑制)有害共振,防止飞机(含部件)产生过度振动和抖振;并通过振动疲劳分析和耐久性试验,验证飞机在使用寿命期内能够承受可能发生的振动和抖振而不破坏。

(2) 飞机结构声疲劳。承受声激励的飞机结构的任何部分不应产生声疲劳裂纹;如果产生声疲劳裂纹,声疲劳裂纹不能引起飞机灾难性破坏。

(3) 起落架缓冲性能。飞机以设计着陆重量和最大下沉速度着陆(或着舰)时,飞机起落架缓冲系统能够吸收飞机的着陆(或着舰)动能,且不会超过起落架限制载荷;起落架具备储备能量吸收能力,即飞机以设计着陆重量和1.2倍最大下沉速度着陆时,起落架不会损坏,且不超过起落架极限载荷;如果起落架因超载而损坏,其损坏状态不能导致燃油溢出构成起火危险;当飞机在正常运行中可合理预期的最粗糙地面上滑行时,减振机构不得损伤飞机的结构。

(4) 离散源撞击(含鸟撞、冰雹、发动机和轮胎碎片等)。在 1.8 kg 鸟撞情况下,风挡不被击穿,并能够成功地完成该次飞行;尾翼结构与 3.6 kg 的鸟相撞之后,仍能继续安全飞行和着陆;可能遭受轮胎碎块、发动机碎片或其他碎片撞击的燃油箱口盖,其遭受打穿或造成变形的程度可以保证飞机成功完成该次飞行。

(5) 应急着陆和水上迫降。尽管飞机在陆上或水上应急降落情况中可能发生损坏,但飞机结构在此情况下应能尽可能保护乘员的生命安全,即飞机结构应当有适坠性设计。

(6) 气动弹性稳定性。飞机结构必须具有气动弹性稳定性。气动弹性稳定性的评定包括颤振、发散、操纵反效,以及任何因结构变形引起的稳定性、操纵性的过度丧失。飞行情况包括正常情况和飞机带有失效、故障或不利条件的非正常情况。其中,对于载人飞行器,保障飞机在失效、故障和不利条件下的气动弹性稳定性,即破损安全气动弹性稳定性,是极其重要和突出的问题。

(7) 飞机滑跑稳定性。在飞机滑跑过程中,必须满足和保证飞机地面滑行操纵特性和滑跑稳定性。

综上,可以看出,飞机结构的动强度问题涉及范围非常广泛,本书仅介绍部分典型动强度问题。

9.3 液压/燃油管系结构的动强度

9.3.1 概述

飞机液压/燃油管路系统是整个飞机的重要组成部分,也是飞机在服役过程中出现的主要故障源,直接影响着飞机的正常使用和飞行安全。据统计,在飞机服役过程中,液压/燃油管路系统发生的故障占飞机总故障的30%以上。以国产某型飞机为例,在1986~2004年,仅飞机燃油/液压系统故障就发生387例,其中管(导管)类故障共发生54起。这些故障发生在飞机的不同飞行阶段,既有因设计缺陷引起的漏油、漏气、压降等流体特性故障,也有因环境振动和流体冲击引起的导管磨损、裂纹和断裂等动力学故障。其中,动力学故障近年来呈现逐渐增加的趋势,并在国内的多种机型中发生,有的影响了飞机的正常飞行,有的造成飞机空中停车,更严重者,会造成整机烧毁,对国家财产造成巨大损失。

随着飞机设计技术的发展,现代军用飞机设计正朝着高速和高机动等方向发展,同时,飞机液压管道系统的设计指标也在朝高压力和轻型化方向发展。提高飞行器液压系统管道系统的压力,意味着可以减小动力元件的尺寸和减轻管道系统的结构重量,改善飞机的动力学性能。研究表明,液压系统每减轻 1 kg,就可以使飞机结构减轻 4 kg,而飞机承载能力可增加 15 kg。国外有几款先进飞机采用的都是 35 MPa 的液压系统。目前,我国现役飞机液压系统的压力多为 21 MPa 或 28 MPa,我国新一代战机的液压管道系统也会朝着采用 35 MPa 压力的方向发展。随着飞机飞行速度的增加和液压管道系统压力的提高,飞机液压/燃油管路系统所面临的动力学问题会更加突出。

9.3.2 管系振动故障模式

引起液压系统振动故障的原因是多方面的,下面是四类液压系统常见的振动故障模式。

1. 液压泵和阀引起的振动

液压泵引起振动的主要原因有:吸油管伸入油面较浅,应适当加长吸油管或向油箱注油使其液面升高;吸油管局部或进油口滤油器有堵塞现象,应拆下清洗;管道内或泵壳内存有空气,应进行空载运转,排除空气;齿轮泵精度低,轴向间隙大,磨损严重及困油现象等引起振动和噪声;泵与电机安装不同心等。

阀引起振动的主要原因有:阀芯与阀座接触不良;阻尼孔直径过大;阀芯产生共振;阀芯在阀体内移动不灵活;由于油液污染,堵塞了溢流阀的阻尼孔;弹簧扭曲、卡死;阀座损坏;配合间隙不当。

将液压泵与阀、管路等用减振软管连接,可以减缓液压泵振动的传递,软管还有吸收液压脉动和减小噪声的作用。

2. 导管振动(或共振)

在飞机上,导管振动的原因主要有两个方面:一方面是飞机或飞机某些部件的振动,引起导管振动;另一方面是导管存在弯曲或截面变形,管内的脉动压力迫使导管产生振动。

对于前一种振动,要尽量避免导管产生共振的危险区域。一般认为 $\omega/\Omega = 0.5 \sim 3$($\omega$ 为飞机某部件的振动频率,Ω 为导管固有频率)是产生共振的危险区域。导管的固有频率、振动的性质和振幅大小,取决于管长、管径、管路材料、管路支撑形式和位置,以及管路所连接构件的性质。在导管接头处使用软管对振动进行缓冲是有好处的,尤其是高频振动,并应使管路同支撑构件与邻近的构件隔离开来,以免振动相互影响。

在导管配置方面,还应防止共振与驻波现象的发生,因为液压泵不仅是一个机械性振源,还是一个流体型振源。当液压泵的压力脉动频率与液压阀、管路的固有振动频率接近时,就会发生共振。当配管的长度接近压力脉动的 1/2 或 1/4 波长的整数倍时,就会引起驻波。共振与驻波的发生，将引起严重的振动并产生很大的噪声。为了避免共振，应把配管系统等的固有振动频率控制在振源振动频率的1/3~3倍范围以外。

对于第二种振动，导管的振动原因一般有以下两类。① 弯曲振动。在导管的弯曲部分，由于油液作用力而形成一个垂直于导管轴线的力。当油液压力周期性变化时，垂直与导管轴线的作用力也随之产生周期性的变化，因而迫使导管振动。特别当这个力的变化频率与导管弯曲振动的固有频率相接近时，会出现共振现象。② 径向振动。导管在液压作用下，要沿半径方向稍向外扩张（即产生径向变形）。如果压力发生周期性变化，则导管也随之发生周期性径向变形，即径向振动。对于圆形截面的导管，导管壁上沿圆周方向的应力是均匀分布的。但对于椭圆形的导管，其内应力要迫使导管的截面恢复圆形，因而此时在管壁曲率最大的地方产生最大的应力。如果这样振动下去，导管将有可能在此处产生疲劳裂纹。

3. 液压冲击

在液压系统中，液体流动方向的迅速改变或停止运动，如换向阀迅速换向、液压缸或液压马达迅速停止运动或改变运动速度，均会使液流速度迅速改变。由于流动液体的惯性引起系统内的压力在某一瞬间突然急剧上升，形成一个油压峰值，这种现象称为液压冲击。

压力阀调整不当或发生故障、油温过高、泄漏增加、节流和阻尼作用减弱、系统中进入大量空气等，都易引起液压冲击。

液压冲击不仅会影响液压系统的性能稳定和工作可靠性，还会引起振动和噪声，使连接件松动，甚至导致管路破裂、压力继电器发信号太快、液压元件和测量仪表产生损坏等，在压力高、流量大的系统中，其后果更为严重。特别是因为压力升高，往往会使某些工作元件产生误动作，并可能因此而造成设备损坏或引发其他重大事故。

在控制管路增设阻尼管，可以减弱系统的冲击压力。对于较复杂的液压系统，应该尽量缩短管道和减少不必要的管路弯曲，同时可以在振动的地方接入软管，对减少冲击有一定的作用。

4. 液压脉动

由于飞行器液压系统的工作特点，在增压管路中存在着因油泵供油不均匀而引起的压力脉动。在液压油箱增压时，油压系统正常工作时的压力脉动为3~4 MPa。在油泵的过度工作状态下或增压管路发生故障时，油泵后的压力脉动可达8 MPa，这对软管及导管的强度特性的影响很大，而且是造成其过早损坏的原因之一。在很多情况下，增压管路中过高的压力脉动会使油滤外壳、脉动减振片和蓄压器损坏，还可能造成其他一些不良后果。

5. 气穴与气蚀

油液在液压系统中流动，流速高的区域压力低。当压力低于工作温度下油液的空气分离压时，溶于油液中的空气就将大量分离出来，形成气泡；另一种情况：如果液体内部压力低于工作温度下油液的饱和蒸气压时，油液将迅速汽化，加速形成气泡，这些气泡混杂在液体中产生气穴，使原来充满在管道中或元件中的油液成为不连续状态，这种现象称为气穴现象。

当气泡随着油液流入高压区时,便突然收缩,而原来所占据的空间形成真空,四周液体质点以极大的速度冲向真空区域,气泡在高压下破裂,产生局部液压冲击,将质点的动能突然转换为压能,局部高压区域温度可高达 1 000℃。在管壁或元件的表面上,因长期承受液压冲击和高温作用而逐渐腐蚀,表面剥落形成小坑,呈蜂窝状,这种现象称为气蚀。

气穴和气蚀是液压系统中经常出现的不利现象,其危害很大,它会使液压系统工作性能恶化、容积效率降低、零件损坏、液压元件和管道寿命降低、影响系统的压力和流量,还会引起液压冲击、振动和噪声等有害现象。

9.3.3 管系结构振动控制

1. 管系结构抗振动设计原则

管系结构的振动破坏(包括声振疲劳破坏)常常发生在一些局部结构上,这些局部结构大多受到较强的振动或噪声作用,因而激发起严重的局部共振,导致振动疲劳破坏。为了减少和避免这种破坏,液压/燃油管系结构抗振动设计中一般考虑以下设计原则。

1)减轻振源强度的设计原则

选用低振动及低噪声的动力装置,如低振动、噪声的发动机等;对于受到强烈边界层湍流激励的结构部位,可通过开孔等措施降低气动湍流强度;对于空腔噪声和振动,可以通过附加扰流装置来降低空腔内的振动和噪声强度;应尽量避免突出物或不规则表面设计。

2)降低管路振动传递的设计原则

振动和声在管路中通过弹性波传播,降低或消除弹性波传播的方法主要是采取机械阻抗失配,以增加弹性波在连接界面处的反射,主要设计原则有以下几个方面。

在两种构造的结合部位,应通过采用差异大的构造形式和不同材料的设计,以增加两种结构的阻抗失配;在振动源的主要传播途径上加入"接地点",即附加动力吸振器,以降低对所关心部位的振动传播;降低或消除振动传递的最普遍方法,还是对有关局部结构或特设采取减振连接,设计并直接安装减震器,这些措施包括:对动力装置和飞机上的其他振源(如液压泵等)设计缓冲器或减振支架;对所考虑的局部结构也可采用阻尼结构或进行减振连接;对所考虑的管路系统应采用缓冲器安装;附加适当的屏蔽装置,以防止声或压力波直接作用于管路产生振动。

3)管路减振安装设计原则

在总体布局允许的情况下,应尽可能使管路系统远离各种振动载荷源,并根据振动预计结果,设计、布置管路走向、安装支承位置及支承结构形式;管路系统安装设计应能承受由振动、液压脉动及机械-液压耦合振动所引起的各种动载荷,并确保导管及支承连接件(如紧固件、支架与卡箍等)在飞机使用寿命期内不产生振动破坏;应尽可能使管路及其支架组成的系统固有频率避开机体结构固有频率及发动机工作转速与液压泵工作转速等外界干扰频率,系统的固有频率应尽可能设计为低于外界干扰频率的 1/3 或高于外界干扰频率的 3 倍以上;在导管制造、敷设和装配过程中,应尽可能减少对导管施加较大的装配应力及校正应力;导管与导管之间,导管与结构和运动部件之间,以及导管与其他系统之间,应有合理的、足够的间隙,以保证在最不利的制造公差、最严重的变形条件及最严重的振动环境条件下不产生相互碰撞和磨损;管路的支承应保证在管内压力作用下或飞机机动飞行时不会偏离其安装位置;燃油管路的支承间距设计应符合相关规范;在管路系统中,凡是因振动或变形引起导管两端零件之间产生相对运动的地方,应避免采用刚性连接。另外,在两个刚性支承接头之间应避免安装直导管;管路周围应具有合理、足够的间隙,液压系统管路周围的间隙符合相关规范;在遇到液压脉动和机械振动相耦合的共振时,可通过改变管系的振动特性来达到消除共振的目的,例如,改变导管的支承条件,改变管路的走向或改变导管材料。

2. 管系结构振动控制技术

飞机液压/燃油管系结构系统的动力学设计、控制与抑制技术是整个飞机结构设计中的重要组成部分,目前,工程上常采用的振动控制和抑制方法主要有两种:一种是振动主动控制,一种是振动被动控制。

1) 主动控制

振动主动控制是振动控制领域内的一个重要分支,是振动、控制和新型智能材料学科的交叉,正在发展与完善过程中,目前还不能提供一套完善的飞机振动控制的实用技术。由于主动控制具有自身潜在的优点,目前在力学界、工程界及控制界引起越来越多的重视。其实,早在20世纪20年代就出现了采用电磁阀控制的缓冲器,这是振动主动控制的雏形。到了20世纪50~60年代,出现了较为复杂的振动主动控制系统,其中针对解决航空工程中出现的问题为主,如大型飞机机身弹性弯曲振动的控制及战斗机驾驶员座椅的隔振等。近年来,人们对各类结构与产品的振动要求越来越高,传统的被动控制方法难以满足要求;另外,控制理论、测试技术与设备、计算机技术都有了很大的发展,因而有必要也有可能对振动主动控制技术作进一步的研究,扩展其应用范围。

振动主动控制是根据控制对象的振动进行实时的外加控制,使其振动特性满足预定的要求。具体来说就是:装在控制对象上的传感器感受其振动,传感器的输出信号经适调、放大后传至控制器,控制器实现所需的控制律,其输出为作动机构作动的指令。作动机构通过附加子系统或直接施加作用于控制对象,这样,构成一个闭环控制系统。与振动领域中的两大类问题——动力响应与动稳定性相对应,存在两类振动主动控制问题。动力响应的主动控制:即控制在特定的外扰作用下,控制对象的响应以满足预定的要求,直接方法就是以控制对象的响应为目标函数来设计控制律,间接方法是通过控制模态参数(模态频率、模态阻尼、振型等)达到上述目标。动稳定性的主动控制,即对控制对象中各阶模态的稳定程度进行控制,如使原不稳定的模态变成稳定的模态,或使原稳定的模态具有所要求的稳定裕度,从控制观点看,这属于类调节器问题。

与反馈控制相对应,振动主动控制具有优于被动控制的特点。在有效性方面,主动式动力吸振器能始终跟踪外扰频率的变化而保持"调谐"状态;利用控制理论的成果还可以提高振动主动控制的经济性,如以最小的控制能量达到预定的性能指标要求。在适应性方面,振动主动控制根据结构或系统的振动信息作反馈,因而能适应不能预知的外界扰动与结构或系统参数的不确定性。结合系统识别建模技术,由于能较符合实际地确定控制对象的数学模型,可提高控制器设计的精度。

就目前的发展情况而言,振动主动控制还存在一些不足之处:一是可实现性问题,构成闭环控制系统需要有一定的条件,如有可能提供所需的能源设备、符合要求的作动机构硬件等;二是经济性问题,构成闭环控制系统各环节的成本一般都高于被动控制,但是为满足高的振动性能指标要求,有时付出代价也是必要的;三是可靠性问题,由于闭环控制系统的环节比被动控制多,各环节都存在失效的可能性,必须在保证可靠性方面采取措施。

2) 被动控制

振动的被动控制理论在半个多世纪前已经比较成熟,但控制的技术措施仍然在不断发展。在振动规范中明确规定,液压燃油管路、导管及与飞机结构相连的连接件,如紧固件、支架、卡箍、连接片等,在飞机使用寿命期内不应产生振动破坏。为了使得液压燃油系统的设计满足振动要求,将管路过度振动减至最小,结合实际通过分析、试验方法达到对管路系统的振动被动控制要求,管系结构应满足下列抗振设计要求:① 在选材、设计、制造等方面,应采取各种抗振措施,以避免发生有害的共振或过度振动;② 在整个使用寿命期内或可更换构件在规定的更换周期内,应能正常、可靠地工作,应能承受各种振源引起的振动而无疲劳破坏;③ 凡失效或破坏后可能危及飞行和飞行员安全的管路系统,应进行振动分析、地面模拟试验、鉴定试验及试飞等,避免发生振动引起的事故;④ 应考虑当管内流体存在较大脉动和较大流速时对系统振动特性的影响,尤其应注意液-固耦合引起过度振动时对系统功能乃至飞行安全的影响。

根据GJB 67A—2008《军用飞机结构强度规范》中的要求,应对管路系统进行振动特性分析,以确定其固有频率是否避开外界干扰频率;还应进行管路系统振动应力分析,根据分析结果,可对管路系统提出各种振动响应量值控制要求,以避免发生过度振动。在进行导管振动应力分析时,应特别注意以下几点:① 由于支承结构的相对运动而产生的低频大位移振动,这种情况大多出现在隔板或附件等刚性连接处;② 高频小振幅振动将诱导管路的一部分弯曲应力升高而导致疲劳破坏,这种情况多出现在导管支承处或跨度中间无支承的连接处;③ 应在不同液体流速下对导管的冲击响应进行分析;④ 应充分考虑流速突变、换向阀快速切换及作动筒活塞的快速止动对管路系统产生大冲击压力的影响。冲击压力在导管中的传播会引起管路产生大的位移和振动,当压力传到导管转弯处时就产生一个侧向力,使导管承受严重的弯曲应力,U形和Z形导管受影响较大;⑤ 油泵、马达等附件会产生高频压力脉动,过大的压力脉动会激起管路系统的强烈振动。在共振情况下,可使导管在很短时间内疲劳断裂,或使导管和附件的安装衬垫磨损,导致安装件损坏;⑥ 液压导管的最大脉动压力幅值(峰值)建议不应超出各液压系统额定压力的±10%。对于一个21 MPa的液压管路系统,大量试验表明,当脉动压力幅值(峰-峰值)大于4.2 MPa时,泵供压管路很容易破坏,安装结构件也容易破坏,主要附件的固有功能可能丧失。

根据GJB 67A—2008《军用飞机结构强度规范》中的要求,应对管路系统进行以下试验:① 对于使用中经常出现振动故障及受动载荷严重的部位,应进行导管组件振动耐久试验;② 应在发动机地面开车分别在额定、最大和加力状态下,进行管路系统脉动压力和脉动应力测量,以确定管路系统是否存在有害的脉动共振频率;③ 首飞前,应进行全机管路系统的地面综合试验,并对使用中经常出现振动故障及受动载荷严重的部位进行振动测试,以确定发动机转速、液压泵转速及液压泵流量和压力的所有组合状态是否会引起管路系统的任何过度振动。

由于管路系统的机械响应不同,每种飞机可接受的脉动压力水平也是不同的,即对一种型号飞机是可接受的脉动压力水平,对另一种型号飞机可能是不可接受的。因此,对新研制飞机应进行全机管路系统脉动压力和脉动应力测量(测量的重点监测部位应包括油泵到蓄压器段、高频输入部件附近及高强迫振动区域),看其是否存在共振现象,并由此来确定脉动压力和脉动应力水平是否可为飞机接受。如为不可接受,可采取以下措施改进设计,达到降低脉动应力水平的目的:首先,通过合理的泵-管系统匹配设计,可起到调整或改变共振频率的作用;其次,通过改变导管直径、长度,修改油滤安装位置,加装调谐或宽频衰减装置等办法,有助于改善系统阻抗,降低脉动压力;另外,改变导管的弯曲形状及安装固定方法,也可起到改善管路系统的机械响应特征和降低脉动应力水平的作用。

3. 管系结构振动抑制的一般原则

下面给出一些进行管路系统振动抑制设计的一些基本原则。

管路的固有频率与支承刚度、油压大小关系密切。支承刚度和油压越大,管路的固有频率越大,因此可以通过调整管路系统的压力来优化管路系统的固有频率和抑制振动响应。

管路的振动主要是由管路共振和液压冲击引起的,管路的振动控制和抑制应着重从这两方面入手。

通过改变管路系统的支撑刚度或在管路上增加阻尼环等措施,改变管路的固有频率,避开管路的共振来降低管路的振动响应。

随着支座数量的增加,管系结构的频率增大,其最大应力减小,但是变化不是很明显,且应力最大值出现在管系结构的相同部位。三座型与四座型之间的响应在低频段的变化不是很明显,两座型的响应最大,三座型最小,四座型居中,因此可以通过调整管路系统上的支座数量来寻找一种最优的管路支座布置,以达到对管路的振动进行控制的目的。

管路的应变主要由3部分引起:液体静压力、管路的振动、液压冲击,而这3部分中以液压冲击引起的应变最大。

9.3.4 管系振动故障排除

对于飞机使用中出现的液压/燃油管路故障,解决问题应该采用整体判断、全面分析的原则。首先根据故障产生的现象,判断故障模式;然后通过分析管路传动原理及应用故障模式机理来判断故障部位;最后针对故障可能产生原因进行排查。

常用的排故方法主要有:改变支持刚度,调整管系系统刚度,即调整频率,避免共振;改变管系材质,避免断裂;调整液压系统、操纵系统的附件,改变压力。

另外,对于气穴和气蚀引起的振动故障,通常的排除方法有:使系统油压高于空气分离压力;为防止小孔及锥阀等节流部位产生气穴,节流口前后压力比应小于3.5;液压泵的吸油管内径要足够大,并避免狭窄通道或急剧拐弯;应尽可能减少油液中空气的含量。

9.4　飞机结构的声疲劳

9.4.1　概述

飞机上存在着各种噪声源,可分为推进系统噪声和空气动力性噪声。推进系统噪声与发动机类型有关,主要有喷流噪声、螺旋桨噪声、压气机噪声、风扇噪声等;空气动力性噪声的范围较广,有附面层噪声、空腔噪声、振动波噪声、气流分离噪声、气流冲击噪声等。强烈的噪声,不仅会对环境造成声污染,还会影响驾驶员与地面的通话及其他乘员的舒适性,有时甚至会造成飞机的安全性与可靠性问题。

机载设备或武器装备在强噪声环境下可能会出现不可接受的功能特性/结构完整性的衰退,称为机载设备或武器装备的噪声环境问题;结构在强噪声环境或与其他载荷环境的共同作用下可能会出现疲劳破坏,称为结构的声疲劳问题。

噪声对结构的作用本质上是一种空间分布的、随时间变化的、具有一定频率分布特性的动态随机压力载荷,诱发结构产生一定的分布应力响应。当噪声的频率分布特性和其作用的结构的动态特性互相耦合时,结构就会产生显著的应力响应。在这种动态应力的长时间作用下,在结构上应力集中或其他缺陷部位处会产生疲劳裂纹,直至发展为疲劳破坏。实践表明,无论是军机还是民机,在使用中常常都会出现各种类型的声疲劳破坏现象,其中大多表现为:各种翼面结构蒙皮及机身侧壁结构蒙皮产生裂纹、掉铆钉,甚至发展到相应的翼肋和机身环框产生裂纹;进气道内外蒙皮产生裂纹、掉铆钉头,相关结构损坏;机尾结构在喷流热噪声的联合作用下产生的各种破坏现象等。例如,澳大利亚的F/A-18"大黄蜂"飞机,曾出现过进气道短舱下部外蒙皮及后机身的声疲劳裂纹,我国多个机种出现过进气道内、外蒙皮的声疲劳破坏。

尽管一般认为,以上问题可以被早期发现、修理,不可能导致重大的飞行事故,但是如果不在设计、研制中较好地解决这一问题,仍将会严重影响飞机的出勤率,给飞机使用带来隐患,并将支付可观的维修费用。若声疲劳裂纹位于飞机不易检查的部位,该部位结构同时承受其他载荷时,则可能导致飞机产生严重事故。

声疲劳的研究对象主要是处于强噪声影响区的航空轻型结构(或薄壁结构)。通常,对于承受总声压级大于 140 dB 声载荷的航空轻型结构,需要考虑声疲劳问题。较小的声压级一般不会使航空结构产生声疲劳破坏,而非薄壁结构一般对声疲劳不敏感。处于强噪声影响区的这类结构主要有发动机短舱结构、飞机的襟/副翼、空腔结构、整流包皮、发动机附近的机身结构及尾翼结构等。

9.4.2　结构声疲劳基本假定

声疲劳是振动疲劳的一个分支。声疲劳研究是一门综合性较强的专业,与其相关的航空声载荷属于航空声学研究范畴,结构振动响应及优化设计属于动力学研究范畴,声疲劳强度则属于振动疲劳研究范畴。有关声疲劳的机理开展的专门研究较少,但普遍认为声疲劳是发生于结构应力集中部位的低应力高周振动疲劳破坏。

工程上关于结构声疲劳有以下基本假定。

（1）声疲劳是高周、低应力疲劳，由结构内部变形（目视观察，本质上是弹性的）引起。

（2）用于高周疲劳的应力-寿命方法作为估算声疲劳寿命的基本方法。

（3）疲劳寿命的定义与 $S-N$（应力-疲劳寿命）曲线选择的破坏准则有关。一般选用以下两个准则：一是承受随机载荷的元件的基础共振频率降低 2%；二是结构破坏（结构不能够承载）。

声疲劳选用第一个破坏准则，使用 S_{rms} 与破坏循环次数 N 的关系。对金属材料而言，该准则定义的寿命近似为裂纹起始阶段的周期。复合材料的损伤机理不同于金属材料，微裂纹起始的过程比裂纹扩展过程稍长，在此情况下仍使用共振频率下降的准则。

（4）平均应力是影响结构声疲劳寿命的主要因素。

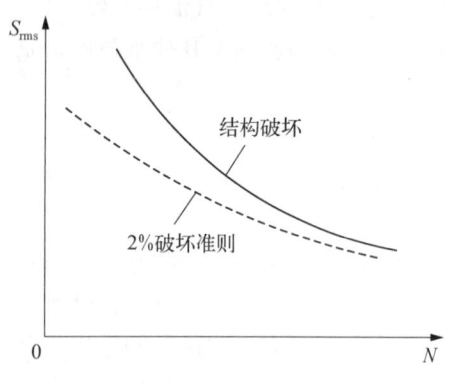

图 9-7 不同破坏准则的 $S-N$ 曲线

基于以上两种破坏准则的 $S-N$ 曲线如图 9-7 所示，由图可知，两种破坏准则对应的疲劳寿命不同。

施加循环载荷给光滑试验件，由试验得到的 $S-N$ 曲线的最常见表述如图 9-8 所示，这样的曲线来自反向（或交变）对称弯曲试验或模拟声疲劳试验。对大多数材料而言，当破坏循环次数在 $10^3 \sim 10^4$ 范围时，$S-N$ 曲线的斜率是变化的。对于某些材料，如低、中强度钢和铁合金，$S-N$ 曲线也呈现出所谓的"膝"，破坏循环次数通常位于 $10^6 \sim 10^7$ 范围，此处 $S-N$ 曲线的斜率从负变为 0，如图 9-8(b) 所示。$S-N$ 曲线变为水平线的应力范围（或幅值）称为疲劳极限或持久极限，疲劳极限与试验件中裂纹核的滞止有关。高强钢和铝合金属于不呈现明确持久极限的那类材料，对这些材料而言，常在工程实践中采用条件疲劳极限，选择一个破坏循环次数对应的应力幅，该循环次数通常是 10^7。声疲劳是高周疲劳，它由本质上为弹性变形的随机应力过程引起。对数形式的 $S-N$ 曲线可通过图

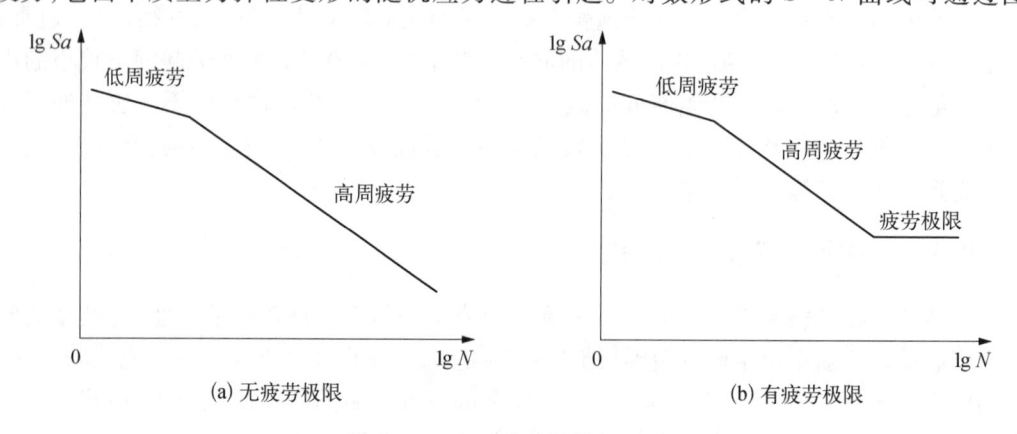

(a) 无疲劳极限

(b) 有疲劳极限

图 9-8 $S-N$ 曲线的理想形式

9-8中的高周疲劳直线段表示,是模拟声疲劳试验(一种使用振动台随机激励获取声疲劳 $S-N$ 曲线的方法)的典型结果。声疲劳 $S-N$ 曲线用图9-9所示的 $\lg S_{rms} - \lg N$ 曲线表示,斜率为 $-1/b$,其中 S_{rms} 是窄带应力过程的均方根。图9-9中的斜率 $-1/b$ 有时也称为 Basquin 指数,图中直线在点 $\left(0, \dfrac{1}{b}\lg K_{rms}\right)$ 处截断了坐标轴。

在图9-9中,N 代表破坏循环次数,有时用应力反向数替代循环次数用于横坐标,每个循环有两个反向。

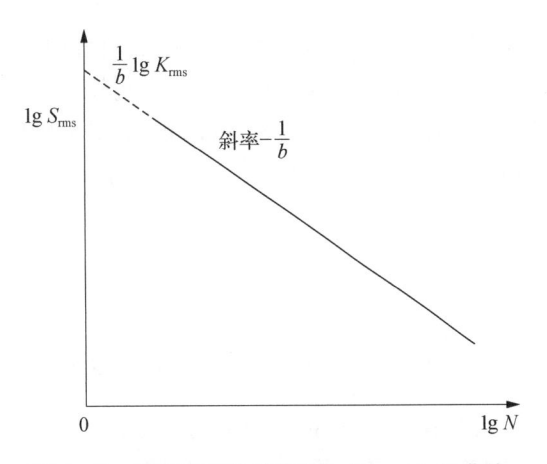

图9-9 用于声疲劳的典型 $\lg S_{rms} - \lg N$ 曲线

循环的平均应力定义为 $S_m = (S_{max} + S_{min})/2$,其中 S_{max} 和 S_{min} 分别代表循环中的最大应力和最小应力,平均应力能明显影响疲劳寿命,特别是在高周疲劳区,因此,其对声疲劳有重要作用。平均应力对疲劳寿命的影响中,拉伸平均应力是有害的,压缩平均应力对疲劳寿命可能是有益的。对相同应力水平的不同 $S-N$ 曲线进行比较可见,增加拉伸平均应力会导致较短的疲劳寿命。

9.4.3 声疲劳分析流程和方法

飞机结构声疲劳寿命分析的简易流程如图9-10所示,分析结构声疲劳寿命时,首先基于结构参数计算出结构振动特性,其次根据声载荷的功率谱密度数据计算结构的均方根应力响应,选择多个应力较大部位或关键部位进行声疲劳寿命分析,根据分析结果给出结构的声疲劳寿命。振动特性及声响应(由噪声载荷引起的结构振动响应)分析可使用工程预计方法,也可使用有限元法。进行寿命分析时,可使用各结构部位的动应力数据及对应材料/结构细节的 $S_{rms} - N_r$ 或 $\varepsilon_{rms} - N_r$ 曲线,依据 Miner 累积损伤理论估算结构寿命。

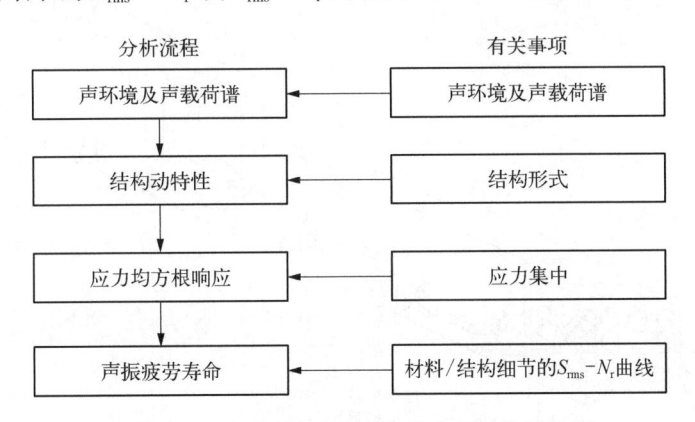

图9-10 飞机结构声疲劳寿命分析的简易流程

工程预计方法是基于一定假设和试验结果建立的,其分析精度通常满足设计需求,但该类方法提供的信息量较少,一般仅给出几个主要部位的应力响应数据,对于较为复杂的结构不太适用。有限元振动应力计算结果可以提供大量的信息，适用于复杂结构的声响应计算，分析时可首先使用基于线性响应假设的分析软件，如果依据此分析计算结果给出的寿命远大于设计要求寿命，则可完成分析工作；否则，应采用较为准确的非线性分析软件再次进行计算。有限元方法的计算精度取决于结构建模精度及对声载荷的模拟程度。计算壁板结构的声响应时，为了获得较好的分析结果，通常要求对由蒙皮、框、长桁等组成的至少3×3个板格进行分析。

平均应力对结构声疲劳寿命的影响可使用有关模型进行修正，最常用的模型是修正Goodman模型。

9.4.4 飞机结构的声疲劳试验

另外，还可以通过声疲劳试验的方法来研究或者验证飞机结构的抗声疲劳性能。声疲劳试验系统主要由供气系统、噪声源、试验装置、声测量与控制系统、振动响应测量系统、破坏监测或检测设备等组成。常用的声疲劳试验装置有两种，一种是高声强混响室（图9-11），可对试验件进行扩散场噪声激励，适用于必须在运载器、动力设备和其他高强度声源等产生的噪声场中工作的结构。高声强混响室中，通常会配置多个声源来产生高强噪声，另外配备摄像监控系统，对试验中的试验件情况进行观察。另一种是行波管，可对试验件进行掠入射噪声激励，适用于直接受噪声作用的薄壁结构。行波管试验装置通常由气源、电动气流扬声器、喇叭、行波管试验段和扩散消声段等组成。图9-12为基于行波管的联合环境声试验装置。

图9-11 高声强混响室

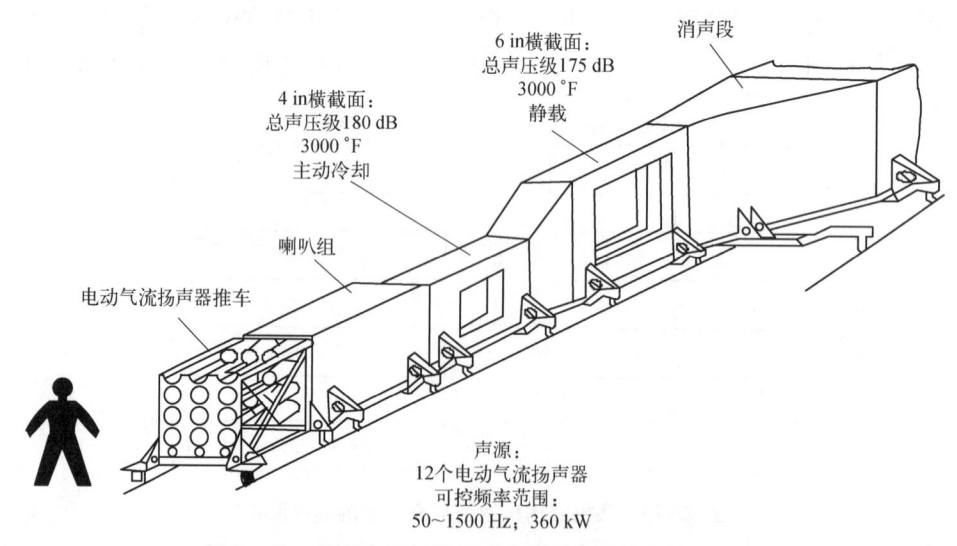

图9-12 美国空军怀特实验室的联合环境声试验装置

$$1\text{ in} = 0.025\text{ m}; t\text{ °F} = \frac{5}{9}(t-32)\text{ °C}$$

9.5　飞机结构的抖振

9.5.1　飞机抖振机理与抖振边界确定

由飞机外表面分离流、跨声速激波-附面层干扰及尾迹流等引起的无规则压力脉动均可导致飞机结构部件的显著振动响应，即产生抖振问题。抖振是一种强迫振动，也是一种随机振动。

抖振问题大致可分为两类：一类是由飞机结构部件自身原因引起的抖振，如飞机机翼抖振，它通常是由机翼自身的翼面跨声速激波-附面层干扰，或翼面大迎角时的附面层分离和翼面非流线型突出物的气流分离等引起的；另外更为重要的一类则是由上游结构部件的尾迹流或脱体涡破裂引起的抖振，如机身上装有较大雷达罩的预警飞机和具有边条翼布局的现代战斗飞机的尾翼抖振（特别是垂尾抖振）。这是因为飞机以大迎角飞行时，除上游机翼、机身的尾迹流外，预警飞机垂尾还特别受到上游雷达罩尾迹流影响，而边条翼布局的飞机尾翼则很有可能受到上游边条翼的破裂脱体涡的强烈激励。

飞机飞行实践和风洞试验表明，飞机抖振的发生与飞机飞行迎角和飞行马赫数（或飞行速压）密切相关，并且对于不同的飞行马赫数，都存在一个相应的抖振起始迎角（简称抖振边界）。抖振起始迎角的定义是：当飞行迎角小于该角度时，飞机部件振动响应很小，而且随着迎角的增大，振动响应通常也不会明显增大，即不会发生抖振问题；而当飞行迎角超过该角度时，飞机部件振动响应随着迎角的增大则会明显增强，即意味着飞机部件已进入抖振区域。

进入抖振区域后，结构振动会逐渐加强，其强烈程度通常用抖振深度表示。抖振深度可用三个阶段来描述：当飞机刚超越初始抖振边界时为轻度抖振，这时驾驶员能感觉到飞机轻微振动；如果飞机继续超越抖振边界，则会出现中等抖振，甚至严重抖振。中等抖振将引发飞行仪表晃动，影响驾驶员工作效率，并可能引起结构振动疲劳损伤；而严重抖振则可能导致飞机结构的一次性破坏。对于民用飞机，通常只允许出现短暂的轻度抖振，并且要求飞机超出初始抖振边界后不会很快进入中等抖振状态，以便驾驶员有足够时间退出抖振边界。

确定抖振起始迎角（简称抖振边界）的常用方法是：对应不同的马赫数，获得翼面振动加速度、弯矩应变的均方根值与迎角的关系曲线；对这些曲线利用切交法，可确定出不同马赫数下的抖振起始迎角（图 9-13）；最后，作出抖振起始迎角随马赫数的变化曲线，此即迎角表示的抖振边界。从图 9-13 可以看出，在亚声速范围内，飞机翼面抖振起始迎角通常随着飞行马赫数的增加而变小。这是因为，当飞行马赫数增加并靠近 $Ma=1$ 时，翼面分离流和尾迹流的动压会随之增强，并且翼面局部出现跨声速激波-附面层干扰的可能性也会随之增大，从而导致飞机抖振会在较小的飞行迎角下发生。

飞机抖振的机理复杂，抖振问题的研究涉及分离流空气动力学和非线性结构动力学问题，虽然有学者致力于发展相关的理论和分析方法，例如，有学者以守恒型二维非定常纳维-斯托克斯（Navier-Stokes，N-S）方程为控制方程，详细研究了跨声速下激波-边界层相互干扰引起的翼型抖振现象和抖振边界,但还需要在实际工程应用中进一步加以验证。现行工程使用的抖振预估方法都是经验或半经验的,大都需要以风洞试验数据为基础。因此,风洞试验研究是抖振特性研究的基本方法。

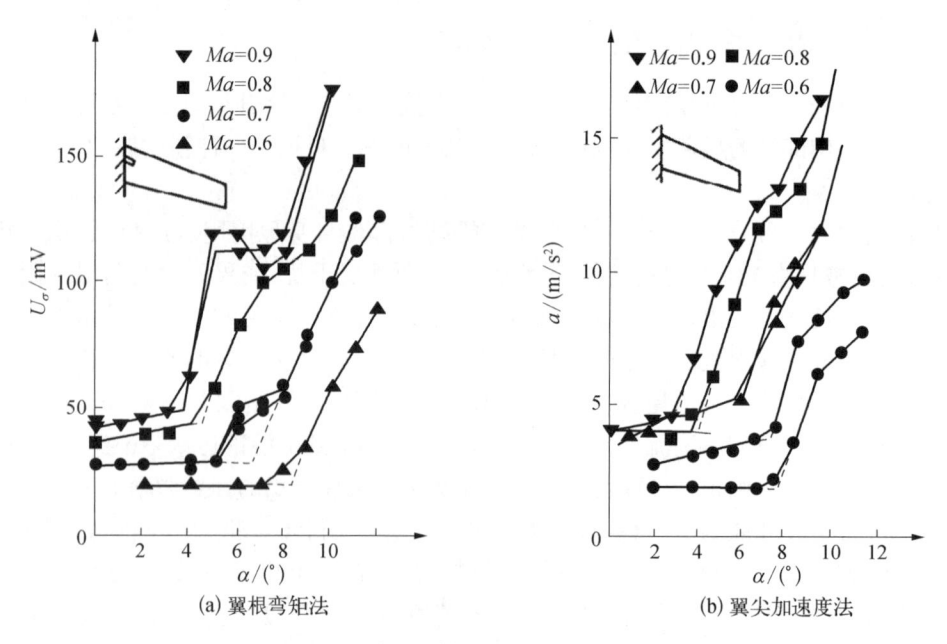

图 9-13 某机翼抖振起始迎角的测量结果

利用风洞试验确定抖振边界有很多种方法,可以分为两大类:非定常参数测量法和定常参数测量法。非定常参数测量法包括翼根弯矩法、翼尖加速度法、后缘静压系数发散法、脉动压力法和脉动速度法;定常参数测量法包括升力线拐点法和轴向力拐点法。其中,使用较普遍的有翼根弯矩法和翼尖加速度法(图 9-13)及升力线拐点法。

9.5.2 飞机抖振预防和抖振抑制

在飞机设计的初期,应采取预防抖振的措施,主要从选择最佳气动布局着手。应通过风洞试验仔细研究布局中各个参数对抖振特性的影响,以便在设计中尽可能保证飞机具有良好的抖振特性。改善飞机抖振特性可以从下面几个方面来考虑:采用前缘缝翼可以改善较大迎角的气流分离;在机翼适当位置处安装翼刀可有效控制低速时气流的分离;采用吹气襟翼或前缘吹气,可延缓气流分离;改善机身后部外形或调整机身和尾翼的相对位置,可改善尾翼的抖振特性;减速板、起落架舱门的打开会引起气流分离,通过修改这些部件的外形或调整安装位置,均可提高尾翼抖振特性。

如果采取抖振预防措施还不能完全避免飞机抖振问题的发生,则应当采用振动控制技术尽可能抑制飞机结构抖振应力响应,以提高结构抗抖振疲劳的耐久性。通常,结构振动应力水平降低 10%~20%,其疲劳寿命可以增加一倍。

与振动控制技术一样,飞机结构抖振抑制也包括被动抑制和主动抑制两种方式。抖振被动抑制方法主要是根据结构抖振的主模态响应特征,合理地增加承载结构的局部刚度,或在承载结构上优化布局约束层阻尼材料。抖振主动抑制方法是采用液压伺服机构或先进的压电作动器来实现抖振载荷的主动减缓。

早期,比较可靠的抖振抑制方法还是增大结构的局部刚度。例如,F-15 飞机曾由于双垂尾抖振引起垂尾结构过早出现损伤,后来通过研究发现,F-15 飞机双垂尾抖振响应主要是垂尾的第二阶弯曲模态,且高应力区为垂尾上半部,因此采用增加其垂尾上半部分局部刚度的办法(粘贴 1.27 mm 厚度的复合材料外蒙皮)解决了这一问题(疲劳寿命增加近 10 倍,附加质量仅为每垂尾 3.6 kg)。

9.6 飞机结构的冲击

9.6.1 概述

飞机在使用过程中会遭遇多种离散源外来物撞击,包括鸟体撞击、冰雹撞击和各种各样的碎片(如轮胎碎片、发动机破损叶片、跑道碎石,以及军用飞机的高爆破型弹片和非爆弹丸等)撞击。

当飞机在飞行中遭遇飞鸟时,虽然鸟体飞行速度不快,但是飞机飞行速度很高,鸟体对飞机造成的撞击会非常大。对于 0.45 kg 的鸟,飞机速度为 80 km/h 时,相撞将产生 1 500 N 的力;飞机速度 960 km/h 时,相撞将产生 216 kN 的力。如果鸟重 1.8 kg,飞机速度为 700 km/h,则相撞所产生的冲击力比炮弹还大。

据权威统计,全世界每年大约发生 1 万次鸟撞飞机事件。自 1960 年以来,世界范围内由于飞鸟的撞击,至少造成了 78 架民用飞机损坏,201 人丧生;250 架军用飞机损坏,120 名飞行员丧生。目前,国际航空联合会已把鸟害升级为 A 类航空灾难。

飞机在飞行中,冰雹对飞机结构的撞击也具有实际的威胁。大多数暴露在外的结构(特别是复合材料结构),如机翼和尾翼操纵面的前缘、机身的前段、发动机的吊舱、风扇的叶片、雷达罩和天线及着陆灯等经常会受到冰雹的撞击,从而造成严重的损伤。

除了鸟撞、冰雹造成的危害外,轮胎爆胎形成的碎片、发动机破损碎片、跑道崩起的石子等也会对飞行安全造成危害。例如,2000 年 7 月 25 日,法国航空公司的一架"协和"号超声速客机在巴黎郊外坠毁,事故调查结论是机场跑道上的金属碎片扎破轮胎,轮胎爆破产生的橡胶块击穿飞机油箱,从而酿成机毁人亡的惨祸。

因此,综上所述,飞机结构应当进行抗离散源撞击设计,并针对相关的主要敏感区域,分别考虑飞鸟、冰雹,以及发动机和轮胎碎片、跑道碎石等的影响(图 9-14)。另外,对于军用飞机来说,一种重要的离散源外来物撞击是高爆弹碎片和非爆弹丸,这是军机结构高生存力设计中必须考虑的问题。

显然,飞机要完全防止离散源外来物撞击是很困难的。因此,从飞机结构的安全性和经济性出发,需要制定一项要求来处理外来物撞击这一问题,并规定合适的结构减弱限制。通常,按照统计数据,将外来物撞击分成大概率事件和小概率事件:针对大概率事件,飞机应没有不可接受的损伤;针对小概率事件,飞机应不会失事,或驾驶员和机组人员不会丧失操作飞机的能力。

图 9-14 A380 飞机结构的抗离散源撞击设计

9.6.2 抗鸟撞设计与验证

1. 抗鸟撞设计

前进中的飞机与飞鸟相撞,在飞机机翼、尾翼、风挡/龙骨等结构上可能产生危及飞行安全的损伤,见图 9-15。由鸟撞造成的机翼结构损伤可能是:前缘缝翼蒙皮在撞击位置大面积失效、前缘缝翼外蒙皮被击穿、前缘缝翼梁和隔板失效、前缘缝翼内的防冰管失效或击穿、固定前缘内扭力管操作系统受到损伤等。尾翼结构损伤可能是:前缘蒙皮压坑、凹陷、蒙皮撕裂、连接破坏、蒙皮及大梁腹板击穿、复合材料分层/脱胶、骨架断裂、安定面破坏等。而驾驶舱和机头结构损伤可能是:风挡玻璃和塑料零件破碎、结构元件破裂、舱内衬板撕掉、雷达罩穿透等。

图 9-15 某飞机结构的鸟撞破坏

为确保飞行安全,对飞机结构的抗鸟撞设计要求包括了结构损伤控制和系统保护两种情况,其损伤控制应当遵循下列准则。① 如果机翼/尾翼前缘内装有液压、操纵系统的管路和设备,或机翼前缘缝翼内装有防冰管,飞机机翼/尾翼结构设计应保证:飞机以海平面巡航速度飞行时,机翼结构能承受 1.8 kg 鸟撞击,前缘缝翼不被击穿(或变形过大);尾翼结构能承受 3.6 kg 飞鸟撞击,前缘和前梁不被击穿(或变形过大)。② 如果机翼/尾翼前缘内不含液压、操作系统管路和设备,且机翼前缘缝翼内没有防冰管时,则在与上述飞鸟撞击相同的条件下,允许机翼/尾翼前缘甚至大梁腹板出现穿孔等损伤,但这些损伤应不会导致飞行性能严重变坏或结构总体强度降低到不安全水平。③ 位于正常执行职责的驾驶员正前方的挡风玻璃和支撑结构,以及雷达罩机头结构,必须经受 1.8 kg 的飞鸟撞击而不被击穿,此时的飞机速度为海平面巡航速度。④ 风挡玻璃是一个结构件,它要承受座舱气密和气动力,还有一定的光学性能要求和破损安全要求。风挡玻璃经受鸟撞后,不允许发生影响飞机飞行的结构损伤,也不允许发生可能伤害驾驶员或影响驾驶员视界的风挡结构内部损伤,如鸟体残骸进入座舱、玻璃碎片的飞溅、风挡玻璃透明区完全丧失等。

结构的鸟撞防护应贯穿于飞机设计的全过程,在总体设计阶段进行结构布置和系统设备安排时,在机/尾翼的易受鸟撞部位,不宜布置液压、操纵管路等。由于某些因素限制而不得不在前缘布置时,应在该处采用一些保护装置(如隔板和吸能结构),当前缘部位遭受飞鸟撞击时,保护装置应能吸收鸟撞动能,从而保证被保护对象的安全。

2. 抗鸟撞验证

结构抗鸟撞设计的验证方法有分析方法和试验方法。

1) 分析方法

一般说来,分析计算方法需有结构类似飞机的设计经验及鸟撞取证试验数据作为基础。目前一些较大的飞机公司,如波音公司、空中客车(简称空客)公司常采用能量比较法,同时也在积极发展有限元分析法。

能量比较法从能量观点研究鸟撞击瞬间的能量关系,如飞鸟的动能全部被结构吸收,则满足抗鸟撞要求的结构应为

$$\frac{1}{2}mV_p^2 > \frac{1}{2}mV_c^2, \text{ 即 } V_p > V_c \tag{9-52}$$

其中,V_p 为结构的穿透速度;V_c 为飞机的巡航速度;m 为飞鸟的质量。

各飞机公司所用的计算公式形式基本相同,系数略有差别,是从大量前缘鸟撞试验结果中总结出来的经验公式。

在有限元分析方面,由于鸟撞载荷受被撞结构的弹性影响很大,两者有较强的耦合关系,国外都在考虑发展专门程序进行分析,目前比较成熟的商业软件有 MSC.DYTRAN、LS-DY-NA、ABAQUS、ANSYS、PAM-CRASH 等。

鸟体撞击过程具有以下特点:① 瞬时冲击,飞鸟与飞机的相对速度为 70~450 m/s,而鸟体长度约 26 cm,因此整个撞击持续时间不会超过毫秒级;② 柔性撞击,鸟体撞击变形与被撞结构变形相互耦合;③ 大变形,撞击造成的结构局部变形可超过结构厚度几倍以上。因此,鸟体撞击分析涉及复杂的弹塑性问题及非线性问题。

通常采用显式非线性有限元分析方法,鸟体网格模型有拉格朗日(Lagrange)算法模型、任意拉格朗日-欧拉(arbitrary Lagrange-Euler, ALE)算法模型和光滑粒子流体动力学(smooth particle hydrodynamics, SPH)模型三种,研究证明,高速撞击时使用 SPH 模型能够较好地反映试验结果。建立结构模型时不一定要对全部或大部分结构进行,可选取撞击部位周围足够大范围内的相关联部件,并加上适当的边界条件,所选的撞击结构范围越大,边界条件对分析结果的影响越小。除了设置鸟与撞击结构的主接触外,还要仔细设置结构部件之间的接触,特别注意机/尾翼前缘蒙皮结构与其内部构件的接触关系,既不要有遗漏,又不要有多余的接触设置而降低分析效率。

2) 试验方法

由于鸟撞机理和鸟撞分析非常繁杂,鸟撞试验是验证飞机抗鸟撞能力,指导飞机鸟撞设计的最直接、最有效的手段和途径。

鸟撞试验设备包括空气炮系统(图 9-16)、试验靶架装置、环境温度控制系统和高速

摄影装置,以及鸟弹撞击速度、结构弹着点位置和位移变形、结构撞击力和应力/应变等测量装置。为确保鸟撞试验的可靠性和精度,速度测量系统最好配备两套。在鸟撞试验过程中,至少应有两路高速摄影,用于清晰记录鸟撞全过程,高速摄影机的拍摄速度应在2 000 帧/秒以上。

图 9‑16　鸟撞试验中采用的 200 mm 口径低速气炮

试验件及其支持结构应为符合图纸和专用技术条件的全尺寸生产件,试验件的安装应尽可能模拟结构的支持刚度、连接情况和在飞机上的相对应位置。对于前缘结构,应带有一段相邻结构,试验件安装的紧固件应尽可能与真实结构相同。

鸟弹由鸟和包装物构成。按鸟弹的质量要求,选择鸡、鸭、鹅等家禽。尾翼结构鸟撞试验的鸟弹质量为 3.6 kg,其他结构鸟撞试验的鸟弹质量为 1.8 kg。应严格控制鸟弹的质量,允许切割、修剪、增加鸟的翅膀和腿脚,允许注射水或含水量为 98% 的胶体物质,但增减质量不得超过鸟体质量的 10%。

鸟弹包装物应柔软、有韧性,便于包装,对撞击物影响小。包装物用于防止撞击前鸟体发生变形或解体,可用尼龙、棉织物或聚乙烯制作。要保证包裹后的鸟弹硬度与实际鸟体相当,包装材料的质量不超过鸟弹质量的 10%。鸟撞试验的关键技术是鸟弹撞击速度和结构弹着点位置的准确度。

9.6.3　抗冰雹设计与验证

飞机风挡在遭到严重冰雹撞击后可能造成的损伤是允许存在的,但不能遭到破坏,不能使碎片伤及驾驶员,并且必须采取有效措施,使风挡在遭到严重冰雹撞击后保持有一个清晰的部分,足以使驾驶员在飞机的各种正常姿态下沿飞行航迹均有充分宽阔的视野。

另外,飞机在飞行中,除了风挡可能会遭到冰雹的撞击外,其他结构也可能受到冰雹的撞击,从而对飞行安全威胁,虽然这在有关规范和适航条例中没有明确规定。大多数暴露在外的结构,如机翼和尾翼操纵面的前缘、机身的前段、发动机的唇口、吊舱、风扇的叶片、雷达罩和天线及着陆灯等经常会受到冰雹的撞击,造成严重的结构损伤(特别是复合材料结构)。因此,近十年来,航空发达国家都对近代飞机结构提出了专门的要求,以保证结构受到大量冰雹撞击后仍能保持其安全飞行和着陆的能力。如图 9 – 14 显示的 A380 飞机,结构在离散源高速撞击时的耐撞性设计中,已考虑了飞机主要敏感区域结构遭受冰雹撞击的影响。

1. 冰雹撞击分析计算方法

冰雹撞击和金属子弹撞击有很大的不同,主要是冰雹的特性导致的。冰雹与应变率有很强的依赖关系,当从低应变率增大到高应变率时,冰的力学行为从韧性转变为脆性;冰雹的轴向压缩强度随应变率的增大而增大,在应变率大于 $10^{-5}/s$ 的情况下,其压缩强度要比拉伸强度大得多;冰雹在相当大的压力(23.5 GPa)下会从固体转变为液体,从而使得冰雹的高速撞击与高速水滴冲击相似。

一般说来,冰雹撞击数值计算分析需用与飞机结构相似的实际金属结构或复合材料结构试验件的设计经验和试验数据作为基础,比较数值计算与试验结果,从而进行有效的抗冰雹撞击设计。目前的分析中,大多数采用有限元方法,一般最常用的软件是 LSTC – DYNA,其他,如 PAM – CRASH 等软件也有同样的功能。冰雹有限元模型的建立与鸟体模型类似,通常有 Lagrange 有限元模型、ALE 模型和 SPH 模型。其中,SPH 模型能很好地描述冰雹撞击的过程及其力学行为,这种模型需要的运算时间在三种模型中是最少的,且有较高的精度。

2. 冰雹撞击的试验验证

冰雹对飞机结构的冲击有许多不确定因素(如飞行航线的气象条件、冰雹尺寸大小、速度等)。因此,在结构抗冰雹冲击的设计和强度校核中,必须通过试验验证,保证飞机设计工程师能更好地估计如何使该结构不受损伤,或结构受到损伤后还能生存,保持正常工作的能力。

近代飞机结构已越来越多地采用复合材料,因此对复合材料结构的防冰雹撞击,特别是高速撞击的设计和计算就显得十分重要。

通过对冰雹撞击力和靶板变形的测量可以用于研究冰雹撞击速度、冰雹尺寸、靶板厚度和撞击角度(斜撞击)等各种参数对复合材料撞击损伤的影响;建立复合材料靶板受冰雹撞击后的失效模式,并测定复合材料靶板的失效门槛能量(failure threshold energy,FTE),以便指导复合材料结构设计。FTE 定义为冰雹动能低于该值时不会发生损伤的能量,对于特定复合材料,FTE 是冰雹尺寸和平板厚度的函数。

在试验中无法用真正的冰雹,只能用模拟冰雹的冰弹,这种试验用的冰弹是用一个带有充填小孔的球形可分开的模子制成的,制成的冰弹在 -26℃ 的温度下冷藏。冰弹一般制成两种形状:整体的和层状的,其直径分别为 25.4 mm、42.7 mm 和 50.8 mm。采用层状冰弹的理由是使"子弹"具有额外的韧度,使其力学特性介于整体形的子弹和真实冰雹之间,因此在抗冰雹撞击试验中大多数采用这种类型,其撞击方向与层状平面垂直。

冰弹的发射是用一种带氮气的气炮装置来实现的,冰弹的速度范围取为 30~200 m/s(图 9-17)。为了避免冰弹在发射时损伤,子弹外围套有一种低密度空心网状泡沫的软壳,当子弹射出时,软壳在炮壳末端被卡住,只留下冰弹单独飞向靶板。因为冰弹的力学特性与温度密切相关,所以试验全程都采用恒定的温度:17℃±1℃。其中,温度是用热电偶来测量的。

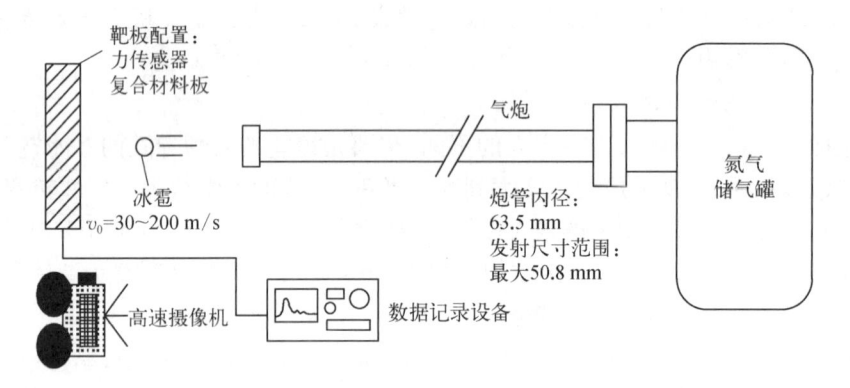

图 9-17 氮气气炮和试验装置

9.6.4 发动机碎片

飞机飞行过程中,在受到低能量涡轮发动机碎片和辅助动力装置转子及其碎片撞击后,要有足够的安全性,并保证飞机可以继续完成飞行任务、返航或紧急就近安全降落。

发动机转子飞出的碎片通常不仅仅局限于转子的旋转平面,而是分散在转子旋转平面前后一定角度范围内。碎片撞击扩散角度的顶点定义为旋转平面中心点,飞出的转子碎片偏离转子旋转平面的最大夹角即为碎片撞击扩散角度。碎片实际扩散角度与碎片大小有关,如涡轮盘小碎片的扩散角为±15°,中等碎片的扩散角为±5°,而大碎片(1/3 涡轮盘碎片)的扩散角为±3°(图 9-18)。

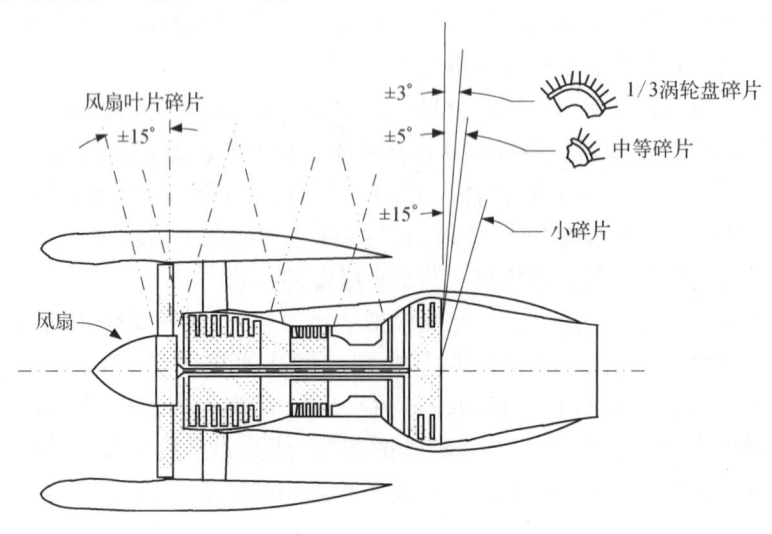

图 9-18 发动机碎片撞击扩散角

飞机在设计时要考虑并采取有效措施,将可能发生的涡轮发动机和辅助动力装置的非包容性破损引起的危害减到最小。减小损伤最有效的方法有:将飞机要害部件设计定位在碎片飞出可能撞击的区域以外;通过设计分开、隔离可能的碎片致命撞击;采用冗余系统设计;为飞机关键部件部位和系统安装防护等。

具体设计中,如果可能,应将要害部件和系统定位在碎片撞击区域以外(即碎片撞击扩散角度之外);如果飞机的要害部件和系统的定位无法避开碎片的撞击区域,应采取相互独立的两套系统和部件的双重设计方法,或提供合适有效的防护措施;飞机的要害部件和系统的防护可以通过使用机身结构或提供补充的发动机防护装置等措施来有效地降低由单个和多个碎片撞击带来的危险;设计定位可燃性液体的关闭阀和口盖等,使其开启位置和开启方式合理,当可燃性液体系统遭受碎片撞击损伤后,确保液体保持隔离,不会泄漏出来;采取措施,尽可能使溢出的可燃性液体流到并接触到火源的可能性降到最低;对于机身结构,采用冗余设计或安装裂纹终止装置等方法来限制由非包容性的离散源撞击机身结构而引起的进一步的机身撕裂;飞机燃油箱(含口盖)和其他可燃性液体及其输送管道应该尽量远离发动机和辅助动力装置离散源撞击危险源,以减少因燃料溢出或油箱(含其口盖)打穿而带来的危险;燃油箱及其口盖要采用爆炸破裂抑制材料设计;飞机上的各关键要害部件和系统(含燃油管道)要采用防护盾、防护挡板、防护套等防护装置来保护,对于燃油管道,还可以采用变流或分流装置来阻止燃油泄漏。

9.6.5 轮胎碎片和跑道碎石

飞机在机场跑道上起飞和降落时,不可能完全避免轮胎破损或机轮弹起/卷起跑道碎石和其他碎块等问题。如果这类碎片或碎块撞击到正在高速运行飞机的燃油箱口盖等要害部位,就有可能引发空难。

在设计时要重视并要采取有效的预防措施,将可能由轮胎爆裂后飞出的碎片和可能飞出的跑道碎石引起的对飞机的撞击危害减到最小。遭受轮胎碎片和跑道碎石撞击后的飞机,要能够继续完成本次飞行安全返航,或紧急就近安全降落。

飞机在设计定型之前,需要通过可靠的分析验证和(或)试验验证来确认飞机上所有可能发生的被轮胎碎片和跑道碎石等离散源撞击部位的安全性。根据飞机前、主起落架机轮的布局位置,在轮胎旋转平面的内侧和外侧30°的带状范围内(图9-19),所有机体

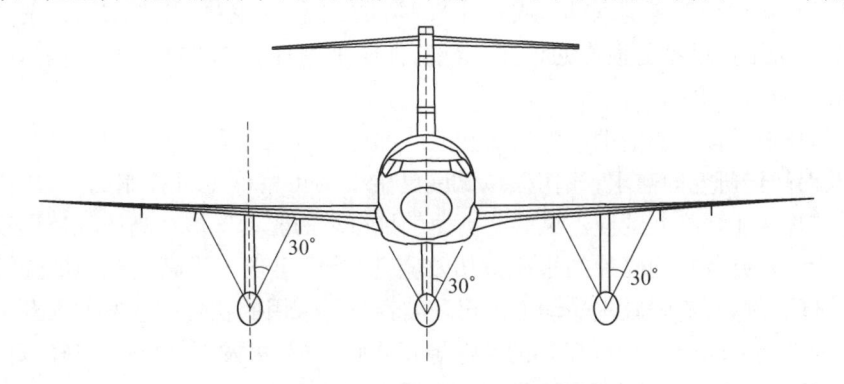

图9-19 轮胎碎片分布区域示意图

和机翼燃油箱及其口盖都要进行轮胎碎片撞击安全性分析和试验验证。验证所用的轮胎碎片的质量最少应相当于整个轮胎质量的1%,尺寸面积应相当于全部轮胎表面积的1.5%,撞击速度应为飞机机轮的滑跑速度。

轮胎碎片和跑道碎石试验通常也可采用空气炮方式进行。

9.6.6 结构易损性分析和战伤模拟试验

1. 结构易损性分析

飞机结构应当通过战伤易损性分析,评估飞机在战斗威胁环境中的被动损伤抑制能力、完成任务的能力及可维修性。结构易损性分析应按不同结构部位,计及战斗损伤的概率,按可能发生的战斗损伤进行,一般应包括以下内容。

(1)结构损伤的类型,根据可能遭遇的武器类型、弹型和碎片类型,一般可分为两大类:穿透型损伤和散布型碎片损伤。

(2)穿透型损伤可按弹丸尺寸适当放大,以及考虑结构开裂、分层等的影响;对于高爆弹形成的散布型损伤,应进行折算。应注意,结构入射一侧的散布面积小,损伤密;由于弹片锥形轨迹影响,另一侧的散布面积较大,但损伤较疏,两者取一。

(3)对于弹丸冲击,特别是高爆弹,应按其侵彻能量,通过数值模拟和试验验证的分析方法,计算其对结构造成的动态响应效应,同时还应考虑二次效应对结构造成的损伤,如爆炸形成的冲击超压的影响、二次热效应影响及油箱结构受弹丸爆炸时液压动力冲击产生的液-固耦合效应的影响等。

(4)确定损伤结构可能遭遇的最大载荷时,应根据使用飞行资料在飞机的各种使用历程中,估算战斗损伤后直到返场着陆的全过程可能遭遇到的最严重载荷和循环载荷,包括损伤后飞机必要的规避机动、突风、收放襟翼、着陆等情况下的载荷。

(5)根据最大载荷和相应的环境条件,评估损伤结构的安全性;并用所有可能遇到的循环载荷(包括过载为1的飞行)组成损伤结构载荷谱,评估损伤结构的损伤扩展特性。以此验证能否满足安全使用要求,并为确定修理方案提供依据。

(6)在评估结构剩余强度和结构损伤扩展特性的同时,还应评估损伤结构的刚度特性,判断是否能保证不明显改变结构的气动弹性特性和保证可动部件、机构的正常运动。

2. 战伤模拟试验

战伤模拟试验应当考虑弹丸(或弹片)的类型、方位和重量,弹丸攻击入射角和撞击速度,以及飞机结构最易受损伤的位置。试验件应采用真实构件或与真实构件的设计和材料均相同的模拟构件。

早期的战伤模拟主要借助实弹射击和战斗部静爆试验完成。随着科学技术的进步和发展,以及对战伤研究的需求,战伤模拟试验已转变为可精确定量控制的、采用高速气炮的高爆弹破片或非爆弹丸的撞击试验。高速气炮有火药驱动气炮和高压气体驱动气炮两种形式。为了研究散布型碎片的累积毁伤效应,国外已实现多管高速气炮的连续射击的战伤模拟试验,例如,美国威尔曼动力公司和波音公司采用的就是四连发的火药驱动高速气炮。这种气炮由四个30 mm口径的高速炮管并联组成,可发射30 mm口径以内的各类破片,对于质量100 kg以内的破片,炮口速度最大可达2.4 km/s。

图 9-20 是一典型高速气炮装置。美国哈佛大学拥有口径为 40 mm、速度为 0.1~2.7 km/s 的高速气炮。美国加州理工学院的高速撞击设备有 40 mm 火药驱动气炮(发射的 90g 破片速度可以达到 2.5 km/s),以及 25 mm 和 90 mm 气体驱动气炮。

图 9-20 典型高速气炮装置

9.7 飞机结构的颤振

颤振是由于结构弹性力、惯性力和空气动力交互作用所引起的一种不稳定的自激振动。从空气动力学的角度去看,可以把颤振问题分成两类。第一类颤振的特征是发生在势流中,流动分离和边界层效应对颤振过程没有重要影响,这类颤振主要发生在飞机结构的流线型剖面升力系统中,通常把这类颤振称为经典颤振。第二类颤振主要与跨声速流动分离和旋涡形成有直接关系,称为非经典颤振。

本节主要介绍第一类颤振中常见的机翼弯扭颤振和机翼弯曲-副翼偏转颤振,以及第二类颤振中常见的"嗡鸣"现象。

9.7.1 机翼弯扭颤振

1. 机翼弯扭颤振的物理过程

取一典型翼剖面,剖面上的三心位置如图 9-21 所示。假设出于某种原因(如突风),使机翼产生了弯曲变形,翼剖面由扰动前的平衡位置移至 0 位(图 9-21)。扰动消失后,机翼弯曲引起的弹性力将使该剖面向上移动(可以假设弹性力通过刚心,故弹性力并不能使翼剖面扭转)。剖面以 0 位至 2 位,弹性力由最大到零,故向上加速度也由最大到零,同时由于加速度向上,作用在重心的惯性力 F_i 向下,F_i 对刚心产生一抬头力矩,使翼剖面又产生一附加的迎角,附加的气动升力 Δy_a 又进一步使翼剖面抬头。至 2 位时,翼剖面向上速度为最大,产生的扭转变形也最大。越过 2 位后,弹性力向下(弹性力始终指向平衡位置,故又称为弹性恢复力),加速度向下,惯性力向上,此时向上的惯性力使翼剖面低头,附加的向上气

动力 Δy_a 则逐渐减小,至位置4,翼剖面扭转变形为零、速度为零,但向下的弹性力最大,向下运动的情况可见图9-21(b)。图9-21(c)中将弯扭颤振与飞行距离结合起来,看起来更形象。图9-21中的机翼弯曲(或扭转)变形既不收敛也不发散,是颤振的临界状态。

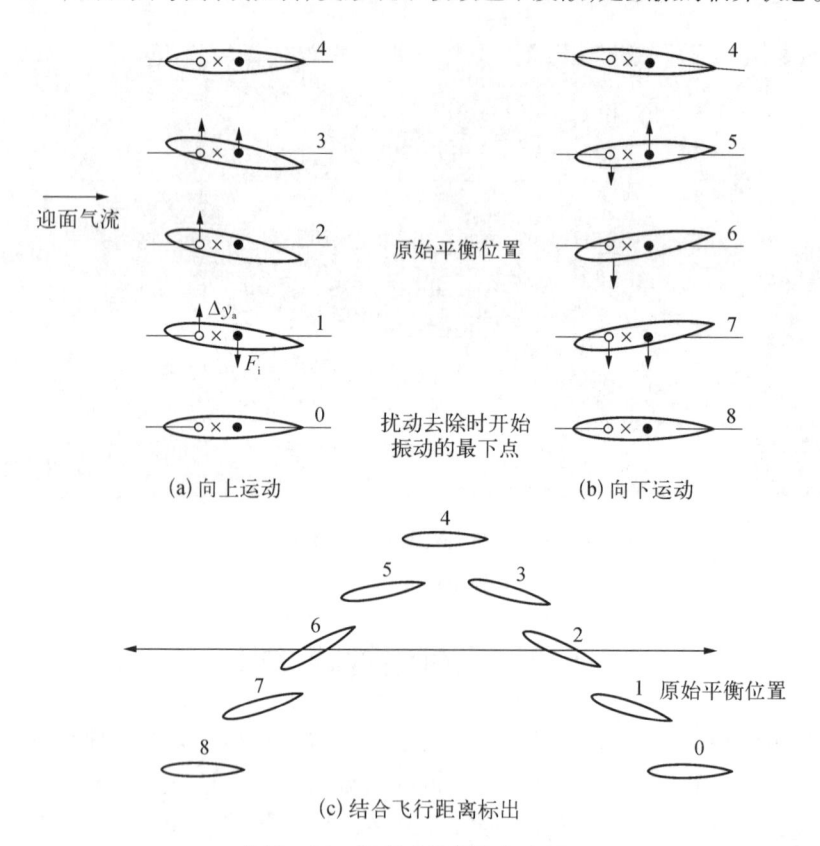

图 9-21 机翼弯扭颤振示意图

○ 焦点；× 刚心；● 重心

2. 机翼的弯扭颤振

由图9-21(a)和(b)可见,机翼弯扭颤振的过程中,附加气动力 Δy_a 始终与弯扭振动的方向一致,故 Δy_a 是机翼弯扭颤振的激振力。单位宽度机翼上的激振力可用式(9-53)表示：

$$\Delta y_a = \Delta y_{激振} = C_y^\alpha \theta b \cdot \frac{\rho V_0^2}{2} \quad (9-53)$$

其中, C_y^α、θ 与飞行速度 V_0 无关,因此激振力与飞行速度平方成正比,于是机翼激振的能量可以用一条抛物线表示,如图9-22所示。

同时,机翼的弯曲振动也引起机翼迎角的改变,如机翼向上弯曲,引起向下的相对气流速度 ω,使迎角减小,并产生向下的附加升力 Δy。在机

图 9-22 $W_{激振}$ 与 $W_{阻振}$ 随飞行速度的变化

翼的弯曲振动过程中,该附加升力 Δy 与 Δy_a 始终是反向的,故 Δy 为阻振力,阻振力大小可以用式(9-54)表示:

$$\Delta y = \Delta y_{阻振} \doteq C_y^\alpha \frac{\omega}{V_0} b \cdot \frac{\rho V_0^2}{2} = C_y^\alpha \omega b \cdot \frac{\rho V_0}{2} \tag{9-54}$$

于是因阻振作用而消耗的能量与飞行速度的关系近似为一条直线(图9-22中的 $W_{阻振}$)。由于结构内摩擦力、固定接头摩擦力等都起作用,$W_{阻振}$ 不过原点。

由图9-22可看出,飞行速度较小时,$W_{激振} < W_{阻振}$,因而振动是收敛的;而当 $W_{激振} > W_{阻振}$ 时,则振幅很快增大,形成了发散的弯扭颤振;当 $W_{激振} = W_{阻振}$ 时,这时达到弯扭颤振的临界速度。因为飞行速度超过 $V_{临界}$,飞机在扰动作用下必然会发生颤振,所以 $V_{临界}$ 必须大于飞机最大的可能飞行速度。现代飞机的 $V_{临界}$ 往往超过最大可能飞行速度的20%或者更多。

3. 影响 $V_{临界}$ 的主要因素

以下给出 $V_{临界}$ 的近似公式,用以说明影响 $V_{临界}$ 的主要因素:

$$\bar{\gamma} = \frac{\gamma}{b\cos\chi}$$

$$V_{临界} = \frac{\pi}{S}\sqrt{\frac{2GJ_{扭}}{\bar{\gamma}C_y^\alpha \rho\cos\chi}} \tag{9-55}$$

其中,γ 为焦点到重心的距离;b 为机翼弦长;S 为机翼面积;χ 为机翼后掠角;$J_{扭}$ 为扭转刚度;ρ 为空气密度。

由式(9-55)可看出,颤振临界速度与机翼面积成反比,与其扭转刚度的平方根成正比,而与弯曲刚度无关,随着飞行高度的增加,空气密度 ρ 减小,临界速度提高。

Ma 对临界速度的影响可通过 C_y^α 反映,当 $Ma > 1$ 时,C_y^α 随 Ma 的增加而降低,因此临界速度随 Ma 的增加而增加。

因为临界速度与 $\bar{\gamma}$ 的平方根成反比,所以应减小焦点到重心的距离,而刚心移动对临界速度无任何影响。因此,为提高临界速度,常在翼梢前缘加配重,使重心靠近焦点。配重加在翼梢不仅可以影响整个机翼的重心线,而且由于此处的加速度最大,其效果最好。

9.7.2 机翼弯曲-副翼偏转颤振

1. 机翼弯曲-副翼偏转颤振的物理过程

在分析机翼弯曲-副翼偏转颤振时,只考虑副翼转轴偏转的自由度,而略去副翼本身的结构变形;机翼上考虑弯曲变形而略去扭转变形。图9-23说明了机翼弯曲-副翼偏转颤振的物理过程。

当机翼受到扰动后,由原始平衡位置2(副翼无偏转)移至位置0。扰动消失后,翼剖面在弹性力作用下以加速度向平衡位置移动,于是在副翼的重心产生惯性力 F_i,F_i 使副翼前缘抬头,并产生附加升力 Δy_a。在位置2时,机翼"上挥"的速度最大,副翼偏转角最大;越过位置2后,弹性恢复力使机翼的"上挥"运动变为减速运动,惯性力又使副翼反向偏转;至位置4,副翼无偏转角。在位置4时,弹性恢复力又会使机翼产生向下的加速运动,过程与"上挥"运动正好相反。由图9-23可知,无论是机翼的向上弯曲,还是向下弯曲,由于副翼偏转附加的升力 Δy_a 始终与机翼弯曲运动的方向一致,附加升力 Δy_a 是机翼弯曲-副翼偏转颤振的激振力。同样地,由于机翼的弯曲振动而附加的升力总是阻振力。

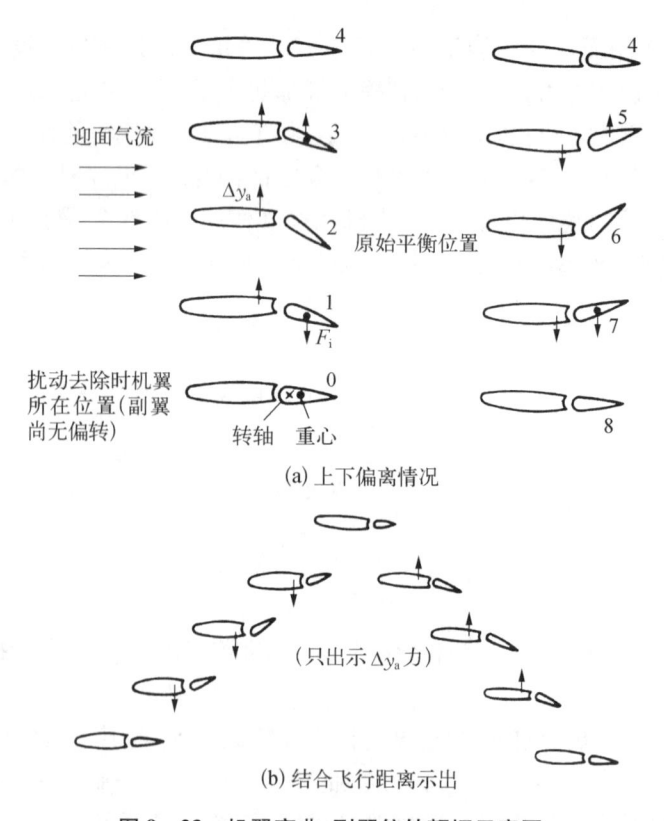

图9-23 机翼弯曲-副翼偏转颤振示意图

机翼弯曲振动时,由激振作用获得的能量和阻振作用消耗的能量随飞行速度变化的关系与机翼弯扭振动时相似,两条曲线的交点所对应的速度,就是机翼弯曲-副翼偏转颤振的临界速度。理论和实验都证明,该颤振临界速度比机翼弯扭颤振的临界速度小。

2. 防止机翼弯曲-副翼偏转颤振的措施

传统的提高机翼弯曲-副翼偏转颤振的措施包括两个方面:一方面是使副翼结构本身的重心尽量前移;另一方面是在副翼前端加以适当的配重。

随着自动控制技术的发展,20世纪70年代出现了一种新设计技术——随控布局飞机,它充分发挥了自动控制的作用和潜力,在设计之初的总体设计中,就按四个要素:空气动力、结构、推进系统、自动控制进行协调和综合设计,其中包括颤振主动控制,这也是随控布局飞机中难度最大的一个问题。颤振主动控制是指利用自动控制技术,对飞机的一种或多种颤振模态进行检测、计算处理,并通过指令伺服舵机,驱动适宜的控制面,使稳定的或不稳定的颤振得到衰减,该技术还在不断发展和完善之中。

9.7.3 嗡鸣

"嗡鸣"是一种在跨声速或低超声速范围内,操纵面由于激波附面层干扰及激波位置的运动而产生的单自由度颤振。

以带副翼的机翼为例,在飞行速度接近声速时,机翼表面会产生局部超声速区,最先出现激波,一般是由机翼前缘开始,随着 Ma 的增加而逐渐向后推移,当激波面移到机翼后缘时,机翼完全处于超声速气流中。在跨声速飞行的某个区域,激波达到副翼表面并可能在其表面作不稳定的前后移动,此时,激波诱发的边界层分离具有很高的扰动强度,可能成为引发副翼振动的激振源,由于副翼的振动,进一步引起副翼面激波的前后移动,由此使副翼产生压力脉动而处于一种持续的振荡状态,即"嗡鸣"。

"嗡鸣"会危及操纵面结构的完整性,它可能会引起疲劳,或者当振幅足够大时引起超过屈服的载荷,从而导致操纵面的损伤或破坏,或是降低操纵面助力器、铰链和轴承的使用寿命。

抑制"嗡鸣"或降低"嗡鸣"强度的方法主要有:在操纵面前加装阻流板,增大操纵系统刚度,尽量减小操纵杆系间隙,在操纵系统加装阻尼器等。现代飞机大都有足够的助力器刚度,也有效地防止了操纵面"嗡鸣"的发生。

9.8 起落架结构的动强度

9.8.1 起落架缓冲性能分析和落震试验

1. 起落架缓冲性能分析

飞机起落架的着陆和滑跑有不同的缓冲性能要求,因此缓冲性能分析一般包括着陆分析和滑跑分析两方面,设计人员可根据这两类分析结果,对设计参数进行调整,使最终的设计参数兼顾两方面的性能需求。根据分析的规模,又可分为单个起落架仿真分析和全机仿真分析。分析计算中需建立起落架多体系统动力学模型,即将起落架各部件按照约束关系简化为相互关联的质量体。

单个起落架模型包括起落架各结构部件的多体模型、缓冲器力学模型、轮胎力学模型等。进行滑跑仿真分析时,还需选取合适的跑道模型参与计算。

飞机全机动力学模型应涉及机体弹性和所有起落架,其外载荷应包括飞机气动升力和阻力、飞机重力、发动机推力、地面反力和摩擦力。飞机全机动力学模型非常复杂,为了方便分析,工程上通常引入起落架与飞机机体的交点力参量和交点运动参数(含交点位移、速度和加速度),以便分别对飞机机体和前、主起落架建立其动力学模型。然后,根据飞机着陆(滑跑)初始条件和地面边界条件,联立求解所有方程组(包括相关的运动学方程、几何关系方程和力平衡方程等),即可获得飞机着陆(滑跑)响应。

飞机起落架缓冲性能分析还可以根据商业软件,如 LMS. Virtue. Lab 或 ADAMS(Automatic Dynamic Analysis of Mechanical Systems)等进行动力学仿真,其仿真分析过程如图 9-24 所示。

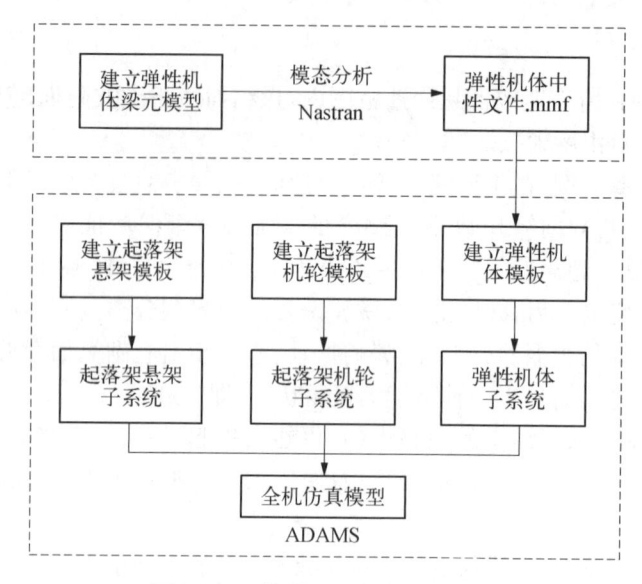

图 9-24　某型飞机仿真分析流程

2. 起落架缓冲性能落震试验

为了确保飞机着陆安全,起落架必须有效地吸收飞机着陆动能,并减小飞机着陆载荷。起落架落震试验是采用自由落体方式模拟飞机起落架着陆撞击过程的一种动力特性试验,其目的是验证起落架的缓冲性能,即在给定起落架设计过载,以及支柱和轮胎设计行程的条件下,验证缓冲系统吸收设计着陆能量和能量储备的能力。

落震试验在专门的试验设施上进行,至少应对飞机着陆重量、着陆迎角、机翼升力、飞机着陆触地瞬时的下沉速度和航向速度进行模拟。

按照中国民用航空规章第 25 部《运输类飞机适航标准》(CCAR-25-R4),民机起落架落震试验内容包括:限制设计条件下的能量吸收试验和储备能量吸收能力试验。而按照 GJB 67.9—2008《军用飞机结构强度规范第 9 部分:地面试验》,军机起落架落震试验内容包括设计着陆试验、充填参数容差试验、飞机增重试验、储备能量试验、耐久性试验。这里讲的耐久性试验是指考核起落架缓冲器内的密封装置与内部元件,如果缓冲器在专用设备上已进行过全行程循环试验,该项目可不列入落震试验的考核范围。

在飞机研制阶段,可以通过起落架调参落震试验(即在试验中调整缓冲器充填参数或油孔尺寸等)改进起落架缓冲性能。在飞机设计定型后需要进行例行落震试验,以检查起落架批生产质量。另外,落震试验还可以用于课题研究,如新型缓冲支柱设计、探讨规范要求和测试飞机着陆谱载荷等。

落震台系四立柱或两立柱框架式钢筋混凝土结构(或钢板箱体结构)由承力框架和抗冲击地基组成。

机械设备主要包括升降作动筒、电动液压锁、小吊篮、大吊篮、仿升机构、地面测力平台和机轮带转设备等(图 9-25),其中仿升机构由大型稳压储气罐、仿升筒、空压机等组成。机轮带转有摩擦轮带转或皮带轮带转等方式(图 9-26)。

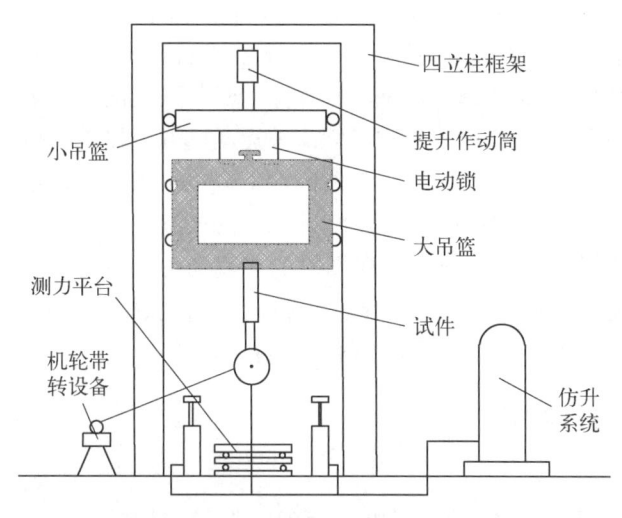

图 9-25　起落架落震台示意图　　图 9-26　仿升筒和摩擦轮带转机构

落震台起落架自由落体试验包括带仿升机构的试验和不带仿升机构的试验,其实施方法如下。

落体系统由起落架、夹具和大吊篮组成,落体质量利用吊篮配重块调节。对于具有机械仿升的落震试验,落体质量等于试验规范给定的起落架当量质量,如果试验中不实际施加仿升力,则落体质量等于减缩的起落架当量质量。如果进行仿升落震试验,在飞机起落架触地瞬时施加仿升力,大型储气罐必须具有足够的容积,以保证在起落架的整个下沉压缩过程中,仿升系统压力无明显变化。飞机机轮的触地下沉速度由自由落体投放高度保证,飞机航向着陆速度采用机轮逆航向带转的方式实现。机轮与跑道之间的摩擦因数用特定的混凝土台面模型测定。三向测力平台用于同时测量起落架触地的垂向、航向和侧向载荷。

当落体系统由控制台提升到预定的投放高度后,机轮由待转机构驱动,当轮缘切线速度达到预定的着陆速度时,位于吊篮上部的锁钩脱开,落体系统自由下落,撞击测力平台。当落体系统完全静止后,试验过程结束。如果是仿生落震试验,落体系统在触及测力平台的同时触及仿生筒顶杆顶帽。

为了有效地分散和缓和飞机着陆滑跑时的冲击载荷,大型飞机通常采用多轮多支柱起落架的结构布局。例如,波音 747 和 A380 飞机的多支柱主起落架包括机体主起落架和机翼主起落架,且机体/机翼主起落架的布局跨度很大。若要对这样的多支柱起落架进行落震试验将是非常困难的,一种可行的解决办法是将多支柱起落架落震试验等效分解为各单支柱起落架试验,如 A380 飞机的机体/机翼主起落架的落震试验就是分别进行的。

与陆基飞机相比,舰载机还额外受到运动母舰的舰体扰流影响。为了严格控制舰载机在预定着舰点着舰,舰载机必须采用无平飘且固定下滑角的着舰方式,即舰载飞机的着舰下沉速度要大于通常为平飘着陆的陆基飞机。另外,航空母舰不仅在海平面上做平面运动,而且在海浪的作用下还会产生三个轴向的附加平动和转动。航空母舰的横摇(横向滚转摇动)可能造成舰载机严重的非对称着舰,而航空母舰纵摇(纵向俯仰摇动)和垂荡(上下沉浮运动)对舰载机的着舰下滑角有很大影响,这不仅严重干扰飞行员操作,而且影响舰载飞机的着舰俯仰姿态并可能加大飞机着舰下沉速度。显然,舰载飞机的设计着舰下沉速度必须综合考虑舰载机的固定下滑角着舰方式和母舰海浪运动的双重影响。因此,舰载飞机的设计着舰下沉速度较大,通常是陆基飞机设计值的两倍以上。值得指出的是,陆基飞机着陆前可以关闭发动机,而舰载机必须在发动机工作状态下着舰,这是为了保证拦阻钩挂缆失败时能够确保飞机紧急复飞。因此,舰载飞机的着舰动力响应还不能过大,不能影响飞机发动机和飞控系统的正常工作。为了全面考核新研制舰载飞机的着舰动力学特性和充分验证其着舰动强度设计,必须进行全机落震试验。

9.8.2 起落架摆振稳定性设计和验证

1. 起落架摆振稳定性设计

起落架摆振是以机轮摆动为主的一种自激振动。影响起落架摆振稳定性的因素很多,主要包括飞机滑跑速度、起落架支柱和轮胎刚度特性、起落架结构布局和质量分布、机身动力特性、起落架/机身局部连接刚度、起落架安装角和稳定距大小、减摆器的阻尼和传动间隙等。从防摆的角度考虑,摆振特性是上述各种参数组合作用的结果。为确保提高起落架的防摆性能,可以采用防摆设计/验证试验一体化思想和程序,把防摆重点提前到初始设计和验证试验阶段,深入开展防摆设计与试验研究工作。

飞机起落架防摆设计应引入动力学设计理念,按照动强度要求进行防摆动力学设计。按照摆振频率和响应控制要求对起落架结构和布局进行设计优化,摆振频率一般在 30 Hz 以下,起落架的侧向和扭转频率应尽量接近或高于 30 Hz;除对起落架的基本结构进行优化设计外,还应对起落架机轮质量、轮胎刚度等动力特性参数进行优化设计;按照动态阻尼特性要求,设计、确定减摆器的防摆阻尼;由于现代飞机采用细长机身结构,机体特性对外界的低频扰动(或振动)较为敏感,起落架防摆设计的一个重要目的就是要减少来自地面并通过起落架机构传递到机体的低频扰动,避免与摆振频率的耦合。当机体扭转和水平弯曲频率接近摆振频率时,摆振特性分析与试验中有必要考虑机体弹性和动力特性的影响。

2. 起落架摆振稳定性分析

起落架摆振分析,一方面用于识别并确定摆振敏感参数,为制定防摆措施提供依据;另一方面用于对起落架摆振稳定性设计进行评估。

飞机起落架摆振分析有不同的理论和方法,目前比较广泛应用并具有代表性的摆振分析理论有: Moreland 理论、张线(stretched string)理论、von Schlippe 理论等,摆振分析包括刚性机体摆振分析和弹性机体摆振分析。ADAMS、LMS.Virtue.Lab 等大型商业软件都具有飞机起落架摆振特性分析功能模块,国内应用较多的有中国飞机强度研究所的自研软件 LGSA623,该软件具有考虑机体弹性的摆振分析功能。

一般的摆振运动方程考虑起落架围绕纵轴的侧向转动、起落架机轮围绕支柱轴的摆动角、减摆器处围绕支柱的转动角、轮胎侧向变形、机轮绕轮轴的弹性转角 5 个自由度,按照上述自由度可以建立起落架摆振动力学方程。

当需要考虑机体弹性及其动力特性时,在刚性机体摆振分析动力学方程的基础上,增加机体动力特性方程,即可获得弹性机体摆振动力学方程。机体弹性对起落架摆振的影响主要涉及机体水平弯曲和机体扭转两种振动模态。

3. 考虑机体刚度和动力特性的起落架摆振试验

对于一个受到瞬态激励的机构系统,如果在激励消失后,系统响应能很快衰减,直至消失,则该系统是稳定的;如果系统响应衰减缓慢,甚至发生等幅或发散的振荡现象,则该系统是非稳定的。起落架摆振试验就是基于这一原理进行的。

如图 9-27 所示,大型摆振试验台设备通常由四立柱承力框架、模拟跑道的大飞轮及其相应的电气控制系统、吊篮机械系统、机体刚度模拟系统、伺服加载液压控制系统、激励干扰系统、计算机控制与测量系统等组成。

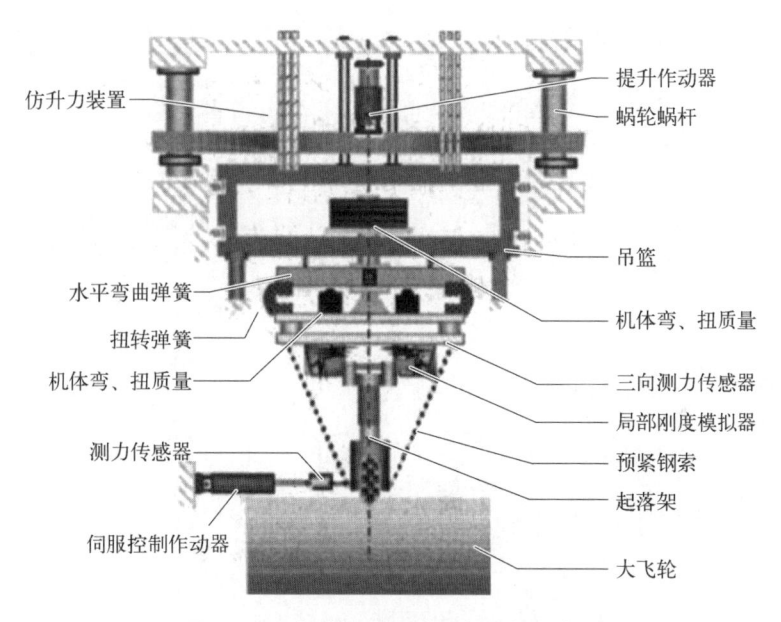

图 9-27 起落架摆振试验台设备示意图

飞机起落架通过带有机体刚度模拟器的试验夹具安装在吊篮上,由质量块、橡皮绳、吊篮、伺服控制作动器等组成载荷模拟系统,模拟起落架在滑跑过程中的载荷,以旋转的大飞轮通过无级调速模拟飞机跑道和滑行速度,通过专用激励设备对起落架实施瞬态扰动或周期激励,并根据所测到的起落架摆动响应判定起落架是否发生摆振。这是目前大多数国家都采用的方法,也是最方便、最安全、最经济的试验方法之一。

机体刚度模拟器包括飞机机体/起落架连接部位的局部刚度模拟器及机体动力特性模拟器。机体动力特性模拟主要涉及机体一阶弯曲和一阶扭转模态的动力学模拟,因为这两阶模态对起落架摆振性能有着重要影响。

习　题

9-1　什么是结构的动强度和动力环境问题?

9-2 管路系统振动抑制的一般原则有哪些?
9-3 什么是飞机结构的抖振?
9-4 起落架结构摆振现象的机理是什么?
9-5 机翼弯扭颤振的机理是什么?

第10章
飞机结构修理中的强度分析

飞机结构在战伤或使用损伤后,需进行修理。在工厂,按有关修理工艺规程进行即可;但在外场条件下,技术文件缺乏,为了保证修理质量,维修人员需要具备结构受力分析的能力,懂得正确的修理原则,才能进行结构修理;另外,对于送厂修理后返回部队重新参加训练、作战的飞机,维护人员也应懂得修理部位的受力特点,有针对性地加强修理部位的维护检查。

本章将介绍飞机结构损伤修理的原则、等强度原则在修理中的应用、修理中的结构疲劳强度分析及战伤维修中的强度分析等内容。

10.1 飞机机体结构修理的原则

1. 等强度修理的原则

机体构件的修理,通常都是根据等强度原则进行的。等强度就是指,当飞机结构损伤需要修复时,修复后的强度要能达到原来结构的强度水平,或者降低程度不超过一个很小的百分比。

如果修理后修理部位的强度低于原构件的强度,那么,在构件承受载荷时,就可能因修理部位首先损坏而导致整个构件不起作用;反之,修理部位的强度大大超过原构件的强度,不仅会增加飞机的结构重量,而且会因修理部位的局部刚度过大而使构件产生损坏。这是因为机体各构件的受力是按刚度分配的,修理后局部刚度增大的构件,受力要增大,而该构件未修理的邻近区域,强度并未提高,反而易造成损坏。

等强度修理原则可分为局部等强度修理原则和总体等强度修理原则。飞机结构修理中,通常采用局部等强度修理原则制定修理方案。局部等强度修理原则的基本思想是:构件损伤部位经修理以后,该部位的静强度基本等于原构件在该部位处的静强度。但鉴于材料、结构、工艺等方面的原因,采用局部等强度修理原则制定出来的修理方案有时不理想,甚至不可行,这时可考虑采用总体等强度修理原则来制定修理方案。总体等强度修理原则的基本思想是:根据总体结构的构造特点和受力情况,找出最严重的受力部位;然后根据受力最严重部位的极限受力状态,确定该总体结构能够承受的最大载荷;最后,以受力最严重部位的承载能力所确定的最大载荷,考虑修理部位的强度储备。

2. 提高损伤部位疲劳强度的原则

在长期的修理实践中发现,单纯强调等强度原则有较大局限性。因为等强度原则实质上仅考虑了将结构的静强度恢复到原来的设计水平,而没有考虑提高损伤部位抗疲劳性能所应采取的措施。等强度修理原则只对于结构的机械损伤,如撞伤、战伤等静强度修复问题较为适用,而实际使用中,结构损伤的80%属于疲劳损伤,所以可能发生如下情况:按等强度原则修复的构件,在使用了很短的时间后,故障又在原来的地方出现。因此,在结构修理中,还必须考虑如何提高损伤部位的抗疲劳性能。

按疲劳的观点,修理的原则是:努力提高损伤部位的疲劳强度,使其抗疲劳能力超过原来的设计水平。

综上所述,结构修理的正确原则是:综合考虑静强度和疲劳强度的要求,使其恢复或超过原来的设计水平。目前,具体的做法是,按等强度原则满足静强度要求,并考虑提高损伤部位的疲劳强度。

10.2 等强度原则在修理中的应用

在机体结构修理中,大量的工作是铆接修理,所以下面主要介绍等强度修理原则在铆接修理中的应用。

铆接修理是指,在构件损坏的部位用铆钉(接合件)铆上一块材料(接补件),从而使构件恢复其承载能力的一种修理方法。

铆接修理的等强度原则是:以原构件损伤处截面的破坏载荷为依据来选取接补件和接合件,使接补件和接合件的强度等于原构件的强度。按照等强度原则修复的构件,其接补件、接合件和原构件三者的强度是相等的。但在实际修理过程中要做到完全的等强度是很困难的,所以允许超一点强度。例如,某型飞机结构修理手册的技术要求中规定,在修理时,计划更换的材料允许有下列容差:

（1）腹板和蒙皮更换的材料,其强度不得超过原有的20%；

（2）桁条面积不得超过原桁条面积的20%(两桁条材料相同的情况),或对于同蒙皮(桁条铆在它的上面)平行的轴的惯性矩可增大40%；

（3）机身各梁和机翼的前、后梁及纵梁修理中,面积可增大15%。

10.2.1 计算载荷的确定

按等强度原则修理时,首先要确定原构件损伤处截面上的载荷大小,然后根据此载荷来计算接补件的尺寸和所用铆钉数目。损伤处截面的计算载荷可以从强度计算报告中查得(对于构件的某一个截面来讲,就是按构件设计载荷计算所得的内力)。但在一般情况下(或者没有飞机强度计算报告资料时),用构件的破坏载荷作为计算载荷。构件的破坏载荷等于构件材料的破坏应力与修理后原构件的实际截面的乘积,即

$$破坏载荷 = 破坏应力 \times 实际截面积 \tag{10-1}$$

机体各构件的受力性质是不同的,有的主要受拉,有的主要受压,还有的主要受剪,所以用破坏载荷作等强度计算时,式(10-1)中的破坏应力分别取抗拉破坏应力、抗压破坏应力和抗剪破坏应力。为了使等强度计算简便易行,在外场可以不考虑构件的受力性质,

只按构件受拉来确定破坏载荷。此时,构件的破坏载荷 $P_{破}$ 就等于拉伸破坏应力 $\sigma_{破}$ 与修理后原构件的实际截面积 $F_{实}$ 的乘积,即

$$P_{破} = \sigma_{破} F_{实} \tag{10-2}$$

修理后原构件的实际截面积是指,因修理时要在原构件上钻铆钉孔,使构件截面受到削弱之后的面积。若原构件在修理钻孔前的截面积为 F_0,则取 $F_{实} = 0.9 F_0$(或 $F_{实} = F_0 - id\delta$,其中,i 为截面上的铆钉孔数,d 为铆钉直径,δ 为构件厚度)。

对于钢构件,破坏应力就是钢材料的强度极限;对于铝构件,则要考虑铆钉孔附近的应力集中对构件强度的影响,当铆接构件的总厚度在 2 mm 以上时,取:

$$\sigma_{破} = (0.88 \sim 0.9)\sigma_{强度铝}, \quad \tau_{破} = (0.88 \sim 0.9)\tau_{强度铝}$$

综上所述,对飞机进行铆接结构修理时,用于强度计算的载荷数据可以采用如下三种方式得到:一是从飞机强度计算资料查得构件设计载荷;二是按构件不同受力性质确定的破坏载荷;三是仅按构件受拉确定的破坏载荷,这三种方法分别称为设计载荷计算法、破坏载荷计算法、破坏拉力计算法。当构件仅受拉时,后两种方法确定的破坏载荷实质上是一致的。

10.2.2 机体结构典型构件修理强度计算

1. 梁缘条、桁条修理计算

机身大梁、机翼梁缘条及桁条的受力形式都以承受轴向力(拉或压)为主,所以其计算方法是相同的。

例 10-1 某型飞机机翼下表面第 16 桁条在第 18 肋截面处断裂,该桁条是 4 号超硬铝材料。现用与桁条材料、规格完全相同的型材进行内侧接补,求接缝一边的铆钉数和接补型材的长度。桁条截面为 L 形,尺寸如图 10-1 所示。

解: 因接补件采用与原构件材料、规格完全相同的型材,所以接补件的截面尺寸不需要再进行计算。否则,要根据设计载荷(或破坏载荷)P 和所选材料的强度极限 σ_b 求出接补件的截面面积($F = P/\sigma_b$),再选取相应的型材进行接补。

1) 按设计载荷计算法计算

(1) 从《某型飞机结构修理手册》中查得断裂的桁条在第 18 肋截面处的设计载荷 $P_{设}$ 为 2 534 kgf。

(2) 根据构件接补后的总厚度,确定铆钉直径。铆钉材料通常和损伤部位的铆钉相同,这里采用 10 号硬铝(LY10);铆钉直径按经验公式 $d = 2\sqrt{\sum \delta}$ 计算,其中 d 为铆钉直径,$\sum \delta$ 为接补后的总厚度。型材(图 10-1)垂直边的厚度 2.5 mm,所以接补后的总厚度($\sum \delta$)为 5 mm。于

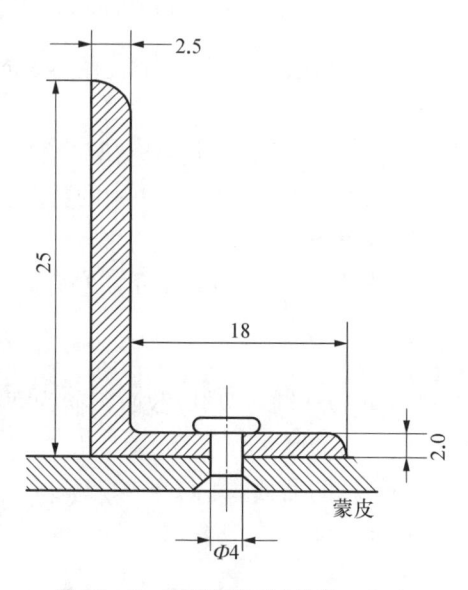

图 10-1 型材接补件(单位:mm)

是铆钉直径为

$$d = 2\sqrt{\sum \delta} = 4.47 \approx 5(\text{mm})$$

(3) 根据铆钉材料(LY10)和铆钉直径($d = 5$ mm),在《材料手册》中查得一个铆钉的破坏剪力:$Q_{破} = 490$ kgf。

(4) 求出接缝一边的铆钉数 n:

$$n = \frac{P_{破}}{Q_{破}} = \frac{2\,534}{490} \approx 5.17 \approx 6(\text{个})$$

(5) 确定接补件的长度 L。可用如下经验公式求得:

$$L = 2\left[2C + \left(\frac{n}{m} - 1 + K\right)t\right] + L_{切}$$

其中,L 为接补型材的长度,单位为 mm;C 为边距,单位为 mm(一般采用:铆钉直径<4 mm 时,$C = 2d + 1$;铆钉直径≥4 mm 时,$C = 2d + 2$;铆钉最小边距 $C_{最小} = 2d$);n 为接缝一边的铆钉数;m 为铆钉的排数;t 为铆距,单位为 mm,单排铆钉一般取 20~30 mm,双排铆钉或双排以上的铆钉,一般取为 30~40 mm;$L_{切}$ 为构件损伤部位的长度(切口长度),单位为 mm;K 为系数,当铆钉的排数为 1 或者是并列排列时,$K = 0$,当铆钉交错排列时,$K = 0.5$。

现已知铆钉数 $n = 6$,铆钉直径 $d = 5$ mm,取边距 $C = 10$ mm;铆钉采用双排交错布置,$m = 2$,$K = 0.5$,取 $t = 30$ mm,切口长度 $L_{切} = 0$。故接补型材的长度 L 为

$$L = 2\left[2 \times 10 + \left(\frac{6}{2} - 1 + 0.5\right) \times 30\right] = 2[20 + (3 - 1 + 0.5) \times 30]$$
$$= 2 \times 95 = 190(\text{mm})$$

因此,接缝一边用 6 个直径为 5 mm 的 10 号硬铝(LY10)铆钉连接,接补型材的长度为 190 mm。

2) 按破坏拉力计算法计算(略)

例 10-2 用例 10-1 中的数据按破坏拉力计算,桁条用 10 号硬铝铆钉与蒙皮铆接,铆距为 30 mm。

解:(1) 求出损伤桁条的实有截面面积 $F_{实}$:

$$F_{实} = F_0 - id\delta$$

其中,F_0 为桁条(型材)截面积;i 为截面上的铆钉孔数;d 为铆钉直径;δ 为钻铆钉孔所在型材角边的厚度。

型材的截面积:$F_0 = 94.3$ mm^2,$i = 1$,$d = 5$ mm(例 10-1 计算时已求得),$\delta = 2.5$ mm。因此,可得

$$F_{实} = F_0 - id\delta = 94.3 - 1 \times 5 \times 2.5 = 81.8(\text{mm})^2$$

(2) 求损伤构件的破坏拉力 $P_{破}$。

从《材料手册》中查得 4 号超硬铝型材的强度为 $\sigma_{强度铝} = 54 \text{ kgf/mm}^2$，于是可得

$$P_{破} = \sigma_{破} \times F_{实} = 0.88\sigma_{强度铝} F_{实} = 0.88 \times 54 \times 81.8 = 3\,887.14(\text{kgf})$$

(3) 求接缝一边的铆钉数 n：

$$n = \frac{P_{破}}{Q_{破}} = \frac{破坏拉力}{一个铆钉破坏剪力}$$

由《材料手册》中查得，材料为 10 号硬铝，直径为 5 mm 的铆钉，其破坏剪力 $\sigma_{破} = 490$ kgf，可得

$$n = \frac{P_{破}}{Q_{破}} = \frac{3\,887.14}{490} = 7.93 \approx 8(\text{个})$$

(4) 求接补件长度 L：

$$L = 2\left[2C + \left(\frac{n}{m} - 1 + K\right)t\right] + L_{切}$$

铆接时接补件的边距 $C = 10$ mm；铆钉数已求得，$n = 8$；排数 $m = 2$，交错排列，$K = 0.5$，铆距 $t = 30$ mm；$L_{切} = 0$。于是，可得

$$L = 2[2 \times 10 + (4 - 1 + 0.5) \times 30] = 2 \times [20 + 3.5 \times 30] = 2 \times 125 = 250(\text{mm})$$

2. 梁腹板修理时的强度计算

梁腹板主要承受剪力。腹板上的破孔直径在 40 mm 以下，并且破孔边缘与腹板上其他孔边缘，以及与梁缘条的距离均大于 40 mm 时（图 10-2），可以不修补，只需将孔锉修成圆形或椭圆形，并将孔边缘打磨至 ∇_5，以防止破孔、裂纹继续扩张。若破孔超出上述范围，则需加接补件（补片）修补加强（图 10-3）。修补时仍需将破损部位锉修整齐。

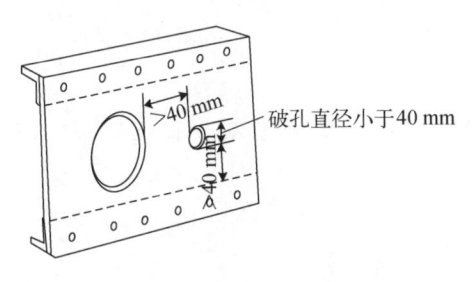

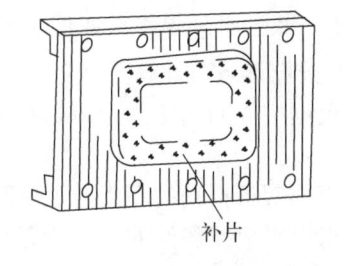

图 10-2 可不用修补的破孔　　图 10-3 破孔处于腹板中部的修补

当破孔处于腹板中部，且上、下两端离缘条较远，可按图 10-3 修补；当破孔一边靠近缘条时，则补片的一边可铆在缘条上，如图 10-4(a)；当破孔较大时，可按图 10-4(b) 安置补片。

钢腹板产生破孔（裂纹）时，用双盖板法修补，即用两块钢板补片分别补在腹板两侧，再用直径为 6 mm 的钢螺栓连接（图 10-5）。此方法有两个优点：第一，由于腹板受力较

大,截面较厚,修理中若多钻一个螺栓孔,将使构件的强度削弱很多,采用双盖板,螺栓承受双剪,可减少修理时的螺栓数量;第二,由于腹板厚,如果只从一侧加补片,其截面重心到腹板截面重心的距离较大[图 10-5(b)],腹板受力时会产生较大的偏弯矩,使铆补的部位容易损坏,采用双盖板[图 10-5(c)],则没有附加的偏弯矩。

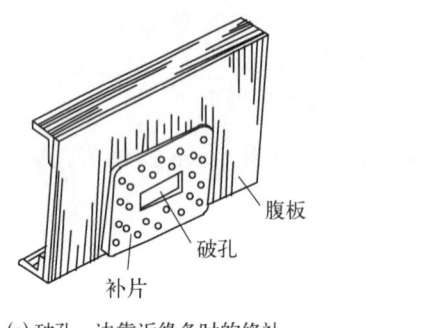

(a) 破孔一边靠近缘条时的修补　　(b) 破孔较大时的修补

图 10-4　两种情形下的破孔修补

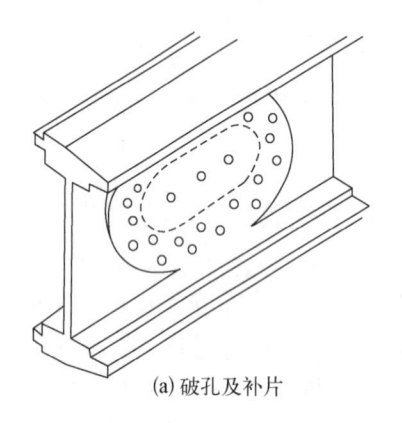

(a) 破孔及补片　　(b) 单侧补片修理　　(c) 双盖板修理

图 10-5　钢腹板破孔的修补

梁腹板修理时的强度计算步骤如下。

(1) 按设计载荷计算。

a. 根据构件的损伤部位,从修理资料或强度计算报告查出损伤处腹板的设计剪应力 $\tau_{设}$。

b. 根据腹板损伤的高度与该处腹板的厚度,计算损伤面积 $F_{损}$。

c. 求出腹板损伤处的设计载荷 $Q_{设}$:

$$Q_{设} = \tau_{设} F_{设} \tag{10-3}$$

d. 根据 $Q_{设}$ 和接补件的材料,计算接补件(补片)的截面积,确定接补件的厚度。

e. 按照腹板的材料和铆接后的总厚度,确定铆钉材料,计算铆钉直径。

f. 根据铆钉的破坏剪力,求出接缝一边的铆钉数 n:

$$n = \frac{Q_{设}}{Q_{破}} \tag{10-4}$$

其中，$Q_\text{破}$为一个铆钉的破坏剪力。

（2）按破坏载荷计算。

a. 计算腹板在损伤处的实有截面面积$F_\text{实}$，它等于腹板损伤处的截面面积$F_\text{损}$减去接补时沿腹板高度方向铆钉孔所占去的截面面积。假设沿腹板的高度方向钻有i个直径为d的铆钉孔，则有

$$F_\text{实} = F_\text{损} - idf \tag{10-5}$$

b. 根据腹板的材料，查出该材料的抗剪强度极限$\tau_\text{强度}$，若腹板为铝材，则乘0.88（考虑钉孔应力集中的影响），得出腹板破坏剪应力。

c. 求出腹板损伤处的破坏剪力Q：

$$Q = F_\text{实} \tau_\text{设} \tag{10-6}$$

d. 根据求得的破坏剪力及选用补片材料的强度极限，求补片的截面面积，从而得出补片的厚度。

e. 确定铆钉的材料及直径d：

$$d = 2\sqrt{\sum \sigma} \tag{10-7}$$

f. 根据铆钉材料及直径，在《材料手册》中查出一个铆钉的破坏剪力$Q_\text{破}$，求出接缝一边的铆钉数n：

$$n = \frac{Q}{Q_\text{破}} \tag{10-8}$$

3. 蒙皮裂纹修理时的强度计算

蒙皮承受剪应力与正应力，但是对于蒙皮截面上的应力情况，必须作具体的分析。蒙皮在不同方向上的截面，应力情况是不同的，平行于桁条的纵截面，只受剪应力；垂直于桁条的横截面不仅承受剪应力，而且还承受正应力；对于其他方向的截面，则是这两种情况的综合。因此，蒙皮上的裂纹方向不同，对蒙皮强度的影响也不同。裂纹平行于桁条时，蒙皮被削弱的承载能力只是纵截面上的剪应力，其值为裂纹长度a乘该处的剪流q_τ，即$Q_\text{设} = aq_\tau$[图10-6(a)]；裂纹垂直于桁条时，则蒙皮被削弱的承载能力包括剪应力和正应力两部分，为了与剪流的表示方法对应，取单位长度上的这两部分分力的合力$q_\Sigma = \sqrt{q_\tau^2 + q_\sigma^2}$，这时蒙皮被削弱的承载能力为裂纹长度$b$乘上该处的合力$q_\Sigma$，即$P_\text{设} = bq_\Sigma$[图10-6(b)]；对于不规则裂纹[图10-6(c)]，则为$R_\text{设} = aq_\tau + bq_\Sigma$。其中，蒙皮

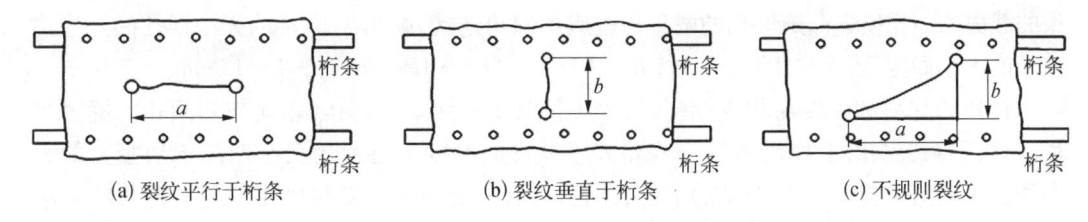

(a) 裂纹平行于桁条　　　(b) 裂纹垂直于桁条　　　(c) 不规则裂纹

图10-6　蒙皮上不同方向的裂纹

的 q_τ 和 q_Σ 可从修理资料查得。

当蒙皮产生裂纹后,蒙皮的强度减弱。为了不使蒙皮裂纹继续扩大,在补强之前,在裂纹两端钻以 1.5~2 mm 的止裂孔,然后在蒙皮内侧加铆接补件补强。

例 10 – 3 某型飞机机翼下蒙皮,在第 16~17 肋间后梁附近产生裂纹,裂纹的纵向投影长度为 50 mm,横向投影长度为 70 mm。用与蒙皮材料相同,厚度相等的铝板和直径为 5 mm 的 10 号硬铝铆钉进行修补,试求裂纹一边的铆钉数。

解:(1)求 $R_{设}$:

$$R_{设} = aq_\tau + bq_\Sigma$$

已知 $a = 50$ mm, $b = 70$ mm,从《某型飞机结构修理手册》中查得 16 肋后梁处的 q_τ、q_Σ 值:$q_\tau = 18.6$ kgf/mm, $q_\Sigma = 90$ kgf/mm,则:

$$R_{设} = 50 \times 18.6 \times 70 \times 90 = 7\,230(\text{kgf})$$

(2)求一边的铆钉数 n:

$$n = \frac{R_{设}}{Q_{破}}$$

已知铆钉直径为 5 mm,其材料为 LY10,查得 $Q_{破} = 490$ kgf,可得

$$n = \frac{7\,320}{490} = 14.76 \approx 15(\text{个})$$

通过以上对桁条、腹板和蒙皮的计算分析,可以看出,采用设计载荷计算,是根据构件具体受力的大小来求铆钉数,比较接近实际,但需要知道构件的设计载荷;用破坏载荷计算,只需要知道构件材料和截面尺寸,但算出的铆钉数偏多,接补件长度也相应增长,强度有一定富余。

4. 蒙皮破孔时的强度计算

蒙皮破孔的修理通常采用"托底平补法",即将损伤部位切割整齐,用补片填补切孔,然后用衬片托底,将衬片铆在蒙皮上,再将补片铆在衬片上。这种方法的优点是能在修理后保持蒙皮表面光滑。

切割孔通常制成有规则的形状,如圆孔、长圆孔或矩形孔;切割线(切割孔的边缘)应超过损伤范围 5 mm;切割线的直线部分应与机体的构架(如梁、桁条、框和肋)相平行,并与构架保持一定距离,以便于铆接衬片;在机翼蒙皮开长圆孔或矩形孔时,由于蒙皮在垂直于桁条的截面上受力较大,切割孔的长轴或长边应尽可能平行于桁条,以减少蒙皮在垂直桁条的截面的面积损失。矩形孔的两直角边应用圆角连接,圆角半径 R 的大小视孔的短边边长 S 的大小而定,当 $S \leqslant 150$ mm 时, $R = 10$ mm;当 $S > 150$ mm 时, $R = 15$ mm。

补片的材料和厚度与蒙皮相同,其大小按蒙皮的切割孔制作,以便与切割孔对缝。衬片的材料与蒙皮相同,厚度可等于或略大于蒙皮的厚度。衬片的大小取决于切割孔的大小和所用铆钉的排数。受力小的部位,铆钉用两排,受力大的部位则用三排。衬片的大小可按式(10 – 9)计算(参考图 10 – 7):

$$L_{衬} = L_{孔} + 4C + 2(m-1)a \tag{10-9}$$

其中,$L_{衬}$为衬片的长度(直径);$L_{孔}$为破孔(切割孔)的长度(直径);C为铆钉边距;a为铆钉排距;m为铆钉排数。衬片另一方向的长度也可用此式求得。

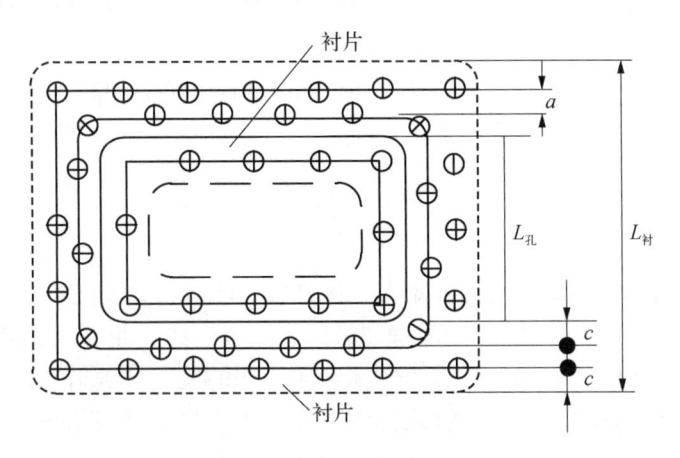

图 10-7 衬片的大小

对于跨过构架的破孔,加衬片时要确保衬片能将蒙皮的载荷传给构架。如果构架也损坏,则构架也需进行补接修理,这两种情况的衬片、蒙皮、构架的连接关系可参见图 10-8。

修理蒙皮破孔时,由于衬片通常是用与损伤的蒙皮材质相同、厚度相等的板材制作的,其强度一般不进行计算。接缝处的铆钉数 n 的计算方法,可分以下两种情况。

(1) 长轴垂直于桁条的长圆孔和圆孔铆钉数的计算。由于这类破孔在中心线处对蒙皮的截面面积削弱最多,修理后蒙皮损伤处载荷的传递也是以中心线为界的,中心线一边的载荷经铆钉群Ⅰ传给衬片和补片,再经铆钉群Ⅱ传给另一边的蒙皮(图 10-9),因此,中心线一侧的铆钉数 n 应按下述方法计算。

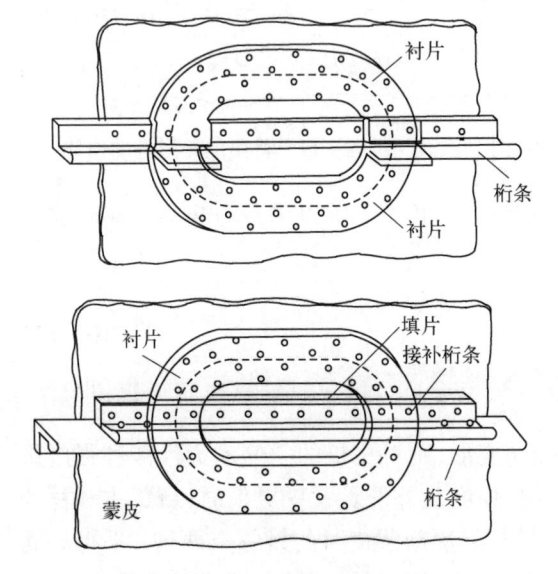

图 10-8 跨过构架的破孔的修补

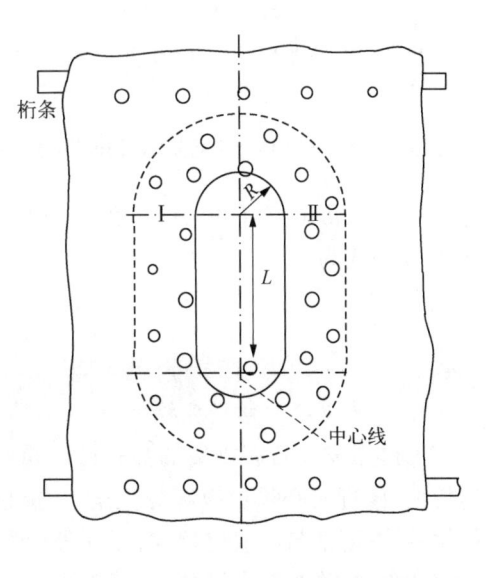

图 10-9 长轴垂直于桁条的长圆孔的修补

a. 求出蒙皮损伤处作用于铆钉的设计载荷 $R_{设}$：

$$R_{设} = D \times q_{\Sigma} \qquad (10-10)$$

其中,对于圆孔,D 等于圆孔直径,对于长圆孔,$D = 2R + L$(图 10-9);q_{Σ} 为蒙皮单位长度上作用于铆钉的合力。

b. 将作用于铆钉的设计载荷 $R_{设}$ 除以一个铆钉的破坏剪力 $Q_{破}$,求得中心线一侧的铆钉数 n：

$$n = \frac{R_{破}}{Q_{破}} \qquad (10-11)$$

(2) 长轴平行于桁条的长圆孔和矩形孔铆钉数的计算。对于长轴平行于桁条的长圆孔,用式(10-11)求得的铆钉数,全部铆在长圆孔圆心线的一侧,即图 10-10 中所示的 AB 线的左侧,或 CD 线的右侧。因为当载荷从未损伤的蒙皮传到衬片时,要通过长圆孔的圆心线(AB)一侧的铆钉,衬片再将载荷传到另一端蒙皮上时,要通过长圆孔另一圆心线(CD)一侧的铆钉。

对于矩形孔,用式(10-11)计算所得的铆钉数,同样应全部铆在 AB 线或 CD 线的一侧(图 10-11)。

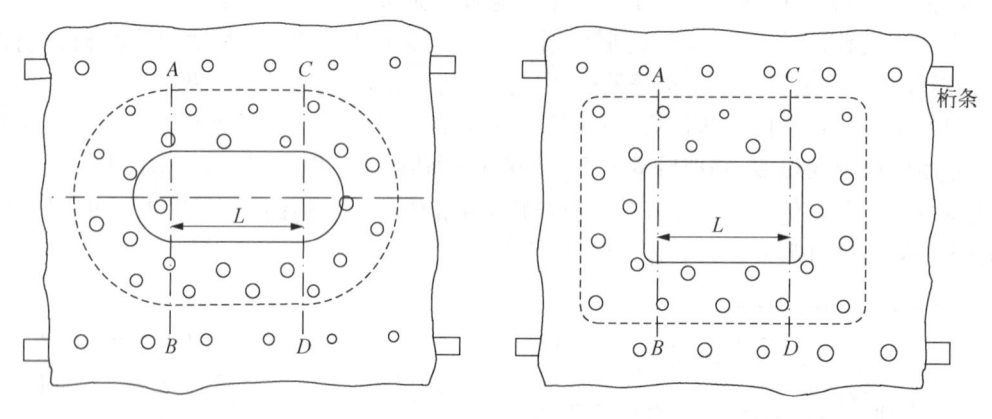

图 10-10 长轴平行于桁条的长圆孔的修补　　图 10-11 长轴平行于桁条的矩形孔的修补

A 和 C 或 B 和 D 间的铆钉数 n_L,通常是用该处的长度 L 除以铆距 t,再乘上铆钉排数 m,写成公式为

$$n_L = \frac{L}{t} \cdot m \qquad (10-12)$$

5. 蒙皮更换后的强度校核

飞机蒙皮上若有密集的弹孔或严重的擦伤变形,则对飞机的空气动力性能和强度影响较大,修理时必须更换部分蒙皮,才能恢复其强度及外形。蒙皮更新时,新蒙皮和衬片的材料、厚度都与原蒙皮相同,无须进行强度校核。更新蒙皮时的铆缝有两种：平行于肋和框的方向,称为横向铆缝;平行于桁条的方向,称为纵向铆缝。横向铆缝既承受剪应力,

又承受正应力;纵向铆缝只承受剪应力。以下介绍两种铆缝的强度校核。

1) 蒙皮横向铆缝强度校核

蒙皮的横向铆缝既要承担弯曲时的正应力,又要承担扭转时的剪应力,载荷比纵向铆缝大得多,是蒙皮强度校核的重点。

以蒙皮铆缝处所允许承受的破坏载荷与蒙皮的设计载荷进行对比,得出剩余强度系数 η,来判断蒙皮铆缝的强度是否符合要求。当 $\eta>1$ 时,铆缝的强度符合要求。下面分别讨论蒙皮危险截面的剩余强度系数,以及铆钉抗剪和抗挤压的剩余强度系数。

(1) 蒙皮危险截面的剩余强度系数。

a. 蒙皮设计载荷 $P_{设}$ 的确定

蒙皮处于既有正应力又有剪应力的复合受力状态时,该截面的相当应力 $\sigma_{相当}$ 按式(10-13)计算:

$$\sigma_{相当} = \sqrt{\sigma_{设}^2 + 3\tau_{设}^2} \tag{10-13}$$

其中,$\sigma_{设}$ 为蒙皮截面上的设计正应力;$\tau_{设}$ 为蒙皮截面上的设计剪应力。

蒙皮的设计载荷 $P_{设}$ 为

$$P_{设} = \delta t\sqrt{\sigma_{设}^2 + 3\tau_{设}^2} \tag{10-14}$$

其中,δ 为蒙皮的厚度;t 为铆距。

上述公式可改写为

$$P_{设} = t\sqrt{\sigma_{设}^2 \delta^2 + 3\tau_{设}^2 \delta^2} \tag{10-15}$$

由于:

$$\sigma_{设} \delta = q_\sigma \quad \tau_{设} \delta = q_\tau$$

可得

$$P_{设} = t\sqrt{q_\sigma^2 + 3q_\tau^2} \tag{10-16}$$

其中,q_σ 为蒙皮单位长度上的拉力或压力;q_τ 为蒙皮上的剪流。

b. 蒙皮危险截面破坏载荷 $P_{破}$ 的确定

蒙皮危险截面的破坏载荷,为危险截面面积与破坏应力的乘积。危险截面面积 $F_{危}$ 由式(10-17)求得

$$F_{危} = \delta t - f \tag{10-17}$$

其中,f 为一个铆钉孔所占的截面积。为简化计算,f 大小取蒙皮厚度 δ 与铆钉直径 d 的乘积,故有

$$F_{危} = \delta t - \delta d = \delta(t - d) \tag{10-18}$$

蒙皮危险截面的破坏载荷 $P_{破}$ 为

$$P_{破} = F_{危} \sigma_{破} = \delta(t-d)\phi\sigma_{强度铝} \tag{10-19}$$

其中，ϕ 是考虑了铆钉孔应力集中而削弱强度的系数，当铆钉交错排列时取 0.88，并列排列时取 0.9。

c. 危险截面剩余强度系数 $\eta_{危}$ 的确定：

$$\eta_{危} = \frac{P_{破}}{P_{设}} = \frac{\delta(t-d)\phi\sigma_{强度铝}}{t\sqrt{q_\sigma^2 + 3q_\tau^2}} \tag{10-20}$$

若 $\eta_{危} > 1$，则表明蒙皮危险截面的强度合乎要求，否则需增大铆距，以增加蒙皮承受破坏载荷的能力。

(2) 铆钉抗剪的剩余强度系数和抗挤压的剩余强度系数。

a. 铆缝处作用于铆钉的设计载荷 $R_{设}$ 的确定

蒙皮铆缝处的正应力与剪应力的方向互相垂直，因此铆钉的应力 $\sigma_{铆}$ 为

$$\sigma_{铆} = \sqrt{\sigma_{设}^2 + \tau_{设}^2} \tag{10-21}$$

在一段铆距中，作用于铆钉的设计载荷 $R_{设}$ 为

$$R_{设} = \delta t \sigma_{铆} = \delta t \sqrt{\sigma_{设}^2 + \tau_{设}^2} = t\sqrt{\sigma_{设}^2 \delta^2 + \tau_{设}^2 \delta^2} = t\sqrt{q_\sigma^2 + q_\tau^2} \tag{10-22}$$

因此：

$$R_{设} = t \cdot q_\Sigma \tag{10-23}$$

b. 在一个铆距中，铆钉的破坏剪力 $\sum Q_{破}$ 及铆钉的破坏挤压力 $\sum P_{挤破}$ 的确定：

$$\begin{cases} \sum Q_{破} = mQ_{破} \\ \sum P_{挤破} = mP_{挤破} \end{cases} \tag{10-24}$$

其中，m 为在一个铆距中的铆钉数（即铆钉排数）；$Q_{破}$ 为一个铆钉的破坏剪力；$P_{挤破}$ 为一个铆钉的破坏挤压力。

c. 铆钉抗剪剩余强度系数 $\eta_{剪}$ 的确定：

$$\eta_{剪} = \frac{\sum Q_{破}}{R_{设}} = \frac{mQ_{破}}{\delta t \sqrt{\sigma_{设}^2 + \tau_{设}^2}} = \frac{mQ_{破}}{tq_\Sigma} \tag{10-25}$$

将铆钉的破坏挤压力与作用于铆钉的设计载荷相比，得到铆钉抗挤压剩余强度系数 $\eta_{挤}$：

$$\eta_{挤} = \frac{\sum P_{挤破}}{R_{设}} = \frac{mP_{挤破}}{tq_\Sigma} \tag{10-26}$$

当 $\eta_{剪}$ 和 $\eta_{挤}$ 大于 1 时，铆钉强度符合要求。

2) 蒙皮纵向铆缝强度校核

因为蒙皮的纵向接缝是传递剪应力的,所以要按该处的剪应力 τ 来进行强度校核。当接缝较长时,应取剪应力较大部位的一个铆矩或一段蒙皮进行计算,其主要步骤如下:

a. 查相关技术资料得出需校核部位的剪应力 τ。

b. 计算一个铆距 t 内蒙皮的受力:

$$P_{蒙皮} = \tau t \delta \qquad (10-27)$$

c. 从技术资料中查得(或计算得出)一个铆钉的破坏剪力 $P_{破剪}$ 和破坏挤压力 $P_{破挤}$。

d. 计算抗剪安全系数和抗挤压安全系数:

$$f_{剪} = \frac{\sum P_{破剪}}{P_{蒙皮}} \qquad (10-28)$$

$$f_{挤} = \frac{\sum P_{破挤}}{P_{蒙皮}} \qquad (10-29)$$

10.3　修理中的飞机结构疲劳强度分析

通过对机体结构的修理,不仅要恢复损伤部位的静强度,而且还要提高结构的疲劳强度,延长其使用寿命,采取的措施如下。

1. 合理地选择结构材料

不同材料具有不同的疲劳强度。结构修理材料应当根据结构的具体情况并参照材料的疲劳试验资料选取,尽可能选择有较高疲劳强度的材料。例如,在结构受拉区,特别是应力集中严重的地方,可采用具有良好抗疲劳性能的铜基铝合金;在结构受压部分,可采用各种高强度的锌基铝合金。

材料选择不当,会造成疲劳损伤提前出现。例如,某型轰炸机下翼面多次发现中翼承力蒙皮有疲劳裂纹,就是因为采用了静强度高而疲劳强度很低的超硬铝 B95(相当于 LC4)作为蒙皮材料。

2. 合理地选择修理方案

结构修理时,要进行挖补、开口、加强和结构改进。进行这些工作时,应合理地选择结构形式,避免不合理的开口形状、接头不对称和偏心、结构强度和刚度突然变化、传力路线突然中断、在主要传力线上设置蒙皮对接缝等现象,否则也会降低结构的疲劳性能。

结构开口时,必须考虑到不同开口形状对应的应力集中系数(表 10-1)。机翼下翼面的开口宜采用椭圆形,并尽可能使椭圆长轴平行于桁条轴线,短轴平行于翼肋轴线。

表 10-1　不同开口形状对应的应力集中系数

开口形状	圆　形	方　形	垂直椭圆	水平椭圆
应力集中系数	2.5	3.6	1.5	4.5

接头不对称和偏心,易在构件中引起附加弯矩,增加构件的局部受力,产生裂纹。例如,某型飞机炮支点型材,其构造和受力情况如图10-12所示,炮的后坐力和型材固定边支反力不在一条直线上,因而形成了对型材的重复性附加弯矩,在型材的截面突变处容易产生裂纹。

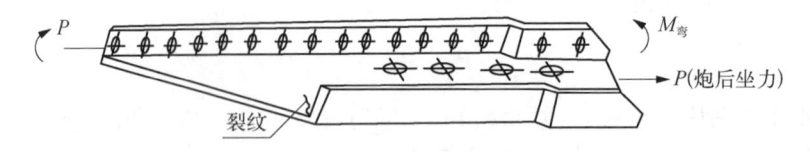

图10-12 某型飞机翼根炮前支点型材裂纹

在结构强度和刚度突然变化的地方,由于强构件的变形,迫使弱构件承受附加的重复性载荷,易使弱构件产生裂纹。例如,某飞机机身13框下半框在使用中的变形裂纹非常普遍,就是因为13框主梁承受弯矩时产生很大挠度,从13框主梁到13框下半框框板,结构刚度发生突变,框板因承受不了如此巨大的变形而丧失稳定,这样多次反复作用后出现疲劳裂纹。修理实践证明,依靠提高C0213-94、C0213-95、C0213-96BX三根角材刚度的办法不但不能解决问题,反而使框板更易破损。因为角材刚度提高后,反而把主梁变形更多地转嫁给了下框板。后改用弹性波纹型材连接(图10-13),缓和了主梁和框板之间的刚度差的影响,从而防止了疲劳裂纹的出现。

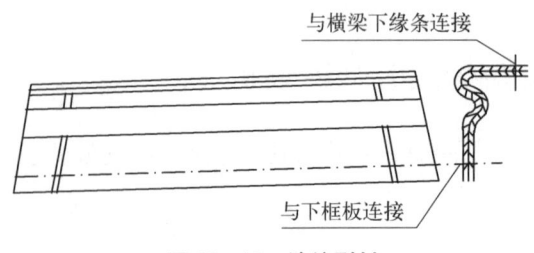

图10-13 波纹型材

传力路线突然中断,会使中断部位的结构承受附加应力,易造成疲劳裂纹。例如,为了排除油箱壁板鼓动,曾采用加铆加强角材(图10-14)的办法。实践证明,这种排故方法非但不能收到好的效果,反而导致壁板产生更为严重的破损。因为,加强角材只在一头与框缘搭接,在未搭接的一头,传力路线中断,造成中断处的蒙皮出现附加应力,从而产生如图所示的疲劳裂纹。又如,在使用中发现,某型飞机襟翼舱12肋后缘上蒙皮从后缘第1个铆钉孔裂到第5个铆钉孔,11~14肋之间的三块隔板沿加强窝存在边缘裂纹等,用通常的止裂方法不能控制裂纹的发展,其原因也是传力路线中断,造成应力集中。再如,在襟翼舱12~15肋间,由于襟翼动作筒通过阻流片机构,13、14肋均未与机翼后梁连接,同时内蒙皮有大开口,而开口截面不能承受扭矩,使12~15肋间的结构大为削弱,造成传力的不连续性(图10-15)。此外,内外段襟翼传来的总体弯矩和扭矩,以及13肋、14肋区域的局部气动分布载荷,都不能再由13肋、14肋直接向机翼后梁传递,而只能被迫绕道经襟翼舱端板和上下蒙皮后缘组成的三角盒形件传递,逐渐扩散给12肋和11肋等根部构件,因此,12肋附近成为最大承载区,形成应力集中,再加之铆钉孔和隔板加强窝边缘又是应力集中点,在这两种应力集中因素的长期反复作用下,就造成如上所述的疲劳裂纹。针对类似的结构不合理情况,修理中应设法从结构上改进,以降低各构件的应力集中程度。

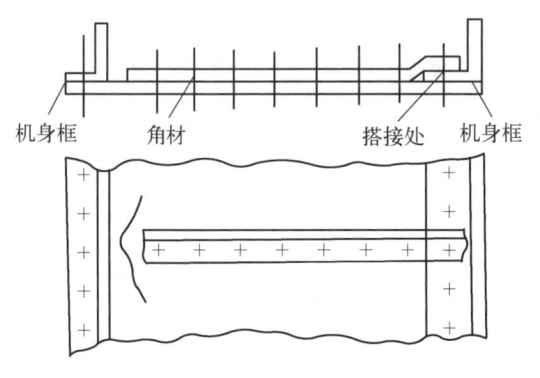

图 10-14 加铆角材不当造成裂纹

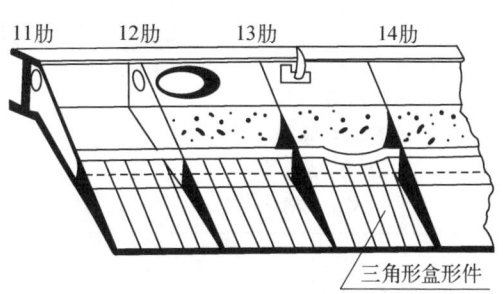

图 10-15 某飞机襟翼舱 12 肋附近的结构和受力特点

3. 采用止裂装置

防止裂纹瞬时扩展的办法是设置止裂装置。图 10-16 为一种抗剪腹板的典型止裂装置,梁的腹板不是一块整板,而是由两块板材铆接在一起的,接缝距底边大约 1/3 高的地方,并在该处设置一个纵向缘条——止裂件,另外用若干桁条加强。因为疲劳裂纹总是从下翼面开始,当裂纹向上扩展时,就受到了限制。这样,当下面 1/3 腹板破坏时,上面的 2/3 抗剪腹板仍能支持很大的载荷,即使下突缘完全断裂,止裂件可取而代之,起下突缘作用。

4. 选择合理的工艺

加工工艺对疲劳强度有重大影响,采用滚压螺纹、锉修毛刺、提高表面光洁度等技术措施都能提高结构的疲劳强度。

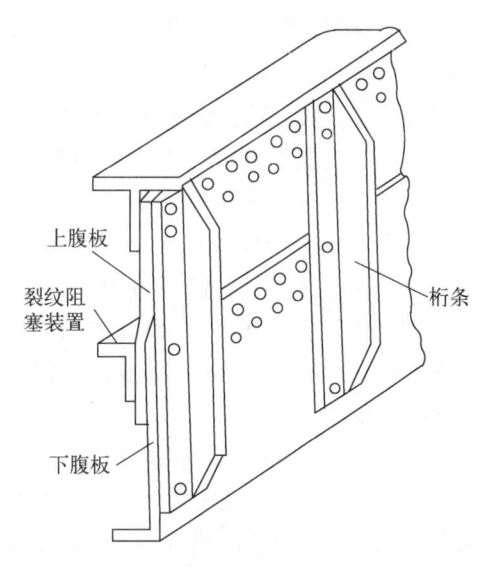

图 10-16 防止裂纹瞬时扩展的止裂装置

表 10-2 表明了加工工艺对飞机螺栓疲劳寿命的影响,这些螺栓均采用同一牌号钢制成,疲劳试验时施加轴向载荷,循环幅度是介于零到屈服极限的 35%,表中记录的是其平均寿命循环次数。

表 10-2 加工工艺对螺栓疲劳寿命的影响

螺栓头制造过程	平均寿命/循环次数	破坏形式
1. 热锻并滚压圆角	100 312	螺纹
2. 棒材机械加工	24 657	头部
3. 用机械加工承座冷镦粗	20 257	头部
4. 完全热锻	17 026	头部

续　表

螺纹制造过程	平均寿命/循环次数	破 坏 形 式
1. 热处理后滚压	100 312	螺纹
2. 热处理后车削	19 985	螺纹
3. 热处理前车削	13 304	螺纹
4. 热处理前滚压	13 048	螺纹
5. 热处理前磨削	10 588	螺纹

5. 表面清除处理

实践证明,在修理工作中对构件进行周期性的表面清除处理,是提高疲劳强度的有效方法。

表面清除处理,是指用机械抛光、电抛光或磨光等办法清除掉构件表面的一层,提高构件的疲劳强度,其原因是:第一,在大多数情况下,疲劳损伤首先发生于表面,因为表面的应力集中通常较大,又易受外界环境的影响,从而形成很多疲劳源;第二,总疲劳寿命的大部分消耗在表面裂纹的形成上。定期进行表面清除处理,可消除大部分表面疲劳损伤,故能提高疲劳寿命。例如,国外对于 CJ-850 发动机中由镍基合金铸造的导向器叶片,原规定的翻修寿命是 1 200 h,后来采取了铸造后再清除 0.1 mm 表皮,以除掉表面铸造缺陷的措施,就把翻修寿命提高到了 4 000 h。以后又在进排气边缘除去 2.5 mm,并允许清除两次,使叶片的总寿命提高到了 120 000 h。表面清除处理的作用是很明显的,但必须把表面的微裂纹全部除去,否则疲劳寿命可能会降低。因此,对于一个具体的构件,应当多长时间清除一次,每次清除多少,需要针对具体问题具体分析。

6. 注意连接件的细节设计

实践经验指出,疲劳破坏也经常发生在连接件的接头处。因此,在结构修理中的一个重要方面,是要注意连接件的"细节设计"。根据疲劳破坏局部性的特点,如果能提高接头处的疲劳强度,那么对整个结构的疲劳强度会有很大好处。

1) 耳片和销钉的连接接头

耳片和销钉的连接接头(图 10-17)处,其疲劳强度主要与孔径(d/D)、边距 H 及钉孔间的配合有关。

由材料力学可知,理论应力集中系数为

$$\alpha = \frac{\sigma_{max}(最大应力)}{\sigma_n(名义应力)} \quad (10-30)$$

当 d/D 增大时,耳孔两边趋向于柔韧,使应力分布趋于均匀,α 值下降,但同时,由于耳片材料被削弱,名义应力 σ_n 又大幅增加。这样,σ_{max} 究竟是降低了还是提高了呢?为了综

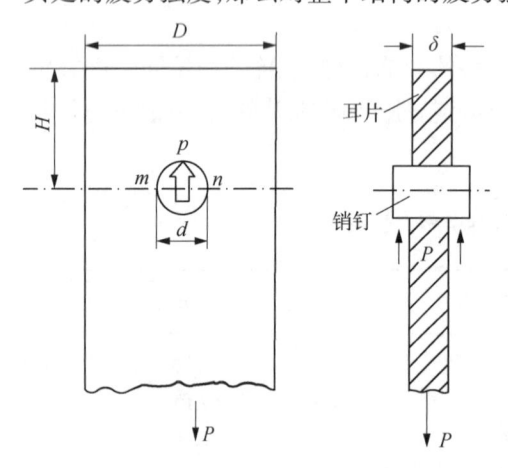

图 10-17　耳片接头

合反映上述两种影响因素,以合理确定 d/D,需要引入一个新的系数 C_t,其定义为

$$C_t = \frac{\sigma_{max}}{\sigma} = \frac{\sigma_{max}}{P/D\delta} \quad (10-31)$$

其中,σ 为按毛截面积($D\delta$)计算出的毛应力。这样,当已知载荷 P,并给定了耳片宽度 D 和厚度 δ 后,则 C_t 值越小,就表示局部应力 σ_{max} 也越小,式(10-30)和式(10-31)中消去 σ_{max},可得到 C_t 和 α 的关系如下:

$$C_t = \frac{\alpha}{1 - d/D} \quad (10-32)$$

由式(10-32)可见,d/D 越大,分子 α 虽越小,但分母 $1 - d/D$ 也越小,C_t 不一定越小。根据光弹法实验,C_t 随 d/D 的变化如图 10-18 所示。图中,当 d/D 大约等于 0.4 时,C_t 最小。因此,$d/D = 0.4$ 可作为耳片设计的最佳比值。

同时,根据图 10-18,C_t 随耳孔边距 H 的减小而有所增加,所以一般情况下都取 $H/D \geq 1$。

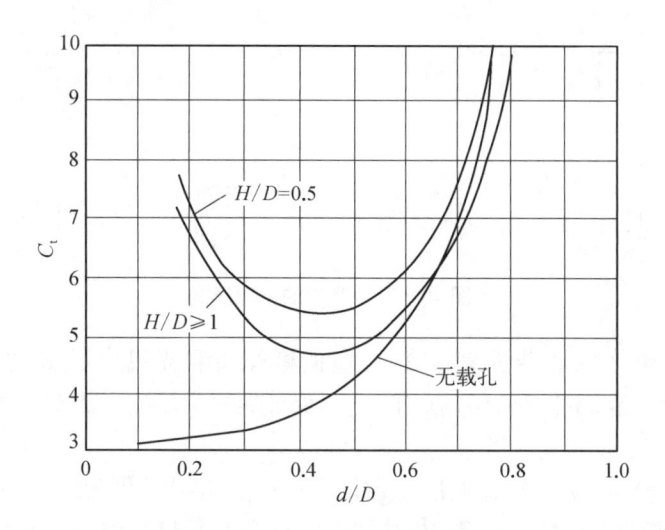

图 10-18 C_t 随 d/D 的变化

2) 螺栓接头

对于受拉螺栓,图 10-19 中表示出了其经常发生的 3 个疲劳源位置。

为了提高图 10-19 中部位①的疲劳强度,可采取以下措施:第一,使螺纹根部有足够大的圆角半径;第二,减小螺栓光杆的直径,使其不大于螺纹根部直径(图 10-20),目的是使光杆力流线缓和地通过末端螺纹根部;同时,光杆直径减小,螺栓刚度也减小,还有利于使用预紧螺栓和承受冲击载荷。

为了提高部位②的疲劳强度:第一,使螺纹根部有足够大的圆角半径;第二,由于第一啮合螺纹承担载荷最大,为了使螺纹均匀分担载荷,需降低第一啮合螺纹处的刚度,应使螺帽制成如图 10-21 所示的形式。

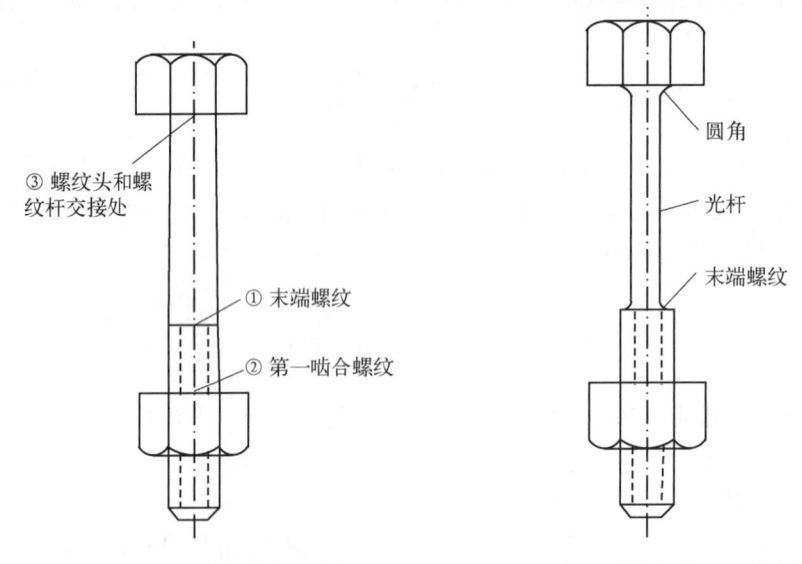

图 10-19　受拉螺栓的疲劳源　　图 10-20　提高受拉螺栓疲劳强度的措施

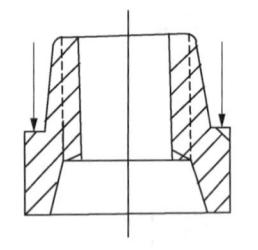

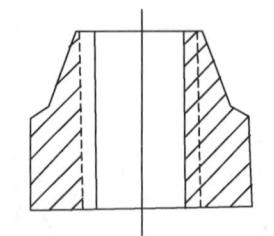

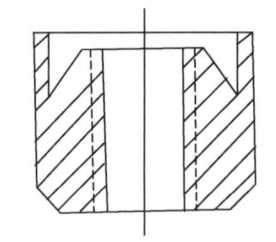

图 10-21　螺帽的合理形式

为了提高部位③的疲劳强度：第一，应使螺栓头和光杆交接处的圆角足够大(图 10-20)，而且要光滑，不得存有刀痕；第二，要保证螺栓头的配合面垂直于螺杆的轴线，以防止偏心受载。

对于受剪螺栓，其疲劳源基本上与受拉螺栓相同。这是因为螺栓在受剪时，伴随有次级弯曲变形，由弯曲引起的拉应力，与受拉中的拉应力所起的作用基本相同。因此，受剪螺栓也需要有抗拉的疲劳性能。

但次级弯曲变形产生的拉应力，要比受拉螺栓中的拉应力小得多，因此从疲劳观点出发，螺栓接头应尽可能采取受剪的形式。大量试验结果表明：受剪螺栓接头中，双剪接头[图 10-22(a)]的疲劳性能最好，尖劈式单接头[图 10-22(b)]次之，搭接单剪接头[图 10-22(c)]最差。此外，使用多个小螺栓的疲劳强度比使用少数大螺栓时要高。

当使用长接头时，应考虑满足最佳载荷分布，使各螺栓孔处的最大局部应力大致相等。图 10-23(a)所示的接头是不合理的，因为在弹性范围内作用在螺栓上的剪力为两端最大、中间最小。图 10-23(b)所示的接头则是合理的，其采取了变刚度的外连接件，根据内外连接件变形必须协调一致的原理，将使各螺栓承载趋于一致。

(a) 双剪接头　　　　(b) 尖劈式单接头　　　　(c) 搭接单剪接头

图 10-22　受剪螺栓接头

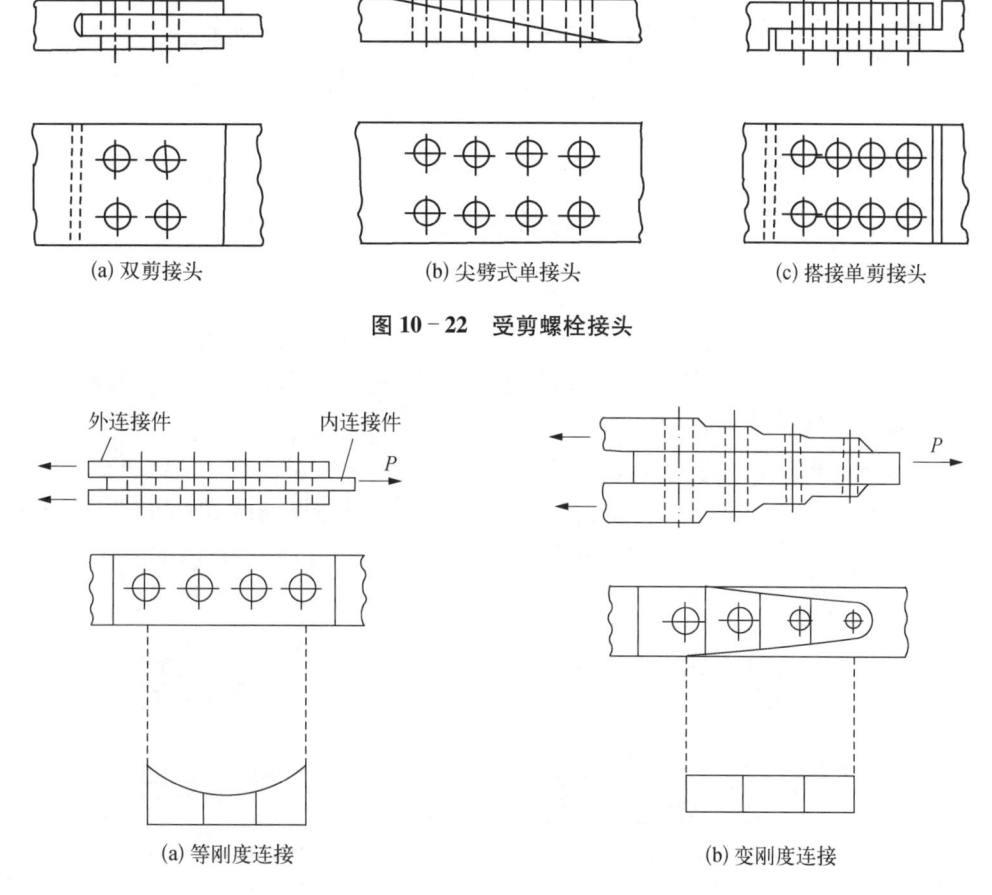

(a) 等刚度连接　　　　　　　　(b) 变刚度连接

图 10-23　长接头的合理形式

对于强受力接头,可利用拉剪分工的办法,即在较细的螺栓杆上套一较粗的套筒,由套筒来承受剪力,螺杆仅承受锁紧力。

3) 铆钉接头

上述各项提高螺栓接头疲劳强度的措施,大都可适应于铆钉接头。

铆钉接头在较高应力水平的循环下,破坏性质接近于静强度,常使铆钉剪坏,或由于附加的弯曲变形将铆钉头掀起、拉断。但在较低应力水平的循环下,则疲劳破坏特征表现较为突出,常在板件的钉孔处起裂。

为提高铆接疲劳强度,宜采取小直径、小间距、并排设置及干涉配合的措施。因为小直径、小间距可降低孔边应力水平;并排设置可减少力流线的歪曲,干涉配合与耳片接头类似,实验指出,对于无头铆钉干涉配合的最佳状态,是在铆接过程中,由无头铆钉使孔胀大原孔径的 1.5%。

4) 焊接接头

因为焊接接头形状有急剧的改变,所以可能造成很高的应力集中。抗疲劳性能较好的是对接接头,因为其形状改变得最少(图 10-24)。

(a) 焊接接头　　　　　　　　(b) 拉应力分布

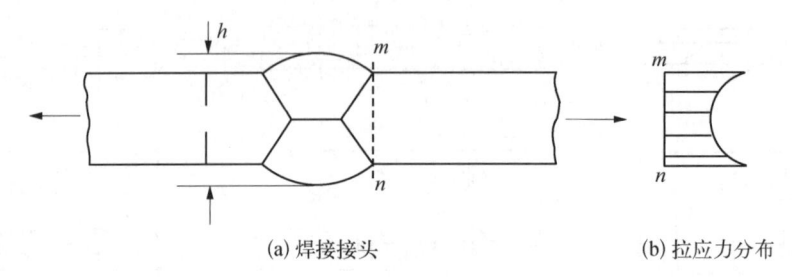

图 10-24　焊接接头及拉压力分布

由于对接接头应力集中最严重的部位,是焊缝与被连接件交界的地方,应尽可能降低焊道高度 h,并使对接焊缝的外形变化尽可能少,必要时,可对焊缝表面进行磨削加工,并在焊缝与被连接件交界处制成圆角。

搭接接头的截面形状变化很大[图 10-25(a)],在 m、n 处引起力流线方向发生急剧的改变,因此产生高度应力集中。为改善这种情况,可采用带圆角的、焊足比为 1:3.8 的焊缝[图 10-25(b)],可大大提高接头疲劳强度。

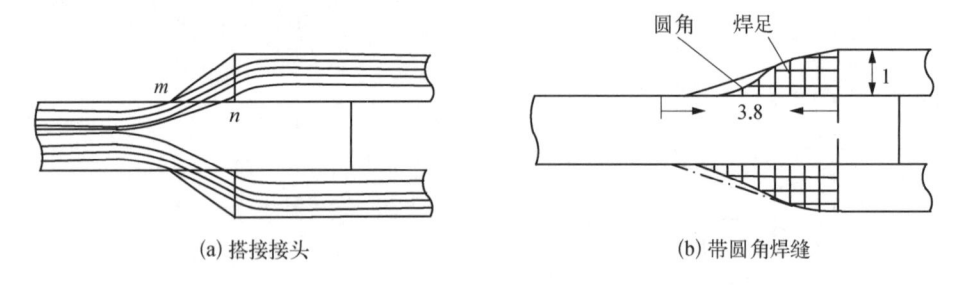

(a) 搭接接头　　　　　　　　(b) 带圆角焊缝

图 10-25　焊接搭接接头

10.4　飞机结构战时维修中的强度分析

飞机结构战时维修是指在战场环境下对战伤飞机所进行的应急维修,目的是使战伤飞机恢复其执行当前战斗任务所必需的、最低限度的一些功能,从而能迅速地投入战斗或者使之具有自救能力,因此战时维修与平时维修有很大不同。

10.4.1　飞机战时维修的特点

在和平时期,如果不进行实战演习而将真实的飞机击伤,战时维修的问题是遇不到的。平时维修与战时维修的目的和工作重点各不相同。平时维修的目的是保持和恢复装备的固有可靠性与安全性,飞行安全放在首要地位,工作内容包括预防性维修和修复性维修两种,主要是进行预防性维修工作。而战时维修的目的是保证飞机有最大的战斗出动架次,要求在短时间内把战伤飞机恢复到可再次投入战斗的状态或能够自行飞到后方修理厂。战时维修的工作内容除预防性维修、修复性维修之外,主要是战伤抢修,如

图 10-26 所示。与平时维修相比,战时维修有以下几个特点。

1. 维修的时间要求不同

战时维修中,首先是时间上的要求,即要求能够迅速及时地修复飞机并投入战斗,以增加出动架次。平时修理时间是按天或月来度量的,而战伤抢修时间则是按小时来计算的。因为,在激烈的战争中,战场形势瞬息万变,敌方的武器装备耗损也是严重的,我方只要能争取时间,赶在敌人飞机修复之前恢复我方飞机的部分任务能力,就能在下一个回合中克敌制胜。通常,战伤抢修时间一般要求在 24 h 或者 48 h 内,甚至 6 h 以内。

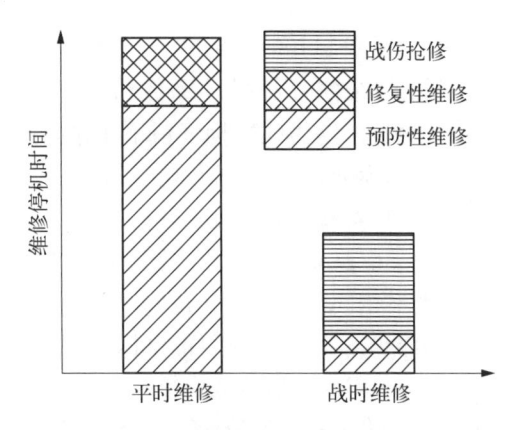

图 10-26 平时维修和战时维修停机时间比较

2. 修理的环境要求不同

平时维修通常有固定的设施和设备,而且在纯作业环境下进行。在现代战争条件下,战伤抢修不可能有这样的条件。敌人的空袭、空降和强烈的电磁干扰,是不可避免的,甚至对核武器、化学武器、生物武器的袭击也要有所准备,一些恶劣的自然环境,如高温、高寒、潮湿、大风等,也是可能出现的。战伤飞机往往降落在没有任何设施的场地上,缺乏动力、电源和水源等必要条件,要求就地修理。例如,英国空军规定了一条战伤抢修原则,就是必须保证战伤抢修工作能在除了冷气瓶以外没有其他任何动力的条件下进行。除此以外,还应当考虑在战争条件下,维修人员的精神面貌和生理、心理因素也与平时有所不同。

3. 引起修理的原因不同

平时维修是由系统、设备的故障或结构的疲劳损伤而引起的。系统和设备的故障机理、表现形式及发展过程,有其本身的内在规律。飞机结构的损伤也取决于结构本身,包括结构的设计特征,结构的形式、材料、承力特点和应力范围等。结构的疲劳寿命也是按照正常的飞行剖面图和载荷谱而定的。因此,正常使用中的结构损伤(静力破坏、疲劳裂纹、腐蚀变形等)有其本身的规律性。通过定期的检查和修理可以据此而预先确定重点部位。进行战伤抢修的几种损伤形式有炮弹直接命中的射弹损伤,炸弹、导弹爆炸破片造成的破片损伤,或者核武器的冲击波和辐射所造成的损伤等。飞机遭受的这类损伤是外来的,带有偶然性,事先难以预料的。进行战伤抢修的部位,常常是在平时维修中很少遇到或完全不接触的部位。

4. 修理的标准与要求不同

平时维修所使用的技术标准,是为了恢复其固有可靠性和安全性而制订的。从结构修理方面来讲,则是为了修复结构的全部静强度和足够的疲劳寿命及抗腐蚀能力而制订的。修理后的飞机要能恢复全部飞行性能,维持其使用寿命,并一直使用到下次规定的修理期限。技术标准中所规定的典型修理方案和各种数据、参数等,也是根据设计和试验的结果,结合平时正常使用条件下可能出现的磨损、裂纹、断裂、变形和意外损伤等典型情况而规定的。这些技术标准和要求有很多都不适用于战伤飞机的抢修,这是因为战伤抢修必须尽快完成,用最短的时间恢复飞机的基本使用功能,以便迅速投入战斗。修复后的飞机,有时要限制其使用标准。同时,在一般技术要求上,因为平时使用和维修所规定的寿命、预防性维修时限、安全系数和强度储备等,通常都偏于保守,多数结构件都留有150%的安全裕度,这为改变标准留下了余地。因此,为了缩短战时因维修而停飞的时间,放宽某些技术标准,包括延长预防性维修的间隔时间,不仅是必要的,而且是可行的。

5. 维修人员技术种类和备件供应要求不同

由于引起修理的原因不同,平时维修与战时维修的维修人员、技术种类和备件供应的要求也不相同。飞机战伤抢修主要是飞机结构损伤修理,而在平时的部队修理中,结构修理是很少的。平时所设置的部队修理机构,在维修人员技术种类上,属于飞机结构修理专业的较少,因此不适应战伤抢修的需要。

换件修理是战伤抢修中经常使用的一种方法。但是,平时的器材备件供应和储备,通常是根据正常使用中更换和消耗的规律性而准备的;而在战时,遭受战斗损伤的机件和部位带有很大的偶然性,平时常出故障的部位,可能战时未受损伤,而平时不出故障的部位,战时却可能会受损伤。因此,在战时的备件供应上,不仅数量与平时有很大的不同,而且在品种、规格上也有较大的差别。

10.4.2 飞机结构战伤评估

飞机战伤评估是指对飞机战伤的程度、修理所需的时间与资源、要完成的修理工作及修理以后的作战能力等方面做出的评估。可见,战伤评估是战伤抢修的前提和必要条件,也是战伤抢修理论的一个十分重要的内容。据统计,飞机外表结构和内部结构的战伤占飞机全部战伤事件的90%,机体结构的战伤评估是飞机战伤评估的重点。

结构战伤评估的一个重要目的是制订抢修方案。对于同样的一个损伤,所处飞机的部位或构件不同,其损伤程度和采用的修理方法很可能不相同。因此,要对机体结构的战伤作出正确的评估,必须首先确定损伤所处的区域和损伤构件的类型,然后才能根据有关标准进行。

1. 确定损伤所处飞机结构的区域

根据飞机设计强度规范和结构完整性规范,特别是安全系数和强度储备等对飞机不同区域构件的不同要求,可将飞机结构划分成如图10-27所示的区域。各区域结构的特点及承受损伤的能力如下。

1) 机翼结构区

机翼在战争中是易受伤的部件之一。试验表明,机翼的易损性大致如下:从根部开始向外至半翼展的约1/4处,机翼承受损伤的能力逐渐减弱;随后又开始增加,在半翼展约3/4处以外,只要外翼面未失效,飞机就能继续飞行,因此其承受损伤的能力最强。按翼弦方向,承受损伤能力最强的地方在后缘处,其次是前翼梁之前的前缘部分。

2) 机身结构区

一般情况下,歼击机机身的前、中、后各段承受损伤的能力是不同的。前机身无论有无进气通道,通常都要求按照最小尺寸设计,此外,在绝大多数情况下,乘员位于前机身内,并且是飞行操纵和设备控制的起点,因此剩余强度比较小且易遭受破坏。中机身通常是安装机翼的部分,其直径大且是主要的承力构件,一般都是按照全机身总重量设计的,并给以较大的强度储备,以确保安全,因此是机身结构中抵御破坏能力最强的部分,后机身的设计主要是考虑来自尾翼的载荷,应结合尾翼的情况进行分析。

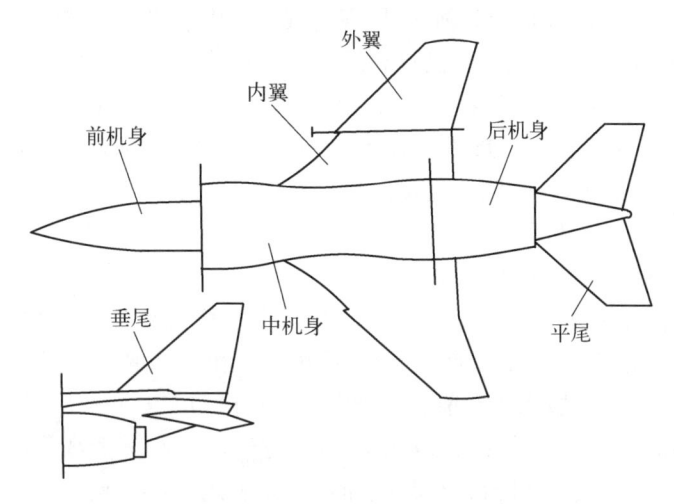

图 10-27 飞机结构损伤区域划分

3) 尾翼结构区

垂直尾翼的设计载荷通常是按最大限度操纵引起急剧机动的情况来考虑的,而这种情况在实际飞行中不多见,一般尾翼构件的使用载荷都低于这种情况,所以强度储备和承受损伤的能力较大。过去的战斗实践表明,垂直尾翼带有射弹或破片损伤时,一般可以继续飞行。国外的初步研究和计算结果表明,垂直尾翼受伤后承受的载荷降低到设计载荷的 70% 时仍可保持飞行。因此,许多情况下都可采用无强度抢修。

水平尾翼的设计情况是最大机动载荷情况。在实际使用中,和垂直尾翼一样,除了空中格斗的剧烈机动外,很少遇到这种情况。因此,水平尾翼也有较大的承受损伤的能力。初步研究表明,平尾载荷允许降低到设计载荷的 80%。

对于抗损伤能力弱的区域,一般采用等强度修理;而对于抗损伤能力强的区域,可视情况采用次强度或无强度抢修。

2. 确定损伤等级

为确定损伤等级,可综合考虑飞机结构强度、气动和功能等特点,将飞机结构的损伤分为允许损伤、可修损伤和不可修损伤等类型。损伤等级的判断原则是:若损伤不影响战斗能力,即为允许损伤;若损伤在野战条件现有的修理能力下无法修理好,即为不可修损伤;若损伤在野战条件现有修理能力下能够在规定的时间内修理好,即为可修损伤。按照这个原则,可进一步将飞机结构战伤分为四等。

(1) A 等:完全破坏和严重破坏,即不可修损伤。A 等损伤指机身、机翼、尾翼、发动机、武器、设备与联动装置等无法修理的完全破坏损伤和主要承力构件损伤断裂、蒙皮大范围产生严重变形和损坏、飞机状态操纵系统损坏等这些从修理设备、时间等方面权衡不宜进行修理的损伤。

(2) B 等:较严重的损伤,即不宜在前线环境中修复的损伤。B 等损伤指机身、机翼、尾翼、发动机、武器、设备与联动装置等的局部严重损伤，从修理设备和时间等方面权衡，这些损伤不宜在前线环境中修复。

（3）C等：中等破坏和较轻微损伤，即在前线环境中可修复的损伤。C等损伤指承力构件发生的局部变形与破坏，机翼、机身和尾翼蒙皮产生较大变形与损伤，机门和舱门损坏，某些仪器和联动装置失效，这些是可在前线环境中按规定时间修复的损伤。

（4）D等：轻微损伤，即不修理也不会对飞机的使用有任何限制的损伤，但可要求对损伤进行小的清理，如采取锉修、钻止裂孔等。

3. 确定损伤构件的类型

飞机的内、外结构可分为如下六个类型。

（1）第一类部件即关键受力部件：是保持飞机结构完整性不可缺少的主要承力构件，如主梁、加强框、翼梁、加强肋、尾翼转轴、抗扭翼盒和主要承力壁板等。这类部件发生的战伤多为A等损伤，一般无法在前线环境中进行抢修。

（2）第二类部件即次关键受力件：用于传递空气动力和其他载荷的次要结构，如不作为主要承力壁板的外蒙皮壁板、中间框、加强桁条和用于向主构件传递载荷的翼肋等。这类部件发生的战伤一般为B等或C等损伤，可视情进行抢修。

（3）第三类部件即非主要受力件：用于传递空气动力和其他较轻载荷的一般性结构，如蒙皮、桁条等。这类部件发生的战伤一般为C等损伤，可进行抢修。

（4）第四类部件即非必要部件：指可以产生大面积损伤或完全失去的非必要结构，如机舱门、面板、翼尖、整流罩及带有备份的操纵杆、管路系统等。这类部件发生的战伤一般为D等损伤，在紧急情况下可不进行抢修。

（5）第五类部件即气动敏感部件：包括前机身、机翼、副翼、襟翼、吊舱、垂直安定面、方向舵、水平安定面和升降舵。这类部件发生的战伤一般为C等或D等损伤，严重时也可以为B等损伤。

（6）第六类部件即特性件：指因设计和形状的限制，在战场修理条件下大多无现存备件，需现场制作备件修理的构件。这类部件发生的战伤一般为C等或D等损伤。

4. 采用无强度、次强度还是等强度修理的条件

从强度恢复的角度，飞机结构战伤抢修的方法可分为无强度、次强度和等强度修理三种。其中，等强度修理与平时的修理标准相同，而无强度修理与次强度修理则体现了飞机结构战伤抢修的特点，其定义是：无强度修理是一种不考虑飞机结构强度的修理，用于战伤抢修；次强度修理是一种临时性的修理措施，常用于应急性的战伤飞机抢修，允许修理时按规定降低使用标准或限制使用范围，而暂不考虑飞机长期使用。

1）采用无强度修理的条件

飞机战伤中比较典型的损伤是射弹或破片造成的周边带有撕裂穿孔的结构损伤，并可用线弹性平面应力条件下的Ⅰ型应力强度因子断裂判据及有关公式的推导公式，来分析影响战伤容限值大小的因素：

$$a_c = [K_C/(\sigma_c f)]^2/\pi \tag{10-33}$$

其中，K_C为断裂韧性，是一种材料常数；a_c为临界损伤尺寸，可看作战伤容限值；σ_c为结

构破坏时的应力;f为取决于带裂纹体的几何形状与尺寸、断裂的几何形状和方向及载荷方式等参数。

可见,战伤容限值的大小与损伤结构的断裂韧性、结构形式、受载大小、受载方式、损伤尺寸与形式等有关因素。

为了确定无强度修理的条件,可根据不同结构区域、构件类型和战伤形式等将飞机结构战伤分成各种基本类型,然后运用有限元法、解析法及实验方法来确定飞机结构的损伤容限曲线,如图10-28所示。使用时,根据结构及其战伤的形式,确定某种损伤容限曲线,然后判定是否采用无强度修理。例如,某飞机外翼某处的设计载荷为200 N/mm^2,并有60 mm的弹孔,可用图10-28中的特征点A表示,因其在曲线以下,故可采用无强度修理。

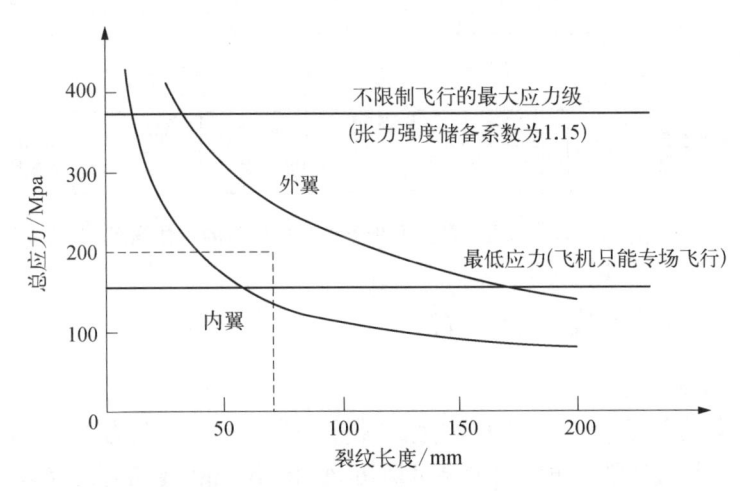

图10-28 某飞机机翼结构某处的损伤容限曲线

2) 采用次强度修理的条件

关于次强度修理的方法,有关资料介绍的有螺接法和1/2下陷法,这两种方法实际上是将损伤部位恢复到原有静强度的$1/n$倍强度($n = 2$或$n = 3$)。

根据总体等强度修理准则,飞机结构修理并不一定要将损伤部位恢复到原有的静强度。为了量化次强度与等强度修理的界限,可引入飞机结构的剩余强度系数m,其定义为

$$m = \frac{构件的许用应力(或破坏应力)}{构件在设计载荷下的工作应力} \tag{10-34}$$

其中,m表示飞机结构的实际富余程度。$m = 1$时,表示构件恰到好处,既安全又符合重量轻的条件。但这是很难办到的,一般情况下,$m > 1$即表示结构强度是有富余的,这就给次强度修理创造了条件,当结构的富余程度达到一定量时,就可以采用次强度修理。显然,当$m = n$时,即结构的实际静强度等于设计载荷要求强度的n倍,或者说结构的剩余强度等于设计载荷所要求强度的$(n - 1)$倍时,就可以用恢复$1/n$强度的次强度修理,完整的叙述为:对于不能用无强度修理的部位,当$m > n$时,可采用恢复$1/n$倍强度的次强度

修理。例如,某飞机机翼 7、8 肋间的 16、17 号桁条间的蒙皮部位,$m = 2.9$,其不能采用无强度修理的损伤,可采用恢复 1/2 强度的次强度修理。

上面介绍的是单处损伤的判断。对于较复杂的损伤,应按修理方法由简到繁、被修构件对飞机的影响由重到轻的原则,并按一定的逻辑程序确定其修理方案。例如,机翼上有一处蒙皮和桁条同时受损的战伤,其修理分析过程如图 10-29 所示。

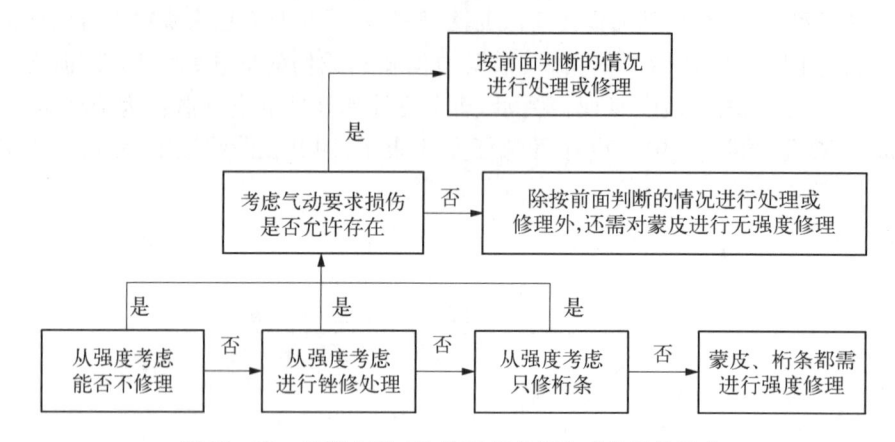

图 10-29　机翼上蒙皮和桁条都有损伤时的评估程序

10.4.3　飞机结构战伤维修方法

1. 蒙皮战伤维修

飞机上的蒙皮主要有单板蒙皮和壁板蒙皮两种,材料一般为 LY12、LY16、LC4 和 LC9 等。战时蒙皮的典型损伤形式主要是划伤、变形、弹孔和烧伤等。修理时,应根据战伤类型、战伤构件的受力特点和评估结论采用不同的修理方法。

1) 压坑和变形的修理

战时,飞机蒙皮上产生压坑和变形损伤后,可根据压坑的深度和变形范围的大小,采用相应的方法修理。

经检测后,如果损伤未超过该型飞机所规定的容限值,则不需要修理;如果损伤超出容限值,但压坑或变形过度平滑,且损伤区紧固件无断裂和松动现象,那么此时可以用无锐角而表面光滑的榔头和顶铁进行修整。

2) 划伤和擦伤修理

不同飞机对蒙皮划伤、擦伤的容限值规定是不同的。例如,某型飞机铝合金蒙皮的划伤或擦伤深度容限值规定为:机身和尾翼蒙皮的划伤深度不超过划伤处蒙皮厚度的 20%;机翼和口盖的划伤深度不超过其厚度的 15%;而 LC4 材料的蒙皮划伤程度则不允许超过其厚度的 10%。修理时,可根据划伤/擦伤的深度和面积采用不同的方法来处理。

(1) 打磨法。当划、擦伤深度超过规定的容限值,且数量不多时,可采用打磨法修理。用砂布将划伤棱边打磨成圆弧过渡,打磨深度不应超过允许的划伤深度,如果时间和条件允许,最好在打磨部位喷涂油漆,以防腐蚀。

(2) 加强法。如果超过容限值的划伤/擦伤条数较多,深度较深,且比较密集,同时划伤部位的蒙皮受力较大时,除了打磨划伤外,还需在划伤部位蒙皮的内侧(外侧)铆上一块与蒙皮材料相同、厚度相当的加强片。

3) 裂纹处理

战时,当蒙皮上出现宏观可见的裂纹时,应根据蒙皮的结构形式、受力状态、裂纹长短、深浅程度,以及危及飞行安全的严重程度和战时的修理条件等,制定合理的修理方案。

(1) 止裂法。此方法是在裂纹的尖端钻止裂孔,以消除裂纹尖端的应力奇异性,阻止裂纹继续扩展,主要用于非主要承力蒙皮上较短裂纹的修理。止裂孔的大小和位置是止裂法的关键所在:止裂孔的大小与蒙皮的材料与厚度有关,一般应在 $\phi 1.5 \sim 3$ mm;当止裂孔直径为 $4 \sim 6$ mm 时,应用铆钉堵塞。

(2) 止裂加强法。当裂纹较长或呈现树枝状时,如果只采用止裂法修理,虽然钻了止裂孔后能够消除裂纹尖端应力场的奇异性,但止裂孔处有较高的应力集中,在交变载荷作用下,原裂纹还会很快继续扩展,在这种情况下,可采用止裂加强法修理。也就是说,在裂纹尖端钻止裂孔后,在蒙皮内侧或外侧设法铆上一块加强片。

4) 破孔修理

破孔是蒙皮战伤的常见类型之一。当飞机蒙皮出现破孔损伤时,应根据破孔的大小、蒙皮的材料、厚度及受力情况采用不同的修理方法。

(1) 堵盖法。此方法只能恢复损伤蒙皮的气动外形,而不能恢复蒙皮的损伤强度,主要用于非主要承力蒙皮较小破孔的修理。

当破孔直径小于 30 mm 时,将破孔切割成圆形孔,孔边制成 $45°$ 的斜边;堵盖的大小与孔相同,外边缘也制成 $45°$ 的斜边;将螺钉座铆在衬片上,使衬片和堵盖连在一起。将衬片插入蒙皮里面,拧紧螺钉,迫使堵盖与蒙皮紧密贴合。为了防止拧紧螺钉时衬片产生转动,事先在蒙皮上铆上一埋头铆钉。

(2) 贴补法。贴补法是在对破孔进行简单修整后,在其外侧粘贴一块补片。此方法不仅能较好地恢复损伤蒙皮的外形,而且还具有一定的连接强度,主要适应于小曲度且损伤范围较小的单板蒙皮破孔的修理。贴补法所采用的补片一般应与蒙皮的材料相同,厚度相当;补片的形状以圆形为好。

此外,对破孔的修理还有填充法、胶螺法、胶铆法、平补法、波纹补片法和更换法等。

5) 蒙皮烧伤的修理

蒙皮烧伤后,需要根据其烧伤程度,分别采用不同的方法修理。

(1) 挖补法。飞机蒙皮的严重烧伤区及轻微烧伤区内变形严重而又无法从内部加强的部位,可以采用挖补法进行修理。首先把严重烧伤区或变形鼓动严重的部位切割成规则形状,然后参照破孔的修理方法进行修理。

(2) 加强法。轻微烧伤区的蒙皮,其损伤形式主要是变形和铆钉松动。对于这类烧伤,常采用加强法修理,即利用切割孔或附近的检查舱口,对变形区进行整修后,在变形严重部位的内侧铆上加强片或者加强型材。对松动的铆钉应尽可能进行更换,如个别铆钉不容易进行更换,可用特种铆钉补充连接。

2. 骨架构件的战伤维修

飞机骨架是保持飞机外形和承力的主要构件。修理时,必须按照战伤评估后的结果,采用适当的方法进行修理。

1) 桁条修理

（1）锉修法。当桁条边缘出现不超过单边宽度二分之一的破损小缺口或裂纹时，可以采用锉修法修理，即用锉刀将损伤部位锉修成光滑的圆弧形。

（2）加强法。当缺口深度或者裂纹长度超过桁条单边宽度的二分之一，但未伤及桁条棱边时，需进行加强修理。将缺口锉修成规则形状，在裂纹尖端钻止裂孔后，在其内侧铆上一块与桁条单边厚度相当的加强片。若缺口有铆钉孔，铆接时应在缺口处放置填片，以消除蒙皮与加强片之间的间隙。

当桁条一边出现接口较深，或裂纹长度超过单边宽度的三分之二时，除将缺口锉修光滑或在裂纹尖端钻止裂孔外，还需用型材加强。

（3）接补法。接补法是将桁条的损伤部分切割掉后，先用与切割部位相适应的填补型材填平切口，再用一根接补型材和桁条连在一起。

接补法适应于断裂桁条或变形严重无法整形的桁条的修理，采用此法时，应注意以下问题：① 切割损伤桁条时，切割线应至少超出损伤范围 5 mm，并且切割线与桁条垂直；② 若同时切割几根桁条时，应采取保护措施，以防构件整体断裂，同时各桁条的切割缝要彼此错开；③ 接补型材可选择与桁条相同的型材制作，也可选择型号相近的代用型材制作；④ 接补型材的安装可以根据桁条的剖面形式和施工条件，采用内侧、外侧和两侧接补；且接补型材应一边削斜或彼此错开，以防桁条截面积突变，引起应力集中；⑤ 连接时，先将接补型材与原桁条铆接，再铆接填补型材。

2) 梁的修理

机身、机翼上的 T 形、L 形、C 形梁及梁的缘条损伤后，可以参照桁条的修理方法进行修理。

（1）锉修法。当腹板中部出现面积不大（一般小于 40 mm）的破孔时，可以采用锉修法进行修理，即把破孔锉修成光滑的圆孔或椭圆孔。此方法不能恢复腹板的损伤强度，因此要严格限制其使用。

（2）盖板法。将腹板的破孔切割，锉修成规则形状后，铆上一块与腹板材料相同、厚度相等的盖板，以弥补腹板损伤处的强度。

当破孔靠近一侧缘条时，应钻去腹板与缘条连接部分的铆钉，将盖板、腹板和缘条三者铆在一起。当破孔直径较大，上下两端都靠近缘条时，将盖板制作成 X 形，盖板上下两端与缘条连接，中部与腹板铆接，以增加修理部位的稳定性。

（3）局部更换法。腹板上有密集的破孔或者裂纹时，则需要更换一段新腹板。首先，切除腹板的全部损伤部位，再用与腹板材料相同、厚度相等的板材制作一段新腹板，将新腹板填入切割口，代替已切除的腹板，然后在接缝处铆接 X 形连接片，使新腹板与原来的腹板连接成一体。

3) 隔框与翼肋修理

（1）整形法。当隔框与翼肋的弯边或腹板出现局部变形损伤时，可以采用整形法修理。整形后若出现鼓动，可采用加强片或加强型材加强，加强型材一般安装在隔框的径向或翼肋的高度方向。

(2) 局部加强法。局部加强法是将框、肋损伤进行局部修整后，按照框、肋的形状制作加强片进行加强，以保证框、肋的强度与外形。此方法可用于框、肋裂纹及较小破孔等损伤的修理。当框、肋弯边或腹板上出现裂纹时，在裂纹尖端钻止裂孔后，可采用加强片加强。

当框、肋的弯边破损扩展到腹板时，可将破损部分切割掉，用与框、肋同材料的板材，按切割后的形状制作加强片进行加强。

如果模压框、肋的边缘损伤不是很严重，可以采用从框、肋里面装置加强补片的方法进行修理。在安装蒙皮之前，先将补片铆接在框、肋腹板上，补片与框、肋边缘固定在安装蒙皮时同时进行。为了保证修理处的蒙皮外形，应在框、肋边缘的切口中安装一平垫片。

当框、肋腹板上出现范围较小的破孔时，将破孔切割规则后，沿径向或高度方向铆接加强片。

(3) 接补法。接补法是将框、肋的损伤部分整个切掉，按照框、肋的截面形状制作一段新的框、肋和连接件，将损伤框、肋接补在一起。

3. 管子零件战时维修

飞机上的管子零件主要有三种类型：一是结构管子零件，如发动机架、炮架、座椅骨架、仪表特设支架等，这些管件大都是受力构件，通常采用焊接、铆接或者螺接结构形式；二是系统导管零件，如液压、燃油、氧气等系统的导管，这些管件通常由不锈钢、钛合金、铝合金、紫铜等材料制成，其几何形状极不规则，多为又弯又扭的空间零件；三是操纵拉杆管子零件，如各舵面操纵系统拉杆等。

1) 系统导管战时维修

战时，飞机各系统导管遭受的损伤通常都是局部的而不是整个破坏，因此对于导管损伤，一般采用接补法或者更换法修理。

(1) 喇叭口形式接补法。将导管的损伤部分切割后，在管子端头制作喇叭口。若切割长度较短，可用相应规格的导管接头连接；若切割长度较长，则在两接头之间加换一段导管。

(2) 软管连接法。当燃油导管损伤时，可采用耐油软管进行连接，将损伤导管切割修平后，在管端制作凸梗，装上耐油导管，并用卡箍卡紧。

(3) 更换法。若损伤导管较短，且便于整根拆除时，可将整根导管拆掉，重新配制一根同型号同形状的导管。

除以上修理方法外，导管损伤还可采用预制导管件套接法、抗液胶带缠绷法等进行修理。

2) 操纵拉杆损伤修理

飞机操纵拉杆由长度不同的直管制成，两端收口，装以钢或者铝等实心接头。拉杆损伤后，将直接影响飞机操纵系统，危及飞行安全。战时拉杆的损伤修理主要有以下几种方法。

(1) 更换法。若拉杆损坏严重，且两端接头也损坏时，可将损坏拉杆拆掉，换上一根同型号的拉杆。更换后，必须按规定进行检查和调整。

(2) 预制件夹持法。当拉杆管子出现变形、裂纹等非断裂损伤时，可选择内径与拉杆外径相同的管材,并将其对半锯开,制成夹具,用预制的不锈钢卡将夹具固定在拉杆损伤处。固定时,夹子与夹具端面的距离不小于 10 mm。修好后的拉杆需进行必要的检查和调整,其动态和静态稳定性及与各机件之间的间隙应符合技术要求。

(3) 套修法。当拉杆管子断裂时,可从管子断裂处将管子锯开,断口稍加修整后,采用套修法分为内套与外套两种,套管与拉杆的配合间隙不能过大,套管的长度至少保证其两端能与拉杆铆两个垂直铆钉。铆钉通常选择管状铆钉,且铆接后,铆钉不松动,铆钉头边缘处无裂纹损伤等。

采用套修法进行拉杆修理后,必须进行杆长和间隙的调整。

10.5 复合材料结构的修理

飞机复合材料结构与金属结构都是飞机上承力或传力的系统,两种结构在损伤修理的总体原则上是一致的,都要满足等强度原则。这里的强度是广义上的强度,包括强度(狭义上的)、刚度、稳定性、耐久性等方面。另外,在满足等强度原则的基础上,修理时还要尽可能使修理增重小、修理时间少、修理成本低、对飞机气动外形的影响小;对于兼具透波、雷击防护等功能的复合材料,修理时还要恢复原结构的相应功能。

因为复合材料结构又有着与金属结构的显著不同,所以在总体修理原则一致的情况下,复合材料结构修理有着自身的特点和方法。常用的方法主要有注胶与填胶修理、铺层修理、胶接连接修理和机械连接修理四大类。

10.5.1 注胶与填胶修理

注胶修理是指对于层合板结构和夹芯结构的小面积的内部分层或脱胶损伤,采用注射的方法将流动性和渗透性好的低黏度树脂直接注入分层或脱黏区域,并使之固化黏合。对于层合板出现的小面积的分层损伤,通常在分层损伤边缘至少钻两个小孔,分别作注射孔和通气孔(出胶孔)。这些孔要通到分层损伤处,如图 10 - 30(a)所示。如果这些孔没有通到损伤层,树脂便不能注入损伤区;孔太深了,则会使原来没有损伤的部位造成新的损伤。这两种情况都达不到预期的修理效果。注胶修理也适用于孔边分层和结构边缘部位的分层、层板的气泡和脱黏等损伤的修理。

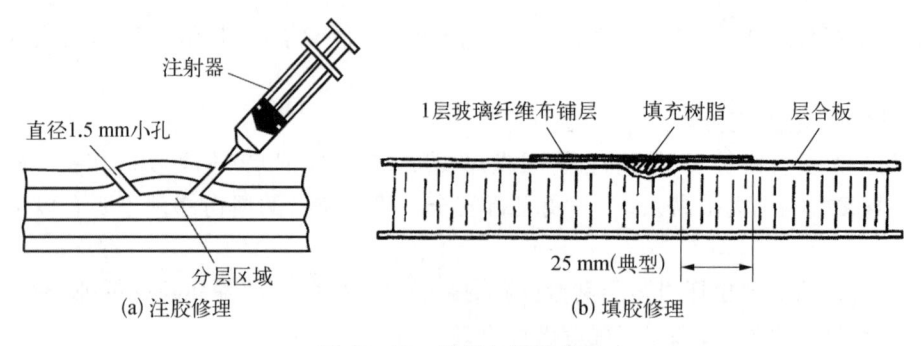

(a) 注胶修理 (b) 填胶修理

图 10 - 30 注胶与填胶修理

填胶修理是将树脂胶或其他填料填充或灌注到损伤区以恢复其结构完整性的一种修理方法,如图10-30(b)所示,通常在一些装饰性结构和受载较小的蜂窝夹层结构上使用,其修理的损伤形式主要表现为表面划痕、凹坑、部分蜂窝芯损伤、蒙皮位置错钻孔、孔尺寸过大等。在受载较小的蜂窝夹层板上采用填充、灌注修理可以稳定面板和密封损伤区,防止湿气的渗入及损伤的进一步扩大。对于连接孔的损伤,如孔变形或摩擦损伤,可以采用经过机械加工的填充块修补。如果发生紧固件孔位置钻错,或者孔尺寸过大,则可以先采用此法进行修理,然后重新钻孔。

10.5.2 铺层修理

铺层修理是指清除损伤后,采用湿铺层或预浸料实施铺层修理,经封装后,在室温下或者加热到某温度后实施固化的修理方法。铺层修理又可根据损伤的类型和大小分为贴补修理、挖补修理等,如图10-31所示。

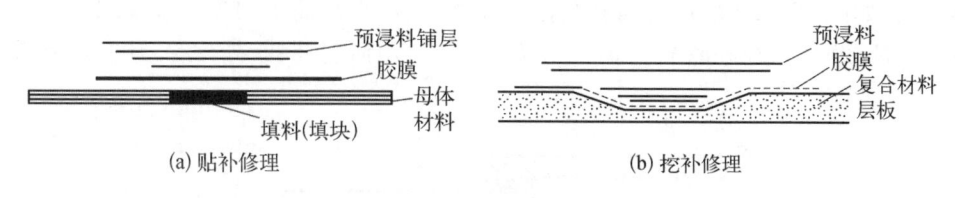

图 10-31 铺层修理

所谓封装是指在完成铺层工序之后,采用一些工艺辅助材料,如分离膜、吸胶透气布等放在铺层上,并且根据需要铺放均压板、电热毯、透气棉毡等,然后用真空袋或真空袋薄膜将铺层修理处密封起来。封装是一个为抽真空、加热固化作准备的工序。固化是指通过热、光、辐射或化学添加剂等的作用使热固性树脂或塑料由胶糊状转变成固体状态的化学反应过程,固化常通过加热加压来完成。经配制、调和后的树脂可在室温下经过一段时间固化,也可加热到某个温度经过较短的时间固化。加热可缩短固化时间,并且温度越高,固化的时间越短。

在室温下固化的修理又称为冷修理。冷修理应用于受力不大、不重要的复合材料结构修理。有时候冷修理也采用加热固化,但通常加热温度不超过150℉,加热的主要目的是缩短树脂的固化时间。注意,冷修理不能用于高应力区和主要结构件的修理上。

非室温固化的加热固化修理又称为热修理。通常加热的温度有200~230℉、250℉和350℉三种。其中,200~230℉适用于采用湿铺层料的修理,250℉和350℉两种温度适用于采用预浸料和预固化片的修理。通常,受力较大、较重要的复合材料结构都采用热修理。热修理能够恢复原结构要求的强度,采用热修理时,修理材料要与固化的温度相适应。

复合材料结构的修理是否采用热修理、采用哪种温度,这取决于原结构是采用什么样的温度固化制造的,还要考虑到损伤的程度和范围、结构的重要性及修理方法。如果原结构采用250℉固化制造,原则上就应采用250℉固化的热修理,绝不能采用350℉固化修理。如果原结构采用350℉固化制造,原则上也应采用350℉固化的热修理。但是,如果损伤较小或者是临时性修理,就可采用低于原固化温度的温度进行固化修理。

铺层修理是复合材料结构修理方法中最重要和最具有代表性的修理方法。复合材料结构的可修理损伤绝大多数需采用铺层修理法实施结构修理。

10.5.3 胶接连接修理

复合材料结构修理多数采用胶接连接修理,胶接连接修理适用于薄件或者较薄件的修理。广义的胶接连接修理包括前面所述的铺层修理、注胶和填胶修理等,这里介绍相对狭义的胶接连接修理:构件因损坏而断裂成两个部分或者原来通过胶接连接的构件之间出现脱胶损伤,以特定的连接形式,通过胶黏剂使之连接成一体,从而恢复其功能。有的情况下,胶接修理还需与机械连接修理一起对损伤实施修理。

在飞机结构上,通常板形构件的胶接连接形式有四种,即单搭接、双搭接、斜接和阶梯形搭接,如图 10-32 所示。当被胶接件较薄时,可采用简单的单搭接或双搭接形式;当被胶接件较厚时,存在着较大的偏心力矩,宜采用阶梯搭接或斜接,但工艺复杂,成本高。

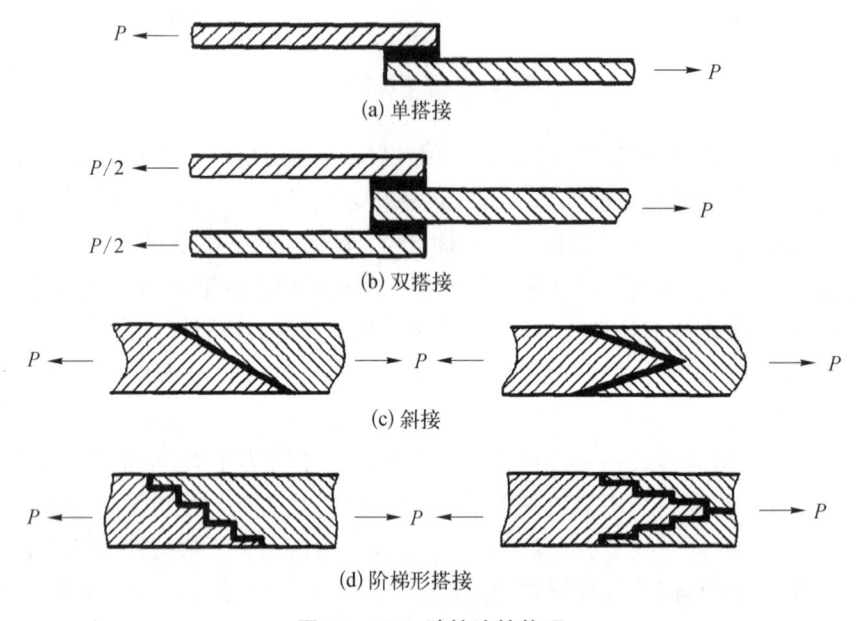

图 10-32 胶接连接修理

胶接接头在外载荷(拉伸或压缩)作用下,有三种基本破坏模式:① 被胶接件拉伸(或拉弯)破坏,当被胶接件较薄,胶接强度足够时,被胶接件易产生拉伸(或拉弯)破坏;② 胶层剪切破坏,当胶接件较厚,但偏心力矩小时,易产生胶层剪切破坏;③ 剥离破坏,当被胶接件厚度达到一定程度后,搭接长度与板厚之比又不足够大时,在偏心力矩的作用下,由于复合材料层间强度低,将在接头端部发生剥离破坏(双搭接也如此),对于复合材料结构胶接接头,这种破坏不像金属胶接接头那样容易在胶层上产生剥离(劈开)破坏,而是在接头端部易产生层合板分层破坏。

10.5.4 机械连接修理

机械连接修理是指在损伤结构的外部用螺栓或铆钉固定一个外部补片,使损伤结构遭到破坏的载荷传递路线得以恢复的一种修理方法,如图 10-33 所示。机械连接修理有时与胶接连接修理一起应用,如图 10-33 中,补片与被连接件的结合面常通过涂胶进行胶接。

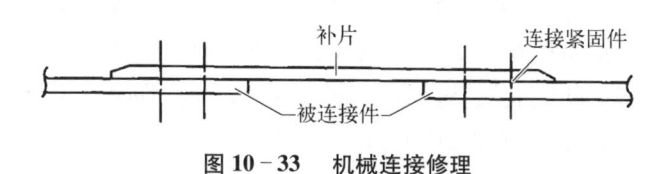

图 10-33 机械连接修理

机械连接修理的主要优点在于操作简便,不需要冷藏和加热设备,对连接件表面处理的要求不高,施工快速,性能可靠,能传递大载荷,抗剥离性能好,适用于野外修理。其主要缺点是在修理过程需钻孔,会引入应力集中,削弱结构强度,另外修理增加的质量较大。

在复合材料结构修理中,机械连接修理适用于被修理件较厚且对气动外形要求不高的结构件及在外场进行快速修理的场合。根据连接紧固件的种类,机械连接修理可细分为螺接和铆接修理。复合材料结构机械连接修理应优先采用螺接,尽量避免铆接。

补片材料可以是金属板或者复合材料板。金属板大多为铁合金板、不锈钢板和铝合金板。要注意的是,当铝合金板与碳复合材料连接在一起时,需采用电偶腐蚀防护措施,通常在两者之间铺玻璃纤维布或涂一层密封剂防腐使它们隔开,复合材料板都是预固化板。

螺接修理的补片可以单边补强,也可以双边补强。在某些情况下,补片必须有足够的厚度,以便安装埋头紧固件。补片四周边缘应倒斜坡或斜角。

10.6 隐身涂层的修理

目前,隐身技术已广泛应用于先进军用飞机。在飞机表面设置隐身涂层是飞机隐身技术中非常重要的方法,目前隐身涂层主要有雷达吸波涂层、红外隐身涂层和可见光隐身涂层等。飞机在服役过程中,出于各种原因,隐身涂层会出现变色、开裂、脱落等损伤。这些损伤会严重影响飞机的隐身性能。因此,有必要对隐身涂层损伤进行及时的修复。

10.6.1 隐身涂层的损伤模式

飞机隐身涂层在结构组成上一般包括底涂层、功能涂层和表面层,是兼顾隐身功能、稳定性、耐久性等多种要求而综合设计的材料体系。其中,底涂层的功能是保证蒙皮表面的平整与密封,并提高功能涂层的附着力;功能涂层有单一涂层,也有依次涂覆的多层结构,还有能够兼容雷达和红外隐身的复合涂层;表面层的主要功能是密封、防污染、抗磨损等,类似于普通的飞机面漆。隐身功能涂层通常由功能助剂和黏结剂组成,其中功能助剂主要决定涂层的隐身性能;黏结剂是涂层的主要成膜物质,一般要求有较好的力学性能、耐腐蚀性能和耐老化性能,以保持结构的稳定性。

在飞机服役过程中,隐身涂层由于环境变化、鸟撞、意外事故、武器攻击及不良维护等,都可能遭受损伤。按照损伤机理的不同,可大致划分为环境损伤、冲击损伤和热损伤三类。环境损伤是指在自然使用环境下,隐身涂层在光照、氧气、温湿度变化、化学腐蚀介质及内应力等各种因素综合作用下产生的渐变损伤。冲击损伤是指隐身涂层在外来物冲击作用下造成的突发损伤,包括冰雹、踩踏、工具跌落等导致的低速冲击损伤,以及炮弹、鸟撞等引起的高速冲击损伤。热损伤主要指雷击、激光灼烧、起火燃烧等高温条件造成的烧伤,也包括在异常高温条件下使用而导致的隐身性能下降。在各种损伤机理作用下,飞机隐身涂层的组成物质可能会发生降解,并出现失光、褪色、变质、粉化、开裂、脱落、破损、烧蚀等多种损伤形式。研究表明,对隐身性能影响较大的损伤模式主要有功能助剂变质、涂层开裂和脱落、涂层和基体破损、热损伤等。

10.6.2 隐身涂层的修理方法

首先应该确定涂层损伤的类型并测量涂层损伤大小,然后依据修理评估标准判定是否对隐身涂层进行修理。隐身涂层一般的划伤、开裂、脱落、破损等可通过肉眼和工具进行观察和测量。由于隐身涂层组分复杂而且厚度测量精度要求高,厚度检测需要特殊仪器。

涂层清除是修理损伤涂层的必要步骤,需要根据不同的施工条件选择合适的清除方法,以提高维修效率。对于局部划伤、开裂、脱落,可采用铲子等工具进行清理;对于较大面积的脱落或破损,刮铲施工的效率低,可选用干剥落(抛丸)、激光等技术进行清除,但需要采用特殊工艺;对于大面积损伤,一般采用化学脱漆剂进行清除。

损伤涂层清除后即可进行涂层修补,其方法大致可分为贴片法和涂覆法两种。贴片法需要预先储备吸波腻子等材料,虽然操作简单,但维修成本高、质量低,可作为应急手段。涂覆法是隐身涂层的主要修补方法,主要工序包括基体材料表面处理、隐身涂料涂覆、涂层固化等。如果基体材料出现变形、破损等严重损伤,应采用挖补、粘贴、铆接补片等常规修理方法先修复平整(补片材料和形状应满足隐身的特殊要求),然后按照原涂层的结构体系依次涂覆隐身涂料。隐身涂料涂覆方法可以采用空气喷涂或刷涂:空气喷涂的修复速度快,涂层厚度均匀,适合于较大面积的施工,外场条件下也可采用小型机器人进行喷涂;刷涂为手工操作,修复质量取决于技术人员水平,可在狭窄空间、不规则表面等不适合喷涂的场合使用。隐身涂层固化时,一般在车间条件下进行常温或中温固化。完全固化需要一周左右时间,不能满足外场尤其是战时对修理时间的要求。为此,应在保证隐身性能的前提下,采用热固化、光固化等加速固化工艺。

修复后的隐身性能恢复程度,需借助专用仪器进行测试,局部损伤可采用便携式的雷达波反射率测试仪、红外发射率测试仪等进行检测。如果出现大面积严重损伤,可采用传统的远场法、紧缩场法等对局部或整机性能进行测试。

习　题

10-1 简述飞机机体结构修理的原则。

10-2　机体结构修理时提高结构的疲劳强度的措施有哪些?

10-3　飞机战伤抢修的特点有哪些?

10-4　飞机结构战伤评估的主要内容有哪些?

第 11 章
飞机结构地面强度试验

自莱特兄弟发明第一架飞机至今，飞机结构地面强度试验贯穿于飞机发展的历史。随着飞机的性能要求迅速提高，以及飞机所经历的载荷、环境日趋严苛，飞机结构地面强度试验在飞机研制过程中的重要性日益明显。飞机结构使用中出现的问题，特别是灾难性事故促进了飞机结构地面强度试验学科的不断完善和试验技术的不断发展。

现代飞机结构的研制普遍采用"积木式"验证策略，即从构成飞机结构的材料和元件性能测试开始，逐级对结构典型细节、组件、部件和全机结构的设计和分析进行充分的试验验证。近年来，计算分析和虚拟试验技术发展迅速，提升了数字化试验的能力，对物理试验进行了有益的补充。现行的军机规范和民用飞机适航条例均明确要求，飞机型号定型或适航取证的必要条件是通过了全尺寸结构验证试验。

11.1 飞机地面强度试验的意义和依据

11.1.1 飞机地面强度试验的意义

纵观飞机结构军用规范和民用飞机适航规章，有条主线贯穿始终，这就是未经试验验证的计算分析方法不能用于飞机结构的强度计算；未经试验验证的结构，不允许在飞机上使用；地面强度试验也是对制造工艺的检验和考核。只有通过限制载荷的强度试验，飞机才可以首飞；只有通过极限载荷的强度试验，飞机才可以进行性能试飞等。

在飞机结构研发的初期，为了得到结构设计和强度校核的基本参数与判据，进行大量的材料性能、连接方式、典型结构等试验是必需的；为了验证复杂结构的设计和制造工艺，需进行部件或组件的试验。通过这些试验，可以验证设计方法、修正分析模型，这对保证飞机总体结构设计和全机静强度试验的成功是至关重要的。

在完整的全尺寸机体结构上完成静强度试验，包括达到设计极限载荷的试验，可以验证机体的极限强度能力，以保证飞机在正常使用情况下的强度和刚度要求，以及飞机结构在遇到特殊高载而不破坏。

由于现代飞机结构非常复杂，结构进入塑性或屈曲后，会引起机体结构载荷的重新分配及其他因素，导致全机结构的最终强度预计很不准确，只有通过破坏载荷试验才能确定结构的强度裕度。

首飞前的功能试验是为了验证结构系统、机构或部件在受载变形状态下具有正常的功能,从而排除使用中的结构干涉、机构卡滞或操纵失效。

地面振动试验是为了测定真实飞机结构的固有振动特性,为预估飞机的颤振特性、动力学响应提供可靠依据,以保证飞机在首飞和后续试飞中不发生结构共振等危及飞行安全的情况。

总之,飞机地面强度试验是验证飞机结构强度是否合格,证明所选择结构形式是否合理、所用的强度计算方法是否正确及制造工艺是否满足要求的重要手段,同时也是确定强度特性和使用寿命及维护周期的重要依据。因此,飞机地面强度试验是飞机研制过程中不可缺少的重要环节。

11.1.2 飞机地面强度试验的依据

飞机地面强度试验是保证飞机结构完整性的最重要的手段之一。试验依据是飞机的设计要求、规范和设计使用经验,如军用飞机强度和刚度规范及其标准、民用飞机适航条例及咨询通报等。这些文件中规定了飞机结构静强度试验各阶段的试验要求、试验载荷、试验方法等,其具有强制性,但是具体条款可以协商。

我国现行的军机强度规范及民用航空规章均对飞机结构(含结构部件)的地面强度试验作了强制性的规定,这些规范及规章有:

(1) GJB 775A—2012《军用飞机结构完整性大纲》;
(2) GJB 67A—2008《军用飞机结构强度规范》;
(3) GJB 5354A—2005《无人机强度和刚度规范》;
(4) AP‑21‑AA‑2022‑11《型号合格审定程序》;
(5) CCAR‑23—R4《正常类、实用类、特技类和通勤类飞机适航规定》;
(6) CCAR‑25—R4《运输类飞机适航标准》。

飞机地面强度试验的实质是在一定的环境下(室温、湿热、振动等),对飞机结构(整机、部件、零件等)施加载荷(力、振动、热载等),模拟其设计时考虑的各种使用状态,通过测量其响应(如应力、变形、转角、位移、频率、振幅等),验证是否达到设计要求。

飞机地面强度试验涉及三个方面的关键过程和技术:

(1) 试验的规划,包括验证策略与目的、试验件选取与制造等;
(2) 试验载荷的确定,依据相关的规范,进行计算分析或实测,并进行筛选和简化;
(3) 试验的实施,包括试验设计、安装、测控、数据处理等。

这些关键过程和要求在相关的规范和标准中均有所反映。规范提供的研究和分析方法,用以确认和建立某些结构设计参数和准则,这些参数和准则作为最低标准,要求机体必须满足这些结构特性要求,以保证飞机具有足够的结构完整性。

11.2 飞机地面强度试验发展概况

目前,飞机地面强度试验主要包括静强度、疲劳、动力学和热强度等学科。随着飞机研制对强度验证需求的不断提高,各学科的试验技术也得到了不断发展和完善。

11.2.1 静强度试验发展概况

飞机结构静强度试验是验证飞机结构设计与制造的最重要的手段之一,是最早付诸实施的飞机地面强度试验类型,其试验结果也一直得到设计师们的重视和信赖。

1903年,莱特兄弟在放飞"飞行者一号"前,将飞机支撑于两个机翼的翼尖,并给飞机添加了200 kg的重物,完成了承载能力验证试验,这是有记载的首次全尺寸飞机结构静强度试验。

在随后的各型飞机研发过程中,即使试验设施与试验条件非常简陋,工程师们总是想方设法用试验验证飞机的设计及其极限强度。在早期,主要采用的是在飞机结构上站人、堆沙袋等方法,见图11-1。

图11-1 早期的飞机结构试验

为了更准确地模拟飞机在使用中的受载情况,工程师们不断探索将载荷引入飞机结构的方法。第二次世界大战后期,得益于液压操控技术的进步,液压加载装置在飞机强度试验中得到了应用,结合加载卡板、拉力垫和杠杆系统等载荷引入方法,实现了加载方式的第一次突破。

早期的机械、液压加载方式要依靠人工来调节载荷的大小,难以完成复杂的试验加载,特别是多点协调加载。20世纪70年代末,随着电子计算机的发展,由计算机控制的多通道协调电液伺服加载技术逐步成熟,并成功应用于全机静强度及疲劳试验中,是试验技术的又一次重大突破。该技术既保证了多个加载通道的载荷施加的协调性,又保证了加载精度。目前,主流的商业化多通道试验控制系统仍主要采用这种技术。同时,为了保证试验中的安全,逐渐发展出了多种试验系统机械、液压、电气及软件保护措施。

我国在20世纪80年代初就引进了具有国际先进水平的由计算机控制的协调加载系统,全尺寸结构试验能力得到了大幅度提升。与此同时,我国自行研发了全数字式的计算机协调加载控制系统,并成功地应用于全机结构疲劳试验中。

由于受技术条件的限制,早期的飞机结构地面强度试验还无法开展真正意义上的结构响应测量,也无法准确验证飞机结构是否满足强度要求。直到电阻式应变计和位移传感器的出现,针对飞机结构响应的测量才进入了一个全新的时代。如今,电阻式应变计和位移传感器依然是全机结构试验应变和位移测量的主要工具和仪器。同时,随着电子信息技术和计算机技术的发展,原有的手动测量方式也逐步被全自动测量方式所取代,试验测量数据的精度、一致性及完整性大大提高,为试验分析提供了大量宝贵的数据。

如今,以数字全息干涉法、电子散斑干涉法、自动网格法、数字散斑法等为代表的非接触式应变测量方法也得到了广泛的研究,成为全尺寸飞机结构试验应变测量技术新的发展方向。

11.2.2 疲劳试验发展概况

引起飞机结构灾难性破坏(失效)的原因很多,除去人为因素(如误操作)和超常环境因素(如风暴、雷击等)外,近几十年的使用经验表明,在重复载荷作用下的结构疲劳断裂仍是影响飞机结构可靠性的主要因素,材料特性、构件的几何形状、加载历程及环境条件对结构疲劳断裂的影响极为显著。随着技术的不断进步,保证各种构件和系统在规定的功能限度和给定的时间内无故障工作的要求日益增高,使得疲劳破坏预测与控制技术变得更加重要。而现代飞机结构设计的关键技术之一,在于如何保证在给定使用期内的飞行安全,并具有高的可靠性,即要求所设计的飞机结构在给定使用期内发生严重疲劳、腐蚀或意外损伤时,在损伤被发现以前应不会危及飞行安全和降低飞机性能或发生功能性失效而导致灾难性疲劳破坏,当这一要求难以实现时,应保证所设计的结构在给定使用寿命期内不会萌生可觉察疲劳裂纹。同时,还应通过有试验依据的可靠性分析(或称破坏危险性分析)予以验证,以实现飞机结构的长寿命与高可靠性要求。如果无法控制给定使用寿命期内结构发生灾难性疲劳破坏概率,所给定的使用寿命再长也是无效的,因此如何实现灾难性疲劳破坏概率控制成为现代高性能飞机结构研究的主要课题。

开展飞机结构灾难性疲劳破坏预测与控制研究的目的就是确保结构的安全性,保证结构在使用过程中不发生灾难性疲劳破坏,因此必须建立在满足可靠性要求的耐久性(疲劳)设计与经济寿命(或疲劳寿命)分析,以及损伤容限评定与确定未修理使用期等工作的基础上,通过进一步的结构破坏危险性分析,才能最终获得判断所设计的飞机结构是否具有实现灾难性疲劳破坏概率控制的能力。

引起结构疲劳破坏的因素很多,必须把握结构的设计、生产、试验、使用和维修等各个阶段的破坏概率,并将各阶段的破坏信息综合分析、利用,形成闭环控制系统,以达到控制飞机结构总体破坏概率的目的,确保飞机结构使用的安全性、经济性、维修性和可靠性。

耐久性设计是建立在早期的安全寿命设计基础上的,总结和改进了传统的抗疲劳设计方法,扩大了应用范围,提高了设计的精确性和可靠性。目前,从国内外的发展来看,耐久性设计及分析体系有两大分支:一个分支认为飞机结构在载荷/环境谱作用下经历裂纹形成和裂纹扩展的全过程,当裂纹扩展到可能削弱零部件的正常功能时,必须经济、方便地进行维修,直至达到要求的使用寿命;另一个分支认为出于材料和制造等原因,用典型工艺生产的飞机结构零部件在使用前必然广泛地存在着许多初始缺陷,这些尺寸小但数量多的裂纹群体在服役使用的载荷/环境谱作用下会发生不同程度的扩展,当扩展到可能削弱零部件的正常功能时,必须经济、方便地进行维修,直至达到要求的使用寿命。第一种耐久性分析方法建立在概率疲劳的基础上,在分析中对裂纹产生给予明确定义,即对应于达到指定的裂纹尺寸,而且与较高的可靠性联系起来,是其隐含裂纹群的概念。目前,提出的分析方法主要有两种:第一种是基于细节疲劳额定值的裂纹萌生法;第二种是基于概率断裂力学(probabilistic fracture mechanics, PFMA)的确定性裂纹扩展分析(deterministic crack propagation analysis, DCGA)方法和随机裂纹扩展分析方法。

在保证了结构的耐久性后,由于飞机生产和使用的现实情况,所有无损检测方法都不能百分之百地将所有存在于结构危险部位的裂纹或损伤检出,而且也不能对所有危险部位进行连续检查,因此结构带损伤(即缺陷和裂纹)使用是难以避免的事实,从而提出了损伤容限设计和分析思想。损伤容限结构分析是指,在飞机的使用寿命期内发生疲劳、腐蚀或意外损伤时,在损伤被检出以前,其带损伤结构仍能承受使用中的载荷而不出现损坏或过度的结构变形。它是以现代断裂力学为基础的保证结构不发生灾难性疲劳破坏的分析准则,即损伤容限分析的目的是确保结构的安全性,保证飞机结构在使用寿命期限内由于疲劳或其他损伤造成的灾难性破坏的可能性减至最小。

可靠性设计思想认为任何一个物理量都是随机变量,为了保证飞机重量轻、性能好、经济、安全,各个部件应按不同的可靠性要求(即不等可靠度)设计,从一定意义上讲,飞机结构可靠性分析方法的真正实践,是贯穿可靠性设计思想的耐久性和损伤容限分析方法。

具体的疲劳试验所采用的方法和设备的发展与静强度试验发展一样,经历了人工手动到液压机械系统的自动化和今天的由计算机控制的多点伺服协调加载技术,特别是计算机控制的多点伺服协调加载技术使大规模的全机疲劳试验成为可能,全机疲劳试验为飞机结构疲劳寿命的研究和飞机寿命评估及使用维护提供了第一手试验依据,从而大大提高了飞机使用的可靠性。

11.2.3 动力学试验发展概况

飞机结构动力学试验是验证飞机结构动力学特性和动强度设计指标的不可或缺的重要手段。随着航空科学技术的发展和进步,飞机结构动力学试验技术一直在不断地扩充、更新和完善。其中,普遍适用的试验技术包括:飞机地面振动试验(ground vibration test, GVT),飞机振动、冲击和噪声环境试验,飞机起落架着陆缓冲性能试验(落振试验),滑跑稳定性试验(摆振试验),飞机结构抗离散源撞击试验,飞机适坠性试验,舰载飞机的全机落振试验,以及大迎角机动飞行飞机的后机身动态疲劳试验等。

1. 飞机地面振动试验

全尺寸飞机(或飞机部件)地面振动试验用于测定飞机结构的固有振动特性(或称模态特性)。飞机 GVT 系统主要涉及飞机的悬浮支持、飞机的振动激励和响应测量、试验数据采集和处理,以及相关的模态分析。

早期(20 世纪 60 年代以前)的飞机 GVT 系统主要依赖经典的相位共振原理。试验飞机采用笨大的橡皮气囊支持和单通道正弦激励,响应测量采用附加质量较大的速度传感器和简单的 8 线或 16 线示波器。由于测量通道有限,飞机振动形态测量需要通过跑点方式才能完成。而且,结构的相位共振状态只能利用激励响应的李沙育图形来判定。因此,试验烦琐且精度很低。

20 世纪 60~70 年代,飞机 GVT 开始有了专用的空气弹簧支持设备,并开始采用附加质量很小的加速度传感器。特别是,随着模态指示函数的提出及直流乘法器和加法器的应用,飞机 GVT 开始有了量化的相位共振判据,并实现了多通道的适调力激励和多达 128 通道的模拟电路测试。

20 世纪 80 年代以来,随着数字计算机的发展和测试技术的进步,飞机 GVT 测试设备又经历了数字-模拟混合式到全数字式的发展过程,其测试能力也逐步扩展到 600~1 000 通道。特别是,随着多输入多输出(multiinput-multioutput,MIMO)系统的参数辨识技术发展,飞机 GVT 已不再局限于需要较多人为干预的相位共振法,而是出现了基于频响函数(或脉冲响应函数)测试和完全由计算机处理的相位分离法。实际上,相位共振法和相位分离法各有长处和短处,为了取长补短,近年来人们又在继续开发更加完善的将两种方法相结合的一体化试验技术,并取得一些实用的研究成果。值得提出的是,随着航空科研发展的需要,飞机 GVT 的概念已不再局限于飞机结构模态,而是已经拓展到飞机气动弹性稳定性和动响应的试验范畴。

2. 飞机动力环境试验

动力环境试验通常包括振动环境、冲击环境、噪声环境和综合环境试验等。早期(20 世纪 60 年代以前)的动力环境试验主要局限于简化的振动环境试验(如正弦定频和正弦扫频环境试验)。20 世纪 70~80 年代,对飞机结构动强度问题的研究已经取得长足的进展,逐渐形成了一些完整的实用技术,如有关动强度与动力环境方面的规范和标准、相关试验设备、各种动态测试分析与试验技术等。目前的动力环境试验已经能够较为真实地模拟飞机各种复杂振动、冲击和噪声环境。

航空产品在实际工作中往往同时受到多种环境的综合作用,采用单项环境按顺序组合的试验方法不能真实地复现产品实际使用中的全部故障,并且不能计及多种环境应力的叠加效应(可能造成欠试验问题)。于是,综合环境试验也就应运而生。20 世纪 70 年代以来,受电子产品可靠性试验的推动,综合环境试验技术与试验设备得到了较快发展,相继出现了各种类型的综合环境试验,例如,适用于航空与航天产品的振动-温度-湿度-低气压(高度)的四综合环境试验。

为适应现代航空与航天产品的研发需求,涉及热载静载振动/噪声等多场耦合的综合环境试验技术与试验设备还在继续发展之中。

3. 飞机起落架落振、摆振试验

有些国家早在 20 世纪 40 年代就开始了起落架落振、摆振的分析和试验研究工作,并建立了许多大型专用试验设备,如苏联西伯利亚航空研究院的起落架跌落试验台和基于旋转大飞轮的起落架滑行摆振试验台,以及美国兰利研究中心研发的能够较为真实模拟飞机着陆情况的飞机着陆动力学试验设施。按照苏联的模式,我国从 20 世纪 60 年代后期开始建设起落架落振、摆振试验设备。经过多年来的不断更新和发展,我国现已形成世界上配套最全且技术一流的起落架动力学试验设施,并从20世纪90年代初开始发展涉及机体弹性影响的起落架落振、摆振试验技术及起落架动力学试验和分析一体化技术,并取得多项实用的研究成果。

4. 飞机结构抗离散源撞击试验

飞机结构抗离散源撞击试验包括:鸟体撞击试验、冰雹撞击试验和各种各样的碎片撞击(如轮胎碎片、发动机破损叶片和跑道碎石等)试验,以及军用飞机的战伤模拟试验。地面模拟离散源撞击试验中最适合采用的方法是气体炮法,离散源撞击试验技术的发展与气体炮的发展紧密相关。例如,早期的战伤模拟主要借助于实弹射击和战斗部静爆试验完成,现在的战伤模拟试验已转变为可精确定量控制的、采用高速气炮的高爆弹破片或非爆弹丸的撞击试验。

利用轻质气体驱动的一级气体炮最先由美国于1946年研制成功,为了获得更高的弹体出口速度,美国又于1995年发展了二级气体驱动的高速气体炮。之后,加拿大、英国、法国和中国也陆续建立了气体炮设备(图11-2)。

(a) 国内用于鸟撞试验的低速气体炮　　(b) 美国加州理工学院的高速撞击设备

图 11-2　典型气体炮装置

鸟撞试验需要采用大口径低速气体炮,并采用活鸡作为鸟弹进行试验。由于活鸡的个体差异造成试验结果具有较大的分散性,无法实现标准化的试验考核,并且活鸡试验会污染试验现场环境。因此,采用人工鸟体代替真实鸟体已成为鸟撞试验发展的必然趋势。1981年,威尔伯克等通过对比试验发现密度为950 kg/m^3、孔隙率为10%的明胶能够较好地模拟鸟体的流体力学行为;2000年,巴迪及所在的国际鸟撞研究小组通过收集各种鸟类数据,提出了标准化的鸟体质量与密度、鸟体质量与鸟体直径关系的经验公式,并推荐采用圆柱体、椭球体和两端具有半球的圆柱体三种形状来模拟鸟体。

冰雹撞击试验中通常使用的是小口径低速气体炮设备,在试验中无法用真正的冰雹,只能用模拟冰雹的冰弹。冰弹采用带有充水小孔的球形壳体模具制成,制成的冰弹放在-26℃下冻藏。

目前,国内的飞机强度研究所已经完成系列化的气体炮设备建设,可以进行鸟体和冰雹撞击及战伤模拟试验,并通过相关研究获得了具有自主知识产权的人造鸟体的配方和制作工艺。

5. 飞机结构适坠性试验

商用飞机结构的适坠性研究可以追溯到20世纪40年代,始于美国的Hugh DeHaven对当年失事飞机的调查,他的工作具有里程碑意义,基于该调查结果建立了沿用至今的适坠性设计大纲:以该理论为基础,由德州农工大学的弗雷德韦克制造了AG-1型抗坠毁飞机,该飞机的很多特点至今仍为一些小型运输飞机所采纳。在提高飞机结构适坠性设计中,另一个具有里程碑意义的是由美国国家航空咨询委员会下属的路易斯研究中心于1952年实施的系列碰撞/起火测试。随后,1964年,美国联邦航空管理局在亚利桑那州菲尼克斯进行了多架全尺寸运输飞机的坠撞试验。这些试验的目的在于获得碰撞环境的数据,研究燃料箱结构,收集飞机上所有部件和仪器的碰撞响应形式,这些为美国于1967年颁布的《飞机抗坠安全设计大纲》打下了基础。从那时起,美国和欧盟又相继进行了一些全尺寸飞机的坠撞试验:美国波音公司于20世纪80年代初期进行了波音720飞机的远程遥控坠撞试验(图11-3)和波音707机身框段的垂直坠落试验(图11-4);欧洲的空客公司于20世纪末进行了A320的远程遥控坠撞试验。由于商用飞机的全机验指试验成本太高,从20世纪90年代开始,美国主要进行机身框段的坠撞试验,除了验证飞机抗坠撞设计之外,更重要的目的是通过试验和分析的对比研究验证飞机结构的坠撞分析模型和分析方法。

图11-3 波音720飞机坠撞试验   图11-4 波音707机身段垂直坠落试验

6. 舰载飞机全机落振试验

舰载飞机的设计着舰下沉速度较大,通常是陆基飞机的设计下沉速度的两倍以上。为了全面考核新研制舰载飞机的着舰动力学特性并充分验证其着舰动强度设计,美国沃特飞机工业集团公司(简称沃特公司)于20世纪70年代开始在大型试验厂房进行舰载机全机落振试验,并完成A-7,F-8,S-3A等飞机的试验。21世纪初,沃特公司又建造了一个大型露天全机落振试验场,试验场地占地面积40 m×100 m,可用于361级舰载机试验。可以看出,沃特公司近几十年来一直在进行全机落振试验并不断改进其试验设备,并于2010年完成新一代舰载机F-35C的全机落振试验(图11-5)。

7. 飞机尾翼/后机身动态疲劳试验

采用边条翼双垂尾气动布局的现代高性能战斗机在大迎角机动时通常存在垂尾抖振,并可能引发飞机尾翼和后机身的动态疲劳问题。例如,美国F/A-18"大黄蜂"战斗机在飞行时间不到1 000飞行小时的情况下,后机身框上就产生了裂纹破坏,然而在其常规机身全尺寸疲劳试验中,却在 14 903 h 时才在这些框上出现裂纹。因此,为了保证边条翼布局的双垂尾飞机结构的完整性,有必要进行飞机尾翼和后机身的动态疲劳试验。

图 11-5 美国 F-35C 全机落振试验

1996~2002 年,澳大利亚航空和航海研究实验室完成了 F/A-18 后机身和尾翼的动态疲劳试验。在该项试验中,同时施加准静态机动载荷(属于常规疲劳试验载荷,包括气动力和惯性载荷,采用气体弹簧加载系统模拟)和动态抖振载荷(采用大功率、大行程的电磁激振器模拟),这种全尺寸飞机结构疲劳试验在世界范围内还是首次。

F/A-18 后机身疲劳试验共完成 23090 飞行小时试验谱,并先后检测到 148 项主要结构缺陷,其中就包括飞机使用中已出现的结构缺陷。因此,该项试验较为真实地模拟了 F/A-18 后机身的实际载荷环境,对于改进 F/A-18 后机身的耐久性设计具有重要意义。

11.2.4 热强度试验发展概况

结构热强度试验是为解决飞行器跨声速后出现的热障问题而发展起来的一种地面模拟试验。通过在地面等效模拟飞行中的气动加热和气动载荷来考察结构的传热特性和承载能力。由于在试验中引入温度和时间两个参数,试验系统较为复杂,且具有全尺寸、瞬态及多场耦合的特征。

20 世纪 50~60 年代,X-15 高速飞机研究计划发展了受热结构实验室模拟试验技术,以探讨研制高速飞机的可行性。在此基础上,成功研制了 Ma 3 一级的 SR-71 "黑鸟"系列高速飞机,在模拟试验中采用分别以引燃管和可控硅作为功率源和功率调节装置、以石英灯作为加热执行元件的加热系统,加热功率从数千千瓦到数十万千瓦,加热温区从数个到数百个不等,图 11-6 给出了 YF-12 前机身热模拟试验

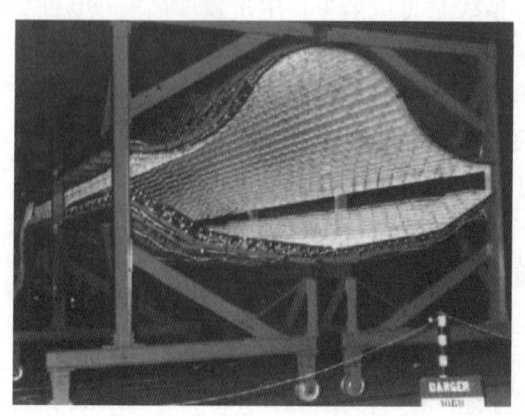

图 11-6 YF-12 前机身辐射加热系统

的辐射加热系统。试验中分别用热电偶和热流密度计测量的温度值和热流密度值作为反馈值,用模拟计算机实现控制;用热电偶、高温应变计、位移计等测量结构的热响应。

20世纪70~80年代,美国和苏联分别实施了航天飞机研制计划。航天飞机再入大气层过程受短时大热流密度作用,高温区最高温度达1 650℃,在结构设计中采用外部为陶瓷瓦的热防护系统、内部为冷结构的设计理念。在这一时期,由于各种导弹、火箭对热强度试验的需求,还发展了用石墨作为加热元件的热/真空实验室,可实现试件温度达1 800℃的热模拟试验。为了满足热防护系统验证的需要,成功研制了高温燃气加热试验系统和电弧加热器,并把计算机用于试验控制和数据采集,运算速度和数据采集量大幅度提高。在这一时期还开展了热/振动、热/噪声等多场耦合试验技术的研究。

在同一时期,英法两国联合研制成功了"协和"号超声速客机,在该机的热/载荷组合的疲劳试验中,采用了热空气加热技术。

20世纪80~90年代,美国实施了X-30高超声速空天飞机研究计划,研究超燃冲压发动机、新型热结构、主动冷却技术。同期还启动了X-33等可重复使用运载器(reusable launch vehicle,RLV)计划,研究金属热防护系统。进入21世纪,美国又实施了X-43、"猎鹰"、越层飞行器等 Ma 5以上的高超声速飞行器研究计划,进一步促进实验室热模拟试验技术的发展,主要表现在以下几个方面。

(1)成功实施各类热防护系统的热/振动、热/噪声等多场耦合试验。

(2)对各类主动冷却结构方案进行试验验证,保证主动冷却技术成功应用于热防护结构设计,并研制成功能对面板进行加热、加载和用循环氢主动冷却的试验设备,用于验证主动冷却面板结构设计方案。

(3)发展高超声速风洞,在风洞中验证高超声速飞行器结构的热响应。

(4)发展新的测试技术并研制成功多种新型的测试传感器。

(5)发展分析和实验室试验相结合的虚拟试验技术。对于 Ma 5以上的高超声速飞行器,采用地面热模拟试验难以准确模拟全机或大部件的气动加热过程,且耗资巨大,促使设计者发展了试验与分析相结合的方法,来评估飞行器的结构热强度。

目前,高超声速飞行器已成为各国重点研究对象之一,这促进了新的耐高温材料与结构的研究与发展,实验室热结构试验技术要适应新型高超声速飞行器热防护系统与热结构的验证需求,需要依据飞行器飞行中上升、巡航、下降阶段经历的热/噪声/力载荷等耦合条件对新的设计理念与分析方法进行结构试验验证。热强度试验技术需要在以下方面有所突破。

(1)发展新型加热技术。随着飞行器速度的进一步提高,气动加热越发严重,结构热强度试验需要有1 000 kW/m² 的瞬时加热功率,被试件的温度达3 000℃以上,需要发展如太阳炉、电弧灯、电磁感应加热、电弧加热等新型加热技术。

(2)发展新的测试传感器和测试技术。随着新材料、新工艺的应用和表面溅射、沉积、纳米技术等的发展,测量传感器应逐步朝小型化、微型化方向发展,使测量精度成倍提高,响应时间进一步缩短,测量量值范围加大。因此,应进一步促进非接触测量技术的应用研究,以便在极高温度试验中得到广泛应用。

(3)进一步发展热强度虚拟试验技术。随着飞行器飞行速度的提高,实验室中的地面热模拟试验的重点是精心进行一系列"积木式"试验,验证和改善结构分析方法,全机的结构热强度设计通过虚拟试验验证,最后通过飞行试验进行考核。

11.3 飞机地面强度试验分类

飞机地面强度试验是涵盖多个学科的综合性试验,同时,试验的要求、试验件的种类和结构特点也不尽相同。对于飞机地面强度试验,可以从专业技术、试验性质、试验件尺度及试验件结构特点等几个方面进行归纳和分类。

11.3.1 专业分类

从专业技术的角度出发,飞机地面强度试验可以分为静强度试验、疲劳试验、动力学试验、噪声试验、热强度试验和腐蚀试验等几个方面。

1) 静强度试验

试验的目的是验证飞机结构是否满足静强度设计的要求,验证强度和刚度计算方法的合理性;检验飞机的制造工艺;确定结构的可增潜力;减少和预防结构可能发生的维修问题;为结构改型、改进提供数据和资料。

2) 疲劳试验

试验的目的是保证飞机在整个使用过程中承受环境和重复载荷后的安全性。给出飞机结构在给定载荷下的应力分布变化、裂纹形成寿命、裂纹扩展寿命和剩余强度数据。

在工程上,将新结构及修理结构的裂纹形成试验也称为耐久性试验,将裂纹扩展及剩余强度试验称为损伤容限试验。

3) 动力学试验

试验包括结构动力学特性试验和动强度试验。结构动力学特性试验的目的是为飞机动载荷预计和飞机动稳定性分析提供重要依据,包括全机(部件)的刚度试验、地面振动试验、起落架落振试验和防摆系统试验等。结构动强度试验涉及飞机结构冲击损伤评估和振动环境下的疲劳寿命测定,包括离散源撞击试验、飞机机体结构适坠性试验、机载设备和结构部件振动环境试验及油箱晃振试验。

4) 噪声试验

试验的目的是最大限度地减小飞机噪声的危害或验证噪声危害不致危及飞机结构强度或机载设备的性能,包括飞机结构声疲劳试验、军用设备噪声环境试验、飞机结构隔声试验、材料和结构吸声试验、气动声学模拟试验、机载设备声功率测量和飞机噪声测量。

5) 热强度试验

试验的目的是验证超声速飞行器在热应力和载荷应力共同作用下的安全性,包括结构瞬态热应力试验、热刚度试验、结构传热试验、结构热稳定性试验、地面模拟热颤振试验、热疲劳试验、蠕变试验和热冲击试验。

6) 腐蚀试验

该试验的目的是验证由于受气候和化学环境因素引起的非金属结构的老化、金属结构的腐蚀和结构防腐体系耐久性,包括飞机结构透明件的加速老化试验、飞机结构防护涂层的耐久性试验,以及金属结构的腐蚀和腐蚀疲劳试验。

11.3.2 性质分类

从试验要求和试验性质的角度出发,飞机地面强度试验可分为研发试验、例行试验和验证/适航取证试验。

(1) 研发试验:该类试验主要指全机结构强度验证试验前的一些材料、元件、部件及连接形式的强度试验,研究材料性能及初步设计的结构强度,用以确定飞机的结构形式。

(2) 例行试验:该类试验主要针对飞机制造环节中生产工艺的改进、材料的变化及制造工艺的稳定性,对所生产的元件、部件进行强度验证,考察新工艺、新材料是否满足飞机结构强度的要求及生产工艺的分散性。

(3) 验证/适航取证试验:该类试验是验证飞机结构强度是否满足设计要求,以及验证强度、刚度计算方法合理性的全机和部件试验,是飞机取得飞行资格的重要依据。

11.3.3 尺度分类

按试验件的尺度进行分类,飞机地面强度试验可分为材料/元件级试验、组件/部件级试验和全机试验。

材料/元件级强度试验,主要为设计分析和许用值的确定提供基本数据;组件/部件级强度试验,主要验证分析方法,进行结构选型与验证新结构强度;全机结构强度试验,主要验证结构强度与承载潜力,为飞机设计、使用提供评估信息。

11.4 飞机地面强度试验流程

飞机地面强度试验流程包括试验规划、试验设计、试验安装、试验调试、试验过程和试验总结等部分。

11.4.1 试验规划

试验规划是根据国家军用标准及民用航空规章的相关规定,确定试验项目和试验内容,以满足军机强度规范和民用飞机适航验证的要求。同时,根据型号研制周期,确定试验的进度。

11.4.2 试验设计

飞机地面强度试验设计是项复杂的系统工程,其设计目标是使结构的地面试验受载状态与飞机空中相应的受载状态尽量一致。由于地面试验风险大、耗资多、时间紧,试验设计采用的各种技术方案应成熟、可靠、合理且易于实施。

试验设计主要有以下内容:
(1) 试验件在实验室的坐标位置;
(2) 试验件起吊上夹具、称重方案;

(3) 试验件支持/约束方案论证与设计；
(4) 加载实施方案；
(5) 数据测量方案；
(6) 无损检测方案。

11.4.3 试验安装

试验安装是试验设计结果的现场实施,应确保测控设备的有效性和加载设备安装的准确性。试验安装主要包括以下内容。

(1) 应变片粘贴。遇到结构实际部位无法粘贴应变片时,应与承制方协商处理。

(2) 试验件固定。将试件固定到试验夹具上,注意试件姿态符合试验要求。

(3) 试验设备安装。加载装置、控制设备、测量设备和保护装置的安装和连接,传感器应经过标定且在有效期内。

(4) 充压系统。为了提高试验速度,确保试验安全,机身容积尽量用填充物进行填充,进气口要保证气体流量并不超过允许压力,要有足够容积的气量储备,同时要保证放气速度,压力传感器要远离进气口,提高试验和控制精度。

11.4.4 试验调试

调试是整个试验中重要的环节。通过调试验证控制系统、液压系统、采集系统工作是否正常,通过调试各个加载点的参数使试验平稳,主要分如下几步：

(1) 按先单点后多点的顺序进行；
(2) 单点调试,调整各个加载点的参数,保证各个加载点工作正常；
(3) 加载点联调,保证整个系统运行正常；
(4) 充气系统独立、不连接试验件调试；
(5) 整个外载系统调试正常后与充气系统联调；
(6) 加载和数据采集系统联调。

11.4.5 试验过程

试验过程除按任务书要求完成所施加的载荷和载荷循环外,最主要的问题是无损检测、试验数据测量和结构维修。

(1) 试验中的无损检测。从一定意义上说,裂纹的发现和对裂纹扩展的控制是保证试验圆满成功的关键。

(2) 试验数据测量。应变和位移测量的主要目的是把握整个结构的受力特点和应力分布及总体变形特征,与设计、分析结构进行比较,对结构分析方法、模型简化方法的改进和结构优化提供测量依据。预计结构的薄弱环节,在一定程度上把握结构的损伤状态。要对应变和位移测量结果进行数据处理;对于载荷和几何线性问题的测量结果,应进行回归处理。

(3) 结构维修。结构维修是指结构出现损伤或裂纹,影响结构正常功能或试验的正常进行,必须进行修理,而且这种修理又是经济的。

11.4.6 试验总结

试验总结是对试验大纲实施结果的评价。除试验大纲中的一些内容外,应该全面总结试验实施,破坏情况或试验寿命、应变、位移测量结果,以及结构损伤情况等。

习　　题

11-1　什么是"积木式"验证策略?

11-2　飞机结构地面强度试验的分类有哪些?各自的特点是什么?

参考文献

陈烈民,杨宝宁,2016.复合材料的力学分析[M].北京:中国科学技术出版社.
陈绍杰,2001.复合材料结构修理指南[M].北京:航空工业出版社.
但堂福,1994.飞机结构力学[Z].西安:空军工程学院.
高星伟,2015.航空发动机强度与振动[Z].西安:空军工程大学.
航空工业部科学技术委员会,1985.飞机结构损伤容限设计指南[M].北京:航空工业部科学技术情报研究所.
何宇廷,2005.飞机结构寿命包线的建立[J].空军工程大学学报(自然科学版)(6):4-6.
何宇廷,2006.基于飞机结构寿命包线的飞机结构单机寿命监控[J].中国工程科学(6):22-27.
何宇廷,2017.飞机结构寿命控制原理与技术[M].北京:国防工业出版社.
何宇廷,2020.飞机结构强度[Z].西安:空军工程大学.
何宇廷,范超华,2006.飞机结构寿命包线的确定方法[J].空军工程大学学报(自然科学版)(6):1-3.
李方泽,刘馥清,王正,1992.工程振动测试与分析[M].北京:高等教育出版社.
李曙林,2002.飞机与发动机强度[M].北京:国防工业出版社.
李晓虹,何宇廷,张腾,等,2015.腐蚀/疲劳交替作用下2A12-T4铝合金的损伤特性[J].机械工程材料(6):62-66.
李玉海,刘文珽,杨旭,等,2005.军用飞机结构日历寿命体系评定应用范例[M].北京:航空工业出版社.
刘文珽,李玉海,2004.飞机结构日历寿命体系评定技术[M].北京:航空工业出版社.
刘晓山,2017.飞机隐身涂层损伤修理技术研究进展[J].空军第一航空学院学报,25(3):30-34.
刘晓山,郑立胜,2006.飞机修理新技术[M].北京:国防工业出版社.
龙江,刘峰,张中波,2016.现代飞机结构与系统[M].西安:西北工业大学出版社.
强宝平,2014.飞机结构强度地面试验[M].北京:航空工业出版社.
沈观林,胡更开,刘斌,2013.复合材料力学[M].北京:清华大学出版社.
施荣明,2012.现代战斗机结构动强度设计技术指南[M].北京:航空工业出版社.
王生楠,1997.飞行器结构力学[M].西安:西北工业大学出版社.
王远达,2019.飞机结构与系统[M].北京:航空工业出版社.
王跃全,2010.飞机复合材料结构修理设计渐进损伤分析[D].南京:南京航空航天大学.
谢道秀,2020.现代航空涂料在飞机修理中的应用和展望[J].中国设备工程(S2):13-14.
杨超,2016.飞行器气动弹性原理[M].北京:北京航空航天大学出版社.
杨亮,王亦菲,张彦素,等,2009.雷达吸波涂层损伤及修复研究进展[J].新技术新工艺(1):102-105.
姚起杭,1997.飞机动强度设计指南[M].西安:西北工业大学出版社.
姚卫星,2019.结构疲劳寿命分析[M].北京:科学出版社.
益小苏,2013.航空复合材料科学与技术[M].北京:航空工业出版社.
虞浩清,刘爱平,2010.飞机复合材料结构修理[M].北京:中国民航出版社.

张海威,何宇廷,范超华,等,2013.腐蚀/疲劳交替作用下飞机金属材料疲劳寿命计算方法[J].航空学报(5):1114-1121.

张腾,何宇廷,张海威,等,2014.基于寿命包线的飞机金属结构寿命预测方法[J].南京航空航天大学学报(3):413-418.

中国飞机强度研究所,2013.航空结构强度技术[M].北京:航空工业出版社.

中国航空研究院,2001.复合材料结构设计手册[M].北京:航空工业出版社.

中国人民解放军总装备部.军用飞机结构完整性大纲—飞机要求:GJB 775A—2011[S].北京:中国人民解放军总装备部,2011.

周希沅,1998.中国飞机结构腐蚀分区和当量环境谱[J].航空学报,20(3):230-233.

Robert N M, Schuessler R L, 1989. Predicting service life of aircraft coating in various environments[J]. Corrosion (4): 17-21.

Christos Kassapoglou,2011.飞机复合材料结构设计与分析[M].颜万亿,朱子延译.上海:上海交通大学出版社.